2014 中国建筑金属结构协会钢结构分会年会
建筑钢结构专家委员会学术年会

钢结构技术与工程应用最新进展

郭彦林　党保卫　主编

中国建筑工业出版社

图书在版编目(CIP)数据

钢结构技术与工程应用最新进展/郭彦林，党保卫主编. —北京：中国建筑工业出版社，2014.4

ISBN 978-7-112-16580-3

Ⅰ.①钢… Ⅱ.①郭…②党… Ⅲ.①钢结构-研究 Ⅳ.①TU391

中国版本图书馆CIP数据核字（2014）第052476号

本书共五章，主要包括钢结构性能与设计理论研究、钢结构信息化技术、钢结构安装技术、钢结构制作技术以及其他相关钢结构发展问题及趋势的探讨，既具有研究性，又具有工程实践性。

本书可供钢结构设计研究、钢结构制作、施工安装人员以及相关专业高校师生参考使用。

* * *

责任编辑：郦锁林　朱晓瑜
责任设计：张　虹
责任校对：李美娜　刘梦然

2014中国建筑金属结构协会钢结构分会年会
建筑钢结构专家委员会学术年会
钢结构技术与工程应用最新进展
郭彦林　党保卫　主编
*
中国建筑工业出版社出版、发行(北京西郊百万庄)
各地新华书店、建筑书店经销
北京红光制版公司制版
廊坊市海涛印刷有限公司印刷
*
开本：880×1230毫米　1/16　印张：20¾　插页：4　字数：640千字
2014年4月第一版　　2014年4月第一次印刷
定价：**66.00**元
ISBN 978-7-112-16580-3
(25416)

前　言

中国建筑金属结构协会钢结构分会年会和钢结构专家委员会学术年会是2014年度我国建筑钢结构行业发展与钢结构技术交流的一次盛会。本次会议旨在为建筑钢结构行业的专家、学者及工程技术人员提供一个技术交流平台。为充实该“两会”特编写本论文集，由中国建筑工业出版社出版。

本论文集涵盖了钢结构性能与设计理论、钢结构信息化技术、钢结构安装技术、钢结构制作技术和其他等五大类，共35篇论文。所收录论文主要来自于约稿，也包括部分自由投稿。论文内容反映了我国近几年建筑钢结构应用的最新研究成果与技术进步，如新型钢结构体系及应用、钢结构设计方法的研究及应用、钢结构最新施工技术、复杂钢构件或节点的加工技术、钢结构建筑信息化技术与应用等。其中囊括的钢结构工程项目也具有一定的代表性，包括新疆喀什国际免税广场、南京金鹰天地广场、珠海十字门、沈阳桃仙机场T3航站楼、福州奥体中心等。

在此，对积极投稿的作者，审稿的钢结构专家，以及为钢结构分会年会召开与论文集出版提供资金支持的湖北弘毅建设有限公司，一并表示感谢。

对于编审中出现的错误，敬请读者批评指正。

论文作者对文中的数据和图文负责。

目　　录

第一章　钢结构性能与设计理论研究

第二章　钢结构信息化技术

第三章　钢结构安装技术

第四章　钢结构制作技术

第五章 其　　他

第一章　钢结构性能与设计理论研究

轮辐式张拉结构全封闭屋盖体系研究及设计关键问题

丁洁民　张　峥　张月强

（同济大学，上海　200092）

摘　要　对轮辐式张拉结构的体系构成和受力性能进行分析，采用了一定的延拓手段，对结构体系进行了拓展，以便为未来的工程应用提供参考。同时将轮辐式张拉结构应用到全屋盖结构，研究轮辐式张拉结构全封闭屋盖体系可能实现的结构形式，并对各结构形式的受力性能进行初步分析。对椭圆形轮辐式张拉结构设计的关键问题进行初步探讨，并给出椭圆形张拉结构的施工张拉基本思路。

关键词　轮辐式张拉结构；车轮辐条原理；体系延拓；全封闭屋盖体系；施工张拉

1　引言

轮辐式张拉结构是在张拉结构的基础上根据自行车车轮辐条结构概念提出来的，这种结构体系具有张拉结构的受力特点，同时克服了一般张拉结构体系复杂、传力不直接和容易形成机构的缺点[1][2]。这种结构通常屋盖表面覆盖膜材，自重轻，结构轻巧美观，同时有研究表明，随着跨度的增加，其造价增加并不大，这在大跨度空间结构方面具有很大的优势。这种结构体系主要用于容纳 3 万～10 万人的体育场、体育馆等大型公共建筑。

近年来国际上举行的大型体育赛事的主要场馆均采用的这种结构体系。

2012 年欧洲杯主场馆华沙国家体育场（图 1）将轮辐式张拉结构和桅杆结构结合起来，取消上部受压环。体育场中央漂浮一个高 70m、重 90t 的高耸结构钢针。钢针下部被四组径向张拉索支撑，中部为支撑可开合屋面的径向张拉索汇交处。

图 1　华沙国家体育场

2013 年联合会杯及 2014 年世界杯比赛场馆杯巴西马拉卡纳体育场（图 2）经过改建采用梭形轮辐式张拉结构。该结构有一受压环和三个受拉环，压环和拉环通过双跨索桁架连接，索桁架中央通过梭形撑杆转换，撑杆中央为马道。

随着体育事业的发展，轮辐式张拉结构在国内大型体育场馆中开始应用。继佛山世纪莲体育场和宝安体育场之后，盘锦红海滩体育场和乐清体育场也采用了这种结构体系。

盘锦红海滩体育场（图 3）屋盖为马鞍形平面呈椭圆环形，长轴方向最大尺寸约 270m，短轴方向最大尺寸约 238m，最大高度约 57m。屋盖主索系由一道内环索和 144 道吊索、72 道脊索和 72 道谷索组成；屋面采用膜材，布置在内环索和外围钢框架之间，跨越脊索和谷索形成波浪起伏的曲面造型。

乐清体育场（图 4）突破了以往的索桁结构均为闭合的环形的束缚，采用月牙形索桁架结构。两端索桁架的上、下弦索在内环索上汇交，为提高屋面刚度，内环索中部区域分叉为上、下 2 根，相应地中部八榀索桁架的上、下弦索在索桁架中部汇交。

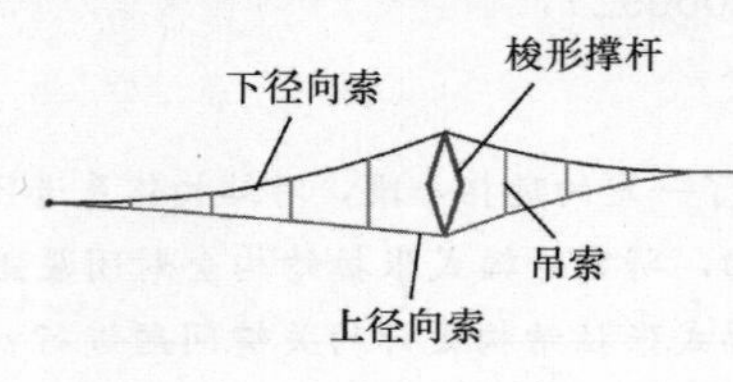

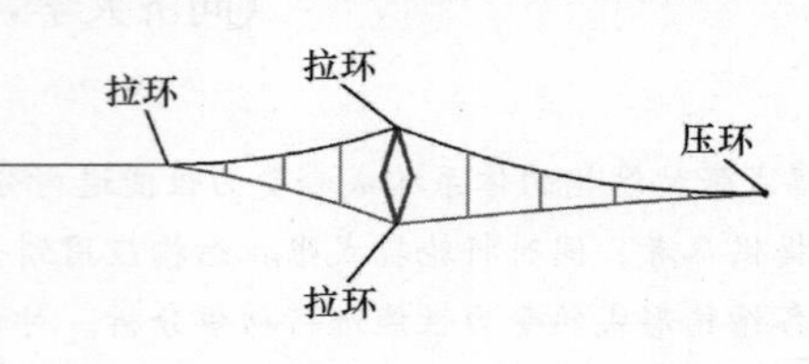

图 2　巴西马拉卡纳体育场

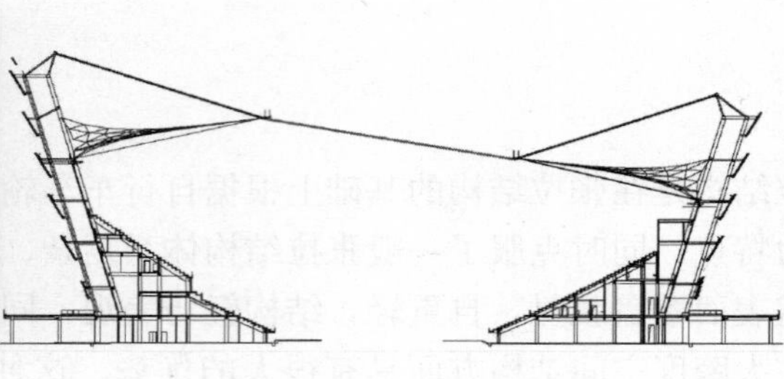
图 3　盘锦红海滩体育场

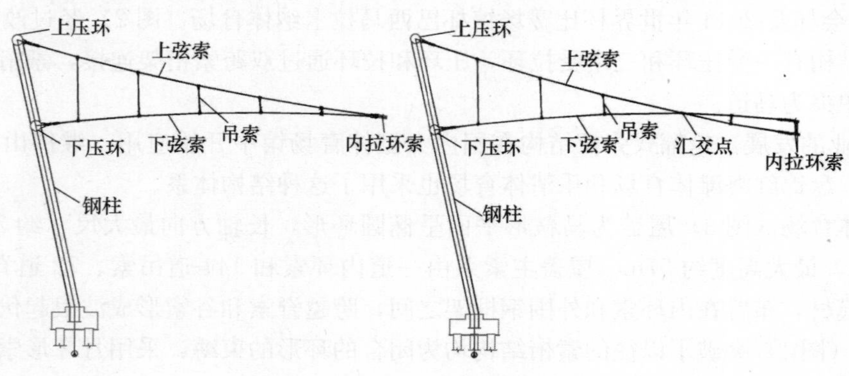

图 4　乐清体育场

2 结构体系演变及受力原理

2.1 体系演变及构成

轮辐式张拉结构体系按屋面形状的分类可分为外凸形和内凹形[3][4]。外凸形轮辐式张拉结构内部是通过飞柱联系的两个拉力环，外部有一个压力环，外压环和拉力环之间通过径向索桁架连接，径向索桁架的上下弦索通过吊索连接；而内凹形轮辐式张拉结构内部有一个拉力环，外部有两个用腹杆连接的压力环。内凹形结构体系由外凸形结构体系演变而来，通过错列变换，将内凹形基本体系的上下弦变为脊谷索，得到拓展体系，在拓展体系加上中央屋盖得到一个封闭的全屋盖结构体系。其演变过程见图 5。

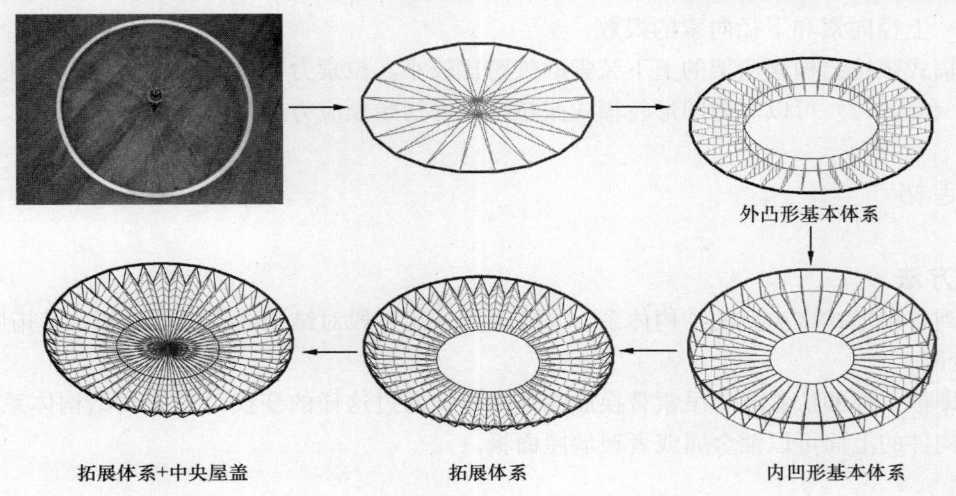

图 5 轮辐式张拉结构的演变

轮辐式张拉结构体系屋面自重较轻，除了承担本身较小的自重外，还必承担风和雪带来的荷载。外压环和内拉环借助放射状的索桁架联系在一起，使得环内力得到平衡。索桁架之间的距离不能太大，这样可以覆盖轻质材料，从而以轻盈的形态来实现大的结构跨度[5]。

2.2 受力特性及力学原理

轮辐式张拉结构的受力原理与自行车辐条车轮相似，外部受压环和内部受拉环通过辐射的受拉索桁架连接起来，形成一个自平衡受力体系。对径向索桁架施加预应力，索桁架的上下弦均承受拉力。由于径向索桁架的拉力作用，外部受压环承受巨大的压力，内部环索有向外变形的趋势，承受拉力。其受力平衡原理见图 6。

上下弦索错列的轮辐式张拉结构通过形成的谷脊索增大屋面的竖向刚度和扭转刚度，同时还具有平面索桁架的基本受力性能。将结构空间模型简化为平面模型，其计算模型如图 7 所示[11]。

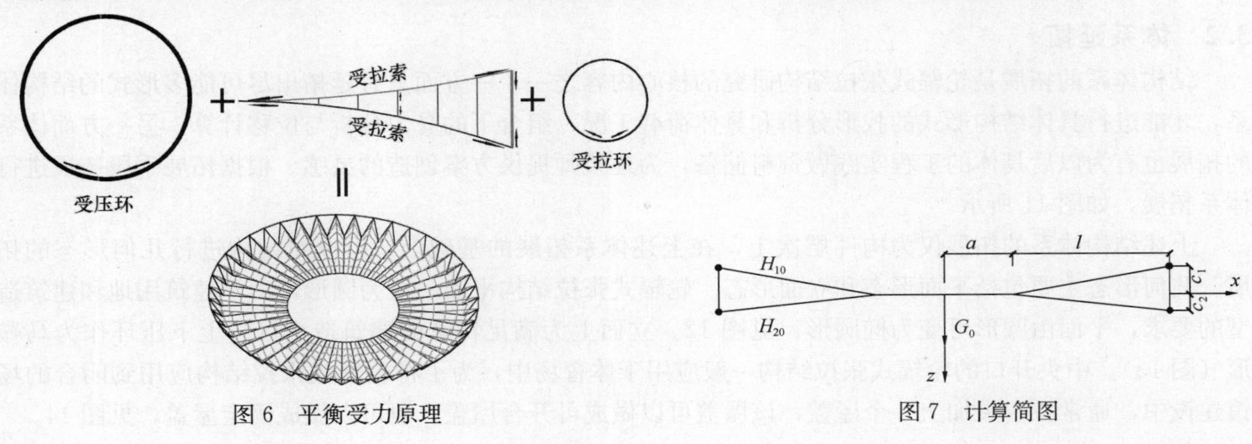

图 6 平衡受力原理 图 7 计算简图

在计算简图中，a 为内部圆环的半径，l 为屋盖罩棚的悬挑长度，c_1 为下部内拉环与外部受压环的高差，c_2 为上部内拉环与外部受压环的高差。G_0 为折算到一榀索桁架上的内拉环索的重力。H_{10} 和 H_{20} 分别为上弦索和下弦索初始预应力的水平分量。

$$H_{20}=H_{10}\times\frac{c_1}{c_2}-G_0\frac{l}{c_2} \tag{1}$$

给出上弦索的初始预应力根据式（1）可以求出下弦索的初始预应力，在根据平衡条件可以求出内拉环的初始预应力。

$$N=-\frac{n(H_1+H_2)}{2\pi} \tag{2}$$

式中　n——上径向索和下径向索的根数。

由于轮辐式张拉结构索桁架的上下弦索的矢跨比较小，拉索力与拉索力的水平分量相差很小，因此通过式（1）和式（2）可以对内凹形轮辐式张拉结构的初始预应力进行估算。

3　体系延拓[6~10]

3.1　拓展方法

为了得到各种形式该类型的结构体系，需要采用一定手段对结构体系进行延拓。其拓展手段如下：

1）柔变刚

柔变刚即把柔性的拉索或者吊索替换成刚性构件。通过这样的变换可以提高结构体系的竖向刚度，同时在刚性构件的上面可以铺金属或者玻璃屋面板。

2）错列

错列就是把索桁架的上下弦索错开，形成谷索和脊索。通过这种变换一方面可以丰富建筑形态，另一方面形成谷脊索原理，提高屋面结构的整体刚度和稳定性。

3）外侧加斜拉索

在内凹形环轮辐式张拉结构的外侧加斜拉索，可以平衡掉径向索桁架上弦索的一部分拉力，并将拉力传递到基础或下部结构。由于斜拉索的作用可以减小上部外压环的压力，在某些情况下可以取消上受压环。

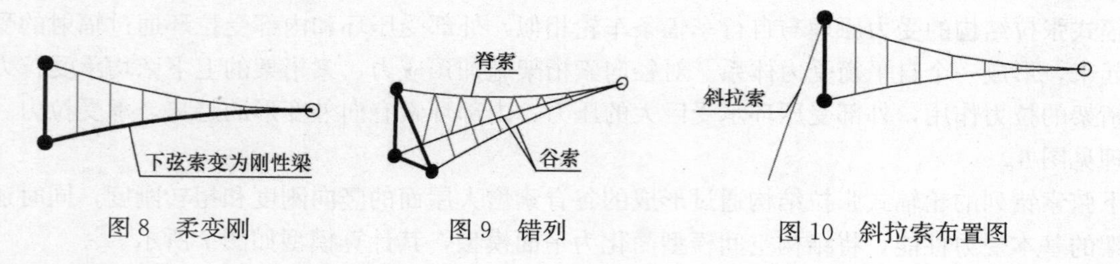

图 8　柔变刚　　图 9　错列　　图 10　斜拉索布置图

3.2　体系延拓

结构体系的拓展是轮辐式张拉结构研究的核心内容之一。一方面只有延拓出尽可能多形式的结构体系，才能进行具体结构形式的找形分析和具体荷载工况、组合下的受力分析与位移计算。另一方面体系的拓展也有为以后具体的工程实践做资料储备，为建筑师提供方案创造的灵感。根据拓展手段拓展进行体系拓展，如图 11 所示。

上述结构体系的拓展仅为构件层次上，在上述体系拓展的基础上，可以对结构进行几何形态的拓展。几何形态主要包括平面形态和立面形态。轮辐式张拉结构平面一般为圆形，由于建筑用地和建筑造型的要求，平面由圆形可变为椭圆形，见图 12。立面上为满足特殊的建筑造型可将上下压环作为马鞍形（图 13）。中央开口的轮辐式张拉结构一般应用于体育场中，为了将轮辐式张拉结构应用到闭合的场馆建设中，通常在中央加上一个屋盖，该屋盖可以做成可开合屋盖，也可以做成固定屋盖，见图 14。

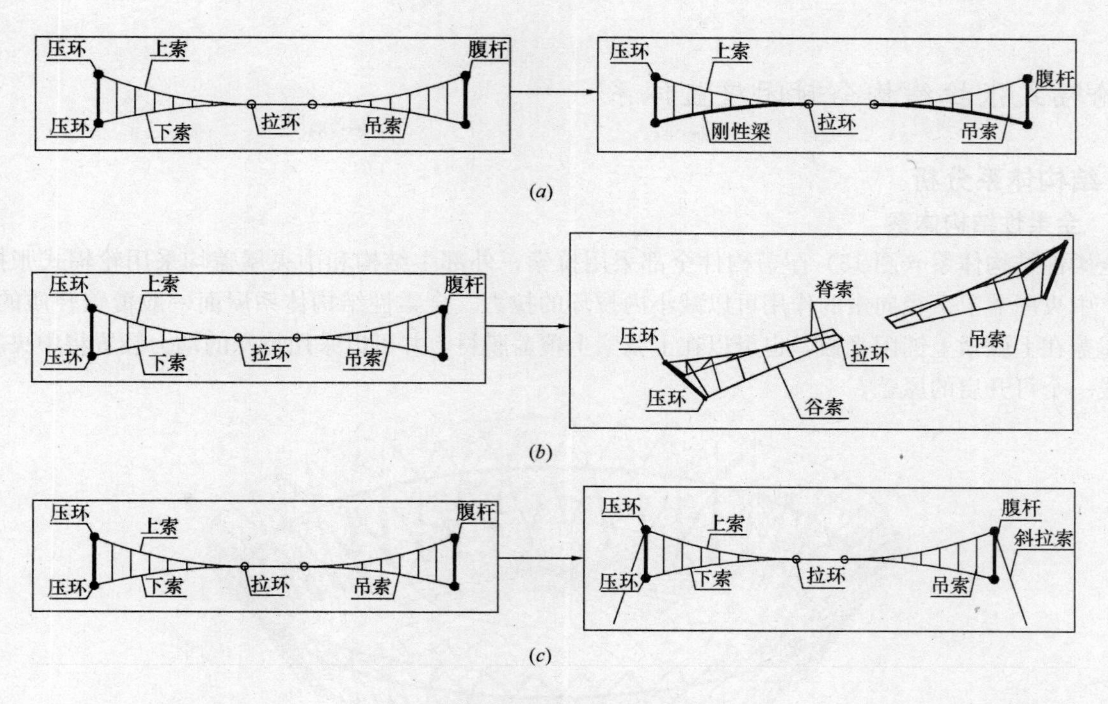

图 11　体系拓展图

（a）柔变刚；（b）错列；（c）最外侧加斜拉索

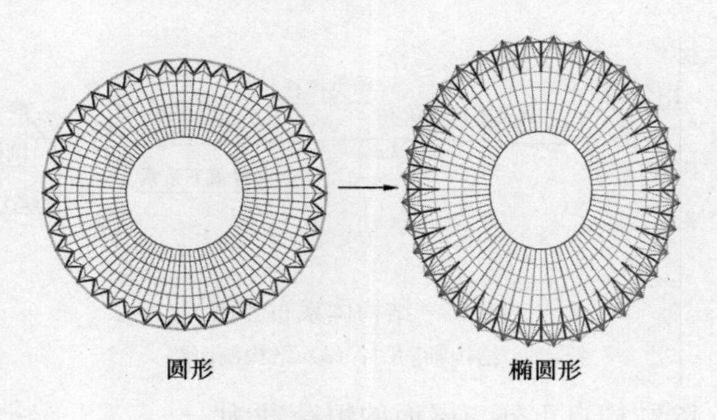

图 12　平面形态的变化

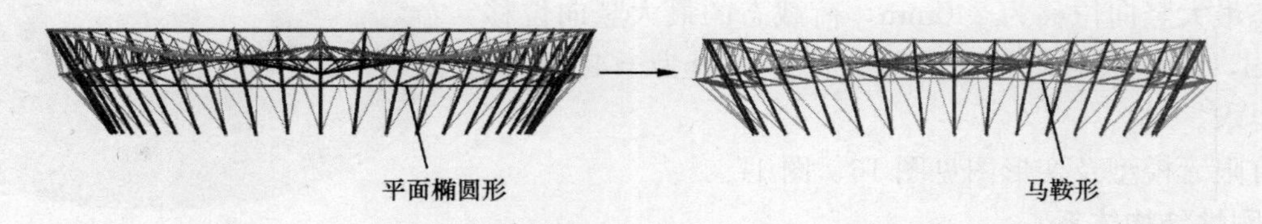

图 13　立面形态的变化（一）

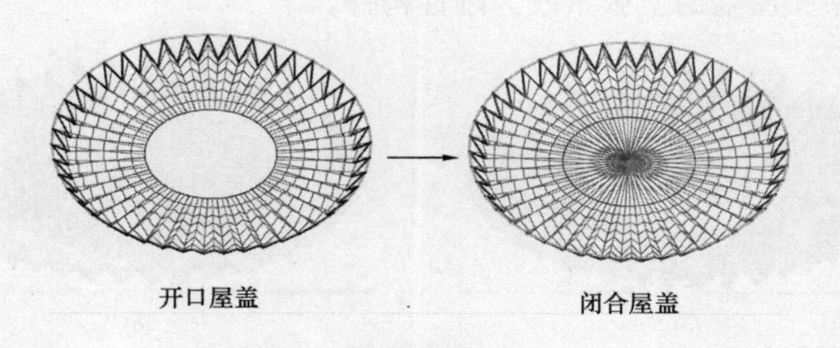

图 14　立面形态的变化（二）

4　轮辐式张拉结构全封闭屋盖体系

4.1　结构体系分析

4.1.1　全柔性结构体系

全柔性结构体系（图 15）屋盖构件全部采用拉索，外部主结构和中央屋盖均采用轮辐式张拉结构体系。中央屋盖上下径向索的作用可以减小内拉环的拉力。全柔性结构体系屋面一般覆盖轻质的膜材，中央屋盖在上弦索上铺阳光板，也可以在上弦索上覆盖膜材，并可以采用特殊的动力装置将中央膜材屋面做成一个可开启的屋盖。

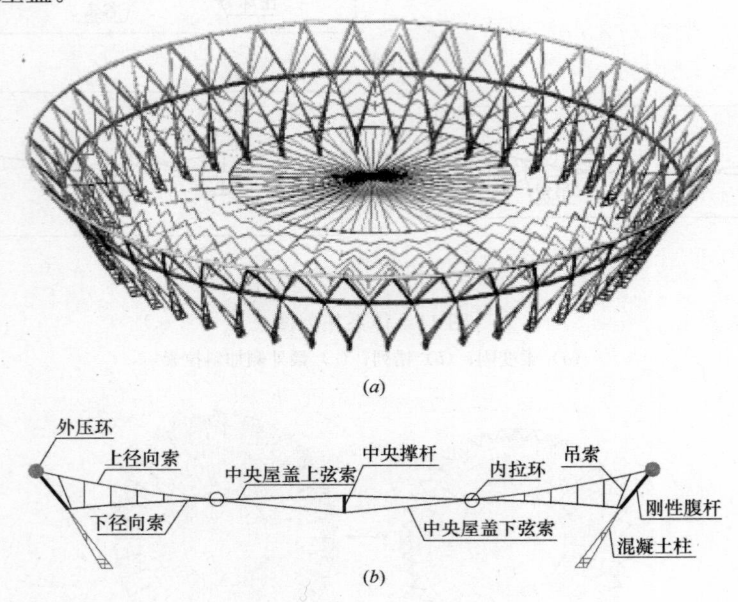

图 15　结构体系布置图

(a) 结构轴测图；(b) 结构剖面图

结构外环直径为 140m，除结构自重外，屋面的恒荷载为 0.3/m²，活荷载为 0.5 kN/m²。结构找形后进行力学性能，结构初始态最大竖向位移为 240mm，荷载态的最大竖向位移为−337mm，荷载态与初始态的最大位移差值为−442mm，满足规范要求。

结构有限元模型及变形图见图 16、图 17。

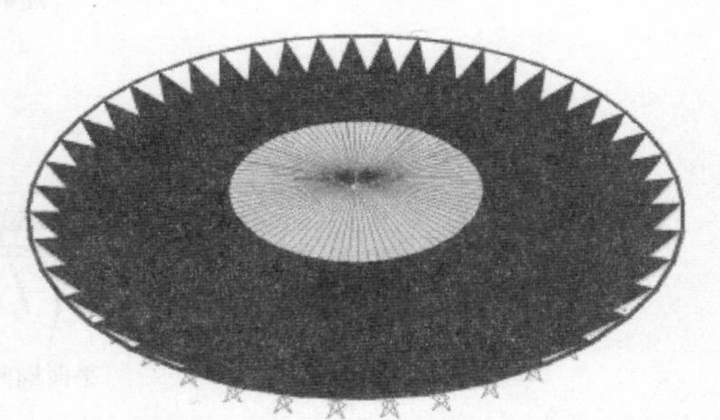

图 16　结构有限元模型

4.1.2　半刚性结构体系

半刚性结构体系（图 18）由全柔性结构体系演变而来，将外部主结构的谷索和中央屋盖的上弦索改为刚性构件。半

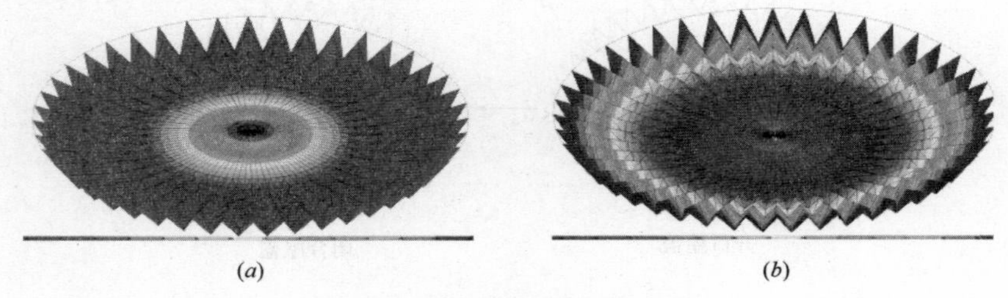

图 17　结构变形图

(a) 结构初始态变形；(b) 结构荷载态变形

刚性结构体系受力原理与轮辐式张拉结构有所不同，外部主结构为悬索结构受力原理，脊索通过吊索悬挂着下部的刚性构件；中央屋盖为张弦结构受力原理，张拉下弦索通过刚性撑杆上部刚性构件。半刚性结构体系屋面可以铺金属板和玻璃，结构的自重较大，不需要稳定索来防止由于风的吸力产生较大向上的竖向位移。

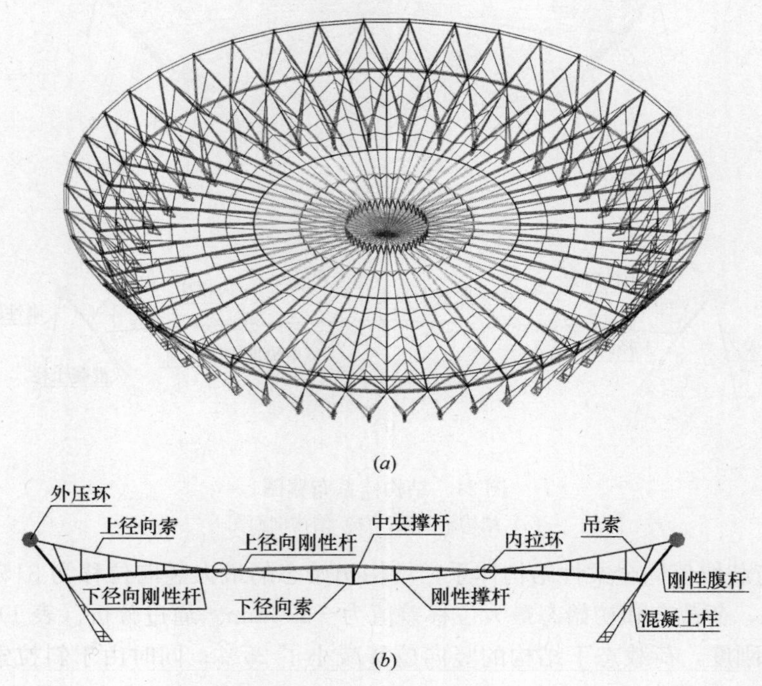

图 18　结构体系布置图

(a) 结构轴测图；(b) 结构剖面图

结构外环直径为 140m，除结构自重外，屋面的恒荷载为 0.8kN/m²，活荷载为 0.5 kN/m²。结构找形后进行力学性能，结构初始态最大竖向位移为 206mm，荷载态的最大竖向位移为－394mm，荷载态与初始态的最大位移差值为－460mm，满足规范要求。

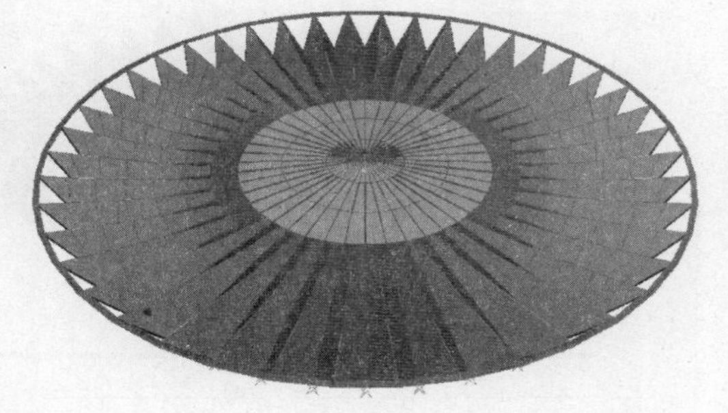

图 19　结构有限元模型

结构有限元模型与变形图见图 19、图 20。

4.1.3　背部斜拉索的作用

为减小受压环的轴力，改善结构的受力性能，可在结构外部加斜拉索。斜拉索应根据建筑造型和场地要求灵活布置，斜拉索可以直接落地与基础连接，也可以与下部柱子连接。在全柔性结构体系的外部加斜拉索，其结构体系布置如图 21 所示。

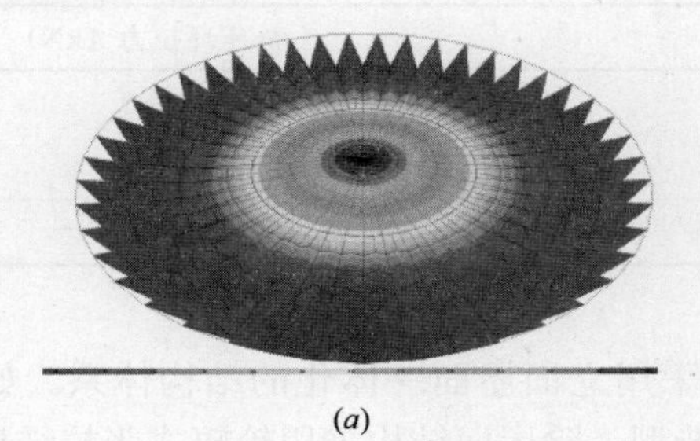

(a)

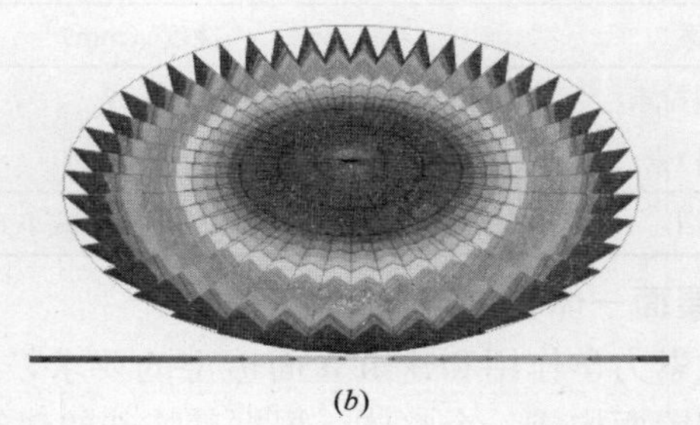

(b)

图 20　结构变形图

(a) 结构初始态变形；(b) 结构荷载态变形

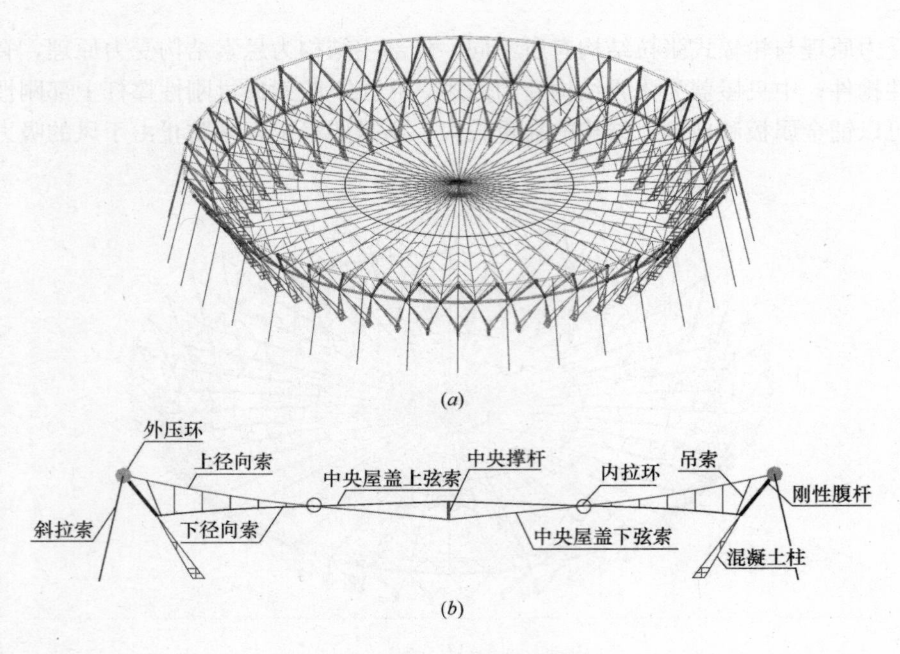

图 21　结构体系布置图

(a) 结构轴测图；(b) 结构剖面图

结构的跨度和荷载取值同全柔性结构体系，结构初始态的最大竖向位移为 315mm，荷载态的最大竖向位移为−254mm，荷载态和初始态最大位移差值为−423mm。通过分析（表 1）可知，斜拉索能够提高屋面向下的竖向刚度，荷载态下结构的竖向位移减小了 25%；同时由于斜拉索的作用，上部外压环的轴力减小了 81%。

结构变形图见图 22。

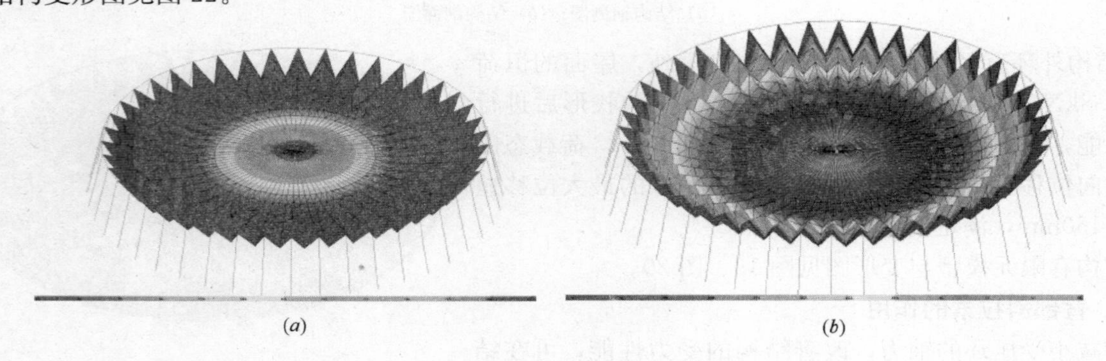

图 22　结构变形图

(a) 结构初始态变形；(b) 结构荷载态变形

斜拉索作用分析　　**表 1**

方案	挠度（mm）	外压环拉力（kN）
未加斜拉索	−327	6300
加斜拉索	−254	1160
总结	挠度减小 25%，外环压力减小 81%	

4.1.4　立面屋面一体化体系

结合斜拉索力学作用和建筑立面造型的要求，可采用立面屋面一体化的结构体系。如图 23 所示，建筑的立面和屋面构成一个整体，根据其特殊的建筑造型，除屋面结构采用轮辐式张拉结构外，立面上可以用斜拉索支撑墙面板材，其结构体系布置如图 24 所示。

该结构的短轴跨度为 136m，长轴跨度为 158m，外部斜拉索交叉布置，通过 V 形撑杆与柱子形成

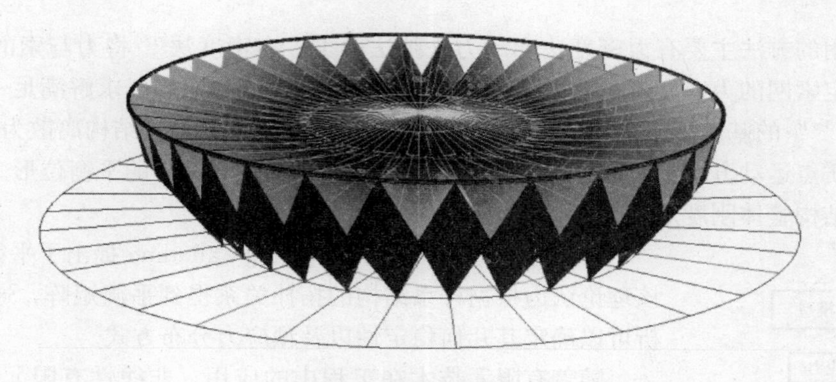

图 23　建筑效果图

一个整体。斜拉索上可以悬挂墙面板，由于斜拉索的作用，上压环的轴力减小，同时撑杆将斜拉索拉力传到柱子和下外压环上，下压环的轴力增大。结构的变形情况如图 25 和表 2 所示。

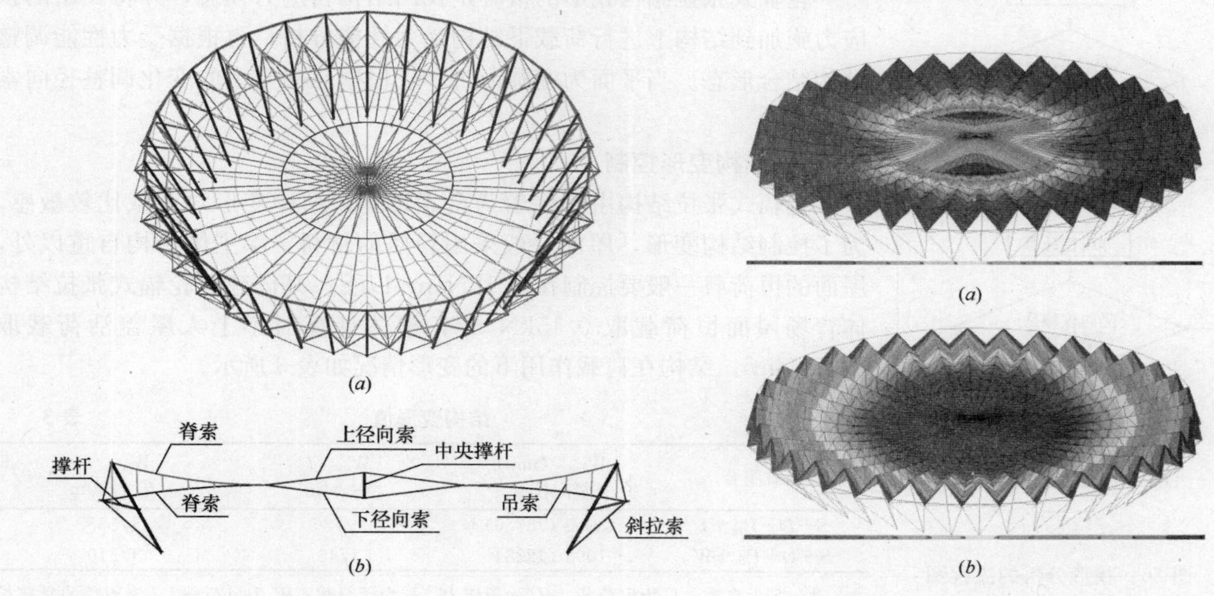

图 24　结构变形图

(a) 结构轴测图；(b) 结构剖面

图 25　结构变形图

(a) 结构初始态变形；(b) 结构荷载态变形

结 构 变 形 值　　表 2

位移	初始态竖向位移 (mm)	荷载态竖向位移 (mm)	荷载态与初始态位移差 (mm)
数值	121	−520	−665

由结构的变形图看出，初始态短跨方向的竖向反拱位移较大，荷载态下长轴方向的竖向位移较大，原因是谷索在立面上为马鞍形，矢跨比从长轴到短轴逐渐变化，导致长、短跨方向的谷索受力不均，引起长短跨方向上的变形不均匀，但结构的最大位移和荷载态和初始态位移差满足规范要求。

4.2　结构设计关键问题

轮辐式张拉结构设计关键问题包括结构找形、结构变形控制、施工张拉和细部构造。与平面为圆形的轮辐式张拉结构相比，椭圆形的轮辐式张拉结构的结构找形和施工张拉难度更大。下面对 4.1.4 节的立面屋面一体化体系的设计的关键点进行说明。

4.2.1　结构找形

结构找形分析是张拉结构设计的核心内容之一。广义的找形分析可分为找形分析和找力分析。找形分析是指根据给定的预应力条件确定结构的几何位形，这类问题主要存在于单层索网结构、索膜结构中。找形分析常用的方法主要有力密度法和动力松弛法两类。力密度法[12]将力与索的长度之比定义为力密度，通过设定索网的力密度值，并根据拉索的拓扑关系建立支点矩阵，求解满足一定条件的索网形状。动力松弛法[13～15]的基本思想是用动力学的概念求解静力平衡问题，将结构离散为质点，将外荷载、结构内力转换到质点运动方程中，通过设定虚拟阻尼求解质点振动衰减后的平衡位形。动力松弛法的优点是不需要组装结构整体刚度矩阵。

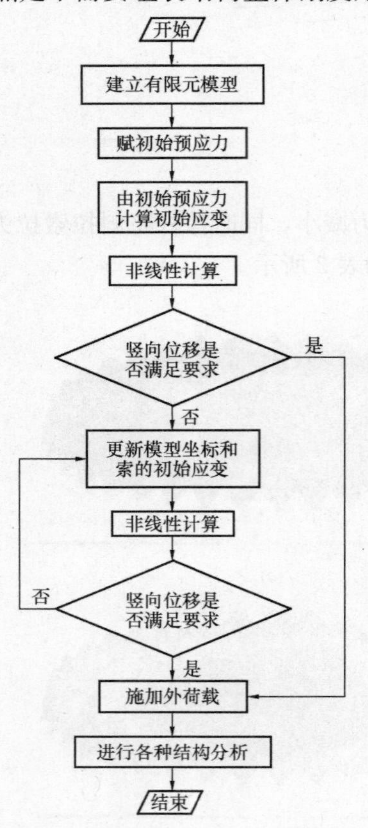

图 26　找形分析的流程图

关于找力分析，Pellegrino 和 Calladine 提出了平衡矩阵理论[16～18]，该理论认为根据杆系结构的拓扑关系得到平衡矩阵，通过对平衡矩阵分析可以确定其几何稳定性以及预应力分布方式。

随着有限元技术在工程中的应用，非线性有限元[19～21]的找形在工程中应用越来越广泛。对于轮辐式张拉结构可以采用大型非线性有限元软件进行找形分析，其基本过程如图 26 所示。

轮辐式张拉结构找形的核心是找出结构自应力模态，并将找出的预应力施加到结构上进行荷载下结构受力性能分析，再根据受力性能调整结构结合形态。当平面为椭圆形时，应根据环向受力的变化调整径向索布置。

4.2.2　结构变形控制

轮辐式张拉结构由于屋盖为全索结构，结构变形对荷载比较敏感。为了控制结构变形，屋面一般采用轻质的材料，除主体结构自重以外，屋面的恒荷载一般要控制在 0.5kN/m² 以下。某已建的轮辐式张拉结构体育场屋面恒荷载取 0.15kN/m²，整体计算时不上人屋盖活荷载取 0.3kN/m²，结构在荷载作用下的变形情况如表 3 所示。

结构变形值　　表 3

荷载组合	W_{max} (mm) 竖向位移	W_{max}/l l=54m	W_{max}/l_1 l_1=230m
$S+D+P_{re}+L$	430.0 (757.0)	1/126	1/535
$S+D+P_{re}+W$	1093 (1228)	1/49	1/210

注：S 为自重，D 为恒荷载，P_{re}为预应力，L 为活荷载，W 为风荷载，l 为屋盖的悬挑长度，l_1 为结构的全跨长度。

对于体育场，轮辐式张拉结构应按悬挑长度和全跨长度控制结构竖向位移。对于闭合结构应按全跨长度控制结构的竖向位移。依据《索结构技术规程》JGJ 257—2012，轮辐式张拉结构的荷载态与初始态的最大竖向位移之差不应超过全跨长度的 1/200。

4.2.3　施工张拉

轮辐式张拉结构为全柔性结构，结构施工张拉为整个结构的重点和难点之一。索桁架一般在刚性构件安装完成以后进行施工张拉，其施工顺序如图 27 所示。具体环形索桁架结构可以根据径向索布置形式适当调整索的施工张拉顺序，为调整施工误差，径向索有时候需要二次张拉。

对于平面为椭圆形的轮辐式张拉结构径向索受力不均匀，施工张拉难度比圆形轮辐式张拉结构难度大。施工张拉时为保证受力平衡和变形均匀，应同时张拉间隔 90°的 4 根径向索。中央屋盖的轮辐式张拉结构可在外部主结构张拉完成后进行张拉。

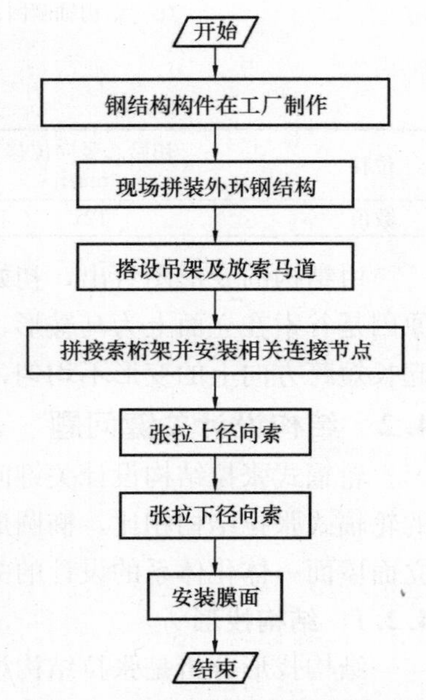

图 27　施工张拉过程的流程图

施工张拉过程中影响索的拉力的因素很多，其中主要包括施工误差和环境影响因素。施工误差主要指索长偏差、支座安装误差和受压环安装位形偏差。环境影响主要是施工环境温度，它直接影响着拉索的预应力。通常情况下安装环境温度与设计基准温度之差对成型状态结构的预应力分布影响较小，而刚性构件与拉索加工环境温度之差对成型状态结构的预应力分布影响较大，需要在加工时对构件的尺寸进行适当的修正。

4.2.4 细部构造

轮辐式张拉结构细部构造包括节点和屋面系统。随着轮辐式张拉结构在国内体育场馆中应用，节点和屋面系统已经有一套完整体统。对于这种主要由拉索构成的体系，节点构造对其受力影响很大。轮辐式张拉结构的重要节点有径向索与环索的连接节点、吊索与径向索的连接节点、径向索与外压环的连接节点，以及钢柱柱节点（图 28）。屋面系统通常采用拉索和钢拱支撑的膜结构。拉索和钢拱构成一个自平衡支撑系统（图 29），拉索的拉力正好平衡掉钢拱产生的推力。同时对屋面膜材施加拉力，能够保证钢拱的平面外稳定性。由于轮辐式张拉结构体系布置灵活，变化丰富，因此需要根据具体结构形式设计不同的节点构造和屋面系统。

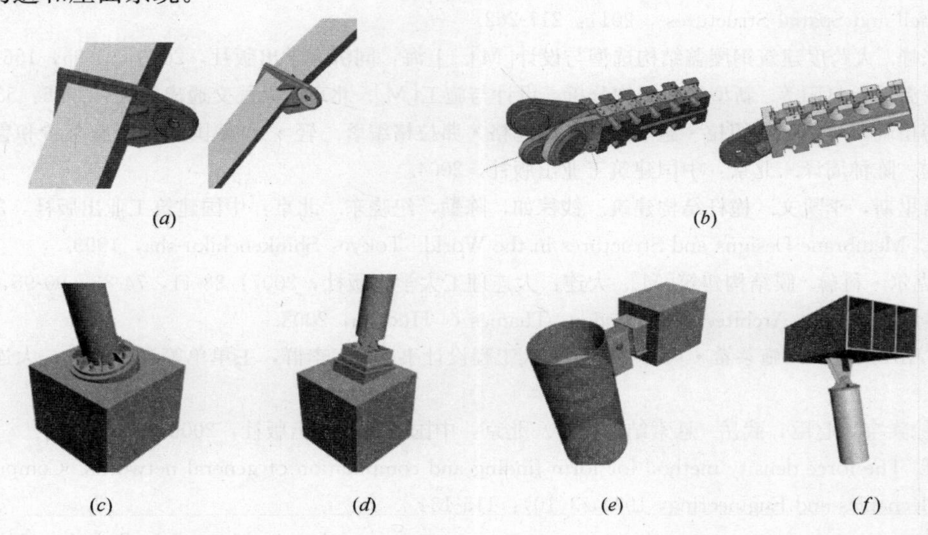

图 28 节点构造

(*a*) 径向索与外压环连接节点；(*b*) 径向索与环索连接节点；(*c*) 柱脚固接；(*d*) 柱脚铰接；(*e*) 钢柱与梁铰接；(*f*) 主柱与压环箱梁铰接

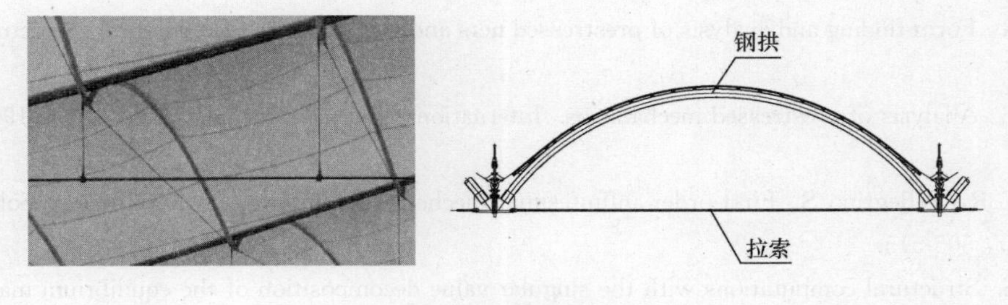

图 29 屋面系统

5 结论

轮辐式张拉结构是受力效率最高的结构体系之一，在大跨度建筑特别是超大跨度的体育场中应用的越来越多，本文通过分析轮辐式张拉结构的体系和受力性能，提出以下结论和建议：

1）轮辐式张拉结构受力合理，屋面一般采用较轻的膜结构材料，造型轻盈优美。在优化结构受力的同时，达到结构形态与建筑造型完美契合，能够将结构之美和建筑之妙完全结合起来；

2）轮辐式张拉结构体系布置灵活，通过对结构体系拓展方法的研究找出结构体系的延拓规律，根据延拓规律对结构体系进行拓展，为结构分析和工程应用借鉴；

3）通过对轮辐式张拉结构全封闭屋盖体系的研究和分析，得到可能实现的结构形式，并结合场地和建筑造型要求，提出椭圆形立面屋面一体化的轮辐式张拉结构；

4）对椭圆形轮辐式张拉结构设计的关键问题进行分析，并给出设计建议。椭圆形结构体系比圆形结构体系施工张拉复杂，应采取专门的张拉措施。

参考文献

[1] 勒内·莫特罗著. 张拉整体——未来的结构体系[M]. 薛素铎，刘迎春译. 北京：中国建筑工业出版社，2007：18.

[2] Ihsan Mungan，John F. Abel. Fifty Years of Progress for Shell and Spatial Structures. Madrid：International Association for Shell and Spatial Structures，2011：217-262.

[3] 丁洁民，张峥. 大跨度建筑钢屋盖结构选型与设计[M]. 上海：同济大学出版社，2013：91-95，156-163.

[4] 董石麟，罗尧治，赵阳等. 新型空间结构分析、设计与施工[M]. 北京：人民交通出版社，2006：532-556.

[5] 安妮特·博格勒，皮特·卡绍拉·施马尔，英格博格·弗拉格编著. 轻·远-德国约格·施莱希和鲁道夫·贝格曼的轻钢结构. 陈神周译. 北京：中国建筑工业出版社，2004.

[6] 詹姆斯·哈里斯，李凯文. 桅杆结构建筑. 钱稼如，陈勤，纪晓东. 北京：中国建筑工业出版社，2009：5.

[7] Kazuo Ishii. Membrane Designs and Structures in the World. Tokyo：Shinkenchiku-sha，1999.

[8] 克劳斯-迈克尔·科赫. 膜结构建筑[M]. 大连：大连理工大学出版社，2007：38-41，74-83，90-95，206-225.

[9] Philip Drew. New Tent Architecture. London：Thames & Hudson，2008.

[10] 德国DETAIL杂志社. 施莱希·贝格曼及合伙人工程设计事务所. 李群，王单单等译. 大连：大连理工大学出版社，2012.

[11] 沈士钊，徐崇宝，赵臣，武岳. 悬索结构设计. 北京：中国建筑工业出版社，2006：115-119.

[12] Schek H J. The force density method for form finding and computation of general networks. Computer Methods in Applied Mechanics and Engineering，1974，3(10)：115-134.

[13] Otter J. Computations for prestressed concrete reactor pressure vessels using dynamics relaxation. Nuclear Structural Engineering，1965，1(1)：61-75.

[14] Lewis W J，Jones K R. Dynamic relaxation analysis of the non-linear staticresponse of pretensioned cable roofs. Computers & Structures，1984，18(60)：989-997.

[15] Barnes M R. Form-finding and analysis of prestressed nets and membranes. Computers & Structures，1988，30(3)：685-696.

[16] Pellegrino S. Analysis of prestressed mechanisms. International Journal of Solids&Structures，1990，26(12)：1329-1350.

[17] Calladine C R，Pellegrino S. First-order infinitesimal mechanisms. International Journal of Solids & Structures，1991，27(4)：505-515.

[18] Pellegrino S. Structural computations with the singular value decomposition of the equilibrium matrix. International Journal of Solids & Structures，1993，30(21)：3025-3035.

[19] Argyris J H，Angelopoulos T，Bichat B. A general method for the shape finding of lightweight tension structures. Computer Methods in Applied Mechanics and Engineering，1974，3(1)：135-149.

[20] 尚仁杰，郭彦林，吴转琴. 基于索合力线形状的车辐式结构找形方法. 工程力学，2011，28(11)：145-152.

[21] 田广宇，郭彦林，王昆. 索桁架结构体系找形分析的节点位移法. 空间结构，2011，17(3)：20-26.

既有钢结构鉴定评估研究现状

罗永峰　罗立胜

（同济大学建筑工程系，上海　200000）

（住房和城乡建设部《高耸与复杂钢结构检测与鉴定技术标准》规范编制研究项目）

摘　要　本文针对既有钢结构鉴定评估的研究现状，综合分析了目前国内外具有代表性和学术价值的研究成果，简要介绍了本研究团队的研究课题与成果，指出了目前研究的局限性和不足，并给出了部分问题的研究思路和解决方法。最后，在归纳总结目前研究成果的基础上，并结合完善我国规范体系的需要，列出了该领域亟待解决、且具有较高学术价值和实际工程意义的热点课题。

关键词　既有钢结构；鉴定评估；缺陷损伤；构件重要性；时变可靠度

1　引言

随着我国改革开放的持续推进和经济的稳定增长，特别是材料科学、计算与设计方法、制作与安装技术、施工技术的发展，钢结构在我国应用越来越广[1]。然而，钢结构在得到大力发展推广的同时，由于自然环境因素、荷载作用以及边界条件的改变等原因，使得结构系统在使用过程中产生缺陷、变形、损伤和抗力衰减、甚至导致工程事故。近年来，国内外都曾发生过不同类型、不同原因、不同程度的钢结构质量事故，有些甚至造成钢结构倒塌毁损，造成了严重的人员伤亡和经济损失[2~4]。2000 年 4 月，湖南耒阳电厂大型储煤库空间结构在使用 5 年后由于环境腐蚀等原因发生倒塌事故（图 1）[5]；2002 年 9 月，山西省某俱乐部观众厅网架发生整体垮塌事故[6]；2003 年，韩国济州岛某体育场在强风作用下倒塌；2004 年 5 月，法国戴高乐机场 2E 候机厅发生坍塌事故（图 2）；2005 年 7 月，内蒙古新丰热电有限责任公司机房发生坍塌；2006 年 2 月，加拿大温哥华 2010 年冬奥会穹顶在积雪与大风作用下发生坍塌（图 3）；2008 年 2 月，我国南方雪灾导致大量加油站屋盖坍塌（图 4），等等。

图 1　湖南耒阳电厂储煤库坍塌

图 2　戴高乐机场屋盖坍塌

图 3　温哥华冬奥会穹顶坍塌

图 4　我国南方雪灾中坍塌的加油站现场

目前，我国已经进入工程建设改造和新建并重的重要发展阶段[7,8]，其中相当部分既有钢结构已进入功能退化期甚至出现安全性失效风险。基于目前的国情，将这部分既有钢结构拆除后重建，势必会造成极大的资源浪费，同时也会造成严重的环境问题。因此，合理利用和改造既有钢结构才是一种可持续发展的正确战略。为确定既有钢结构是否安全可靠，就需要对既有钢结构进行检测并对其可靠性进行科学的鉴定评估，然后，根据鉴定评估结论进行合理必要的维修和加固，以提高既有钢结构的安全性和延长结构寿命。因此，建立关于既有钢结构鉴定方法与评定标准，具有重要的理论价值和工程实用意义。

对既有结构的检测、可靠性评估以及加固技术等理论和技术的研究，已经逐渐成为建筑工程领域科学研究和工程界的热点问题，许多专家学者和工程技术人员已经将注意力聚焦到该领域，在国外已经发展成为一项专门的研究学科[9,10]。混凝土结构因其应用历史悠久，结构数量多，因此，人们对既有混凝土结构的检测、鉴定和安全性评定研究已较为成熟，国内外已经取得了大量的研究和应用成果[11~19]。然而，钢结构尤其是大型复杂钢结构作为新型结构体系，应用时间较短，人们对于既有大型复杂钢结构安全性评定的研究，国内尚处于起步阶段，尚未形成完整系统的理论体系。本文根据国家标准《高耸与复杂钢结构检测与鉴定标准》编制过程中的研究课题，针对目前该领域的研究现状，介绍部分具有价值的科研成果，最后列出目前该领域亟待解决且具有较高学术价值和实际工程意义的热点课题。

2 既有结构鉴定评估发展历史

对既有工程结构的检测鉴定评估，自建筑结构诞生之时就存在，但由于当时的检测技术手段落后以及缺乏系统理论指导，工程技术人员只能依据工程经验对既有工程结构做出定性评估。直到 20 世纪 40 年代，随着现代工程科学技术的发展以及数理统计理论在工程领域的应用，既有结构检测鉴定才形成一种门学科。国外自 20 世纪 40 年代至今，对既有结构鉴定评估研究大致可分为三个阶段[8]：

1）探索阶段。该阶段大致从 20 世纪 40 年代～20 世纪 50 年代末期，主要特点是注重对结构缺陷原因的分析和维修方法的研究。

2）发展阶段。该阶段大致从 20 世纪 60 年代～20 世纪 70 年代末期，主要特点是注重对结构检测技术和评估方法的研究。这一阶段出现了破损检测、非破损检测、物理检测等几十种现代检测技术，也提出了诸如分项评价、综合评价等多种评价方法。

3）完善阶段。该阶段大致从 20 世纪 80 年代至今，主要特点是引入工程学科知识，获取专家的个人知识研制专家系统；注重规范、评价标准的制订，注重检测手段、检测技术的更新，强调综合评判和宏观经济效果。

我国针对既有建筑物的鉴定评估研究工作始于“文革”之后。1976 年，为配合唐山大地震之后的既有结构的鉴定加固，科研部门以及部分高校开展了相关的研究。自此之后，我国进行了系列研究，并陆续颁布了一系列规范[20~25]。

既有结构鉴定评估方法根据其出现历史早晚，可大致分为四种：传统经验法、实用评定法、模糊评定法和可靠度评定法，不同方法的特点如下：

1）传统经验法。传统经验法是以原始设计为依据，由有经验的专家通过现场检测和简单的计算分析，根据个人经验对既有建筑物的安全性进行评价。传统经验法简单易行，操作方便[21]。然而，传统经验法在鉴定体系和鉴定技术方面都和现代的结构设计原理和检测技术水平不适应，存在的缺点有：既有建筑使用年限较长，完备翔实的设计资料很难获取，结构的缺陷和损伤依赖于个人观察，当结构体系复杂时，评定专家很难对整个结构的性能和状态做出全面的分析，评价结果缺乏系统性；由于专家个人的理论知识或经验存在一定的局限性，导致对建筑结构的安全性评定带有很大的主观性，鉴定结论往往因人而异。

2）实用鉴定法。实用鉴定法是在传统经验法的基础上发展起来的，该方法采用辅助检测手段与工具对既有建筑物及周围环境进行现场调查，确定具体的检测方案，应用计算机技术以及其他技术和方法对既有建筑物进行结构分析，以现行建筑检测规范为基准，按照统一鉴定程序，对既有建筑物安全性进行综合评定。实用鉴定法克服了主观因素的影响，提高了既有建筑物检测鉴定的精确性。相较传统经验法而言，虽然增加了检测的费用和工作量，但检测结果更符合实际，避免了传统经验法的主观性，具有较高的可信度。但该方法仍然存在缺陷，因为这种方法仅仅是对结构构件的损伤程度与结构的损伤状态进行检测评定，没有从整体上对结构进行安全性评定。

3）模糊评定法。模糊评定法是由实用鉴定法发展起来的方法。20 世纪 80 年代初期，Brown[26]最早开始从事模糊数学在土木工程中的应用研究，Yao[27]成功将模糊数学应用于震后结构破损评估和既有结构性能评估的专家系统，近年来，国内外广泛开展了模糊数学在结构数学可靠度分析中的应用研究，探讨既有结构的可靠性评价方法。文献［28］基于模糊数学基本理论和层次分析法，研究既有建筑结构可靠性评定体系，建立了既有结构可靠性的模糊评价模型，介绍了对既有结构可靠性评价的全过程。文献［29］在层次分析的基础上，将物元理论和层次分析法相结合，提出利用层次分析法确定权重，利用物元分析法评估对象的等级范围，以更有效地评估既有工业厂房。文献［30］则引入 M（∨，∧）模型，使层次评价方法更可靠，该方法在多层结构体系中较为有效。文献［31］从临界结构入手，以构件失效影响面积为参考，得到了计算构件重要性系数的简便方法，结合构件的可靠度提出定性与定量结合的结构安全性综合评估方法。

4）可靠度评定方法。自 Freudental 教授[32]于 1947 年对结构安全度问题提出合理的分析方法以来，概率论和数理统计学[33]被广泛应用于结构工程领域。20 世纪 70 年代初期，以概率论为基础的极限状态设计方法进入了实用阶段，Hart[34]等人于 20 世纪 80 年代初期提出了应用可靠度指标来评估结构的损坏；与此同时，Pitzsimons[35]也提出了类似的可靠性分析方法，Meyer 等[36]人则定义了适合于可靠度分析的损坏参数。我国学者对既有结构可靠度评定作了大量的研究，文献［37］系统总结了目前建筑结构可靠性鉴定中存在的问题；文献［38］基于贝叶斯理论结构系统的可靠性进行了相关研究；文献［39］基于数论方法对结构系统的可靠性进行了相关研究；文献［40］运用可靠性鉴定方法对具体工程进行了鉴定并预测其剩余寿命；赵国藩、贡金鑫等[41~46]对既有结构的可靠度计算和可靠度评定进行了长期系统的研究；姚继涛等[47~48]对结构可靠性从数理统计角度进行了研究；文献［49］和文献［50］尝试着研究既有结构可靠性鉴定新方法；文献［51］基于灰色理论对结构可靠性鉴定进行了相关研究；除此之外，还有许多年轻学者运用模糊数学、概率论、神经网络、遗传算法等新兴理论对既有结构的可靠度进行了相关研究[52~64]。可靠度鉴定法，由于计算复杂，在实际工程中尚难以应用，因此，应进行合理简化，并结合其他理论建立实用的可靠度鉴定方法。

3　既有钢结构鉴定评估方法研究现状

对既有钢结构的鉴定评估方法的研究，主要包括既有钢结构缺陷引入方法、数理统计理论在既有结构鉴定中的应用、既有结构构件重要性判定和既有结构时变可靠度的研究。

3.1　既有钢结构缺陷损伤引入方法研究

目前，既有结构鉴定评估的相关规范大多直接套用拟建结构的设计规范，这样做可以借用拟建结构设计规范的成熟成果，同时容易被工程从业人员接受。然而，既有结构与拟建结构存在显著的差别，完全照搬设计规范的公式及参数是不合理的。既有结构与拟建结构存在的最大差别是[65~68]：既有结构是客观存在的空间实体，构件材料的力学性能、构件截面几何尺寸、结构缺陷损伤均是客观存在的，通过现场检测可以获得结构缺陷损伤的具体信息。目前对既有钢结构的缺陷损伤检测方法的研究较多，然而，对将检测后得到的数据如何引入既有钢结构计算模型的研究较少。钢结构的缺陷按照其存在的位置以及缺陷影响范围可以分为构件缺陷、节点缺陷和结构整体缺陷。

3.1.1　构件缺陷与损伤

构件缺陷与损伤主要包括：构件几何缺陷、构件残余应力缺陷和构件锈蚀损伤。

1）钢构件几何缺陷

因为构件几何缺陷直接影响构件稳定性和承载力，因此不能被忽略。构件几何缺陷分为局部缺陷和整体缺陷。局部缺陷指钢构件截面畸变，截面畸变对薄壁结构承载力影响较大，该类缺陷的截面几何形状和分布形式较为复杂[69]。普通钢结构主要由非薄壁构件组成，可忽略截面畸变影响，主要考虑构件整体几何缺陷的影响。考虑构件整体几何缺陷的方法主要包括：假定缺陷分析法、等效荷载法、缩减切向模量法、随机缺陷模态法和一致缺陷模态法等。

①假定缺陷分析法。该方法通过假定构件整体变形缺陷的形状及幅值来考虑其影响。美国 AISC-LRFD[71]规定：非支撑框架结构每层的初始倾斜假定为 $L/500$（L 为非支撑柱长度）；支撑框架采用构件弯曲考虑构件几何缺陷，其中最大初始弯曲幅值为 $L/1000$，并假定构件初始弯曲形状为正弦曲线。该方法适用于拟建结构的设计，由于既有钢结构构件的几何缺陷幅值以及变形形状可通过实测获得，无需进行上述假定，即该方法不适用于既有钢结构验算。

②等效荷载法。等效荷载法将结构几何缺陷采用等效侧向荷载代替，等效侧向荷载采用重力荷载函数的形式表示[72,73]。该方法是一种近似方法，其计算结果有误差[70]，而且当结构为大型复杂空间结构时，难以准确计算等效侧向荷载值及其方向。而且该方法也建立在假定缺陷幅值的基础上，因此，该方法同样不适用于既有钢结构验算。

③缩减切线模量法。构件几何缺陷会导致单元刚度降低，缩减切线模量法通过减小材料切向模量来模拟单元刚度降低。缩减切线模量法间接考虑构件几何缺陷的影响，且不需要判断几何缺陷的空间方位，理论分析和试验结果表明[70]，当几何缺陷缩减因子取 0.85 时，其结果与 $L/500$ 的结构初始倾斜等效。但该方法与等效荷载法类似，无法引入实测构件几何缺陷参数，因此，该方法不适用于既有钢结构验算。

④一致缺陷模态法。一致缺陷模态法[74]认为，结构的几何缺陷按照结构最低阶模态分布时，结构按该模态变形时将处于势能最小状态，因此，对结构稳定性最不利。该方法适用于拟建结构，已被《空间网格结构技术规程》[75]采用。然而，既有钢结构作为一种已经客观存在的结构，在施工、服役期间由于各种因素导致其几何形态变异，造成既有结构的几何缺陷分布模式不同于结构最低阶屈曲模态，而且其最大幅值也与假定不同，因此，该方法不适用于既有钢结构验算。

⑤随机缺陷模态法。随机缺陷模态法基于概率统计理论，认为结构几何缺陷幅值符合某种分布（通常假定为正态分布），通过产生服从该分布的伪随机数组成样本，计算分析每种样本模型，对计算结果进行统计分析处理，得到结构的稳定承载力[76]。该方法既适用于拟建结构的计算分析，也可用于既有钢结构的验算分析，两者不同之处在于，拟建结构的分布类型及分布参数均需假定，而既有钢结构的分布类型和分布参数均可通过实测通过数据统计处理获得。

2）构件残余应力缺陷。钢构件中的残余应力是构件在加工制作过程中产生的。由于生产工艺不同，形成的残余应力性质也不尽相同，通常残余应力可以分为三种[77]：热轧残余应力、焊接残余应力和冷弯残余应力。残余应力对构件的静力强度、屈服强度、疲劳强度、脆性断裂、应力腐蚀以及钢材硬度等都有影响，因此，既有结构必须要考虑残余应力的影响。拟建结构设计也考虑残余应力，但残余应力大小及分布是假定的，而既有钢结构的残余应力可以测定。目前，测定残余应力的方法主要有两种[78]：机械测定法和物理测定法。机械测定法的测量原理，是将具有残余应力的部分用一定的方法进行局部的分离或分割，使残余应力局部释放，测定此时的变形，进而应用弹性力学方法求出残余应力，机械测定法包括取条法、切槽法、剥层法、钻孔法等。物理测定法是采用无损检测的方法直接求得残余应力，物理测定法包括 X 射线法、超声法和磁性法。目前的研究主要集中在既有钢结构构件残余应力测定方法，对如何将实测值引入构件计算模型的研究还不足。研究残余应力对构件受力影响的主要方法有试验法和有限单元法。试验法受到试验成本制约，而且既有构件获取难度较大，因此，本文建议采用有限元法，寻求建立一种可考虑残余应力的计算模型。

3）构件腐蚀损伤。作为钢结构主要材料的碳钢和低合金钢，其耐腐蚀性能并不好，通常需采取保护涂层来减缓环境对钢材的腐蚀。实际工程中，由于保护涂层的有效期远远低于结构设计使用年限，钢构件不可避免地存在腐蚀现象。目前对构件腐蚀的研究分为两个方向：构件腐蚀对承载力的影响和构件腐蚀模型。文献［79］通过试验方法研究锈蚀对钢材力学性能的影响，结果表明，随着锈蚀率的增大，屈服强度、极限强度呈线性下降。文献［80］通过试验方法研究锈蚀对受弯构件刚度及稳定性的影响，并建立了相应的计算分析模型。根据腐蚀范围构件腐蚀可以分为[81]：点腐蚀、局部腐蚀和整体均匀腐蚀。结构工程领域对钢构件腐蚀的研究主要集中在均匀腐蚀，对局部腐蚀和点蚀研究相对较少，航空航天、船舶领域对局部腐蚀和点蚀的研究相对较多[82~86]，但由于使用环境和构件用途不同，不能直接采用相关腐蚀研究成果。钢材腐蚀过程比较复杂，影响腐蚀的因素也很多，故建立完善准确的腐蚀模型的难度较大，实际工程中通常采用均匀腐蚀模型。目前较为成熟的均匀腐蚀模型主要包括：幂函数和指数函数模型[87~91]、灰色 GM（1，1）模型[92]、BP 神经网络模型[93]、经验模型与近似函数模型[94]、三阶段腐蚀模型[95~97]。虽然存在众多的均匀腐蚀模型，但考虑因素均不全面，未全面考虑材性影响、环境因素和防腐保护措施的影响，目前尚无成熟的模型供实际工程应用。

3.1.2 节点缺陷

既有钢结构节点在结构施工阶段和服役期间，由于施工误差、施工质量、环境作用以及遭受外力作用等，不可避免地存在缺陷及损伤。节点缺陷及损伤会降低节点的刚度，文献［98］基于断裂力学基本原理，通过对存在焊缝裂纹的刚性梁柱栓焊节点的分析，推导了裂纹有效长度和有效深度的计算公式，获得了存在损伤的刚性连接节点的 M-θ 关系，计算结果表明，有节点损伤对结构内力分析影响显著。栓焊节点除可能焊缝裂纹外，还可能存在未焊透、夹渣和气孔等，这些因素对刚性节点受力性能的影响尚需研究。另外，广泛应用的端板节点也可能存在缺陷或/及损伤，如螺栓滑动、螺杆变形、高强螺栓松动等，如何建立这些缺陷损伤与节点刚度之间的关系尚需研究。

3.1.3 结构整体缺陷

节点整体缺陷包括建筑结构不均匀沉降、节点几何位置误差、构件几何位置误差和建筑结构整体倾斜等。文献［99］应用有限元软件 ANSYS 研究了基础不均匀沉降对上部结构内力和变形的影响，该文献将结构的柱脚和支座均简化为固定端，通过在不同支座处施加给定位移模拟的方法分析地基基础不均匀沉降的影响。对支座施加强迫位移模拟其对上部结构影响方法并不合理，因为该方法未考虑地基基础的抗拉性能和抗压性能的不一致，计算分析模型中应具体考虑两者的不同。节点几何位置误差、构件几何位置误差和建筑结构的整体倾斜等缺陷，可采用有限元法按照实际检测数据建模并分析计算。

3.2 数理统计理论在既有结构鉴定中的应用研究

实际既有钢结构检测时，通常采用抽样检测的方法来推断既有钢结构构件、节点及结构的状态。抽样检测得到的数据是不完备的，而且抽样检测数据只能准确描述已测构件或节点，未测构件或节点理论上就存在着主观不确定性，即未测构件或节点的特征参数具有随机性。解决上述既有钢结构检测数据中不确定性的有效方法就是数理统计理论。

在数理统计领域存在两大学派，一个是经典学派[100]，一个是贝叶斯学派[101]。经典学派认为，未知参数仅仅是一个未知参数，所有信息来自样本。而贝叶斯学派认为，在抽取样本之前，对未知参数已经有了一定的认识，这些认识构成先验信息，可以充分利用。ISO 2394—1998[102]基于上述两种方法分别给出了恒荷载作用标准值、材料强度标准值以及抗力标准值计算公式和计算参数取值。我国规范《民用建筑可靠性鉴定标准》[20]和《工程结构可靠性设计统一标准》[103]也借鉴参考国外规范给出了相关计算公式，其中文献［20］采用经典统计推断方法，给出的公式较为单一，仅仅给出标准差未知这种情形下的统计推断公式；文献［103］采用上述两种方法给出了计算公式和计算参数，但存在将两种方法混淆的情形，如该规范附录 D3.2 给出的公式是基于经典统计推断方法，但给出的参数却是基于贝叶斯统计方法获得的。除荷载作用参数、抗力参数需应用数理统计理论外，既有结构缺陷参数也需应用数理统计理论，如构件几何缺陷、构件锈蚀厚度、节点整体几何位置偏差等，但这些统计推断方法，现有规范均未给出。总之，我国规范关于数理统计理论在既有结构检测评定中的应用方面尚不完善。

数理统计理论除用于既有结构检测数据统计推断外，还可用于指导建立随机不确定性模型。既有钢结构由于检测数据的不完备性，未测构件及节点存在主观不确定性，此时采用确定性模型显然是不合理的，而采用不确定性模型描述更为恰当。建立既有钢结构不定性模型的最好方法是蒙特卡罗随机有限元法[104]，蒙特卡罗随机有限元法的主要思路是首先根据特征参数服从的分布形成试验样本，将得到的试验样本引入到结构有限元模型中，通过对产生的一系列不同参数的有限元模型分别进行计算，得到一系列相应的计算数据，通过对数据进行统计分析，得到相应的计算参数。目前采用蒙特卡罗随机有限元法建立不确定性模型，通常只考虑一种缺陷损伤的随机性，尚需研究考虑多种随机缺陷损伤不确定性的计算模型。

3.3 既有结构构件重要性判定研究

构件重要性是指构件在结构整体体系中的重要程度。构件重要性概念已应用于结构抗倒塌设计、在建结构监测以及既有结构检测鉴定与加固工程之中。实际工程结构检测鉴定中，由于检测对象的构件通常数量众多，对所有构件进行检测鉴定工作量巨大且不实际，现行检测鉴定规范通常将构件分为一般构件和重要构件，并分别采用抽检方法来减少检测工作量。在构件安全性评定中，检测鉴定规范也将构件分为一般构件和重要构件分别进行评定。

目前，国内外对构件重要性判定的研究较多，并取得了一定的研究成果。构件重要性判定方法众多，其分类原则也有多种。按照研究及应用领域可划分为两种，即检测鉴定领域中的构件重要性判定方法和抗倒塌研究领域的构件重要性判定方法；按照计算方法的定量定性关系可分为两种，即主观定性分析法和客观定量计算法；按照是否考虑荷载作用影响也可分为两种，即不考虑荷载作用的判定方法和考虑荷载作用的判定方法。不同构件重要性分析判定方法的主要特点如下：

1）主观定性分析法。主观分析法包括经验判定法和层次分析法两种。实际工程结构检测鉴定中，通常采用经验判定法来划分构件重要性等级。所谓经验判定是指通过结构工程经验和概念分析确定构件的重要性，但经验判定法带有主观性和不确定性，构件重要性划分结果往往因人而异，为了规避个人风险，重要构件比例往往过于保守[105]。为减少经验判定方法的主观性和不确定性，数学中的层次分析法被引入到构件重要性判定中，层次分析法是一种定性与定量分析相结合的多目标决策分析方法，该方法使传统的经验分析法操作更加规范，张誉[106]、季征宇[107]、顾祥林[108]和郑华彬[109]采用层次分析法（AHP 法）给出了构件的相对重要性关系。层次分析法中部分指标仍依赖于专家经验，无法避免主观性的缺陷，该方法适合于常规结构，对大型复杂结构，由于传力路径的复杂，该方法的有效性受到限制。

2）基于刚度的判定方法。刚度是结构重要的基本属性，因此，可从构件对结构整体刚度的贡献程度上划分结构构件的重要性。胡晓斌[110]采用结构基本频率作为反映结构整体刚度的指标，采用移除构件后结构基本频率的改变来衡量构件重要性，频率虽然与结构刚度具有一定的关联性，但是结构具有多阶频率，拆除构件后结构基本频率的改变能否作为衡量构件重要性的合理性尚待研究。文献［111］从结构稳定性角度出发，采用标准化后的结构刚度矩阵行列式表征结构的安全性，构件重要性系数采用原结构刚度矩阵行列式与拆除构件后的刚度矩阵行列式比值表示，该方法本质上是拆除构件法，适用于抗倒塌分析，但该指标缺乏实际工程物理意义，其合理性也有待商榷。文献［112］从功能角度考虑，将变形能除以外荷载向量模的最大值得到的公式定义为广义刚度，将构件损伤前后广义刚度的变化作为衡量构件重要性的指标，该表达式可转换为能量的表达形式，故该方法本质上是一种基于能量的构件重要性判定方法。

3）基于能量的判定方法。文献［113］从能量角度考虑，将框架结构作为保守系统，外荷载作用下能量的流入全部以构件应变能的形式储存在构件中，节点只是起到能量流通作用，即流入节点的能量等于流出节点的能量，通过比较拆除构件前后总变形能的比值确定构件的重要程度。文献［114］与文献［113］类似，采用拆除构件前后结构总应变能的差值来表征构件的重要性。由于构件上可能作用有荷载，拆除构件后总变形能并不一定增加，因此，按照上述两种指标不能全面反映构件的重要性。

4）基于承载力的判定方法。构件损伤或失效后，结构承载力会相应降低，因此，通过结构承载力变化衡量构件的重要性具有一定的合理性。文献［115］采用移除构件后剩余构件的平均应力比衡量该构件的重要性，该文献认为移除构件后平均应力比越大，被拆除构件越重要。由于只考虑拆除构件后的结构受力属性，不考虑原结构的受力属性，即被拆除构件自身属性和受力情况对该指标无影响，因此，该指标具有明显的局限性。文献［116］采用构件截面面积变化对网壳结构整体极限承载力系数的影响程度来衡量构件的重要性，由于网壳结构极限承载力系数反映网壳结构的安全性，而构件截面面积变化可反映构件抗力的降低或衰减，因此，该系数可用于既有网壳结构的检测鉴定中。文献［117］和文献［118］采用构件拆除前后结构承载力系数的变化程度衡量构件的重要性，该方法可认为是上一种方法的极端情形，即将构件面积变为零，为提高计算效率，文献［118］采用生死单元法来模拟构件的拆除。

5）基于可靠度的判定方法。既有结构随着服役时间的增长，构件的抗力可能逐渐减小，结构的可靠性也可能随之降低，结构失效概率增加，因此，可采用构件抗力衰减对结构整体失效概率的影响程度表征构件的重要性[119,120]。由于既有结构检测鉴定的理论基础也为可靠度理论，故该系数可直接应用于既有结构的检测鉴定中。可靠度理论发展至今已经比较完备，理论上可适用于各种结构系统，但大型复杂结构系统构件之间的相互关系错综复杂，建立结构系统的失效树非常困难，而且计算结构整体可靠度或失效概率时，需要对荷载分布模式、抗力衰减模式、构件几何尺寸分布以及破坏模式等进行假定，因此，该方法通常理论意义大于实际意义，很难直接应用于实际工程检测鉴定中。

6）基于拓扑几何关系的分析方法。Blockley、Woodmen 等[121~123]从图论的角度将结构环定义为能抵抗任意空间力的由杆件和节点组成的最基本闭合单元，根据构件连接能力强弱将结构体系划分为不同结构簇，通过分析结构簇的构形性寻找结构失效模式。文献［124］基于上述研究将构件重要性定义为构件失效后结构构形性的损失率，该构件重要性系数计算方法同时考虑结构刚度和结构拓扑关系，但该系数缺乏实际物理意义，由于理论上的不完善，尚无法直接应用于实际工程中。

由于目前确定构件重要性系数的方法有多种，如何评价并应用上述方法尤为重要。为此，本文建议可从以下五个方面考虑选择合适的方法：

1）检测鉴定目的。普通检测鉴定主要检测鉴定构件和结构的抗力衰减，构件表现为抗力的衰减而不是构件整体失效。上述部分重要性系数是通过变换荷载路径法（AP 法）获得，该方法假定结构中某一构件失效，并在计算过程中将其移除，分析剩余结构是否具有新的荷载传递路径以及剩余结构受力性能的改变程度，从而判定构件的重要性。上述假定情形通常对应于爆炸或者撞击引起的构件失效，因此，将 AP 法得到的构件重要性系数直接应用于此普通结构检测鉴定中并不合理，而适合应用于灾后结构检测鉴定。

2）检测鉴定对象的结构体系形式。检测鉴定对象按照结构体系可分为多种，如厂房结构、框架结构以及空间网格结构等，不同结构体系其受力特性不同，应针对其受力特点选择合适的判定方法。如空间网格结构其构件受约束程度低，构件受损或失效可能导致结构冗余度降低甚至变为可变机构，因此，此类结构应考虑构件对结构冗余度的贡献程度。

3）结构材料属性。鉴定对象的材料属性对构件重要性选择有较大影响，如钢筋混凝土构件长细比较小，构件重要性系数选择时常不需要考虑构件的稳定性，而钢结构构件则需要考虑其构件稳定性。

4）是否考虑荷载作用。结构构件在不同荷载组合下其重要性也不同，因此，考虑荷载对构件重要性的影响相对更合理。

5）计算工作量。部分构件重要性判定方法需要重复计算，且需考虑几何非线性和材料非线性，对于大型复杂结构计算工作量巨大，其实际工程应用价值受到限制。

3.4 既有结构时变可靠度研究

目前设计规范[103,125,126]中可靠度仅考虑荷载的时变特性，而未考虑抗力的时变特性，是一种“半随机”设计方法。既有钢结构在使用过程中，由于结构构件的损伤、材料性能的退化、构件连接的老化和使用环境变化等因素的影响，钢结构抗力逐渐降低。因此，对既有钢结构进行可靠度分析与评估时，应采用可考虑抗力时变特性的时变可靠度方法。目前，时变可靠度的研究主要集中在两个方面，即抗力时变特性描述方法和时变可靠度指标计算方法。

结构抗力随时间的变化通常是多维非平稳、非齐次的随机过程，其影响因素众多且作用机制复杂[127]。以目前抗力退化机制的研究水平以及基础统计数据量，要完整全面反映这些因素并建立结构抗力的随机时变模型是很困难的。目前，常用的简化和实用的抗力时变模型主要有：1）用某类确定性函数或不确定性函数表示的随时间变化的衰减函数[127～129]，将非平稳随机过程平稳化的平稳随机过程模型；2）简化为考虑各时点抗力相关性的独立增量随机过程[130,131]；3）直接转化为各阶段的随机变量[132]。上述三种模型中，独立增量模型最接近实际情形，独立增量模型应满足下列三种基本条件[130]：1）均值函数为时间的单调递减函数。虽然结构抗力总体上呈现衰减趋势，特别是对于恶劣环境中的结构；2）方差函数为时间的单调递增函数。在结构的内外环境中，抗力影响因素随着时间的推移，抗力的随机性不断增强，使得结构抗力的方差随时间而逐渐增大；3）自相关系数为时段长度和时段起点的单调递减函数。时间间隔越大或时段越长，抗力之间的联系则越弱，而当时段长度保持不变时，时段起点越远，抗力间的联系则因变异性的增强而减弱。这些都使得抗力的自相关系数成为时段长度和时段起点的单调递减函数。目前，独立增量模型主要用于描述既有混凝土结构抗力，对既有钢结构独立增量模型的研究非常少，尚待进一步研究。

当考虑抗力随时间变化时，传统的可靠度计算方法就不再适用，需要建立与之适用的时变可靠度指标计算方法。文献［133～135］将时变可靠度指标计算问题等效简化为串联体系失效概率问题，并给出了近似解求解方法，该方法将不同时段自相关系数简化为一个等效值，这与实际情况不符，影响计算结果的精度。

3.5 本团队的研究进展及成果

本研究团队以国家标准《高耸与复杂钢结构检测与鉴定技术标准》、《民用建筑可靠性鉴定标准》、上海市地方标准《钢结构检测与鉴定技术规程》、《格构结构工程质量检验及评定标准》以及财政部资助的科研课题为依托，完成了多项既有钢结构检测、监测与鉴定方法的课题研究，主要研究工作与成果有：

1）通过对火灾后钢构件及节点性能的试验研究，得到了火灾后钢构件母材化学成分、显微金相组织和力学性能的变化规律，基于“组件法”，推导出火灾下栓焊连接节点初始转动刚度和转角的计算公式，提出了用于评定栓焊节点连接的钢结构发生火灾后是否可继续使用的简单方法和步骤，采用最小二乘法拟合得到了栓焊节点火灾后性能的几个主要参数与其所经历的最高火灾温度相关的计算公式。

2）针对既有钢结构检测、监测与可靠性鉴定，提出一种通过已测节点几何信息形成整体结构节点几何信息的计算方法，建立了可考虑节点几何位置误差的既有网壳结构整体稳定计算模型，提出了一种适用于既有网格结构构件重要性判定的计算方法，提出了既有钢结构构件安全性评定分析方法。

3）针对结构监测数据及其处理方法，提出了关键监测参数的确定方法与监测测点布置原则，提出了监测数据缺失的类型以及缺失监测数据的处理与补偿方法。

4 结束语与研究展望

随着钢结构的推广应用，既有钢结构越来越多，其可靠性也越来越受到人们的重视。然而，目前我国用于指导既有钢结构检测鉴定的规范尚未形成完整的体系，尚待进一步补充完善。归纳总结目前的研究文献并结合我国的规范体系可看出，本文认为以下几个方面将是今后研究的热点，且具有学术意义和实际工程应用价值：

1）可考虑缺陷影响的既有钢结构计算模型。目前，既有结构检测鉴定中遇到的最大问题是，大部分实际检测数据仅仅用于推定结构性能参数，而无法引入到既有结构验算中。建立可考虑缺陷影响的计算模型的难度，远远大于用于设计的理想计算模型，该研究方向尚有大量工作要做。

2）完善数理统计理论在既有钢结构鉴定评估中的应用。数理统计理论是指导既有结构检测鉴定的重要理论基础之一，该理论已经比较完善成熟，但由于工程从业人员以及研究人员对该理论缺乏深入了解，其重要性被忽视，导致该理论未被完整合理地引入到规范中甚至误用。加深对数理统计理论的了解，将其合理地引入到规范中是将来的研究热点之一。

3）建立实用的构件重要性判定方法。构件重要性判定在既有结构鉴定中具有重要意义，直接决定着抽样数量和可靠性判定结果。目前，现行规范中并未给出合理实用的判定方法，尚待进一步研究。

4）建立合理的既有结构时变可靠度计算模型。拟建结构采用分项系数设计表达式进行设计计算，其可靠度隐含在表达式中，其抗力被处理为与时间无关的随机变量。由于处于恶劣使用环境中的既有钢结构的抗力随时间变化，因此，拟建结构设计方法不再适用，而应采用时变可靠度计算模型。目前，对既有钢结构时变可靠度计算的研究处于起步阶段，有待进一步研究。

参考文献

[1] 罗永峰，张立华，贺明玄．上海市《钢结构检测与鉴定技术规程》编制简介．钢结构，2009，Vol. 24：57-61.

[2] 钱伟，宋显锐．钢结构工程倒塌事故原因分析与鉴定[J]．施工技术，2009，Vol. 38(10)：33-36.

[3] 尹德钰，肖炽．20年来中国空间结构的施工与质量问题[A]．第十届空间结构学术会议论文集[C]，2002，53-63.

[4] 严慧，刘中华．质量、事故、教训[A]．第十届空间结构学术会议论文集[C]，2002，857-863.

[5] 董石麟，罗尧治，赵阳．大跨度空间结构的工程实践与学科发展[J]．空间结构，2005，Vol. 11(4)：3-10.

[6] 喻莹．基于有限质点法的空间钢结构连续倒塌破坏研究[D]．杭州：浙江大学博士学位论文，2010.

[7] 王东晶．既有结构体系安全性的综合评定方法[D]．西安：西安建筑科技大学硕士学位论文，2011.

[8] 刘泽，周晶，范颖芳．复杂空间屋架钢结构的安全性分析[J]．安徽建筑工学院学报，2004，Vol. 12(3)：5-9.

[9] 刘晓．既有大型刚性空间钢结构整体安全性评定研究[D]．上海：同济大学博士学位论文，2008.

[10] 何金胜，薛广龙．基于结构体系安全性评估方法[J]．工程力学增刊，2003，526-529.

[11] 凌峰．现役混凝土结构可靠性鉴定方法的研究[D]．上海：同济大学硕士学位论文，2005.

[12] 郑华彬．基于目标使用期和整体可靠性的既有钢筋混凝土结构鉴定与加固研究[D]．广州：华南理工大学博士学位论文，2010.

[13] 顾祥林，陈少杰，张伟平．既有建筑结构体系可靠性评估实用方法[J]．结构工程师，2007，Vol. 23(4)：12-17.

[14] 上海市建设和交通委员会．既有建筑物结构检测与评定标准 DG/TJ 08—804—2005[S]．上海：上海新闻出版局，2005.

[15] 中华人民共和国住房和城乡建设部．建筑结构检测技术标准 GB/T 50344—2004[S]．北京：中国建筑工业出版社，2004.

[16] 中华人民共和国住房和城乡建设部．混凝土强度检验评定标准 GB/T 50344—2004[S]．北京：中国建筑工业出版社，2010.

[17] Yasuhiro Mori，Momoko Nonaka．LRFD for assessment of deteriorating existing structures．Structural Safety，2001，Vol. 23：297-313.

[18] Park S，Chois，etal．Efficient method for calculation of system reliability of a complex structure．International Journal of Solid and Structures，2004，Vol. 41：5035-5050.

[19] Pin-Qi Xia，Hong Hao，Yong Xia．Civil structures condition assessment by PE model updating：method and case studies．Finite Element in Analysis and Design，2001，Vol. 37：761-775.

[20] 中华人民共和国建设部．民用建筑可靠性鉴定标准 GB 50292—1999．北京：中国建筑工业出版社，1999.

[21] 中华人民共和国建设部．危险房屋鉴定标准 JGJ 125—99．北京：中国建筑工业出版社，2000.

[22] 中华人民共和国建设部．工业厂房可靠性鉴定标准 GBJ 144—90．北京：中国建筑工业出版社，1991.

[23] 中华人民共和国建设部．工业建筑可靠性鉴定标准 GB 50144—2008．北京：中国建筑工业出版社，2008.

[24] 上海市建设建设和交通委员会．钢结构检测与鉴定技术规范 DG/TJ 08—2011—2007—J10973—2007[S]．上海：上海市建筑建材业市场管理总站，2007.

[25] 中华人民共和国住房和城乡建设部．钢结构现场检测技术标准 GB/T 50621—2010[S]．北京：中国建筑工业出版社，2010.

[26] Brown C. B. The Fuzzy Safety Measure[J]. Journal of Engineering Mechanic Division，ASCE，1980，106(4).
[27] Yao J. T. P. Safety and Reliability of Existing Structure Pitman Advanced Publishing Program，London，1985.
[28] 王黎怡，林江. 建筑结构可靠性的模糊评价模型[J]. 福建工程学院学报，2005，Vol. 3(3)：255-257.
[29] 王晓鸣，李桂清. 既有住宅的可靠性分析与评价[J]. 武汉工业大学学报，1999，Vol. 21(6)：43-46.
[30] 陈少杰，顾祥林，张伟平. 层次分析法在既有建筑结构体系可靠性评定中的应用[J]. 结构工程师，2005，Vol. 21(2)：31-35.
[31] 柳承茂，刘西拉. 结构安全性综合评价方法的研究[J]. 四川建筑科学研究，2004，Vol.，30(4)：46-48，58.
[32] Freudental. A. M. Safety of structures[M]. 1947.
[33] Freudental. A. M，Garrelts. J. M，Sinozuka. M. The analysis of structural safety[M]. 1966.
[34] Hart，Gary C. Damage evaluation using reliability indices[A]. Proceedings of the Symposium on Probabilistic Methods in Structural Engineering[C]. St Louis，MI，USA，1981.
[35] FitzSimons，Neal. Techniques for investigating structural reliability[A]. Proceedings of the Symposium on Probabilistic Methods in Structural Engineering[C]. St Louis，MI，USA，1981.
[36] Meyer，C.，Arzoumanidis S. G.，Shinozuka M. Earthquake reliability of reinforced concrete buildings[A]. Proceedings of the Symposium on Probabilistic Methods in Structural Engineering[C]. St Louis，MI，USA，1981.
[37] 张小云. 建筑结构可靠性鉴定若干问题[J]. 福建工程学院学报，2004，Vol. 2：199-202.
[38] 贺向东，聂超. 基于贝叶斯理论的结构系统可靠性优化设计[J]. 中国机械工程，2010，Vol. 21(6)：660-662.
[39] 刘纪涛，张为华，王中伟. 基于数论方法的结构可靠性分析[J]. 机械工程学报，2010，Vol. 46(6)：195-198.
[40] 焦铁涛，张晓欣，彭福明. 某高层建筑的结构可靠性鉴定及剩余寿命预测[J]. 工业建筑，2008，Vol. 38：993-997.
[41] 仲伟秋，赵国藩，贡金鑫. 恶劣环境下结构可靠度的一种分析方法[J]. 工业建筑，2003，Vol. 33(5)：36-38.
[42] 张爱林，赵国藩，王光远. 现役结构可靠性评定研究述评[J]. 北京工业大学学报，1998，Vol. 24(2)：130-134.
[43] 贡金鑫，陈晓宝，赵国藩. 结构可靠度计算的 Gauss-Hermite 积分方法[J]. 上海交通大学学报，2002，Vol. 36(11)：1625-1629.
[44] 贡金鑫，仲伟秋，赵国藩. 结构可靠指标的通用计算方法[J]. 计算力学学报，2003，Vol. 21(5)：12-17.
[45] 贡金鑫，何世钦，赵国藩. 结构可靠度模拟的方向重要抽样法[J]. 计算力学学报，2003，Vol. 20(6)：655-661.
[46] 赵尚传，赵国藩，贡金鑫. 抗力随时间变化非承载力因素对结构可靠性影响[J]. 大连理工大学学报，2002，Vol. 42(5)：574-579.
[47] 姚继涛，解耀魁. 既有结构可靠性评定变异系数统计推断[J]. 建筑结构学报，2010，Vol. 31(8)：101-105.
[48] 姚继涛，李琳，马景才. 结构的时域可靠度和耐久性[J]. 工业建筑，2006，Vol. 36：913-916.
[49] 魏庆晨. 已有建筑结构可靠性鉴定的新方法研究[D]. 南宁：广西大学硕士学位论文，2002.
[50] 董素芹. 现役建筑结构可靠性鉴定方法的研究[D]. 呼和浩特：内蒙古农业大学硕士学位论文，2005.
[51] 赵克俭. 基于灰色理论的结构可靠性鉴定的研究[D]. 天津：天津大学硕士学位论文，2005.
[52] 李永庆. 工程结构可靠性理论在工业厂房结构检测鉴定中的应用[D]. 西安：西安建筑科技大学硕士学位论文，2004.
[53] 郑山锁. 既有工业建筑的可靠性鉴定与加固及病害分析与处理研究[D]. 西安：西安建筑科技大学硕士学位论文，2003.
[54] 刘震. 可靠度的高效算法研究[D]. 大连：大连理工大学硕士学位论文，2011.
[55] 张小庆. 结构体系可靠度分析方法研究[D]. 大连：大连理工大学博士学位论文，2003.
[56] 郑怡. 既有结构构件可靠性研究与应用[D]. 大连：大连理工大学博士学位论文，2009.
[57] 陈旭勇. 基于非概率理论模型的在役 RC 桥梁可靠性研究[D]. 武汉：华中科技大学博士学位论文，2010.
[58] 刘成立. 复杂结构可靠性分析及设计研究[D]. 兰州：西北工业大学博士学位论文，2006.
[59] 谭立娟. 结构可靠性分析及基于响应面法的工程应用研究[D]. 济南：山东大学硕士学位论文，2010.
[60] 孙海龙. 结构可靠性分析区间模型的若干问题研究[D]. 南京：南京航空航天大学博士学位论文，2007.
[61] 雒卫廷. 基于完全概率的随机结构分析与可靠性研究[D]. 西安：西安电子科技大学博士学位论文，2007.
[62] 安海. 桁架结构系统可靠性分析方法的研究[D]. 哈尔滨：哈尔滨工程大学博士学位论文，2009.

[63] 赵古田．基于模糊理论的随机可靠性分析[D]．合肥：合肥工业大学硕士学位论文，2009.

[64] 何嘉仁．既有结构可靠性分析系统的研究与应用[D]．广州：华南理工大学博士学位论文，2010.

[65] Mark G Stewart，David V R，Dimitri V Val. Reliability-based bridge assessment using risk-ranking decision analysis. Structural Safety，2001，Vol. 23(5)：397-405.

[66] Allen D E. Limit states criteria for structural evaluation of existing building. Canadian Journal of Civil Engineering，1991，Vol. 18(6)：995-1004.

[67] Robert E. Melchers. Assessment of Existing Structures-Approaches and Research Needs. Journal of Structural Engineering，2001，127(4)：406-411.

[68] 李云生，张彦玲．在役公路钢筋混凝土剩余寿命评估方法研究[J]．铁道标准设计，2003，Vol. 4(1)：13-16.

[69] 陈骥．冷弯薄壁型钢构件的直接强度设计法[J]．建筑钢结构进展，2003，Vol. 5(4)：5-12.

[70] 周奎，宋启根．钢结构几何缺陷的直接分析方法[J]．建筑钢结构进展．2007，Vol. 9(1)：57-62.

[71] LRFD- 1999. Load and resistance factor design specification for structural steel buildings. AISC，Chicago.

[72] Kim，S. E. ，Lee，J. Improved refined plastic-hinge analysis accounting for local buckling. Engineering Structures，23：1031-1042.

[73] EC3 (1990) ，Design of steel structures. 1，Eurocode edited draft，Issue 3.

[74] 沈世钊，陈昕．网壳结构稳定性[M]．北京：科学出版社，1999.

[75] 中华人民共和国住建部．JGJ 7—2010．空间网格结构技术规程[S]．北京：中国建筑工业出版社，2010.

[76] 罗永峰，韩庆华，李海旺．建筑钢结构稳定理论与应用[M]．北京：人民交通出版社，2010：48-54.

[77] 汤夕春．残余应力对 H 型钢梁柱构件极限承载力影响研究[D]．武汉：武汉理工大学硕士学位论文，2006.

[78] 蒋刚，谭明华，王伟明，何闻．残余应力测量方法的研究现状[J]．机床与液压，2007，Vol. 35(6)：213-216.

[79] 陈露，李宁，徐善华，孔正义．锈蚀钢材力学性能退化规律试验研究[J]．工业建筑，2011，Vol. 41：652-654.

[80] 赵婷婷．腐蚀钢结构受弯构件刚度及稳定性退化模型分析[D]．西安：西安建筑科技大学硕士学位论文，2010.

[81] 白烨，徐善华．在役锈蚀钢结构承载性能研究现状与展望[J]．水利与建筑工程学报，2009，Vol. 7．(4)：11-12.

[82] 张有宏．飞机结构的腐蚀损伤及其对寿命的影响[D]．兰州：西北工业大学博士学位论文，2007.

[83] 杨晓华．腐蚀累积损伤理论研究与飞机结构日历寿命分析[D]．南京：南京航空航天大学博士学位论文，2002.

[84] 张岩．含腐蚀损伤船体结构屈曲评估方法研究[D]．大连：大连理工大学博士学位论文，2011.

[85] 李玲．环境腐蚀及其应力耦合的损伤力学方法与结构性能预测研究[D]．兰州：西北工业大学博士学位论文，2006.

[86] 王燕舞．考虑腐蚀影响船舶结构极限强度研究[D]．上海：上海交通大学博士学位论文，2008.

[87] 王凤平，张学元，杜元龙．大学腐蚀研究动态与进展[J]．腐蚀科学与防护技术，2000，Vol. 12(2)：104-108.

[88] 梁彩凤，侯文泰．碳钢和低合金钢 8 年大气暴露腐蚀研究[J]．腐蚀科学与防护技术，1995，Vol. 7(3)：183-186.

[89] 唐其环．合金钢大气腐蚀数据拟合及预测—CM(11)模型与回归模型的对比[J]．腐蚀科学与防护技术，1995，Vol. 7(3)：210-213.

[90] 于国才，王振尧，陈鸿川．沈阳地区碳钢、耐候钢的腐蚀规律研究[J]．腐蚀与防护，2000，Vol. 21(6)：243-245.

[91] 韩薇，汪俊，王振尧．低合金钢耐大气腐蚀规律研究[J]．腐蚀科学与防护技术，2003，Vol. 15(6)：315-319.

[92] 程基伟，张琦．材料腐蚀预测数学模型的研究[J]．航空学报，2000，Vol. 21(2)：183-186.

[93] 马小彦，屈祖玉，李长荣．BP 神经网络在碳钢及低碳合金钢大气腐蚀预测中的应用[J]．腐蚀科学与防护技术，2002，Vol. 14(1)：52-55.

[94] 陈跃良，杨晓华，吕国志．结构腐蚀损伤定量测量预测方法对比研究[J]．中国腐蚀与防护学报，2003，Vol. 23(1)：53-54.

[95] 邓扬晨，郦正能，章怡宁．近似函数用于材料腐蚀的数学建模[J]．北京航空航天大学学报，2002，Vol. 28(1)：4-77.

[96] Mendoza A R，Corvo F. Outdoor and indoor atmospheric corrosion of carbon steel[J]. Corrosion Science，1999，Vol. 41：75-86.

[97] 王景茹，张峥，朱立群．碳钢、低碳合金钢大气腐蚀数学模型研究[J]．航空材料学报，2004，Vol. 24(1)：41-46.
[98] 罗永峰，宋怀金．考虑节点损伤的钢框架结构分析模型[J]．计算力学学报，2009. Vol. 5：710-714.
[99] 吴胜发，孙作玉．地基不均匀沉降对上部结构内力和变形的影响[J]．广州大学学报(自然科学版)，2005，Vol. 4(3)：261 -266.
[100] 茆诗松，王静龙．高等数理统计[M]．北京：高等教育出版社，2006.
[101] 茆诗松．贝叶斯统计[M]．北京：中国统计出版社，1999.
[102] International Standard General principles on reliability for structures[S]. ISO2394：1998.
[103] 中华人民共和国建设部．工程结构可靠性设计统一标准 GB 50153—2008[S]．北京：中国建筑工业出版社，2009.
[104] 罗立胜，罗永峰，郭小农．考虑节点几何位置偏差的既有网壳结构稳定计算方法[J]．湖南大学学报，2013，Vol. 40(3)：26-30.
[105] 刘晓，罗永峰，王朝波．既有大型空间钢结构构件权重计算方法研究[J]．武汉理工大学学报，2008，Vol. 30(1)：125-129.
[106] 张誉，李立树．旧房可靠性的模糊综合评判[J]．建筑结构学报，1997，Vol. 18(5)：12-20.
[107] 季征宇，林少培．受损结构安全度模糊评估理论的建立[J]．建筑结构学报，1995，Vol. 16(2)：51-57.
[108] 顾祥林，陈少杰，张伟平．既有建筑结构体系可靠性评估实用方法[J]．结构工程师，2007，Vol. 23(4)：13-17.
[109] 郑华彬．基于目标使用期和整体可靠性的既有钢筋土结构鉴定与加固研究[D]．广州：华南理工大学土木与交通学院，2010.
[110] 胡晓斌．新型多面体空间刚架结构抗连续倒塌性能研究[D]．北京：清华大学土木工程系，2007.
[111] Nafday A M. System Safety Performance Metrics for Skeletal Structures[J]. Journal of Structural Engineering，2008，Vol. 134(3)：499-504.
[112] 叶列平，林旭川，曲哲，陆新征，潘鹏．基于广义结构刚度的构件重要性评价方法[J]．建筑科学与工程学报，2010，Vol. 27(1)：1-6.
[113] 张雷明，刘西拉．框架结构能量流网络及其初步应用[J]．土木工程学报，2007，Vol. 40(3)：45-49.
[114] 黄冀卓，王湛．钢框架结构鲁棒性评估方法[J]．土木工程学报，2012，Vol. 45(9)：46-54.
[115] 胡晓斌，钱稼茹．结构连续倒塌分析改变路径法研究[J]．四川建筑科学研究，2008，Vol. 34(4)：8-13.
[116] 刘晓．既有大型空间钢结构安全性评定方法研究[D]．上海：同济大学土木工程学院，2008.
[117] 高扬，刘西拉．结构鲁棒性评价中的构件重要性系数[J]．岩石力学与工程学报，2008，Vol. 27(12)：2575-2584.
[118] 孔丹丹．张弦空间结构的理论分析和工程应用[D]．上海：同济大学土木工程学院，2007.
[119] Charaiben E S，Frangopol D M，Onoufriout. Reliability-based Importance Assessment of Strutural Members with Applications to Complex Strutures[J]. Computers and Structures，2002，Vol. 80(12)：1113-1131.
[120] 荣海澄，马建勋．结构可靠性评判中构件权重系数的计算研究[J]．西安交通大学学报，2001，Vol. 35(12)：1299-1304.
[121] Agarwal J，Blockley D I，Woodman N J. Vulnerability of 3-dimensional trusses[J]. Structural Safety，2001，Vol. 23：203-220.
[122] Agarwal J，Blockley D I，Woodman N J. Vulnerability of structural systems[J]. Structural Safety，2003，Vol. 25：263-286.
[123] Pinto J T，Blockley D I，Woodman N J. The risk of vulnerable failure[J]. Structural Safety，2002，Vol. 24：107-122.
[124] 邱德铎．结构体系的易损性研究[D]．上海：上海交通大学土木工程系，2003.
[125] 中华人民共和国建设部．建筑结构可靠度设计统一标准 GB 50068—2001[S]．北京：中国建筑工业出版社，2002.
[126] 中华人民共和国住房和城乡建设部．建筑结构荷载规范 GB 50009—2012．北京：中国建筑工业出版社，2012.
[127] 李桂青，李秋胜．工程结构时变可靠性理论及其应用[M]．北京：科学出版社，2001.
[128] Animesh Dey，Sankaran Mahadevan. Reliability Estimation with Time-Variant Loads and Resistances. Journal of

Structural Engineering，ASCE，2000(126)：612-620.
[129] Steward M G，Rosowsky D V. Time-Dependent Reliability of Deteriorating Reinforced Concrete Bridge Decks. Structural Safety，1998(20)：91-109.
[130] 姚继涛，赵国藩，浦聿修. 拟建结构和现有结构的抗力概率模型[J]. 建筑科学，2005，Vol. 21(3)：13-15.
[131] 姚继涛，刘金华，吴增良. 既有结构抗力的随机过程概率模型[J]. 西安建筑科技大学学报(自然科学版)，2008，Vol. 40(4)：445-449.
[132] 赵国藩，金伟良，贡金鑫. 结构可靠度理论[M]. 北京：中国建筑工业出版社，2000.
[133] 贡金鑫，赵国藩. 考虑抗力随时间变化的结构可靠度分析[J]. 建筑结构学报，1998，Vol. 19 (5)：43-49.
[134] 张耀华，王铁成，杨建江. 考虑抗力随时间衰减的既有结构可靠度分析[J]. 山东农业大学学报(自然科学版)，Vol. 37 (3)：429-435.
[135] 左勇志，刘西拉. 结构动态可靠性的全随机过程模型[J]. 清华大学学报(自然科学版)，2004，Vol. 44 (3)：395-397.

喀什国际免税广场超高层钢结构设计综述

刘琼祥　张建军　王启文　魏国威　骆日旺　王益山　周　斌　杨旺华

（深圳市建筑设计研究总院有限公司，广东深圳　518031）

摘　要　喀什国际免税广场地下二层，地上58层，结构高度255m，采用框架角撑外筒-框架支撑内筒的全钢结构体系，设防烈度8度半。通过设置内外筒密柱、外筒角撑、内筒八字撑、控制加强层刚度、采用高强钢材、内外筒之间框架梁两端铰接、地下室渐变刚度设计及地下室周边黏土压实回填等措施，增强了结构整体性，实现了强框架弱支撑、内外筒地震力平衡分配概念，提高了材料利用率，降低了关键构件损伤。结构满足规范和抗震性能目标要求，安全经济。

关键词　超高层结构；框架角撑外筒-框架支撑内筒；钢结构；抗震分析

1　前言

本项目位于喀什市经济开发区，基地南临深喀大道，东临城东大道，西侧和北侧都有城市规划道路。项目总用地159165.66m²，总建筑面积约503669.24m²，项目由两栋超高层的塔楼（A塔和B塔）和4层商业楼组成。塔楼地上58层，建筑高度275m，结构屋面高度255m，塔楼和裙房完全分开，地下室二层没有分缝，连为整体，是一个集办公、酒店、商业和公寓等多项功能的超高层综合体。A、B塔楼除了上部建筑功能及层高稍有区别外，结构体系、高度、结构布置及平面尺寸等均相同，抗震措施相同，下面重点介绍A塔。建筑效果见图1，外筒、内筒立面图见图2。

图1　建筑效果图

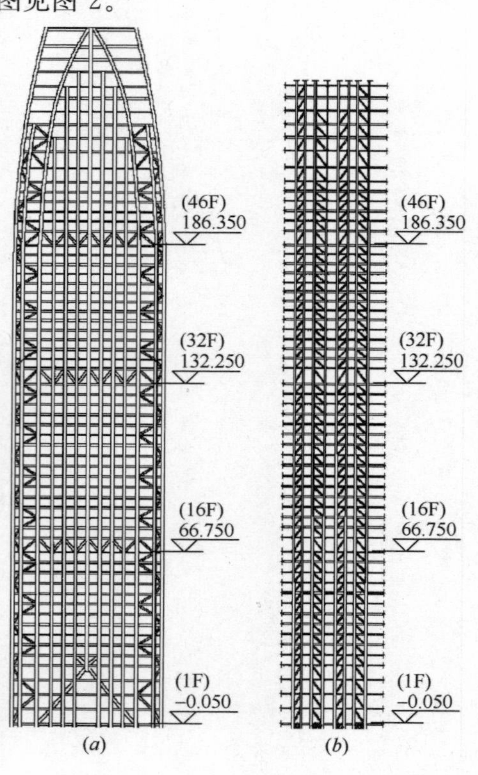

图2　外筒、内筒立面图

（*a*）外筒立面图；（*b*）内筒剖面图

2 结构体系构成

塔楼结构采用框架角撑外筒-框架支撑内筒的全钢结构体系，标准层平面如图 3 所示，塔楼结构构成示意图如图 4 所示。

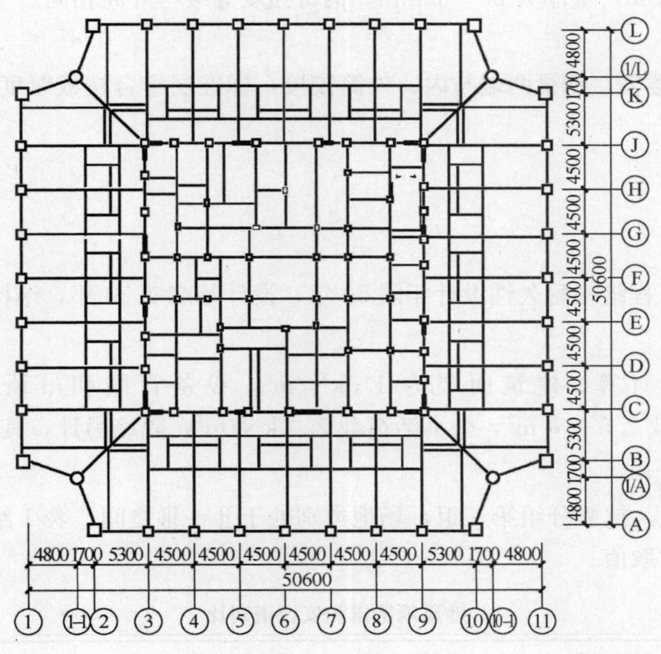

图 3　典型标准层结构布置

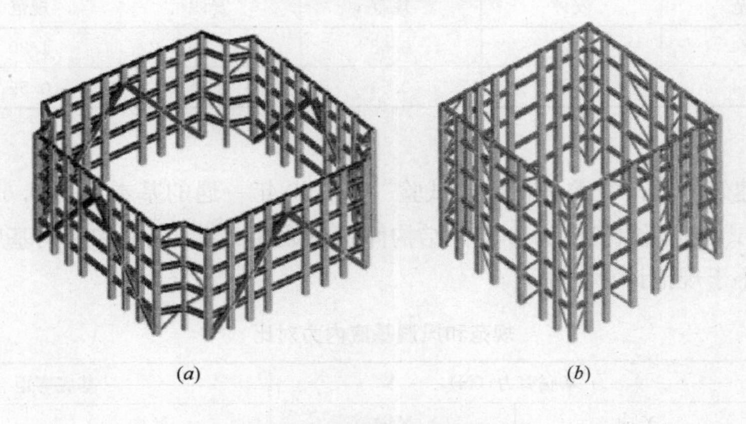

图 4　塔楼结构构成示意图

(*a*) 外筒局部三维图；(*b*) 内筒局部三维图

2.1 外筒

外筒采用密柱，间距 4.5～5.4m，从 46 层开始每侧立面呈双方向向内倾斜，入口大厅在 1～3 层取消中间柱，柱距变为 9m，结构采用人字形支撑转换，在第 16 层、32 层、46 层结构加强层设置环形桁架，内凹的四角设置单向斜撑并上下贯通。外筒柱包括 8 根角部方柱、4 根角部圆柱、28 根其他方柱。在第一个加强层 16 层以下，管内灌注 C60 混凝土，钢材强度等级主要为 Q420。

(1) 柱：角部方柱断面从 1.2m×1.2m 逐渐变到 1.0m×1.0m，壁厚为 35～80mm；角部圆柱直径 1.0～1.2m，壁厚为 30～35mm；其他方柱断面从 1.2m×1.2m 逐渐变到 0.7m×0.7m，壁厚为 32～80mm。

(2) 支撑：角部单向斜撑跨越三层与柱铰接，断面形式为圆管，直径 0.5～0.6m，壁厚为 16～

25mm；底部人字形支撑截面 1.2m×1.2m，壁厚 80mm。

2.2 内筒

内筒同样采用密柱，间距 4.5～5.4m，每侧设两组八字支撑，如图所示。角柱断面 0.9m×0.9m，上下相同，壁厚为 65～80mm。中柱断面从 0.9m×0.9m 逐渐变到 0.6m×0.6m，壁厚为 25～60mm。边梁、支撑直径 0.6～0.8m，壁厚为 20～30mm。钢材强度等级与外筒相同。

2.3 楼盖

采用钢-混凝土组合楼盖，钢梁两端与内、外筒铰接，标准层组合楼板厚度 130mm，加强层楼板厚度 200mm。

3 荷载作用

根据规范要求，该工程结构耐久性设计年限 50 年，设计基准期 50 年，结构安全等级一级。

3.1 重力荷载

结构自重程序自动计算。建筑面层为 1.0kN/m²，设备管线和吊顶为 0.5kN/m²，幕墙为 1.5 kN/m²。办公区活荷载 2.5 kN/m²，公寓活荷载 2.0 kN/m²，隔墙另计，其他按规范取值。

3.2 地震作用

抗震设防烈度 8.5 度，抗震分组第三组，场地类别处于Ⅱ～Ⅲ之间，表 1 给出了地震规范谱和安评谱对比。设计按规范参数取值。

地震规范谱和安评谱对比 **表 1**

分项	多遇地震		设防烈度		罕遇地震	
	规范	安评	规范	安评	规范	安评
α_{max}	0.24	0.27	0.68	0.80	1.20	1.25
T_g（s）	0.54	0.54	0.54	0.54	0.59	0.59

3.3 风荷载

本工程在广东省建筑科学研究院进行风洞试验[8]，；100 年一遇的基本风压 0.61kN/m²，50 年一遇的基本风压 0.55kN/m²，地面粗糙度为 B 类，结构体系系数为 1.4。规范和风洞基底内力对比如表 2 所示，风洞试验结果均小于规范计算结果。

规范和风洞基底内力对比 **表 2**

分项	基底剪力（N）		基底弯矩（N·m）	
	X 向	Y 向	X 向	Y 向
风洞	2.20×10^7	2.25×10^7	3.60×10^9	3.65×10^9
规范	2.30×10^7	2.30×10^7	4.35×10^9	4.35×10^9
风洞 规范	0.956	0.976	0.828	0.839

3.4 温度作用

喀什市属平原气候区，四季分明，夏长冬短，年平均气温 11.7℃，最冷的是 1 月，平均气温 −6℃；最热的是 7 月，平均气温 27℃。极端最低气温 −24.4℃，极端最高气温达 49.1℃。

由于建成后塔楼的所有结构构件都封闭在玻璃幕墙里，室内环境一般温度在 20～25°C 范围内，并考虑全球气候变暖的影响，因此可以合理假设所有结构构件只需考虑最大±25°C 的温度变化。并考虑结构极值温差对结构施工和建成后的影响。

4 整体性能

结构分析采用Midas、SATWE、ETABS等程序进行结构内力、变形分析。

4.1 周期与振型

弹性计算采用平扭耦连的振型分解反应谱法。结构前3振型如图5所示，第1振型、第2振型分别为沿Y方向、X方向平动，第3振型为扭转。结构自振周期及周期比见表3，三个程序周期结果基本一致，X方向和Y方向自振周期接近，扭转周期比 $T_3/T_1=0.56$ 小于《建筑抗震设计规范》GB 50011—2010的限值[1]，表明结构双向抗侧力体系的抗震性能均衡，扭转振型与平动振型不耦合，具有较大的扭转刚度。

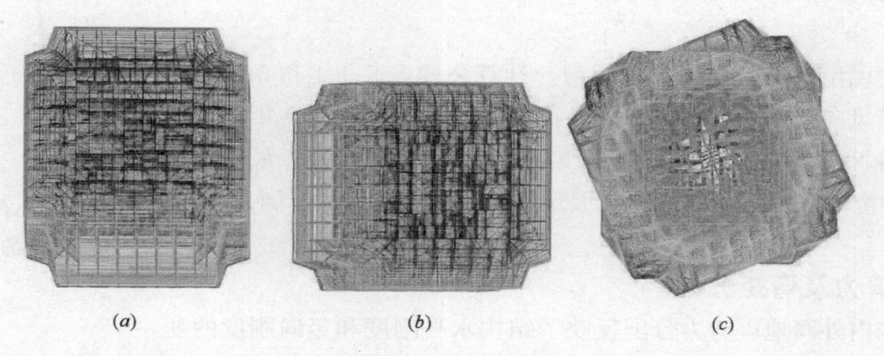

图5 结构前3振型

(a) 第1振型；(b) 第2振型；(c) 第3振型

结构自振周期及周期比 表3

振型	自振周期（s）			振型	自振周期（s）		
	SATWE	Midas	ETABS		SATWE	Midas	ETABS
1阶	4.91	5.10	5.13	4阶	1.73	1.80	1.80
2阶	4.82	5.01	5.09	5阶	1.69	1.76	1.75
3阶	2.67	2.85	2.85	6阶	1.03	1.53	1.53

4.2 层间位移角分析

Midas计算的多遇地震和风荷载的层间位移角如图6所示，多遇地震下层间位移角最大值1/326小于《高层民用建筑钢结构技术规程》JGJ 99—98的限值1/250，在50年一遇风荷载作用下层间位移角

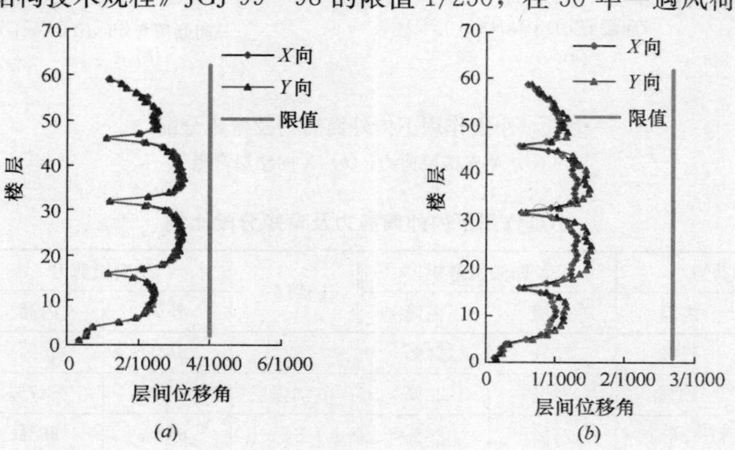

图6 多遇地震及风荷载的层间位移角

(a) 多遇地震；(b) 风荷载

最大值 1/701 小于《高层民用建筑钢结构技术规程》的限值 1/400，满足规范要求[2]。在 16 层、32 层、46 层加强层处，在多遇地震和风荷载作用下，层间位移角急剧内收，远小于加强层附近楼层，变形存在突变，表明加强层刚度较大，同时，层间位移角最大值分别在楼层中部且在两个加强层之间，表明加强层较强的水平位移约束能力。在 50 层以上局部楼层层间位移角突变，是由于顶部内收，形成鞭鞘效应所致。

4.3 剪重比

由于地震的复杂性，出于结构安全的考虑，本工程对结构总水平地震剪力及各楼层水平地震剪力提出最小值的要求。图 7 给出了小震反应谱作用下的剪重比，X 方向和 Y 方向最小剪重比分别为 4.17% 和 4.10%，满足相应规范规定的要求。

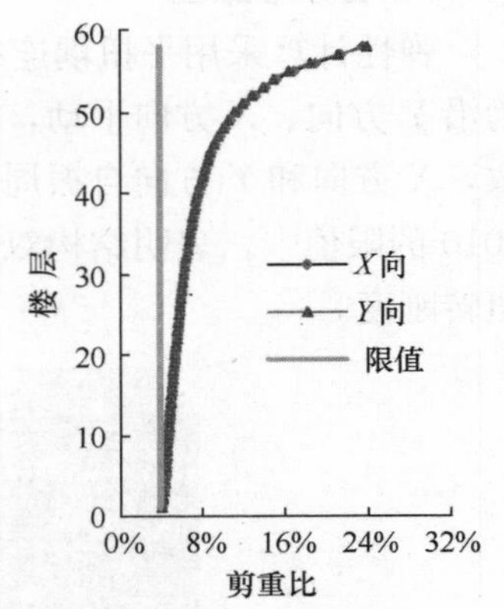

图 7 小震反应谱作用下的剪重比

4.4 舒适度

根据《高层民用建筑钢结构技术规程》计算公式 5.5.1-4 和 5.5.1-5，计算顺风向和横风向顶点最大加速度。风荷载体系系数 1.4，10 年重现期基本风压 0.35 kN/m^2，临界阻尼比 0.015，顺风向和横风向顶点最大加速度分别为 0.07m/s^2 和 0.18m/s^2。小于规范限值 0.28m/s^2，满足规范要求。

4.5 内外筒剪力及弯矩分配

超高层结构内外筒地震剪力分配反映了结构水平刚度和竖向刚度的变化均匀程度。内外筒水平刚度不均匀导致内外筒剪力差距较大，竖向刚度不均匀，导致水平力传力路径的变化。由于结构大致双轴对称，本文只给出 X 方向地震作用，如图 8 给出小震作用下方向内外筒剪力及弯矩分配，表 4 给出小震作用下内外筒剪力及弯矩分配比例。从图 8、表 4 可以看出：

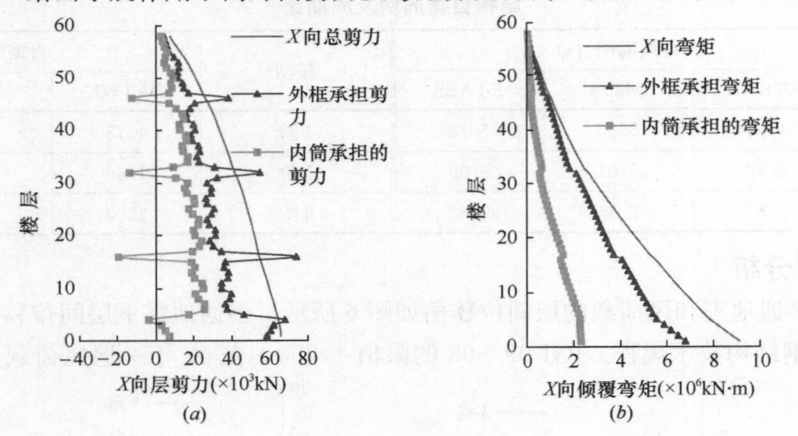

图 8 小震作用下内外筒剪力及弯矩分配

(*a*) X 向楼层剪力；(*b*) X 向楼层弯矩

小震作用下内外筒剪力及弯矩分配比例 表 4

楼层	X 向层剪力		X 向倾覆弯矩		楼层	X 向层剪力		X 向倾覆弯矩	
	外筒	内筒	外筒	内筒		外筒	内筒	外筒	内筒
1	89%	11%	75%	26%	38	54%	46%	78%	22%
10	58%	42%	72%	28%	46 加强层	147%	−47%	83%	17%
16 加强层	136%	−36%	74%	26%	54	65%	35%	76%	24%
23	55%	46%	74%	26%	58	60%	40%	65%	35%
32 加强层	132%	−32%	79%	21%					

（1）除转换层外，标准层 10、23、38、54 层，外筒楼层剪力分配比例 55%～65%，内筒楼层剪力分配比例接近 35%～45%，都在 50%左右摆动，内外筒剪力基本平衡，外筒略强于内筒。底层外筒剪力分配比例达到 89%，是由于底部人字支撑增强侧向刚度的原因。

（2）由于外筒尺寸大于内筒，抵抗弯矩的力臂较大，承担结构大部分弯矩，占总弯矩 65%～83%，表明外筒抗弯刚度较大，有利于减小结构位移。

（3）加强层剪力明显变大，存在内外筒剪力反号，内外筒通过加强层楼板完成剪力交换，加强层上下层剪力也大于其他普通楼层，表明加强层处刚度突变，其上下层竖向构件及楼板是设防重点。

4.6 抗震性能目标

结构地处高烈度抗震区，高度超过《高层民用建筑钢结构技术规程》限值 220m，局部转换、加强层设置、楼板开大洞，等不利因素构成了复杂超限高层，综合场地条件、设防类别等，设定了抗震性能目标，如表 5 所示。

抗震性能目标 **表 5**

构件	多遇地震	设防烈度	罕遇地震
内、外筒柱	弹性，按规范	抗弯不屈服抗剪弹性	底部加强区抗弯抗剪不屈服其他部位抗剪不屈服
内筒支撑	弹性，按规范	部分屈服、不屈曲	允许部分屈服、但不屈曲
环带桁架	弹性，按规范	不屈服或不屈曲	允许轻微屈服、但不屈曲
角部支撑	弹性，按规范	不屈服或不屈曲	允许部分屈服、但不屈曲
底部人字撑跃层柱	弹性，按规范	抗弯弹性抗剪弹性	抗弯不屈服抗剪弹性
内、外筒边梁楼板框梁	弹性，按规范	抗弯允许屈服抗剪不屈服	允许部分抗弯屈服、抗剪不屈服

经过大震弹塑性动力时程分析，X 向和 Y 向最大弹塑性层间位移角分别 1/63 和 1/62，满足规范要求。结构基本实现了大震作用下，先是支撑屈服，然后去外筒裙梁屈服，最后是个别柱轻微屈服，体现了良好的耗能机制，实现设定的整体抗震性能目标。

5 关键技术设计

5.1 外筒角撑

外筒平面四角凹进，形成结构重要部位缺失，不利于结构性能发挥，但在凹进四角是卫生间，因此有条件在凹进四角区设置单向斜撑。外筒角撑影响 X 方向抗震性能对比如表 6 所示，从表中可知，增设角撑后，周期缩短 7%，顶点位移减少 10%，同时基底总弯矩和总剪力增加了 5%～7%，表明角撑将四片平面框架紧密联系在一起，形成了空间结构的工作状态，增强了机构的整体作用，提高材料的利用率。

外筒角撑影响 X 方向抗震性能对比 **表 6**

分项	周期（s）	顶点位移（mm）	总弯矩（$\times10^6$kN·m）	总剪力（$\times10^3$kN）
无角撑	5.46	576	10.3	72.7
有角撑	5.10	517	10.9	77.6
$\frac{有角撑}{无角撑}$	0.93	0.90	1.05	1.07

5.2 加强层设计

考虑到地震分组、场地类别等不利因素影响，本工程地震作用接近 9 度。在高烈度区，结构对刚度突变区域反应剧烈，在与加强层相连上下层柱端，应力比容易不满足要求，形成薄弱区。因此，采取了转换层上下弦杆由箱形改为H形，减小环形桁架的斜腹杆断面，上下柱材质由Q390改为Q420[3]，第一个加强层以下钢柱内灌注混凝土等措施。中震不屈服条件下，措施前后的加强层下一层内力及变形对比如表7所示，表中层间位移角比为加强层与加强层下一层的比值，层间位移角比可更直接反映刚度突变，从表中可知，措施后，层间位移角比提高12%，地震楼层总剪力降低17%，柱顶应力比降低约20%，表明利用高强钢材和适当减弱加强层刚度效果明显，起到了改善刚度突变，减少水平地震力，保护关键构件的作用。

中震加强层下一层内力及变形对比 **表7**

分项	柱顶应力比	层间位移角比	地震楼层总剪力（$\times10^3$kN）
措施前	1.14	0.56	171.3
措施后	0.90	0.64	141.7
措施后 措施前	0.79	1.14	0.83

5.3 调整内外筒剪力分配

内外筒剪力平衡有利于发挥双重抗侧力体系及多道设计防线作用。通常的框架-核心筒超高层建筑，外框柱距大、梁高小、刚度低，而核心筒刚度过高，承担很大部分剪力，某些建筑分配比例高达0.95左右。强震下，核心筒损伤严重后，内力转移到外框，由于外框水平承载力分配比例较低，即使经过内力调整，加强外框设计，其承载力仍然较低，并不能承担较大地震作用，没有实现理想的二道防线目标。本工程通过采用内外筒均设密柱、外筒设角撑、内筒设八字形支撑、调整内外筒边梁高度等措施，调整内外筒刚度，达到内外筒剪力平衡，如图8所示。内外筒水平剪力分配均匀，不存在强弱悬殊现象，无论内外筒哪个先进入屈服阶段，其他筒均能分担转移来的地震作用，实现协同工作，避免结构关键部位损伤严重甚至失效，充分发挥多道防线作用。

5.4 内外筒之间框架梁连接

内外筒之间框架梁两端均采用铰接，在国内不多见，通常是框架梁与外筒刚接。在小震下层间位移角、舒适度验算等均满足规范要求条件下，采用铰接带来多项好处：①减小结构刚度，降低地震作用；②方便施工，减少翼缘现场焊接工作量；③释放内外筒竖向变形差引起附加内力，包括施工期间内外筒的不均匀沉降及正常使用期间温度引起的变形差等；④外筒柱由通常的压弯构件变为轴压构件，提高材料利用率和滞回性能；⑤在铰接梁端变高度设计，方便设备管线通过，增加建筑净高。

5.5 地下室结构

为结构传力均匀，满足首层嵌固条件，在上部钢结构和基础之间，除门洞外，沿内外筒设置钢筋混凝土剪力墙，墙厚筒柱宽，内筒墙厚900mm，外筒墙厚1200mm，外筒角部支撑和内筒支撑延伸到地下一层，起到刚度渐变的作用。在人字支撑根部的首层处，设置钢骨混凝土梁，平衡斜支撑的水平分力，形成自平衡体系，减少水平推力对基础的影响。水平地震剪力在地下室范围，由结构和地下室周边回填土共同承担，当地下室周边回填标准贯入度$N=20$黏土时，每增加一层地下室，结构承担水平剪力减少50%～70%，当两层地下室时，基础承担水平力基本为零[4]，本工程采用压实系数大于0.94黏土回填，可更好满足嵌固条件及降低结构的地震作用。

6 结论

（1）在高烈度区，超高层结构采用框架角撑外筒-框架支撑内筒的全钢结构体系，满足承载力、变形、舒适度、稳定等要求，安全、经济合理。

（2）外筒角撑弥补了建筑平面的不足，增强了结构的整体作用，提高材料的利用率。

（3）利用高强钢材和适当控制加强层刚度，有利于改善刚度突变，保护关键结构构件。

（4）调整内外筒剪力分配，避免结构关键部位严重损伤，充分发挥多道防线作用。

（5）内外筒之间框架梁铰接有利于施工和释放不均匀沉降及温度引起的附加应力，提高结构柱抗震性能。

（6）地下室刚度渐变的设计方法和压实地下室周边回填土措施，减小地下结构的地震作用。

参考文献

[1] 中华人民共和国国家标准. 建筑抗震设计规范 GB 50011—2010[S]. 北京：中国建筑工业出版社，2010.

[2] 中华人民共和国行业标准. 高层民用建筑钢结构技术规程 JGJ 99—98[S]. 北京：中国建筑工业出版社，1998.

[3] 中华人民共和国国家标准. 钢结构设计规范 GB 50017—2003[S]. 北京：中国计划出版社，2003.

[4] 高立人等. 高层建筑结构概念设计[M]. 北京：中国计划出版社，2005.

延性桁框结构的发展与抗震研究

郭　兵

（山东建筑大学 土木工程学院，济南　250101）

1　前言

结构跨度较大时，楼面受弯构件的截面高度亦很大，如果采用传统的实腹式钢梁，因受局部稳定限制，所需腹板厚度比较大，显然不经济；如果采用桁架梁（桁架两端与柱刚接），见图1，不仅可以显著降低用钢量，而且美观通透，桁架内部可以铺设管道设备，有效利用空间。这种采用桁架梁的框架结构在美国规范中称为 Truss Moment Frames[1,2]，笔者称之为桁框结构[3~6]。

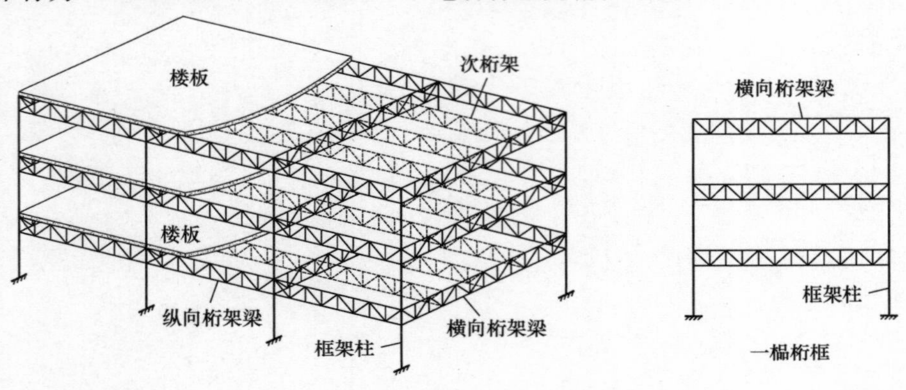

图1　桁框结构的组成

桁框结构可以广泛应用于各类单层及多层大跨度建筑，研究资料[6]表明：多层桁框结构的经济跨度为18m，经济开间为6～10m，用钢量为50～70kg/m²，具有较高的经济性和适用性。我国采用钢屋架的单层厂房、采用管桁架的大型公共建筑实质上就是桁框结构，只是国内规范没有将其单独列为一种结构形式。桁框结构在国内多层建筑中的应用还没见报道。

采用普通桁架的桁框结构称为普通桁框结构，该结构应用于非抗震设防地区没有任何技术问题，已有很多工程实例。但是震灾和相关试验研究[7,8]都表明，普通桁框结构应用于抗震设防地区时，存在致命缺陷：水平地震作用下，桁架梁截面难以像实腹式梁那样形成塑性铰且保持较高的承载能力，而是桁架受压腹杆发生整体失稳，导致结构承载能力严重劣化，延性差，耗能能力低；如果加强桁架，则柱端又容易形成塑性铰，违背了“强柱弱梁”的设计原则，更不利于结构抗震。因此，上述问题成为制约桁框结构可否在抗震设防地区应用的关键。

2　延性桁框结构的提出与发展现状

2.1　延性桁框结构的提出

针对上述普通桁框结构存在的问题，20世纪90年代初，Itani 和 Goel[9,10]提出了在桁架跨中设置剪切型消能段的延性桁框结构（Special Truss Moment Frames），消能段为X型弱腹杆式（图2），消能段的交叉腹杆采用承载力较低的扁钢等柔性杆件。在竖向荷载作用下，消能段剪力 V_s 很小，结构处于弹性状态；随着水平荷载 F 的增加，消能段剪力增大，当水平荷载达到一定数值时，消能段的交叉弱腹杆发生屈曲和屈服，消能段被剪切为平行四边形，最终在消能段上下弦杆两端形成塑性铰。可以看出，延性桁框结构的破坏模式及耗能方法与传统框架结构有较高的类似性，都是在梁的两个区域形成塑性铰，只是塑性铰位置略有不同。

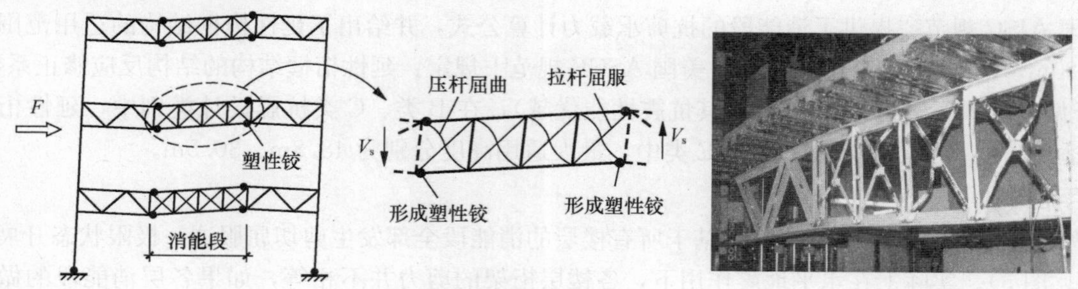

图 2　X 型弱腹杆式延性桁框结构的破坏模式

相关试验和理论研究[10~14]均表明：设置 X 型弱腹杆式消能段可以显著提高结构的延性和耗能能力，并减小地震能量的输入；消能段剪切屈服时，内力重分布降低了非消能段桁架及柱的弯矩，使其仍处于弹性工作状态，实现了“强柱弱梁”和“强连接弱构件”；设置消能段不影响结构的竖向承载能力，也不会增加桁架弦杆和柱截面，保证了结构的经济性，且比较容易实现。

2.2　消能段的类型

近 20 年来，除了 X 型弱腹杆式消能段之外，还出现了另外两种消能段：空腹式、屈曲约束支撑式，相关研究也取得了丰硕的成果，部分成果已被美国 ASCE[1]、AISC[2]等规范采纳。

空腹式消能段由单个或多个空腹式节间组成，见图 3。空腹式实质上可以看作是 X 型弱腹杆式的一个极端情况，即 X 型斜腹杆弱到完全没有。一系列的研究[15~22]表明，采用空腹式消能段时，桁框结构在强烈地震作用下同样能够表现出令人满意的耗能能力，而且加工制作简单（图 4）。

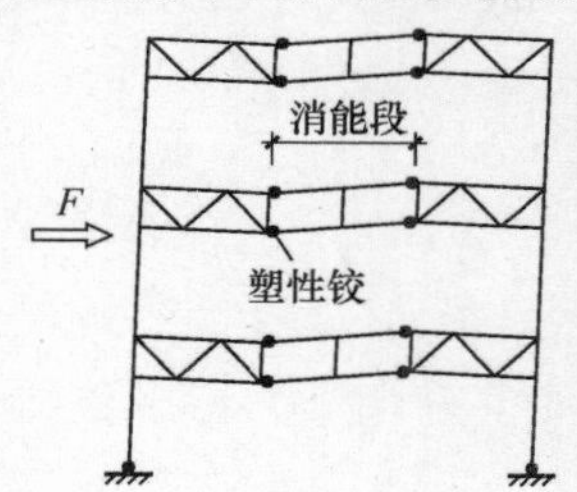

图 3　空腹式延性桁框结构的破坏模式

图 4　空腹式延性桁框结构的应用

屈曲约束支撑式消能段与前面两种有显著区别，消能段弦杆两端铰接连接，见图 5，利用单个或多个屈曲约束支撑（Buckling Restrained Brace，以下简称 BRB）作为消能段的斜腹杆，来抵抗水平地震作用在桁架中产生的剪力，耗能能力更强。理论研究发现[23,24]：与没有消能段的普通桁框结构相比，BRB 式消能段可以大大降低结构的地震反应，由于消能段弦杆两端铰接，BRB 一旦屈服，桁架弦杆及框架柱的内力可以降低 45%～50%，非常有助于简化桁架及其与柱的连接节点设计；BRB 式消能段受

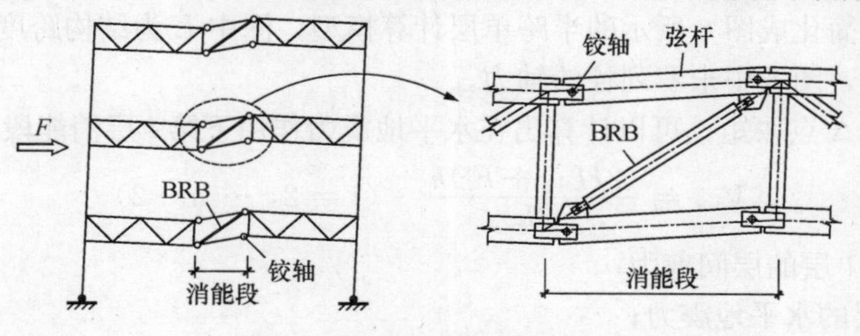

图 5　屈曲约束支撑式延性桁框结构的破坏模式

力明确，完全可以根据地震作用的大小进行 BRB 截面设计，精确控制其屈服时刻。

从上面可以看出，无论采用哪种类型的消能段，延性桁框结构的抗震耗能机理与破坏模式都是相同的，即水平地震作用达到一定程度时，所有楼层的消能段都发生剪切屈服，实现耗能，结构也达到了极限状态。因此消能段的抗剪承载力大小对实现结构性能至关重要。

美国 AISC 规范[2]提供了消能段的抗剪承载力计算公式，并给出了延性桁框结构的适用范围：最大跨度为 20m，桁架最大高度为 1.8m。美国 ASCE 规范[1]规定：延性桁框结构的结构反应修正系数 $R=7$（仅次于偏心支撑框架的 $R=8$，足见其抗震性能优越）；在 B 类、C 类抗震设计类别中，延性桁框结构的最大适用高度不受限制，在 D 类、E 类中，最大适用高度分别为 48.8m、30.5m。

2.3　存在的问题

国外已有的研究和设计方法都是基于所有楼层的消能段全部发生剪切屈服这一极限状态开展的（图 2、图 3、图 5）。实际上在水平地震作用下，各楼层桁架的剪力并不相等，如果各层消能段的做法相同或接近，就不可能同步屈服[3~5]（图 6），不同的屈服顺序会导致不同的内力分布和破坏模式，对结构性能影响很大，因此各楼层的消能段需要分别计算和设计。

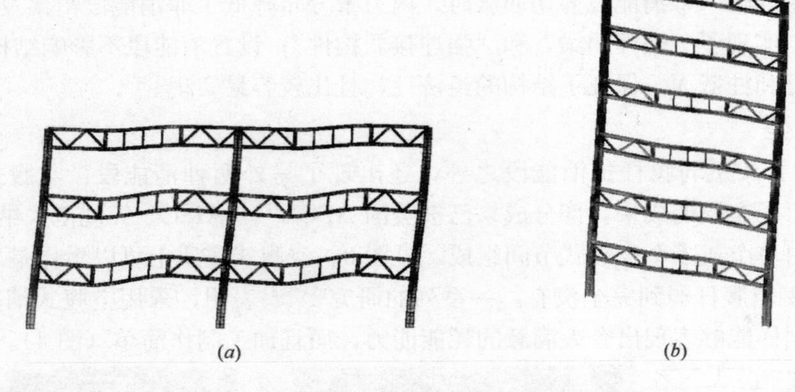

图 6　竖向和水平荷载共同作用下的结构变形

(*a*) 双跨 3 层；(*b*) 单跨 6 层

3　结构简化计算模型

桁架梁的主要内力是弯矩和剪力，轴力较小可忽略。如图 7（*a*）所示，在均布的楼面竖向荷载 P 作用下，消能段两端的剪力 V_P 和弯矩 M_P 对称，消能段不会发生剪切屈服；而在水平地震力 F 作用下，见图 7（*b*），剪力 V_F 和弯矩 M_F 反对称，剪力会导致消能段发生剪切屈服。因此，消能段的剪切屈服仅取决于水平荷载，与竖向荷载无关，与消能段的类型也无关（图中以空腹式为例）。

由于桁架梁的线刚度远大于柱的线刚度，桁架梁对柱的约束作用很大（桁架梁与柱之间的夹角基本保持不变，见图 6），根据反弯点法可知，在水平地震力 F 的作用下，第 1 层柱的反弯点位于 2/3 柱高处，顶层柱的反弯点位于 1/3 柱高处，其余楼层柱的反弯点位于 1/2 柱高处，桁架的反弯点位于 1/2 跨度处，因此结构可以简化成图 8 所示的半跨单层计算模型，图中 L 为结构跨度，h 为层高。因柱的轴力对桁架剪力没有影响，图 8 中未罗列柱的轴力。

以第 i 层为例，对 A 点取矩，可以计算出在水平地震力作用下第 i 层消能段的剪力 $V_{s,i}$ 为：

$$V_{s,i}=\frac{(2H_{i+1}+F_i)h}{2L}\quad (i=2,\cdots n-2) \tag{1}$$

式中　H_{i+1}——第 $i+1$ 层的层间剪力；

F_i——第 i 层的水平地震力；

n——结构的总层数。

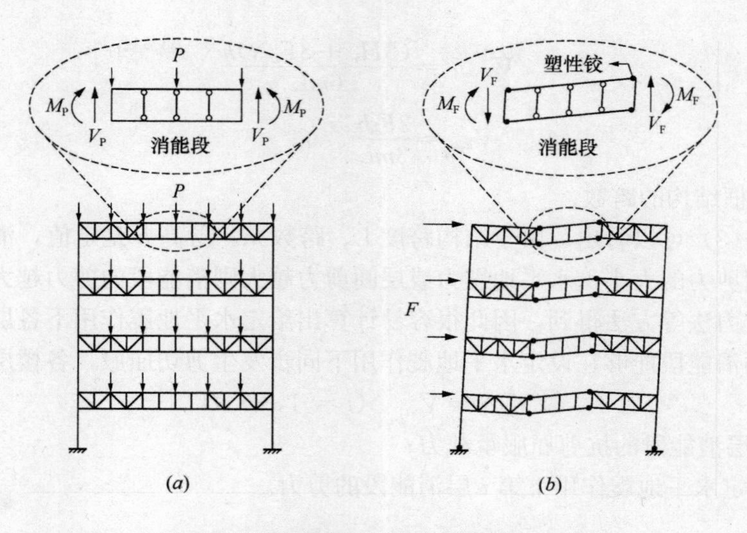

图 7 不同荷载作用下消能段两端的内力

(a) 竖向荷载作用下；(b) 水平地震作用下

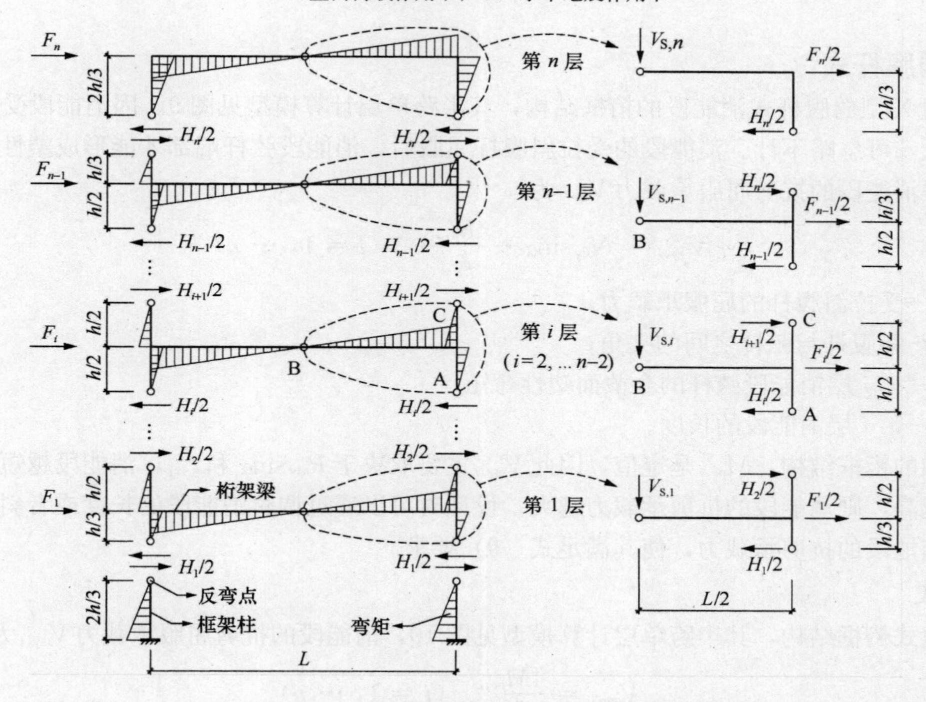

图 8 水平地震作用下的结构简化计算模型

对于第 1 层、$n-1$ 层和 n 层，根据图 8 同理可以推导消能段的剪力：

$$V_{s,1}=\frac{(5H_2+2F_1)h}{6L} \tag{2}$$

$$V_{s,n-1}=\frac{(5H_n+3F_{n-1})h}{6L} \tag{3}$$

$$V_{s,n}=\frac{2F_nh}{3L} \tag{4}$$

对于跨度相等的多跨延性桁框结构，式（1）～式（4）可以修改为：

$$V_{s,i}=\frac{(2H_{i+1}+F_i)h}{2mL} \quad (i=2,\cdots n-2) \tag{5}$$

$$V_{s,1}=\frac{(5H_2+2F_1)h}{6mL} \tag{6}$$

$$V_{s,n-1}=\frac{(5H_n+3F_{n-1})h}{6mL} \tag{7}$$

$$V_{s,n}=\frac{2F_nh}{3mL} \tag{8}$$

式中 m——延性桁框结构的跨数。

从式（5）～式（8）可以看出，由于结构跨度 L、跨数 m、层高 h 是定值，消能段的剪力主要取决于水平地震力和层间剪力的大小，水平地震力或层间剪力越大则消能段的剪力越大。水平地震力和层间剪力可以通过底部剪力法等方法得到，因此很容易计算出给定水平地震作用下各层消能段的剪力。

为使所有楼层的消能段能够在设定水平地震作用下同步发生剪切屈服，各楼层的消能段应满足：

$$V_{sy,i}=V_{s,i} \quad (i=1,\cdots n) \tag{9}$$

式中 $V_{sy,i}$——第 i 层消能段的抗剪屈服承载力；

$V_{s,i}$——在设定水平地震作用下第 i 层消能段的剪力。

4 消能段的抗剪屈服承载力

4.1 X型弱腹杆式

对于采用X型弱腹杆式消能段的桁框结构，其半跨单层计算模型见图9。因消能段受压斜腹杆的稳定承载力很低，可忽略不计。消能段的受拉斜腹杆屈服后，消能段弦杆端部才能形成塑性铰。忽略变形的影响，可得消能段的抗剪屈服承载力 $V_{sy,i}$ 为：

$$V_{sy,i}=N_{dy}\sin\alpha+\frac{4M_{pc,i}}{l_{s,i}} \quad (i=1,\cdots n) \tag{10}$$

式中 N_{dy}——受拉斜腹杆的屈服承载力；

α——斜腹杆与弦杆之间的夹角；

$M_{pc,i}$——第 i 层消能段弦杆的全截面塑性弯矩；

$l_{s,i}$——第 i 层消能段的长度。

对于已知的桁框结构，$M_{pc,i}$ 是定值，因此 $V_{sy,i}$ 主要取决于 $P_{dy}\sin\alpha$ 和 $l_{s,i}$，消能段越短或者斜腹杆的屈服承载力越高，则消能段的抗剪承载力越大。设计时可以通过调整消能段的长度或者斜腹杆的屈服承载力来控制消能段的抗剪承载力，使其满足式（9）要求。

4.2 空腹式

对于空腹式桁框结构，其半跨单层计算模型见图10，消能段的抗剪屈服承载力 $V_{sy,i}$ 为：

$$V_{sy,i}=\frac{4M_{pc,i}}{l_{s,i}} \quad (i=1,\cdots n) \tag{11}$$

可以看出，$V_{sy,i}$ 取决于 $l_{s,i}$，消能段越短则其抗剪承载力越大。设计时可以通过调整消能段的长度来控制消能段的抗剪承载力，使其满足式（9）要求。

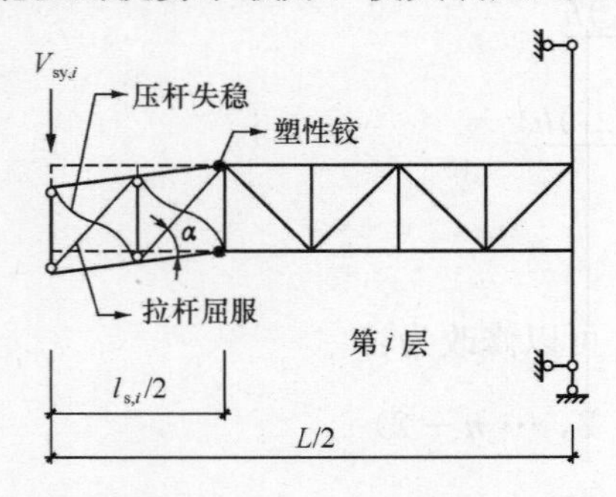

图9 X型弱腹杆式消能段的屈服机理

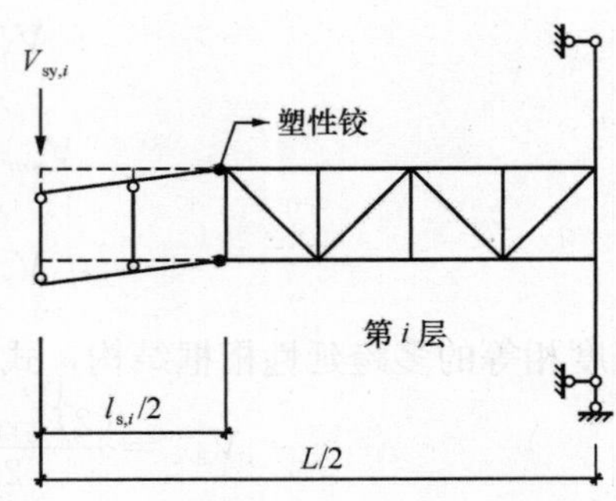

图10 空腹式消能段的屈服机理

4.3 屈曲约束支撑式

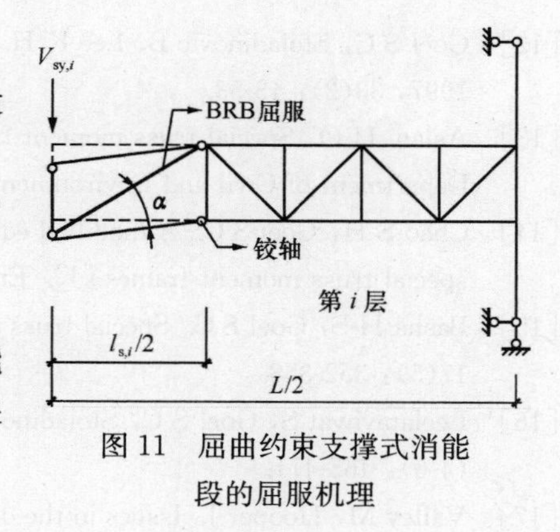

图 11 屈曲约束支撑式消能段的屈服机理

对于空腹式桁框结构，其半跨单层计算模型见图 11，消能段的抗剪屈服承载力 $V_{sy,i}$ 为：

$$V_{sy,i}=N_{By,i}\sin\alpha \quad (i=1,\cdots n) \tag{12}$$

式中 $N_{By,i}$——第 i 层消能段中屈曲约束支撑的屈服承载力；

α——斜腹杆与弦杆之间的夹角。

可以看出，$V_{sy,i}$ 取决于 $N_{By,i}$，BRB 的屈服承载力越高则消能段的抗剪承载力越大。设计时可以通过调整 BRB 的屈服承载力来控制消能段的抗剪承载力，使其满足式（9）要求。

5 消能段两端的竖腹杆

从图 9 和图 10 可知，如果想要在消能段弦杆端部形成塑性铰，消能段两端的竖腹杆应与弦杆刚接，且必须对弦杆提供很大的约束刚度。因此，该竖腹杆除了满足承载力要求外，线刚度还应满足：

$$\frac{EI_v}{l_v}\geqslant\frac{3EI_c}{l_s} \tag{13}$$

式中 E——钢材的弹性模量；

l_v、I_v——消能段两端竖腹杆的长度和在桁架平面内的惯性矩；

l_s、I_c——消能段长度和消能段弦杆在桁架平面内的惯性矩。

6 结语

延性桁框结构是一种具有较好抗震性能的结构形式，可以广泛应用于各类单层及多层大跨度建筑。在前期研究的基础上，本文针对该类结构存在的主要不足，提出了一种新的结构简化计算模型和计算方法，可供相关工程参考。

参考文献

[1] ASCE/SEI 7-10. Minimum design loads for buildings and other structures [S]. American Society of Civil Engineers, 2010.

[2] ANSI/AISC 341-10. Seismic provisions for structural steel buildings [S]. American Institute of Steel Construction, Inc., 2010.

[3] 郭兵，张帅，刘川川，肖晗. 空腹式延性桁框结构探讨[J]. 建筑钢结构进展，2013，15(1)：1-7.

[4] 郭兵，鲍镇，刘川川，肖晗. 屈曲约束支撑式延性桁框结构探讨[J]. 土木工程学报，2013，46(6)：76-81.

[5] 郭兵，王金涛，刘川川，肖晗. X 型弱腹杆式延性桁框结构探讨[J]. 建筑结构学报，2013，34(8)：119-125.

[6] 郭兵，翟艳玲，荆晓峰. 多层大跨度桁框结构体系及优化设计[J]. 山东建筑大学学报，2013，28(3)：220-223.

[7] Hanson R, Martin H, Martinez-Romero E. Performance of steel structures in the September 19 and 20, 1985 Mexico City earthquakes [C]. Proceeding of National Engineering Conference, AISC, 1986.

[8] Goel S C, Itani A M. Seismic behavior of open-web truss-moment frames [J]. J. Struct. Div. ASCE, 1994, 120(6): 1763-1780.

[9] Itani A, Goel S C. Earthquake resistant design of open web framing systems [R]. Research Report No. UMCE 91-21, University of Michigan, Department of Civil and Environmental Engineering, Ann Arbor, MI, 1991.

[10] Goel S C, Itani A M. Seismic-resistant special truss-moment frames [J]. J. Struct. Div. ASCE, 1994, 120(6): 1781-1797.

[11] Goel S C, Leelataviwat S, Stojadinovic B. Steel moment frames with ductile girder web openings [J]. Engineering Journal, AISC, 1997, 34(4): 115-125.

[12] Goel S C, Stojadinovic B, Lee K H. Truss analogy for steel moment connections [J]. Engineering Journal, AISC, 1997, 33(2): 43-53.

[13] Aslani H O. Special truss moment frames (STMF) under combined gravity and lateral loads [D]. Ph. D. Thesis, Department of Civil and Environmental Engineering, University of Michigan, Ann Arbor, MI, 1998.

[14] Chao S H, Goel S C. A modified equation for expected maximum shear strength of the special segment for design of special truss moment frames [J]. Engineering Journal, AISC, 2008, 45(2): 117-125.

[15] Basha H S, Goel S C. Special truss moment frames with vierendeel middle panel [J]. Engineering Structures, 1995, 17(5): 352-358.

[16] Leelataviwat S, Goel S C, Stojadinović B. Seismic design by plastic method [J]. Engineering Structures, 1998, 20 (4-6): 465-471.

[17] Valley M, Hooper J. Issues in the design of special truss moment frames in high-seismic regions [C]. Proceedings of the Seventh US National Conference on Earthquake Engineering, Boston, MA, July, 2002: 1177-1185.

[18] Parra-Montesinos G J, Goel S C, Kim K Y. Behavior of steel double channel built-up members under large reversed cyclic bending [J]. Journal of Structural Engineering, ASCE, 2006, 132(9): 1343-1351.

[19] Chao S H, Goel S C. Performance-based seismic design of special truss moment frames [C]. Fourth International Conference on Earthquake Engineering, Taipei, Taiwan, 2006.

[20] Chao S, Goel S C, Lee S S. A seismic design lateral force distribution based on inelastic state of structures [J]. Earthquake Spectra, EERI, 2007, 23(3): 547-569.

[21] Chao S H, Goel S C. Performance-based plastic design of special truss moment frames [J]. Engineering Journal, AISC, 2008, 45(2): 127-150.

[22] Chao S H and Goel S C. A modified equation for expected maximum shear strength of the special segment for design of special truss moment frames [J]. Engineering Journal, AISC, 2008, 45(2): 117-125.

[23] Pekcan G, Linke C, Itani A. Damage avoidance design of special truss moment frames with energy dissipating devices [J]. Journal of Constructional Steel Research, 2009, 65(6): 1374-1384.

[24] Linke, Christin M S. Damage avoidance design of special truss girder frames with energy dissipation devices [D]. Civil and Environmental Engineering, University of Nevada, Reno, 2009.

外伸端板连接力学性能试验研究与参数分析

王新堂　黄正觉　邵　冰

（宁波大学建筑工程与环境学院，浙江省宁波市　315211）

摘　要　首先利用MTS电液伺服加载试验系统对6个具有不同构造特征和几何尺寸的H型钢梁柱半刚性连接性能进行了低周反复加载试验，得到各节点的滞回性能曲线、节点核心区的 $M-\theta_r$ 曲线及各节点的特征性能参数，在此基础上建立了半刚性连接节点力学性能的数值模拟分析模型。基于试验结果和模拟分析，修正了H型钢梁柱端板连接节点弯曲刚度计算模型，并讨论了相关参数的影响。结果表明，对于同样构造和几何尺寸相近的端板连接，翼缘—端板连接的极限弯矩及连接刚度远高于弱轴方向的腹板—端板连接，且后者的延性也比较差。本文所建立的新的端板连接弯曲刚度计算模型更能准确反映实际连接特征。

关键词　半刚性节点；端板连接；试验研究；数值模拟；参数分析

引言

自1917年Illinois大学的Young首先用试验的方法测定梁柱连接的刚度以来，国外学者相继完成了大量的半刚性连接试验[1]。自19世纪60年代末期，一些学者开始关注连接刚度较大的齐平端板连接和外伸端板连接。1970年，Ostrander在完成硕士论文期间做了24个齐平端板连接试验[2]；Joshonstone和Walpole在1981年做了8个外伸端板连接试验[3]。1993年Moore[4]等人做了5个齐平端板连接、延伸端板连接和顶底角钢连接的钢框架足尺试验，其试验结果与英国设计规范BS5950 Part Ⅰ（BS5950，1990）进行了比较。

近十年来随着钢结构在我国的广泛应用，国内学者对于各种半刚性连接节点性能也开展了许多试验和理论分析工作。对于各种外伸端板连接也开展了一系列研究[4]，但这些工作对连接点构造参数变化对连接性能的影响及对比研究还显不足[5,6]。因此本文首先针对6个不同构造特征的外伸端板连接开展了底周反复荷载试验研究，通过对试验结果的分析讨论了构造参数的影响，同时建立了H型钢梁端板连接力学性能分析的数值模型，并通过试验结果和数值分析结果修正了节点刚度计算公式，并讨论了连接参数对连接刚度的影响规律，所得结论对于该类节点的工程设计和应用有一定参考价值。

1　试验概况

1.1　试件设计与制作

本文的试验研究对象为6个焊接H型钢柱与钢梁的不同形式的端板连接。梁长和柱高分别为1050mm和2000mm，且JD1、JD3、JD5的梁截面尺寸为：250mm×125mm×6mm×9mm；JD2、JD4、JD6的梁截面尺寸为：450mm×200mm×9mm×14mm。各节点的柱截面尺寸均为：500mm×200mm×10mm×16mm。各节点构造如图1所示。其中各节点试件中的端板厚度分别为：JD1、JD3均为 $t=16$mm，JD2、JD4均为 $t=12$mm，JD5、JD6均为 $t=22$mm。

由图示构造特点可以看出，JD1、JD2为具有同样构造形式的外伸端板半刚性连接，但梁截面尺寸及连接端板尺寸有明显不同。JD1为小尺寸，JD2为同样构造的较大尺寸。显然该节点同时承受弯矩和剪力。

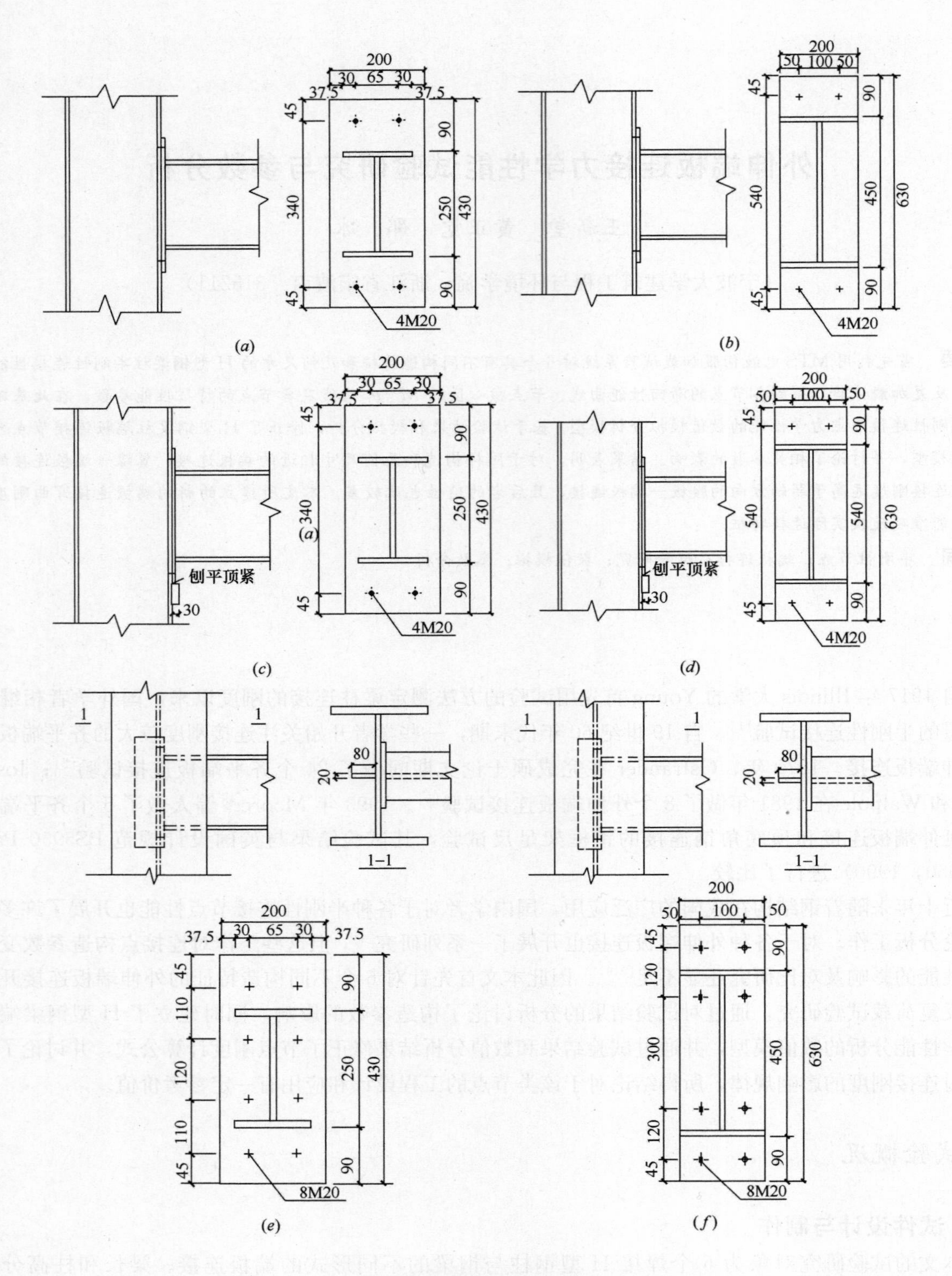

图1　节点模型构造与几何参数

(a) JD1 的构造；(b) JD2 的构造；(c) JD3 的构造；(d) JD4 的构造；(e) JD5 的构造；(f) JD6 的构造

JD3、JD4 为对应于 JD1、JD2 的纯弯曲外伸段板连接。JD5、JD6 的梁端与柱的腹板连接，其连接的构造特点基本相同，但梁截面尺寸有大小之分。

该组试件的所用钢材均为同一种材质，端板与梁截面采用熔透焊。端板与柱子采用 10.9 级承压型高强螺栓连接，所有螺栓孔均为 $\phi 21.5$。端板与连接面的接触面均进行了精加工，以保证连接处无缝隙。

1.2 试验材料

上述所有试件用钢为 Q235B，并通过标准试件的拉伸试验（按照《钢及钢产品力学性能试验取样位置和试样制备》GB/T 2975—1998 和《金属材料室温拉伸试验方法》GB/T 228—2002 的规定）测得弹性模量平均值为 2.05×10^5N/mm^2，屈服强度为 287.6MPa，极限强度为 408.7MPa，泊松比为 0.3。根据《钢结构高强度螺栓连接的设计、施工及验收规程》JGJ 82—91 的规定测得螺栓杆抗拉强度为 948.3MPa，抗滑移系数为 0.3。上述数据均为每组试件的平均值。

1.3 试验方案与试验过程

本试验的加载装置如图 2、图 3 所示。梁端加载设备为 MTS 电液伺服系统，所用作动器的位移行程为 500mm（±250mm）。采用 50t 千斤顶一个，用于在柱顶施加轴向荷载。采用 100$\mu\varepsilon$/mm 的位移计 4 个，用于测量梁柱节点处的转角位移。

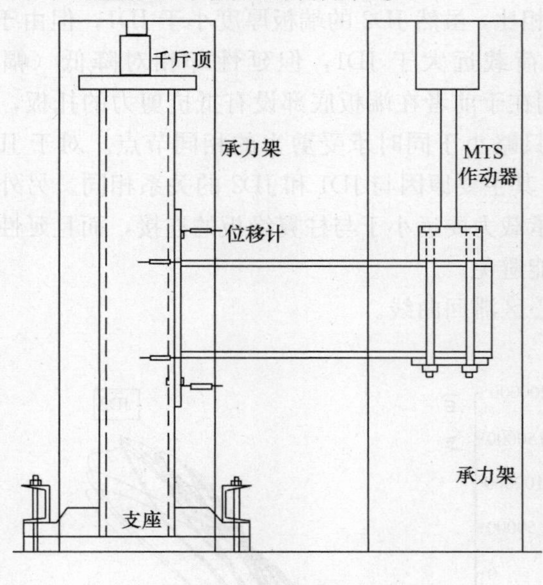

图 2 试验加载装置

图 3 典型试件加载试验

右端为 100t 反力架，用于给梁端施加荷载时提供反力，左端 50t 反力架用于给柱施加轴向力时承受反力。

另在节点附近沿梁的长度方向及沿柱腹板高度方向布置了若干应变片（规格为 120－3AA），以测量连接处在荷载作用下的应力应变。试验通过 MTS 电液伺服系统自动记录了作用于梁端的荷载—位移关系，并通过 DH3816 静态应变测试系统测试应变和位移量。

试验的基本过程为：首先使柱顶加载的千斤顶轴线与柱截面轴线位于同一竖直线，使柱处于轴压状态，然后在柱顶施加不变的荷载 $0.2N_y$，其中 N_y 为柱的计算屈服荷载，为 150kN。然后在梁端按预先设定的加载规则通过 MTS 系统施加往复荷载。整个加载过程按位移控制。

往复加载方案为：先在试件的梁端正向向下施加 5mm 的位移，然后卸载至 0mm，随后在向梁端施加－5mm（向上）的位移，然后卸载到 0mm，这样就完成了一个加载周期。每一级的加载周期进行 3 次。下一级的加载荷载从 0mm 到 10mm，然后卸载到 0mm，再到－10mm，再到 0mm，同样循环 3 次。以后的每一级荷载都是以 5mm 为增量进行循环 3 次的加载周期，直至达到试验破坏特征终止记录。规定试件破坏特征为：端板变形过大，P-Δ 曲线出现下降段；端板出现裂缝；焊缝拉开；柱螺栓孔破坏等。

2 试验结果分析

对该组节点的试验结果进行分析，首先得到表 1 所示的各特征值。其中表中的延性系数定义为：μ

=极限位移/屈服位移，可表征节点的耗能能力。

JD1～JD6 试验结果Ⅰ　　表 1

试件编号	屈服荷载（N）	极限荷载（N）	极限位移（mm）	屈服位移（mm）	延性系数 μ
JD1	42981.53	57789.17	22.47	8.08	2.78
JD2	115945.41	144995.72	19.93	9.42	2.11
JD3	40261.20	53804.23	19.87	8.62	2.31
JD4	105917.75	142494.55	19.90	9.10	2.18
JD5	28294.92	47158.20	84.98	42.87	1.98
JD6	64561.75	75458.00	75.02	51.37	1.47

表 1 结果显示，节点构造特征相似的 JD1 和 JD2 相比，虽然 JD2 的端板厚度小于 JD1，但由于 JD2 梁截面尺寸远大于 JD1，则 JD2 的屈服荷载和极限荷载远大于 JD1，但延性却相对降低（幅度为 24.1%）。JD3、JD4 相对于 JD1、JD2 而言，唯一区别在于前者在端板底部设有抵抗剪力的托板，为纯弯节点。试验结果表明，纯弯节点可达到的极限荷载只略小于同时承受剪力的相同节点。对于 JD5 和 JD6，显然后者的承载力远大于前者，但延性却降低，其主要原因与 JD1 和 JD2 的关系相同。另外，这里所显示的结果还表明，梁与柱的腹板连接时，不仅承载力要远小于与柱翼缘板的连接，而且延性也比较差。因此在实际工程中，梁与柱腹板的连接因尽可能避免。

进一步根据试验数据可得到图 4 所示的各节点核心区滞回曲线。

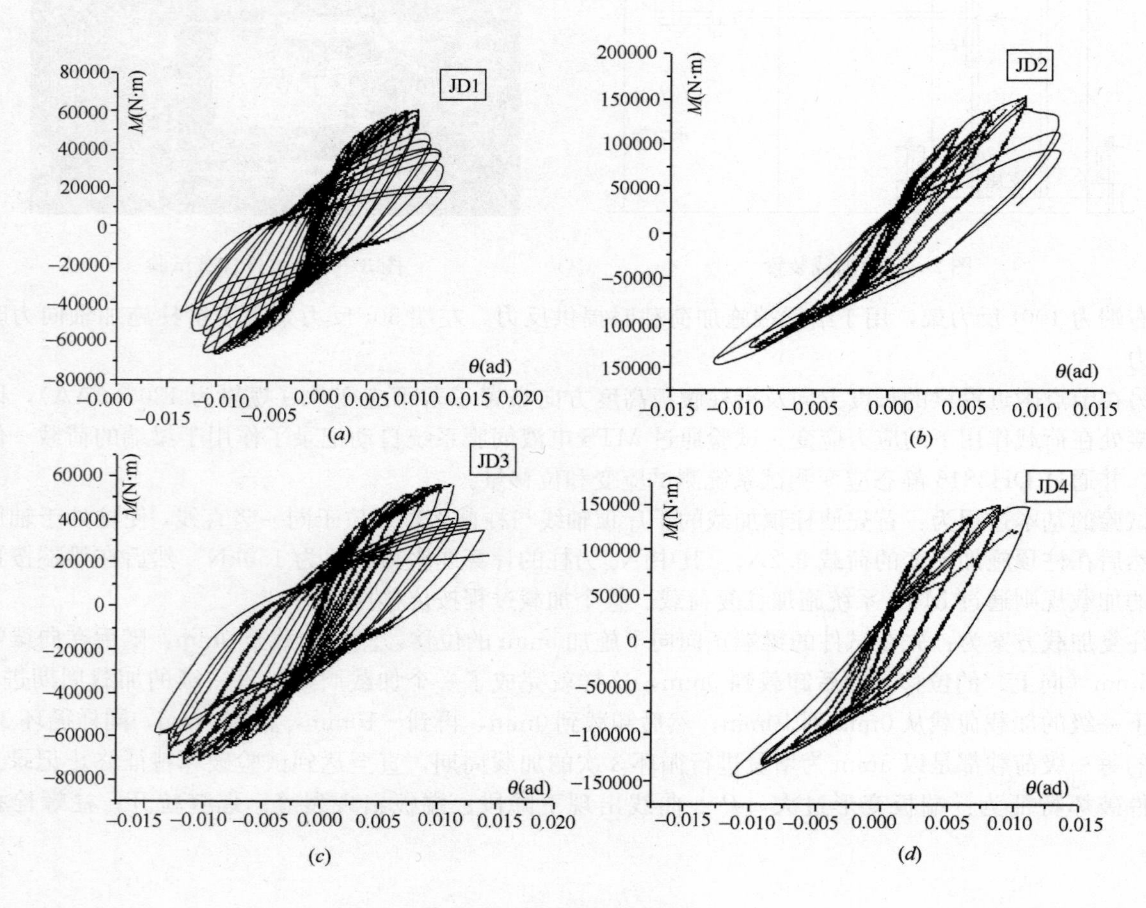

图 4　节点核心区滞回曲线（一）

（a）JD1；（b）JD2；（c）JD3；（d）JD4

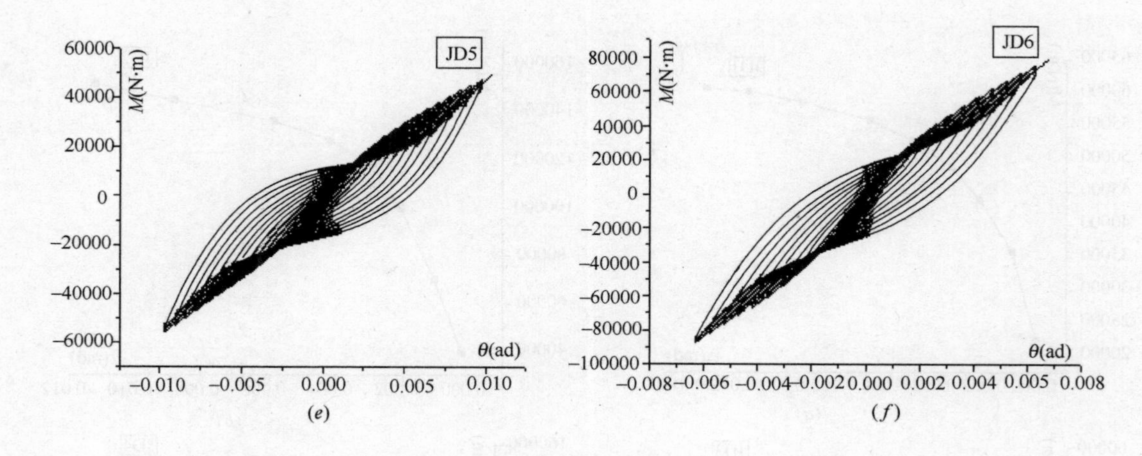

图 4　节点核心区滞回曲线（二）

（e）JD5；（f）JD6

由图示结果可以看出，JD1、JD2、JD3、JD4 的滞回曲线呈现“梭”形，JD5、JD6 滞回曲线呈现“Z”形，“梭”形滞回环面积和饱满度都优于“Z”形曲线，显然翼缘—端板连接的延性和耗能能力均比腹板—端板连接的好。分别将 JD2、JD4 与 JD1、JD3 加以比较可以看出，JD1、JD3 滞回环面积和饱满度均优于 JD2、JD4，而 JD1、JD3 的极限荷载却小于 JD2、JD4。该结果说明，随着梁截面尺寸的增加，翼缘—端板连接节点的延性、耗能能力减弱，承载力增强。腹板—端板连接节点 JD5 和 JD6 的滞回曲线饱满度明显较翼缘—端板连接节点差，说明腹板—端板连接节点的延性和耗能能力不够强。

进一步分别对比 JD1 与 JD2，JD3 与 JD4 的滞回曲线，不难说明抗剪托板对节点核心区的延性、耗能能力及承载力无明显影响。由上述曲线还可得各节点的 M-θ 曲线，结果如图 5 所示。

由上述曲线可进一步得到各节点的初始刚度及极限弯矩，结果列于表 2。

JD1～JD6 试验结果Ⅱ　　**表 2**

节点名称	极限弯矩（N·m）	初始转动刚度（N·m·rad^{-1}）
JD1	60678.63	1.06E7
JD2	151712.11	3.26E7
JD3	56329.57	1.01E7
JD4	148713.30	2.78E7
JD5	49516.11	0.53E7
JD6	79230.90	2.69E7

从以上各节点 M-θ 骨架曲线可以看出，在加载初期，弯矩 M 与梁柱相对变形角 θ 基本呈线性关系，但加载到屈服弯矩后，曲线的非线性特征明显，θ 增幅明显加大。JD1、JD2、JD3 和 JD4 在达到屈服弯矩后，M-θ 曲线存在较为明显的“平台”段，而 JD5、JD6 则不太明显。这是因为：尽管腹板连接节点在腹板与加劲肋连接处产生了破坏，但在试验终止前，梁与端板连接处没有断裂，没有完全失去承载能力；而翼缘—端板节点试验终止时试件的梁与端板连接处已经断裂，完全失去承载力。

分别将 JD1 与 JD3、JD2 与 JD4 的试验结果进行比较，可以看出：JD1、JD2 与 JD3、JD4 的 M-θ 曲线形状、极限弯矩和初始转动刚度相差不大，进一步说明抗剪托板的设置对翼缘—端板连接节点的力学性能影响不大。

将表 2 中 JD1、JD3、JD5 的数据分别与 JD2、JD4、JD6 的数据比较来看：前者的极限弯矩和初始转动刚度均比后者大。进一步说明节点的力学性能受节点尺寸的影响较大。

比较各节点的 M-θ 曲线也可以看出，从弹性极限点开始，翼缘—端板连接节点的曲线较腹板—端板连接节点的更接近水平，说明腹板—端板连接构造抑制了塑性变形的发展。根据现有文献[1,2]中提到

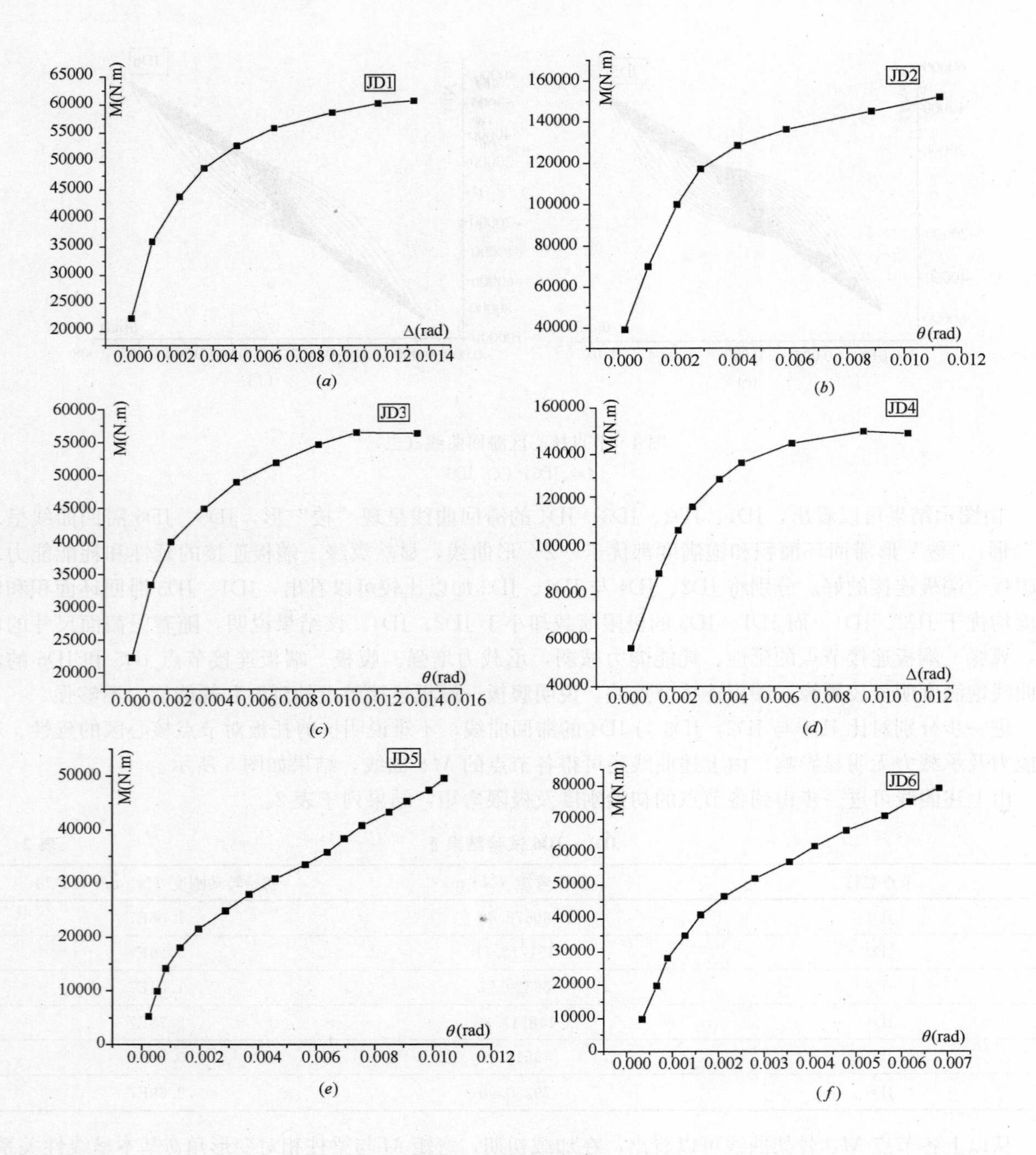

图 5　节点核心区 M-θ 曲线

(*a*) JD1；(*b*) JD2；(*c*) JD3；(*d*) JD4；(*e*) JD5；(*f*) JD6

的半刚性连接节点与刚性连接节点的区分界限，可以看出，本文的 JD1～JD6 梁柱节点均属于半刚性连接节点。图 5 所示曲线可用于描述相应连接节点的弯矩—转角特性，并用于整体结构的数值分析。

3　有限元模拟分析

图 6～图 9 为 JD1～JD4 翼缘—端板连接节点试验与 ANSYS 模拟分析的变形比较。由各节点的试验结果与模拟结果的比较可知节点变形一致，即端板产生弯曲变形，柱子翼缘变形不明显，端板与翼缘之间产生间隙；端板与梁上翼缘连接处最先达到屈服强度而断裂破坏；端板螺栓孔有明显凹陷压痕，端板对螺栓有“撬力”作用。

(*a*) (*b*)

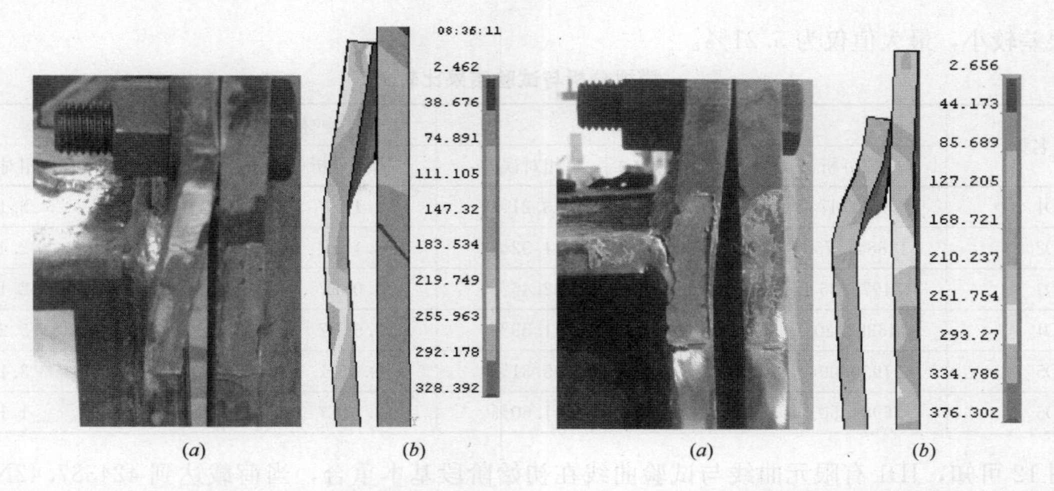

图 6　JD1 试验与数值模拟结果比较

（*a*）试验结果；（*b*）模拟结果

(*a*) (*b*)

图 7　JD2 试验与数值模拟结果比较

（*a*）试验结果；（*b*）模拟结果

(*a*) (*b*)

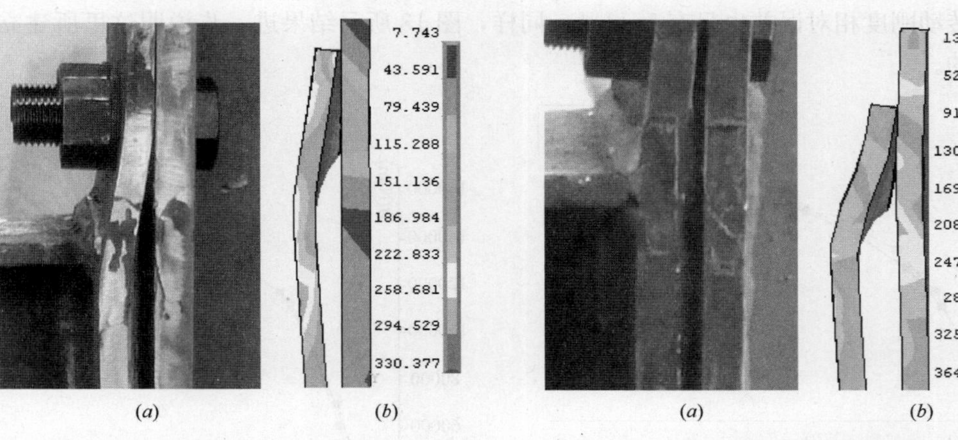

图 8　JD3 试验与数值模拟结果比较

（*a*）试验结果；（*b*）模拟结果

(*a*) (*b*)

图 9　JD4 试验与数值模拟结果比较

（*a*）试验结果；（*b*）模拟结果

图 10、图 11 为 JD5、JD6 腹板—端板连接节点试验与 ANSYS 模拟变形比较图，由试验结果与模拟结果比较可知，两者所得的节点变形一致，即柱子腹板产生弯曲变形，端板变形不明显，端板与腹板之间产生间隙；腹板与加劲肋连接处最先达到屈服强度而断裂破坏。

(*a*) (*b*)

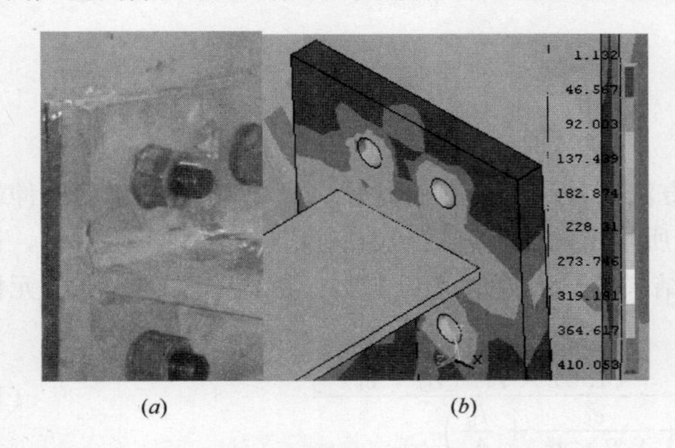

图 10　JD5 试验与数值模拟结果比较

（*a*）试验结果；（*b*）模拟结果

(*a*) (*b*)

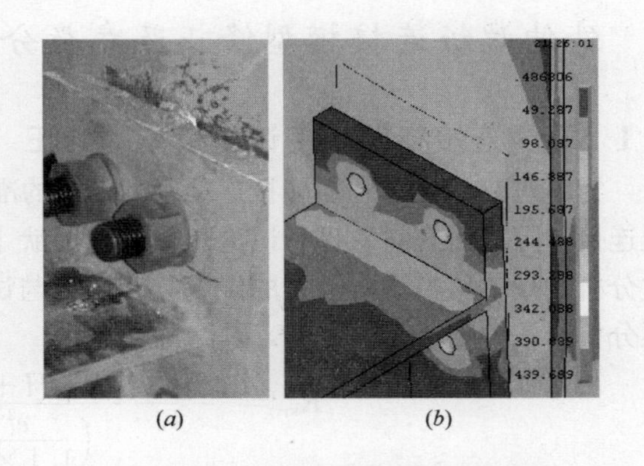

图 11　JD6 试验与数值模拟结果比较

（*a*）试验结果；（*b*）模拟结果

表 3 给出了 6 个节点的模拟分析与试验所得极限弯矩和初始转动刚度的结果比较。可以看出，两者

的相对误差较小，最大值仅为 5.21%。

模拟分析与试验结果比较　　表 3

节点名称	极限弯矩（N·m）			初始转动刚度（N·m·rad^{-1}）		
	模拟分析	试验结果	相对误差	模拟分析	试验结果	相对误差
JD1	58794.47	60678.63	3.21%	1.11E7	1.06E7	5.11%
JD2	148847.75	151712.11	1.92%	3.19E7	3.26E7	2.42%
JD3	54978.35	56329.57	2.46%	1.03E7	1.01E7	2.13%
JD4	146384.20	148713.30	1.59%	2.64E7	2.78E7	5.21%
JD5	47930.00	49516.11	3.31%	0.55E	0.53E7	3.19%
JD6	76984.50	79230.90	1.60%	2.73E7	2.69E7	1.17%

由图 12 可知，JD1 有限元曲线与试验曲线在初始阶段基本重合，当荷载达到 424387.42N 时，有限元计算结果与试验结果出现分岔，随着荷载的增加，节点进入弹塑性阶段，二者分岔有所加大。但总体而言，基于有限元模型的数值分析结果与试验结果已相当吻合。当节点破坏时，极限弯矩相对误差为 3.21%，初始转动刚度相对误差也只有 5.11%。同样，图 13 所示结果进一步说明这里所建立的数值分析结果是可靠的。

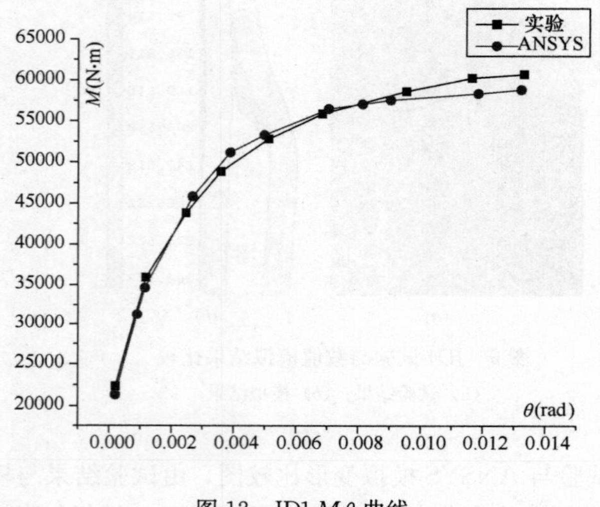

图 12　JD1 M-θ 曲线

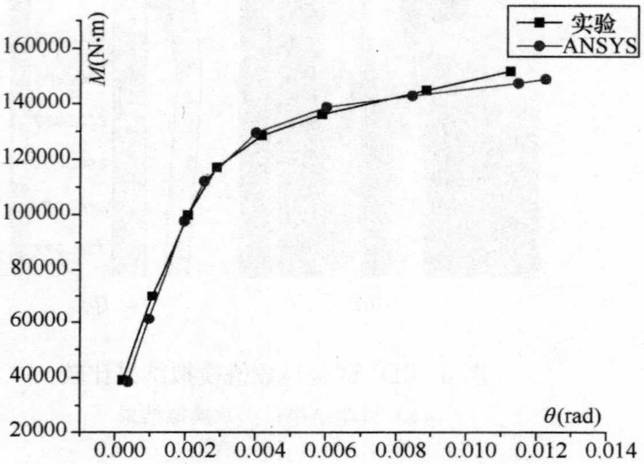

图 13　JD2 M-θ 曲线

4　外伸端板连接模型修正及参数分析

4.1　端板连接初始刚度计算模型的修正

为了进一步建立外伸端板连接刚度计算的准确方法，并讨论其影响参数，本文则以图 14 的外伸端板连接节点为研究对象进行讨论。首先对文献［7］所给出的端板连接初始刚度计算模型进行检验，通过分析发现，该模型有较大的误差，其结果与试验结果的最大差值达到 17%。因此本文结合有限元模拟分析对该模型进行了修正，其结果如下：

$$R_{ki}=\frac{2E[(1.01\times H+e_f)^2+(1.01\times H-t_{bf}-e_f)^2]}{\left(\dfrac{e_f^2}{1.1\times t_{cf}^3}+\dfrac{e_f^2}{1.2\times t_{ep}^3}+\dfrac{l_b}{A_b}\right)} \tag{1}$$

针对表 4 所列出的一组节点（对应图 14），修正后的模型值和有限元模拟值的比较见表 5，由结果可知：初始刚度的计算模型经过修正后和有限元模拟值的平均误差为 3.5%，对原模型有了很大的改进。

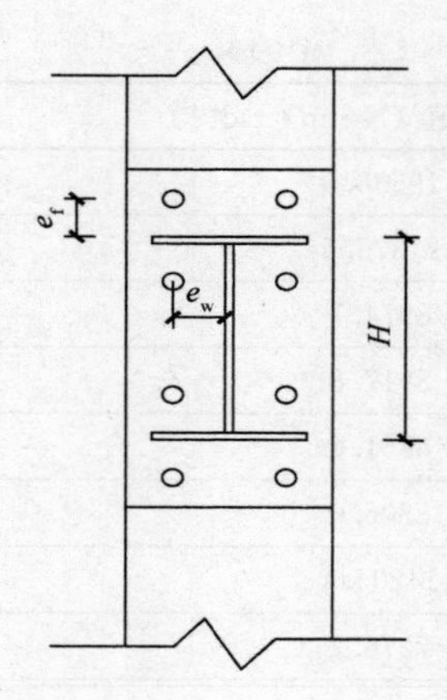

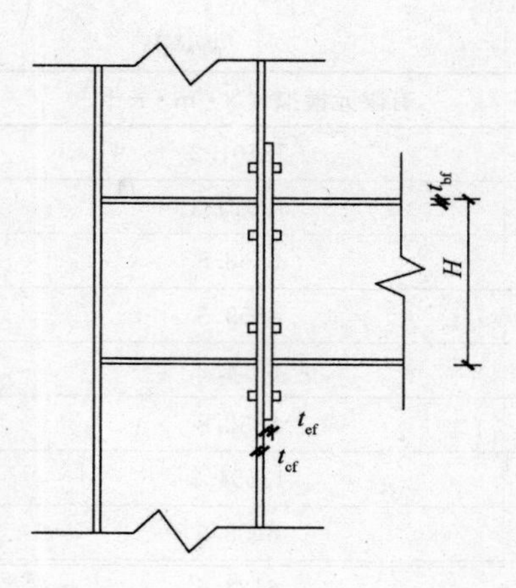

图 14　外伸端板连接构造与几何参数

图 14 所示端板各组试件尺寸表　　**表 4**

编号	t_{ef}（mm）	t_{cf}（mm）	t_{bf}（mm）	H（mm）	(e_f+e_w)（mm）
JD-1	8	8	8	240	45+45
JD-2	10	8	8	240	45+45
JD-3	12	8	8	240	45+45
JD-4	16	8	8	240	45+45
JD-5	20	8	8	240	45+45
JD-6	10	8	8	200	45+45
JD-7	10	8	8	220	45+45
JD-8	10	8	8	260	45+45
JD-9	10	8	8	280	45+45
JD-10	10	10	8	240	45+45
JD-11	10	12	8	240	45+45
JD-12	10	14	8	240	45+45
JD-13	10	16	8	240	45+45
JD-14	10	8	10	240	45+45
JD-15	10	8	12	240	45+45
JD-16	10	8	14	240	45+45
JD-17	10	8	16	240	45+45
JD-18	10	8	8	240	35+35
JD-19	10	8	8	240	50+50
JD-20	10	8	8	240	55+55
JD-21	10	8	8	240	60+60

修正模型和有限元模拟值的比较（初始转动刚度）　　**表 5**

试　件	有限元模拟（N・m・rad^{-1}）	修正模型值（N・m・rad^{-1}）	相对误差
JD-1	7123.6	6966.8	2.2%
JD-2	8858.7	9032.1	2.0%
JD-3	10210.2	10386.3	1.7%
JD-4	11156.3	11768.2	5.5%
JD-5	11738.7	12328.5	5.0%
JD-6	6638.7	6343.9	4.4%
JD-7	7856.3	7625.8	2.9%
JD-8	10428.1	10563.1	1.3%
JD-9	11859.9	12218.1	3.0%
JD-10	12657.8	13351.7	5.5%
JD-11	15687.6	16909.5	7.8%

续表

试　件	有限元模拟（N·m·rad^{-1}）	修正模型值（N·m·rad^{-1}）	相对误差
JD-12	18501.2	19536.0	5.6%
JD-13	19910.3	21375.5	7.4%
JD-14	8863.5	8974.7	1.3%
JD-15	8859.3	8917.8	0.7%
JD-16	8854.2	8861.6	0.1%
JD-17	8852.8	8806.0	0.5%
JD-18	13554.5	14204.4	4.8%
JD-19	6958.9	7276.2	4.6%
JD-20	6123.6	6202.5	1.3%
JD-21	5485.6	5188.6	5.4%

4.2　构造参数对节点初始弹性刚度的影响分析

本部分内容以试件 JD-2 的构造参数（$t_{ef}=10$mm，$H=240$mm，$t_{bf}=8$mm，$t_{cf}=8$mm，$e_f=45$mm）为基础，通过参数的变化来分析它们对节点初始刚度的影响规律。

（1）端板厚度 t_{ef}的影响

由图 15 可知，端板厚度对初始刚度的影响很大，初始刚度随着端板厚度的增大而增大，但增幅越来越小。在端板厚度小于 12mm 的情况下，端板厚度每增加 2mm，初始刚度平均提高 22.3%；而在端板厚度大于 20mm 的情况下，端板厚度每增加 2mm，初始刚度平均提高 0.8%。

（2）梁高 H 的影响

由图 16 所示结果可知，初始刚度随着梁高的增加近似成线性增大，加大梁截面高度可以增大节点的转动力臂，从而提高节点的抗弯承载力，同时提高节点的刚度。可见，梁高是影响节点力学性能的重要构造参数。同时可以得出，初始刚度关于 H 的关系可以进一步简化为线性关系，以便工程应用。

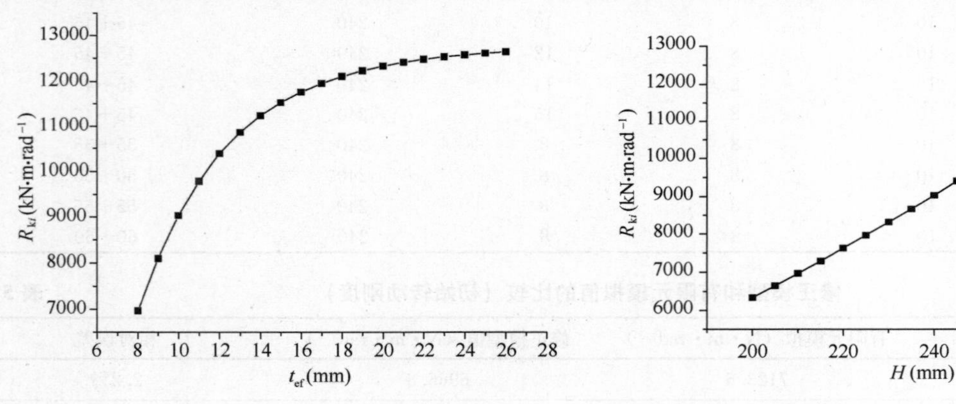

图 15　端板厚度对初始刚度的影响　　图 16　梁高对初始刚度的影响

（3）柱翼缘厚度 t_{cf}的影响

柱翼缘厚度对初始刚度的影响见图 17。

由图 17 可知，柱翼缘厚度是影响节点初始刚度的一个重要参数。经比较发现，柱翼缘对节点初始刚度的影响类似于端板厚度的影响。当柱翼缘厚度 t_{cf}较小时，初始刚度随 t_{cf}的增大而明显提高，而在 t_{cf}大于 16mm 的情况下，初始刚度随 t_{cf}的增大而提高的幅度将进一步减小。

柱翼缘厚度和端板厚度对节点的初始刚度起到类似的影响作用，其主要原因如下：柱翼缘和端板的变形是整个连接节点变形的最重要组成部分，相对于施加预应力的高强螺栓的变形而言，它们的变形要大得多，因此从某种程度上可以说节点的变形是由柱翼缘和端板的厚度决定的。而本模型在计算柱翼缘和端板变形时，均假定它们的边界近似为 1/4 的四边固支矩形板，并通过求解四边固支矩形板中心集中荷载下中心处的挠度而得到。因此二者厚度对初始刚度有着类似的影响。

（4）梁翼缘厚度 t_{bf} 的影响

梁翼缘厚度对初始刚度的影响见图 18。

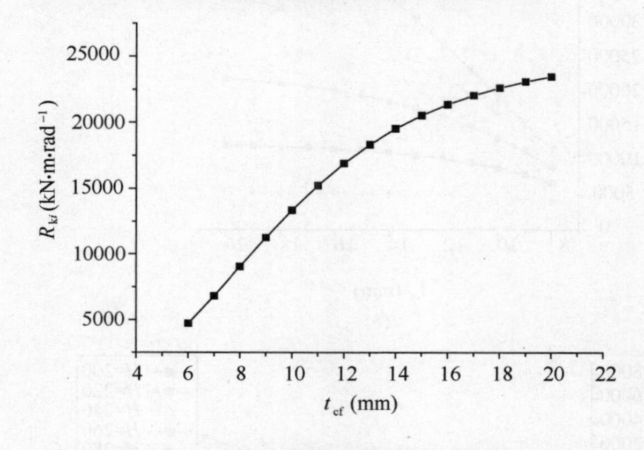

图 17　柱翼缘厚度对初始刚度的影响

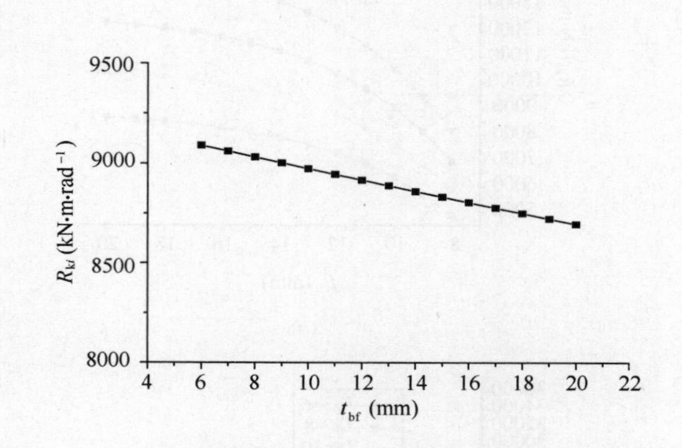

图 18　梁翼缘厚度对初始刚度的影响

从图 18 可以看出，随着梁翼缘厚度的增加，节点的初始刚度略有下降，且基本为线性变化。所以，在满足梁局部稳定的前提下，宜采用翼缘厚度较小的梁截面。

（5）螺栓距 e_f 的影响

螺栓距对初始刚度的影响见图 19。

由螺栓距对初始刚度影响曲线图 19 可以看出，螺栓距对节点初始刚度的影响非常明显，初始刚度随着螺栓距的增大而减小，但减小的幅度越来越小。ANSYS 模拟分析得到的各试件在极限荷载状态下的 Mises 应力图表明：随着螺栓距的增大，各试件的端板和柱翼缘变形也随之增大。螺栓距较小的试件 JD-18 的破坏是由于梁端形成塑性铰，但端板变形较小并未屈服破坏；而螺栓距较大的试件 JD-20 和试件 JD-21 则是因端板变形过大而屈服破坏，此时梁并未形成塑性铰，承受的荷载也小于螺栓距较小试件。因此螺栓距对节点的初始刚度具有重要的影响。

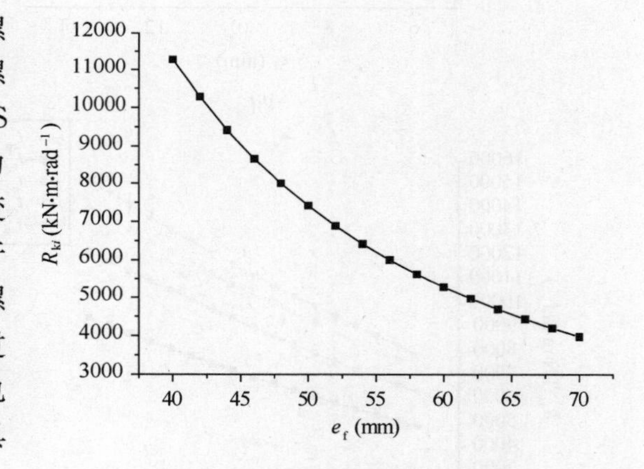

图 19　螺栓距对初始刚度的影响

（6）组合参数影响分析

组合参数对初始刚度的影响见图 20。

根据前面的参数分析可知，在影响节点性能的 5 个主要构造参数中，梁翼缘厚度对节点性能影响最小，而螺栓距的变化并不改变节点的破坏形式。其余三个参数，端板厚度 t_{ef}，梁高 H 和柱翼缘厚度 t_{cf} 对节点性能影响均比较大，而当各个参数变化时，节点的破坏形式也不同。下面就对这三个参数两两组合，分析其对初始刚度的影响。

由图 20（*a*）和图 20（*b*）可知，初始刚度随着端板厚度 t_{ef} 的增大而增大，且增幅越来越小。若梁高或柱翼缘厚度改变，t_{ef} 对初始刚度的影响也会随之变化，且变化程度不同。当梁高较大时，节点的初始刚度随 t_{ef} 增大而显著提高；而梁高较小时，节点的初始刚度随 t_{ef} 增大提高相对较小。柱翼缘厚度变化时，t_{ef} 对初始刚度的影响更明显。当柱翼缘厚度较小，t_{cf} =6mm 时，初始刚度随 t_{ef} 的增大而提高很有限，t_{ef} 由 8mm 增大至 20mm 时，初始刚度只提高了 1.3 倍；而当柱翼缘较厚，t_{cf} =14mm 时，随着 t_{ef} 的增大，初始刚度提高幅度很大，t_{ef} 由 8mm 增大至 20mm 时，初始刚度提高了 3.8 倍。

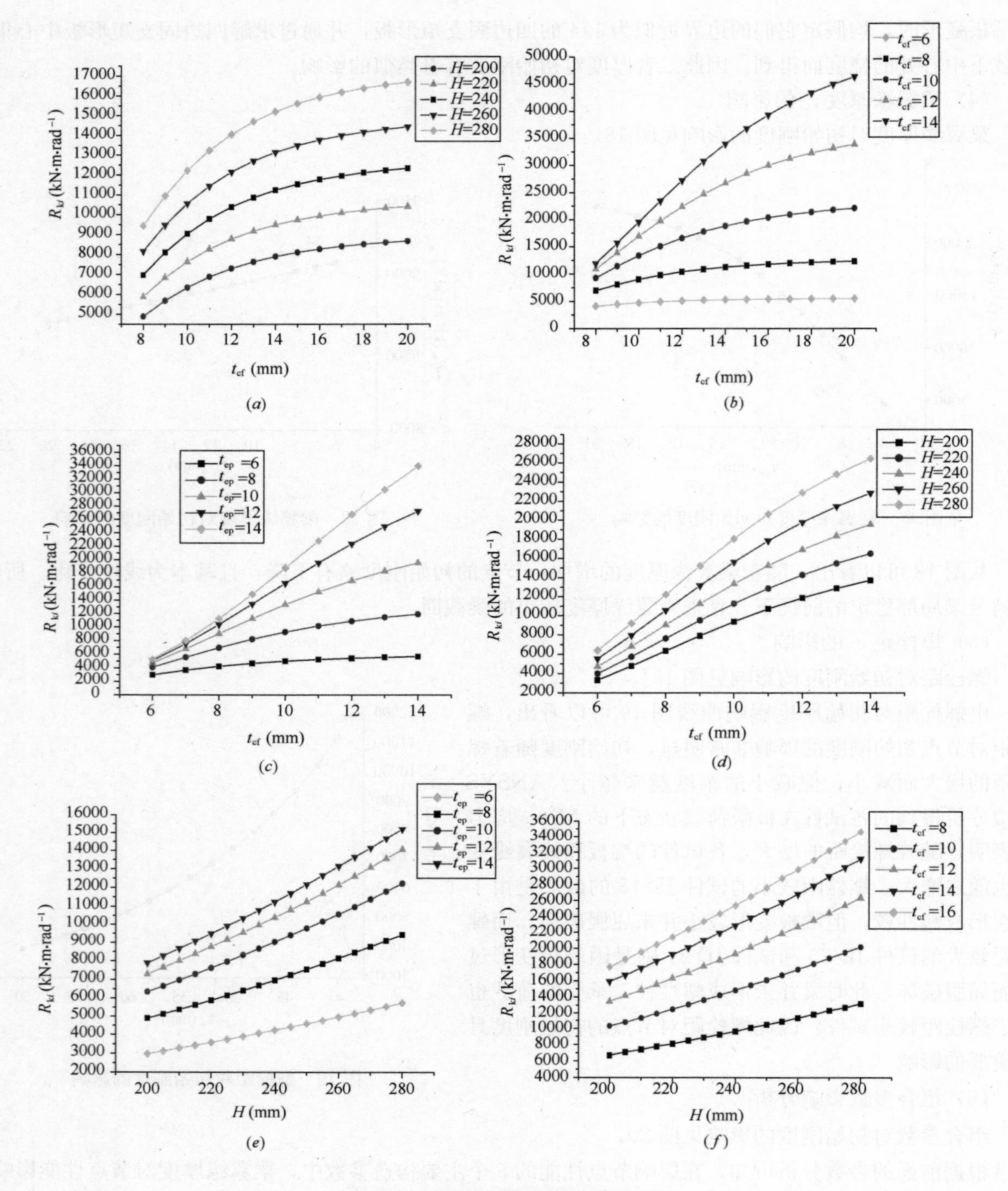

图 20　组合参数对初始刚度的影响图

图 20（*c*）和图 20（*d*）显示的是当端板厚度和梁高变化时，柱翼缘厚度 t_{cf} 对节点初始刚度的影响规律。当端板厚度较大，t_{ef} ＝14mm 时，初始刚度随 t_{cf} 增大提高很大，且增幅越来越大；而当端板厚度较小，t_{ef} ＝6mm 时，初始刚度随 t_{cf} 增大提高有限，且增幅越来越小。梁高变化时，它的影响规律类似于端板厚度，但不如端板厚度影响大。

图 20（*e*）和图 20（*f*）显示当端板厚度和柱翼缘厚度的变化时，梁高 H 对节点初始刚度的影响规律。经比较发现：无论是端板厚度还是柱翼缘厚度变化，它们和梁高对节点的初始刚度影响相互比较独立，影响不大。初始刚度都随 H 的增大而增大，增大幅度较均匀，并不受端板和柱翼缘厚度变化的影响。

在上述三个对节点初始刚度影响较大的参数中，端板厚度和柱翼缘厚度相互影响较大。当两者均较大时，其中一个参数的增大，初始刚度均有较大提高；而两者都较小时，只增大其中一个参数并不能有效地提高节点的初始刚度；在两者大小不相等的情况下，增大较小的参数则能更显著地提高节点的初始刚度。

5 结论

基于上述试验结果、数值模拟及参数分析，得到如下结论：

(1) 对于同样构造和几何尺寸相近的端板连接，翼缘—端板连接的极限弯矩及连接刚度远高于弱轴方向的腹板—端板连接，且后者的延性也比较差。

(2) 若采用弱轴方向的端板连接，必须在腹板上设置合适的加劲板，而且应在水平和竖直方向同时设置，以保证该连接处有足够的连接强度和延性。

(3) 对于端板连接方式，梁截面尺寸的变化对其连接性能影响较大。一般当截面尺寸变大时，连接点的屈服弯矩会明显增大，但整体延性却有可能降低。

(4) 对于外伸端板连接节点，端板厚度和柱翼缘厚度对节点初始刚度的影响具有相当大的关联性。当两者均较大时，其中一个参数的增大，初始刚度均有较大提高；而两者都较小时，只增大其中一个参数并不能有效地提高节点的初始刚度；在两者大小不相等的情况下，增大较小的参数则能更显著地提高节点的初始刚度。

(5) 本文所建立的H型钢梁柱外伸端板连接初始刚度的修正模型具有较高的精确度，与试验结果相当吻合，可作为实际工程的设计依据。

参考文献

[1] Wai-Fah Chen and N. Kishi. Semirigid Steel Beam-to-Column Connections: Data Base and Modeling. ASCE, Journal of Structural Engineering[M], 1989, 1: 105-119.

[2] J. R. Ostrander. An Experimental Investigation of End-Plate Connections. Thesis Presented to the University of Saskztchewan, at Saskatoon, Saskatchewan, in Partial Fulfillment of the Requirements for the Degree of Master of Science. 1970.

[3] N. D. Johnstone, W. R. Walpole. Bolted End-Plate Beam to Column Connections Under Earthquake Type Loading [D]. Department of Civil Engineering, University of Canterbury, Christchurch, New-Zealand, 1981, Research Report (7): 44-60.

[4] Phaewkham Techasrisutee. Web-based Coupled Nonlinear Finite Element Algorithms for 3D Semi-Rigid Frame Analysis with Graphical Interface[J]. Presented to the Faculty of the Graduate School of The University of Texas at Arlington in Partial Fulfillment of the Requirements for the Degree of Master of Science in Civil and Environmental Engineering, 2004, (8): 15-27.

[5] 王燕，彭福明等. 钢框架梁柱半刚性节点在循环荷载作用下的试验研究[J]. 工业建筑，2001，31(12)：55-57.

[6] 陈宏，施龙杰，王元清，石永久. 钢结构半刚性节点的数值模拟与试验分析[J]. 中国矿业大学学报，2005，34 (1)：102-106.

[7] T S Moon. Moment-rotation Model of Semi-rigid Connections with Angles[J], Engineering Structure, 2002, 24: 227-237.

一种新型冷弯超薄壁型钢龙骨结构建筑体系研究

刘尚蔚　魏　群　尹伟波

（华北水利水电大学，郑州　450011）

摘　要　冷弯薄壁型钢结构广泛应用于低层和多层建筑中，随着冶金技术和冷弯成型技术的发展，冷弯型钢构件向着高强超薄的方向发展。本文介绍了一种新型冷弯超薄壁型钢龙骨结构建筑体系，该体系以壁厚为0.3～0.7mm的新型镀锌高强钢板冷弯型钢为主要材料，设计出新的单一型钢截面、组合截面型钢龙骨形式和不同类型连接节点盒，将型钢通过节点盒挤压成型连接，并用钢带箍装。这种新型的连接形式和结构形式，在钢结构建筑市场具有一定实用和推广价值。

关键词　冷弯超薄壁型钢结构；箍接连接；连接节点盒

1　前言

当前常用冷弯薄壁型钢主要由0.5～3.5mm厚的彩色钢板、普通钢板或镀锌钢板经冷压或冷弯而成，可分为冷弯薄壁龙骨结构体系、冷弯薄壁纯框架体系、冷弯薄壁钢框架－支撑结构体系、钢框架－剪力墙结构体系等四种[1～3]，常用截面形状以C形、U形、Z形和矩形为主。轻钢龙骨结构一般采用由冷弯C形钢立柱与天地龙骨组合连接形成的结构体系，具有质量轻、结构简单、受力状况良好、可无湿法作业、集约化生产、省时高效等优点，已经成为主流轻钢结构建筑体系。

本文以壁厚为0.3～0.7mm、屈服强度达到550MPa的镀锌高强钢板为冷弯型钢结构体系的主要材料，结合国内外研究成果，对新型冷弯超薄壁型钢结构体系的型钢截面形式、新的连接形式和新的结构形式系统全面地研究，提出一种新型冷弯超薄壁型钢龙骨结构建筑体系。系统地介绍了该结构体系中新的单一型钢截面、组合截面型钢龙骨形式，采用不同类型连接节点盒，将型钢采用挤压成型连接，并用钢带箍装。采用国内外设计规范推荐的计算方法和数值计算方法计算了新型构件的屈曲形式，推导了承载力计算公式，总结出构件的适用范围，将该建筑体系的成套技术推向市场，推动我国冷弯轻钢产业的应用发展[4～7]。

2　新型截面形式

本文中的构件单一型钢采用厚度为0.3～0.7mm的镀锌钢板冷弯成型，分为C型钢、U型钢两种型钢，型钢上的凹槽加劲肋除了增加本身刚度外，最主要的功能是便于单一截面构件的组合成型，具体形状和参数如图1所示。超薄壁冷弯C型钢主要用于房屋结构的承重柱、墙体、楼板和屋架等承重结构；超薄壁冷弯U型钢主要用于梁结构的上下弦翼缘，墙体上下龙骨，屋架结构上下弦翼缘，或与C型钢组合成组合截面承重柱等。

把上述单一型钢基本截面进行组合拼装，可形成复合截面型钢，如图2、图3所示。C型钢和U型钢拼接组合，U型钢的腹板加劲肋内侧与C型钢翼缘加劲肋外侧拼接，再用自攻螺钉将其所拼接的加劲肋折凹槽处连接，使之成为整体。根据荷载传递的设计需要及C型钢开口方向朝向的不同，可分别形成L形组合截面，U形组合截面，矩形组合截面和工字形组合截面等十二种组合截面型钢，组合截面型钢的承载力、惯性矩、抗局部屈曲和畸变屈曲等力学性能指标，均得到了明显改善和提高。

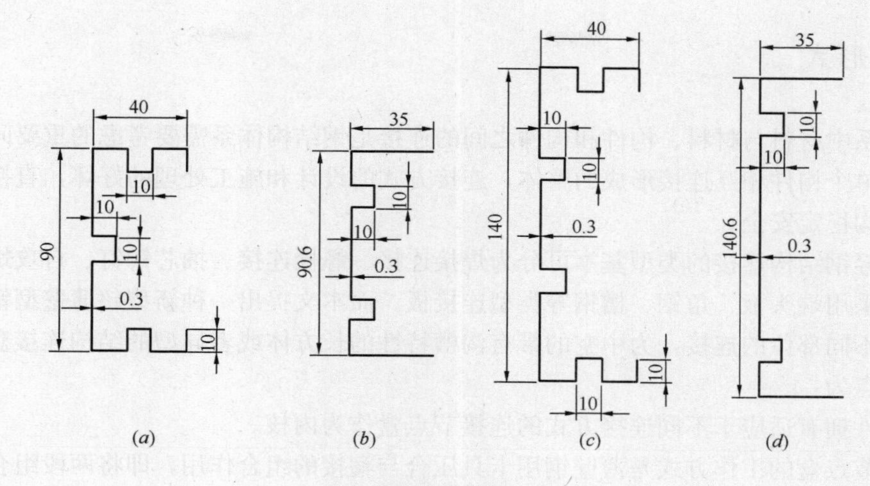

图 1　新型单一截面尺寸

(a) C1 形；(b) C2 形；(c) U1 形；(d) U2 形

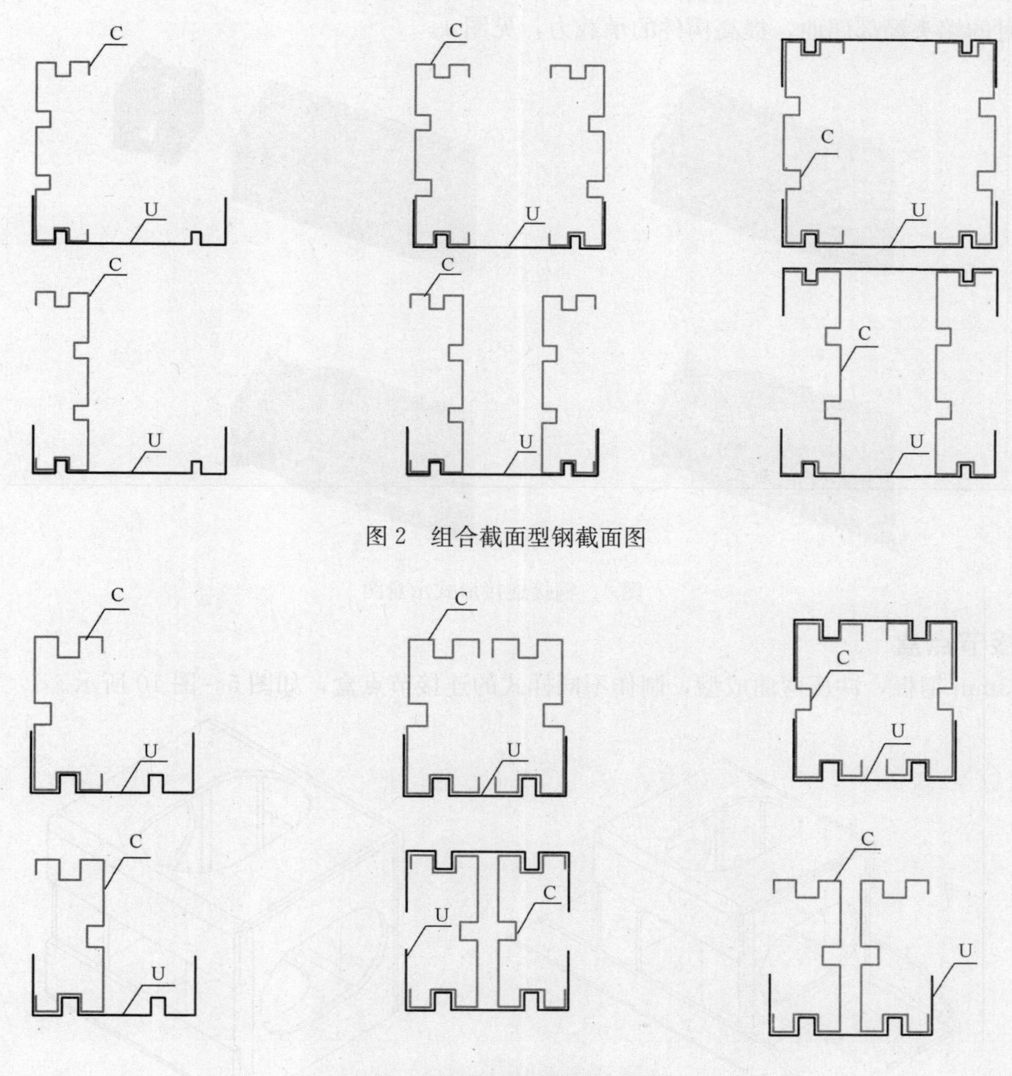

图 2　组合截面型钢截面图

图 3　组合截面型钢截面图

3　新型连接形式

轻钢结构体系中材料与材料、构件和构件之间的连接是钢结构体系需要考虑的重要问题，所有的钢结构体系都是由单个构件相互连接形成的整体，连接方式的设计和施工处理的好坏，直接影响结构体系的整体质量和结构稳定安全。

目前常见的轻钢结构连接的类型基本可分为焊接连接、螺栓连接、抽芯铆钉、自攻螺钉连接等几种形式，连接件常采用端头板、角钢、槽钢等类型连接板。而本文提出一种新型超薄壁型钢连接结构，应用于超薄壁型材不同部位的连接，为中空的带有沟槽特性的长方体或者异型的结构连接盒，是一种新型的连接件。其特点为：

（1）该连接件拥有适应于不同连接方式的连接节点盒作为内核。

（2）该连接节点盒的工作方式是薄壁钢用卡具压合与箍接的组合作用，即将两段组合截面型钢在端头压缩变形到连接件的箍槽内，再用薄钢带在外围缠绕箍轧钢带进行束缚，形成箍接。

（3）这种形式的连接，操作简便快捷，强度高，轴向约束性能良好，节点整体性强，有效控制薄壁型钢受压时的端头局部屈曲，提高构件的承载力，见图 4。

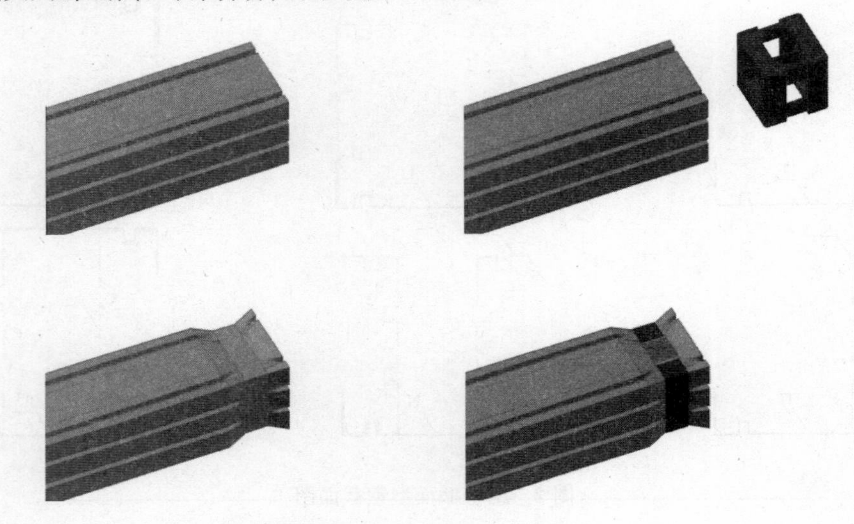

图 4　箍接连接形式示意图

3.1　连接节点盒

采用 3mm 钢板，冲压弯曲成型，制作不同样式的连接节点盒，如图 5～图 10 所示。

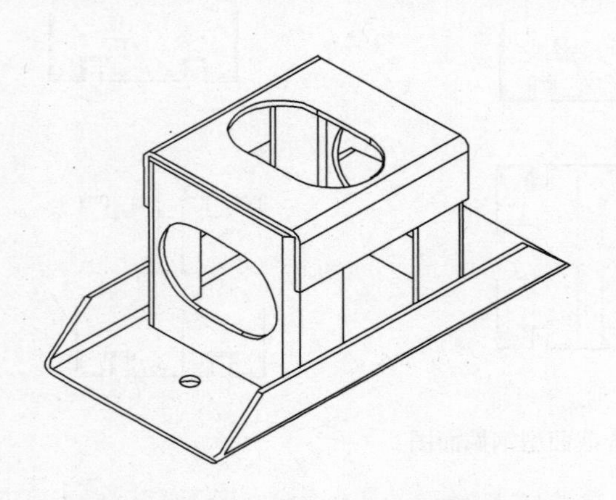

图 5　地脚螺栓与组合截面柱连接节点盒

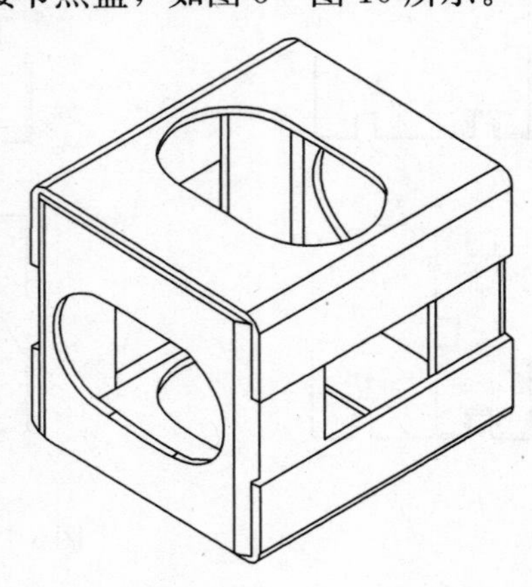

图 6　组合截面柱连接节点盒

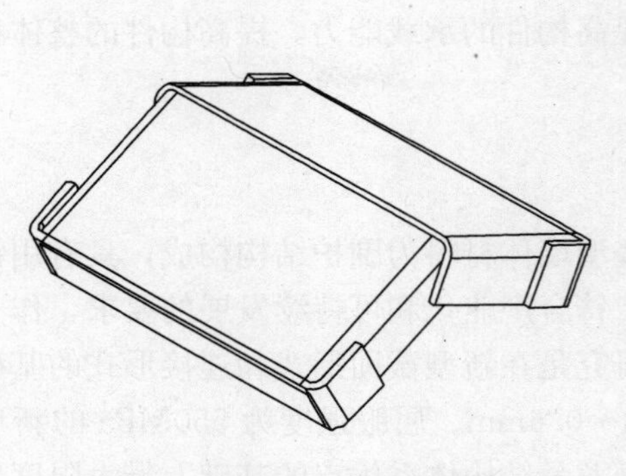

图 7　屋架人字形连接节点盒

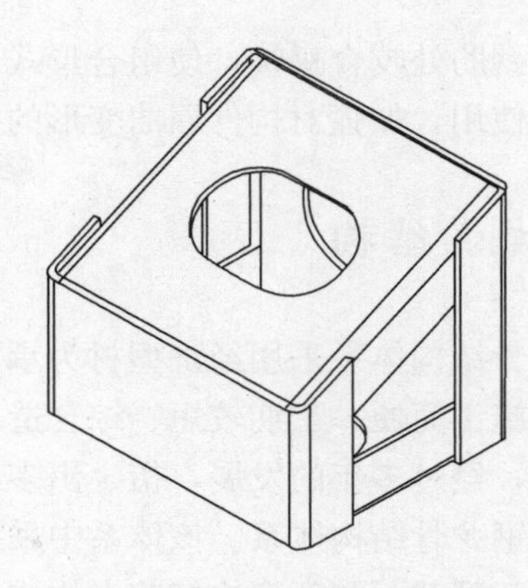

图 8　屋架连接节点盒

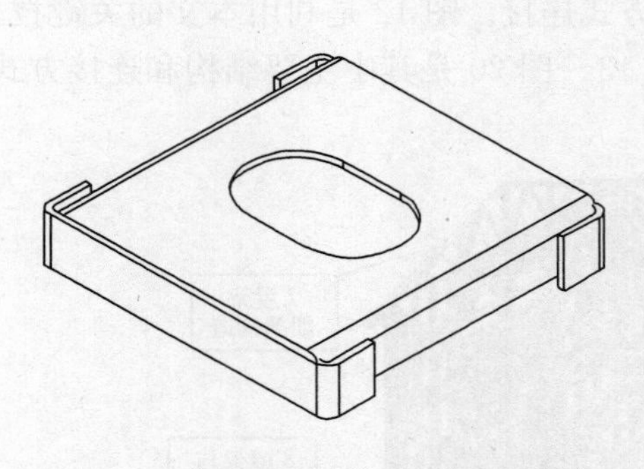

图 9　单柱连接节点盒

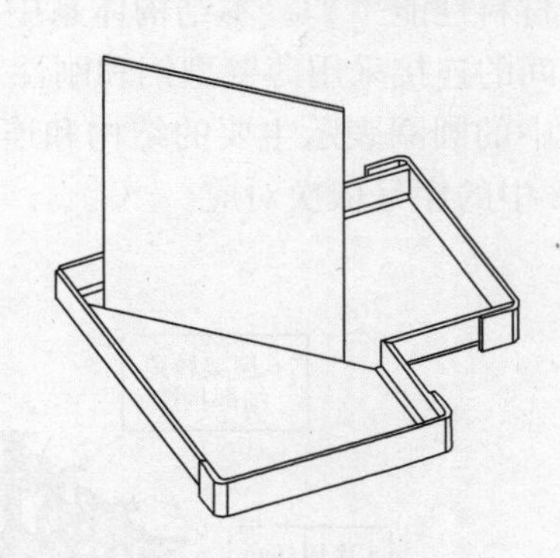

图 10　单柱连接节点盒

这些节点盒均由整块钢板剪切冲压冷弯而成，图 11 显示了组合截面柱连接节点盒的展开图和成形的过程。

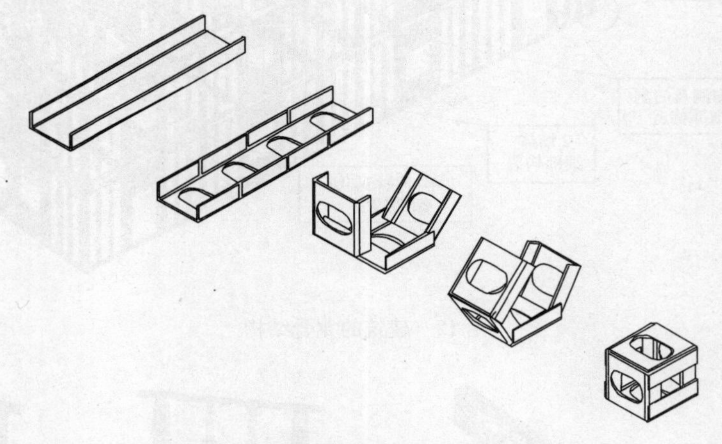

图 11　组合截面柱连接节点盒成形的过程

3.2　新型连接形式的优点

（1）型钢壁厚适用于 0.3～1.0mm 之间，可采用轻钢冷弯轧辊成型，其制造机器结构简单，可实现全自动化控制，工作效率高，型材线条光滑，对板材表面损伤小，制造价格低廉，节省能源并可接近零污染。

（2）矩形加劲肋的设计科学合理，提高了构件的抗屈曲能力和承载能力，对构件抵抗局部和畸变屈曲能力的提高尤为明显。

（3）组合形式的出现，解决了单一型钢承受荷载时发生畸变屈曲和局部屈曲的问题，使承载力进一步提升，同时方便施工。

（4）加劲肋处咬合拼接，使组合形式的各相拼接型钢之间多了一个沿 U 形腹板方向的约束，减少自攻螺钉的使用，加强对构件屈曲变形的控制能力，提高构件的承载能力，提高构件的整体稳定性。

4　新型龙骨结构

轻钢龙骨结构体系采用经济型材为承重结构，以轻型墙体材料为围护结构构成，具有用钢量少、抗震性能好、施工简便、工期较短、综合造价低等优点，符合产业化和可持续发展的要求，作为低层建筑的主流形式，经过多年的发展，衍生出多种形式。本研究是在新型截面形式和连接形式的基础上，创新地提出了轻钢龙骨结构体系。该体系中采用壁厚为 0.3～0.6mm、屈服强度为 550MPa 的新型镀锌高强钢板，使用新型截面和新型连接节点构成，在具备轻钢龙骨结构体系优点的基础上最大限度地利用了薄壁钢结构的材料性能[8～10]。本结构体系中各种钢构件在工厂组装成单元结构后在现场组装完成。单元结构构件之间的连接采用薄壁型钢和刚性节点箍接等方式连接。图 12 是利用本文的关键技术构建的轻钢结构，其中的圆圈表示主要的结构和连接形式；图 13～图 20 是其中主要结构和连接方式的大样图，次序和图 12 中的序号依次对应。

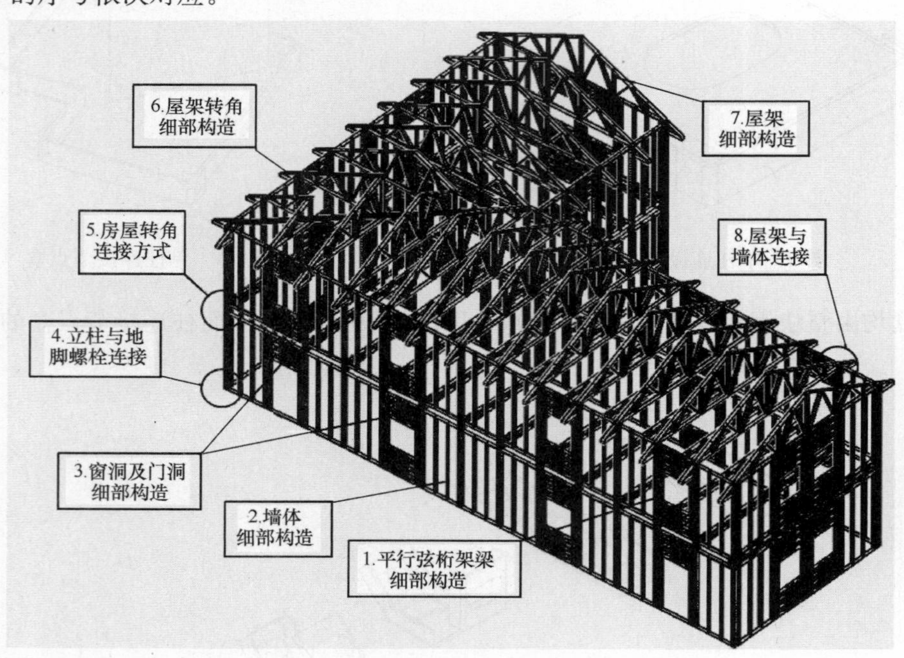

图 12　建筑的龙骨结构

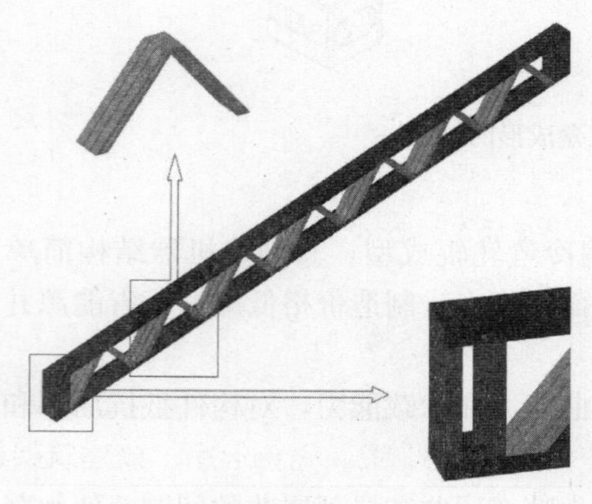

图 13　平行弦桁架细部结构
（见图 12 中的序号 1）

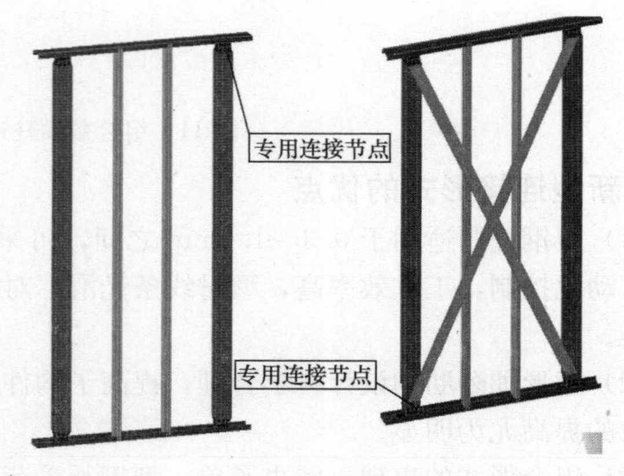

图 14　墙体细部结构
（见图 12 中的序号 2）

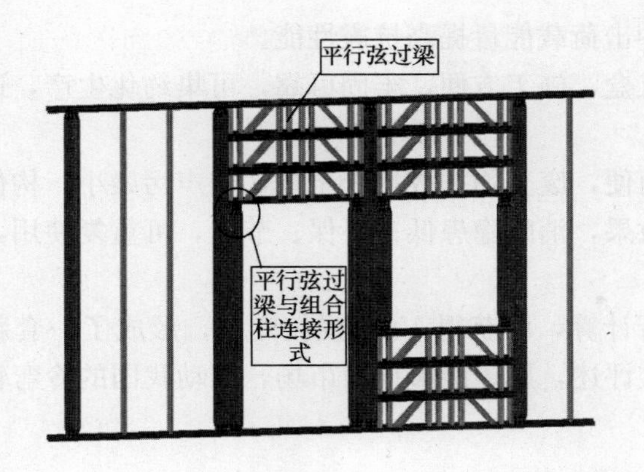

图 15　门窗结构
（见图 12 中的序号 3）

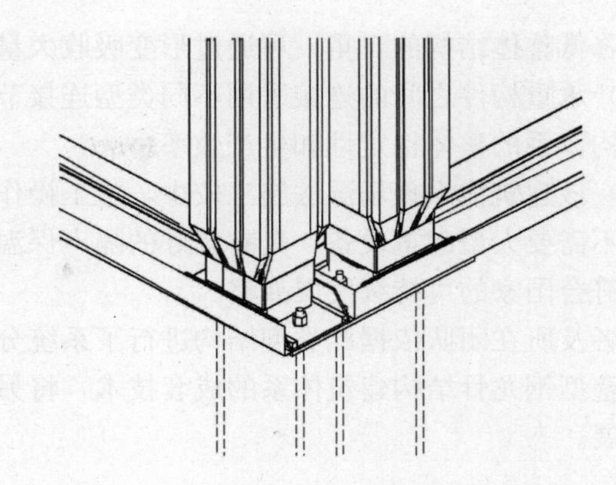

图 16　立柱和地脚的连接
（见图 12 中的序号 4）

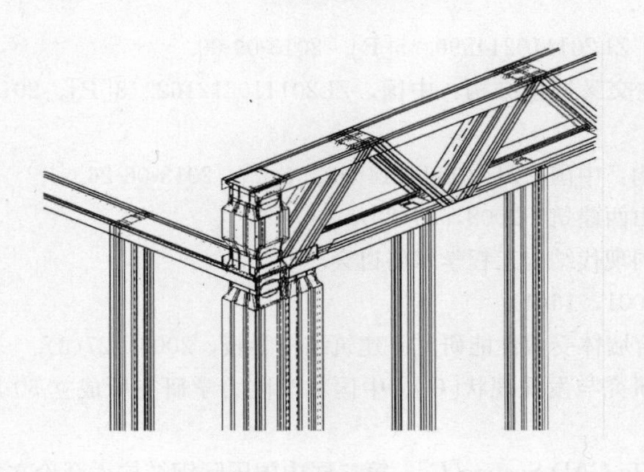

图 17　房屋转角样式
（见图 12 中的序号 5）

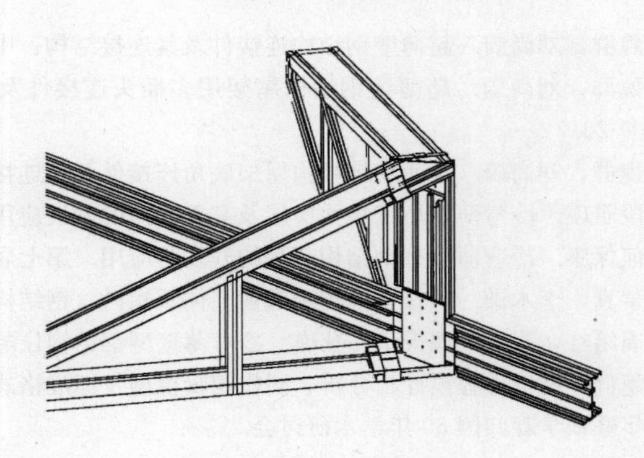

图 18　屋架转角样式
（见图 12 中的序号 6）

图 19　屋架构造
（见图 12 中的序号 7）

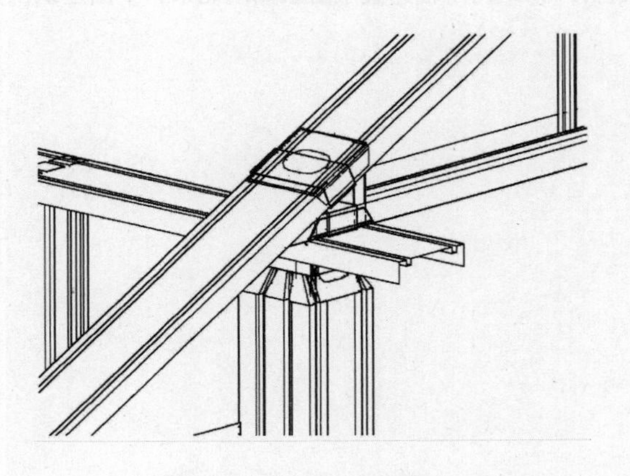

图 20　屋架与墙体连接
（见图 12 中的序号 8）

5　结论

新型超薄壁龙骨结构体系比起其他轻钢结构体系在材料形式和建筑技术上有相对完善的改进。其连接形式新颖，强度高且便于操作，其截面形式新颖，使得钢材的高强性得到充分运用。该建筑架构体系特点如下：

（1）新型冷弯超薄壁结构体系采用单一截面的组合增加了抗扭和抗屈曲形变的能力，提高材料利用效率，降低整体结构的自重，可通过形变吸收大量冲击荷载能量提高抗震性能。

（2）承重构件之间的连接采用不同类型连接节点盒，施工方便，牢固可靠，可集约化生产，进一步提高结构体系的整体稳定性和生产效率。

（3）该建筑体系现场湿法施工较少，施工操作简便，废弃物排放接近于零，噪声污染小；构件重量轻，可不需要大型起重设备；具有较好的隔声保温效果，消防隐患低；环保、节能，可重复使用，回收率高，符合国家的可持续发展战略。

作者及所在团队依据此类型结构进行了系统分析计算，已获得10项授权专利，形成了一套新型冷弯超薄壁型钢龙骨结构建筑体系的成套技术，将另文评述，期望能够推向市场，推动我国的冷弯轻钢产业的发展。

参考文献

［1］ 魏群，刘尚蔚．超薄壁钢结构连接件及其连接结构：中国，ZL201110214599．5［P］．2013-09-09．

［2］ 魏群，刘尚蔚．超薄壁钢结构屋架用多插头连接件及多柱交叉连接结构：中国，ZL201110212162．8［P］，2013-06-26．

［3］ 魏群，刘尚蔚．超薄壁钢结构屋架底角连接件及其连接结构：中国，ZL201110214596．1［P］，2013-06-26．

［4］ 段君瑛．冷弯薄壁型钢结构房屋及其在我国的发展应用．山西建筑，2008，34(20)．

［5］ 何保康．冷弯薄壁型钢结构产品的开发与应用．第七届全国现代结构工程学术研讨会．

［6］ 黄真，李木谦．国外钢结构别墅住宅体系探讨．钢结构，2001，16(4)．

［7］ 周绪红，石宇，周天华，狄谨．冷弯薄壁型钢结构住宅组合墙体受剪性能研究．建筑结构学报，2006，27(3)．

［8］ 魏群．结构工程设计、分析、制作逻辑模型及标准格式的研究与发展现状［C］．中国科学院力学研究所成立50周年暨钱学森归国50年学术研讨会．

［9］ WeiQun．CIS/2 Steel Structure Standards and Applications In CAD System［C］．第二届中国国际钢结构大会论文集及大会论文集(2005：97～106)．

［10］ 魏群．钢结构工程速查手册系列．北京：中国建筑工业出版社，2008．

多层钢框架住宅结构的设计与计算

潘学强　曹　璐　王贝贝　黎　健

（中建钢构有限公司华中大区，武汉　430100）

摘　要　简要分析了多层框架结构体系的组成及其特点，重点介绍了钢框架结构体系构件的设计与计算，并详细讨论了满足规范要求的钢梁、钢柱、刚度以及稳定性计算公式，为建立钢框架结构优化计算模型提供理论依据，从而合理地使用材料，降低工程造价，促进钢结构住宅的普及与推广。

关键词　多层钢框架；结构；设计；计算

作为建筑行业的“朝阳产业”，钢结构住宅在近年得到了飞速的发展。多层钢框架住宅作为未来民用建筑中推广的主要形式之一，由于具有性能好、自重轻、工厂化程度高、建造速度快、劳动强度小等一系列优点，因而在钢结构住宅领域有着广阔的发展前景。目前，由于技术和经验等原因，我国钢结构住宅起步较晚，还处在初级阶段，多层钢结构住宅结构的设计还没有达到成熟的阶段，工程造价还不是很理想，导致其直接造价高于砖混结构和钢筋混凝土结构[1]，人们普遍认为其造价偏高，使得推广受到限制。因此，为了推进钢结构住宅产业化发展，在满足相关规范的前提下，在结构安全可靠的基础上，对钢结构住宅进行优化设计和计算，从而最大可能减少结构体系用钢量，达到降低工程造价，对进一步推动钢结构住宅的发展有着重要的现实意义，并且符合我国钢结构住宅建设持续发展的长远战略目标。

1　多层钢结构住宅的结构体系类型

多层钢结构住宅一般在7层左右[2]，宜采用三维框架结构体系，亦可采用平面框架体系[3]，多层钢结构住宅体系主要有以下几类。

1.1　框架结构体系

框架体系是指在建筑物的纵向和横向均采用框架作为承重和抗侧力的主要构件所组成的结构体系[4]。框架中的钢梁和钢柱的连接可以是刚接、半刚接或铰接，但不宜全部铰接。纯框架结构是在框架的纵、横两个方向均采用刚接，并且结构中无其他形式的抗侧力体系。框架结构平面布置灵活多样，不需要承重墙，能为住宅提供较多室内空间，在多层钢结构住宅中应用最为广泛。

1.2　框架—支撑体系

框架—支撑体系是指在框架结构中，沿建筑物的纵向、横向和其他主轴方向布置一定数量的垂直支撑桁架的结构体系。又有中心支撑与偏心支撑之分。框架—支撑体系也具有平面布置灵活多样等特点，是多、高层钢结构住宅常采用的一种结构体系，但由于受到支撑系统的影响，由其组成的住宅在建筑立面设计、门窗布置不够自由，并且经常与支撑的布置发生冲突。

1.3　框架—剪力墙体系

框架—剪力墙体系是指在框架结构中布置一定的剪力墙，使框架与剪力墙协同工作，共同抵抗水平荷载的一种结构体系。在此种体系中，剪力墙可承担80%以上的水平剪力，是一种双重抗侧力体系，使得层间位移得到很好的控制。

此外还有框架—核心筒体系、交错桁架体系以及由多种基本结构体系构成的混合结构体系，如框架—剪力墙—核心筒体系、框架—支撑—核心筒体系等。

2　钢框架构件的设计与计算

2.1　钢框架梁的设计

钢框架梁的设计应满足强度、刚度（挠度和变形）、整体稳定和局部稳定四个约束条件，其中强度验算包括抗弯强度、抗剪强度、局部压应力[5,6]。

2.1.1　强度计算

（1）抗弯强度计算，在弯矩 M_x 和弯矩 M_y 共同作用下，基本计算公式如下：

$$\frac{M_x}{\gamma_x W_{nx}}+\frac{M_y}{\gamma_y W_{ny}}\leqslant f \tag{1}$$

式中，M_x 指同一截面处绕 x 轴和 y 轴的弯矩；W_x、W_{ny} 是对 x 轴和 y 轴的净截面模量；γ_x、γ_y 是截面塑性发展系数（对 H 形截面，$\gamma_x=1.05$，$\gamma_y=1.2$）；f 是钢材抗弯强度设计值。

（2）抗剪强度计算，一般情况下，钢梁既承受弯矩，也承受剪力。对于 H 形截面上的最大剪应力发生在腹板的中和轴处。因此对在主平面上受弯的梁，其抗剪强度基本计算公式如下：

$$\frac{VS}{It_w}\leqslant f_v \tag{2}$$

式中，V 是沿腹板平面作用的剪力；S 是计算剪应力处以上截面对中和轴的面积矩；I 是截面惯性矩；t_w 是腹板厚度；f_v 是钢材抗剪强度设计值。

（3）局部承压计算，梁的局部承压强度可按下列基本公式计算：

$$\frac{\Psi F}{l_z t_w}\leqslant f \tag{3}$$

式中，F 是集中荷载；Ψ 是集中荷载增大系数，对一般梁取 1.0；l_z 是集中荷载在腹板计算高度上边缘的假定分布长度。

2.1.2　整体稳定计算

对于多层钢框架结构住宅来说，由于楼板一般与梁有可靠的连接，限制了梁的上翼缘侧向位移，同时，在框架梁的支座负弯矩处，可在受压的下翼缘设置侧向支撑。因此，不必计算梁的整体稳定。

2.1.3　局部稳定计算[7,8]

（1）梁翼缘的局部稳定

翼缘宽厚比应符合：$\frac{b}{t}\leqslant 13\sqrt{\frac{235}{f_y}}$　　(4)

式中，b 是梁受压翼缘的自由外伸宽度；t 是梁受压翼缘的厚度；f_y 是钢材屈服强度，当选用 Q235 钢时，取 235N/mm²。

（2）梁腹板的局部稳定

对于存在局部压应力的梁，腹板的稳定可通过配置加劲肋的方法来实现。

2.1.4　刚度计算

梁的刚度用标准荷载作用下的挠度大小来度量，在设计时应对构件的挠度进行限制，从而保证框架梁的刚度，不影响构件的正常使用和外观。梁的刚度可按下列公式进行验算：

$$V\leqslant[V] \tag{5}$$

式中，V 为由荷载的标准值引起的梁中最大挠度；［V］为梁的容许挠度值，一般情况下可参照《钢结构设计规范》采用，对于一般民用建筑钢框架梁规定为 $L/400$，L 为梁跨度。

2.2　钢框架柱的设计

钢框架柱属于压弯构件，其设计同样要满足强度、刚度（挠度和变形）、整体稳定和局部稳定四个约束条件[9]。本文仅研究双轴对称的实腹式压弯构件。

2.2.1 强度计算

$$\frac{N}{A_{\mathrm{n}}}+\frac{M_x}{\gamma_x W_{\mathrm{n}x}}+\frac{M_y}{\gamma_y W_{\mathrm{n}y}}\leqslant f \tag{6}$$

式中，N 为轴心压力；A_{n} 为净截面面积。

2.2.2 整体稳定性计算[8]

（1）弯矩作用平面内稳定性

$$\frac{N}{\varphi x A}+\frac{\beta_{\mathrm{m}x}M_x}{\gamma_x W_{1x}\left(1-0.8\dfrac{N}{N'_{\mathrm{EX}}}\right)}\leqslant f \tag{7}$$

式中，N 为计算构件段范围内的轴心压力；N'_{EX} 为参数；M_x 为所计算构件段范围内的最大弯矩；W_{1x} 为弯矩作用平面内对较大受压纤维的毛截面模量；$\beta_{\mathrm{m}x}$ 为等效弯矩系数，对分析未考虑二阶效应的无支撑纯框架，β 取 1.0；φ_x 为弯矩作用平面内的轴心受压构件稳定系数。

（2）弯矩作用平面外稳定性

$$\frac{N}{\varphi_y A}+\eta\frac{\beta_{\alpha}M_x}{\varphi_{\mathrm{b}}W_{1x}}\leqslant f \tag{8}$$

式中，φ_y 为弯矩作用平面外的轴心受压构件稳定系数，计算同 φ_x；h 为截面影响系数，一般取 1.0；β_{α} 为等效弯矩系数，一般取 1.0；φ_{b} 为受弯构件整体稳定系数。

2.2.3 局部稳定性计算

（1）柱翼缘的局部稳定

对于非抗震设计的 H 形截面柱，其受压翼缘自由外伸宽度 b_1 与其厚度 t 之比应符合下列计算公式要求：

$$\frac{b}{t}\leqslant 13\sqrt{\frac{235}{f_y}} \tag{9}$$

（2）腹板的稳定可通过配置加劲肋的方法来实现，与梁相同。

2.2.4 刚度计算

轴心受力构件的刚度通常用长细比来衡量，长细比愈小，表示构件刚度愈大，反之则刚度愈小。如果框架柱的刚度不足，在荷载的作用下将产生过大的变形，影响结构的正常使用，此外，框架柱的变形会引起“P-Δ”效应，从而产生附加弯矩，框架柱将会承受更大弯矩的作用，甚至会破坏。因此在设计时，应对框架柱的长细比进行限制，使其在挠度容许值范围之内。

对于双轴对称的 H 形截面柱，其两个主轴 x 和 y 上的长细比 λ_x 和 λ_y 的控制如下：

$$\lambda_x=\frac{l_{\mathrm{O}x}}{i_x}\leqslant[\lambda] \tag{10}$$

$$\lambda_y=\frac{l_{\mathrm{O}y}}{i_y}\leqslant[\lambda] \tag{11}$$

式中，$l_{\mathrm{O}x}$、$l_{\mathrm{O}y}$ 为构件对主轴 x 和 y 的计算长度；i_x、i_y 为构件截面主轴 x 和 y 的回转半径。《钢结构设计规范》[10]规定：柱构件容许长细比限值［λ］为 150。

3 结论

本文简要介绍了多层民用钢结构住宅的结构体系类型及特点，重点介绍了多层钢框架结构的构件设计与计算，详细讨论了满足规范要求的钢梁、钢柱的强度、刚度、稳定性计算公式，为现有结构的设计经验提供理论依据。

参考文献

［1］ 赵劝，冯志伟. 钢框架结构住宅的应用与发展中的问题. 工程建设与设计，2005.

[2] 邹亮. 多层轻钢框架结构住宅风作用下二阶性能分析. 武汉：华中科技大学硕士学位论文，2007.
[3] 通畅. 轻型钢结构住宅体系综述 . 钢结构，2004.
[4] 宫海，李国强. 多高层建筑钢结构实用优化方法研究. 结构工程师，2006.
[5] 谢淮宁. 钢框架结构的优化设计研究. 南京：河海大学硕士学位论文，2006.
[6] 周学军. 钢结构设计规范 GB 50017 应用指导，济南：山东科学技术出版社，2004.
[7] 陈绍番. 钢结构设计原理第三版. 北京：中国科学出版社，2005.
[8] 陈骥. 钢结构稳定理论与设计第三版. 北京：中国科学出版社，2006.
[9] 钱令希. 工程结构优化设计. 北京：中国水利电力出版社，2003.
[10] 中华人民共和国国家标准. 钢结构设计规范 GB 50017—2003[S]，北京：中华人民共和国冶金工业部，2003.

在线热处理对 HFW 焊管组织及力学性能影响研究

李书黎[1]　黄　雷[1]　冷洪刚[1]　刘占增[2]

（1. 武钢集团江北钢铁有限公司钢管厂，武汉　430415　2. 武钢研究院，武汉　430080）

摘　要　HFW 焊管的焊缝及热影响区是整个焊管质量的最关键环节，焊后热处理工艺可使焊缝组织奥氏体化得到晶粒较细的 F+P 组织，使焊缝与母材组织相近。采用了不同的焊后在线热处理工艺，研究了热处理后组织与性能的变化，分析了影响 HFW 焊缝质量的热处理因素。

关键词　HFW 焊管；热处理；组织；力学性能

前言

HFW 焊管生产效率高、成本低、外形美观，近年来被广泛用作石油天然气输送管、套管、配气管和油管等。HFW 焊管与 SAW 焊管相比，其加热速度快、焊接热影响区小、能量集中、冷却时间短、环保、节能，但存在焊缝强度与冲击韧性偏低、耐腐蚀性不稳定等缺点。HFW 焊管的焊缝及热影响区是整个焊管的质量最薄弱环节[1]，使用受力时也最易在焊缝处产生裂纹，焊缝的强韧性决定了整个焊管的力学性能[2]。为了改善焊缝与母材之间的力学性能差别，可采用焊后热处理工艺措施使焊缝组织奥氏体化，得到晶粒较细的 F+P 组织。本文采用不同的焊后在线热处理工艺，研究热处理后焊缝组织与力学性能的变化，分析影响 HFW 焊缝质量的热处理因素。

1　试验材料

本试验原料选用武钢生产 1603mm×7.94mm，X65 级别热轧板卷，管线钢要求具有良好的焊接性、抗延性断裂以及抗应力腐蚀等性能，因此冶炼后期钢水采用脱硫、脱气、钙处理等炉外精炼以达到超低硫和低碳，其工艺为：铁水脱硫→转炉顶底复合吹炼→真空处理→LF 处理→连铸→加热→热连轧→控制冷却→检验入库，其化学成分见表 1，热轧卷板力学性能见表 2。

X65 级 HFW 焊管的化学成分（%wt）　　**表 1**

C	Si	Mn	P	S	Cr	其他	CEV
0.04～0.07	0.18～0.25	1.47～1.60	0.010～0.015	≤0.002	0.18～0.20	适量	0.37

X65 管线钢母材的力学性能　　**表 2**

Rt0.5（MPa）	Rm（MPa）	A50	Re0.5/Rm	−20℃冲击（kJ）
550	635	38%	0.85	156～200

2　试验工艺

线上采用高频直缝电阻焊管生产机组引料试验热轧板卷，生产 ϕ508×7.94 焊管，生产阶段主要工艺见图 1。

成型工艺采用德国 SMS MEER 公司的线性排辊，采用双半径、线性、带内成型辊的排辊下山法成型：在粗成型段（包括预成型和线性成型段），用弯边辊将带钢边部弯曲到近似挤压辊半径值，然后通过多组边部小排辊群和内辊形成三点弯曲，让带钢边部变形近似成为直线的连续成型，经精成型辊的归圆成型，最后使带钢弯曲成符合挤压条件的圆形管筒。

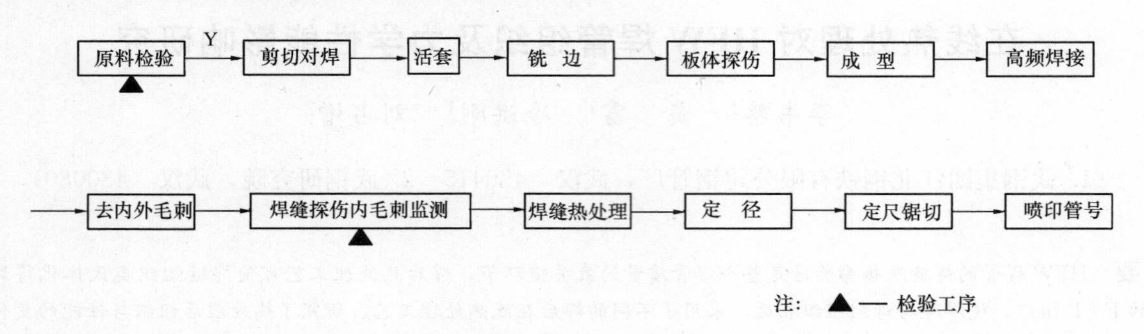

图 1　HFW 焊管生产阶段主要工艺流程

高频焊接工艺采用德国 SMS ELOTHERM 公司的 1800kW 大功率感应/接触双功能固态高频焊机，利用集肤效应和邻近效应将已经成型的钢管沿焊缝焊接，本试验工艺采用相同成型及高频焊接工艺，高频焊接温度为 1450～1455℃，功率 680～690kW，高频频率 140～145kHz。

焊后热处理工艺利用 4 架 3400Hz 的中频感应器、生产线上空冷段和水冷段等对钢管焊缝进行模拟正火热处理。感应器的长度为 2.4m，空冷段全长 96m，水冷段长 14m。第 1～4 台感应器的使用功率分别设为额定功率的 37%、27%、20%和 16%[3]，通过第一台感应器时焊缝温度在居里点附近，通过第 2 台和第 3 台感应器可使整个焊缝在壁厚方向上温度均匀，通过第 4 台感应器时焊缝壁温度分别设定为 930℃、955℃，在线轧制速度分别为 10m/min 及 14m/min，各方案热处理参数见表 3。过空冷段进入水冷前温度降至 350℃以下。

X65 管线钢焊后热处理工艺参数　　**表 3**

方　案	加热温度（℃）	在线轧制速度（m/min）
1	930	10
2	930	14
3	955	14

3　检测方法

采用德国卡尔蔡司 Axiovert40 MAT 对试验管原料、焊后焊管焊缝及热影响区、热处理后焊管焊缝及热影响区进行取样分析，比较焊后和热处理后的组织，以及 3 种不同热处理方案下热处理后的焊缝组织及性能变化。本试验采用 GP-TS2000M 电子万能试验机测试原料、焊后及热处理后管体、焊缝及热影响区的力学性能。

4　试验结果及分析

4.1　焊后焊缝处组织及力学性能

试验管原料为 X65 级别热轧板卷，属于较高级别管线钢，热轧后其组织为 F+P，平均晶粒度 12 级（图 2（*a*）），成型及高频感应焊接后母材（管体）组织无变化，焊缝处组织可分为熔合区和热影响区（图 2（*b*）），熔合区宽度约 0.11mm、显微组织为 B+F+M，热影响区宽度约 4.0mm、显微组织为 M+B+F。这是因为高频焊接时钢板边缘焊接时熔融并被挤压形成焊缝后，在去内外毛刺工序水冷，

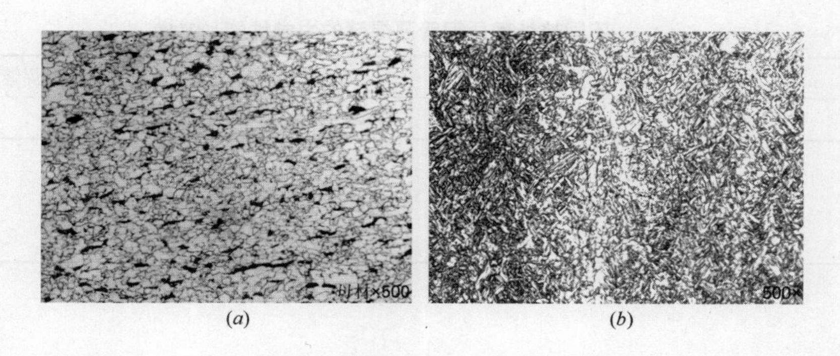

(a) (b)

图 2　试验管母材组织及焊后焊缝处组织

(a) 试验管母材组织；(b) 焊后焊缝处组织

由熔融态凝固结晶并快速冷却相变为 M，在水冷时冷速在焊缝外表面最大，焊缝内表面冷速通过热传递过程冷速稍慢，冷却速度较慢时易形成 B，一般焊后组织以 M 居多。M 为硬质相，因此此时焊缝的强度很高，但塑性韧性很低，焊后焊缝 Rm 为 705MPa，比原料提高了 50MPa，冲击性能极低。

4.2　热处理后焊缝组织及力学性能

本试验设定了 3 种热处理方案，在线热处理后焊缝处组织见图 3。由图 3 可见，焊缝采用方案 1、2、3 热处理后焊缝熔合线、热影响区、母材组织均为 F+P，方案 1、2 焊缝处晶粒度级别相近，均为熔合线 11 级，热影响区 10.5 级，方案 3 焊缝处晶粒偏大，熔合线 10 级，热影响区 9.5 级。

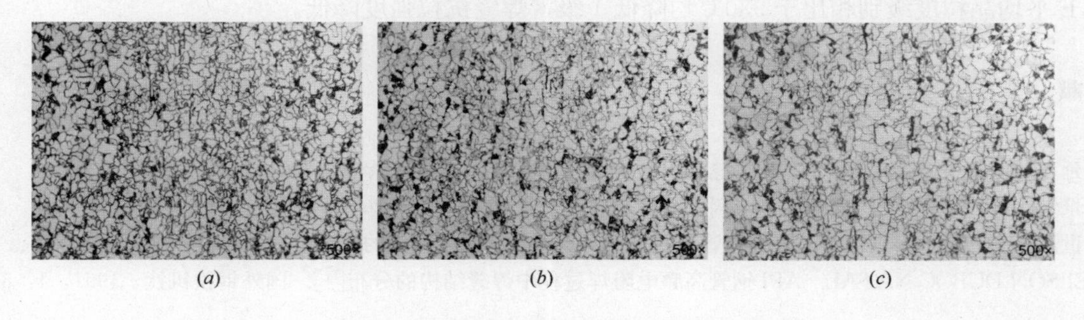

(a) (b) (c)

图 3　不同在线热处理工艺下焊缝金相组织

(a) 方案 1；(b) 方案 2；(c) 方案 3

在线焊缝热处理为模拟正火热处理，常规正火温度一般选用 Ac3+50～100℃，但 HFW 线在线热处理采用中频感应加热方式，快速加热且保温时间极短，在第 4 台感应器加热到正火温度后即刻进入空冷或水冷阶段，因此不同于常规用热处理炉加热保温的正火处理。中频感应加热模拟正火热处理的影响因素很多，包括中频输出功率、频率、轧制速度及设定温度等。方案 1、2 中焊后焊缝被快速加热至 930℃奥氏体化[4]，然后迅速进入空冷段慢速冷却发生珠光体转变，$\gamma \rightarrow F+P$，F 晶粒大小与本质奥氏体晶粒大小有关，方案 1、2 焊缝通过第四台感应器时奥氏体化时间分别为 14.4s、10.3s，奥氏体晶粒长大相近，空冷时间分别为 9.6min、6.8min 都足够发生 $\gamma \rightarrow F+P$ 转变，因此方案 1、2 热处理后 F 晶粒大小相近；方案 3 中焊缝被快速加热至 950℃，超过奥氏体正常长大临界点后奥氏体晶粒发生异常长大，晶粒随温度升高急剧生长，随后空冷相变导致 F 晶粒更粗大。

F 晶粒越大，强度降低，方案 3 焊缝 950℃热处理后 F 平均晶粒度级别熔合线及热影响区均低 1 级，且焊缝抗拉强度较方案 1、2 偏低 40～50MPa，管体性能无变化，方案 1～3 管体及焊缝力学性能见表 4。方案 1、2 热处理后焊缝组织晶粒度相差不大，焊缝抗拉强度变化不大，但方案 2 轧制速度更快，生产上能降低能耗、提高效率；方案 3 晶粒异常长大对强度不利，因此生产上生产 X65 管线钢宜采用方案 2，在 930℃模拟正火热处理同时适当提高轧制速度。

不同热处理后钢管及焊缝的力学性能　　表 4

方案	管体			焊缝	
	Rt0.5	Rm	A50	Rt0.5/Rm	Rm
1	540	610	37.0	0.89	565
2	542	615	38.2	0.88	558
3	543	614	38.3	0.86	512

5　小结

HFW 焊管的焊缝及热影响区是整个焊管的质量最关键环节，焊缝的强韧性决定了整个焊管的力学性能。焊后热处理工艺可使焊缝组织奥氏体化得到晶粒较细的 F+P 组织，使焊缝与母材组织相近。本文通过设计 X65 级别管线钢 3 种热处理工艺，总结了在线焊后热处理对焊缝的影响如下：

(1) HFW 焊管一般焊后焊缝组织以 M 居多。M 为硬质相，焊缝强度很高，但塑性韧性很低，稍慢速冷却可能存在 B，焊后焊缝抗拉强度比原料提高，但冲击性能极低；

(2) X65 焊管焊缝在线热处理加热温度为 930℃时，本质奥氏体晶粒长大相近，此时轧制速度对空冷后焊缝 F 晶粒度影响不大，但为提高生产效率，可提高轧制速度；

(3) 当热处理温度为 950℃时，奥氏体晶粒发生异常长大，导致随后空冷相变 F 晶粒更粗大，空冷后焊缝 F 平均晶粒度级别相比于 930℃均降低 1 级，焊缝抗拉强度降低。

参考文献

[1]　崔延，聂向晖，李云龙等. HFW 焊缝组织结构对强韧性的影响[J]. 焊管，2011，34(11)：5-9.
[2]　李景学. HFW 焊管焊接质量的影响因素分析及应对措施[J]. 焊管，2011，34(2)：54-62.
[3]　刘世泽，王利树，黎剑峰等. 直缝焊管制造工艺对钢管拉伸强度影响的研究[J]. 试验与研究，2009，5：27-33.
[4]　YELSON DUBOC NATAL. API 钢管高频电阻焊过程中焊缝结构的分布[J]. 国外钢铁钒钛，1991，1：86-88.

第二章　钢结构信息化技术

BIM 技术在建筑钢结构制作中的应用

贺明玄　沈　峰

（宝钢钢构有限公司，上海　201900）

摘　要　钢结构制造的 BIM 技术已被引入多年，过去通常我们称之为钢结构 3D 模型，且通常停留在深化设计的建模和出图阶段，BIM 产生的信息在后续流程的应用却常常被忽视，本文着重描述钢结构制造 BIM 的创建过程，以及 BIM 信息在后续企业管理、加工生产、产品检验中的应用。

关键词　钢结构；BIM；建模；制造

1　引言

1.1　国内外 BIM 发展状况

BIM，即建筑信息模型，其英文全称是 Building Information Modeling。

BIM 技术起源于于国外，其开端从 1987 年起的建筑行业 CAD 技术的推广发展。1996 年，美国斯坦福大学 CIFE（集成设施工程中心，Center For Integrated Facility Engineering）提出 4D 系统理论，并推出 4D-CAD 系统；2002 年，美国 AutoCad 公司首次推出 BIM 系统解决方案；20 世纪 90 年代末，英国开始进行“From 3D TO nD”研究项目，即在 3D 模型的基础上，加上成本、进度等参数，使之成为多维计算模型；2007 年美国发布国家 BIM 标准，使 BIM 在建筑行业的应用步入一个快速发展的阶段。

从国内看，2008 年，中国首次推出以 BIM 技术为本的门户网站，内容覆盖 BIM 技术在规划研究、建筑设计、结构设计、机电暖通工程、施工模拟和运营维护管理等不同项目阶段中的理论、标准和应用知识；2011 年 5 月，住房和城乡建设部印发《2011～2015 年建筑业信息化发展纲要》，提出：“十二五”期间，加快建筑信息模型（BIM）的应用；2012 年，住房和城乡建设部《关于印发 2012 年工程建设标准规范制订修订计划的通知》，宣告了中国 BIM 标准制定工作的正式启动，该计划中包含了如下五项跟 BIM 有关的标准：

(1)《建筑工程信息模型应用统一标准》；

(2)《建筑工程信息模型存储标准》；

(3)《建筑工程设计信息模型交付标准》；

(4)《建筑工程设计信息模型分类和编码标准》；

(5)《制造工业工程设计信息模型应用标准》。

近几年来，以上海中心大厦、国家电网企业馆等为代表的建筑工程项目纷纷启动 BIM 解决方案，以期实现多专业协同工作。

1.2　BIM 的定义和主要特点

根据美国国家 BIM 标准（NBIMS）对 BIM 的定义：

(1) BIM 是一个设施（建设项目）物理和功能特性的数字表达；

(2) BIM 是一个共享的知识资源，是一个分享有关该设施的信息，为该设施从概念到拆除的全生命周期中的所有决策提供可靠依据的过程；

(3) 在项目的不同阶段，不同利益相关方通过在 BIM 中插入、提取、更新和修改信息，以支持和

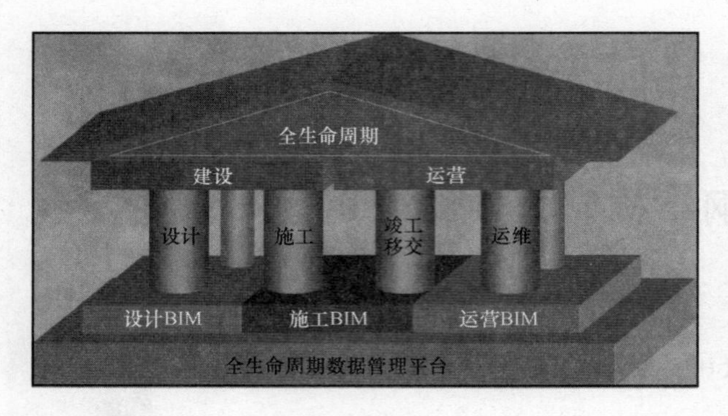

图 1　BIM 的定义（一）

反映其各自职责的协同作业。

简单说来，BIM 就是通过数字信息来仿真模拟建筑物所具有的真实信息，不仅包含诸如梁、柱、门、窗等三维几何形状信息，还包含大量的非几何形状信息，如建筑构件的材料、重量、价格和进度等，这些信息是常见二维 CAD 和三维 CAD 所无法提供和展现的。可以说，BIM 不仅仅是一个设计软件或一个图形化的工具，它是一个数据管理平台，是基于三维实体数据库，实现建筑生命周期中各个阶段、各个专业的各种相关信息的集成（图 1，图 2）。

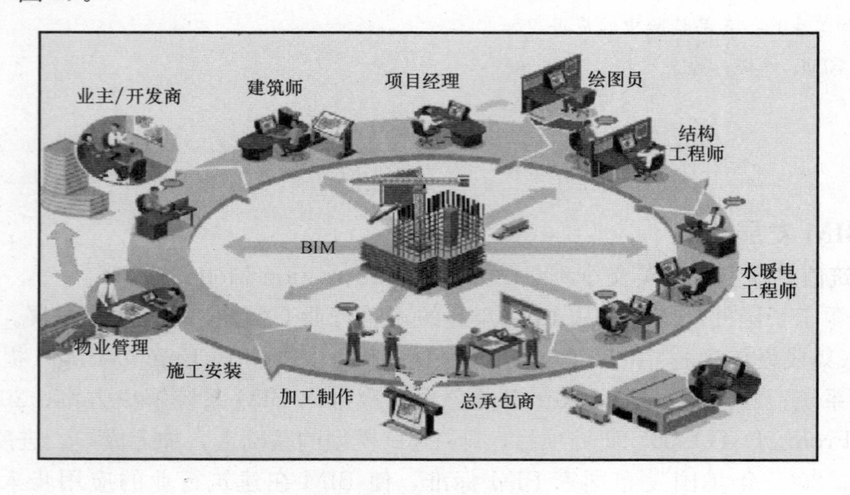

图 2　BIM 的定义（二）

它主要特点是：

- Visualization（可视化）；
- Coordination（协调）；
- Simulation（模拟）；
- Optimization（优化）。

1.3　浅谈 BIM 与钢结构的关系

作为建筑行业中一个重要的分支专业，钢结构制作介于建筑设计、结构设计和施工安装之间，起着承上启下的作用，从理论上看，钢结构制作又分为计算机仿真设计（钢结构 BIM 设计）和车间实体加工两个部分（图 3）。

钢结构 BIM 设计自 20 世纪 90 年代末被引入替代 2D-CAD设计至今已经 10 多年，过去，通常我们称之为钢结构三维实体建模，其作用也通常停留在建模和出图过程中，设计人员常常关注的是建模和出图过程的效率，但随着建筑业 BIM 概念越来越被推广、研究和应用，钢结构 BIM 软件商也越来越注重输出信息接口的标准化，一方面足以支撑对建筑 BIM 的协同，另一方面 BIM 模型本身包含的信息在后续钢结构制作厂家内的管理和制作流程中的完整应用也正被充分重视、研究和拓展。本文从钢结构 BIM 创建开始，介绍其在钢结构深化设计和加工制造中的重点应用。

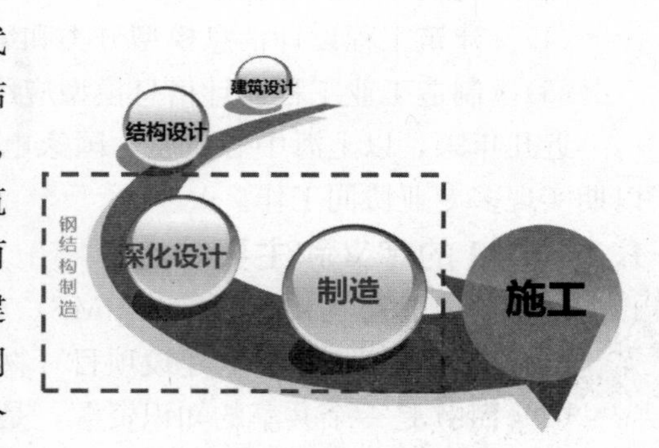

图 3　钢结构制作在建筑结构专业内所处位置

2　关于钢结构 BIM 的建立

一般情况下，钢结构制作企业在接到订单后的第一要务就是通过 3D 实体建模进行深化设计。

钢结构 BIM 三维实体建模出图进行深化设计的过程，其本质就是进行电脑预拼装、实现“所见即所得”的过程。首先，所有的杆件、节点连接、螺栓焊缝、混凝土梁柱等信息都通过三维实体建模进入整体模型，该三维实体模型与以后实际建造的建筑完全一致；其次，所有加工详图（包括布置图、构件图、零件图等）均是利用三视图原理投影生成，图纸中所有尺寸，包括杆件长度、断面尺寸、杆件相交角度等均是从三维实体模型上直接投影产生的。图 4～图 6 是完全实现电脑预拼装的上海中心项目 BIM 三维实体模型和节点模型。

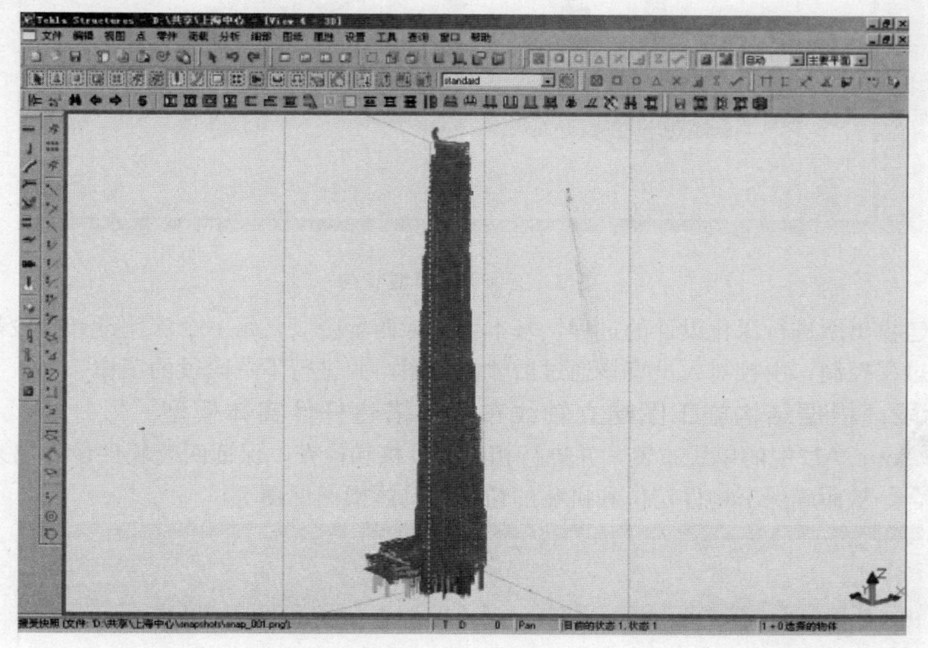

图 4　三维实体模型

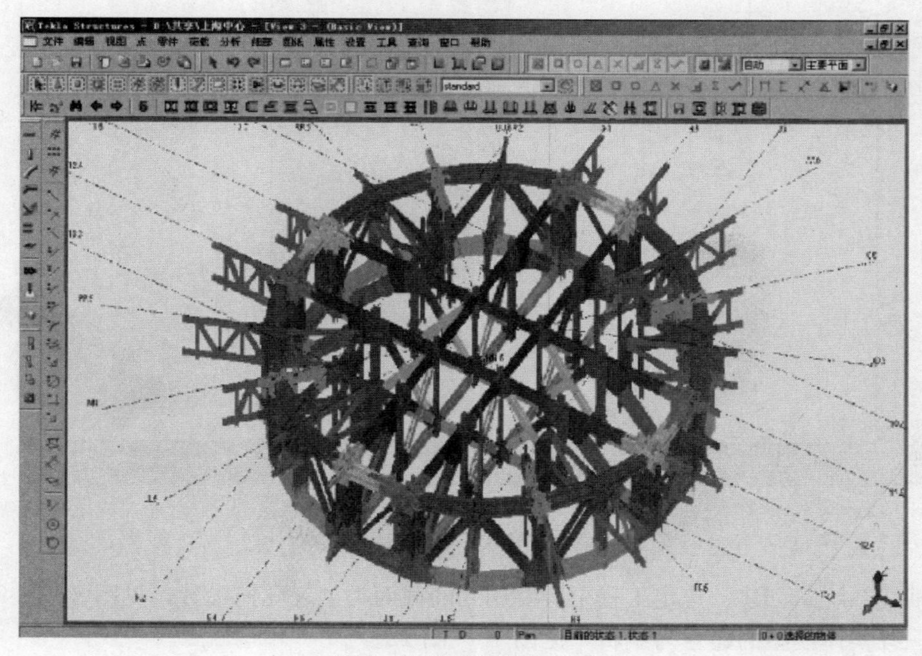

图 5　三维实体模型局部

图 6　三维实体模型节点

三维实体建模出图进行深化设计的过程，基本可分为四个阶段，每一个深化设计阶段都将有校对人员参与，实施过程控制，由校对人员审核通过后才能出图，并进行下一阶段的工作。

2.1　第一阶段，根据结构施工图建立轴线布置和搭建杆件实体模型

（1）导入 AutoCAD 中的单线布置，并进行相应的校核和检查，保证两套软件设计出来的构件数据理论上完全吻合，从而确保了构件定位和拼装的精度，具体操作见图 7。

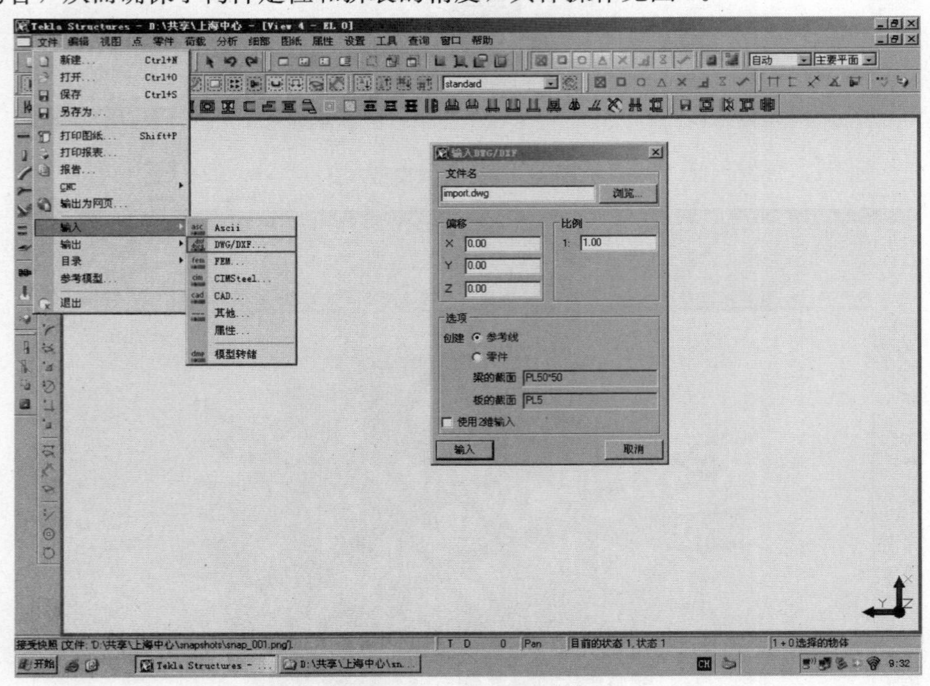

图 7　导入 CAD 对话框

（2）创建轴线系统及创建、选定工程中所要用到的截面类型、几何参数，见图 8、图 9。

（3）整体三维实体模型的建立与编辑，见图 10～图 12。

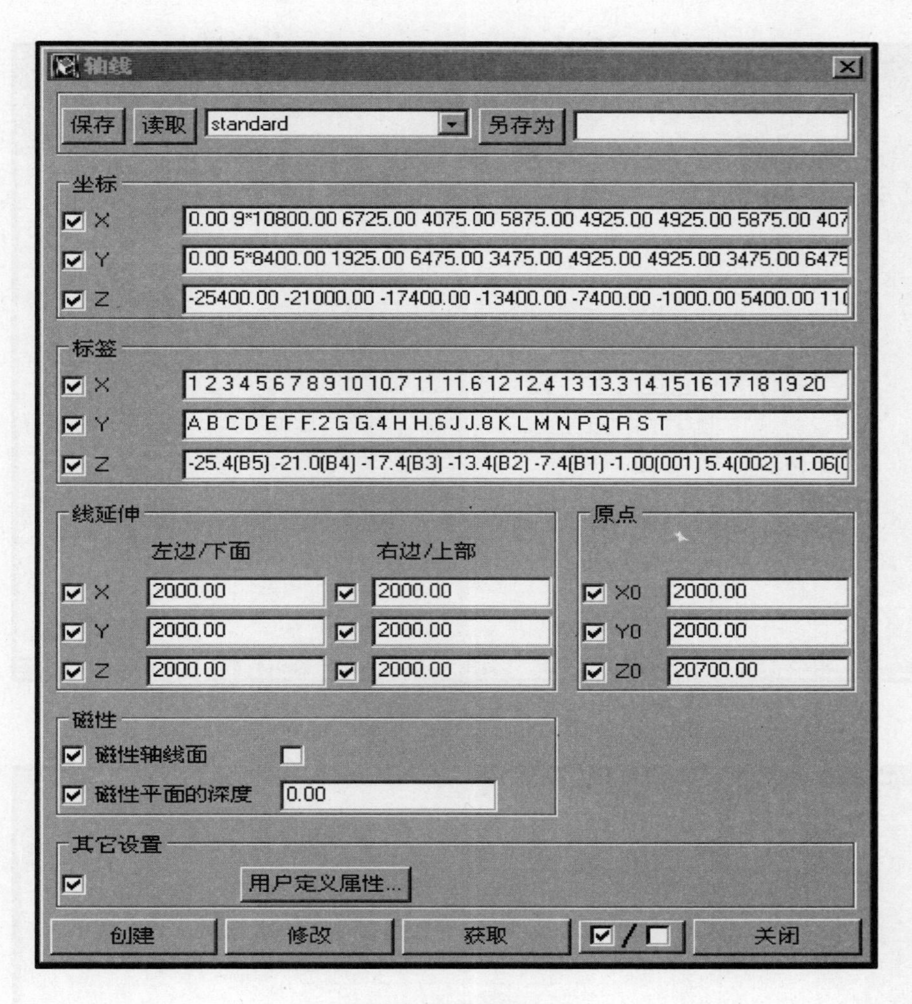

图 8　创建工程的轴网

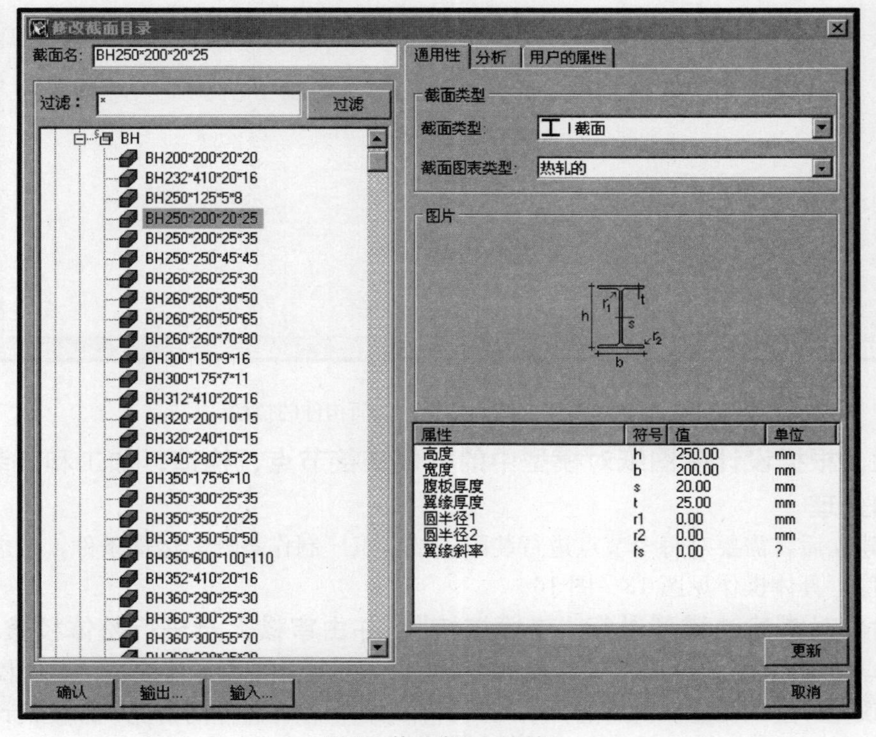

图 9　修改截面对话框

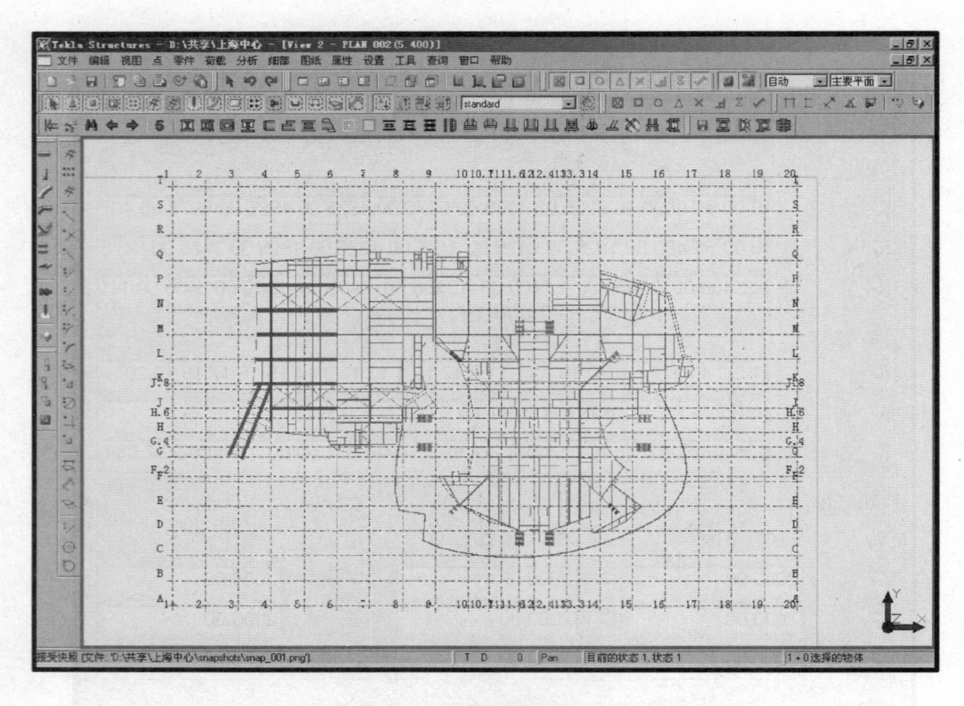

图 10　整体三维实体模型平面构件的搭建

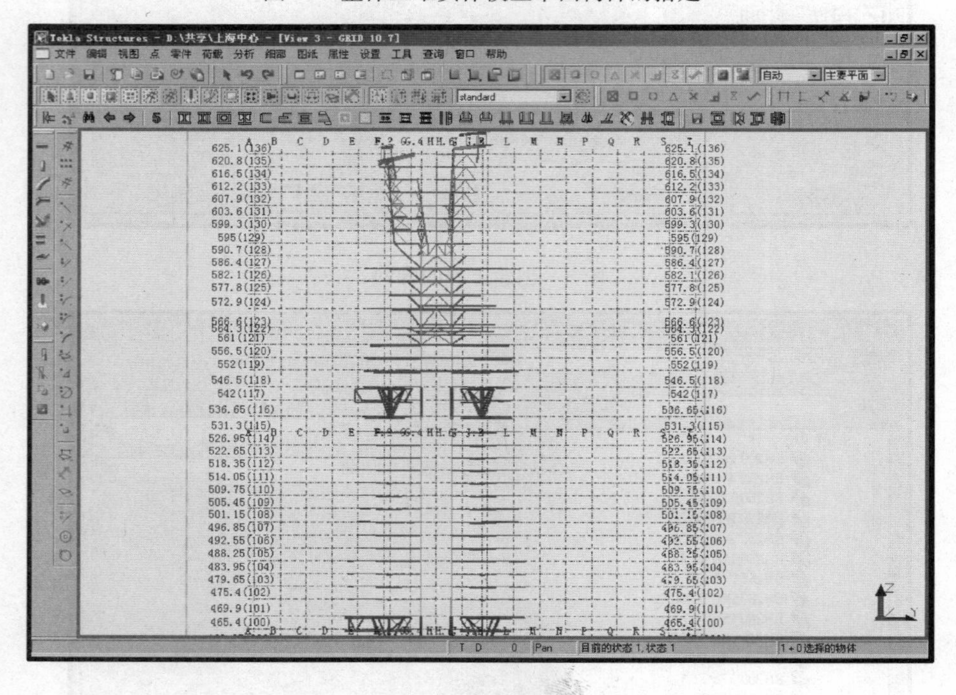

图 11　整体三维实体模型立面构件的搭建

2.2　第二阶段，根据设计院图纸对模型中的杆件连接节点、构造、加工和安装工艺细节进行安装和处理

在整体模型建立后，需要对每个节点进行装配，结合工厂制作条件、运输条件，考虑现场拼装、安装方案及土建条件，具体操作见图 13～图 16。

2.3　第三阶段，对搭建的模型进行“碰撞校核”，并由审核人员进行整体校核、审查

所有连接节点装配完成之后，运用“碰撞校核”功能进行所有细微的碰撞校核，以检查出设计人员在建模过程中的误差，这一功能执行后能自动列出所有结构上存在碰撞的情况，以便设计人员去核实更正，通过多次执行，最终消除一切详图设计误差见图 17、图 18。

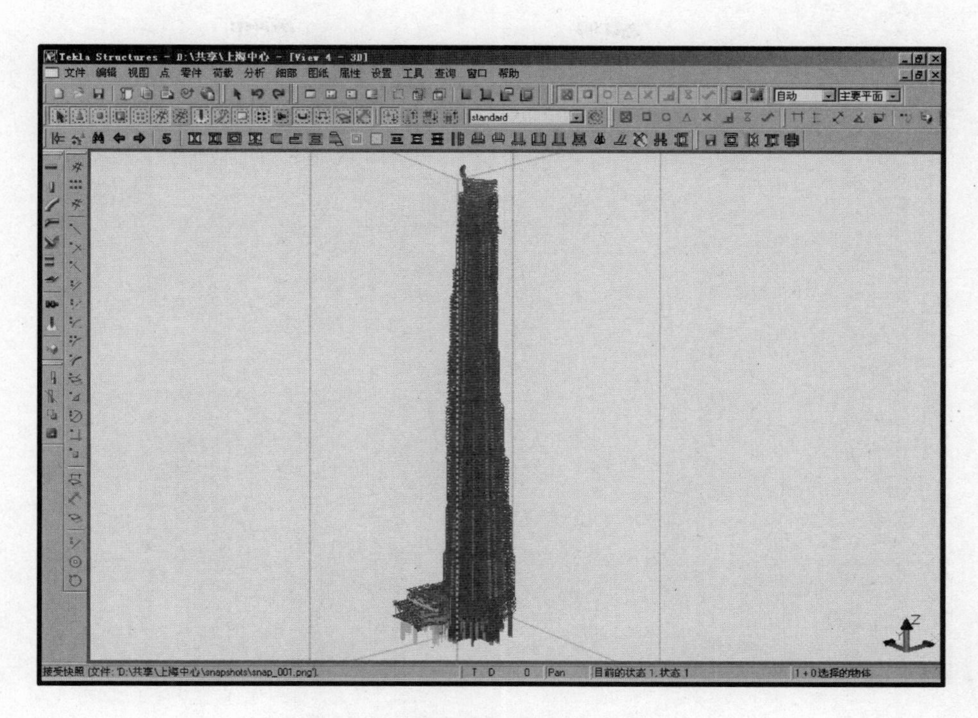

图 12　整体三维实体模型的搭建

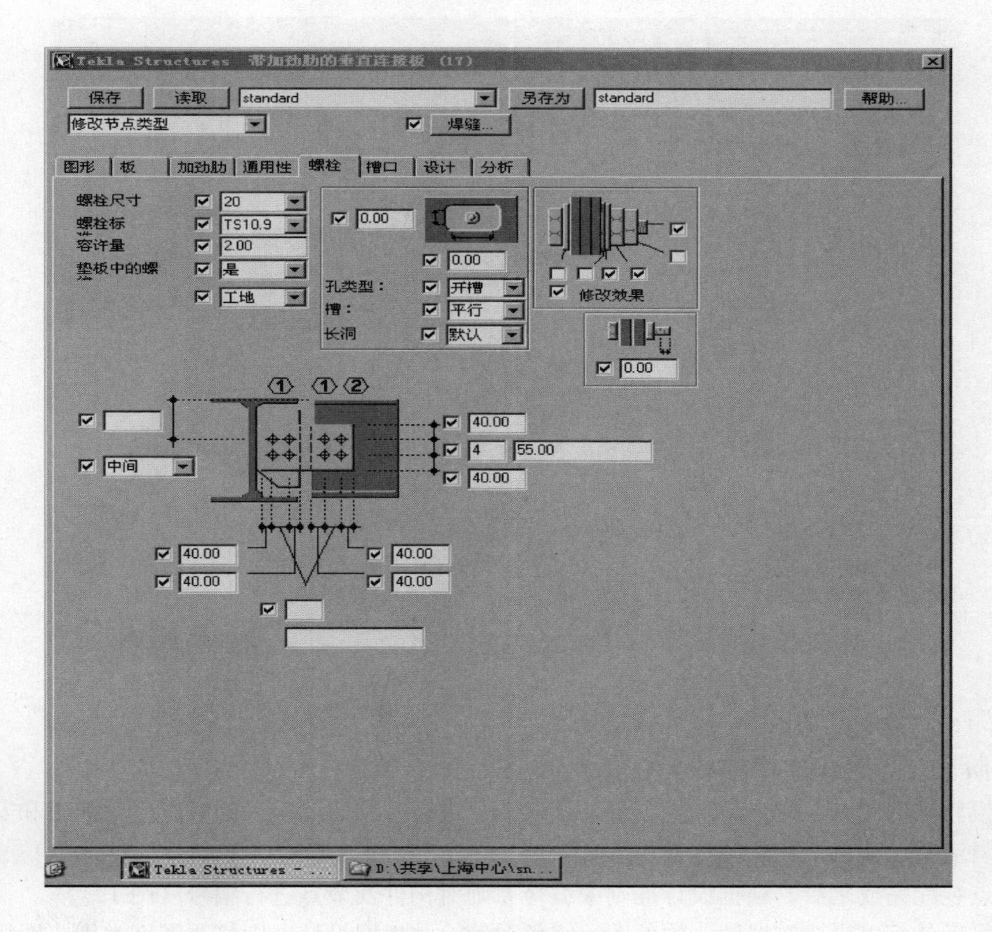

图 13　节点参数对话框

图 14　节点装配后平面梁实体模型

图 15　节点装配后的桁架实体模型

2.4　第四阶段，基于 3D 实体模型的设计出图

运用建模软件的图纸功能自动产生图纸，并对图纸进行必要的调整，同时产生供加工和安装的辅助数据（如材料清单、构件清单、油漆面积等）。

（1）节点装配完成之后，根据设计准则中编号原则对构件及节点进行编号（图 19）。

（2）编号后就可以生成布置图、构件图、零件图等，并根据设计准则修改图纸类别、图幅大小、出图比例等（图 20）。

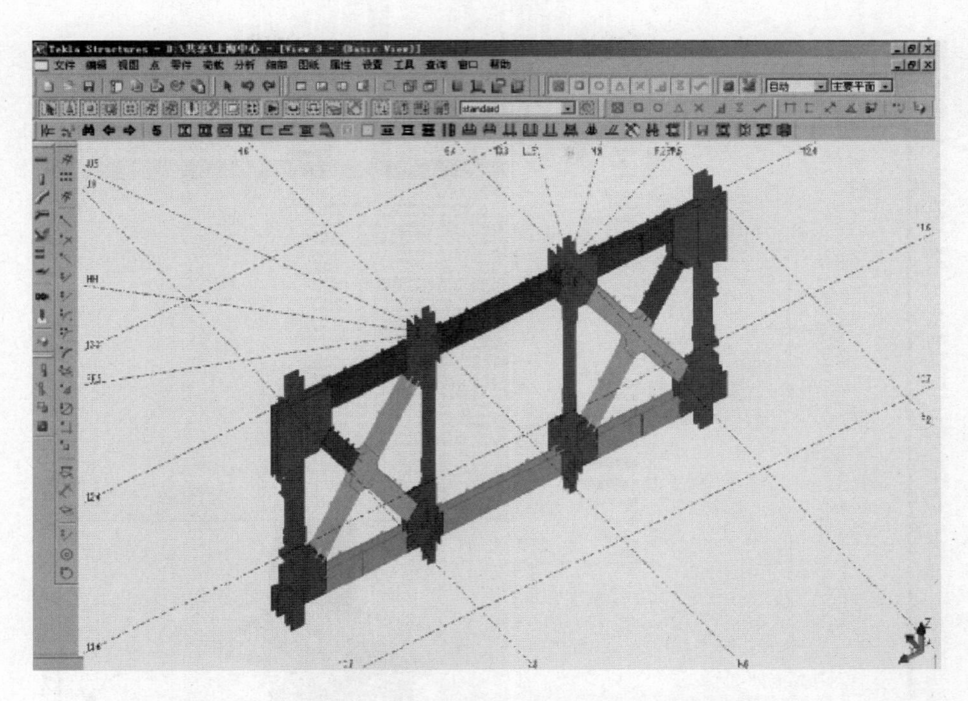

图 16　建好节点并按运输、起重量要求分好段的实体模型

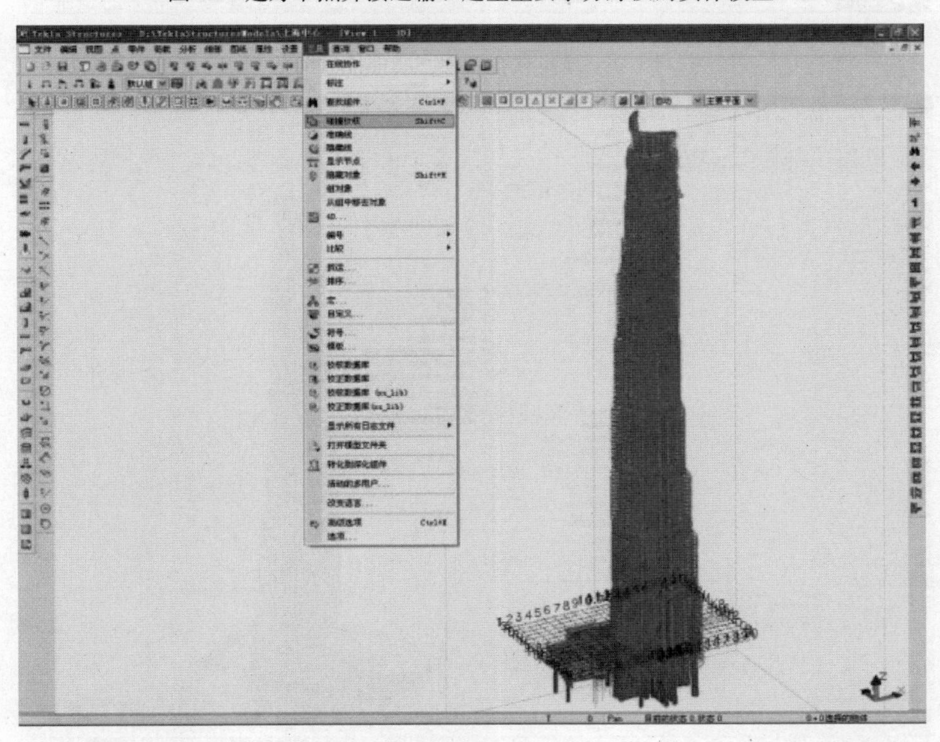

图 17　碰撞校核对话框

(3) 所有加工详图（包括布置图、构件图、零件图等）均是利用三视图原理投影、剖面生成深化图纸，图纸上的所有尺寸，包括杆件长度、断面尺寸、杆件相交角度均是在杆件模型上直接投影产生的。因此由此完成的钢结构深化图在理论上是没有误差的，可以保证钢构件精度达到理想状态，见图 21～图 23。

(4) 用钢量等资料统计。统计选定构件的用钢量，并按照构件类别、材质、构件长度进行归并和排序，同时还输出构件数量、单重、总重及表面积等统计信息，见图 24、图 25。

通过 3D 建模的前三个阶段，我们可以清楚地看到钢结构深化设计的过程就是参数化建模的过程，

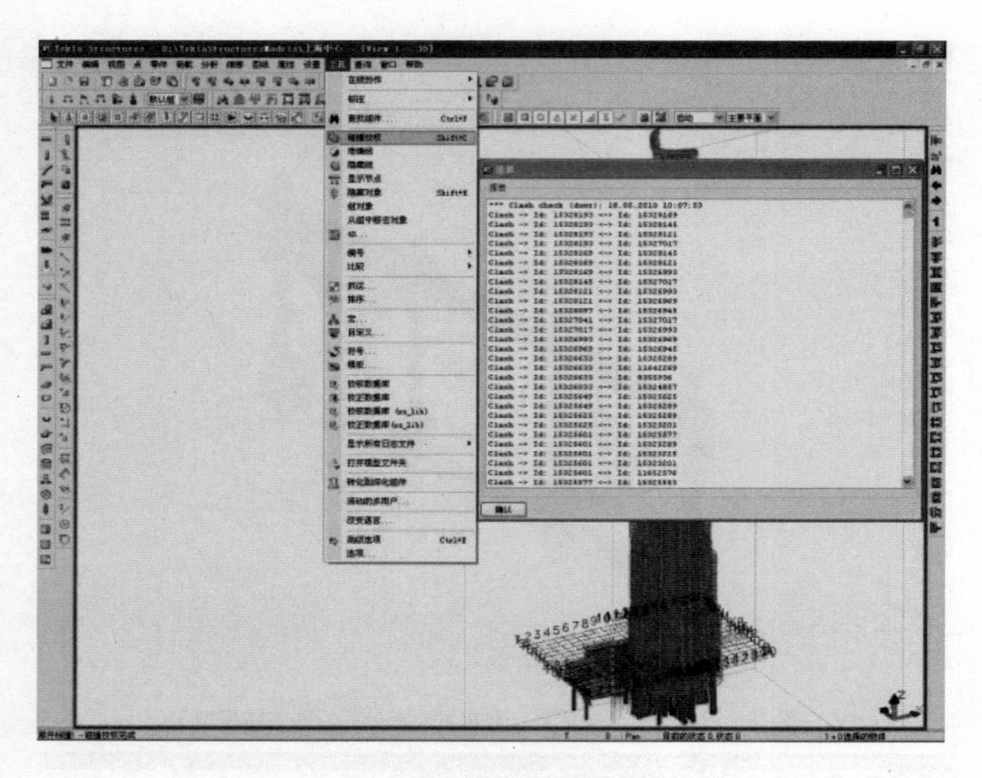

图 18　显示存在碰撞问题部件清单

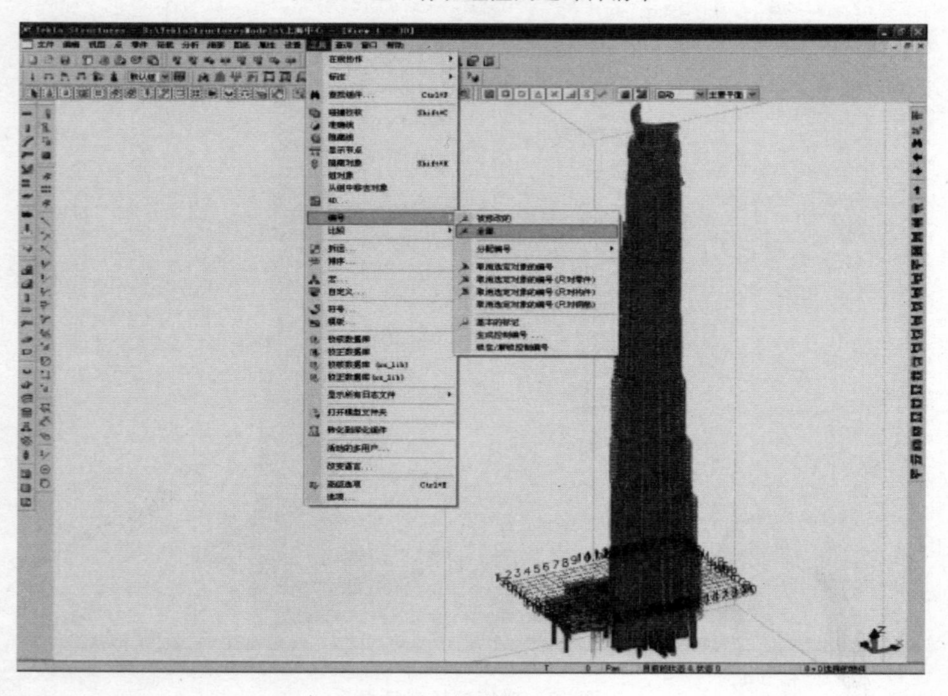

图 19　构件编号对话框

输入的参数作为函数自变量（包括杆件的尺寸、材质、坐标点、螺栓、焊缝形式、成本等）及通过一系列函数计算而成的信息和模型一起被存储起来，形成了模型数据库集，而第四阶段正是通过数据库集的输出形成的结果。可视化的模型和可结构化的参数数据库，构成了钢结构 BIM，我们可以通过变更参数的方式方便地修改杆件的属性，也可以通过输出一系列标准格式（如 IFC、XML、IGS、DSTV 等），与其他专业的 BIM 进行协同，更为重要的是几乎成为钢结构制作企业的生产和管理数据源。这也正是钢结构 BIM 被钢结构制作厂家高度重视的原因。

图 20　图纸清单对话框

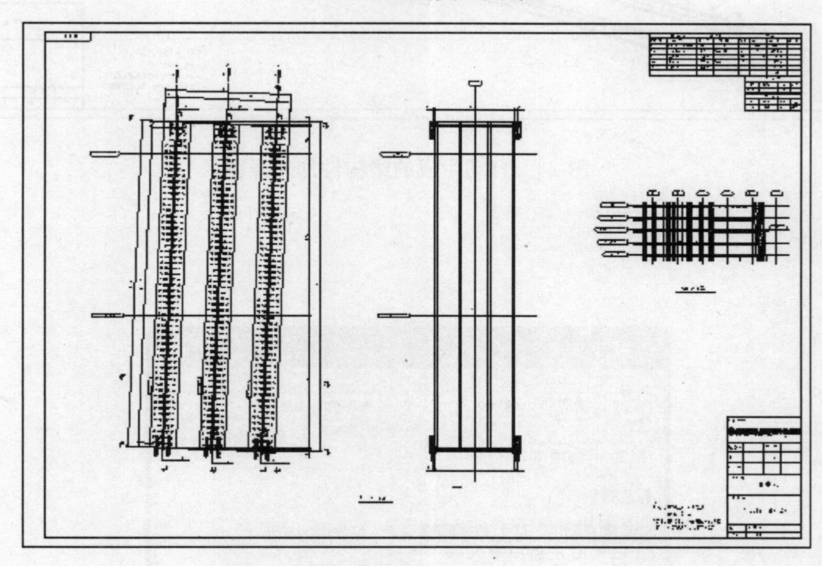

图 21　自动生成的柱构件加工详图（一）

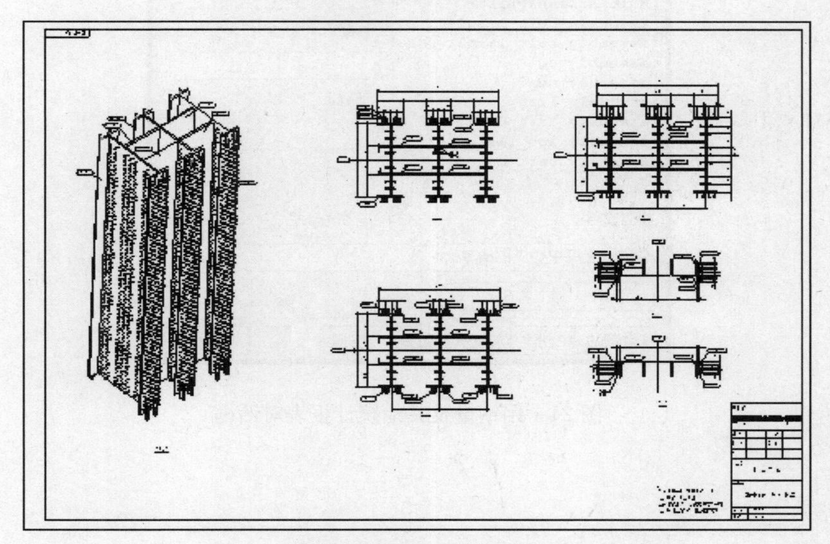

图 22　自动生成的柱构件加工详图（二）

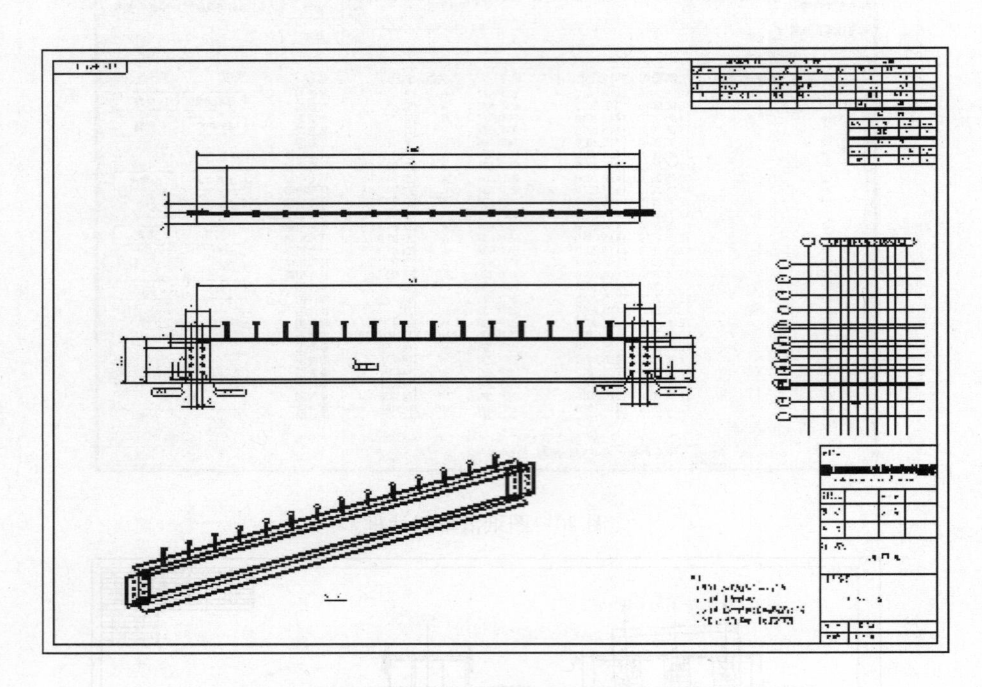

图 23　自动生成的梁构件加工详图

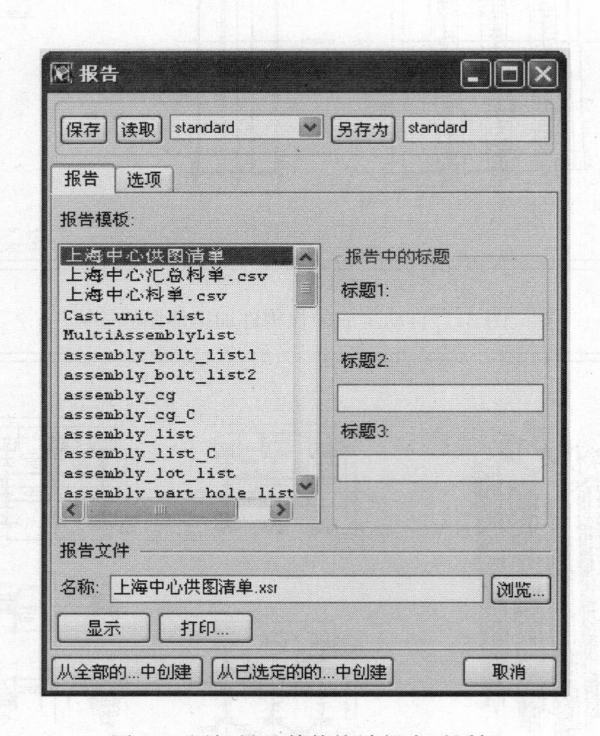

图 24　用钢量及其他统计报表对话框

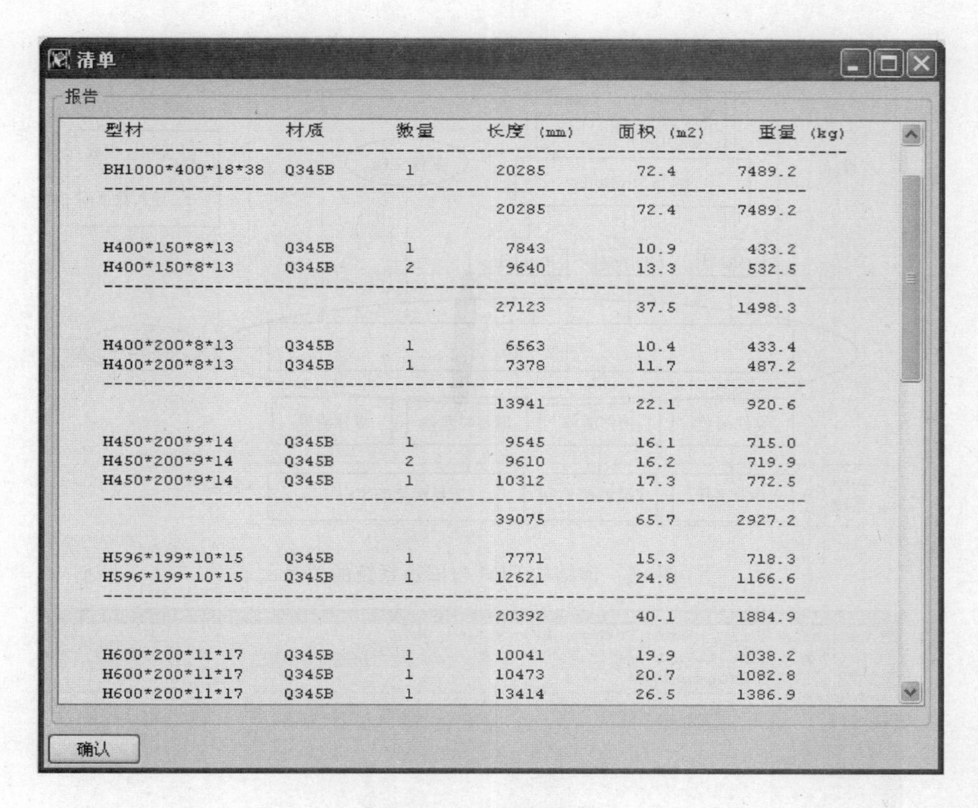

清单

报告

型材	材质	数量	长度 (mm)	面积 (m2)	重量 (kg)
BH1000*400*18*38	Q345B	1	20285	72.4	7489.2
			20285	72.4	7489.2
H400*150*8*13	Q345B	1	7843	10.9	433.2
H400*150*8*13	Q345B	2	9640	13.3	532.5
			27123	37.5	1498.3
H400*200*8*13	Q345B	1	6563	10.4	433.4
H400*200*8*13	Q345B	1	7378	11.7	487.2
			13941	22.1	920.6
H450*200*9*14	Q345B	1	9545	16.1	715.0
H450*200*9*14	Q345B	2	9610	16.2	719.9
H450*200*9*14	Q345B	1	10312	17.3	772.5
			39075	65.7	2927.2
H596*199*10*15	Q345B	1	7771	15.3	718.3
H596*199*10*15	Q345B	1	12621	24.8	1166.6
			20392	40.1	1884.9
H600*200*11*17	Q345B	1	10041	19.9	1038.2
H600*200*11*17	Q345B	1	10473	20.7	1082.8
H600*200*11*17	Q345B	1	13414	26.5	1386.9

确认

图 25　材料统计清单

3　钢结构 BIM 在企业管理中的应用

企业管理的目的是实现对企业各种资源（包括人、财、物等）的精细化管理，BIM 技术的引入，其被结构化数据库所体现的产品、工程物料属性和附加其上的进度和成本信息的量化描述特性，作为信息源头，对后续物料采购、物料库存、物料消耗、加工工艺、产品质量和产品进度乃至成本核算等资源的管理都起到了举足轻重的作用。

钢结构制作在业务链中所处的位置，决定了其无法避免地具有“三边”的特性，即“边设计、边制作、边变更”，尤其在完成国内工程时，特征更加明显。

在传统钢结构制作管理中，往往用纸面、传真、邮件等方式完成企业内部，或设计单位与制作单位之间的图纸和信息传递，效率受到很大影响，有时更会在传递时产生信息失真甚至丢失；同样，企业内部为更好地完成生产组织，必须依靠手工分拣、手工摘料和人工输入等手段来完成图、料信息源的收集，继而完成材料采购清单、构件清单、零件清单、下料加工清单、工艺路线卡、手工排版等信息的收集和计算，现在看来，这一切显得冗长繁琐且数据不精确，也成为后续工作变更的因素之一。

进入 20 世纪 90 年代中后期，随着 StruCad、Tekla Structure（原名 XSteel）等三维钢结构深化设计 BIM 技术的引入，使信息源的收集变得简单和精确，只需对模型输出信息稍加整理，导入到某种特定的数据图档管理系统保存起来，进行统一管理，即可形成企业管理的信息源头，这个系统名为 PDM 系统（产品数据管理系统）（图 25、图 27）。

PDM 系统对工程属性（如工程编号、工程名称、设计者等）、图档属性（如设计批次、图纸编号）、构件属性（如编号、名称、外形尺寸、数量、重量等）、零件属性（编号、名称、截面、尺寸、材质、数量、重量等）和变更信息进行结构化存储，并对模型、图纸和文档与结构化数据进行关联性存储，形成深化设计、工艺技术、采购部门、生产单位、销售和财务等管理部门间可共享、可协同的统一平台（图 28～图 30）。

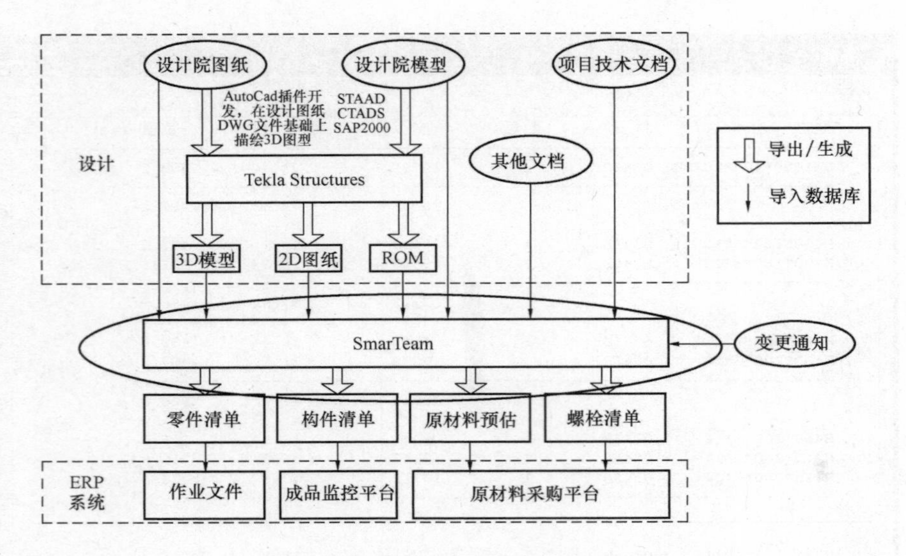

图 26　钢结构 BIM 与周边系统的关系

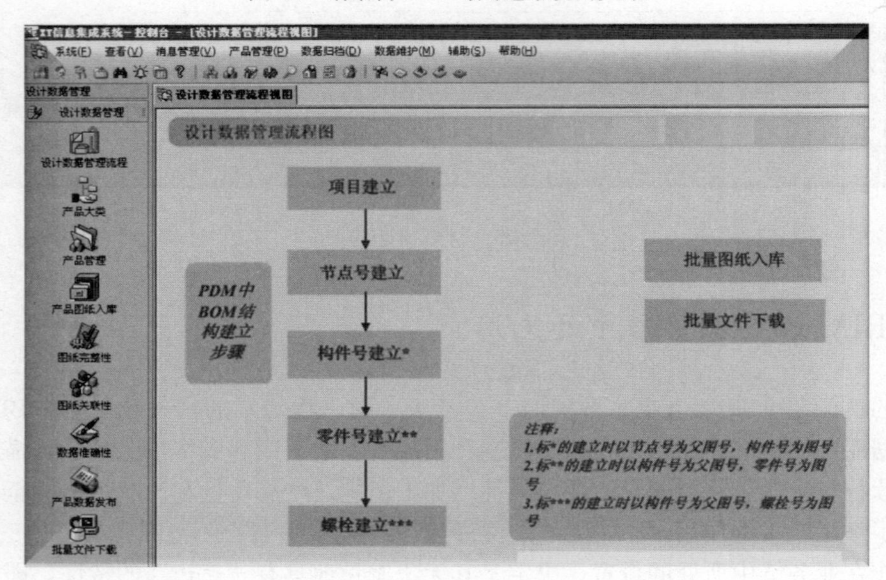

图 27　PDM 信息源的收集流程

图 28　BIM 形成的 PDM 图档集中管理

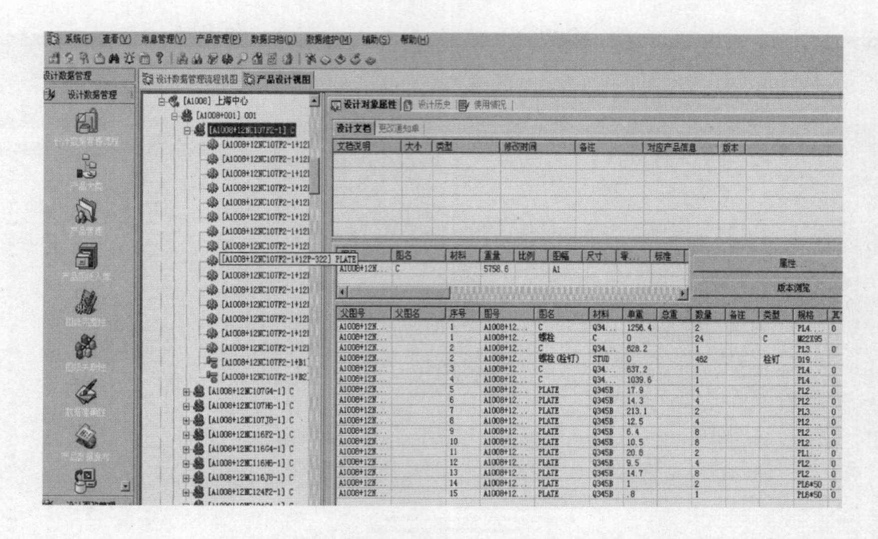

图 29　BIM 形成的 PDM 结构化数据

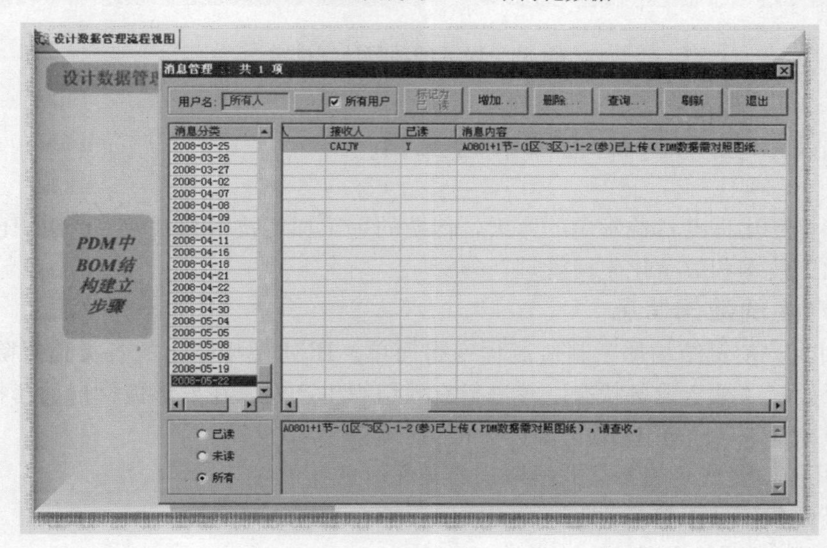

图 30　BIM 变更后的快速消息传递

BIM 和 PDM 系统，与项目管理（PM）系统、企业资源计划（ERP）系统和生产制造执行（MES）系统，构成钢结构制造企业中紧密集成、高效、精确的企业管理平台，使改变“三边”工程的特性有了可能（图 31）。

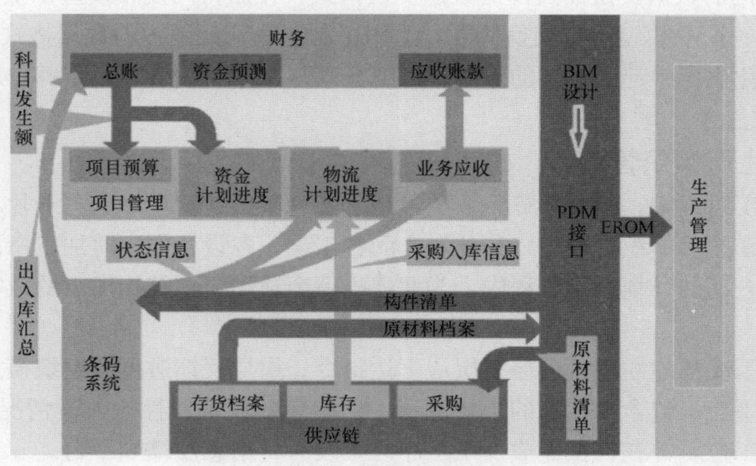

图 31　BIM 在企业资源管理中应用

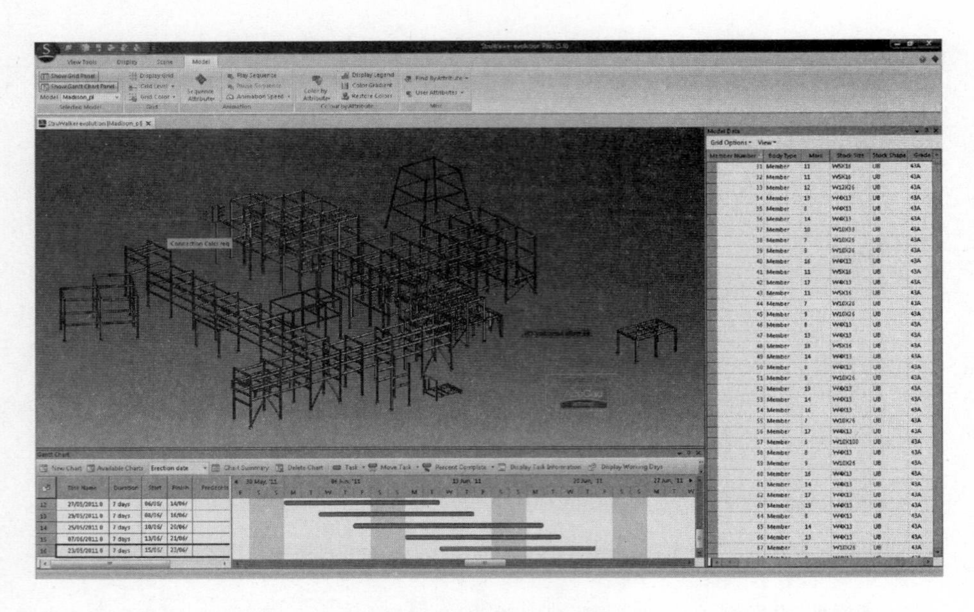

图 32　BIM 的项目计划排定

4　钢结构 BIM 在生产制作过程中的应用

在信息技术和自动化程度日益发展的今天，传统的手工加工技术和人为生产组织已日显疲态，取而代之的是数字化加工技术和数字化生产管理。

4.1　BIM 模型产生的数据信息

BIM 技术的引入，使钢结构加工制造流程变得简单，BIM 模型输出的各类信息除了能快速生成加工清单、工艺路径设定（结合设备状况）等进行有效组织生产外，在异形板材自动套料、数控切割及自动化焊接、油漆喷涂等加工工序中的作用显得尤为显著。

以下是通过 BIM 模型产生的各类数据格式的文件信息：

- CNC：机床 G 代码使用格式；
- DSTV：数控加工设备使用的中性文件；
- SDNF ：基于文件的钢结构软件数据交换格式；
- CIS/2：基于数据库技术的钢结构软件数据交换格式；
- IFC：建筑产品数据表达与交换的国际标准，是建筑工程软件交换和共享信息基础；
- XML：为互联网的数据交换而设计的数据交换格式，在因特网发布模型以供查看；
- IGES 和 STEP：产品模型数据交换标准，适用于制造业几何图形的数据格式。

这些信息在自动化生产中起到极大的作用，以下分别从生产组织管理、零件自动套料切割和机器人焊接三个方面进行阐述。

4.2　BIM 数据和生产组织管理

在传统钢结构加工过程中，绝大部分企业通过手工管理图纸、清单、工艺卡片和工作指令来组织构件和零件的加工，但在整个组织管理中，往往对车间各工位、各设备的实时加工情况很难获取准确的信息，以致于经常处于被动的计划调整过程中，为此建立一个适用于钢结构加工的数字化生产管理平台显得尤为重要。

数字化生产管理系统的建立将打破原有层层下达指令、层层反馈进度的组织模式，通过扁平化、一体化的生产协同信息平台（包含模板化的工艺流程、初始化的设备属性、人员情况等），有序地将加工指令信息直接下达到工位，并在工位完成加工工序后，及时将信息反馈到平台。

这一数字化系统源于由 BIM 输出的初始数据信息。

4.2.1 初始数据形成

深化设计BIM模型可输出以Godata _ assy3.rpt为报表模版的XSR格式的清单文件、NC文件(DSTV格式)的数控数据文件或dwg图纸文件等(图33)。

```
报告
Tekla Structures - GO DATA assembly file, v 2.0 ,
godata_link         ,11/09/2011,23:42:59

{ASSEMBLY:assembly mark,database id,main part mark,name,phase,lot number}

{PART:part mark,database id,prelim mark,name,   profile,grade,   finish.     length,     net weight,
ASSEMBLY:ZC-1   ,993740    ,208     ,ZC       ,
    PART:208    ,993735    ,0       ,ZC     ,PIP180*10      ,Q235B ,0         ,11294           ,470
    PART:207    ,993835    ,0       ,ZC     ,PIP180*10      ,Q235B ,0         ,5513            ,229
    PART:206    ,993982    ,0       ,ZC     ,PIP180*10      ,Q235B ,0         ,5513            ,229
    PART:166    ,993949    ,0       ,PLATE  ,PL6*144        ,Q235B ,0         ,143             ,1
    PART:165    ,993911    ,0       ,PLATE  ,PL6*145        ,Q235B ,0         ,145             ,1
    PART:99     ,993968    ,0       ,PLATE  ,PL16*461       ,Q235B ,0         ,785             ,32
ASSEMBLY:YC-12  ,1236301   ,319     ,YC       ,
    PART:319    ,1236296   ,0       ,YC     ,L70*6          ,Q235B ,0         ,1006            ,6
```

图33 BIM输出的godata _ assy3清单文件

生产管理系统提供标准的数据接口,方便地将上述XSR文件清单导入系统中,形成初步的系统加工清单,包括图纸、构件清单和零件清单等,为后续的工作做好准备(图34、图35)。

图34 系统接口

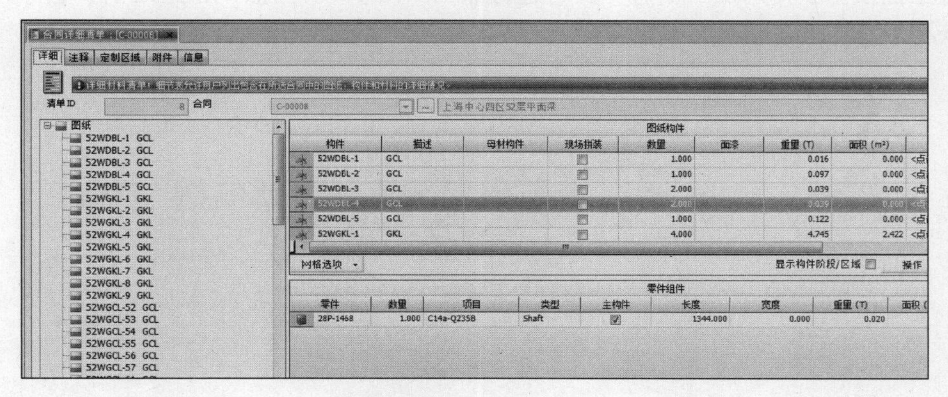

图35 系统加工清单

4.2.2 工艺流程规划和选定

工艺流程规划是组织生产的基础,由熟悉工艺和设备的人员事先根据实际工艺流程和设备布置,在系统中编制和设定好各种结构形式的工艺流程以及每一个流程的参数配置和优先设备指定,如直线切割流程、轮廓切割流程、制孔流程、组立流程和装配流程等,为工艺路径的选定做好准备(图36、图37)。

4.2.3 生产指令的发布

当一切生产数据准备完毕,生产指挥人员将在系统内进行生产指令的发布,系统将零件清单与生产流程进行自动匹配,规范该部分的零件将在哪些工位和设备进行哪些工序加工。

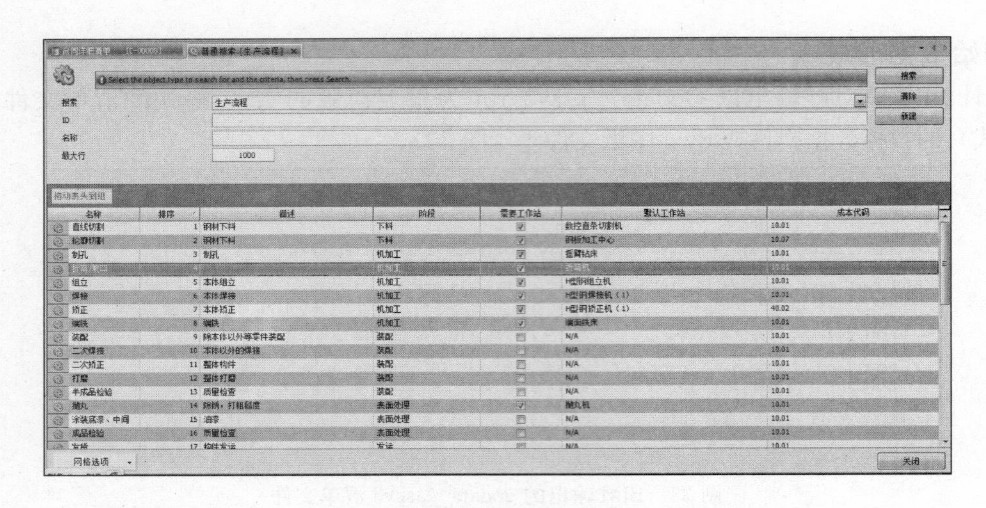

图 36　各种结构形式的工艺流程列表

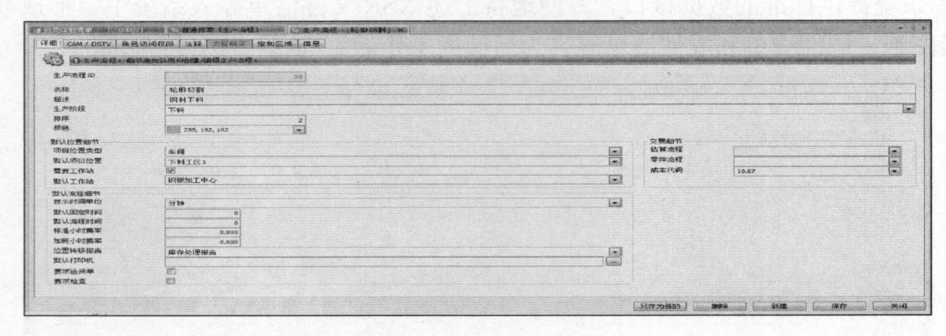

图 37　轮廓切割的工艺流程参数设定

系统同时结合车间工位或设备的负载反馈信息，快速将指令下发到系统指定的各工位和设备边的终端计算机，各工位根据获得的加工信息，及时进行加工（图 38）。当然，在这之前，仓库人员已经根据生产计划，获得了材料准备信息。

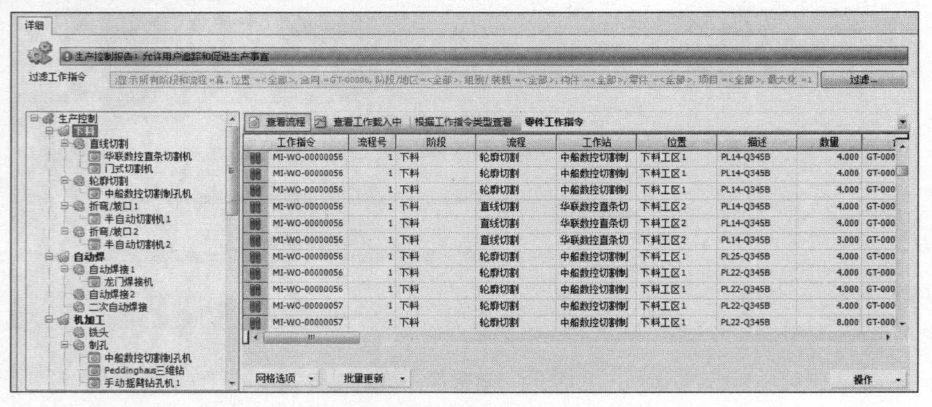

图 38　生产指令发布

4.2.4　车间控制台和信息反馈

在每一个生产流程指定的工位或设备边，都建立了计算机控制台，一旦生产指令流转到该工位和设备，计算机将及时得到待加工的指令，生产人员在计算机上选中该构件（或零件），按下【开始】状态或【停止】按钮，系统便能及时记录下该构件的过程状态。这使得生产管理人员能够及时了解整体生产状况，并根据实际情况，及时进行调整（图 39、图 40）。

以上描述了钢结构数字化生产管理的关键步骤，通过对 BIM 数据的有效再利用，确保了生产组织管理有效、有序地展开。

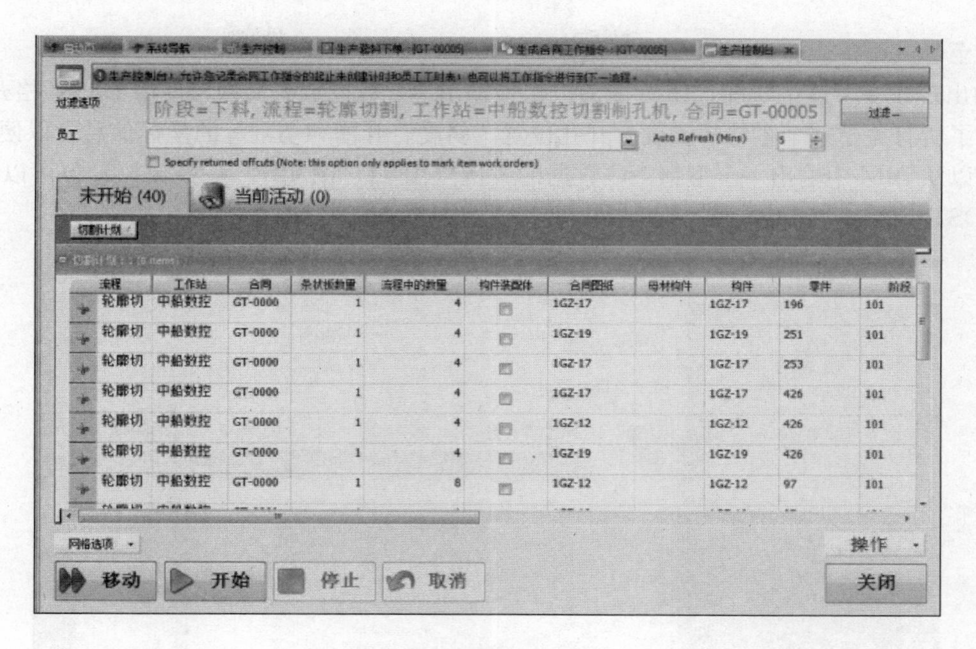

图 39　车间控制台

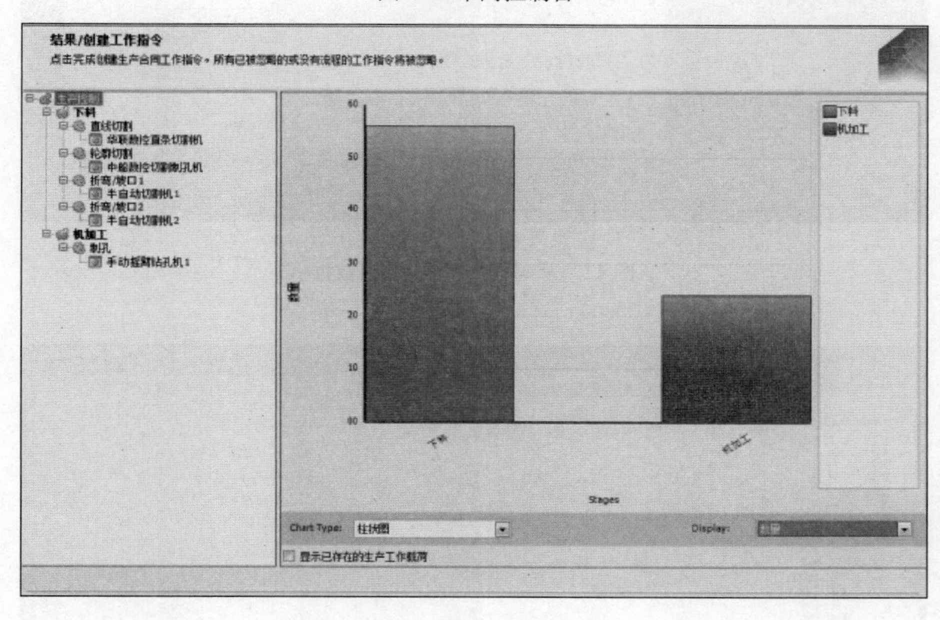

图 40　车间加工负载

但是，如果将 BIM 输出的零部件信息进行专业的数字化处理，形成与数控设备可通信的 CAM 信息，并完成自动化零部件加工的过程，可减少因人工干预而形成的效率降低和误差增多，并将对降低人工成本、提高产品质量起到根本性作用。

4.3　零部件加工自动化

4.3.1　数控信息的形成过程

钢结构零部件加工是整个加工过程的开始，包括型钢和板材的切割、钻孔、坡口切割等工序，通常称为前道工序。以往，设备操作人员需要在数控设备上完成指令输入，才能启动设备进行切割。有些通过设备制造商自带的套料软件，输出该设备特有的 CAM 数据，通过 U 盘或网络传递给设备接口进行加工。

在 BIM 出现前，套料人员非常困惑的是对零件信息（尤其是异形板材信息）的准备，他们需要从 2D 图纸中将零件一个个截取出来，复制到套料系统中，再根据工艺要求进行加工余量处理和手工排版等工作，直至生成设备能够识别的 CAM 数据。

BIM 的出现改变了这一状况，BIM 能够方便地输出 NC 数控数据文件（使用 DSTV 格式创建），数据文件包含了所有关于这个零件的长度、开孔位置、斜度、开槽和切割等的坐标信息，以便设备能够识别。以下是以从 BIM 中输出一个型钢 NC 数据的案例（图 41、图 42），一些数控设备可以方便地读取这个 NC（DSTV 格式）原始文件，对型钢进行冲孔、钻孔和切割。

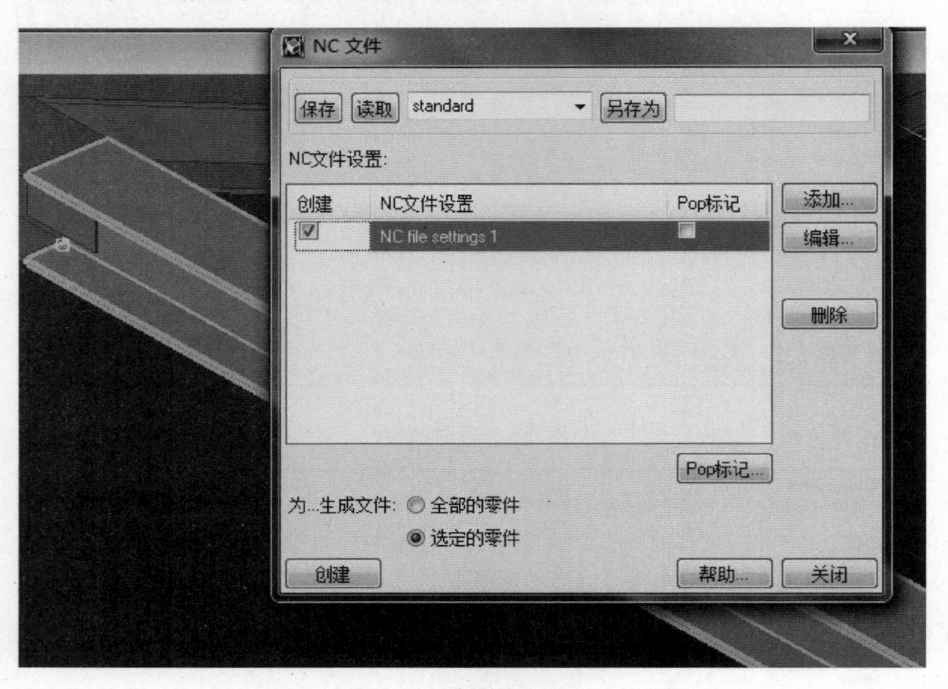

图 41　从 BIM 中输出数控数据

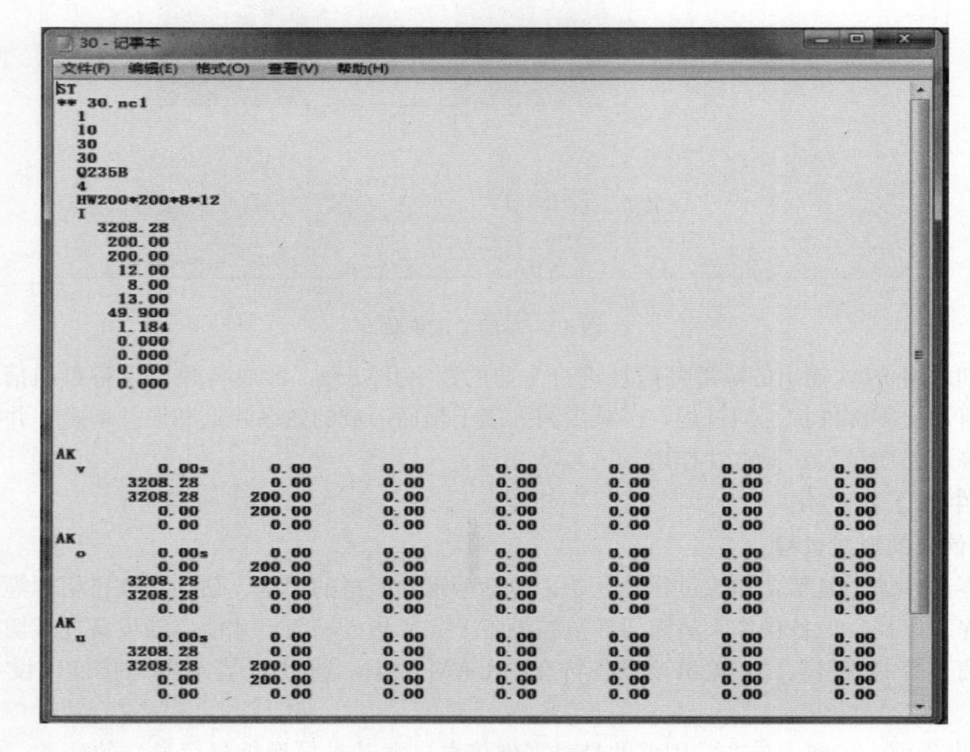

30 - 记事本

文件(F) 编辑(E) 格式(O) 查看(V) 帮助(H)

```
ST
** 30.nc1
  1
  10
  30
  30
  Q235B
  4
  HW200*200*8*12
  I
     3208.28
      200.00
      200.00
       12.00
        8.00
       13.00
       49.900
        1.184
        0.000
        0.000
        0.000
        0.000


AK
  v       0.00s      0.00      0.00      0.00      0.00      0.00      0.00
       3208.28       0.00      0.00      0.00      0.00      0.00      0.00
       3208.28     200.00      0.00      0.00      0.00      0.00      0.00
          0.00     200.00      0.00      0.00      0.00      0.00      0.00
          0.00       0.00      0.00      0.00      0.00      0.00      0.00
AK
  o       0.00s      0.00      0.00      0.00      0.00      0.00      0.00
          0.00     200.00      0.00      0.00      0.00      0.00      0.00
       3208.28     200.00      0.00      0.00      0.00      0.00      0.00
       3208.28       0.00      0.00      0.00      0.00      0.00      0.00
          0.00       0.00      0.00      0.00      0.00      0.00      0.00
AK
  u       0.00s      0.00      0.00      0.00      0.00      0.00      0.00
       3208.28       0.00      0.00      0.00      0.00      0.00      0.00
       3208.28     200.00      0.00      0.00      0.00      0.00      0.00
          0.00     200.00      0.00      0.00      0.00      0.00      0.00
          0.00       0.00      0.00      0.00      0.00      0.00      0.00
```

图 42　数控加工数据预览

4.3.2 异形板材自动套料和数控加工

对于异形板材的切割、钻孔等加工需要另加入一个套料的动作，以便提高板材的利用率。

目前一些自动套料排版软件，可将 BIM 输出的 NC 文件夹中的多个 NC 文件进行批量转入，为前期数据输入节省大量的时间，并保证所有输入数据的准确性（图 43）。同时，在获取 NC 文件的零件信息后，将输入的所有零件按钢板厚度不同、材质不同自动进行套料分类，完成每组零件的套料任务，大大减少了人为进行钢板厚度和材质分组的工作，实现了多种钢板厚度、多种材质的零件同时批量进行套料的功能。

当所有零件作业文件完成之后，只需简单按下套料系统中“自动套料”按钮，完成对所有零件的套料（图 44）。

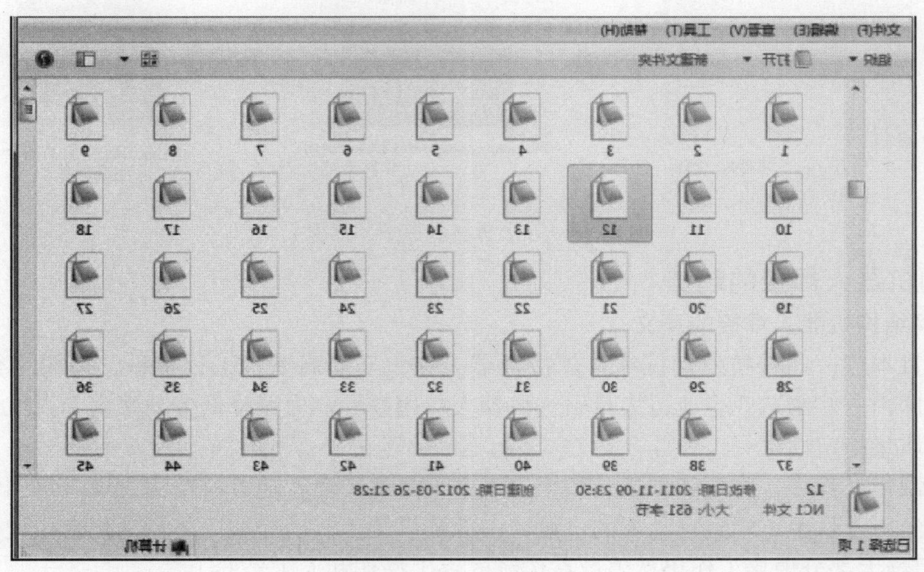

图 43　NC 数据文件夹

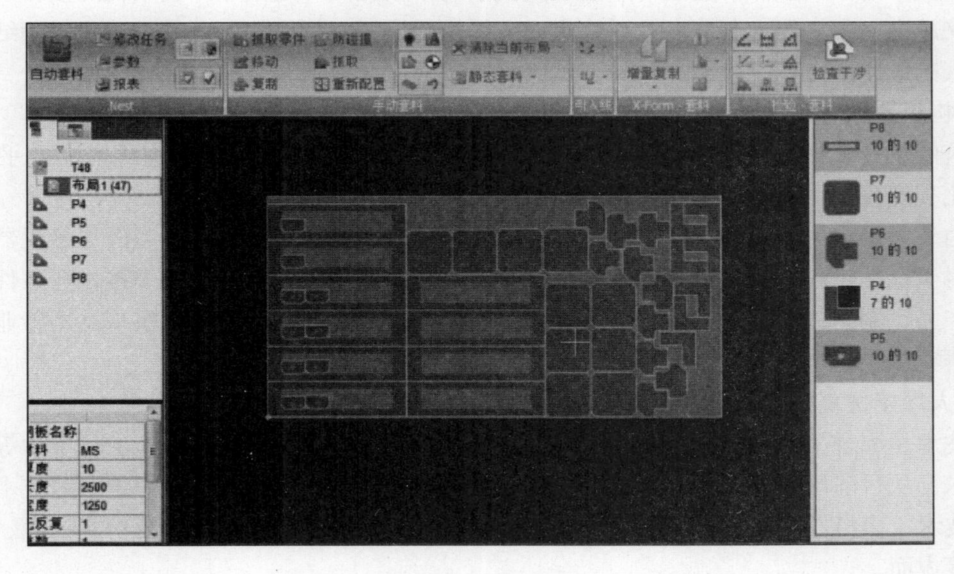

图 44　自动套料结果

对于一些设备来说，一些设备制造商有他们自己的转译程序，需要把上述套料结果文件经过特定的程序进行翻译处理，转换成设备特定的 CAM 格式后，才能完成这个加工动作。为此，可以在自动套料系统平台上开发一些后置转译程序，集成这些数控设备的指令程序，即可方便地输出套料结果的数控 CAM 指令，继而驱动数控设备完成对异形板零件的切割和钻孔等（图 45）。

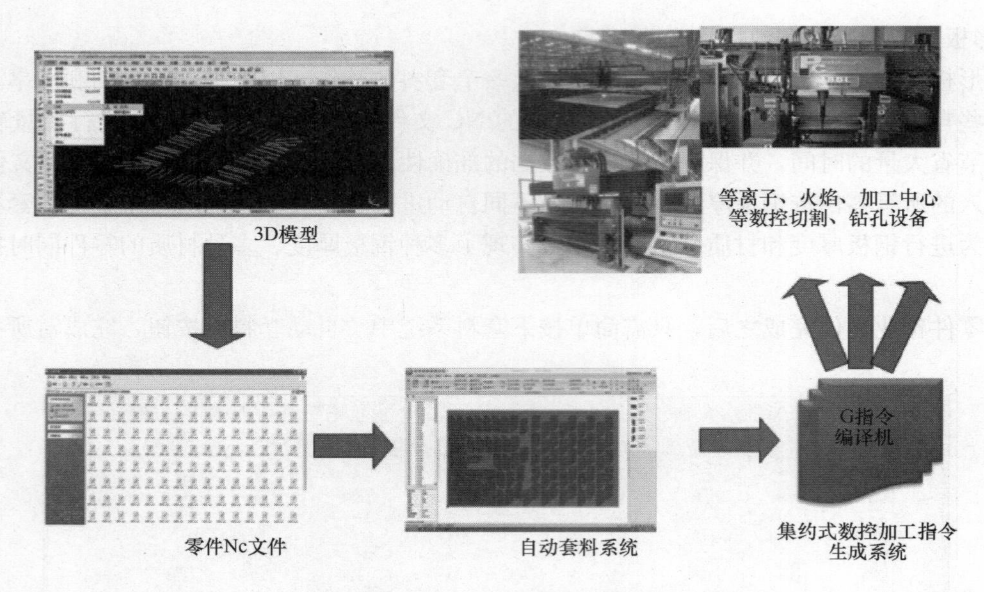

图 45　异形板材数控加工流程

4.4　钢结构机器人焊接的趋势

4.4.1　研究钢结构机器人焊接的意义

在欧美、日本等一些科技发达国家，焊接机器人在汽车、高铁、工程机械、造船等行业被大量运用。近几年，国内一些制造业企业也大量引进机器人应用技术，力图降低劳动强度和人工成本，提高生产效率和产品质量稳定性。

在钢结构制作过程中，装配和焊接是整个工序中重要的一环。随着科技的发展，钢结构企业中的焊接制造工艺正经历着从手工焊到自动焊的过渡，一部分焊接工艺已经被一些自动化专用设备所替代（如埋伏焊机），但绝大部分焊接工作仍然停留在传统的手工操作和人工经验上。

随着人工成本的不断上涨和业主对产品质量要求的不断提高，近两年，钢结构焊接自动化、智能化的呼声也越来越高，各机器人制造商、系统集成商等纷纷展开对钢结构，尤其是对建筑钢结构制作领域中焊接机器人的应用研究。

4.4.2　钢结构机器人焊接的特点

不同建筑的设计多样性，决定了其结构形式的复杂性和非重复性，每件构件产品几乎都是单件制作，且标准化程度较低，焊缝形式和轨迹呈现单件多样性。

目前国内外大量应用的焊接机器人系统，从整体上看基本都属于示教再现型的焊接机器人。示教式焊接机器人对于标准化程度高且批量生产的产品显示出明显的优势；但其对像焊接作业条件不稳定性的建筑钢结构产品，缺乏“柔性”和适应性，表现出明显的缺点，这也成为在建筑钢结构行业中对焊接机器人应用和研究的一个难点。

4.4.3　机器人焊接仿真技术与 BIM 技术

机器人技术是综合了计算机、控制论、机构学、信息和传感技术、人工智能、仿生学等多学科而形成的高新技术。从目前国内外研究现状来看，焊接机器人技术研究主要集中在焊缝跟踪技术、离线编程与路径规划技术、多机器人协调控制技术、专用弧焊电源技术、焊接机器人系统仿真技术、机器人用焊接工艺方法等方面。

钢结构焊接轨迹单件多样性的特点，示教再现型机器人已不能满足需求，取而代之的是离线编程与路径规划技术以及系统仿真技术可作为主要解决方案。

机器人在研制、设计和试验过程中，经常需要对其进行运动学、动力学性能分析以及轨迹规划设计，而机器人又是多自由度、多连杆空间机构，其运动学和动力学问题十分复杂，计算难度很大。若将机械手作为仿真对象，运用计算机图形技术 CAD 技术和机器人学理论在计算机中形成几何图形，并动画显示，然后对机器人的机构设计、运动学正反解分析、操作臂控制以及实际工作环境中的障碍避让和碰撞干涉等诸多问题进行模拟仿真，就可以解决研发过程中出现的问题（图 46）。

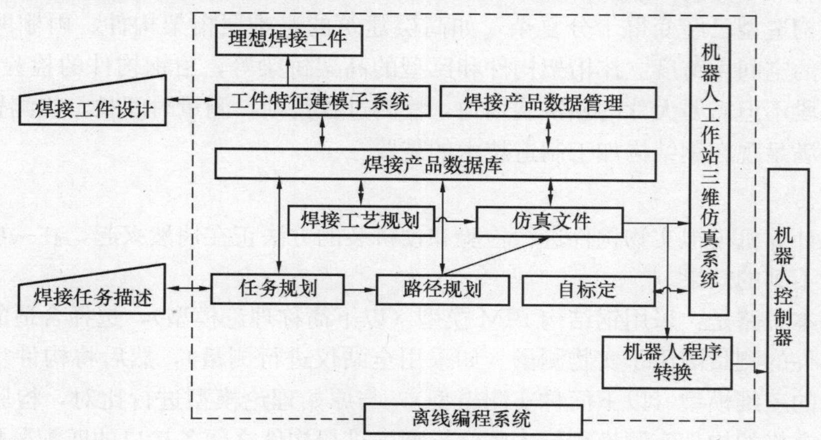

图 46　弧焊机器人离线编程和仿真技术原理图

在 4.1 节中提到，钢结构 BIM 可输出 IGES 和 STEP 格式的文件。其中，IGES（初始化图形交换规范）是基于 CAD&CAM（电脑辅助设计 & 电脑辅助制造系统）不同电脑系统之间的通用 ANSI 信息交换标准，可重点支持以下模型的交换：二维线框模型、三维线框模型、三维表面模型、三维实体模型、技术图样模型；STEP（产品模型数据交互规范）是国际标准化组织制定的描述整个产品生命周期内产品信息的标准，是一个正在完善中的“产品数据模型交换标准”，它提供了一种不依赖具体系统的中性机制，旨在实现产品数据的交换和共享。

因此，通过 IGES 和 STEP 等格式，可方便地将钢结构 BIM 与机器人三维仿真系统连接起来，结合机器人焊接工艺数据库等，完成焊接机器人的“前端数字化”——离线编程系统，最终解决钢结构机器人焊接的问题（图 47、图 48）。

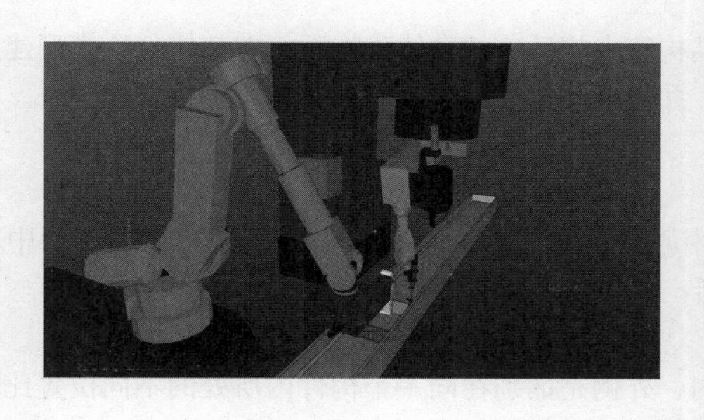
图 47　BIM 输出格式与机器人仿真

图 48　机器人实体焊接

随着国内外在焊接机器人领域科研力度的不断加强，同时，随着国内钢结构行业对焊接机器人优势的不断了解和尝试应用，钢结构制造业将在不远的将来真正走上“自动化”的局面。

5　钢结构 BIM 在构件检验和预拼装中的应用

目前，在国内大多数的钢结构加工企业中，普遍采用钢卷尺、直角尺、拉线、放样吊线和检验模板等传统方法来检验钢构件是否符合设计的要求。对于复杂的钢构件除了前面介绍的一些方法还要将进行实物预拼装，再次检验构件每个接口之间的配合情况判断是否满足设计要求。

而如今的钢结构造型已经变得十分复杂，如高层建筑的避难层桁架构件、雨棚网壳结构和顶冠造型；又如各种场馆的空间大跨度立体桁架构件和巨型的高架桥梁等，给钢构件的检验增添了许多难度。采用现有的检测手段不但需要大片的预拼装场地，检测过程繁琐，测量时间长，检测费用高，而且检测精度低，已经无法满足现在钢结构加工制造技术的需要。

5.1 应用原理

现在，有一种计算机模拟实物构件进行检验和预拼装的方法正在悄然兴起，在一些重大项目中得到应用，起到了意想不到的效果。

这种方法的基本思路是：采用钢结构BIM模型（以下简称理论模型），选择合适的测量位置，并予以编号形成单一构件的测量图用于实物测量（如采用全站仪进行测量），然后将构件实测数据输入三维设计软件形成实测的三维模型（以下简称实测模型），与原始理论模型进行比对，检验构件是否满足设计的要求。然后将合格的构件实测模型导入整体模型中进行构件之间各接口的匹配分析，起到构件实物预拼装的效果，保证最终构件完全符合现场安装的要求，确保现场施工顺利进行。

此类方法可以获取实物构件的三维数据信息，不但能够用于检验单个构件，而且能够模拟复杂构件安装后的真实情况；既方便实物构件数据信息的存储，还可以提供给现场，作为真实安装的参考依据。

5.2 应用案例

下面以在建工程“上海中心大厦项目”第三道环带桁架为例进行具体介绍。

上海中心是上海这个国际化大都市新的地标性建筑，代表着上海新一轮的腾飞与发展。作为世界瞩目的工程，上海中心在其建造过程中，应用了BIM等多项建筑科技领域内的高新技术，其中钢构件信息化预拼装技术是其中一大亮点。

该技术方案可分为四个主要实施步骤：

（1）确定整体坐标系进行实体建模

对预拼装范围内结构建立整体坐标系，然后建立结构整体模型。由于此模型中的尺寸均为理论尺寸，不考虑实际制作中出现的变形，故称此模型为理论模型。理论模型可分为结构整体的理论模型和单个构件的理论模型。

首先，根据构件和结构的实际特点，建立与结构特点相适应的整体坐标系。在整体理论模型建立完毕后，为每一个构件的理论模型选定测量控制点，并根据一定的规则，对各控制点进行合理编号。步骤如下：

1）整体坐标系设定：

由于环带桁架的基本结构呈环形布置，属于中心对称布局，所以整体坐标系设置在环形的中心位置，Z向高度设在桁架上弦杆顶面。构件主要包括：桁架巨柱、弦杆、腹杆三大类型（图49）。

2）视图方向和构件接口名称的定义：

内、外侧：站在环带桁架的环外向环内看，内、外侧是区别在同一个构件内所处的不同位置比较而言的，越靠近环外即表示外侧，反之越靠近环内表示内侧；

左、右端：站在环带桁架的环外向环内看，偏向左手的一侧为左端，反之偏向右手的一侧为右端；

上、下端：参照建筑的高度方向，根据该构件或部件处于建筑的实际位置来决定的；

上翼缘：是指H形的水平杆件在建筑中位置较高的那块翼板。

3）控制点的选择：

因为构件检验和预拼装的最终目的是检验各构件现场接口之间的匹配程度，即通过预拼装的方法检验构件接口间隙和错边量。考虑到接口处两侧的杆件均为H形截面，为此测量控制点选择每个H形截面接口最外侧的四个点。

4）构件测量控制点的编号规则：

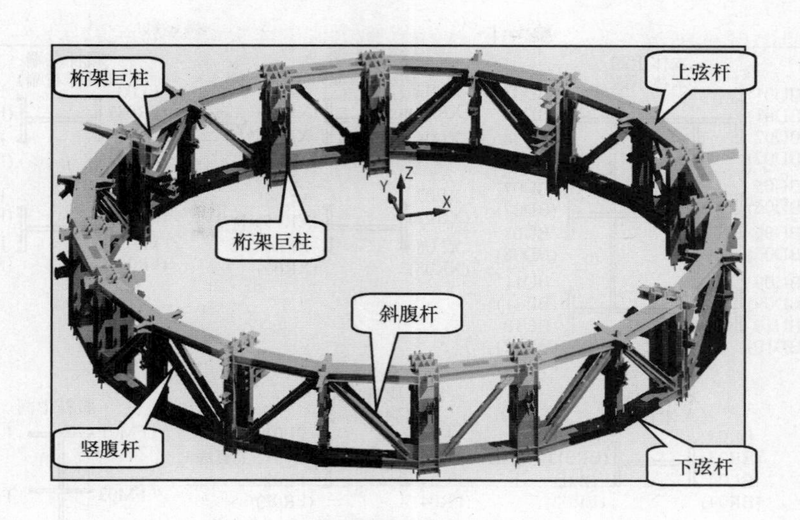

图 49　第三道环带桁架整体效果图

该编号由三个部分组成，分别是杆件符号、方位符号和流水号，如图 50 所示。

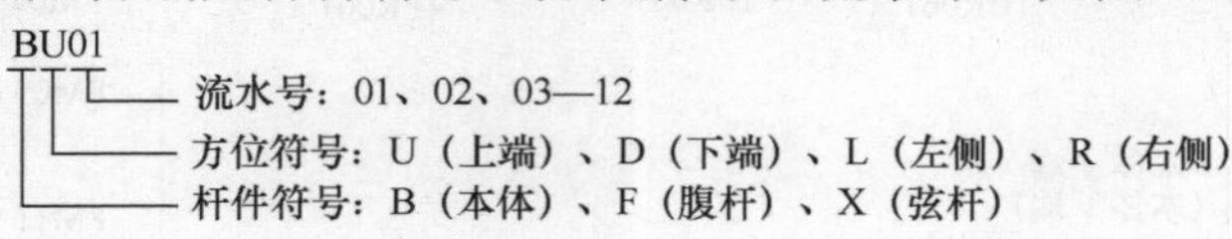

图 50　构件测量控制点的编号规则

构件测量控制点编号中流水号的编号先保证翼板一侧的两个控制点的流水号连续，并保证每个 H 形杆件四个控制点的流水号连续。先后顺序是先左后右，先内后外，先上后下为基本原则。构件编号前两个符号的组合规则如下：

A. 巨柱测量控制点编号规则：

a. 巨柱本体上端接口 BU＊；本体下端接口 BD＊；

b. 巨柱左端弦杆接口 XL＊；右端弦杆接口 XR＊；

c. 巨柱左端腹杆接口 FL＊；右端腹杆接口 FR＊。

B. 弦杆测量控制点编号规则：

a. 弦杆本体左端接口 BL＊；本体右端接口 BR＊；

b. 弦杆左端腹杆接口 FL＊；右端腹杆接口 FR＊；

c. 弦杆中间腹杆接口 FM＊。

C. 腹杆测量控制点编号规则：

腹杆本体上端接口 BU＊；本体下端接口 BD＊。

5）构件测量控制点的具体编号，见图 51。

（2）单个构件测量控制点的理论值与实际值对比

提取单个构件模型，建立局部坐标系，提取其上各控制点的局部坐标理论值。测量实际构件上各控制点在其自身局部坐标系下的实际坐标，将理论值与实际值对比以检验单个构件制作精度。

1）构件局部坐标系的设定：

对于单根构件的理论模型，首先要根据实际情况，建立合适的局部坐标系。局部坐标系的选定原则，是有利于理论模型和实测模型的对比。*XOY* 平面设置在构件上端铣削面内，在该平面内，取位于构件截面中部的 H 形杆件的截面形心点设为原点，*X* 轴指向右方，*Y* 轴指向内侧，*Z* 轴指向建筑上方。

2）提取各控制点在其构件局部坐标系下的理论坐标值：

对单个理论模型建立合适的局部坐标系后，提取各控制点在局部坐标系下的坐标（称为控制点的局部坐标理论值）。控制点的选取和编号见前述，形成构件的测量图，见图 52。

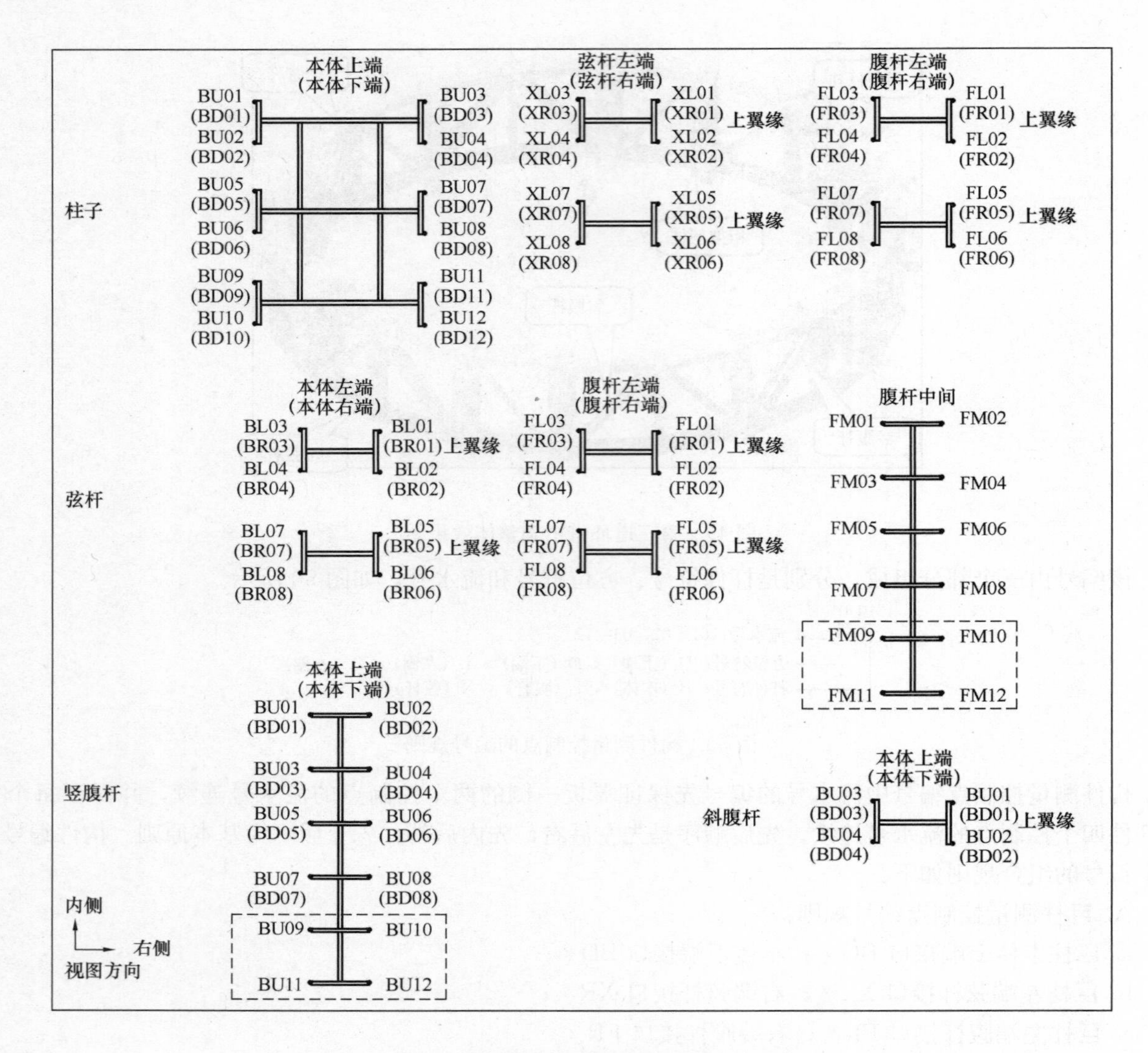

图 51　桁架测量控制点编号原则示意图

3）实物测量后绘制实测模型：

由于构件在制作时必然产生变形，各控制点很可能与理论模型有偏差。为控制构件的偏差度不超过规范要求，需确定各控制点的实际位置。为此采用全站仪进行测量，确定实际构件各控制点在其局部坐标系下的坐标。由实测控制点坐标所构成的线框模型称之为实测模型。

4）建立构件实测模型局部坐标系：

采用与理论模型相同的方法为构件的实测模型建立局部坐标系。

5）调整实测模型与理论模型对比：

调整实测模型使之坐标系与理论模型坐标系吻合，通过控制点的理论坐标和实测坐标对比，判断构件的制作精度是否满足规范要求。当误差大于公差要求时，对构件超差部位提出整改要求，制作部门按要求进行整改。并将修整后的构件重新测量，再次比对直到构件符合要求为止（图 53）。

（3）检验接口两侧的控制点实际值是否匹配

将各构件模型放回到整体模型中去，根据各构件自身局部坐标系与整体坐标系之间的关系，将各控制点在局部坐标系下的理论坐标值和实际坐标值转换为在整体坐标系下的理论值和实际值。根据接口两侧的控制点整体坐标实际值，检验各构件接口位置的匹配度（图 54）。

下节巨柱 19WC1116S-1 与下弦杆 3BT-D-3 接口坐标匹配如表 1 所示。

（4）信息化检验和预拼装的验收

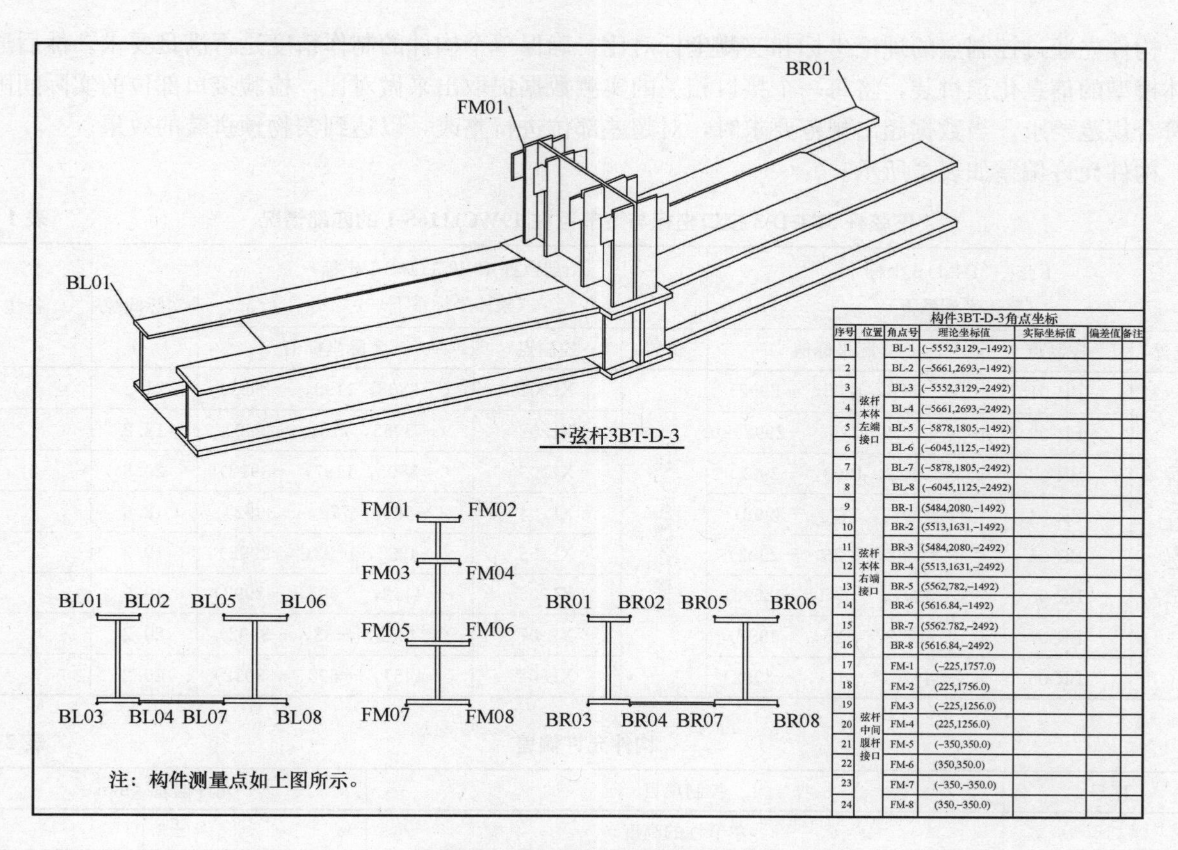

构件3BT-D-3角点坐标

序号	位置	角点号	理论坐标值	实际坐标值	偏差值	备注
1	弦杆本体左端接口	BL-1	(−5552,3129,−1492)			
2		BL-2	(−5661,2693,−1492)			
3		BL-3	(−5552,3129,−2492)			
4		BL-4	(−5661,2693,−2492)			
5		BL-5	(−5878,1805,−1492)			
6		BL-6	(−6045,1125,−1492)			
7		BL-7	(−5878,1805,−2492)			
8		BL-8	(−6045,1125,−2492)			
9	弦杆本体右端接口	BR-1	(5484,2080,−1492)			
10		BR-2	(5513,1631,−1492)			
11		BR-3	(5484,2080,−2492)			
12		BR-4	(5513,1631,−2492)			
13		BR-5	(5562,782,−1492)			
14		BR-6	(5616.84,−1492)			
15		BR-7	(5562.782,−2492)			
16		BR-8	(5616.84,−2492)			
17	弦杆中间腹杆接口	FM-1	(−225,1757.0)			
18		FM-2	(225,1756.0)			
19		FM-3	(−225,1256.0)			
20		FM-4	(225,1256.0)			
21		FM-5	(−350,350.0)			
22		FM-6	(350,350.0)			
23		FM-7	(−350,−350.0)			
24		FM-8	(350,−350.0)			

图 52　典型的下弦杆测量图

图 53　下弦杆对比效果图

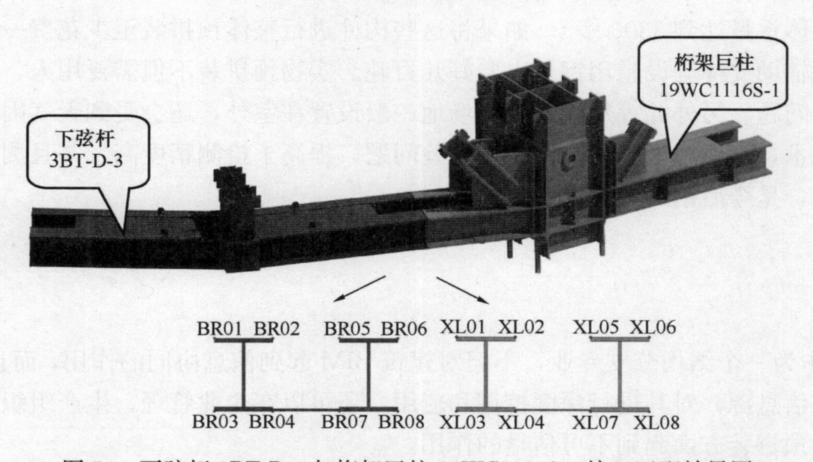

图 54　下弦杆 3BT-D-3 与桁架巨柱 19WC1116S-1 接口匹配效果图

构件先通过控制点的理论坐标和实测坐标对比，确保单个构件的制作精度是否满足要求。然后通过整体模型的信息化预拼装，将每一个接口相关的实测数据提取出来做对比，检验接口部位的实际间隙是否符合规范要求。当数据超出规范要求时，对超差部位进行整改，以达到实物预拼装的效果。

构件允许偏差如表 2 所示。

下弦杆 3BT-D-3 接口坐标与下节巨柱 19WC1116S-1 的匹配情况 **表 1**

下弦杆 3BT-D-3 坐标（整体坐标系下）			桁架巨柱 19WC1116S-1 坐标（整体坐标系下）			实际间隙	备注
位置	控制点	实际坐标值	位置	控制点	实际坐标值		
弦杆本体右端接口	BR-01	(−3828，1205，−2992)	柱子左端弦杆接口	XL-01	(−3808，1198，−2992)	21.2	
	BR-02	(−3972，779，−2992)		XL-02	(−3955，773，−2992)	18.2	
	BR-03	(−3828，1203，−3992)		XL-03	(−3808，1197，−3992)	20.8	
	BR-04	(−3973，777，−3992)		XL-04	(−3955，772，−3992)	18.6	
	BR-05	(−4253，−26，−2992)		XL-05	(−4235，−33，−2992)	19.3	
	BR-06	(−4471，−691，−2992)		XL-06	(−4452，−697，−2992)	19.9	
	BR-07	(−4252，−25，−3992)		XL-07	(−4233，−32，−3992)	20.2	
	BR-08	(−4470，−691，−3992)		XL-08	(−4451，−698，−3992)	20.2	

构件允许偏差 **表 2**

序号	控制项目	允许偏差（mm）
1	单节柱的高度	±3.0
2	杆件截面尺寸	±3.0
3	杆件截面对角线差	≤3.0
4	实际杆件与理论杆件型芯偏移量	≤3.0
5	多节柱预装单元总长	±5.0
6	柱与柱之间距离	±5.0
7	桁架上弦杆与下弦杆之间距离	±3.0
8	接口错边量	板厚/10，且≤3.0
9	接口间隙偏差量	±3.0

5.3 实施效果

上海中心第三道环带桁架外圈直径为 63m，高度为 13m，最大构件的重量近 100t，环带桁架和桁架层巨型外框柱整体重量达到 3300 多 t。如果将这些构件进行整体预拼装至少花费一个月的时间，用于搭建预拼装胎架和辅助支撑等设施用钢量也要好几百吨。实物预拼装不但需要用人、机的密切配合，更要注意安全方面的问题。另外此等规模的拼装场地一般设置在室外，还会受到天气因素的影响。如今采用了信息化检验技术，不但解决了复杂构件的检验问题，提高了检测精度高，并且测量时间短，检测费用低，安全系数高，是今后钢结构行业推行的方向。

6 总结

钢结构 BIM 作为一个结构分支专业，不但对建筑 BIM 起到信息协同的作用，而且钢结构 BIM 信息作为钢结构制作的信息源，对其进行深度挖掘和应用，还可以在企业管理、生产组织、自动化控制、机器人焊接和信息化预拼装方面起到不可估量的作用。

复杂钢构件的数字化管理与实践

戴立先　刘　星　茹高明

（中建钢构有限公司，深圳　518000）

摘　要　近年来，随着建筑行业的飞速发展，各种新颖的建筑造型层出不穷，钢结构以其优异的受力性能越来越受到设计师的青睐，钢结构建筑及其构件形式也越来越复杂，传统的钢结构制造管理模式渐渐难以满足复杂构件及其工业化生产的发展要求。数字化管理技术的应用，将给钢结构行业带来巨大的管理变革。

1　引言

自20世纪80年代中期第一栋超高层钢结构建筑诞生以来，建筑钢结构在国内的应用逐步走入大众视野。特别是21世纪以来，钢结构建筑作为一种新型的节能环保建筑体系，被誉为新世纪的“绿色建筑”，建筑钢结构产业全面驶入快速发展期，在超高层建筑、大跨度空间结构、大型工厂、塔桅、交通能源工程、住宅建筑中发挥着自身优势，被看作是“未来的建筑”。

当前，在全球信息化的环境下，未来经济社会的发展将进入以信息技术为主要驱动力的新经济阶段。信息技术的创新能力、普及的广度和深度，已经成为影响各行业发展速度和质量的关键因素。纵观建筑钢结构行业近30年的发展历史，国内钢结构企业在传统的管理模式下对数字化加工和信息化管理方面的运用显得步履蹒跚，与国外同行的水平尚存在一定的差距，亟需在管理的模式和对先进技术的应用方面进行提升。

本文主要通过贵阳花果园艺术中心项目，阐述在钢结构材料管理、工艺管理、生产管理、质量管理等环节的数字化管理研究和实践。

2　工程实例

2.1　工程概况

贵阳花果园艺术中心位于贵阳市花果园彭家湾片区，是集艺术、展览、办公、休闲、贵宾住宿等为一体的发展项目，总建筑面积约为8.3万m^2，主要建筑总高度为87.00m，地面以上共12层，无地下室。结构主体采用钢筋混凝土框架剪力墙结构，局部大跨采用钢蜂窝梁形式，8层设置13根型钢混凝土转换大梁，并由12根型钢混凝土斜柱及立柱支撑，结构两侧采用4片剪力墙跨越边坡。该建筑结构安全等级为二级。工程效果见图1，结构透视见图2。

图1　工程效果图

图2　结构透视图

2.2 构件概况

该项目复杂构件形式主要分为两种，一种是大截面双王字构件，最大外形尺寸为 2800mm×800mm，板厚均为 50mm，见图 3；另一种是大截面蜂窝梁构件，最大外形尺寸为 2300mm×700mm，最大板厚 50mm，见图 4。两种均为超大截面构件，构件单重最大可达 25t，截面构造复杂，涉及工序较多，制造难度较大。

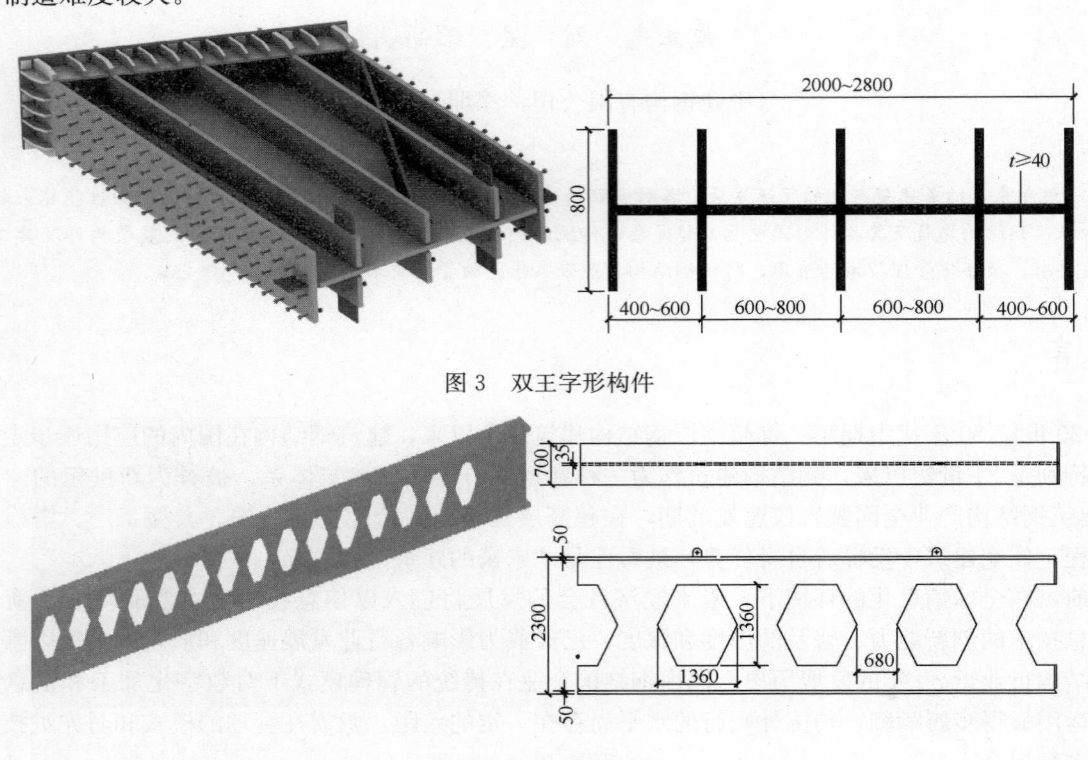

图 3 双王字形构件

图 4 大截面蜂窝梁

3 工艺管理

3.1 数字化流程

钢结构建造过程大致可分为深化设计、材料采购、构件制造和安装等阶段，每个阶段中又分为若干工序。钢结构工艺数字化管理是实现生产工业化、产品精细化的重要手段，同时也是生产流程标准化的桥梁，将项目、车间、工位、设备以及员工予以编码，并通过编码体系连接具体工艺和信息化管理系统。

零构件编码体系的创建始于深化设计的建模环节，在制造管理环节利用编码体系首先做好工艺管理工作，一般构件的工艺管理工作主要包含零构件清单、工艺图、制造方案的制定和执行监督等。

项目部主要负责项目策划等工作，包括编制钢结构项目施工方案及安排工程施工工期，同时将设计资料发送给深化设计单位。深化设计单位根据项目总体工期计划编制设计计划，分初步建模、节点建模、出图报表等开展设计工作，设计完成后续将设计结果发送给结构设计单位进行审核。

制作厂收到深化图纸后，即开始进行生产计划安排，同时工艺部根据库存材料信息及时编制车间生产所需的工艺文件，下发至车间。生产车间具备生产条件后，再按工序逐步进行零构件加工，直至构件生产完成进入成品库。生产部根据项目部的计划实施构件发运，构件到达现场后，由项目部验收构件并实施后续的钢结构安装，直至钢结构工程安装完成。

贵阳花果园艺术中心项目钢结构制造的主要流程，如图 5 所示。

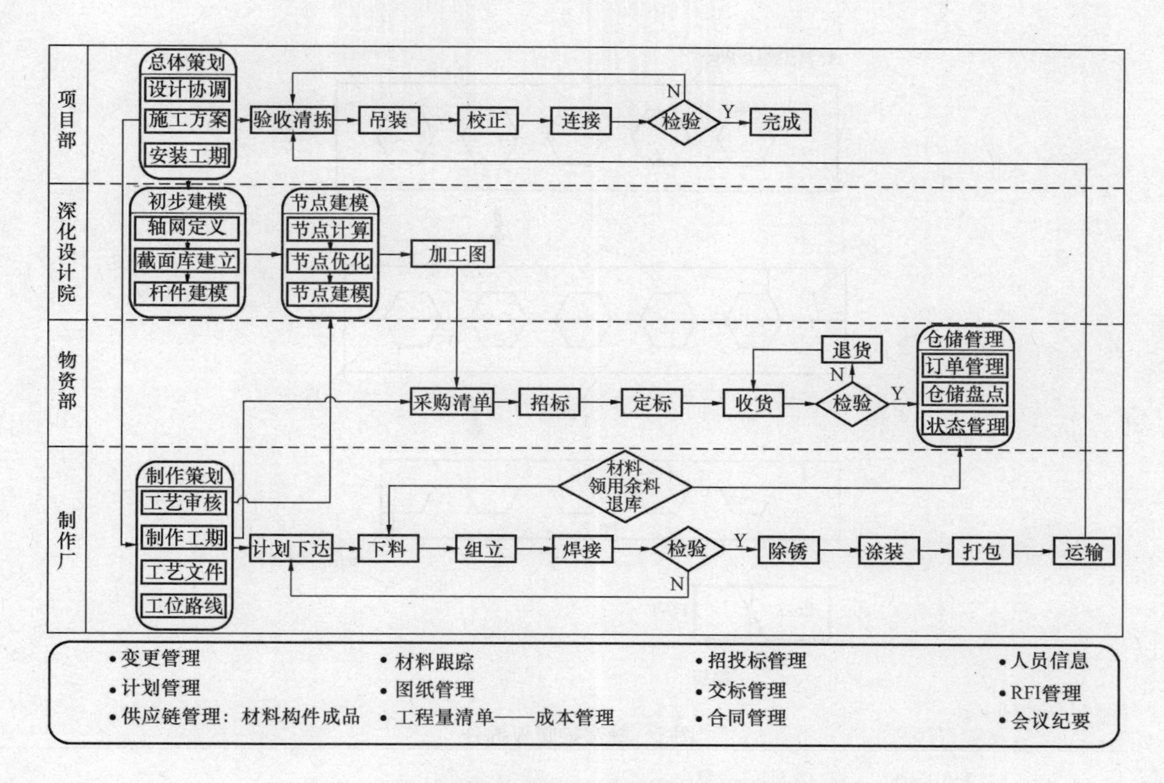

图5　贵阳花果园艺术中心钢结构制造流程图

3.2　复杂构件截面解析

贵阳花果园艺术中心项目的“双王字”柱截面、蜂窝梁截面的制造工艺复杂，前者的零件组成复杂，对装配、焊接顺序要求较为严格，若控制不好易出现截面塌肩、尺寸偏差过大等情况，进而引起频繁校正、费工费时等问题，严重时会导致构件报废；后者对大规模生产流水作业中的管理精确性要求较高，否则易出现材料浪费、工期延误等问题。

对于“双王字”形这类复杂截面构件，只能在工厂按板拼类的构件制作，整体截面在拆分时更为复杂，考虑到后期制造工艺要求和质量控制要求，将截面拆分成中间“王字体”加上下两个“T形体”，见图6。

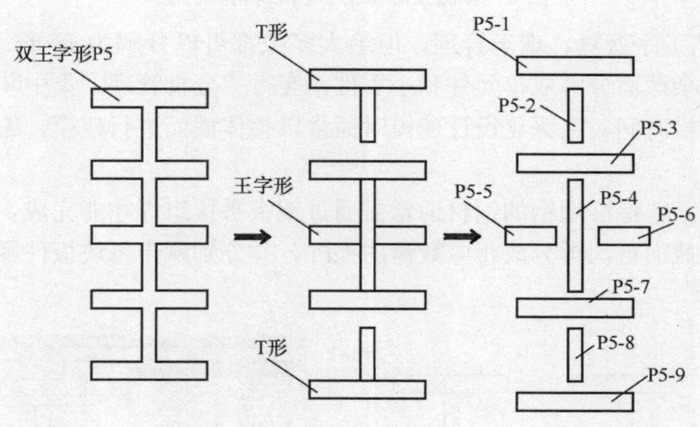

图6　“双王字”形构件截面拆分

对于蜂窝梁这种大截面构件，腹板上有孔洞，宽度达2.5m，中间六边形孔洞内接圆直径达1.4m，如果直接按照整张钢板进行下料，无疑对钢材损耗非常大。因此在制作时，需将蜂窝梁腹板进行拆分，分别赋予零件编号，然后两块主腹板相交叉进行排版，见图7。排版时将蜂窝梁腹板进行拆分，可大大提高材料利用率，见图8。

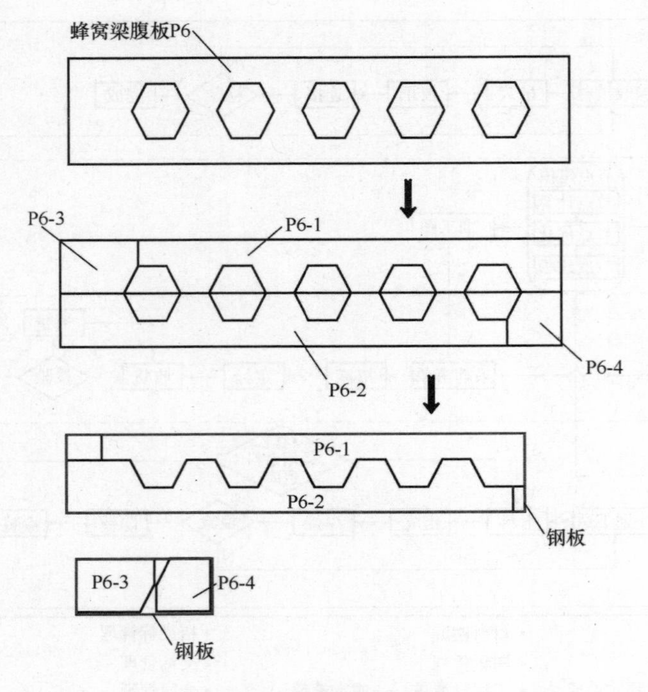

图 7　蜂窝梁腹板拆分

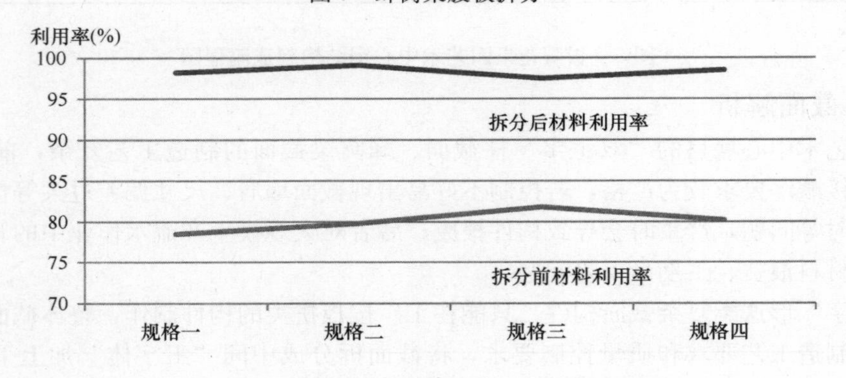

图 8　蜂窝梁腹板拆分前后材料利用率

复杂截面构件虽然工序繁复、难于管理，但绝大多数都可以分解为 H 形、箱形等基本截面单元，利用这一特征，应将复杂截面分解成单元件和小零件，实行“分批管理，集中装焊”。对于 H 形、箱形等简单构件，为节省建模时间，在深化设计建模时通常以整体截面进行建模，编号时也仅赋予构件主体唯一编号。

在实际加工过程中，非标准型钢的钢材通常需通过钢板拼接组焊才能完成，因此对于此类构件在进行零件管理时需将整体截面再次拆分成相应数量的板件，并分别赋予每块板件零件号，见图 9（H 形拆分）、图 10（箱形拆分）。

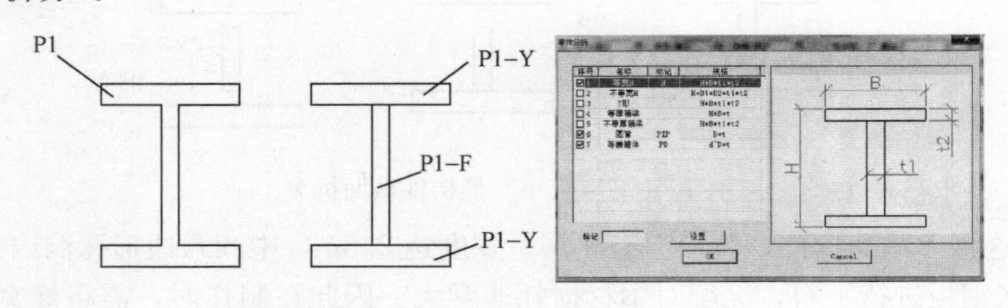

图 9　H 形拆分

另外，对于深化模型内的非标准的圆管构件，通常采用钢板卷制焊接而成，因此非标准圆管构件的制造管理还应注意，模型内为理想的无缝管材，实际往往应按板材考虑。在对圆管构件进行数字化管理时，需将圆管零件沿轴线展开成平板管理，见图 11。

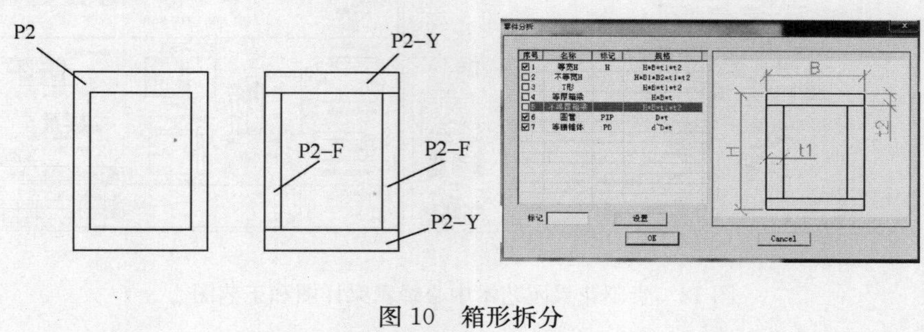

图 10 箱形拆分

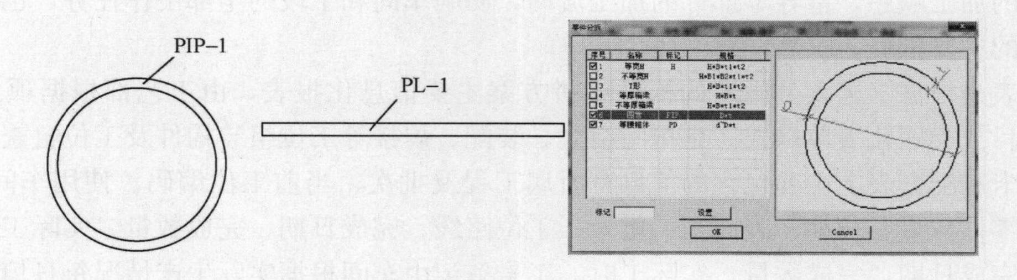

图 11 圆管展开

4 生产管理

生产管理是制造管理的关键环节，精确的统计、科学的计划、有序的排产和严谨的验收是影响产品制造进度和质量的直接因素。本项目制造过程中采用的工位化生产管理，是实现钢构件数字化管理的基础。要实现钢结构产品工位管理，关键是将以项目为单位的模型及结构信息转换为以工序为单位的建造准备、采购、制作、安装和其他信息，通过细致的分工，大幅提高管理精细化程度和工作效率，然后借助信息化手段对产品的制造过程进行跟踪，最后通过软件系统进行信息处理，实现产品的信息交换、智能化识别、定位、监控和跟踪管理。

（1）生产准备

数字化管理模式需要大量的零构件基础数据作支撑，生产管理前需做好相关准备工作，主要流程如下：工程制图—工艺审查—数据录入—数据输出。

深化设计图纸完成后，发送技术工艺部门及制作车间，并开始工艺性审查。审查主要结合加工条件及工程经验，检查项目图纸是否满足加工要求并提出合理化建议。

数据录入工作主要包括详图及详图清单的导入，由于系统的管理对象实际上是零件编号及构件编号，因此必须保证导入的清单信息无误。根据管理流程和生产需求，由管理系统输出所需的各类清单报表，同时工艺部门根据详图制作要求编制工艺图（图 12）。这类工艺图、清单和报表的主要作用是指导车间工人进行零构件加工或对加工过程进行数据采集。输出该项目的各类清单，需随制作图纸一起下发至生产车间，常用的清单报表有如下几种：领料单、工位路线卡、配套表、构件零件清单、套料表、材料订单表、库存材料清单。

领料单是工艺部根据钢材排版结果编制而成，一般在生产前下发给生产车间，作为车间进行构件加工领用所需材料的凭证，使用时车间工人将单据交给仓储部，由仓储部核对发料。

领料单上包含有所领用材料的规格、数量、材质、重量、钢材编码、余料规格、余料编码、余料重量、所属工程及分区、领用车间等信息。

工位路线卡是根据零件制作流程自动生成的信息化表单之一，由工艺部下发给生产车间，用于精确

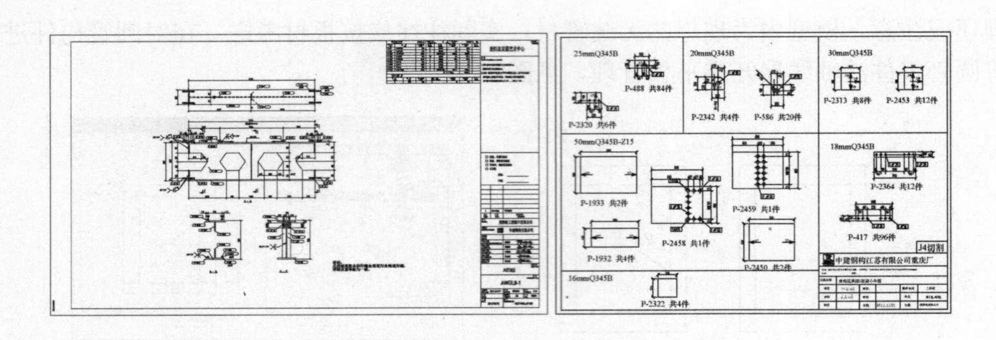

图 12　贵阳花果园艺术中心蜂窝梁详图和工艺图

定位每个零件的加工顺序，指导零部件的加工流向，明确车间和工段的全部工作任务，也是完工量统计和人工事核算的主要依据。

工位配套表是根据工艺人员指定的构件组拼方案主要信息化报表，由工艺部根据项目特点统一设计，并依据项目分类固化表单格式，是车间组立、装配、焊接等工位组装构件及工位自查用表。

工位路线卡和配套表上主要包含的信息有所属工程及批次、当前工位编码、使用车间、零件规格、材质及编号、零件数量、长度、表面积、重量、工位路线、完成日期、完成数量、实际工时、工位登记等信息。其中完成日期、完成数量、实际工时、工号登记由车间根据实际生产情况每日填报，并由资料员每日定时对信息进行数据统计，如图 13、图 14 所示。

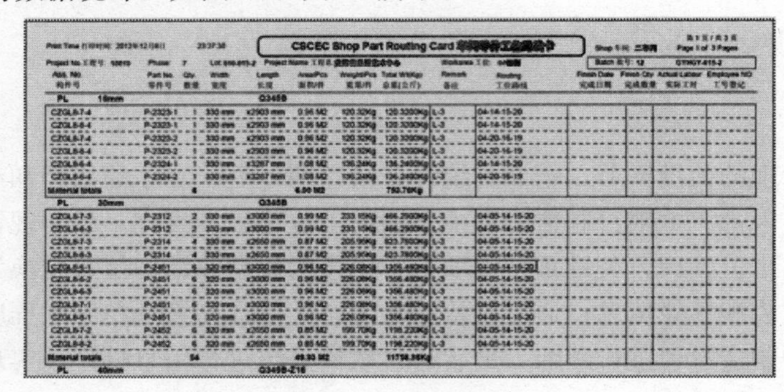
CSCEC Shop Part Routing Card

图 13　工位路线卡

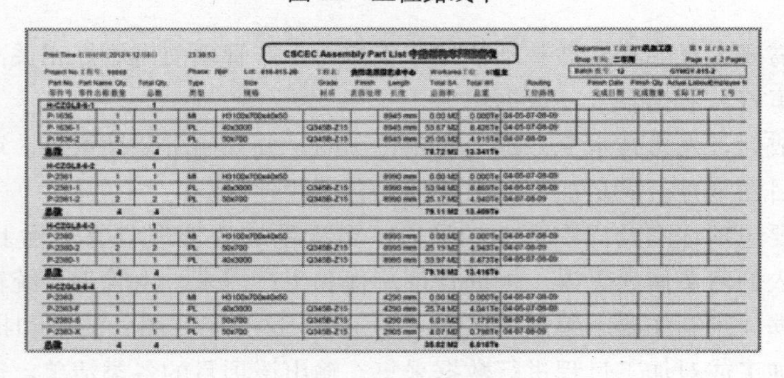
CSCEC Assembly Part List

图 14　工位配套表

零构件清单是钢构件信息化系统根据图纸信息自动生成的零构件汇总表，是各批次零件下料的主要依据，用于指导排版图的编制和车间下料数量的核准，是钢构件数字化管理的重要环节。

零构件清单所包含的信息有所属工程及批次、构件号、构件对应的零件号、零件数量、工位路线、零件截面、材质、长度、重量、表面积等，见图 15。

套料表是系统根据型钢套料结果自动生成的下料清单，由工艺部下发给生产车间直接指导下料班进行型钢切割。

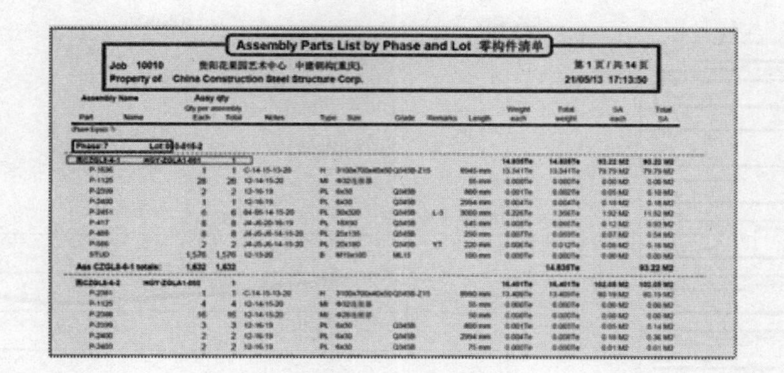

Assembly Parts List by Phase and Lot 零构件清单

Job 10010 贵阳花果园艺术中心 中建钢构(重庆) 第1页/共14页

Property of China Construction Steel Structure Corp. 21/05/13 17:13:50

图 15　零构件清单

套料表包含的内容有型材规格、型材材质、当前型材所用来套料的构件号和零件号、所套料零件的长度、零件重量、余料长度、余料重量等信息，见图 16。

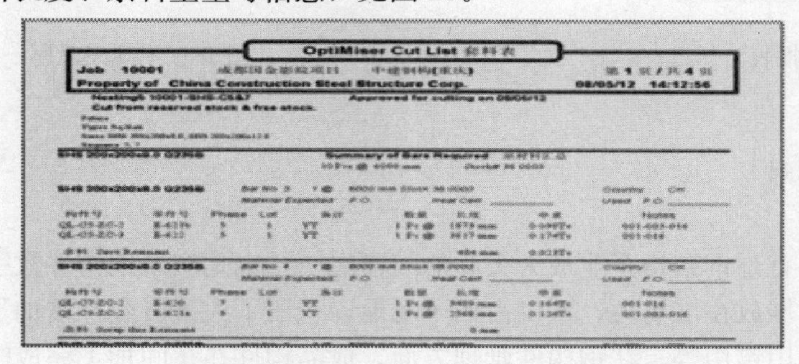

OptiMiser Cut List 套料表

Job 10001 第1页/共4页

Property of China Construction Steel Structure Corp. 08/05/12 14:12:56

图 16　套料表

（2）车间生产进度跟踪

工艺文件及图纸下发到车间后，车间按照工艺要求安排生产，并每日定时对本项目的制作进度进行统计，及时将生产进度信息上传至管理系统。各业务系统相关的管理人员登录系统详细查看工程的生产进度，生成管理报告，将相关信息同步传递到施工现场。车间内生产进度跟踪手段主要采用零构件加工跟踪报表和生产进度日报表。

零构件加工跟踪报表是系统根据资料员每日定时录入的零构件状态信息自动生成的表单之一，它详细对每个零件和构件跟踪到具体工位，使零构件制作状态一目了然，其包含的内容有项目号、批次号、构件号、零件号、加工车间、当前工位、完成日期、完成数量、完成重量等信息，见图 17。

Production Track Report 零构件加工跟踪报告

Property of China Construction Steel Structure Corp. Page 1 27/05/12 22:52:0

Project	Phase	Assembly	Part Mark	Workshop	Department	Work Area	Employee	Date	Quantity Complete	Part Mark Weight	Assembly Weight	Assembly Total

图 17　零构件加工跟踪报表

生产进度日报表可以车间、工段或工位为单位，生成具体车间、具体工段或具体工位每日生产进度报告，供管理员查询。包含的内容有完成日期、车间、工位、批次号、完成的零件数量、完成的零件重量、汇总数量及重量等信息，见图 18。

使用各类报表进行跟踪统计后，构件制作的失误率较以前有大幅度降低，见图 19。

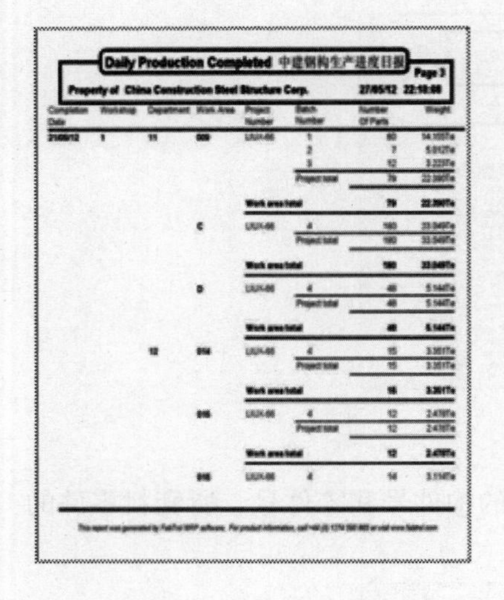

Daily Production Completed 中建钢构生产进度日报

Page 3

Property of China Construction Steel Structure Corp. 27/05/12 22:18:08

Completion Date	Workshop	Department	Work Area	Project Number	Batch Number	Number Of Parts	Weight
21/05/12	1	11	009	LIUX-66	1	60	14.103Te
					2	7	5.012Te
					3	12	3.223Te
					Project total	79	22.390Te
				Work area total		79	22.390Te
			C	LIUX-66	4	160	33.049Te
					Project total	160	33.049Te
				Work area total		160	33.049Te
			D	LIUX-66	4	40	5.144Te
					Project total	40	5.144Te
				Work area total		40	5.144Te
		12	014	LIUX-66	4	15	3.351Te
					Project total	15	3.351Te
				Work area total		15	3.351Te
			015	LIUX-66	4	12	2.478Te
					Project total	12	2.478Te
				Work area total		12	2.478Te
			016	LIUX-66	4	14	3.114Te

图 18 生产进度日报表

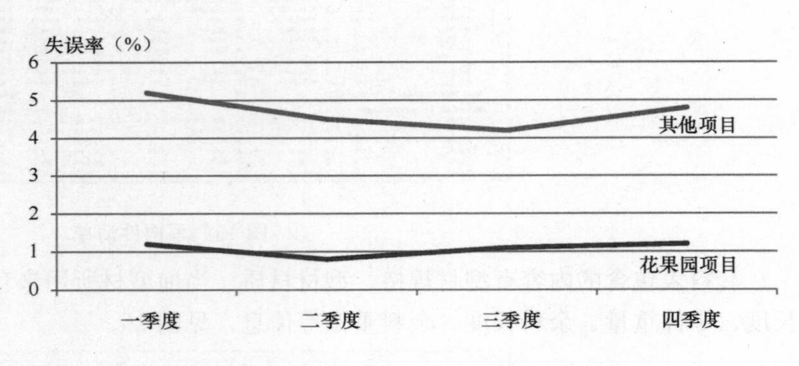

图 19 千吨失误率

5 材料及构件管理

钢材的高效管理一直是钢结构企业最为关心的问题之一，也是实现钢构件数字化管理的前提，大量钢材（原材料和余料）堆放在堆场内，不仅占用了场地，积压了大量资金，增加了大量工作量，而且易造成材料查找困难、混用错用等。在钢构件管理方面，成品构件在车间加工完成时间与实际发运之间的时间差往往需要堆场暂时堆放，也是钢构件数字化管理的主要课题之一。

为解决上述难题，公司利用专业物料管理系统，针对原材料及成品构件管理中的短板进行数字化管理，大大提高了材料和构件的管理效率，使企业在材料管理和构件管理方面取得了重大突破。

5.1 材料采购

材料采购环节的工作效率主要取决于深化设计、工艺、物资、生产等管理部门的协同工作程度，本项目通过采用统一的零构件清单、统一的排版方案、统一的车间反馈机制、统一的集中采购信息化管理平台，进行集约化材料管理，大大提高了采购计划的准确性和采购工作效率。

材料采购订单表是根据输入的图纸数据自动生成的信息化表单，由工艺部提供给物资部门，作为材料采购的依据。材料订单表包含的内容有材料规格、材质、数量、定尺要求（长度或宽度）、重量等信息，见图 20。

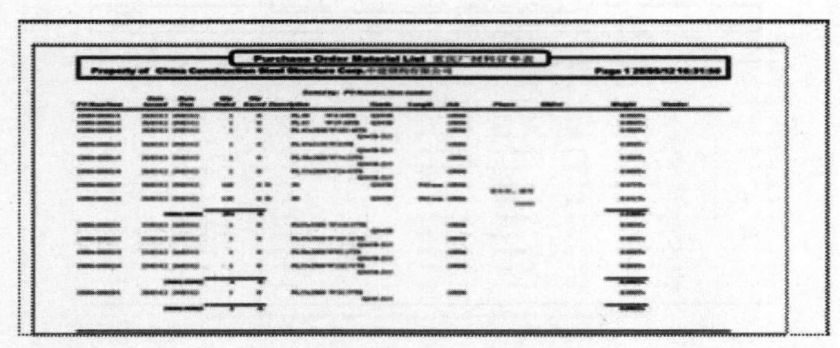

Purchase Order Material List

Property of China Construction Steel Structure Corp.

图 20 材料订单表

5.2 材料库存管理

（1）材料入库管理

本项目材料入库管理主要依靠库存材料清单核算库存变化情况。每批工艺文件下发车间后，通过信息化系统自动扣除该批工程所耗费的材料，生成材料库存清单，供物资部材料盘点参考，库存材料清单包含的内容有材料规格、材质、长度、重量等信息，见图 21。

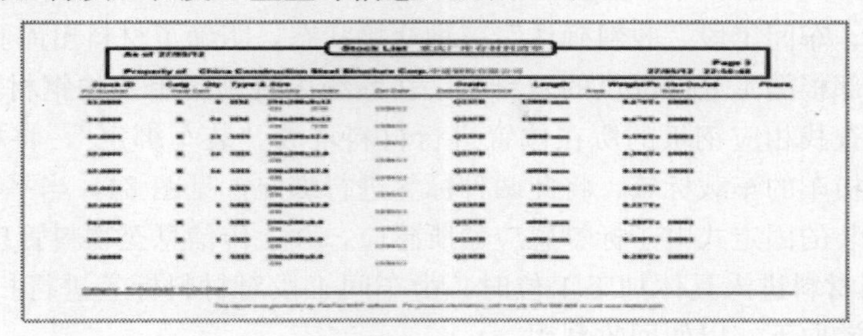

图 21　库存材料清单

钢构件信息化管理系统的材料入库管理功能可实现材料信息、堆放顺序及堆放定位的查询，解决了有限空间内多项目材料混放管理难度大的问题，提高了材料查找效率、降低材料使用出错率。

配套硬件设施主要有扫描枪、固定式电子标签感应器、电子标签等。电子标签根据管理过程中的不同用途分为材料标签、地载标签、车载标签。材料入库前需在钢材上粘贴材料标签，标签位置统一为钢板长度方向端面靠边，型材端部腹板处。

在材料入库时，扫描枪扫描电子标签后将系统数据库内的采购信息与实际钢材进行绑定，见图 22，材料标签与具体钢材绑定后还需与堆场的地载标签进行绑定，地载标签即材料堆场的代码标签，通过与地载标签绑定来实现钢材堆放位置的管理，此外还能将钢板的堆放顺序进行数据采集，从上往下依次对钢板的材料标签进行感应扫描，扫描枪自动将顺序信息上传至系统。

图 22　材料标签扫描并信息绑定

（2）材料出库管理

系统根据需要自动编制出库单，使用时可根据库存位置的材料堆放顺序选择性地取用材料，可优先选用堆放上层的材料，避免发放材料时多次翻料、导运，提高了材料发放效率，见图 23。

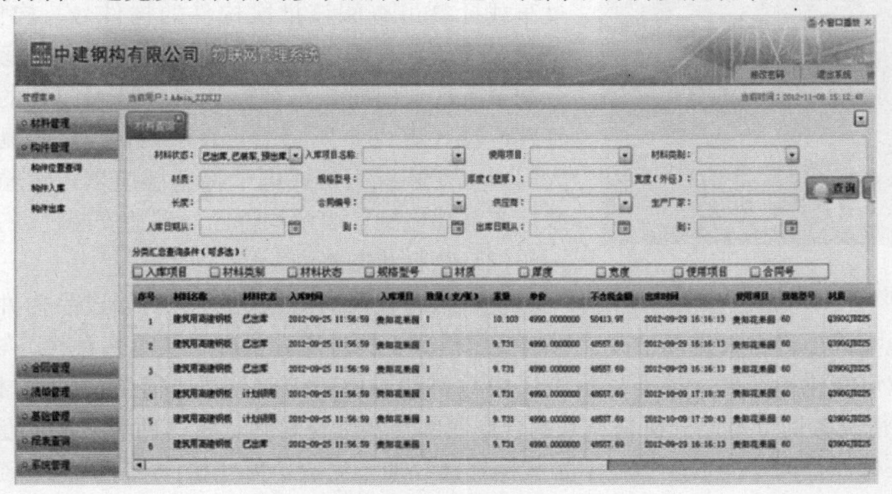

图 23　库存材料信息

系统还可以设置多种自定义出库流程，例如根据材料出库流程，将出库材料分为物资部“预出库”、堆场“装车绑定”、车间工段“收料确认”三种交接状态，明确了材料出库验收各环节责任划分。

材料出库时，物资部根据工艺部提供的领料单，在系统内将领料单中的钢材标定为“预出库”，然后车间工人在扫描枪上查找相应钢板的所在位置进行材料堆场“装车绑定”，将材料吊至平板倒运车，通过扫描材料标签及平板车的车载标签，将此两种标签进行绑定，见图 24，当平板车进入车间大门时，车载标签能被大门处安装的固定式电子标签感应器所感应，并上传信息至物料管理系统，标示材料已经进入车间，见图 25。当材料进入具体加工工位时，由车间工段对材料标签进行扫描确认收料，材料收料后使用前需将材料标签取下，以便回收利用。

图 24　材料标签与车载标签绑定

5.3　构件管理

（1）构件库存管理

成品管理采用与材料管理类似的方法，通过扫描、绑定电子标签的方法，实现成品的管理。生产部门根据生产计划安排，在物联网系统中将需要发货的构件进行“预发货”处理，发运管理员在手持机上查询成品构件的堆放位置，并将位置信息传达至吊装班，提高了查找效率，节省了查找时间。发运前用手持机对发运构件的产品标签进行扫描确认，再将产品标签与发运车辆的车载标签进行绑定，通过车载标签可查阅该批次构件的构件号、构件数、驾驶员、车牌号等信息。扫描绑定后即可进行构件发运，当运输车辆行驶至工厂大门时，车载标签将会被大门处的固定式电子标签感应器（图 26）所感应，表示构件出厂，同样工程项目部大门口也安装有固定式电子标签感应器，运输车辆到场后车载标签被感应到，表示构件已经到达安装现场。

图 25　固定式电子标签感应器

（2）物料状态查询

物料状态查询的对象分为材料和成品构件，通过查询功能可及时准确地掌握项目材料进场情况、材料使用情况、构件库存情况及实时库存状态等。

位置查询以可视化地图形式精准显示工厂内材料和构件的堆放位置，简洁清晰，材料位置查询见图 26。合同执行情况查询可对比分析材料采购合同明细与实际材料到货量这两者之间的量差，及时了解合同执行情况。构件查询功能可详细显示哪些构件已经加工完成，哪些构件处于发运状态，哪些构件已经到达现场等。

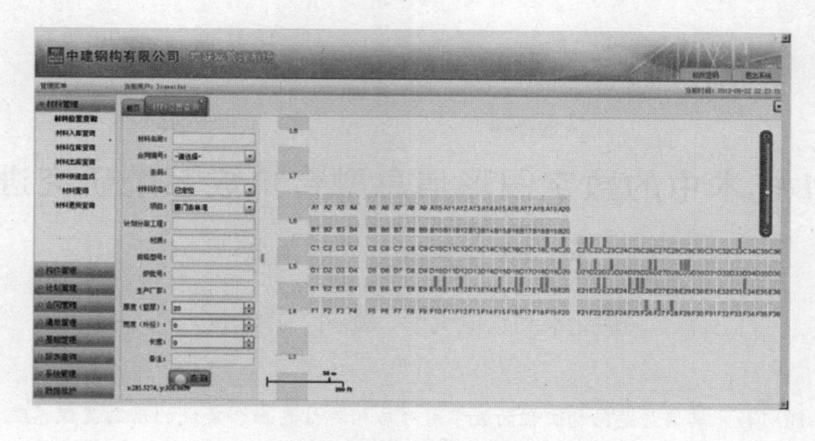

图 26　材料位置查询

6　结语

钢结构数字化管理的应用给贵阳花果园等一批复杂钢构件的加工带来了极大的便利，从管理上实现了降本增效，加强了对项目的整体管控力度，使过程跟踪更加精细，摆脱了传统钢结构管理方式各种数据信息统计延迟滞后的约束，初步踏入钢结构数字化加工的大门。数字化加工管理模式将给国内钢结构行业发展注入新的生机。

BIM技术中的数字图形信息融合集成系统研究进展

魏　群　尹伟波　刘尚蔚

（华北水利水电大学，郑州　450011）

摘　要　当前热门的BIM技术其实质是结构工程的数字图形与相关信息融合集成的动态关联系统，随着图形结构的变化相关的信息随之变化更新，数字图形成为BIM技术中的主线。作者及其团队提出的数字图形介质的概念、构造方法、描述标准、理论基础及内涵，形成了工程结构中研究对象在自然空间与计算机空间中的对应映射格式和仿真模式，使得“图形”成为融几何特征与非图形属性随时间而动态变化的五维信息载体，这种以数字图形信息系统描述的工程结构，在设计、分析、制作、安装各个过程中的各类数据都可从图形中直接获取并反馈，呈现出大数据的特点，这是BIM技术持续发展的优势和动力，应用于实际工程取得了明显效果。

关键词　数字图形介质；数字图形；信息；融合集成系统

1　前言

BIM是Building Information Modeling简称[1]，即建筑信息模型（图1）。美国国家BIM标准（NBIMS）对BIM的定义由三部分组成：

（1）BIM是一个设施（建设项目）物理和功能特性的数字表达；

（2）BIM是一个共享的知识资源，是一个分享有关这个设施的信息，为该设施从概念到拆除的全生命周期中的所有决策提供可靠依据的过程；

（3）在项目的不同阶段，不同利益相关方通过在BIM中插入、提取、更新和修改信息，以支持和反映其各自职责的协同作业。

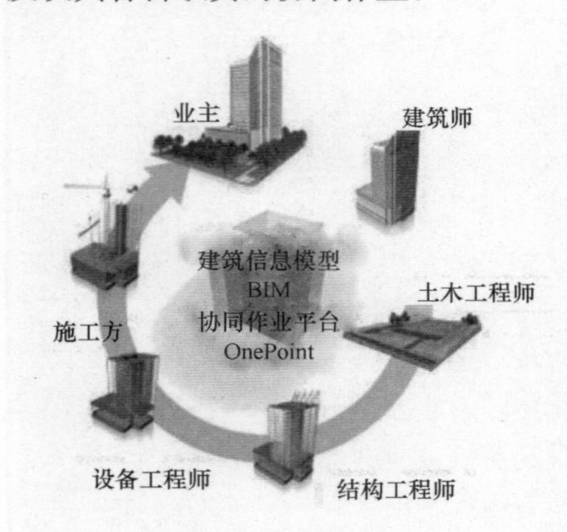

图1　建筑信息模型

BIM技术是以三维数字化技术为基础，通过集成各种相关信息的数字信息模型库作为共享的中心文件，在项目的整个生命周期内，数字化表达项目的形状、物理和功能特征，分享所有决策、优化依据的工作过程，协同作业BIM信息库的插入、提取、更新和修改，提升各参与方在各个阶段的工作效率和数据一致性。

1.1　BIM特点

BIM技术的特点包括：可视化，协调性，模拟性，优化性，可出图性。

（1）可视化：BIM将常规的二维表达转化为三维可视模型，表达信息形象、直观，可视化帮助非专业人员通过清晰的模型理解建筑创意，协调各方及时、高效地做决策。

（2）协调性：采用BIM的项目，各专业间、各工作人员间都在一个三维协同设计环境中共同工作，设计深化、修改可以实现联动更新。这种无中介及时的沟通方式，很大程度避免因人为沟通不及时而带来的设计错漏，轻松有效地提高设计质量和效率。

（3）模拟性：通过BIM可以模拟真实构建过程中的场景，并通过此过程预先发现可能存在的问题，最大限度减少因设计或施工方面的失误所带来的遗憾。

（4）优化性：BIM模型提供了建筑物实际存在的信息，包括几何信息、物理信息、规则信息，还提供了建筑物变化以后的实际存在。把项目设计和投资回报分析结合起来，设计变化对投资回报的影响可以实时计算出来，动态进行方案优化，可以带来显著的工期和造价改进。

（5）可出图性：通过BIM技术不仅仅可进行可视化展示、协调、模拟、优化，还可以根据工程需要完成基于BIM的图纸生成工作，包括平面图、立面图、剖面图、局部大样图等图纸。

2 BIM核心技术

BIM技术是以中心数据库模型的方式共享信息，该信息模型具有信息多元化，参数化驱动，标准统一，协同合作等功能。其中参数化是关键技术，标准统一是基础核心，信息多元是支撑，协同合作是结果。当前研究仅仅表现的是图形本身的几何属性，即将图形作为最终视觉显示在计算机屏幕上，没有将除几何属性之外的物理属性、拓扑等信息融入图形之中。基于上述，作者及所在团队提出的数字图形介质[2-4]的概念、构造方法、描述标准、理论基础及内涵，形成了研究对象在自然空间的计算机空间中的对应格式和仿真模式，使得“图形”成为融几何特征与非图形属性随时间而动态变化的五维信息载体，这种以数字图形介质描述的工程结构，遵从自然界的物理方程，在虚拟环境中实时仿真所研究的运动及变形规律，取得了明显效果和工程验证。

2.1 数字图形介质的核心思想

数字图形介质的数字模型与所选平台无关，任何三维软件的模型经过转换和集成都可以成为数字图形信息集成系统中的数字模型。

将数字图形作为具有物理和几何属性的介质，并基于此构建了数字图形信息技术的工程体系，在引入和发展CIS/2和IFC两个ISO国际标准的基础上，提出了“数据附着于图形，图形蕴含数据”的方法及图形五维空间的概念和方法，将复杂机构工程中的各个构件和部位实体图形的可视特征与非图形属性融为一体，置于图形之中，使图形本身包括了空间坐标（x，y，z）、时间坐标（t）、非几何信息（v）的五维空间信息，使工程图成为反映工程结构实时动态和关联信息的载体，具有唯一标识的各个图形元素也与庞大的工程数据库双向动态关联，这种新型的数字图形信息工程体系原创性地提出了CAD图形独特的数据存储关联技术和数据交换格式，为当前日益发展的三维设计平台提供了具有重要意义的关键技术[3,4]。

同时，定义了数字图形介质的构件方法，采用XML方式标记数据、定义数据类型。这种数据的构件不受软件平台的限制，适合在Web传输以及协同管理；提出三维图形建模中界面关键点及骨骼网架的概念与方法，创建了数据图形模板库，研发出基于数字图形介质的数字图形信息方法为主导的三维建模通用方法和自动生成工程图的软件系统，此项研究为结构工程的虚拟现实和基于物理的工程动画提供了强大的技术支持。

其特点在于：

（1）提出了数字图形介质的概念、构造方法、描述标准、理论基础及内涵，形成了研究对象在自然空间和计算机空间中对应的格式和仿真模式，使得图形载体成为融几何特征与非图形属性随时间而动态变化的五维信息载体。

（2）根据CIS/2和IFC两个ISO标准，提出了自然界空间物体的几何与非几何属性的定义和数据格式，是构造数字图形介质模型的标准依据和数据共享平台。

（3）提出了复杂结构图形的截面关键点模型，关键点连线的图形骨骼网架模型的概念和存储方法。

（4）将与时间参数关联的几何信息和材料属性、温度、受力、变形、渗流、安全因素等非几何属性也一并寄存于图形元素之中，且随时动态调整与更正。以上的核心技术以图形为介质单元支撑了数字化工程的主要框架，填充了数字工程的内容，是一个完整的数字图形信息系统，整个结果可用框图2表示。

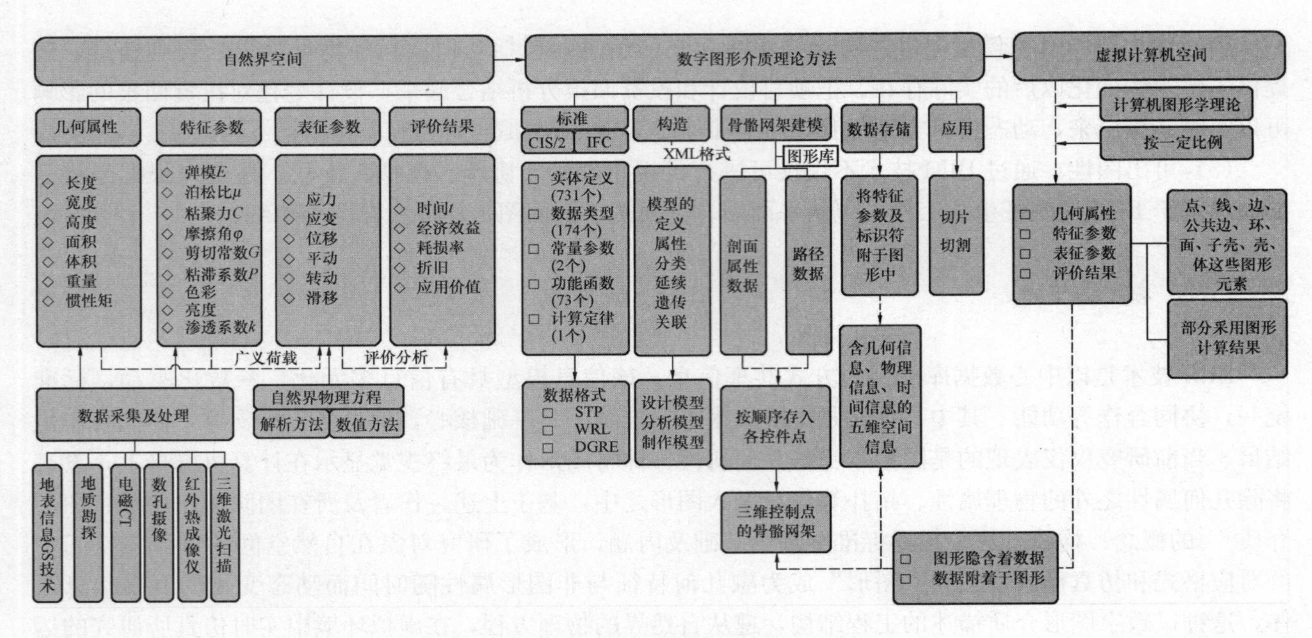

图2 数字图形信息系统

2.2 数字图形介质理论方法的标准

目前用于建设工程全生命期的数据标准主要是基于 STEP 标准建立的 IFC 标准，用于钢结构工程的产品模型描述的 CIS/2 标准等。

2.2.1 CIS/2 标准

CIS/2（Cimsteel Integration Standards，Version2）是基于国际标准化组织 ISO（International Organization For Standardgation）系统，在最近十多年中发展起来的钢结构工程在设计、计算、分析和制作、安装过程中的标准格式文本。它概括了钢结构工程多个环节，多个部位的科学组织准确性和系统性的描述，融合了新的计算机程序编程概念，采用 OOP 方法，使用新的数据模型语言去定义结构特性。数据格式的清晰系统化和高度整合，使它能支持多种数据文件和数据库，支持整个模型及相应丛生的子模型，而无须处理与结构无关的数据，它还耦含了参考模型（reference model），使得一个大的标准模型所包含多个子模型能够很容易地共享资源和传递信息。

2.2.2 IFC 标准

IFC（Industry Foundation Classes）工业基础类的缩写，是 IAI 组织（the International Alliance for Interoperability）——国际协同联盟建立的标准名称。通过 IFC，在建筑项目的整个生命周期中提升沟通、生产力、时间、成本和质量，为全球的建筑专业与设备专业中的流程提升于信息共享建立一个普遍意义的基准。如今已经有越来越多的建筑行业相关产品提供了 IFC 标准的数据交换接口，使得多专业的设计、管理一体化整合成为现实。

国际协同联盟早在 1995 年就提出了直接面向建筑对象的工业基础类数据模型标准，该标准的目的是促成建筑业中不同专业以及共同专业中的不同软件可以共享共同的数据源，从而达到数据的共享及交互。IFC 数据模型覆盖了 AEC/FM 中大部分领域，并且随着新需求的提出还在不断地扩充，比如，由于新加坡施工图审批的要求，IFC 加入的有关施工图审批的相关内容。IFC 标准（IFC 2x platform. 版本）已经被 ISO 组织接纳为 ISO 标准（ISO/PAS 16739，可出版应用版本），成为 AEC/FM（建筑、工程、施工、设备管理）领域中的数据统一标准。

2.2.3 数字图形介质理论方法的标准

作者及其团队将 CIS/2 标准引入移植于我国，并发展了相应的标准叙述格式，通过 360 个 Schema 的定义，对工程中涉及的计算模型、分析模型、制作模型都进行了统一的描述，对多模型的定义、属性、分类、延续、遗传、关联等内容都做了严格规定与表述，不仅使同一工程的不同部门、不同专业、在不同时段内的工程信息具有统一的表达方式，有效地实现了建筑行业不同应用系统之间的数据交换和建筑物全生命周期的数据管理。也为不同工程之间的信息交换与比较提供了有章可循的共享器平台。

CIS/2 主要用于钢结构设计、分析、制作的流程之中，IFC 包括了建筑工程的内容。对于工程中重要的地下部分的描述，尚需 GML 语言标准补充，将在其他文章中论述。

2.3 参数化族库 BIM 技术

族是包含通用参数集和相关图形表示的图元组。族中的变体称作族类型。BIM 技术中的所有图元都是基于族[5~8]。“族”是 BIM 技术中使用的一个功能强大的概念，有助于工程师更轻松地管理数据和进行修改，每个族图元能够在其内定义多种类型，根据族创建者的设计，每种类型可以具有不同的尺寸、形状、材质设置或其他参数变量。

基于数字图形介质的钢结构参数化族库所需的数据信息主要参照国标和欧美 AISC 型钢表及 GB 型钢以及土建桥梁等行业的常用标准，包括了 AISC 截面类型 3660 种、国标型钢 4411 种、带参数截面 75 种、紧固件 1500 种、水工结构截面 63 种、桥梁工程 6 种；除此，还包括了结构力学属性，如构件的轴心受压稳定系数 φ、柱的长度计算系数、钢材的规格及截面特性、组合界面的特性、紧固件的规格与尺寸，构件的承载力和承载力矩的设计值、连接承载力设计值横梁的固端弯矩、单跨等截面门式钢架弯矩剪力计算公式，吊车技术资料、焊接坡口与结构组装和安装偏差等表格数据。数据库界面利用 Microsoft ActiveX Data Objects Library 对象库（简称 ADO）和 Microsoft ADO Ext 2.1. For DDL Security 对象库（简称 ADOX）对象动态创建数据库和数据表，极大提高数据库程序灵活性。

通过引用 ADO 和 ADOX 完成在程序运行过程中动态创建数据库和表。利用 ADO 的节点表用户可方便地查寻关心的型材界面（图 3），而且可以根据需要选择生成二维的截面图形或三维模型。除此之外，该软件系统提供的自定义截面，可扩展到混凝土、钢筋混凝土及现代复杂工程的三维建模过程当中。

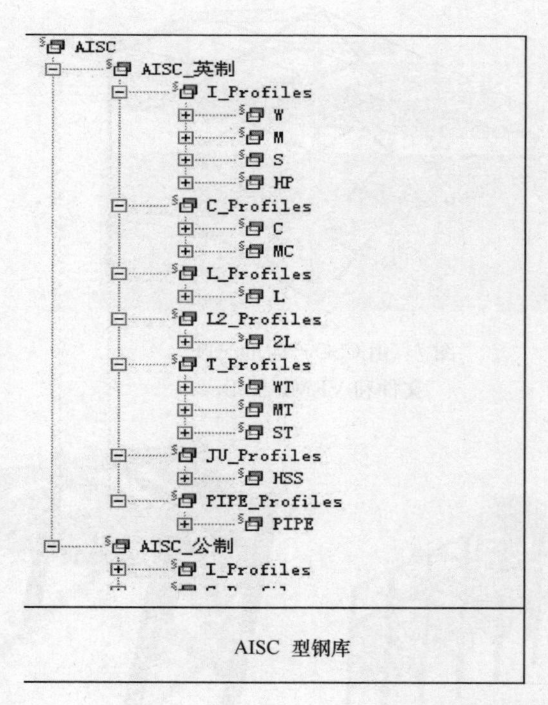

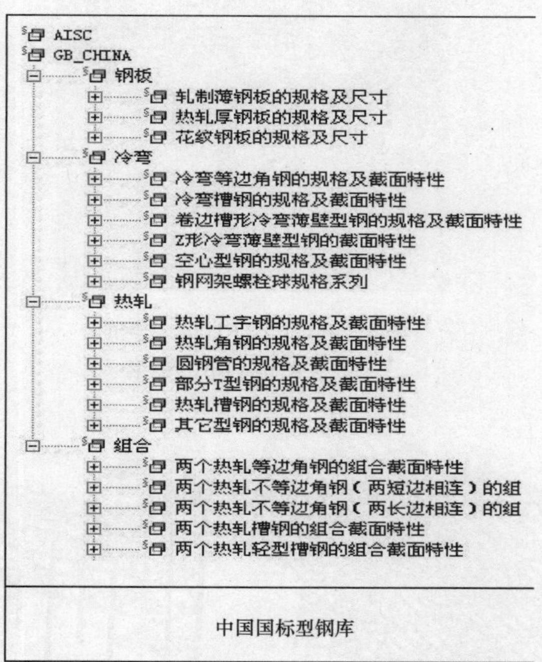

图 3　通用剖面数据图形库

参数化族图形数据库为 3D 建模和属性动态记录提供了有效方法，在提高建模的精度、速度和质量上有着明显的体现。

3 BIM 应用

3.1 在施工建模阶段的功能应用

作者及所在团队利用数字图形介质的理论和方法研发了基于 CIS/2 标准格式 CAD 应用软件“CIS2CAD”（该程序 40 万句，具有独立自主版权），该软件可直接读取、设计、分析、制作模型的 STP 文件，并可立即生成整个工程的三维 CAD 实体模型。相应的 Access 数据库生成虚拟仿真 VRML 文件，并自动连续生成制作施工详图和车间图，并提供了图形编辑工具。图 4～图 11 是 CIS/2 研发和应用的一些介绍[7,8]。

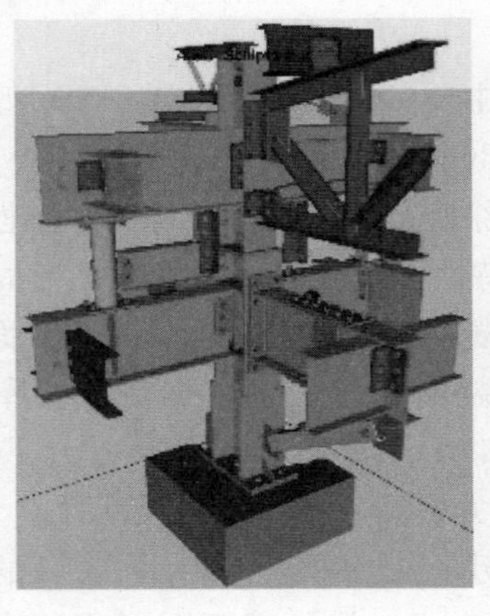

图 4　AISC Steel Structure 由 SDS/2 产生的 STP 文件

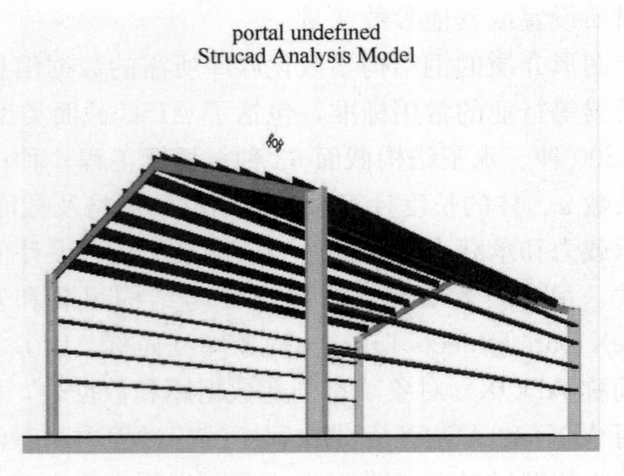

图 5　由 AceCad 和 Strucad 产生的 STP 文件和 VRML 图形

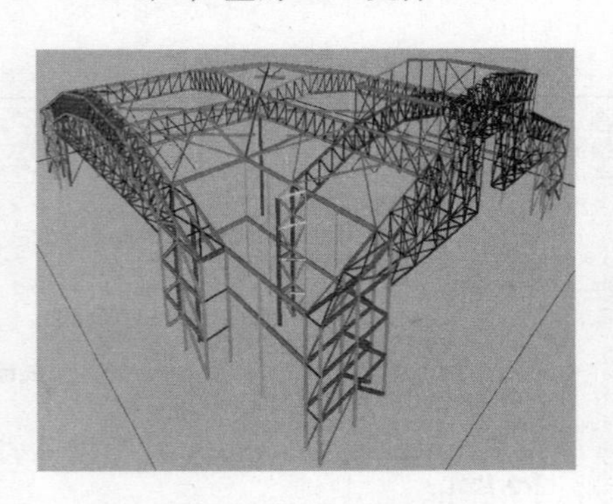

图 6　由 GT STRUDL 产生的 STP 文件和 VRML 图形

图 7　由 CSC 产生的 STP 文件和 VRML 图形

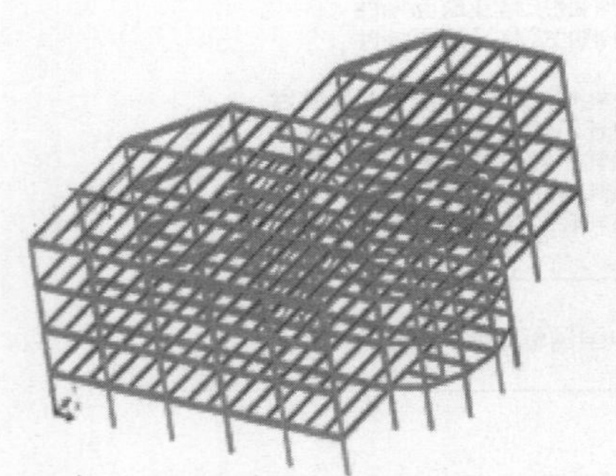

图 8　由 CIS2CAD 产生的 CAD 三维实体模型，该分析模型的 STP 文件由 SAP2000 产生

图 9　由 CIS2CAD 产生的 CAD 三维实体模型及 VRML 虚拟仿真图形，该设计模型的 STP 文件由美国 Bentley 公司产生

图 10　由 CIS2CAD 产生的 CAF 三维实体模型，该制作模型的 STP 文件由 XSteel 产生

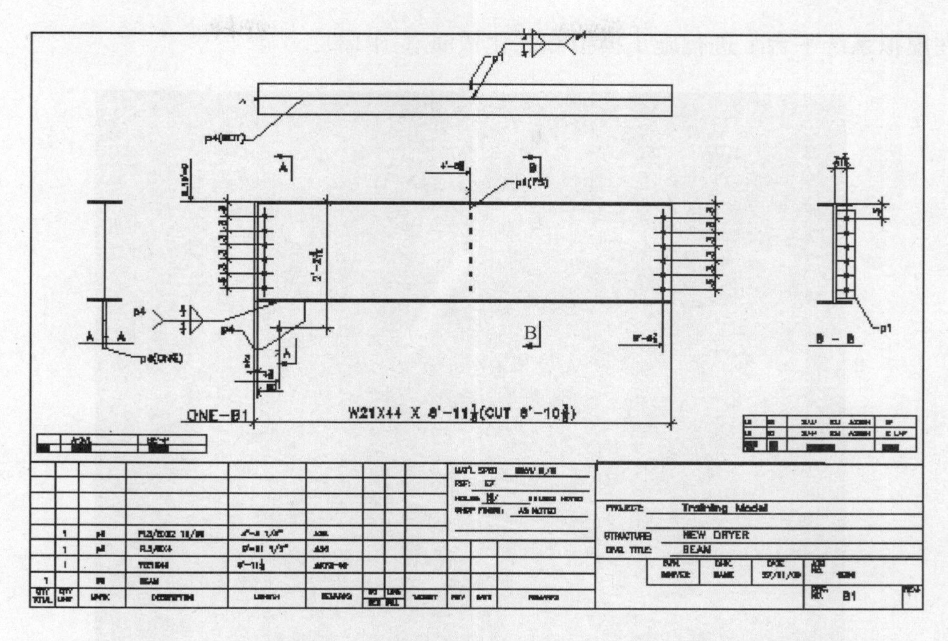

图 11　CIS2CAD 可根据 CIS2 制作模型的 CAD 三维图形，直接投影产生车间详图

3.2　在施工阶段的功能应用

在三维空间中，施工阶段 BIM 技术具有如下功能：(1) 提供有关建筑质量、进度以及成本的信息；(2) 直接无纸化加工建造；(3) 可视化模拟、可视化管理；(4) 促进建筑量化，生成最新的评估与施工规划；(5) 提高文档的质量，节省过程与管理问题上投入的资金。

基于数字图形介质的 BIM 技术在坝陵河大桥施工阶段加以应用[5~10]。

坝陵河大桥位于贵州省镇宁至胜境关高速公路起点约 21km，距离黄果树风景区约 7km，位于关岭县境内，大桥跨越坝陵河峡谷，峡谷两岸地势陡峭，地形变化急剧，起伏很大，峡谷宽约 2000m，深达 600m。在西部岩溶化高山峡谷中修建的跨径超过千米的大跨径钢桁梁悬索桥在国内尚属首次。同时施工场地狭窄，施工机械能力受到限制，给桥梁施工架设带来很大困难。

作者及其团队将数字图形介质 BIM 技术应用于坝陵河特大钢桁梁悬索桥的架设过程中，采用骨骼网架建模技术手段，将数字化图形作为一种具有几何属性和物理属性的载体，同时以自然界的物理方程来控制图形体的动作和相应的变化，图形的相互作用基于物理方程，可反映真实自然界的运动规律和结果，建立了精准的三维虚拟现实模型（图 12），同时以虚拟现实技术理论为基础，对钢桁加劲梁架设过

图 12　坝陵河大桥三维虚拟现实模型

程的各方案在虚拟系统平台上进行施工模拟和优化预演（图 13）。

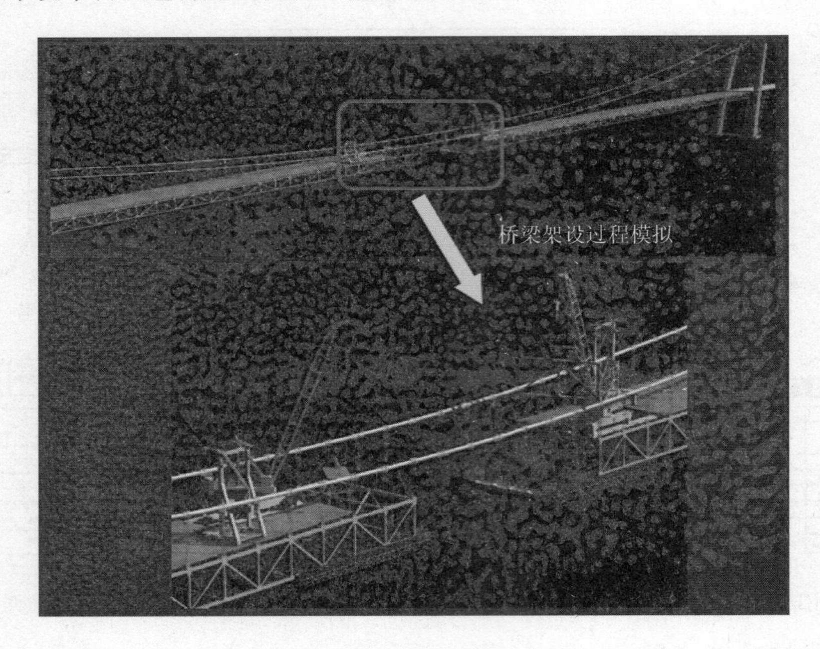

图 13　坝陵河大桥架设过程模拟

同时数字化、参数化的形式对各施工段梁的截面形式和参数也进行了汇总，其中缆索截面为圆形，桁架梁的截面为箱形和工字形，如图 14 所示。

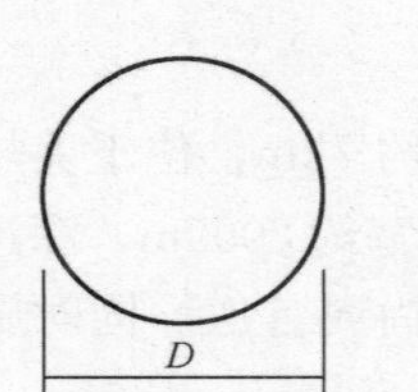

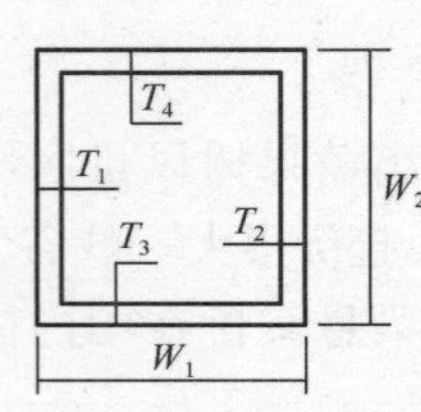

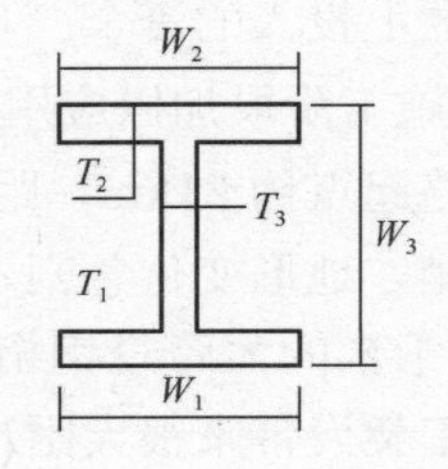

图 14　截面形式

上述方法指导了坝陵河特大桥梁的整个施工架设过程。对我国西部高速公路建设提出的新的桥梁结构形式设计、新的施工架设方法进行了优化和验证，对设计、施工和管理方面的一系列关键技术问题提出了有力的技术支持，对提高工程管理效率降低管理成本产生了巨大经济效益。

3.3　参数化族库 BIM 技术的应用

基于数字图形介质的 BIM 技术，采用参数化族库创建某大厦项目，利用 Revit 的强大建模功能、完备的族库、灵活易用的族创建系统，创建建设大厦三维 BIM 模型（图 15、图 16）。

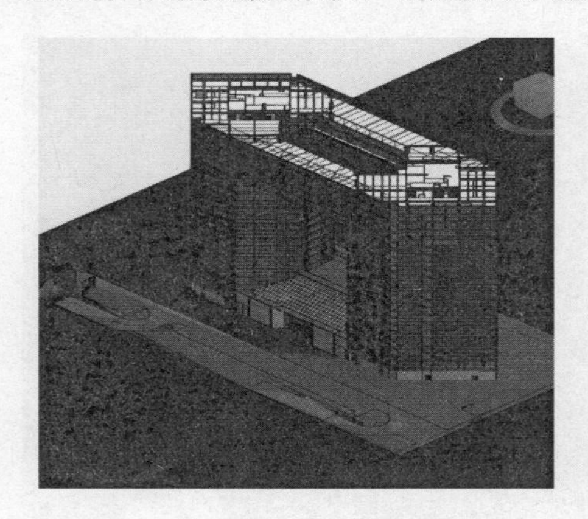

图 15　某大厦工程整体 Revit 模型

图 16　某大厦工程 Revit 幕墙模型

基于 Revit 创建的 BIM 模型，采用 Revit 拥有的强大平面视图和切面视图功能，可通过定义剖切面将建好的 BIM 模型进行剖切，得到任意剖切面的视图，并标注尺寸，导出平面图，如图17所示。

Revit 的暖通功能提供了针对管网及布管的三维建模功能，用于创建供暖通风系统。即使是初次使用的用户，也能借助直观的布局设计工具轻松、高效地创建三维模型。可以使用内置的计算器一次性确定总管、支管、甚至整个系统的尺寸。几乎可以在所有视图中，通过在屏幕上拖放设计元素来移动或修改设计，从而轻松修改模型。在任何一处视图中做出修改时，所有的模型视图及图纸都能自动协调变更，因此始终能够提供准确一致的设计及文档。

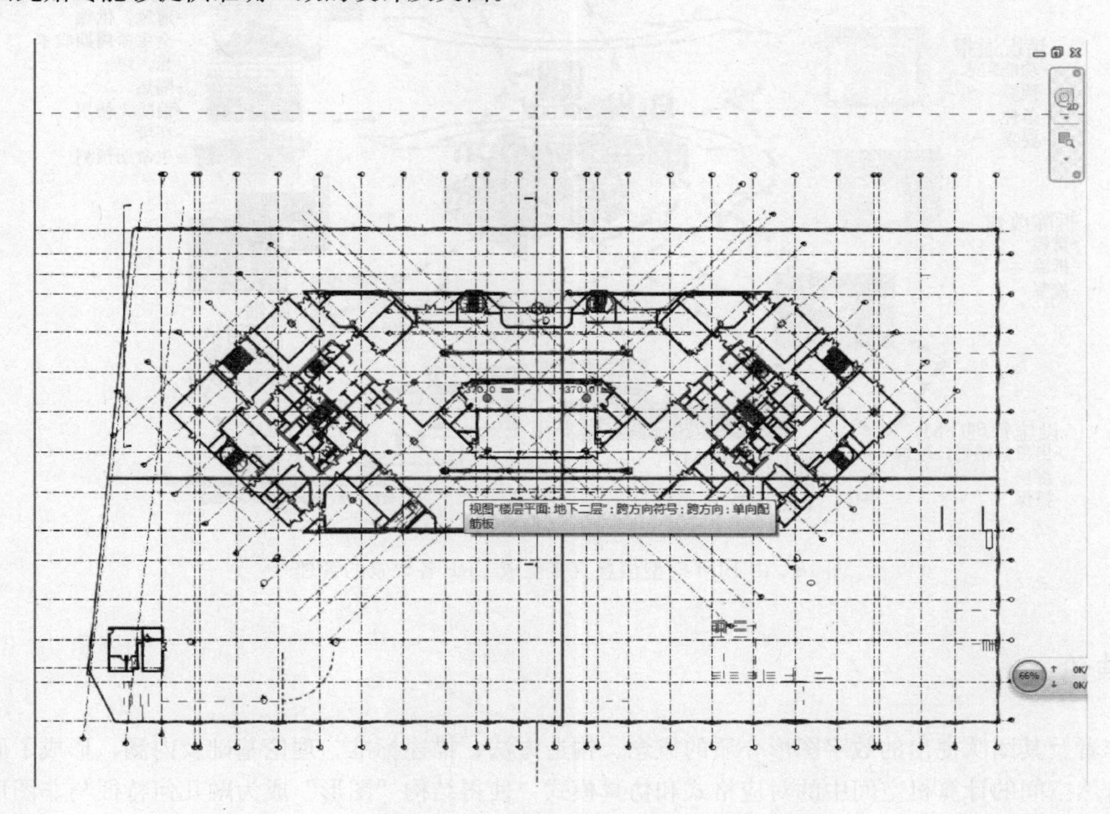

图 17　某大厦工程 Revit 出图模型

3.4　建筑业中 BIM 技术与 ERP

传统的二维工程表达局限很大，大量设计思想、工程实施要通过缺少关联关系的二维图纸、技术文件来表达，表达难度大，沟通成本高，生产效率低。

BIM 技术通过数字信息技术把整个建筑进行虚拟化、数字化、智能化，信息的内涵不仅仅是几何形状的视觉信息，还包含大量的非几何描述信息，如构件的造价、采购信息、时间节点等，它是一个完整和丰富的建筑信息数据库，避免信息流失和信息传递失误，从而降低由于信息零碎化和信息不对称而导致的工程风险。利用数字图形介质方法可直接从数字图形中读取相应信息，实现对工程量的精确快速计算、数据的交换和共享，可以添加、提取、更新、修改、验证和集成工程全部信息，减少重复劳动，提高计算效率和精度，预先测算工程造价，进行业务整合和流程再造，从而实现对造价的宏观把握和精准控制；同时，可进行延伸应用和增值服务，它为后续的运行维护管理提供可视化数据模型。

BIM 的工程基础数据既可以用作投资估算、工程量清单、招投标、签订合同、确定标的、工程预算，还可以用作施工成本控制、材料计划、工程结算和审计依据，具有多用途特性，实现物质资源、资金资源和信息资源集成一体化管理（图 18）。

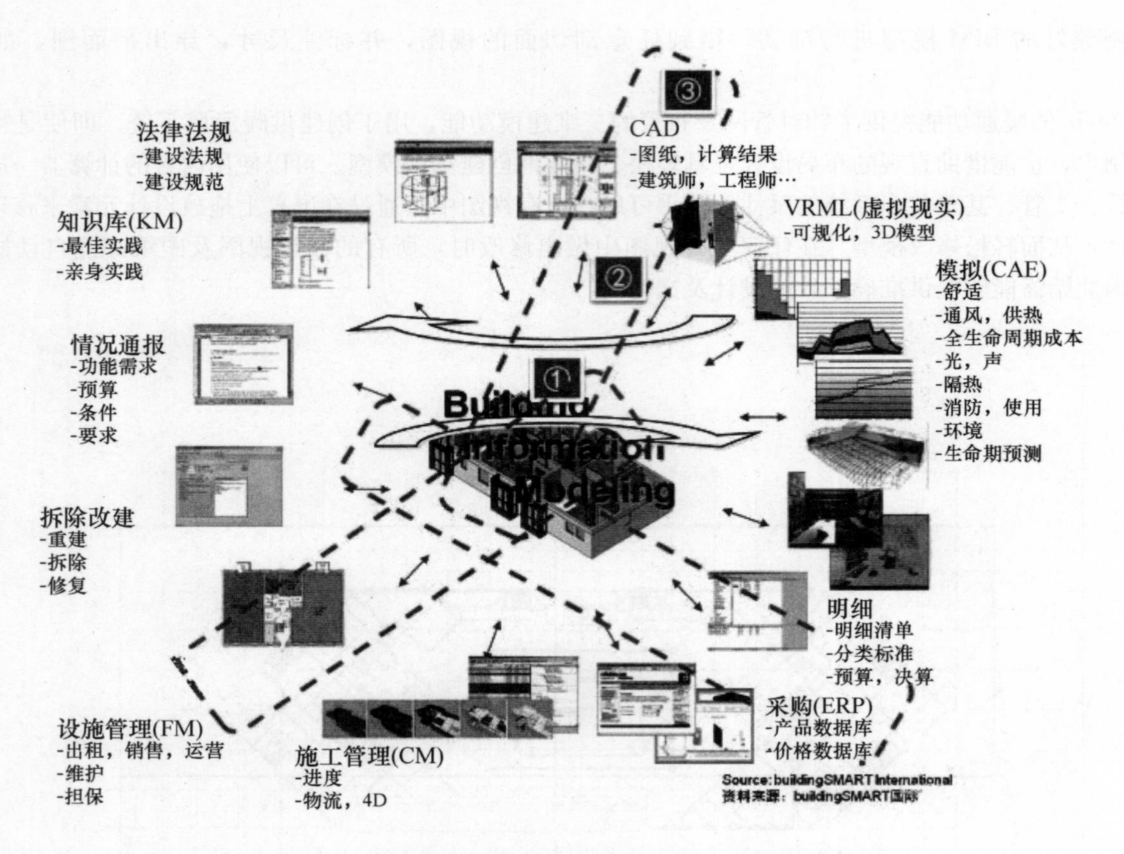

图 18　由 BIM 模型信息直接生成 ERP 各要素的管理[12]

4　结论

作者及其团队提出的数字图形介质的概念、构造方法、描述标准、理论基础及内涵，形成了研究对象在自然空间的计算机空间中的对应格式和仿真模式，使得结构“图形”成为融几何特征与非图形属性随时间而动态变化的五维信息载体，各工种各阶段各类型的数据与数字结构图形如影随形，为不同软件、不同平台上的信息传递提供了共享器，整个结构的力学性能和运动方式在不同荷载工况下遵从自然界的物理方程，在虚拟环境中实时仿真提供运动及变形规律，在工程运用中取得了明显效果，BIM 技术的不断发展完善必然为其他相应领域的研究提供相应的经验。

参考文献

[1]　http：//baike. baidu. com/view/1281360. htm.

[2]　魏群. 结构工程可视化仿真方法及其应用[M]. 北京：中国建筑工业出版社，2010.

[3]　魏群. 基于数字图形介质的三维空间结构图形切割及切片方法：中国，201210047748.8 [P]. 2012-02-28.

[4]　魏群. 三维空间结构的数字图形介质模拟方法：中国，201210047628.8 [P]. 2012-02-28.

[5]　魏群，姜华，彭运动，彭成山. 大型钢桁架悬索桥节点刚度对成桥受力影响探讨[J]. 公路，2009，03：29-34.

[6]　姜华，魏群，彭运动. 坝陵河大型悬索桥钢桁加劲梁安装施工新技术[J]. 华北水利水电学院学报，2010，01：37-40.

[7]　魏群，姬广坤，尹伟波. 基于深层分析方法的 Inventor 二次开发[J]. 华北水利水电学院学报，2010，05：1-5.

[8]　尹伟波，魏群，姬广坤. 基于 BRep 的自动装配技术在 Inventor 上的实现[J]. 华北水利水电学院学报，2010，06：23-26.

[9] 刘尚蔚，袁冬卯，仝亮，魏群. 基于 Inventor 的大型钢架桥三维建模方法[J]. 华北水利水电学院学报，2013，02：71-74.
[10] 魏群，姜华，彭运动. 虚拟现实可视化技术在桥梁工程中的开发与应用[P]. 2009 年全国建筑钢结构行业大会论文集，2009.
[11] 姜华，魏群，彭运动. 坝陵河大型悬索桥钢桁加劲梁安装施工新技术[P]. 华北水利水电学院学报，31(1)，pp37-40，2010.
[12] http：//cnbim. org/8900. html.

第三章　钢结构安装技术

南京金鹰天地广场-三塔连体超高层设计

姜文伟　于　琦　刘明国

（华东建筑设计研究总院，上海　200000）

摘　要　金鹰天地广场由三栋高度均达到和超过 300m 的超高层建筑在 200m 左右的高空连接而成，连接体高度超过 40m，最大跨度达到 70m，是目前全世界在建的高度最高、连体跨度最大的非对称三塔连体结构。独特的结构体型给结构设计及施工带来了很多新课题和难点。以该项目为依托，对超高层连体结构在结构体系布置、荷载作用计算、结构力学特性、动力分析、抗震性能评价以及施工模拟等方面的关键问题进行研究和分析，提出了一些针对超高层连体结构的分析方法和设计建议，研究成果解决了工程中的技术难题，可为此类结构的进一步研究和应用提供参考。

关键词　超高层；连体结构；抗震设计；动力分析；施工模拟

1　前言

连体建筑是指两个或多个建筑由设置在一定高度处的连接体相连而成的建筑物。一方面，通过在不同建筑塔楼间设置连接体可以将不同建筑物连在一起，方便两者之间联系，解决超高层建筑的防火疏散问题。同时，连体部分一般都具有良好的采光效果和广阔的视野，因而还可以作为观光走廊和休闲场所等。另一方面，在建筑向高度方向发展的同时，连体结构的出现给予了建筑师在立面和平面上充分的创造空间，结构独特的外形会带来强烈的视觉效果，目前已建成的连体建筑连体，尤其是高层连体建筑，大多成为了一个国家或地区的标志性建筑。基于这些特点，连体结构形式近年来得到了广泛的关注和应用，目前已建成的著名超高层连体结构有彼得罗纳斯大厦、CCTV 主楼[1]、东方之门[2]，金沙酒店等。

超高层连体建筑体量大、功能多，对安全性的要求不言而喻。同时这种结构形式极其复杂，影响结构抗震性能的因素众多，且很多因素的作用机理尚不为人们所掌握，这给设计工作带来了极大的挑战，相关研究工作变得十分迫切。

目前已经建成和在建的超高层连体结构多为双塔连体结构，相关的研究工作也主要集中在双塔连体结构。虽然连体结构已有向多塔连体方向发展的趋势，但这类建筑往往是采用滑动或隔震支座的方式进行连接（杭州市民广场，北京当代 MOMA[3]），连廊仅为建筑功能上的连接，而非结构层面的连接，因此各塔楼之间的相互影响较小，各塔楼的动力特性与独立塔楼基本相当。

金鹰天地广场项目由三栋高度均达到和超过 300m 的超高层建筑在高空连体而形成，连接体有 6 层，高度超过 40m，跨度达到 70m，是目前世界在建高度最高，连体跨度最大的超高非对称三塔强连接连体结构。工程设计相关方面的理论和实践成果鲜见于文献，绝大多数处于空白状态[4]。本文以金鹰天地广场为依托，对该项目在力学规律、计算分析与设计上的关键问题进行研究和归纳总结，相关成果可为此类结构体系的进一步研究和应用提供重要参考资料。

2　超高层连体结构的受力特点

相较一般超高层单塔与多塔结构，超高层连体结构体型复杂，连接体的存在使得各塔楼相互约束，相互影响，结构在竖向和水平荷载作用下的受力性能的影响因素众多，力学性能也更加复杂，总结起来主要有以下几个：

1）动力特性复杂：连接体与各塔楼的相对刚度、连接体所处的塔楼位置均会对整体结构动力特性产生较大的影响，这使得连体结构的振动模态极其复杂。除连体部位，各塔楼振动不同步，塔楼反向运动或同向不同步运动是连体结构振型的一个重要特征。

2）扭转效应显著：与其他体型的结构相比，超高层连体结构扭转变形较大，平扭耦合效应更强。

3）连接体受力复杂：对于刚性连体结构的连接体，连接体一方面跨度大，使用功能复杂，荷载重，其次，在水平风载和地震作用下，连接体起到在各塔楼间传递水平力，协调各塔变形，实现各塔楼共同工作的作用。因此连接体通常处于拉、压、弯、剪、扭的复杂应力状态下。

4）风载的计算：对于超高层结构，风荷载往往超过小震，成为结构的控制水平作用。相较普通超高层结构，超高层连体结构的塔楼形状、数量，塔楼距离、相对角度，连接体形状、刚度、位置等因素均对风荷载产生重要影响。另外，两塔楼之间形成的狭窄通道使风场流速加大，风压增强。但是目前为止，关于超高层连体结构风载的相关研究资料极少[5,6]，理论计算方面尚“无章可循”。

5）竖向地震影响明显：超高层连体结构由于连接体的大跨、重载特点，其对于竖向地震作用的敏感度较高。但关于连体结构竖向地震的文献近四年才陆续发表，数量很少，而且都只给出现象而没有从机理上解释。已有研究表明：现行抗震规范中的计算方法对连体结构均不适用，且会使结果偏于不安全[7]。

6）施工过程对结构性能影响较大：超高层连体结构的施工技术较为复杂，不同的施工顺序和方法对于不同阶段的结构受力产生巨大影响[8]，因此对于连体结构，必须考虑不同的施工顺序和施工方法，对结构进行施工全过程模拟分析，确保结构的安全。

7）竖向刚度突变：连接体与上下相邻楼层刚度突变严重，这些相邻楼层均为结构的薄弱楼层，受力复杂，存在明显的类似“应力集中现象”。设计时，需对这些楼层的受力状态进行准确分析，并予以加强。

除此之外，由于超高层连体结构的平面体型较大，各塔楼间的距离较远，必要时，还需考虑行波效应对结构受力的影响。即使是对于强连体结构，连接体相对塔楼的刚度依然较小，加之连接体上往往功能复杂，连接体的振动控制问题也十分重要。综上可以看到，超高层连体建筑的受力复杂程度远远超过一般超高层建筑，给结构分析和设计带来了巨大的挑战。

3　金鹰天地广场——三塔连体超高层设计

3.1　项目概况

南京市金鹰天地广场位于河西新商业中心南端，集高端百货、五星级酒店、智能化办公、娱乐、健身及高尚公寓为一体的城市高端大型综合体。占地面积约5万m²，总建筑面积约90.1万m²。其中：地上部分由9～11层裙楼及三栋超高层塔楼组成，其中塔楼A共计76层，总高约368m；塔楼B共计67层，总高约328m；塔楼C共计60层，总高约300m。B塔在平面上与A、C两塔呈19°夹角。三栋塔楼在约192m高空通过6层高的空中平台连为整体。三栋塔楼与裙房间设置抗震缝，分为独立的结构单元。建筑效果与结构典型平面示意见图1和图2。

图1　金鹰天地广场效果图

该项目的建筑方案由上海新何斐德建筑规划设计咨询有限公司（法国）完成，结构方案到施工图均由华东建筑设计研究总院完成。

3.2 结构体系

结合本工程的特点与建筑专业要求，初步确定采用多重抗侧力结构体系：混凝土核芯筒（下部采用钢板混凝土剪力墙）＋伸臂桁架＋型钢混凝土框架＋连接体桁架，以承担风和地震产生的水平作用，如图 3 所示。结合建筑设备层与避难层的布置，沿塔楼高度方向均匀布置环形桁架。空中平台 6 层中除顶层以外的 5 层周边设置整层楼高的钢桁架，钢桁架贯穿至相连的三栋塔楼核芯筒或与塔楼环形桁架相连，协调三栋塔楼在侧向荷载作用下的内力及变形。同时在连接体最下层设置转换桁架，以承担空中平台的竖向荷载。

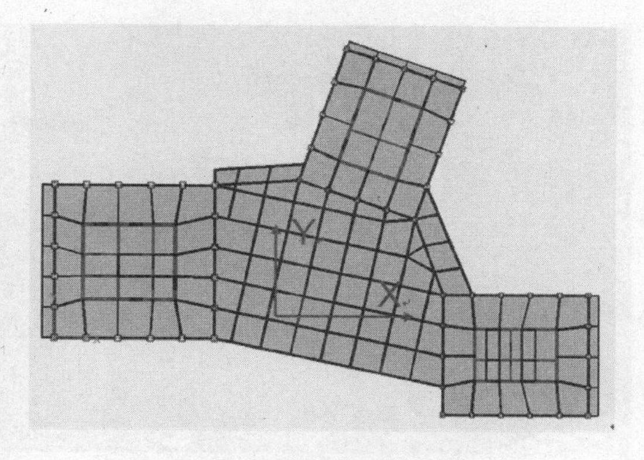

图 2　结构典型平面图

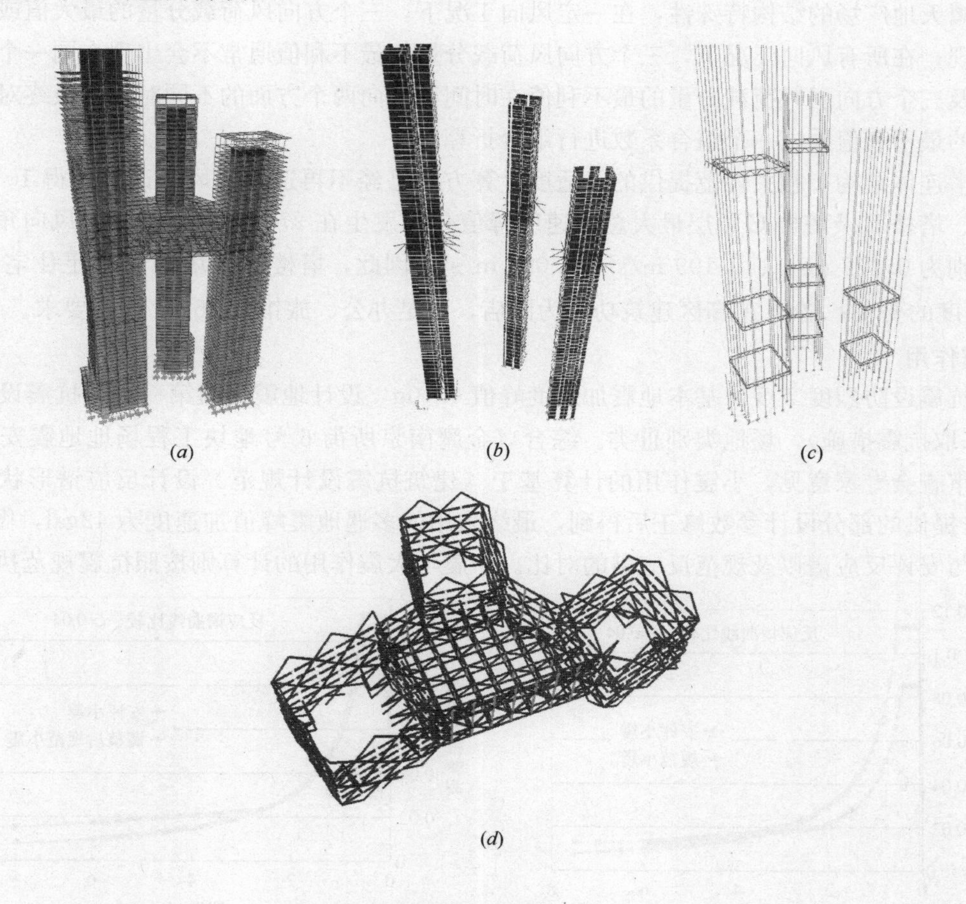

图 3　塔楼结构体系示意

(*a*) 整体结构；(*b*) 混凝土核芯筒＋伸臂桁架；(*c*) 框架＋环带桁架；(*d*) 连接体部位主桁架

3.3　荷载与作用

3.3.1　风洞试验

根据相关设计规范，并综合考虑到整体工程的经济效能，塔楼整体位移控制采用 50 年重现期的风荷载控制，构件强度采用 100 年重现期的风荷载进行设计和校核，舒适度计算采用 10 年重现期的风荷载。由于本工程的特殊性，项目委托同济大学土木工程防灾国家重点实验室进行了风洞试验（图 4）。试验以 1/350 的几何缩尺比模拟了 B 类风场。同时模拟了位于周边约 500m 半径范围内的主要建筑。试验主要参数如表 1 所示。

图4 风洞试验

风洞试验主要参数 表1

试验类型	刚性模型测压试验
风洞设备	TJ-2大气边界层风洞
主要测量系统	DSM3400电子式压力扫描阀系统
地貌类型	B类
基本风压	0.40kPa、0.45kPa（对应50年及100年重现期）
模型几何缩尺比	1∶350

通过模型风洞试验和风振响应分析，试验得到各风向下三个方向风荷载分量的平均值、最大值和最小值。由于金鹰天地广场的结构特殊性，在一定风向工况下，三个方向风荷载分量的最大值或最小值通常不会同时出现；在所有风向工况下，三个方向风荷载分量的最不利值通常不会出现在同一个风向角工况下。为了计及三个方向层风荷载分量的最不利值在时间和风向两个方面的不同时性，最终对三个方向层风荷载分量的最不利值乘以一个组合系数进行组合折算。

对于三塔连体结构，相关规范提供的舒适度计算方法已经不再适用，风洞试验还得10年重现期对应的塔楼A、塔楼B及塔楼C顶层最大总加速度峰值分别发生在270°风向角、270°风向角、285°风向角，大小分别为0.172 m/s^2、0.109 m/s^2、0.098 m/s^2，因此，塔楼B及塔楼C满足住宅、公寓0.15 m/s^2 的舒适度的要求；塔楼A高区建筑功能为酒店，满足办公、旅馆0.25 m/s^2 的要求。

3.3.2 地震作用

本项目抗震设防烈度7度，基本地震加速度峰值0.10g，设计地震分组第一组，抗震设防类别乙类（需按8度采取抗震措施），场地类别Ⅲ类。综合《金鹰南京所街6号地块工程场地地震安全性评价报告》与超限审查会专家意见，小震作用的计算基于《建筑抗震设计规范》设计反应谱形状函数，并由“安评”报告提供的部分设计参数修正后得到，最终采用的多遇地震峰值加速度为42gal，图5、图6为修正反应谱与安评反应谱以及规范反应谱的对比。中震与大震作用的计算则按照抗震规范执行。

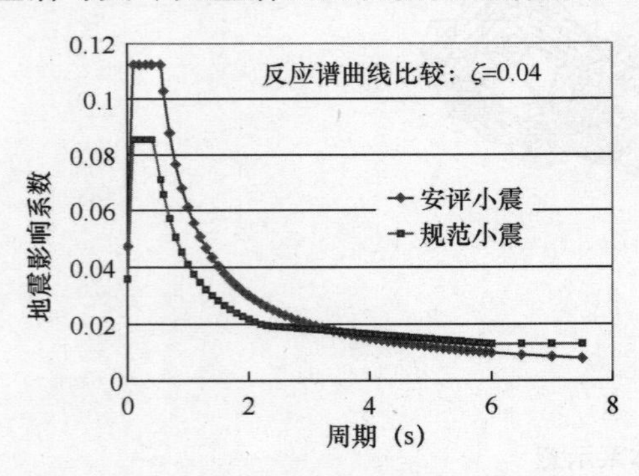

图5 规范反应谱与安评反应谱对比

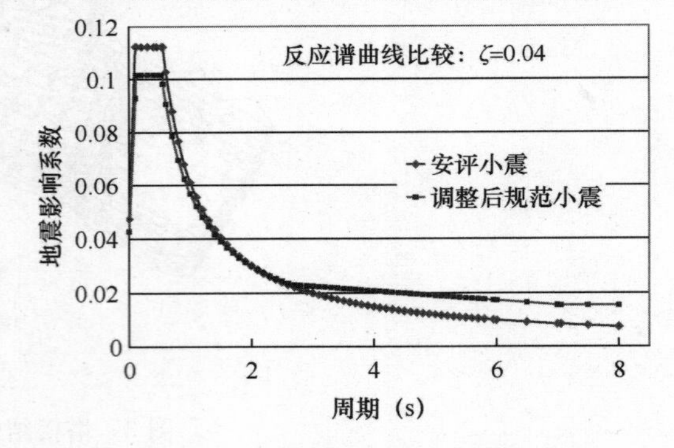

图6 修正的反应谱与安评反应谱对比

3.4 连接体对结构整体性能的影响

为了研究连体前后结构抗震性能的变化，对各独立塔楼模型和三塔相连模型分别进行了对比分析，有限元模型见图7、图8。

结构的模态分析结果显示，连接体使三塔实现共同工作，连体结构基本自振周期减小，结构整体刚度有了较大的提高。同时，各塔楼独立的振动前两阶均为平动，扭转周期出现在第三阶，连体后虽然基本模态仍以平动为主，但第一阶模态的扭转分量增大，即连接体的引入使得结构的整体扭转效应增大。

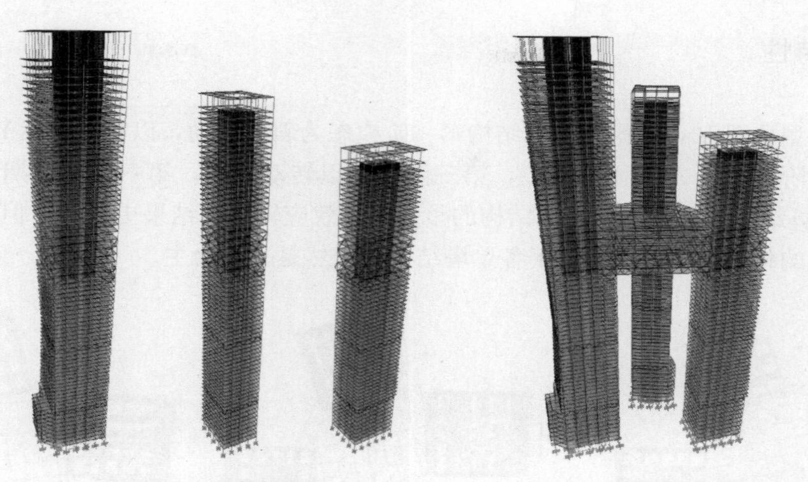

图 7　分塔模型　　　　图 8　连体结构模型

结构顶点和连接体顶部位移分别反映了结构整体和连接体以下结构的抗侧刚度，在水平地震作用下，连体后结构刚度的改变使得三塔楼总地震力有所改变，除 A 塔外，其余塔楼的最大位移均有较大幅度减小，表明连体以后结构整体刚度得到了大幅提高，但由于地震作用下 A 塔鞭鞘效应较明显，所以顶点位移和层间位移角反而大于独立塔楼，如图 9 所示，这在设计中是值得注意的。

对连体前后各塔楼基底剪力的对比分析发现，连体后，在水平风载作用下，A、C 塔基底剪力增大，B 塔基底剪力减小，表明连体后相对刚度较大的 A、C 塔对 B 塔起到“帮扶”作用。对基底倾覆弯矩进行分析还发现，若将各塔楼视为一个柱子，在水平地震作用下，三个塔楼柱轴力承担的整体倾覆弯矩在 X、Y 向分别达到总倾覆弯矩的 24.4％和 26.5％，该指标表明连体后的结构整体作用效应明显，这也是判断连体结构连接强弱的重要指标。

因此，连接体不仅承担该部分楼层的竖向荷载，同时起到协调三塔变形的作用，受力状况复杂且对结构整体性能具有重要影响，设计时需予以特别重视，并采取加强措施：

（1）连接体钢桁架贯穿至相连的三栋塔楼核芯筒或与塔楼环形桁架相连，贯通塔楼外圈；

（2）在连接体桁架与伸臂加强层及上下层的核心筒墙体内增加配筋，核心筒内的预埋型钢也适当加强；

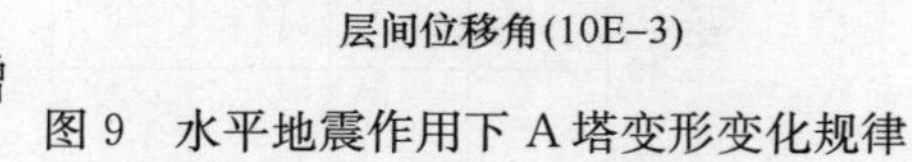

图 9　水平地震作用下 A 塔变形变化规律

（3）增加连接体桁架及伸臂桁架上下弦所在的楼板厚度（取为 200mm）并加大配筋；

（4）按薄弱层将刚度突变楼层地震内力进行放大，设计连接体桁架及伸臂桁架时不考虑楼板的刚度贡献并严格控制钢构件应力比，留有一定的安全赘余度；

（5）三塔在连接体主桁架上下各两层的范围内增设腰桁架，对刚度突变楼层进行加强；

（6）对连接体部位构件进行性能化设计，提高重要构件的抗震性能目标，见表 2。

构件性能目标　　　　**表 2**

地震烈度		多遇地震	设防烈度	罕遇地震
构件性能目标	连接体楼层框架柱	按规范要求设计，弹性	中震弹性	允许进入塑性，钢筋应力超过屈服强度，但不超过极限强度
	环形桁架	按规范要求设计，弹性	中震弹性	允许进入塑性，钢材应力超过屈服强度，但不超过极限强度
	连接体主桁架	按规范要求设计，弹性	中震弹性	允许进入塑性，钢材应力超过屈服强度，但不超过极限强度

3.5 结构力学特性

3.5.1 模态特性

结构前三阶振型见图 10，结果显示，结构第一阶模态为斜向平动，以整体坐标 Y 向为主，含 6.3% 的转动分量；第二阶模态以 X 向平动为主，第三阶模态以转动为主，第一扭转周期与第一平动周期的比值为 0.853。计算结果再次表明，连体结构的整体扭转效应较单塔结果更显著，但同时连体结构的整体扭转是由各单塔的相对变形引起，对于各单塔结构，仍然是平动为主。

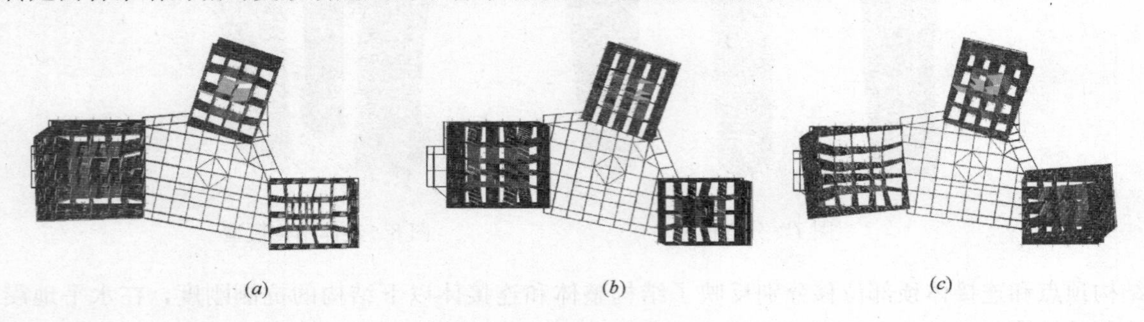

图 10 结构振型

(a) 第 1 振型（Y 向为主平动）；(b) 第 2 振型（X 向为主平动）；(c) 第 3 振型（扭转）

3.5.2 楼层剪力与倾覆弯矩分布

图 11 为塔 A 在小震和水平风载作用下的楼层剪力分布图，从各塔楼的楼层力分布可以发现，在连体以下，风载作用下的各塔楼基底内力均大于地震作用下的基底内力，但在连体以上则水平地震作用起控制作用，倾覆力矩的分布也反映出同样的规律。为了清晰地显示连体部位的剪力分布特点，图 11 还给出了连接体高度范围内剪力在塔楼和连接体间的分配情况，在连接体所在楼层位置，各塔楼部分承担的剪力大幅减小，甚至出现反向，而连体部分则承担较大比例的剪力。

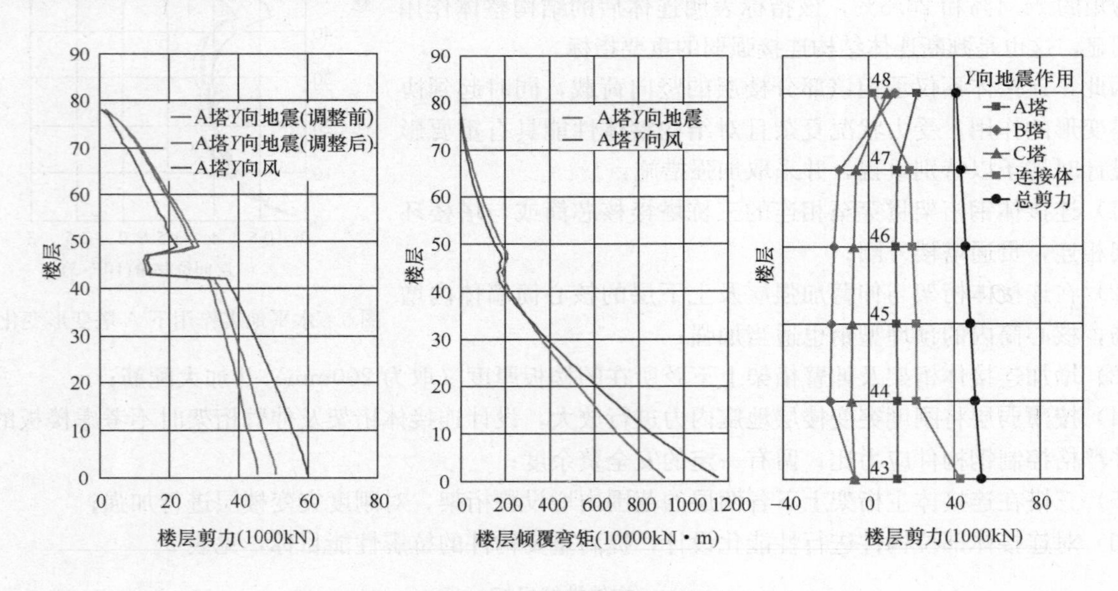

图 11 A 塔和连体楼层剪力和倾覆弯矩

在研究连体前后结构的变化规律时还发现：根据风洞试验结果，在连体结构中，C 塔 Y 向的基底剪力较连体前增加了 13095kN，A 塔减小 264kN，B 塔减小 7468kN，同时连体部位传递到 C 塔风载 5363kN，如图 12 所示。这说明连体后，A、B 塔通过连接体将部分风荷载传递至 C 塔，而规范提供的风载计算方法无法考虑风载由于连接体作用而产生的塔楼间重分布现象，因此对于连体结构是不适用的。

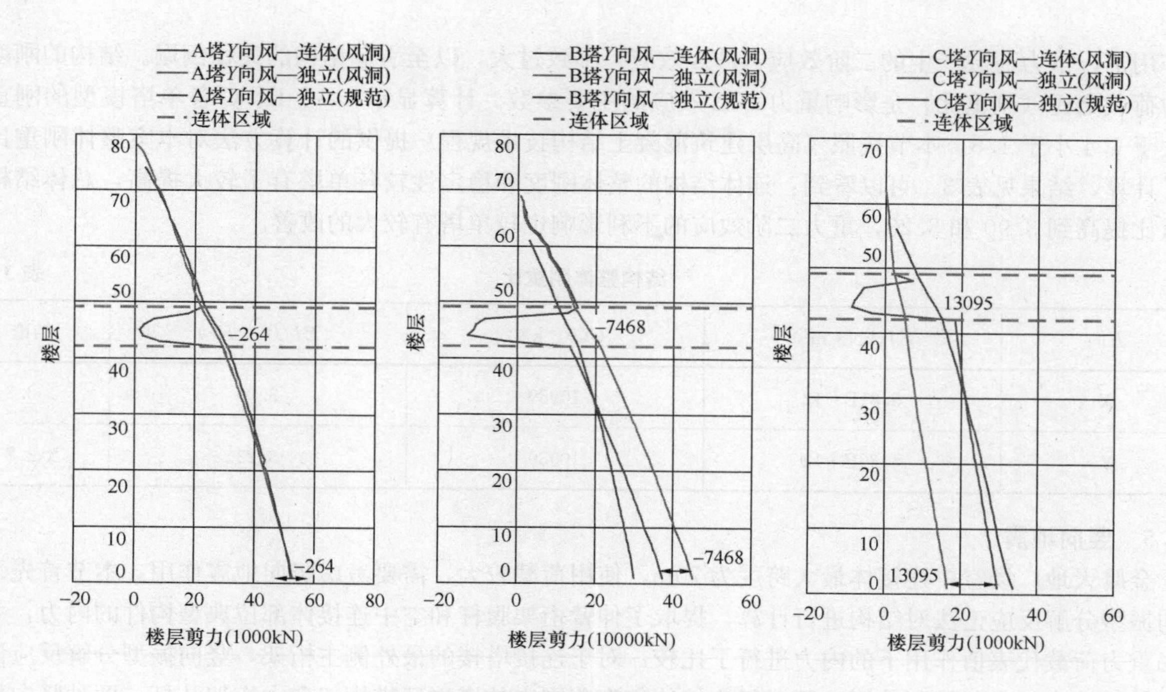

图 12　连体前后风荷载的变化规律

3.5.3　扭转特点

已有的研究均表明，高层连体结构扭转效应明显，对于本案，结构整体的最大的扭转比为 1.44，按照规范规定属于扭转超限结构，但进一步对各塔楼自身的扭转比分析发现，各塔楼的扭转效应并不明显，扭转比均小于 1.2，如图 13 所示。此外，郑州物流港综合服务楼（高层连体结构）的整体计算扭转比大于规范 1.5 限制，但振动台试验结果表明，结构扭转损伤并不严重。因此，高层连体结构的扭转效应是连体结构的整体扭转，其实质是由各塔楼之间的相对运动产生，对于每个塔楼，其运动方式仍是平动为主，整体扭转位移比并不能真实反映扭转造成的结构损伤。

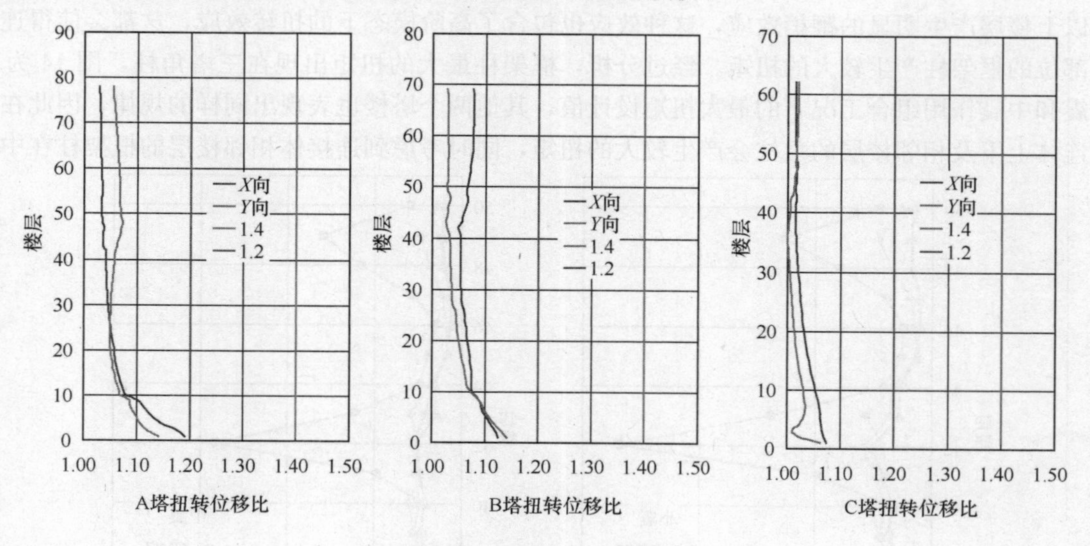

图 13　各塔楼扭转位移比

现行规范规定的扭转比的限值要求对于单塔楼且具备刚性楼板条件的结构是适用的，但是对于连体结构，各塔楼的扭转刚度要远远大于单塔结构中的单个竖向构件，因此，对于连体结构建议适当放松整体的扭转比要求，转而控制连体结构各组成部分的分块扭转位移比。

3.5.4　整体稳定性

《高层建筑混凝土结构技术规程》中指出，高层建筑结构的稳定设计主要是控制在风荷载或水平荷载作用下，重力荷载产生的二阶效应（P-Δ效应）不致过大，以至引起结构的失稳倒塌。结构的刚度和重力荷载之比（刚重比）是影响重力 P-Δ效应的主要参数。计算显示，A、B、C各单塔模型的刚重比均大于1.4小于1.8。本节按照《高层建筑混凝土结构技术规程》提供的计算方法对本案整体刚重比进行了计算，结果见表3。可以看到：连体结构的整体刚度和稳定性较各单塔有了较大提高，总体结构的刚重比提高到3.90和3.23，重力二阶效应的不利影响也较单塔有较大的改善。

结构整体刚重比　　表3

方向	EJ(kN·m²)	G(10³ kN)	$EJ/(G\cdot H^2)$	结论
X	5.81E+12	10989	3.90	>2.7
Y	4.80E+12	10989	3.23	>2.7

3.5.5 竖向地震

金鹰天地广场空中连接体最大跨度为70m，使用荷载较大，需要考虑竖向地震作用。本节首先采用竖向振型分解反应谱法对结构进行计算，提取了伸臂桁架腹杆和空中连接体部位典型构件的内力，并于10%重力荷载代表值作用下的内力进行了比较：对于连接塔楼的最外侧主桁架，竖向振型分解反应谱法下的杆件轴力基本起控制作用；而对于连接体高度范围内的塔楼环带桁架和主桁架弦杆，两种竖向地震计算方法均有可能控制杆件内力。

已有研究表明：现行抗震规范中的计算方法对连体结构并不适用，且会使结果偏于不安全[7]，但目前尚未有实用的简化计算方法，因此本文建议采用动力时程法对连接体竖向地震作用进行计算分析，并在构件设计中参考竖向动力时程分析结果与规范方法进行包络设计。

3.6 构件受力特点

3.6.1 框架柱

金鹰天地广场三塔的不对称性造成了连体结构整体扭转效应明显，同时连接体位置的刚度突变也使得连接以上楼层产生明显的鞭梢效应，这种效应也包含了高阶模态下的扭转效应，这都会使得连接体及其相邻部位的框架柱产生较大的扭矩。经过分析，框架柱最大的扭矩出现在三塔角柱，图14为B塔角柱在小震和中震作用组合工况下的最大扭矩设计值，其他两个塔楼也表现出同样的规律，因此在地震作用下，连体上下及相邻楼层的角柱会产生较大的扭矩，同时考虑到连接体相邻楼层的框架柱在中震和大

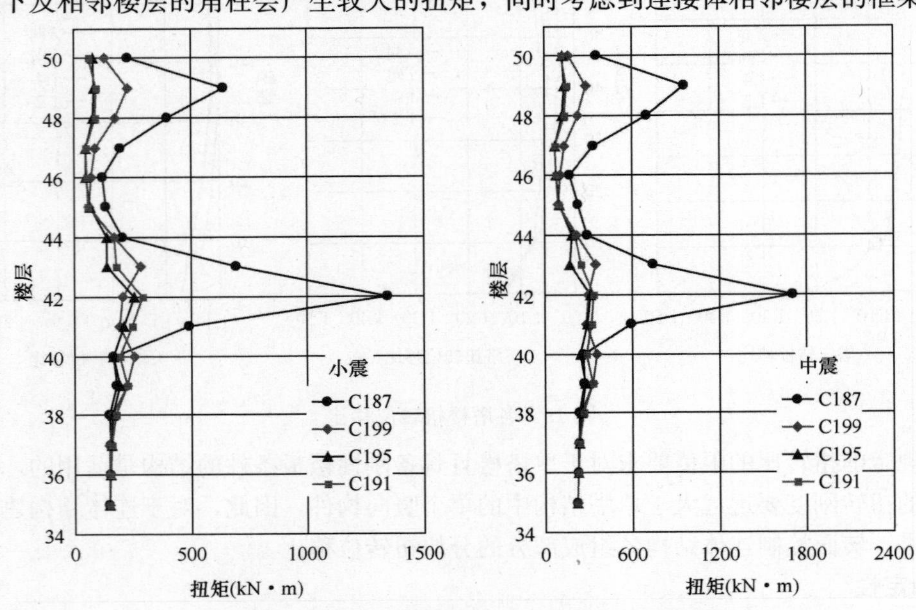

图14　B塔角柱在小震和中震组合工况下的最大扭矩图

震作用下会出现拉力，需要对这些框架柱进行拉扭承载力验算。

对于常规超高层单塔结构，框架中柱主要承担框架平面内的弯矩作用，因此多采用工字形截面，如图 15 (*a*) 所示。在连体结构中，连接体下部相邻楼层的框架柱由于与大跨转换桁架相连，最大弯矩方向为框架平面外，对于此类框架柱，除增大其截面钢骨含钢率外，还应采用双向工字形钢骨，如图 15 (*b*) 所示，并进行双向压弯承载力验算。

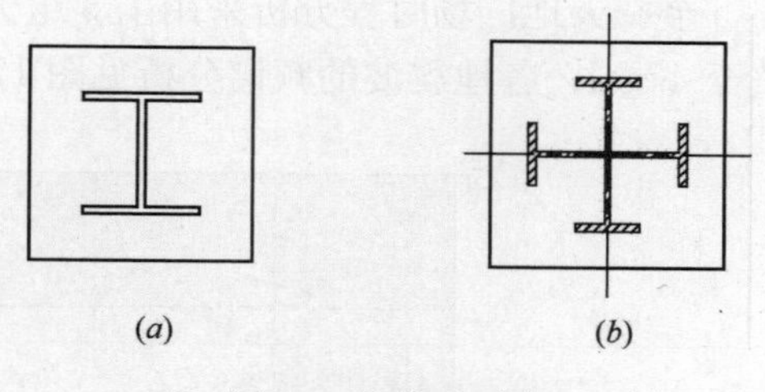

图 15　柱截面示意

3.6.2　连接体楼板

本结构为三塔连体，高空连接体一方面承担竖向荷载，并将竖向荷载传递至三个塔楼，另一方面也起到协调三塔变形，传递水平荷载，保证三塔共同工作，提高结构整体刚度的作用，因此该部位的楼板处在复杂的应力状态下。图 16 为 *Y* 向小震作用下，转换桁架上下弦杆所在楼层（板厚 200mm）的应力云图。

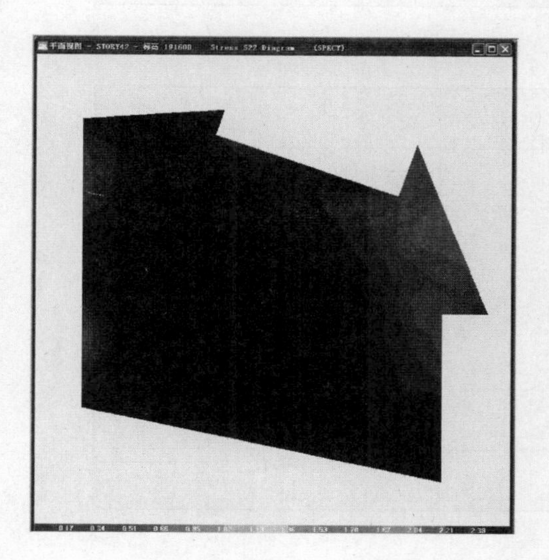

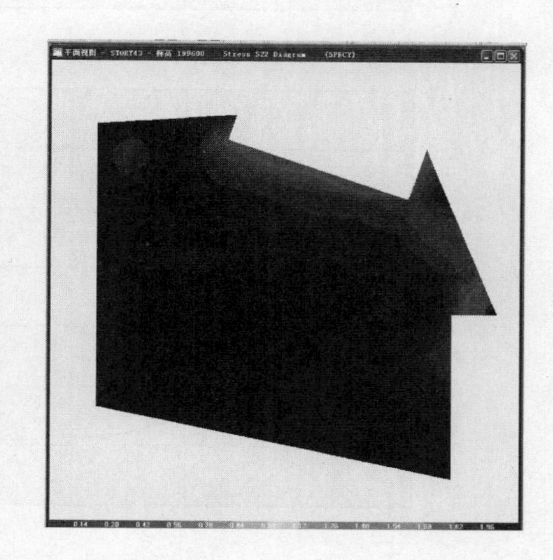

图 16　*Y* 向小震作用下 42、43 层楼板应力

根据楼板应力分析结果：

1) 由计算结果可知风载作用下的楼板应力与小震工况相当；

2) 在水平风载和小震作用下，环带桁架弦杆所在楼层的楼板正应力均小于 2MPa，除局部角点的应力集中处，大部分连体部位的楼板应力比较均匀，连体楼板能够有效传递水平作用，协调三塔变形；

3) 局部应力集中区域在楼板设计时需采取构造措施进行加强；

4) 在中震作用下，连接体楼板最大正应力为 5MPa，主要出现在与塔楼相邻的角部位置。根据连接体楼板的性能目标，对其进行组合工况下的配筋设计，达到中震不屈服的目标要求。

3.7　弹性动力分析

3.7.1　地震波输入动力分析

当前，规范中关于高层建筑的许多条文规定和计算方法均是在针对普通单塔理论分析和试验数据基础上得到，对于体型复杂的超高层连体结构的适用性有待进一步检验。因此，在对超高层连体结构进行分析设计时，计算结果更为可靠的动力时程分析方法显得尤为重要，其计算结果不仅能够准确揭示结构的各项动力性能，作为许多简化计算方法的校核标准，计算结果更将直接应用于结构设计，如在 CCTV 主楼项目中，动力时程分析结果便直接应用于许多关键构件的设计。

金鹰天地广场时程分析采用了5组天然波和2组人工波，其中最大地震动加速度经根据安评结果调整至42gal，各地震波的频谱分析见图17。

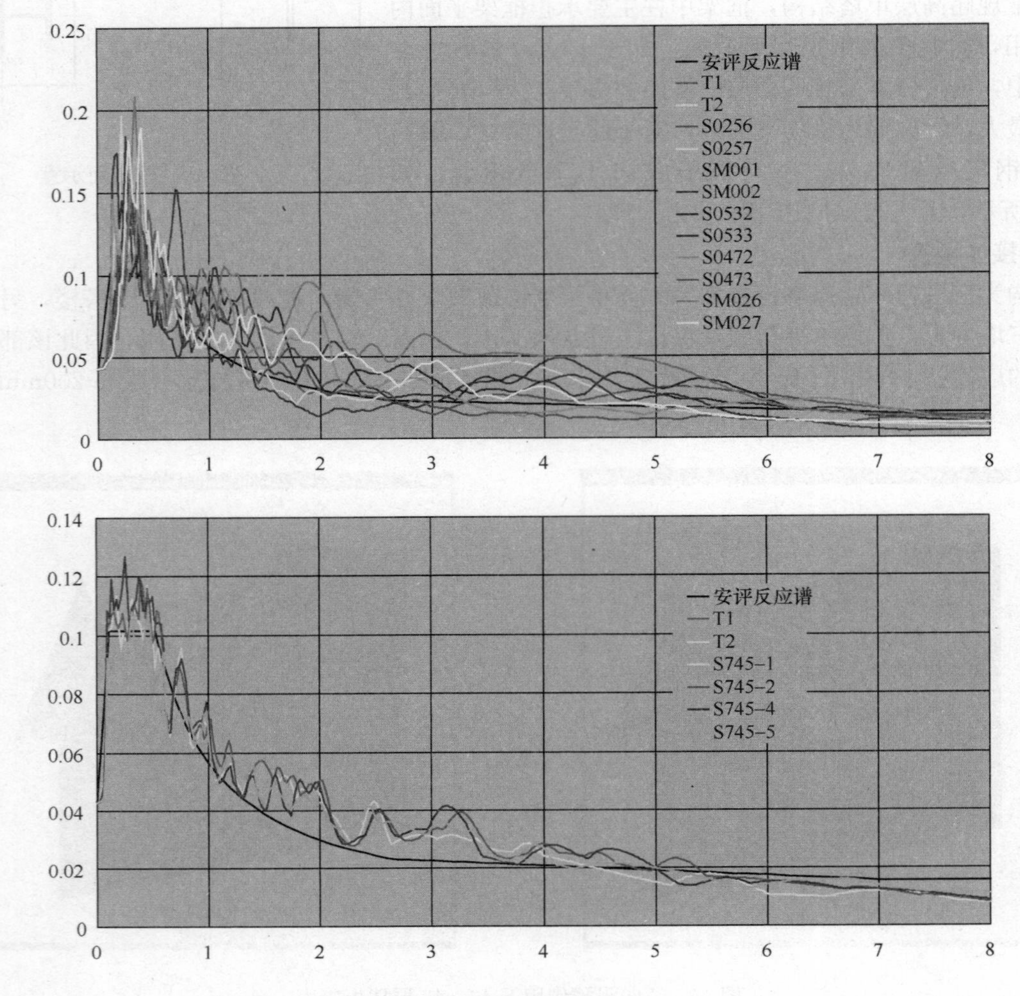

图17 地震波反应谱分析

图18为B塔各条地震波对应的X向位移角分布，计算结果显示：在连接体以下，反应谱分析对应的结构位移角大于7条地震波分析结果的均值，而在连接体以上，则反应谱分析结果小于动力时程分析结果。其他塔楼的计算结果表现出相同的规律。因此，在弹性动力时程分析中，结构连接体以上部位表现出更明显的“鞭梢效应”。

图19为B塔各时程分析得到的Y向楼层剪力和反应谱分析结果，可以看到，楼层剪力的分析结果表现出和层间位移相同的规律：在连体以下，反应谱分析结果略大，在连体以上，时程分析结果略大。此外，动力时程分析得到的连体部位楼层剪力分布结果（图20）和反应谱分析结果规律相同，连接体承担了大部分的地震剪力，而塔楼部分的楼层剪力大幅减小，甚至出现反向。

本文还对动力时程和反应谱分析得到的关键构件的内力进行了对比，构件的内力对比表明，除连接体相邻的上部楼层外，其他位置的构件内力均小于或近似于反应谱计算结果。49层（连体以上相邻楼层）框架柱内力大于反应谱计算结果，这与结构变形和楼层剪力的分析结果均是吻合的。

根据动力时程的分析结果，我们对结构采取相应措施进行了加强，主要包括：

1）将剪力墙内的型钢向上延伸：三塔核心筒四个角部的型钢延伸至剪力墙顶部，其余墙中部的型钢延伸至500mm厚的剪力墙楼层。

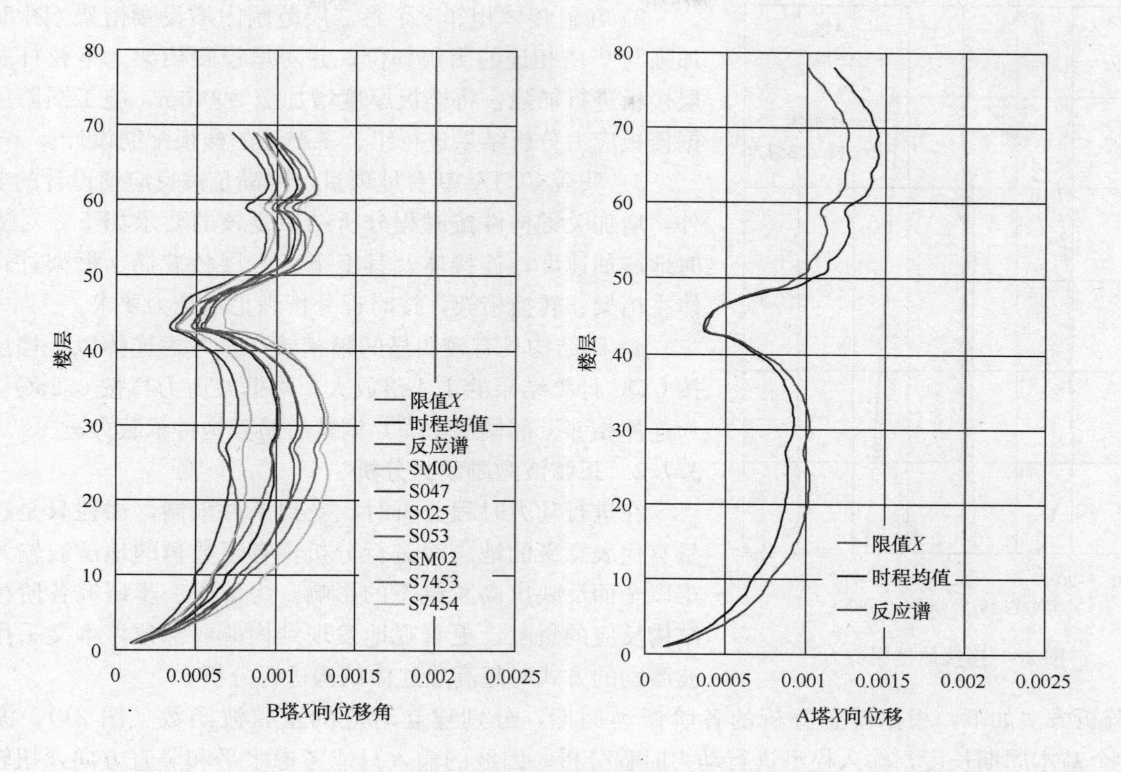

图 18　B 塔 X 向位移角分布

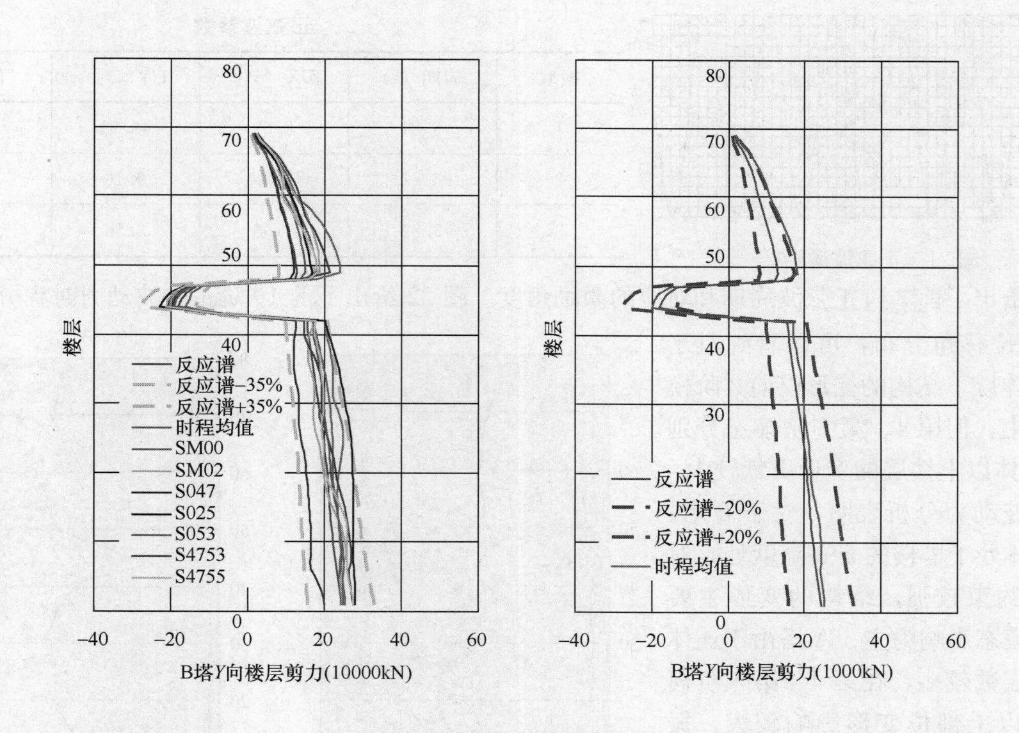

图 19　B 塔 Y 向楼层剪力

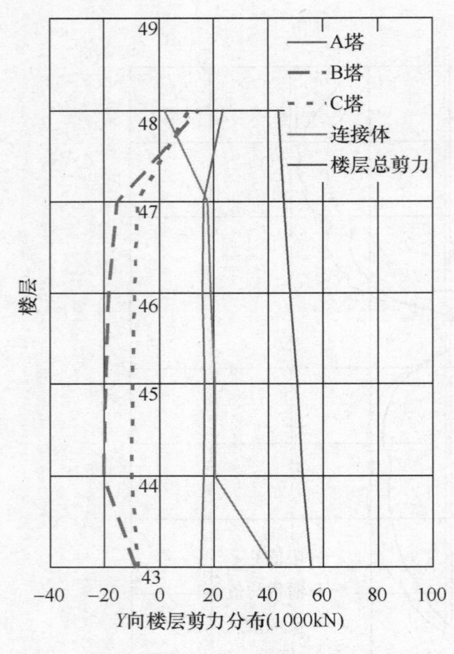

图 20 连接体楼层剪力

2）在连接体相邻上下各二层范围内增设腰桁架（图 3(d)），加强与C塔相连的阴角部位，并对增设腰桁架上下弦杆所在楼层楼板进行加强，将楼板厚度增加至200mm，施工图阶段将根据楼板应力分析结果进行组合工况下的楼板配筋设计。

3）我院CCTV新台址项目，除满足按反应谱设计的要求之外，增加关键构件按时程分析结果复核的要求如下：对应小震时地震加速度，连接体及其上下各一层核芯筒、框架柱；连接体主桁架、转换桁架，按时程分析满足承载力要求。

4）因结构具有较明显的鞭梢效应，考虑连体以上楼层剪力按CQC计算结果的1.4倍放大，外框架剪力再按 $0.25Q_{49}$（Q_{49} 为连体相邻上部楼层剪力）调整后验算构件承载力。

3.7.2 正弦波激励动力分析

在进行动力时程分析时，受到条件限制，往往只是选取少量有代表意义的地震波进行分析，有限数量的地震波输入往往难以全面反映出高阶模态的影响。为了进一步研究各阶模态对结构反应的贡献，更直观地发现结构薄弱部位，本文采用正弦波激励的方式对超高层连体结构进行分析。

分析方法如下：根据模态分析的各阶振动周期，分别建立对应的正弦波函数（图 21），波长取5～10个基本周期长度，输入模型进行动力时程分析。因波的输入只能考虑水平和竖直方向，扭转振型是无法考虑的，此处近似地根据平动质量参与系数确定水平输入角度（与 Y 轴夹角）：

$$\theta_Y = \tan^{-1}\sqrt{UX/UY}$$

图 21 正弦波激励

正弦波参数 **表 4**

振型	周期（s）	UX（%）	UY（%）	角度（°）
1	6.84	8.69	49.91	23
2	6.52	59.44	9.16	69
3	5.84	1.08	8.56	20

表 4 给出了前 3 阶正弦波周期和对应的激励角度。图 22 给出了前 10 阶正弦波动力时程分析所得到的A塔层位移角分布，可以看到对于A塔，连体以下结构的变形以前2阶模态影响为主，但第4、第5阶模态分别对A塔连体以上楼层的变形贡献较大。

正弦波动力分析表明，对于B塔、C塔，连体处于塔楼的2/3高度处，对两塔楼的约束较强，结构的变形主要以前3阶模态影响为主；A塔由于连体以上的楼层数较多，在第4、第5阶模态对连体以上部位变形影响较大，振动形态上表现为A塔连体以上楼层出现较大的摆动，在设计时，应予以加强。分析结果还表明，连体以下楼层塔楼的相对振动不明显，高阶模态对

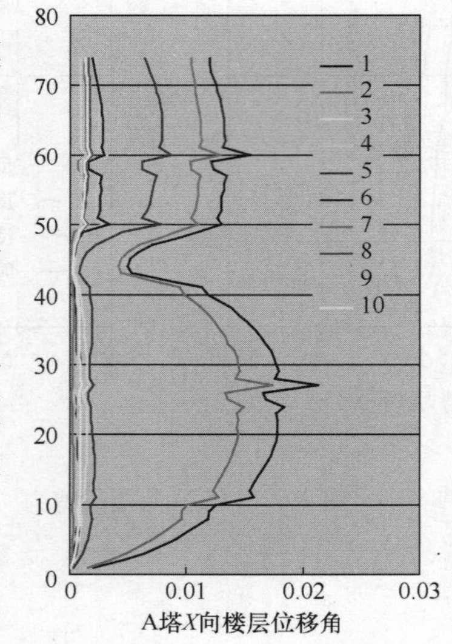

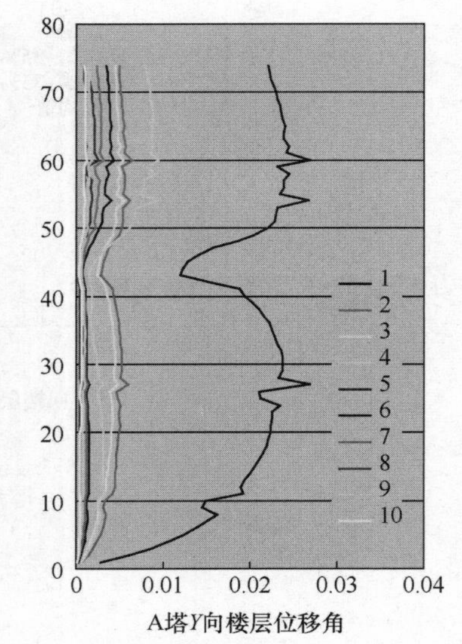

图 22 各阶正弦波激励下的A塔楼层间位移角分布

这部分的影响不大。

除层间位移角指标外，还可从顶点变形、基底剪力或其他参数等方面对各振型贡献进行综合评估。图 23、图 24 给出了前 10 阶正弦激励下的 A 塔顶点位移和基底剪力，规律与位移角的分布相似，前 5 阶模态对于 A 塔的反应贡献较大。此外，第 2 阶模态对 A 塔基底剪力的贡献要大于基本模态，对于另外两个塔楼也呈现同样的规律，这也是高层连体结构与普通单塔结构的不同特性之一。

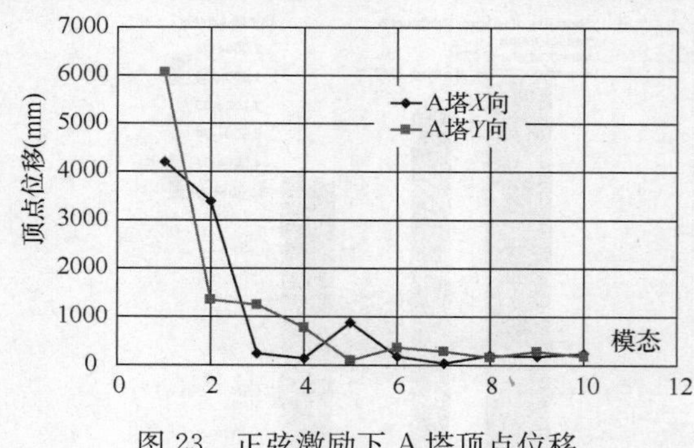

图 23　正弦激励下 A 塔顶点位移

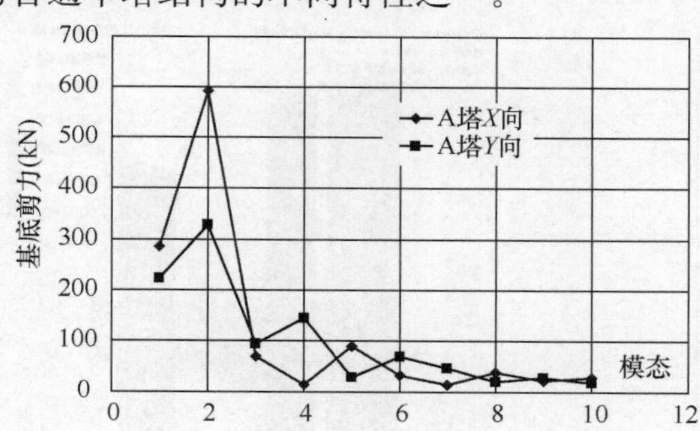

图 24　正弦激励下 A 塔基底剪力

3.8　弹塑性动力分析

在进行性能参数评价时，通过比较延性需求和延性能力，建立了类似于 FEMA356 的延性构件抗震性能等级，即“立即入住”（Immediate Occupancy，IO）、“生命安全”（Life Safety，LS）和“倒塌防止”（Collapse Prevention，CP）三个性能水平。为方便数值结果的表述，采用 IO＝1、LS＝2 和 CP＝3 建立对应关系，如图 25 所示。

另外，对于弹性构件（即性能参数小于 1）补充进行构件承载力校核（采用内力与承载力需求比的形式，对于弹性构件均小于 1.0），而对于性能参数大于 3 的情况，统一以 4 表示其性能状态。

对于塑性铰评价方法，采用 FEMA 的“弦线转角法（Chord Rotation）”定义，如图 26 所示。

有关构件的塑性变形能力（即可接受原则 Acceptance Criterial）分别采用 ASCE 41-06 关于钢结构构件、钢筋混凝土构件或组合构件的指标。但不同材料不同构件，其受力性能及延性能力等差异显著，详见 ASCE 41-06 及相关资料。

采用大型有限元分析程序 LS-DYNA 进行结构弹塑性时程分析，有限元模型见图 27。

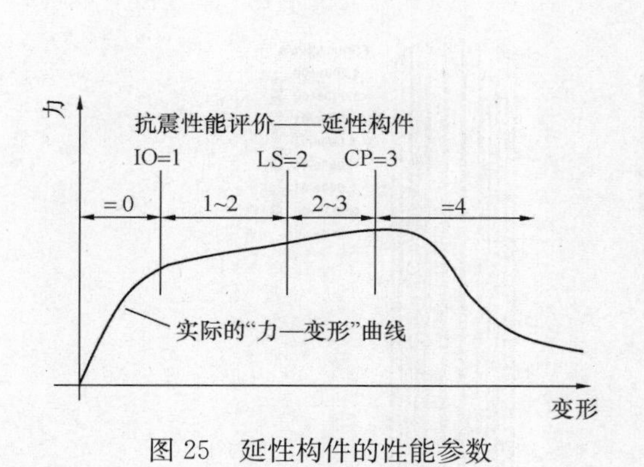

图 25　延性构件的性能参数

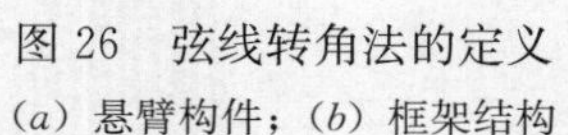

图 26　弦线转角法的定义

（*a*）悬臂构件；（*b*）框架结构

图 27　弹塑性分析模型

本工程采用 7 组地震波进行弹塑性计算，其中天然波 5 组、人工波 2 组，且每组地震波均含三个分量。限于篇幅，此处仅给出核心筒、框架柱和连接体桁架的分析结果。

3.8.1　核心筒

本工程核心筒混凝土强度等级为 C60～C40，地震工况 L0056X 和 L0056Y 下的核芯筒等效单轴压应变和开裂应变分布如图 28、图 29 所示。在最不利地震下，结构底部加强区仅出现轻微的塑性应变；连体以上楼层出现较明显的塑性变形，A 塔楼开裂应变不高，但 B 塔楼和 C 塔楼出现相对较明显的开裂，这与之前的静力和弹性分析结果是吻合的：超高层连体结构连体由于连体部位的刚度突变，使得连体相邻位置成为薄弱部位，且连体以上的鞭梢效应明显因此受力更为不利，在设计时需要予以加强。

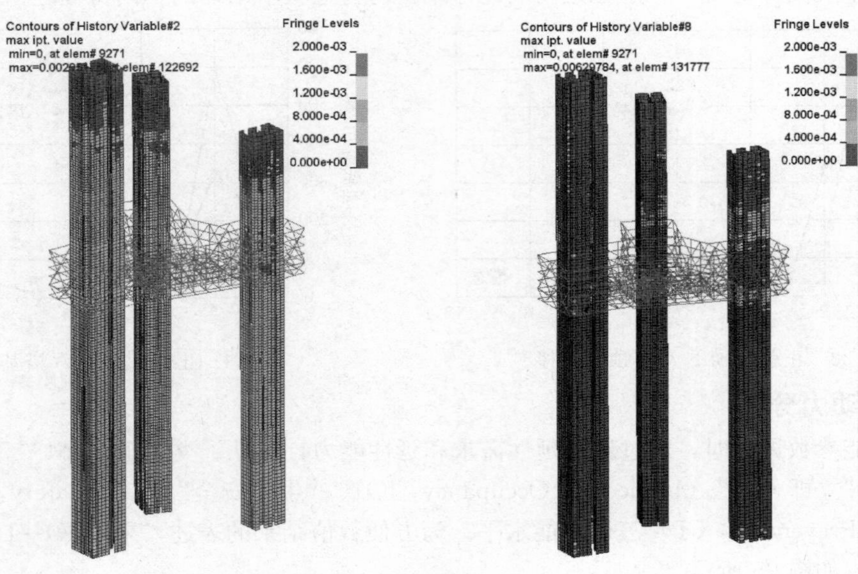

图 28　核心筒的等效单轴压应变（L0056X）　　图 29　核心筒的开裂应变（L2624Y）

从 FEMA 性能评价角度看，各塔楼核芯筒的底部加强区塑性程度轻微，基本满足“立即入住 IO”水平；非底部加强区总体满足“立即入住 IO”水平，仅连体以上部分楼层出现一定程度的塑性变形，但塑性程度不高。

3.8.2　框架柱

本工程 SRC 框架柱混凝土强度等级为 C70～C40，采用 FEMA 性能参数进行综合评价，见图 30，评价时综合考虑杆内轴力、杆端弯矩、剪跨比及塑性应变等因素。各塔楼的框架柱塑性铰多也出现在底部和连接体上下相邻楼层，A 塔最大 FEMA 性能参数接近 2.0，B、C 塔最大 FEMA 性能参数接近 1.2，满足“生命安全 LS”的性能水平。

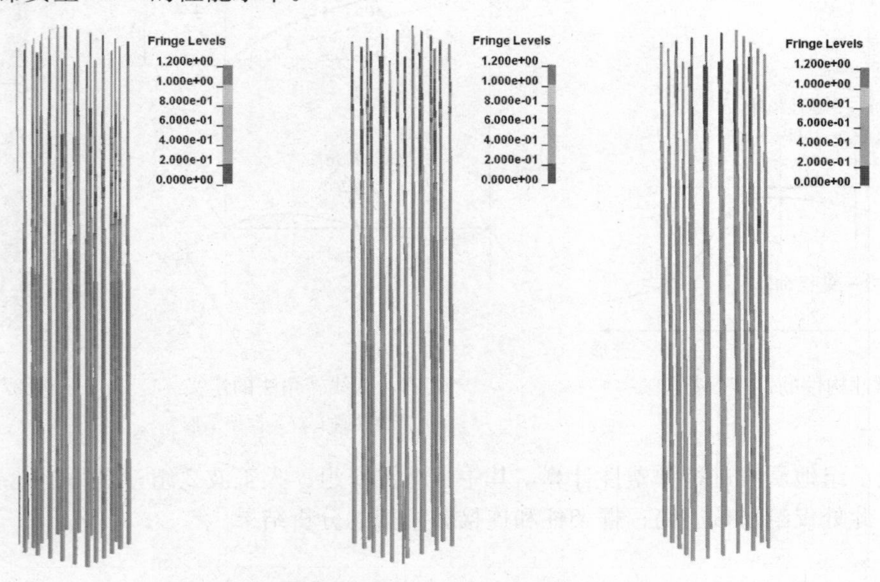

图 30　三塔楼框架柱的 FEMA 性能指标（L0056Y）

3.8.3 连接体主桁架

连接体主桁架钢材均采用 Q390GJ，采用 FEMA 性能参数进行综合评价，评价时综合考虑杆内轴力和杆端或跨中弯矩及塑性应变等因素，如图 31 所示。计算结果表明：连体结构主受力构件总体处于弹性范围，而各塔楼与连体结构衔接的上、下楼层处斜撑以及 A 塔楼与 B 塔楼间的竖向斜撑，其受拉相对较大，并且与框架柱连接的杆端处不同程度地出现塑性变形，最大 FEMA 性能参数为 2.0，满足“生命安全 LS”的性能水平。

图 32 为连体最下层转换桁架的性能指标，转换桁架受力水平总体较大，构件的最大瞬时轴压比 NCR 和最大瞬时轴拉比 NTR 接近 0.6，综合杆端弯矩影响，最不利地震工况下的构件 FEMA 性能参数在 0.94 以内，满足“大震不屈服”要求。

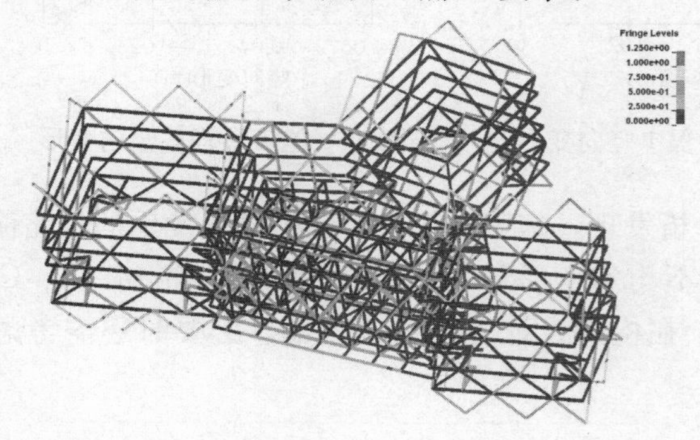

图 31 连体桁架 FEMA 性能指标（L0056Y）

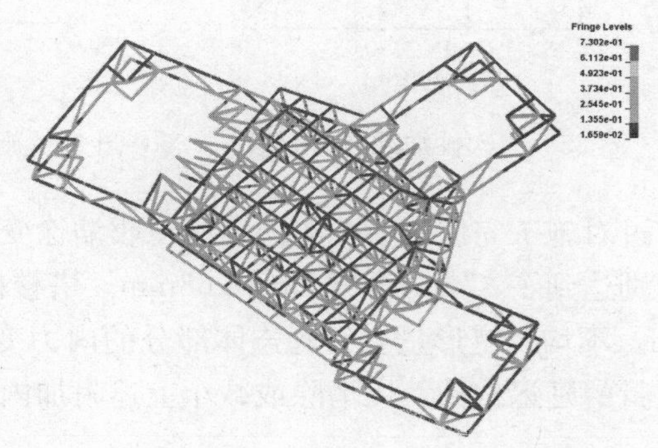

图 32 转换桁架的 FEMA 性能指标（L0056Y）

3.9 施工过程模拟及结构不均匀变形影响

本节考虑不同施工顺序、长期荷载收缩徐变等给结构变形和内力等方面带来的影响。初步拟定两种施工方案，如图 33、图 34 所示。

图 33 施工方案 1

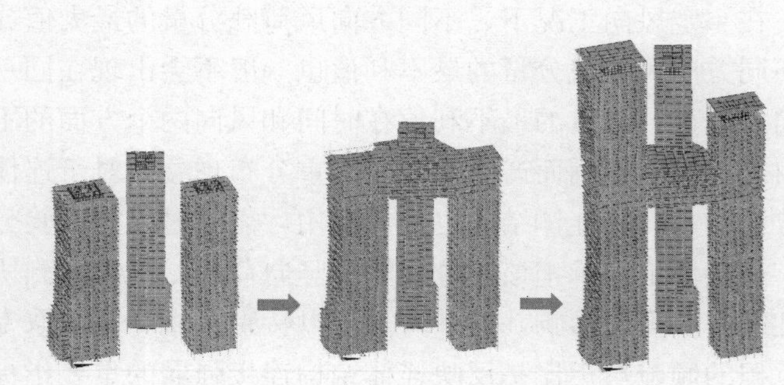

图 34 施工方案 2

以 A 塔为例，不考虑施工加载顺序时，最大变形出现在塔楼顶部，变形值为 110mm（图 35），考虑两种施工顺序的加载方案在计算中考虑了楼层的逐层变形补偿，最终塔楼的最大累计变形出现在塔楼的中部靠上的位置，且变形值比一次加载要小，分别为 55.7mm 和 52.8mm，见图 36、图 37。B、C 塔规律类似。

施工方案 2 由于连接体提前起到协调变形作用，A 塔最大变形比施工方案 1 略微减小（2.9mm），B、C 塔变形略有增加，增量分别为 0.1mm 和 0.3mm。

两种施工方案在连体内部产生内力对比显示，由于施工方案 2 连体过早发挥协调变形作用，与塔楼交接面上的弯矩增加 50％左右，竖向剪力不变。另外，选取部分连体桁架中关键构件内力进行比较分析，施工方案 2 中的桁架水平杆件弯矩和轴力都有一定程度增大，增量为 15％左右，斜腹杆轴力基本不变。

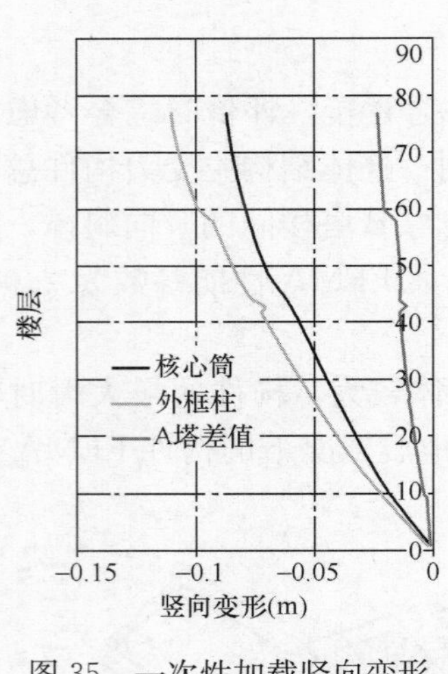

图 35　一次性加载竖向变形

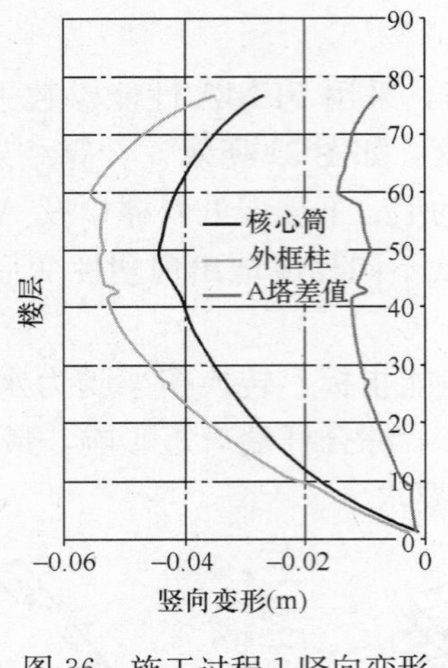

图 36　施工过程 1 竖向变形

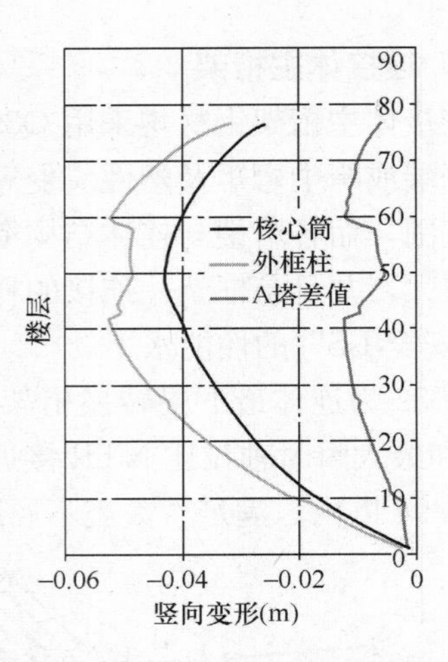

图 37　施工过程 2 竖向变形

通过对施工完成以后 3 年内混凝土收缩徐变的分析发现，施工 3 年以后三个塔楼发生的收缩徐变变形量分别达到了 87mm、75mm 和 68mm。塔楼间的不均匀变形量为：A、B 塔间 6.2mm，B、C 塔间 1.3mm，不均匀变形量会引起连体部分的内力变化，在构件设计时应加以考虑，必要时还需考虑设置一定数量的延迟构件，以消除或减小上述附加内力。

4　结论

以金鹰天地广场项目为依托，对超高层多塔连体结构的力学特性、分析方法和设计中的一些关键技术问题进行了阐述，得到了以下主要结论：

（1）在一定风向工况下，不同方向风荷载分量的最大值或最小值通常不会同时出现；在所有风向工况下，不同方向风荷载分量的最不利值也一般不会出现在同一个风向角下，风载计算和输入时必须考虑不同方向层风荷载分量的最不利值在时间和风向两个方面的不同时性。规范提供的风载计算方法无法考虑风载由于连接体作用而产生的塔楼间重分布现象，对于连体结构是不适用的，此外，规范提供的舒适度计算方法对超高层连体结构也不再适用，需通过风洞试验分析确定。

（2）连接体不仅承担该部分楼层的竖向荷载，同时起到协调三塔变形的作用，受力状况复杂且对结构整体性能具有重要影响，设计时需予以特别重视，并采取专门的加强措施。对于多塔连体结构，塔楼总轴力承担的倾覆弯矩比是反映连体结构连接强弱的重要指标。

（3）现行规范规定的扭转比的限值要求对于单塔楼且具备刚性楼板条件的结构是适用的，但是对于连体结构，各塔楼的扭转刚度要远远大于单塔结构中的单务竖向构件，因此，对于连体结构建议适当放松整体的扭转比要求，转而控制连体结构各组成部分的分块扭转位移比。

（4）因此在地震作用下，连体上下及相邻楼层的角柱会产生较大的扭矩，同时考虑到连接体相邻楼层的框架柱在中震和大震作用下会出现拉力，需要对这些框架柱进行拉扭承载力验算。高空连体部分的楼板一方面承担竖向荷载，另一方面传递水平荷载，设计时需予以加强（增加厚度并增大配筋），并适当提高性能目标。

（5）动力时程分析表明：在连接体以下，反应谱分析得到的性能指标（变形、内力）大于时程分析结果的均值，在连接体以上，则反应谱分析结果小于动力时程分析结果。因此，动力时程分析中，连体结构表现出更明显的“鞭梢效应”。对于重要构件，如连接体主桁架等建议考虑时程分析结果进行包络设计。

（6）有限数量的地震波输入难以全面反映出高阶模态对结构响应的贡献，而正弦波激励能够强化结构在各阶模态作用下的共振响应，更清晰地揭示高阶模态影响，并有助于发现结构薄弱部位。因而正弦波激励分析法可作为超高层连体结构分析和设计的有效补充手段。

（7）不同的施工顺序和施工方法会对结构受力产生巨大影响，对于超高层连体结构，必须进行施工过程和结构不均匀变形影响分析，并依据分析结果进行构件承载力校核，确保结构在各受力阶段的安全。

参考文献

[1] 汪大绥，姜文伟，包联进等. CCTV 新台址主楼结构设计与思考[J]. 建筑结构学报，2009，28(3)：1-9.

[2] 严敏，李立树，芮明倬等. 苏州东方之门刚性连体超高层结构设计[J]. 建筑结构，2012，42(5)：34-37，18.

[3] 徐自国，肖从真，廖宇飚等. 北京当代 MOMA 隔震连体结构的整体分析[J]. 土木工程学报，2008，41(3)：53-57.

[4] 华东建筑设计研究总院. 超高层连体结构关键技术研究[R]. 上海：华东建筑设计研究总院，2013.

[5] 谢壮宁. 典型群体超高层建筑风致干扰效应研究[D]. 上海：同济大学，2004.

[6] 黄坤耀. 双塔连体结构的静力、抗震和抗风分析[D]. 杭州：浙江大学，2001.

[7] 范绍芝，侯家健. 连体高层建筑结构研究综述[J]. 建筑结构，2009，39 卷增刊：1-6.

[8] 汪大绥，姜文伟，包联进等. CCTV 新台址主楼施工模拟分析及应用研究[J]. 建筑结构学报，2008，29(3)：104-110.

珠海十字门高层特大跨箱式钢转换桁架安装技术

肖　瑾　南　锐

（上海宝冶集团有限公司，上海　200941）

1　珠海十字门工程简介

珠海十字门中央商务区会展商务组团一期工程（简称珠海十字门），位于广东省珠海市香洲区南湾大道南侧，西侧为中航通飞项目用地，东面与澳门隔海相望。一期工程占地面积 26.9 万 m^2，总建筑面积约 66.1 万 m^2，其中地上建筑面积 33.7 万 m^2，地下室共 2 层，建筑面积 32.4 万 m^2。一期的建筑工程（图 1）包括国际展览中心、国际会议中心、标志性塔楼（办公酒店）、喜来登酒店、公寓式酒店、商业配套（城市绸带）六个单体工程，各单体工程概况见表 1。

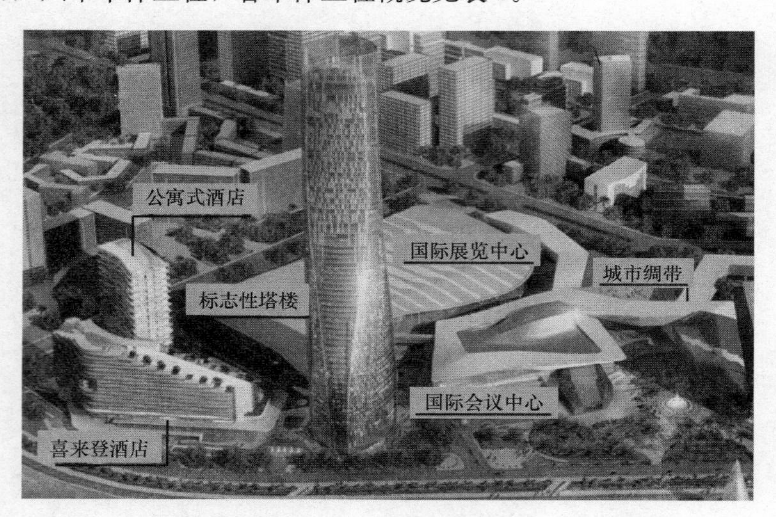

图 1　珠海十字门中央商务区会展商务组团一期工程各单体示意图

各单体工程概况简介　　表 1

序号	单体名称	建筑类型	地上建筑面积 (m^2)	建筑高度 (m)	结构受力体系	钢结构用量 (t)
1	国际展览中心	公共建筑	62028	33	大跨度空间桁架＋落地混凝土框架＋局部型钢组合梁	15000
2	国际会议中心	公共建筑	27191	35.5	钢筋混凝土-剪力墙结构	5000
3	标志性塔楼	公共建筑	84384	328.8	带腰桁架＋伸臂桁架的型钢混凝土框架-钢筋混凝土核心筒结构	18000
4	喜来登酒店	公共建筑	101011	78.7	带特大跨箱式钢转换桁架的部分框支框架-剪力墙结构	7000
5	公寓式酒店	公共建筑	44170	99.6	框支剪力墙结构	1000
6	城市绸带	公共建筑	17803	30	框架-剪力墙＋局部大跨度空间钢桁架	4000
合计			336587			50000

2 喜来登酒店工程概况

珠海十字门中央商务区会展商务组团一期工程六个单体工程之一喜来登酒店（图 2），总建筑面积 $101011m^2$。其中地面以下 2 层，负 1 层层高 7.5m，负 2 层层高 4.0m，总埋深 11.5m；地面以上 20 层，屋面高度 75.70m，外立面高度 78.70m。平面布置为夹角 48.12°的折角形平面，东侧平面从 12 层开始逐层向内收进，西侧平面从 16 层开始逐层向内收进，1～12 层楼层长轴 198.24m，短轴 23.7m。结构立面见图 3。采用钢筋、钢骨、钢管混凝土框支柱和巨型钢桁架与落地剪力墙筒体结构，部分楼板采用钢筋桁架式楼承板。5 层以上中庭及两侧外挑部分采用框架结构，其余部分采用带端柱的联肢剪力墙结构。5 层及以下整体结构体系属于带特大跨箱式钢转换桁架的框架—剪力墙结构。整体结构体系属于带特大跨箱式钢转换桁架的部分框支框架—剪力墙结构。

图 2　喜来登酒店整体效果图

图 3　喜来登酒店结构立面图

喜来登酒店钢结构工程总量 7000t，钢结构主要分布如下：

（1）剪力墙内部钢支撑和十字钢骨：主要钢结构从地下负 2 层到地上 7 层，少量局部 H 型钢通到

13 层。

(2) 中庭转换桁架钢结构：转换桁架约位于 1/3 结构高度位置，标高为 24.5m，为空间箱形桁架结构（图 4）。转换桁架由 HJ1－HJ4 共四道主桁架及与之垂直的平衡桁架（次桁架）及上下弦平面内的交叉水平支撑共同组合，并在下部第 3 层设悬挂结构层；在第 5 层设设备支架层。箱形桁架主梁规格为□1000mm×1200mm×80mm×80(800)mm、□1000mm×800mm×40mm×40(600)mm、□1000mm×800mm×80mm×80(600)mm、□1000mm×800mm×60mm×60(600)mm，采用高建钢 Q390GJC 的 80mm 厚板，箱体内部浇筑混凝土。钢箱转换桁架高度为 6.9m，最大跨度为 38m，托换共 17 层荷载。单榀桁架重约 330t，单钩起吊吊装量约 65t（含节点）。转换桁架范围长度约 64m，宽度约为 23m，总面积约为 1200m^2，中庭箱形钢转换桁架总用钢量约 2800t（箱式钢转换桁架系统总用钢量 4600t）。

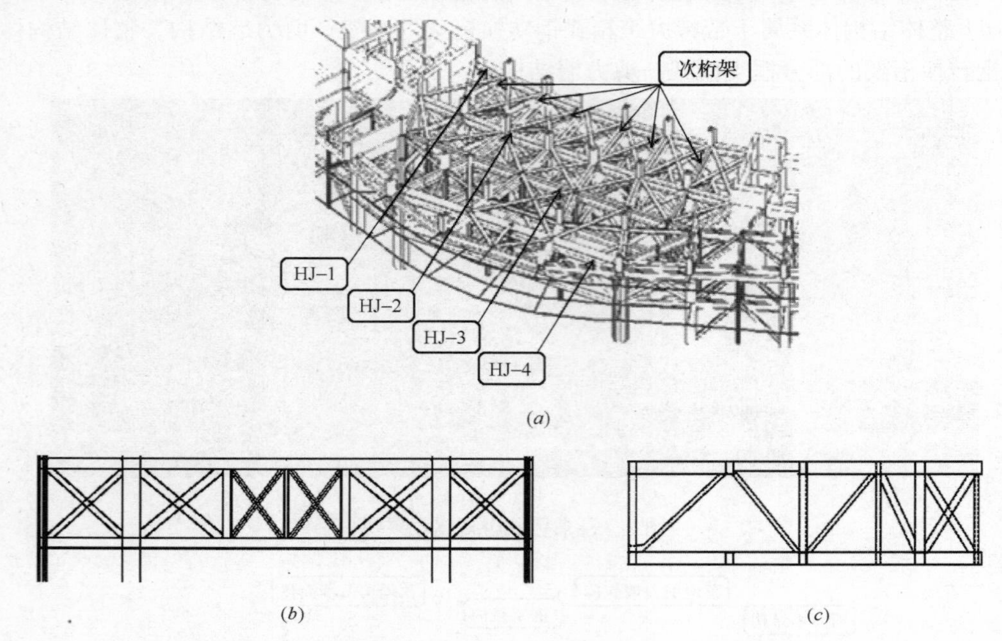

(*a*)

(*b*) (*c*)

图 4 中庭转换桁架及单榀主桁架、单榀次桁架布置图

(*a*) 中庭转换桁架；(*b*) 单榀主桁架示意简图；(*c*) 单榀次桁架示意简图

(3) 悬挑桁架钢结构：在平面的左右两边 19.75～27.65m 设悬挑 5m 的巨型钢转换桁架（规范限值 4m）。

(4) 型钢混凝土柱和钢管混凝土柱：负 2 层（－11.6m）～7 层（27.65m）设十字钢骨混凝土柱，另外还包含 6 根 *D*1200mm×30mm、*D*1600mm×50mm 圆管混凝土柱。

(5) 裙房宴会厅采用组合钢屋盖，宴会厅一为 1.76m×1.3m 组合钢梁，宴会厅二为 1.96m×1.3m 组合钢梁；钢结构罩棚结构形式为钢结构框架，下部采用圆管支撑，上部主要采用 H 型钢梁连接。

3 工程特点、难点分析

(1) 施工大方案的确定难度大

施工方案的确定既要保证钢结构和混凝土的交叉施工安全顺利实施、施工结构体系稳定，又要减少胎架和栈桥的搭设量；如在首层楼面的吊装工艺要考虑到地下室楼层加固、栈桥搭设问题，如在地下大底板吊装要考虑到超高层钢结构的稳定性问题；转换桁架如何选择合理分段和最后焊接合拢口、如何制定合理的卸载方案是重中之重。只有通过施工全过程仿真模拟分析计算，通过分析比较确定施工总体方案。

(2) 厚板箱式钢转换桁架节点空中定位难，要求制作安装精度高中庭转换桁架空间形式复杂，截面形式以空间箱形截面为主。最大截面达□1000mm×1200mm×80mm×80mm，最大单片桁架重量达330t，节点形式复杂（桁架之间并不是垂直相交，都有一定的角度等）无论图纸深化设计还是加工、安装都有很大难度，须制定特殊安装工艺。

（3）厚板箱式钢转换桁架为整体全焊接节点且均要求熔透，焊接质量要求高

转换桁架节点设计复杂，高建钢钢板厚达80mm，必须选择考核优秀合格的焊工并制定合理焊接工艺和顺序来降低焊接节点应力、防止厚板层状撕裂，以确保焊接接头安全。

（4）施工难度大

喜来登酒店结构设计是以钢筋混凝土设计为主，在不能满足建筑强度设计的条件下才采用钢结构以及钢混结构设计。造成结构形式多样化，节点设计复杂，特别是钢结构的柱子、梁与混凝土的柱子、梁的节点过渡设计难、制造难、安装难（图5）。

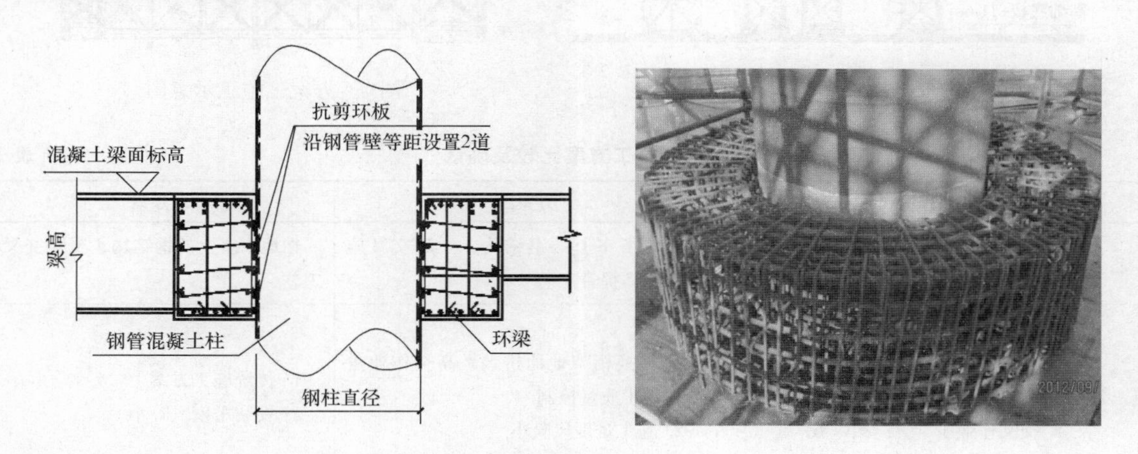

图5　混凝土梁与钢管混凝土柱连接节点

（5）六个单体工程通盘考虑确保物流运输顺畅

珠海十字门中央商务区会展商务组团一期工程的六个单体工程的两层地下室为一个整体，建筑面积达32万m^2，且基坑开挖深度最深达20m。由于外部牵制条件比较多，制定物流及吊装行走路线必须整体考虑。

4　安装原则分析确认

喜来登酒店钢结构主要集中在转换层标高＋26.70m以下，特别是中庭转换桁架，转换层的施工将直接关系到总体施工部署及设备选择，转换层施工方案的确定为喜来登酒店结构施工的关键。

4.1　不同方案对比及方案确认

（1）方案一　在大底板上的先钢结构后土建施工工艺

在地下室基础底板上采用移动吊机安装核心筒钢骨结构及圆钢管混凝土柱后，搭设胎架，采用高空散装法安装中庭特大跨箱式钢转换桁架（图6）。

（2）方案二　在地下室上的钢结构、土建交叉施工，整体提升工艺

在地下室基础底板上采用移动吊机安装核心筒钢骨结构及圆钢管混凝土柱后，施工地下室结构，中庭特大跨箱式钢转换桁架在首层板上拼装，采用液压整体提升施工中庭转换桁架钢结构（图7）。

（3）方案三　在地下室上的钢结构、土建交叉施工工艺

在地下室基础底板上采用移动吊机安装核心筒钢骨结构及圆钢管混凝土柱后，施工地下室土建结构，加固地下室顶板，然后用吊机散装法完成中庭特大跨箱式钢转换桁架的安装。

三种施工方案优缺点比较及确认见表2。

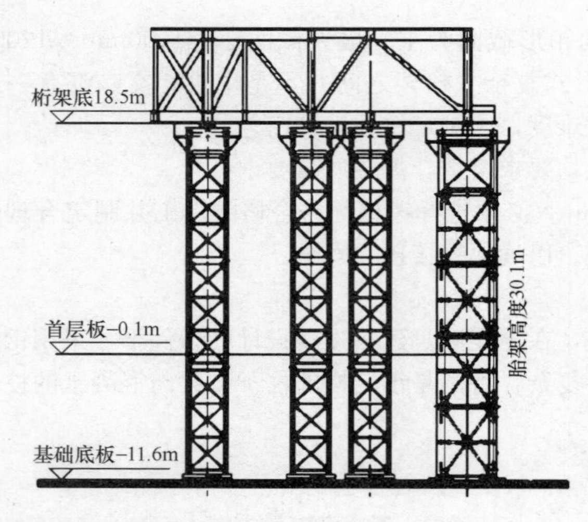

图 6　方案一施工示意图

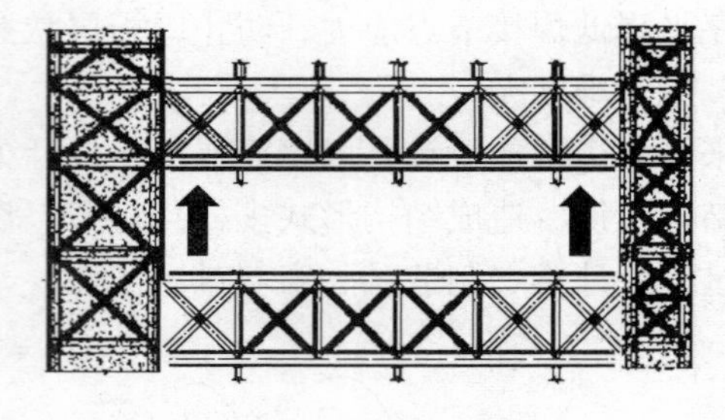

图 7　方案二施工示意图

不同施工方案比较及确认　　**表 2**

方　案	方案一	方案二	方案三
施工工艺	在大底板上的先钢结构后土建施工工艺	在地下室上的钢结构、土建交叉施工，整体提升工艺	在地下室上的钢结构、土建交叉施工工艺
优点	1. 拼装工期短，土建上场快 2. 施工成本低 3. 吊机使用效率高 4. 交叉作业少 5. 首层楼板不需加固处理	1. 转换桁架地面拼装，高空作业量少，易于质量控制 2. 施工难度风险小	1. 传统施工方案 2. 安装难度风险小
缺点	1. 高空焊接量大 2. 吊装高度高，安装措施稳定性分析工作量大 3. 风险大	1. 施工周期长 2. 施工成本高 3. 地下室楼板需加固 4. 中庭桁架高空断点多，补档构件重，后续安装难 5. 中庭桁架外形不规则，提升反力差大，液压油缸控制难	1. 施工周期长 2. 施工成本高 3. 吊机行走首层楼板需加固处理 4. 高空焊接量大
方案确定	方案一，即在大底板上的先钢结构后土建的施工方法比较可行		

4.2　总体安装思路

根据本工程的总体进度要求及三个方案的对比分析，确定喜来登酒店高层特大跨箱式钢转换桁架结构的安装原则是"运用'施工全过程仿真模拟分析计算'技术在基础大底板上的先钢结构后土建的钢结构一次性吊装完成"。通过对临时支撑塔架、临时加固措施、施工各阶段及卸载过程进行模拟分析计算，确定合理的安装工艺。

安装的总体思路是："转换桁架临时胎架支撑，桁架梁分段吊装，高空散装，整体卸载；安装先核心筒后两侧，先下后上、先主后次，流水作业"。大型吊机在基础底板上一次性吊装完成，转换桁架以下钢结构安装稳步成型；通过焊接连成整体；箱体内混凝土浇筑完成；整体卸载；转换桁架受力体系形成。

4.3　吊装机械选择

中庭钢转换桁架施工阶段现场配置的主要大型机械设备为：320t 履带吊 1 台，100t 履带吊 1 台，50t 汽车吊 1 台。其中钢转换桁架单钩起吊最重达 65t（含节点），选用三一 SC3200 型 320t 履带吊安装，使用主臂 36.7m，副臂 30m，变幅副臂工况（LJ），中央配重 40t，后配重 150t；转换桁架以下的主要钢梁、钢柱、斜撑安装采用 100t 履带吊或 50t 汽车吊安装；临时支撑胎架采用 50t 汽车吊地面组装成标准节，标准节采用 100t 履带吊安装。

5 安装工艺

5.1 胎架搭设

中庭转换桁架下共设临时支撑胎架 11 组，为避开地下室两层混凝土梁和柱，胎架采用两种规格，分别为 TJA 型胎架（截面 4.2m×4.2m，主肢为 D600×20）和 TJB 型胎架（截面 3m×3m，主肢为H 400mm×300mm×12mm×20mm)。支撑胎架布置及安装见图 8、图 9。

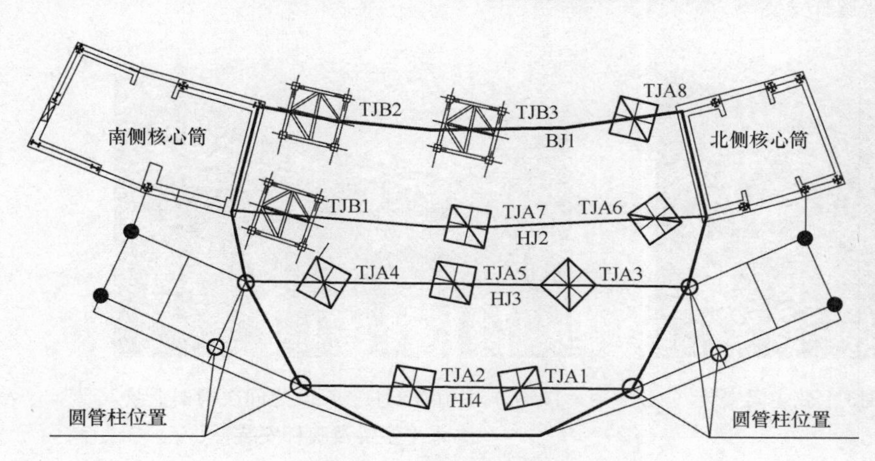

图 8 支撑胎架布置图

图 9 支撑胎架安装

5.2 结构吊装顺序

中庭转换桁架结构遵循“由 HJ4 向 HJ1 依次推进，单榀桁架先下后上、先主后次，桁架之间先水平杆后斜杆”的吊装顺序。以 HJ4 与 HJ3 安装为例，安装流程见图 10～图 18，HJ3、HJ2、HJ1 安装流程基本相同。

钢管柱及核心筒钢结构安装 → HJ4 下弦主梁 → HJ3 下弦主梁 → HJ4-3 下弦之间次桁架下弦主梁及水平腹杆 → HJ4 竖向腹杆 → HJ3 竖向腹杆 → HJ4 上弦主梁 → HJ3 上弦主梁 → HJ4-3 上弦之间次桁架上弦主梁及腹杆 → HJ4-3 上弦水平支撑

图 10 HJ4 与 HJ3 安装流程图

图 11 钢管柱及核心筒安装

图 12 主桁架 HJ4、HJ3 下弦主梁安装

图 13　主桁架 HJ4、HJ3 下弦主梁之间次桁架下弦主梁及水平腹杆安装

图 14　主桁架 HJ4、HJ3 竖向腹杆安装

图 15　主桁架 HJ4、HJ3 上弦主梁安装

图 16　主桁架 HJ4、HJ3 之间次桁架上弦水平主梁及腹杆安装

图 17　主桁架 HJ4、HJ3 上弦水平支撑安装

图 18　中庭钢转换桁架整体成形

5.3　空间对接质量控制

由于转换桁架节点设计复杂，通过利用 Tekla Structures 强大的空间三维操作功能，可以提供详尽的空间定位，最大限度地保障构件准确度，为工厂加工、现场安装提供了方便。

为检测构件加工精度以及保证转换桁架现场安装顺利进行，构件加工完毕后进行厂内预拼装，并设置定位板（图 19）。

除钢结构构件的制作精度必须保证外，现场安装测量过程中通过采用全站仪测量控制对接接口的三维坐标来保证空间对接质量。测量控制坐标点选择在箱形桁架梁及牛腿分段处的四点，在吊装就位进行固定前应根据已知的控制点坐标对其控制点进行测量定位调整，满足控制点坐标在规范规定的允许范围内方可进行定位固定；如果其坐标偏差过大，找出偏差原因，并采取有效措施调整、复测至符合要求再进行安装。通过采取以上控制措施，保证了数千余套高强螺栓穿孔率 100%，含多个牛腿的桁架梁准确对接就位（图 20、图 21）。

图 19　转换桁架工厂预拼装

图 20　箱形桁架典型节点模型

图 21　箱形桁架典型节点

6　焊接工艺

6.1　焊接基本原则

中庭钢转换桁架节点设计复杂、焊缝密集，而且主桁架上下弦及斜撑均为箱式构件，材质为高建钢Q390GJC，最厚达 80mm、拘束度大、焊接残余应力高。因此要获得特定的、符合设计规定要求的、并能在预定的运行条件下获得满意的焊接连接结构，主要问题就是控制焊接裂纹，特别是对接接头控制焊接冷裂纹、十字接头和 T 形接头控制层状撕裂。

焊接基本原则就是控制形成焊接冷裂纹和层状撕裂的几大要素：(1) 合格的焊工和焊接工艺方案；(2) 板材中间的夹杂物及材料缺陷；(3) 节点接头及坡口设计；(4) 钢的淬硬倾向；(5) 焊缝的含氢量；(6) 焊接拘束应力。

6.2　合格的焊接从业人员和焊接工艺方案

6.2.1　焊接从业人员的资格规定

(1) 焊工必须是按照国家现行标准考试合格，并取得焊工技能等级鉴定证书或工程建设焊工考试合格证书，其施焊范围不得超越资格证书的规定。同时进场正式施焊前必须再经过模拟试板考试合格后才能上岗作业；

(2) 对焊接技术人员、检验人员、焊接热处理人员都进行了资格规定。

6.2.2　焊接工艺方案

按照国家标准，结合制造工艺评定报告和钢结构安装方案，根据工程地处海边，暴雨台风多、空气湿度大，单条焊缝连续焊接等现场实际情况，制定实施焊接工艺评定方案，据此制定焊接施工专项方案。

6.3 母材中间的夹杂物及材料缺陷

母材中间的夹杂物及材料缺陷的增加，会引起钢板厚度方向（Z 向）性能降低。可能会成为焊缝层状撕裂的裂纹源。为防止板材缺陷，我们规定对大于等于 25mm 厚的钢板进场时必须进行超声波抽探检测，防止有夹层缺陷的钢板流入制造厂。对于坡口表面所见的由轧制引起的层状缺陷应及时检测、处理或更换。

6.4 节点接头及坡口设计

根据节点接头的受力情况设计焊接接头，不要总是按板厚考虑等强度，要尽量减少厚板方向的应力，尽量减少焊缝的数量和尺寸，避免产生层状撕裂；要注意坡口的形式和开坡口的位置。

6.5 钢的淬硬倾向

钢材的碳当量是决定热影响区淬硬倾向的主要因素，钢材采购时严格控制碳当量。对于低合金钢 Q390GJC 来说，焊接冷却速度快将导致接头淬硬倾向加大。为此必须控制焊缝的预热温度、层间温度和焊后保温。

6.6 焊缝的含氢量

焊缝含氢量是形成冷裂纹的三大要素之一。要从母材焊接坡口、焊材、焊接环境、焊接工艺参数方面加以控制。

6.6.1 母材焊接坡口的控制

母材上待焊接的坡口表面和两侧应均匀、光洁，且无毛刺、裂纹和其他对焊缝质量有不利影响的缺欠。待焊接的表面及距焊缝坡口边缘位置 30mm 范围内不得有影响正常焊接和焊接质量的氧化皮、锈蚀、油脂、水等杂质。CO_2 气体的纯度要达到 99.8%以上。

6.6.2 焊材的控制

要选择低氢型焊材，要控制焊缝金属扩散氢含量，尽量选择低碳、低匹配、高韧性、微合金化焊丝，低硫、磷、高碱度的焊剂，且焊丝、焊剂的保存、烘干符合规范规定。

图 22 焊接平台周围搭设防风棚

6.6.3 焊接环境选择

影响焊接质量的环境因素主要包括空气的湿度、温度和风速三个指标。由于本工程处于海边，台风及暴雨较多、空气湿度较大，必须采取有效的防护措施后方可施焊，如焊接平台周围设置防风棚、搭设防雨棚等（图 22、图 23）；对钢桁架箱形主梁及板厚≥40mm 的焊接接头的焊前预热、道间温度的保持和焊后保温采用电加热法（图 24），其余的转换桁架内部需预热的立杆、腹杆、次梁采用火焰加热法，并采用专业的测温仪器测量。

图 23 中庭转换桁架上部搭设防雨棚

图 24 电加热设备与施工方法

6.6.4 焊接工艺参数

正确选择焊接工艺参数是获得高生产率和高质量焊缝的先决条件，影响 CO_2 气体保护焊质量的工艺参数有：焊丝直径、焊接电流、电弧电压、焊接速度、气体流量、电源极性等。根据本工程钢板厚度大、焊接量大、焊接质量要求高等特点，中庭钢转换桁架焊接主要采用 CO_2 气体保护焊接方式，焊接选用大西洋 CHT711 药芯焊丝（符合《碳钢药芯焊丝》GB/T 10045 E501T-1），焊接工艺参数见表 3。

半自动药芯焊丝 CO_2 气体保护焊（FCAW-G）焊接工艺参数 表 3

焊接方法代号	焊丝型号	焊丝直径（mm）	电流（A）	电流极性	电压（V）	保护气流量（L/min）	焊接速度（cm/min）
FCAW	E501T-1	1.2	打底 160～260 填充 220～320 盖面 220～280	直流反接	25～38	20～50	30～55

注：表中参数为平、横焊位置，立焊电流应比平、横焊减小 10%～15%。

6.7 焊接约束应力

由于焊接整体性的特点，随着板厚的增加，焊接拘束度增大，应力集中加大，裂纹倾向加大；接头和焊缝的增多，焊接拘束增大。因此，主桁架、次桁架、平面系杆的合理分段、分片焊接顺序，整体合拢焊接顺序的选择，可以有效地降低焊接拘束度，降低应力集中，避免产生裂纹。

6.7.1 主桁架焊接

上下弦对口先焊，通过腹杆相连成架，钢柱桁架收口后焊，转换桁架体系形成，见图 25。

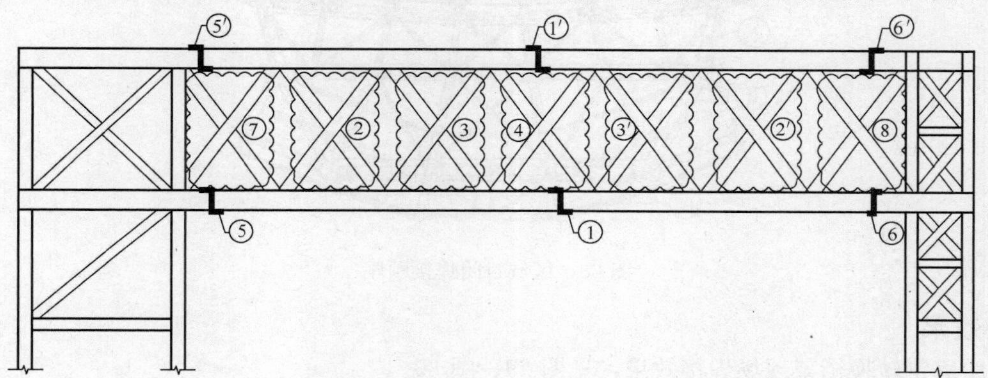

图 25 主桁架焊接顺序

6.7.2 次桁架焊接

焊接顺序原则同主桁架，见图 26。

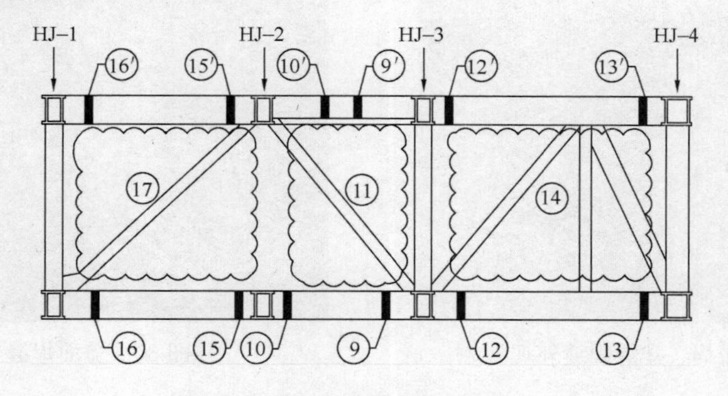

图 26 次桁架焊接顺序

6.7.3 平面焊接

（1）先弦后撑，封闭格构（图 27）；

（2）由中到外，发射焊接；

(3) 外围最后，收尾完成；

(4) 上下对称，减少应力。

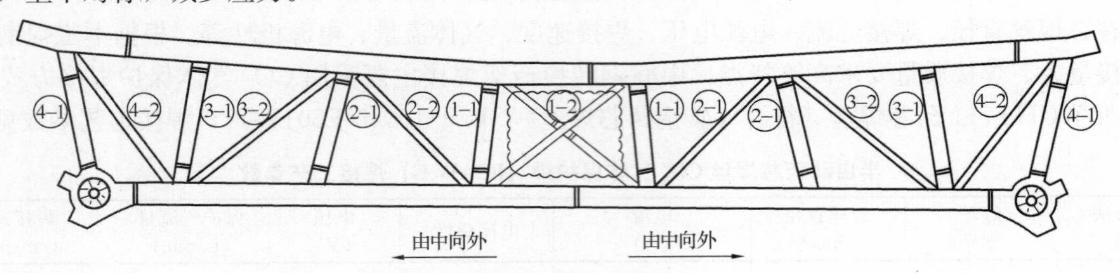

图 27　桁架平面焊接顺序

6.7.4　区域封闭焊接顺序

(1) 先封闭Ⅰ区；

(2) 再封闭Ⅱ、Ⅲ区；

(3) 最后封闭Ⅳ、Ⅴ区（图 28）。

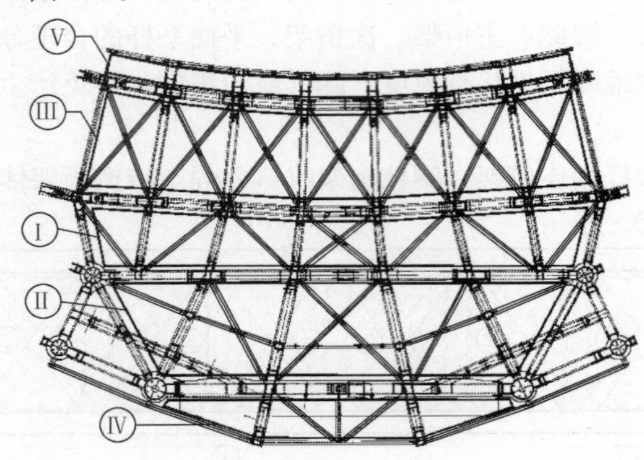

图 28　区域封闭焊接顺序

6.8　焊接效果

喜来登中庭钢转换桁架现场焊接效果，见图 29、图 30。

图 29　横焊、立焊焊缝外观

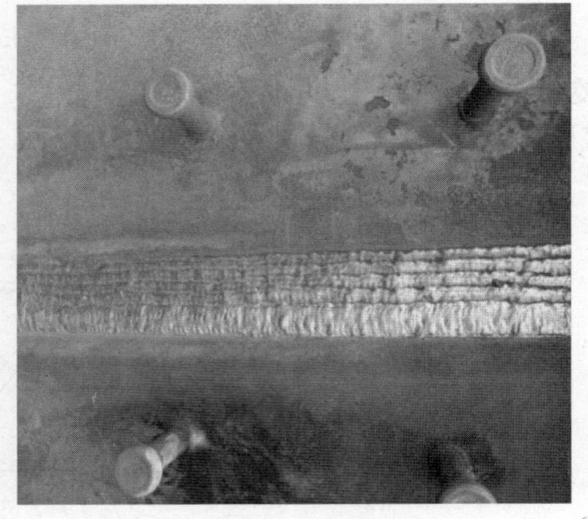

图 30　盖面焊缝外观

7　卸载工艺

根据结构设计要求，转换桁架两侧核心筒结构需施工至转换层以上 3 层（即至 9 层）并达到设计强度后，方可进行卸载，卸载点布置（图 31）。支撑胎架卸载过程对主结构而言是加载的过程，随着支撑结构的卸载，主结构的跨度增加，受力也逐渐增大，当支撑结构完全卸载后，结构便处于最不利状态。

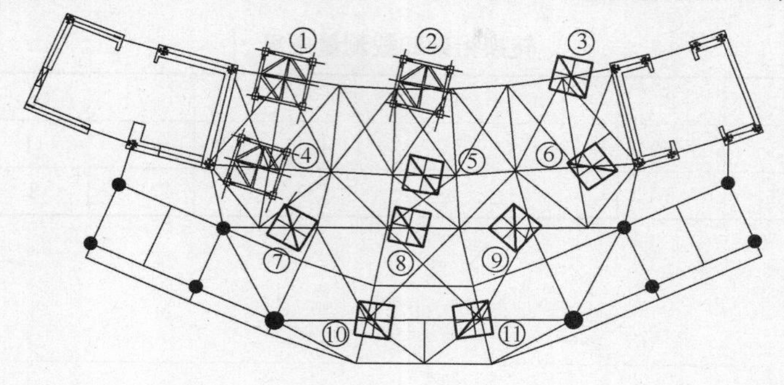

图 31　转换桁架卸载点布置图

通过 SAP2000 有限元计算软件，计算出 11 个支撑胎架点结构挠度作为卸载的依据，经计算，最大卸载量不大于 5mm，采用 1 步卸载即可；最大卸载量大于 5mm 不大于 11mm，分 2 次卸载完成，每次卸载量 6mm，各支撑点卸载量如表 4 所示。

转换桁架理论卸载值及卸载顺序　　**表 4**

区域	卸载点	卸载反力（T）	千斤顶型号	卸载量（mm）	第一次卸载量 6mm	第二次卸载量 6mm
中庭转换桁架	1	167	100T（2 个）	3	完全卸载	完全卸载
	2	61	100T（2 个）	10	6	完全卸载
	3	169	100T（2 个）	3	完全卸载	完全卸载
	4	166	100T（2 个）	5	完全卸载	完全卸载
	5	57	100T（2 个）	11	6	完全卸载
	6	182	100T（2 个）	3	完全卸载	完全卸载
	7	74	100T（2 个）	5	完全卸载	完全卸载
	8	45	100T（2 个）	11	6	完全卸载
	9	60	100T（2 个）	8	6	完全卸载
	10	280	200T（2 个）	5	完全卸载	完全卸载
	11	282	200T（2 个）	5	完全卸载	完全卸载

在两级卸载过程中，每完成一级卸载将测量结果和计算结果比对分析，确保变形正常、结构安全可靠后方可进行下一步的操作，直到全部卸载完成。

转换桁架卸载于 2013 年 10 月 24 日完成（图 32），卸载后持续进行变形监测，将其数据整理分析，

图 32　转换桁架卸载完成

如表5所示，与对应理论计算下挠变形基本接近，考虑到结构焊接时焊接应力及测量误差的影响，实测变形满足设计及规范要求，卸载完满成功。

转换桁架卸载测量成果 **表5**

卸载点	1	2	3	4	5	6	7	8	9	10	11
理论卸载值（mm）	3	10	3	5	11	3	5	11	8	5	5
实际下挠值（mm）	3	8	2	4	6	3	5	3	10	11	1

8 结语

通过珠海十字门高层特大跨箱式钢转换桁架的工程特点分析、物流路线分析、在大底板上或者在地下室上施工方法的对比分析，制定实施“运用‘施工全过程仿真模拟分析计算’技术，在基础大底板上实施钢结构一次性吊装完成”的施工原则，先钢结构后土建的施工顺序。实现了质量目标，降低了成本，确保和提前实现了工期目标。

通过钢材进场检测验收和构件在工厂进行的预拼装，保证了施工安装接头的对口质量；空间测量定位技术确保了多牛腿箱形梁的空间定位精度；针对焊接工作量大、焊缝等级高、厚板焊接等难题，通过现场考试筛选优秀的焊工，根据焊接工艺评定制定的焊接工艺指导书的实施，确保了现场焊接质量，现场一级焊缝UT一次合格率达98.4%；转换桁架成功完成卸载，卸载最大沉降为11mm，各项数据指标均满足标准规范及设计功能要求。

参考文献

[1] 沈祖炎. 钢结构制作安装手册[M]. 北京：中国建筑工业出版社，2011.

[2] 中国钢结构协会. 钢结构制造技术规程[M]. 北京：机械工业出版社，2012.

[3] 陈颖，董万博. 十字门喜来登酒店结构体系设计构思[J]. 广东土木与建筑，2012(8).

沈阳桃仙机场T3航站楼钢屋盖曲线滑移安装技术

万家福　任　鹏　杨金寅　徐　雷　熊珍珍　厉　栋

（江苏沪宁钢机股份有限公司，江苏宜兴　214231）

摘　要　沈阳桃仙机场T3航站楼主楼屋盖安装的过程中依据现场的实际情况采用了多轨道液压顶推曲线滑移技术，分块滑移到位，保证了钢结构安装工作的顺利完成。在滑移的过程中针对滑移安装的特点，采取了一系列的监控措施、纠偏措施及安全保证措施。可供同类大型建筑钢结构工程的施工参考。

关键词　沈阳桃仙机场；大跨度；液压顶推；五轨道；曲线滑移

1　工程概况

沈阳桃仙机场T3航站楼建筑结构由主楼大厅C及两侧A、B指廊组成。主楼大厅平面为弧形的两层建筑，内部为两层钢筋混凝土建筑，2层楼面标高8.7m，局部夹层标高4.2m。2层及以下为钢筋混凝土结构。大厅屋面为空间曲线形组合钢桁架结构。两个指廊内部为两层钢筋混凝土结构，屋面亦为空间曲线形组合钢桁架结构。屋面的钢桁架结构，由4道伸缩缝将屋面钢结构分为5个结构单元，4道缝的位置与下部混凝土缝对应。

中央大厅结构由32榀落地式复合型三角桁架结构组成，其中空侧端通过落地段与混凝土基础连接，屋面区域其空侧支撑于混凝土柱顶的“V”字形树杈支撑上，其陆侧通过铰接支撑于梭形钢管柱上，桁架最大跨度达75m，陆侧最大悬挑为24m，为大跨度空间结构。为了保证结构混凝土柱的整体稳定，局部混凝土柱之间设置了柱间加强钢拉杆结构。结构建筑效果图及结构布置示意如图1、图2所示。

图1　沈阳桃仙国际机场T3航站楼整体效果图

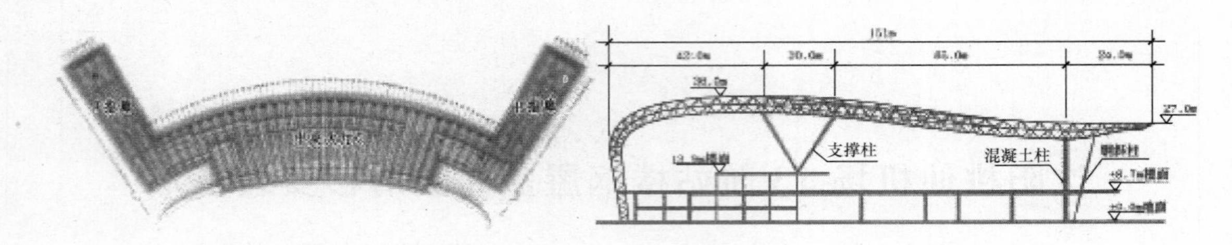

图 2　沈阳桃仙国际机场 T3 航站楼结构示意图

2　曲线滑移安装技术

2.1　滑移背景

中央大厅 C 区结构复杂、跨度大，是安装的重点部位，主楼屋盖东西宽度为 151m，覆盖于标高为＋8.700m 楼层之上，陆侧悬挑 24m，覆盖于高架通道之上。如若选用履带吊从东西两侧进行分块吊装，则对履带吊的选型和履带吊行走通道的基面承载力要求相当高，同时临时安装支撑等对正在施工的混凝土结构影响较大；如若选用大型分块高空滑移，则由于主楼大厅的平面投影为弧形，对滑移轨道的布置和弧形滑移的实施有一定的难度。在吸取其他相关工程施工经验的基础上，最终选用了吊装和多轨道液压顶推曲线滑移的安装技术。

2.2　滑移分区

主楼大厅结构采用 250t 履带吊和 400t 履带吊配合施工，根据主楼大厅结构特点，将位于轴 12 轴 35 之间的 24 榀三角桁架中间分段采用分块滑移进行安装，悬挑端桁架和落地端桁架采用分块吊装，位于轴 8～轴 11、轴 36～轴 39 之间的 8 榀桁架采取分块吊装。由于土建施工单位不能同时提供 C1～C3 区的滑移工作面，根据滑移工作面的提供顺序进行分批滑移，先滑移 C1～C2 区（滑移Ⅰ区），再滑移 C3 区（滑移Ⅱ区），见图 3。

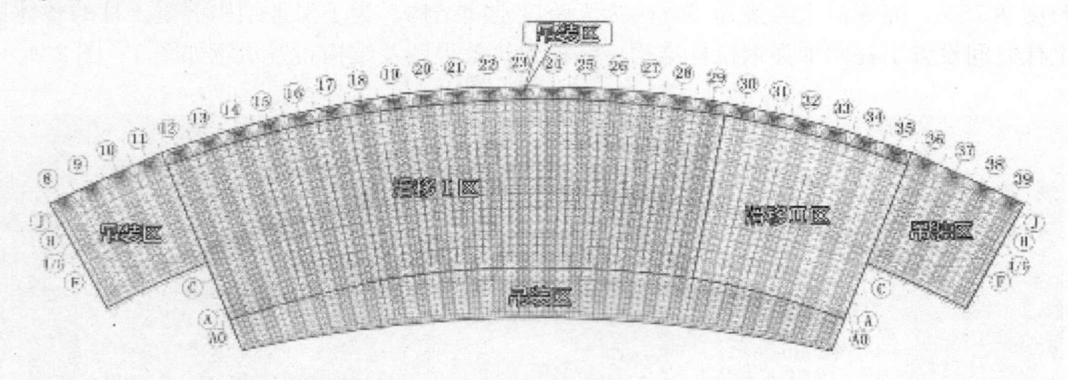

图 3　分块吊装区及分块滑移区平面布置图

2.3　分块滑移施工原理

根据结构特点需要设置 5 道滑移轨道（单轨），为了避开标高＋8.500～＋13.900m 的局部夹层，将轨道设置在标高＋8.500m 层的 A 轴、B 轴、D 轴、H 轴和 1/H 轴的混凝土梁上。5 道轨道为同一圆心的曲线轨道，布置如图 4 所示。

1）同步控制要求

在桁架分块滑移时，由于为曲线滑移，轨道为同心圆布置，因此同步滑移控制要求设备具有等角速度的滑移功能。由于滑移顶推设备在各个顶推点上沿切向布置，因此同步控制有两个方面的要求，即顶推设备在同一半径的轨道上具有相同的线速度；在不同半径的轨道上具有不同的线速度，不同轨道的顶推线速度之比等于轨道半径之比。若采用位移传感器来实现同步控制，桁架分块滑移的同步控制要求就

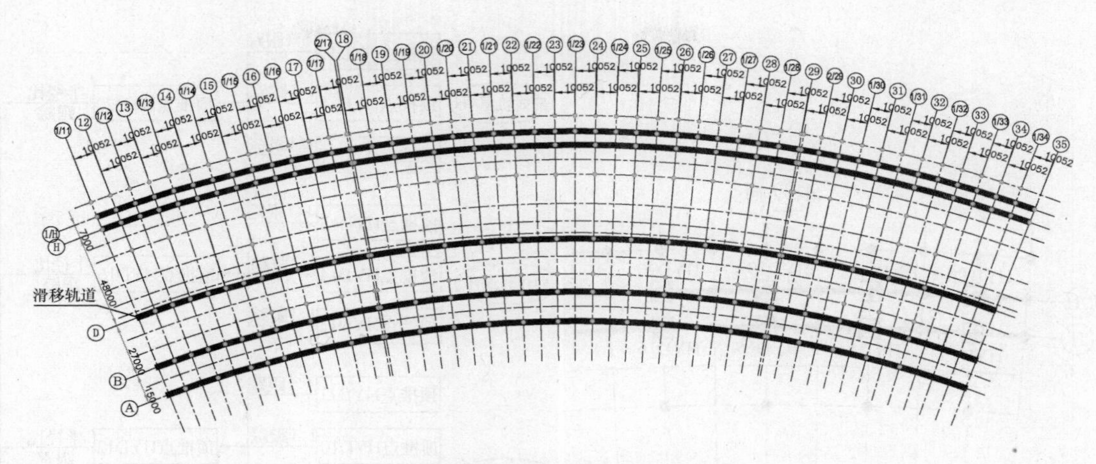

图 4　同心圆滑移轨道布置图

变成：在同一时间内，顶推设备在同一半径的轨道上具有相同的位移量；在不同半径的轨道上具有不同的位移量，不同轨道的顶推位移之比等于轨道半径之比。

2）同步控制策略

a. 轨道 A，以顶推点 HYD4 为主令点，控制其他各点 HYD3、HYD2、HYD1 与主令点 HYD4 保持等位移同步；

b. 轨道 B，以顶推点 HYD8 为主令点，控制其他各点 HYD7、HYD6、HYD5 与主令点 HYD8 保持等位移同步；

c. 轨道 D，以顶推点 HYD12 为主令点，控制其他各点 HYD11、HYD10、HYD9 与主令点 HYD12 保持等位移同步；

d. 轨道 H，以顶推点 HYD16 为主令点，控制其他各点 HYD15、HYD14、HYD13 与主令点 HYD16 保持等位移同步；

e. 轨道 1/H，以顶推点 HYD20 为主令点，控制其他各点 HYD19、HYD18、HYD17 与主令点 HYD20 保持等位移同步；

f. 轨道之间，以轨道 A 顶推点 HYD4 为主令点，控制轨道 B 主令点 HYD8 的位移与轨道 A 主令点 HYD4 的位移之比等于其半径之比。相应地，控制轨道 D 主令点 HYD12 的位移与轨道 A 主令点 HYD4 的位移之比等于其半径之比；控制轨道 H 主令点 HYD16 的位移与轨道 A 主令点 HYD4 的位移之比等于其半径之比；控制轨道 1/H 主令点 HYD20 的位移与轨道 A 主令点 HYD4 的位移之比等于其半径之比。

简言之，轨道 A 上其他顶推点向主令点 HYD4 “看齐”，轨道 B 上其他顶推点向主令点 HYD8 “看齐”，轨道 D 上其他顶推点向主令点 HYD12 “看齐”，轨道 H 上其他顶推点向主令点 HYD16 “看齐”，轨道 1/H 上其他顶推点向主令点 HYD20 “看齐”，而不同轨道上主令点 HYD8、HYD12、HYD16、HYD20 以不同的比例向 HYD4 “看齐”。

曲线滑移控制策略见图 5。

3）液压爬行器工作原理及步骤

步骤 1：爬行器夹紧装置中楔块与滑移轨道夹紧，爬行器液压缸前端活塞杆销轴与滑移构件（或滑靴）连接。爬行器液压缸伸缸，推动滑移构件向前滑移；

步骤 2：爬行器液压缸伸缸一个行程，构件向前滑移 300mm；

步骤 3：一个行程伸缸完毕，滑移构件不动，爬行器液压缸缩缸，使夹紧装置中楔块与滑移轨道松开，并拖动夹紧装置向前滑移；

步骤 4：爬行器一个行程缩缸完毕，拖动夹紧装置向前滑移 300mm。一个爬行推进行程完毕，再次执行步骤 1 工序。如此往复使构件滑移至最终位置。

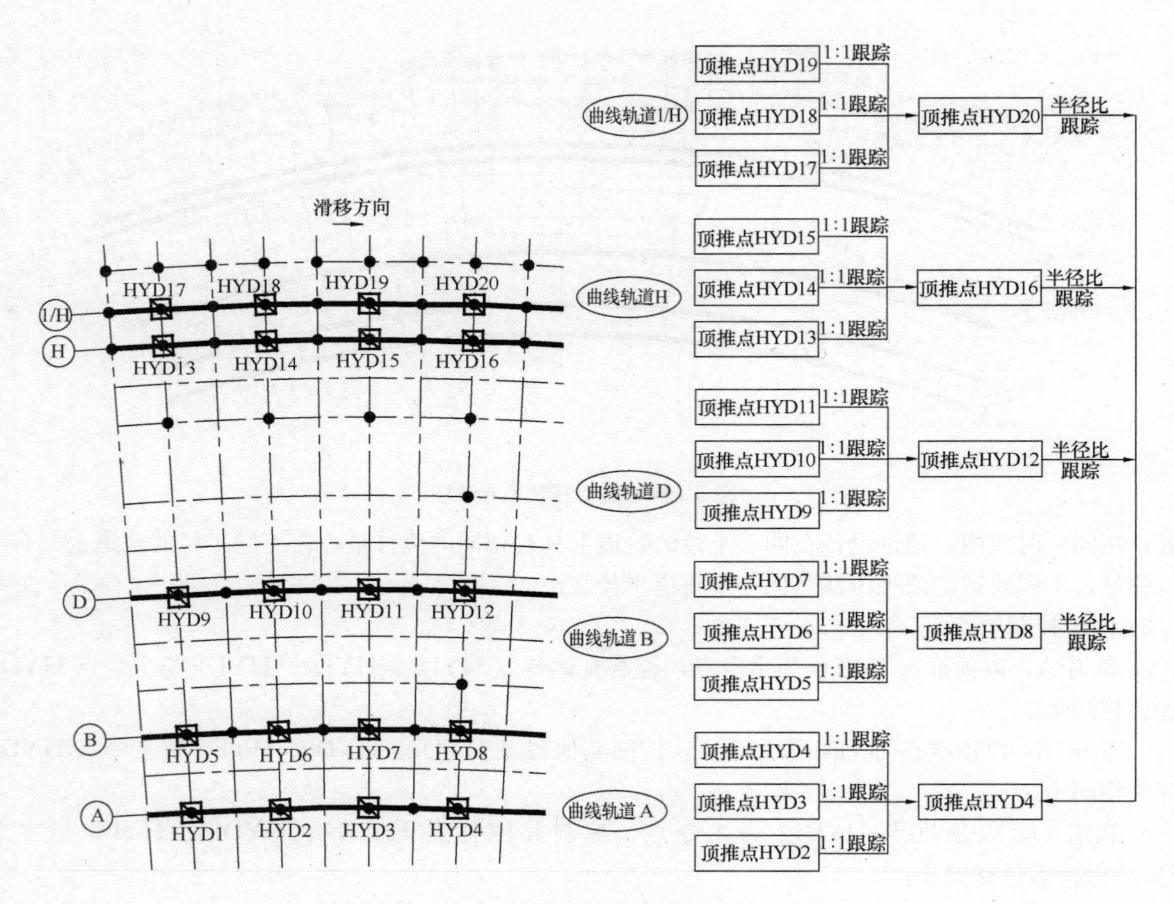

图5 曲线滑移控制策略

爬行器工作示意图见图6。

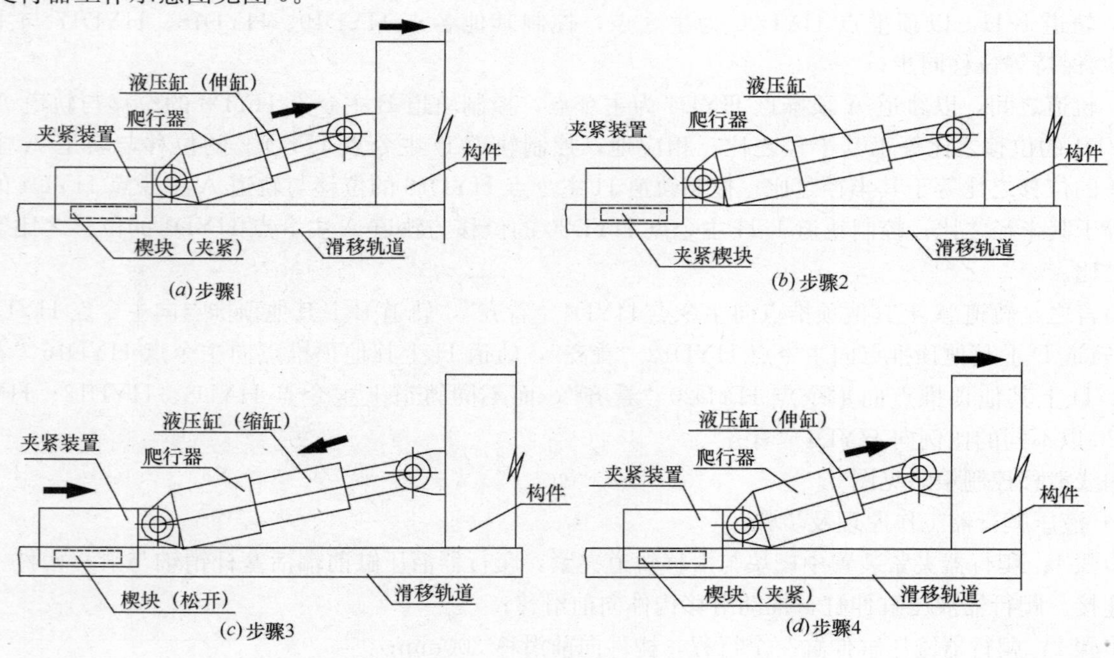

图6 爬行器工作示意图

2.4 滑移轨道

1）滑移轨道布置

经计算本工程采用 43kg 级的轨道能满足滑移需要，根据结构特点需要设置 5 道滑移轨道（单轨），为了避开标高＋8.500～＋13.900m 的局部夹层，将轨道设置在标高＋8.500m 层的 A 轴、B 轴、D 轴、H 轴和 1/H 轴的混凝土梁上。

2）滑移轨道与＋8.500m 楼面的连接

滑移轨道铺设在 A 轴、B 轴、D 轴、H 轴、1/H 轴的混凝土梁上，在混凝土梁面上沿轴线方向在轨道安装位置两侧对称埋设预埋件，沿轴线方向埋件间距为 500mm。安装轨道时将轨道与埋件之间通过焊接进行连接固定。

3）滑移轨道下部混凝土结构加强图

a. 加固范围

本工程滑移轨道在＋8.500m 平台上沿 A 轴、B 轴、D 轴、H 轴、1/H 轴铺设，呈圆弧状。由计算知，在滑移过程中需要对 A 轴、B 轴、D 轴、H 轴对应的混凝土梁进行加固。根据需加固轴线上混凝土柱间距（混凝土梁跨度）的大小及混凝土梁截面的大小，经计算确定部分加固点设置在 1/2 梁跨处，部分加固点设置在 1/3 梁跨处，部分加固点设置在 1/4 梁跨处，共有 130 个加固点（图 7）。详见表 1。

加固范围 **表 1**

轴线号	梁截面	跨距（m）	加固点位置
A	400mm×1000mm	16.8	1/2 跨处
	400mm×1100mm		
	600mm×1000mm		
B	400mm×1000mm	17.3	1/2 跨处
	400mm×1100mm		
D	400mm×800mm	9.07	1/2 跨处
	600mm×1000mm	18.2	1/4 跨处
	600mm×1200mm		
H	400mm×800mm	9.8	1/3 跨处
	400mm×1000mm	9.8	1/2 跨处
	700mm×1000mm	19.6	

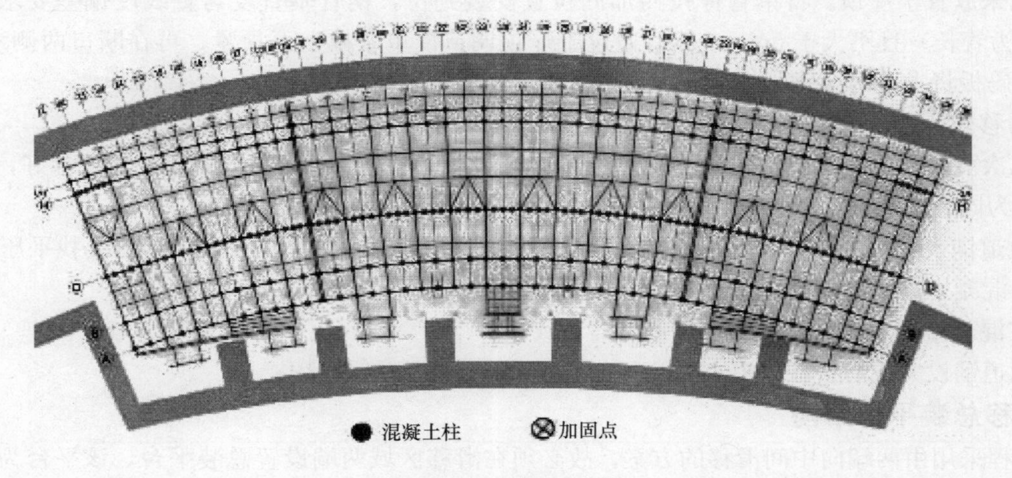

图 7 加固点布置图

b. 加固方法

经计算，对标高为＋8.500m 平台上滑移轨道下方对应的混凝土梁采用截面为 ϕ245mm×10mm 的钢管进行单管加固。每个加固点处向下逐层加固，直到地下室底板或下方对应的混凝土柱顶，示意图见图 8。

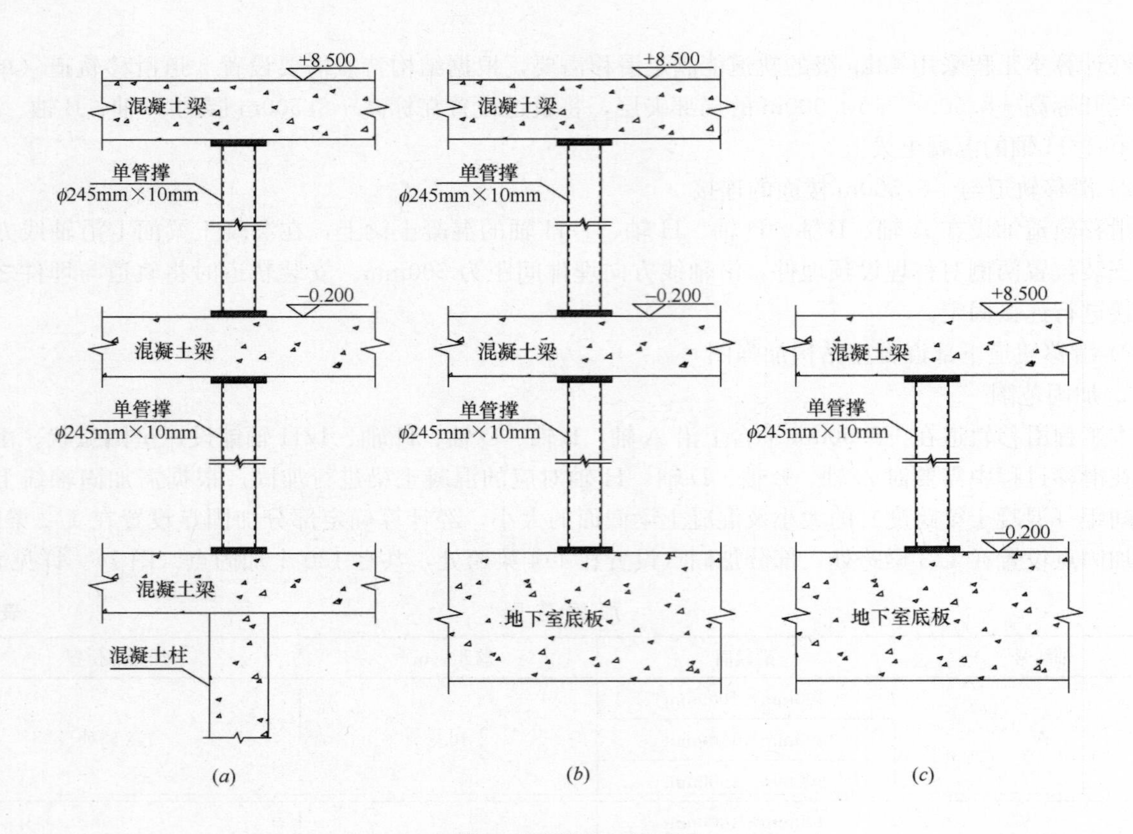

图 8　逐层加固示意图

（*a*）逐层加固示意一；（*b*）逐层加固示意二；（*c*）逐层加固示意三

为了保证单管撑与混凝土梁相接处混凝土结构不产生局部破坏，在单管撑顶部与底部各焊接一块10mm×400mm×400mm的钢板作为封头板，并且在钢板与混凝土结构之间加放一块25mm×400mm×400mm的松木板（木板可为一整块也可用2～3块拼接而成）。

根据加固位置，上下两层梁间的高差进行单管撑下料并留20mm的调节长度。加固施工时先将单管撑一分为二，断口位置由现场操作人员根据方便操作的原则而定，在断口两侧管口三等分点处各焊一个T排用来放置千斤顶。将单管撑按照加固位置安装到位，钢管垂直度与直线度偏差要求不大于$L/1000$（L为管长）且不大于5mm，然后通过千斤顶调节使单管撑上下顶紧，再在断口两侧六等分点处通过六块码板将上下两段钢管焊牢固，最后将千斤顶取下。

4）滑移轨道施工要求

a. 本次滑移为曲线滑移，轨道铺设为每12m铺设一段轨道，保证每段轨道的连接性好，稳固可靠，保证轨道为同心圆铺设。

b. 轨道铺设在混凝土梁上，因此要保证混凝土梁平整牢固密实。不平整的地方要找平压光。

c. 当混凝土梁试块的达到75%以上的强度设计值时方可铺设轨道。

d. 在混凝土梁上设置基准点，控制标高一致。

e. 轨道铺设完成后，在轨道上涂一层黄油，减小摩擦阻力。

2.5　滑移总装平台结构

本工程采用由两端向中间滑移的方案，故必须在滑移区域两端设置总装平台，该平台为固定平台，用来进行滑移分块的拼装。总装平台立杆设置在滑移分块的主弦杆对接口位置，起临时支撑的作用。

总装平台立杆采用1.5m×1.5m的格构柱，格构柱的立杆为ϕ180mm×10mm的钢管，腹杆为ϕ114mm×4mm的钢管；总装平台横杆采用格构式联系桁架，其长度根据滑移分块的宽度而定，联系桁架弦杆为ϕ159mm×6mm的钢管，腹杆为ϕ102mm×4mm的钢管。先将总装平台的格构柱和联系桁架在地面胎架上做好，再整体吊装，总装平台底部通过H型钢底座与+8.700m的混凝土平台相连。

总装平台大样图见图 9。

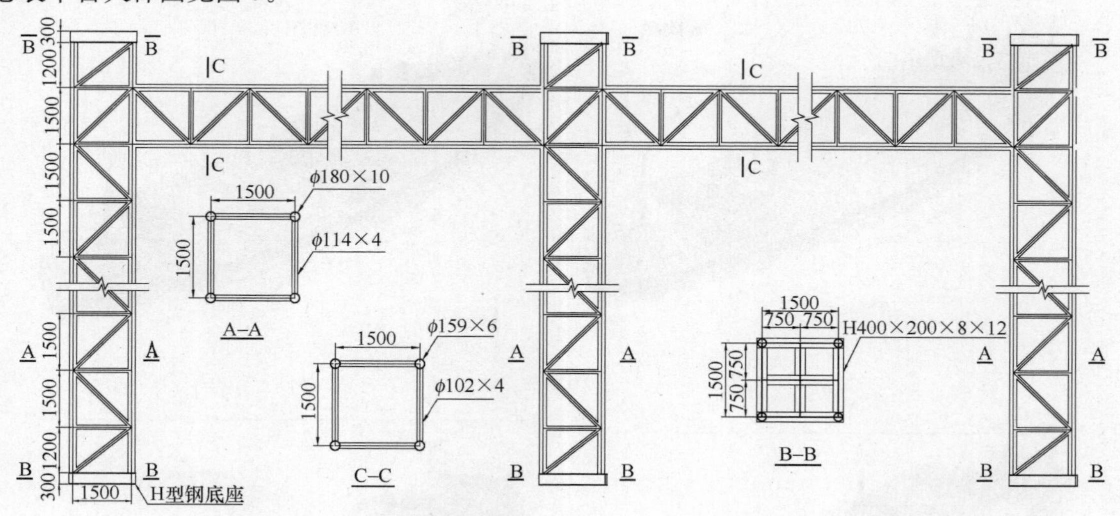

图 9 总装平台大样图

2.6 滑移顶推设备

计算机控制液压同步滑移系统由夹轨器（含顶推油缸）、液压泵站（驱动部件）、传感检测及计算机控制（控制部件）等几个部分组成。

1）顶推油缸

顶推油缸是滑移系统的推力部件，用来克服滑移构件的滑移摩擦力。用户可以根据滑移构件产生滑移摩擦力的大小来配置顶推油缸的数量。

2）液压设备

液压泵站是滑移系统的动力驱动部分，它的性能及可靠性对整个滑移系统的稳定可靠影响最大。在液压系统中，采用比例同步技术，这样可以有效地提高整个滑移系统的同步调节性能。

3）传感检测设备

传感检测主要用来获得液压油缸的行程信息、载荷信息和整个被滑移构件的状态信息，并将这些信息通过现场实时网络传输给主控计算机。这样主控计算机可以根据当前网络传来的油缸位移信息决定液压油缸的下一步动作，同时，主控计算机也可以根据网络传来的载荷信息和构件姿态信息决定整个滑移系统的同步调节量。

4）控制系统配置

液压同步滑移施工技术核心设备采用计算机控制，通过数据反馈和控制指令传递，可全自动实现同步动作、负载均衡、姿态矫正、应力控制、操作闭锁、过程显示和故障报警等多种功能。

2.7 滑移过程

滑移按如下步骤进行：

1）布置好滑移支架和总装平台，在侧面的总装平台上进行第一个滑移分块 1-1 的四榀桁架组装及桁架间嵌补管安装，使之形成整体。安装过程采用 250t 和 400t 履带吊分别从空侧和陆侧进行吊装。

2）通过计算机控制液压同步滑移系统将第一个滑移分块 1-1 及其下部的拼装支架整体滑移到预定位置，滑移过程中要加强监测和信息反馈，确保滑移的精度。

3）在侧面的总装平台上进行第一个滑移分块 1-2 的四榀桁架组装及桁架间嵌补管安装，拼装完成后通过计算机控制液压同步滑移系统滑移到位。采用同样的方法将 1-3、1-4 及另一侧的 2-1 分块滑移到位。相邻分块滑移到位后，安装滑移分块间的嵌补杆件和四叉撑斜柱。

4）滑移各单元到位后，采用履带吊安装空侧落地桁架和陆侧悬挑桁架。最后进行整体卸载。

具体过程见图 10。

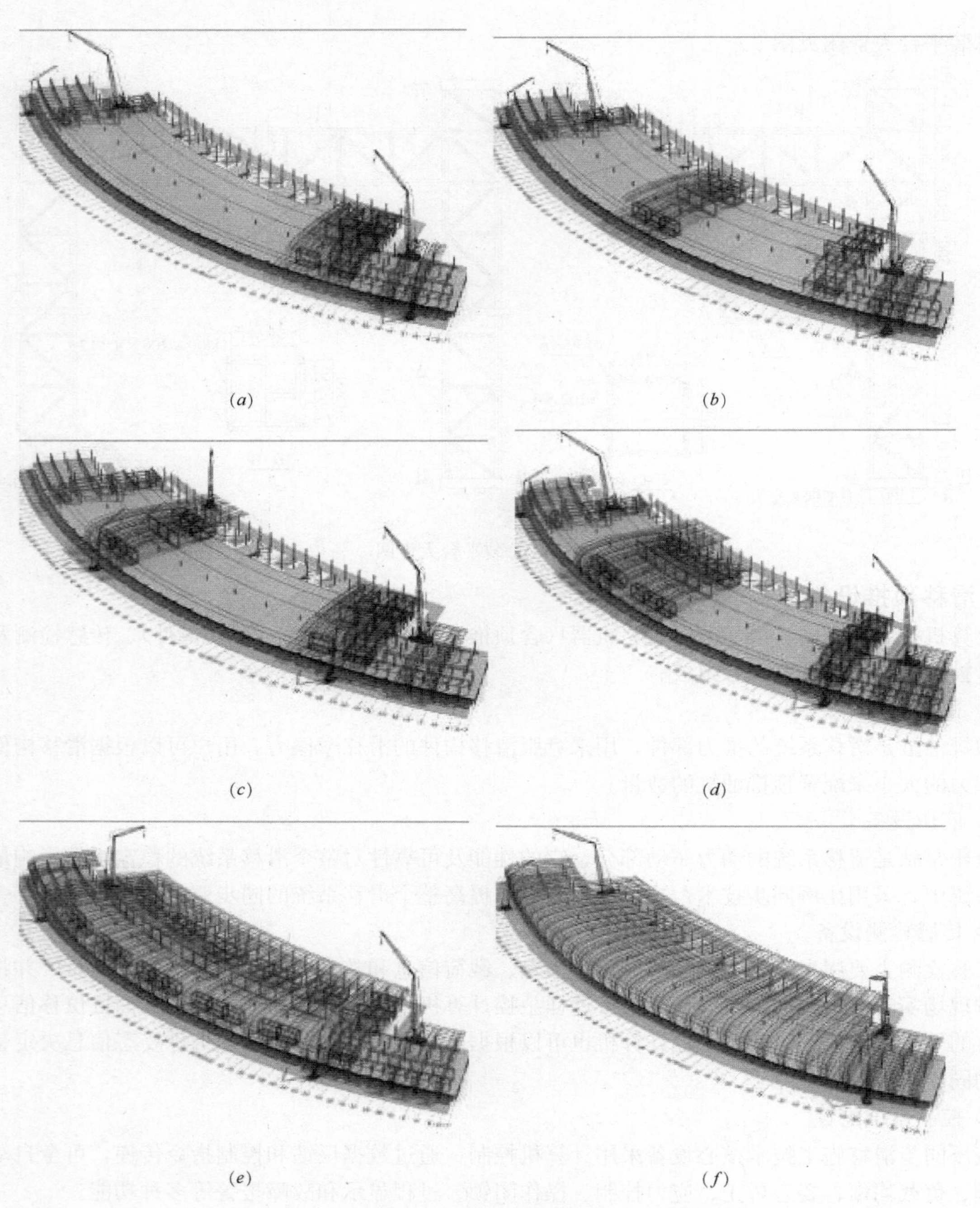

图 10 滑移过程示意图

(*a*) 滑移分块 1-1 拼装；(*b*) 滑移分块 1-1 滑移就位；(*c*) 滑移分块 1-2 拼装；
(*d*) 滑移分块 1-2 滑移就位；(*e*) 其他分块拼装并滑移到位；(*f*) 结构整体卸载

3 滑移安全措施

3.1 设备安全措施

(1) 每台顶推油缸上装有液压锁，防止失速下降；即使油管破裂，重物也不会下坠；
(2) 液压和电控系统采用联锁设计，以保证提升系统不会出现由于误操作带来的不良后果；
(3) 控制系统具有异常自动停机、断电保护等功能；
(4) 控制系统采用容错设计，具有较强抗干扰能力。

3.2 现场安全措施

（1）顶推设备在安装时，地面应划定安全区，以避免重物坠落，造成人员伤亡；

（2）在正式施工时，也应划定安全区，禁止交叉作业；

（3）结构顶推空间内不得有障碍物；

（4）在顶推的过程中，应指定专人监测顶推平移油缸、横向调整油缸和液压泵站的工作情况。若有异常，直接通知指挥控制中心；

（5）在施工过程中，要密切观察结构的变形情况；

（6）顶推过程中，未经许可不得擅自进入施工现场；

（7）防火：液压提升现场严禁烟火，并要求配备灭火设备；

（8）防盗：露天放置的液压顶推设备应派专门人员负责安全保卫工作；

（9）应备有灾害天气的应急措施。

4 结论

多轨道液压顶推曲线滑移安装技术的应用，是大跨度桁架安装技术的又一次创新。在滑移过程中实现了五条轨道同步曲线滑移，各轨道的设置位置、下部的加强措施、所选用的滑移设备及滑移过程中各条轨道上的线速度控制等为重点控制技术。在本工程的施工过程中，利用液压顶推技术，并采取了有效的管理和监测手段，严格控制了安装的精度。该技术的应用有效提高了安装速度和精度，在短短两个月内就完成了滑移的全过程，同时节约了施工成本，为工程的顺利封顶提供了保障。

参考文献

[1] 中华人民共和国国家标准. 钢结构工程施工质量验收规范 GB 50205—2001. 北京：中国计划出版社，2002.

钢结构工程优化设计案例
——成都某商业文化综合体项目钢结构优化应用

孙晓彦　舒　涛　崔学宇

（北京市清华同衡规划设计研究院有限公司，北京　100085）

摘　要　结构优化是在满足建筑功能要求和结构安全的前提下选择合理的结构方案，并进行精细化设计，最终节省钢材用量和节约工程造价，同时也更加节能和环保，充分发挥了钢结构作为绿色建筑并可持续发展的优势。本文通过一个具体工程案例的优化，论述了钢结构优化的具体过程，通过优化建筑荷载、调整结构体系、优化整体计算及构件设计、统一规格材质等措施，阐述绿色建筑节材思路，发挥钢结构的核心优势，为类似工程设计借鉴参考。

关键词　钢结构框架；优化设计；绿色建筑

钢结构建筑因其重量轻、加工制作工厂化、标准化程度高、施工速度快、材料可循环利用等优点，当之无愧被称为绿色建筑的代表。但如果在建筑设计中结构体系选型不合理，配套建筑做法不合适，设计中过多考虑安全富裕，造成钢结构用钢量过大，钢材品种、规格过多，选择不合理，那就没有发挥出钢结构建筑的核心优势，也算不上是一个好的绿色建筑。本文通过对已完成施工图设计的钢结构工程进行了详细的优化分析，具体阐述一个多层钢结构建筑的设计优化思路，并进行了优化前后的比较。

1　工程概况

本工程为四川成都某商业办公综合体项目，综合体由 20 多个单体组成，每个单体建筑面积大约 2000 多 m^2，均为 2～3 层钢框架结构体系，带一层地下室，屋面为多坡屋面，构造比较复杂，但外形优美，充分融合了四川民居古代建筑特色和现代建筑的特点。3 号楼的建筑平面图、立面图、剖面图如图 1～图 3 所示。

2　项目优化的提出和优化方案选择

开发商拿到原设计单位的施工图纸后，组织专业技术人员及专家对图纸进行了初步审核。审核范围包括设计文件是否满足业主的要求，是否符合相关规程规范，结构是否安全可靠且经济合理等。初步审核结果一致认为：本工程结构设计过于保守，浪费严重，经初步测算，原设计钢材用量达到了 110kg/m^2，远高于其他类似项目。

受开发商委托，我单位对原结构图纸进行审核并进行相关优化设计。本工程为纯钢框架结构，柱网为 10.8m×9m，首层层高 6.55m，二层坡屋面，檐口层高 5m。我们首先提出：在有建筑隔墙的地方适当增加钢支撑，将原设计的纯钢框架体系调整为框架一支撑体系。由于商业项目考虑灵活隔断，开敞的空间较多而可加支撑部位不多，经过计算，传统的钢构件支撑由于要考虑受压屈曲问题，截面较大，刚度大，分配的水平力也大，造成节点设计困难，同时结构计算整体的结果也不理想，因此建议采用屈曲约束支撑。屈曲约束支撑的优势在于拉压承载能力基本一致，地震下有良好的耗能能力，选择常规的定型产品就能满足设计要求。本工程结构采用框架支撑体系后，结构抗侧能力增强，且梁柱截面均有减小，经初步测算钢结构部分造价大约可节省 30％。

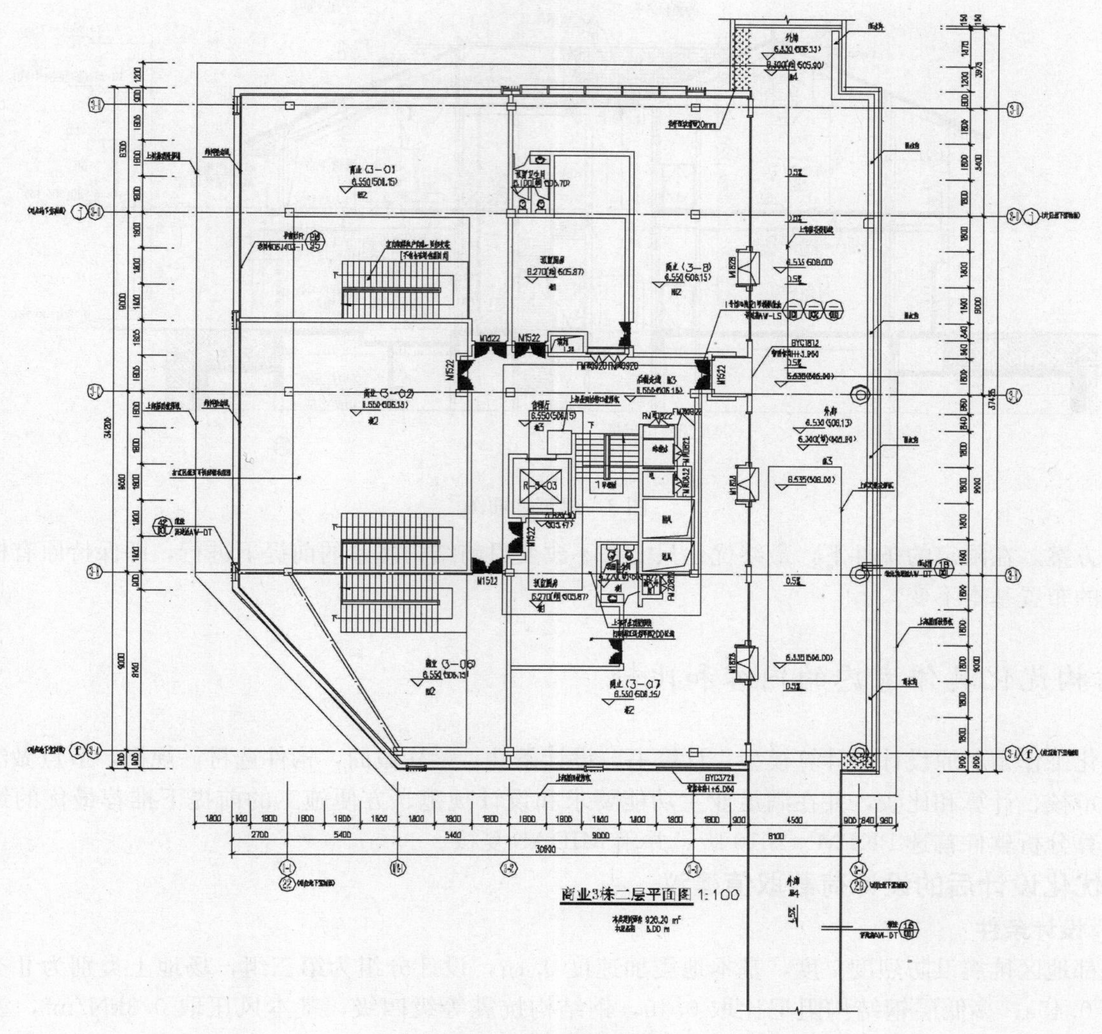

图 1　建筑平面图

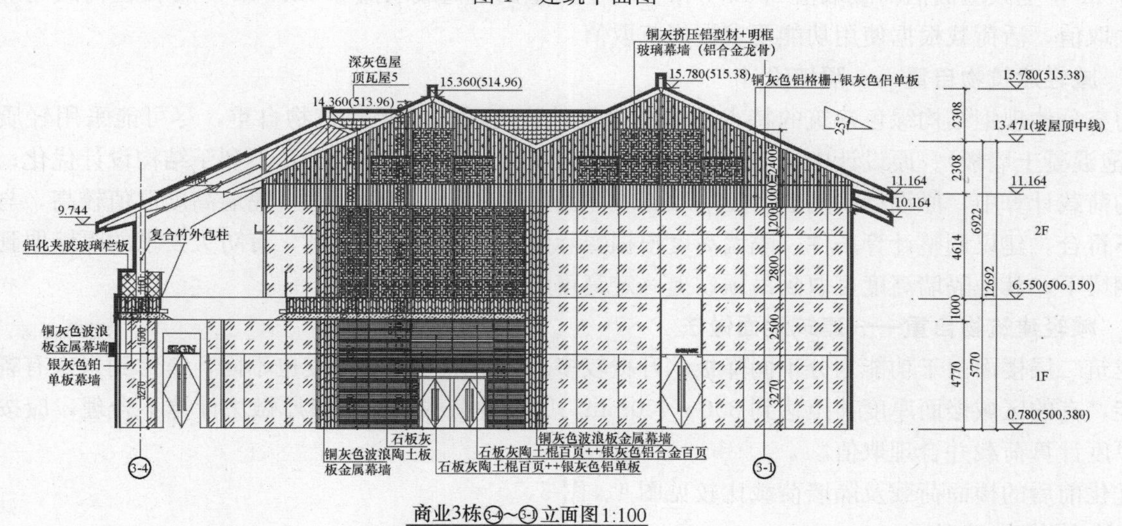

图 2　建筑立面图

提交此结构方案后，业主给予了否决，原因是基于现代化方案的支撑布置虽不影响目前建筑设计功能的要求，但商业建筑可能考虑到招商有各种可能性，包括功能布局的改变，支撑的布置对整个建筑全生命周期内灵活布局有一定的影响。本着建筑功能优先的原则，最终的结构优化不再推荐采用框架支撑

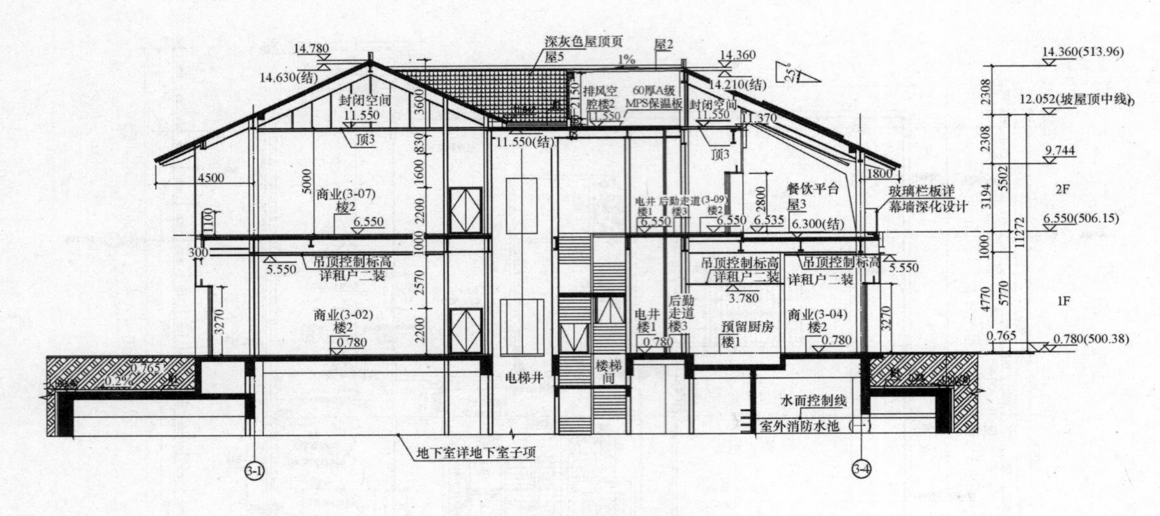

图 3　建筑剖面图

体系的方案。在限定的条件下，最终优化只能在不改变目前结构体系的前提下进行，即保持原有柱网不改，梁的布置基本不变。

3　结构优化具体考虑的内容和比较

优化工作是对原设计的计算模型，计算书，设计条件，梁柱截面，构件选材，规格，节点做法等进行重新审核、计算和比较，并在满足业主功能要求和设计规范、方便施工的前提下推荐最优的结构设计。计算分析软件首选 PKPM－2010 版，并用 MIDAS 复核。

3.1　优化设计后的设计荷载取值建议

3.1.1　设计条件

成都地区抗震设防烈度 7 度，基本地震加速度 0.1g，设计分组为第三组，场地土类别为Ⅱ类，特征周期 0.45s，多低层钢结构阻尼比取 0.45，钢结构抗震等级四级，基本风压取 0.3kN/m^2，雪荷载 0.1kN/m^2，上人屋面活荷载取值 2.0kN/m^2，非上人屋面活荷载取值 0.5kN/m^2，楼面恒荷载均应按实际做法取值，活荷载根据使用功能要求按规范取值。

3.1.2　减轻建筑物自重——隔墙设计

为充分体现钢结构绿色建筑的特点，钢结构设计优先考虑减轻建筑物自重，尽可能采用轻质墙板（如发泡混凝土墙板）。原设计中一是隔墙设计大量采用页岩砖，墙体很重，不利于结构设计优化；二是在结构荷载计算中，原设计将隔墙高度均取到坡屋面底部来计算隔墙荷载，隔墙高度取值较高，与实际情况不符合。建议调整计算条件：隔墙高度根据实际建筑要求精细化设计，有防火要求的隔墙取到屋面底部钢梁下，其他隔墙高度可取到吊顶以上一定高度即可。

3.1.3　减轻建筑物自重——建筑地面做法

建筑二层楼面由于功能划分不同降板，升板较多，建筑地面做法厚度也不同，考虑到未来有餐饮厨房功能，有的区域楼面厚度甚至达到 300～400mm，原设计荷载取值按最厚做法计算不合理，应按实际做法厚度计算荷载并合理取值。

优化前后的楼面荷载及隔墙荷载比较见图 4、图 5。

3.2　构件优化建议

3.2.1　构件选材和规格选用

原设计梁柱截面规格较多，有轧制，有焊接，材料不统一，有部分 Q420，甚至选择轧制 Q420，材料采购困难。设计应尽可能在满足规范要求的前提下，尽量考虑采购及施工方便。加工、制作、安装成本是总造价的主要组成部分，设计选材尽可能常用和符合标准模数。经过查看原设计计算书，原计算结

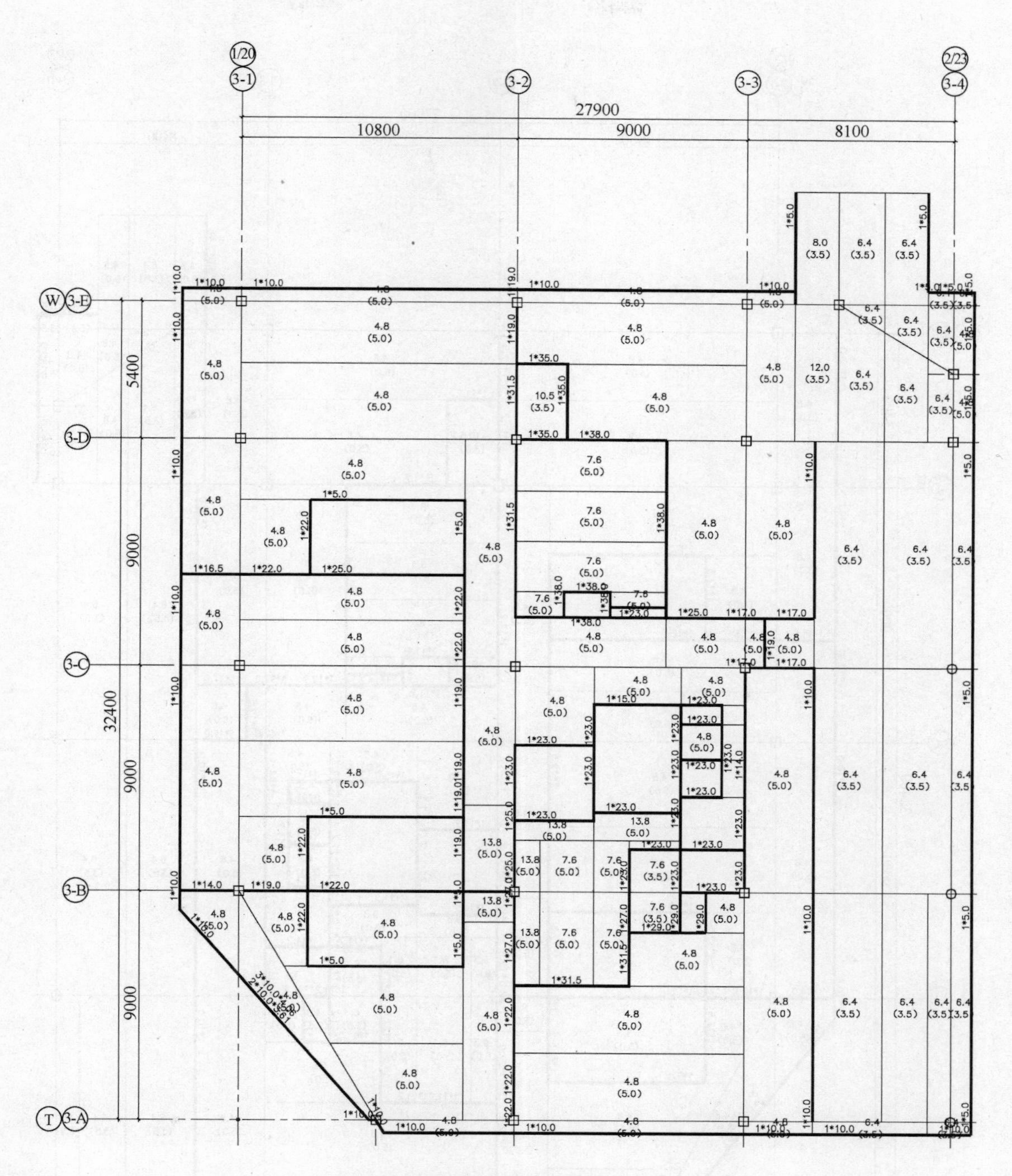

图 4　首层顶板恒荷载布置图（原设计）

果就是在荷载不进行优化的前提下，大部分构件应力比比较小，整体刚度大，层间位移角 1/600，远高于规范要求的 1/250，刚度大，地震力会增加，对抗震未必有利。优化后，统一材质，统一用焊接型钢，规格尽可能归并，梁、柱截面可明显减小，钢材用量节省较多。

3.2.2　框架柱优化

原设计整体计算表明，结构侧向刚度较大，层间位移角为 1/600，框架柱应力比较小，普遍低于 0.5，框架柱有可调整余地。优化后根据柱受力大小选择不同的截面。由于上层屋面荷载较小，上层柱可变截面或仅减小柱壁板厚度。优化后的柱截面均满足设计要求，应力比控制在 0.85 之内，其他指标也满足规范要求。

优化前后钢柱钢材用量对比见表 1、表 2。

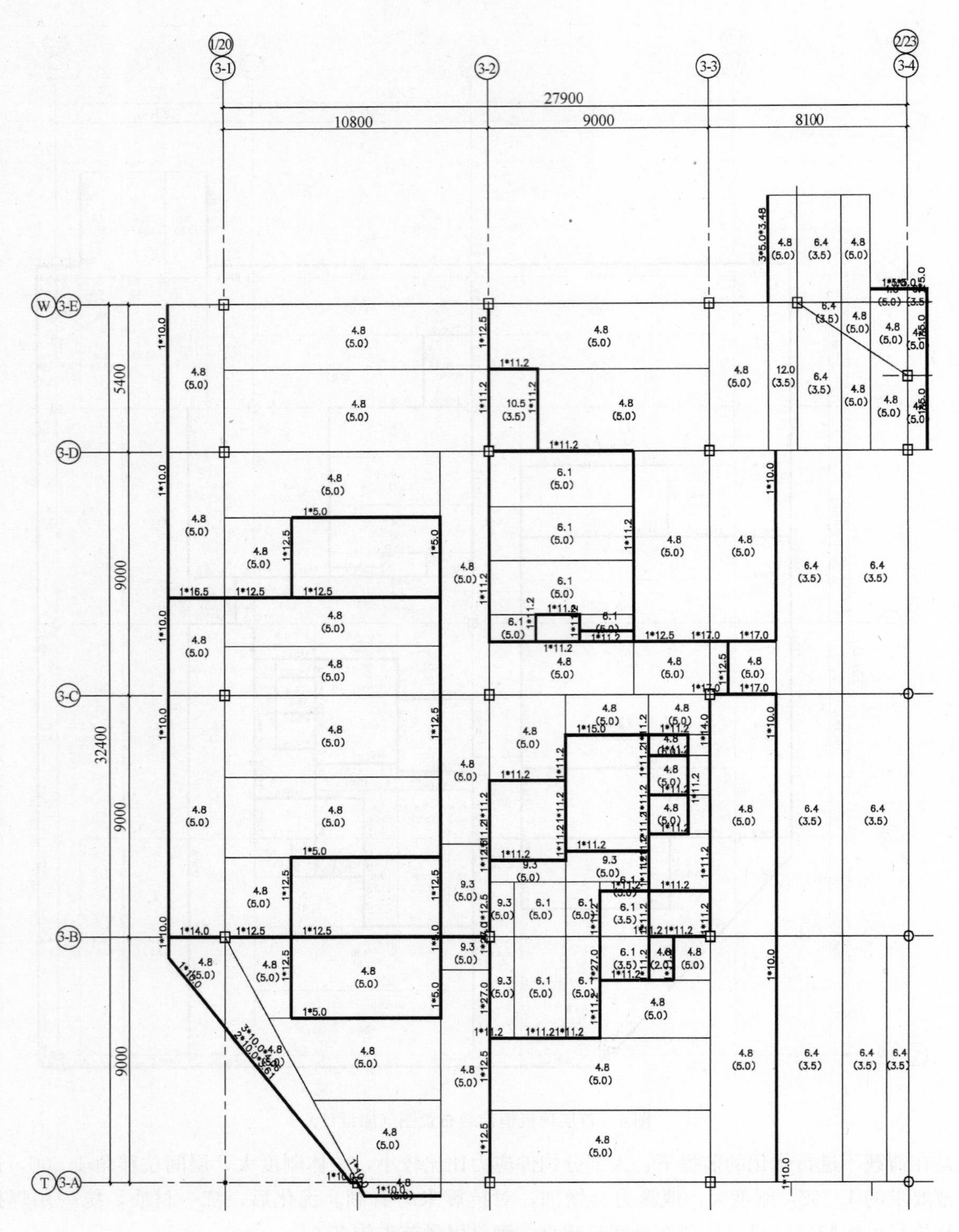

图5　首层顶板恒荷载布置图（建议做法）

优化前后框架柱总用钢量对比　　表1

对比项	优化前	优化后	节省量	节省百分比
框架柱总用钢量（t）	89.7	62.6	27.1	30.2%

优化前后框架柱截面对比　　表 2

首层钢柱截面表（原设计）					首层钢柱截面表（建议做法）				
名称	柱编号	型号（截面）$h \times b \times t_w \times t_f$（mm）	材料	备注	名称	柱编号	型号（截面）$h \times b \times t_w \times t_f$（mm）	材料	备注
钢柱	GZ1	□400×400×22×22	Q345B	焊接箱形钢	钢柱	GZ1	□380×380×12×12	Q345B	焊接箱形钢
	CZ2	□250×250×22×22	Q345B	焊接箱形钢		CZ2	○400×12	Q345B	焊接箱形钢
	CZ3	○450×22	Q345B	高频焊管		CZ3	□380×380×20×20	Q345B	高频焊管

说明：构件编号仅表示构件断面相同，构件的长度以实际放样为准。

3.2.3　次梁优化

有混凝土楼板的楼面次梁应采用组合梁设计（框架梁、悬挑梁一般不按组合梁设计）。由于混凝土楼板的组合作用，混凝土板作为钢梁的受压翼缘，大大提高了简支次梁抗弯承载能力。经过计算比较，基于组合梁设计比不考虑组合，梁的抗弯承载能力可提高 40%，如有可能，次梁可做成上翼缘小的形式，钢材节省较多。尽管考虑组合作用后，楼面梁栓钉要按完全抗剪设计，但增加的量很少（不考虑组合也同样要设计构造栓钉），综合比较仅次梁部分造价可节省最少 15%。

3.2.4　楼面主梁优化

原设计框架梁应力比大部分是比较小的，尽管框架梁是抗侧力构件，但考虑到结构整体侧向刚度较大，可适当减小截面。对于跨度较大的主梁，如跨中抗弯能力不足，仍可考虑组合梁的作用，框架梁的端部由于上翼缘可能受压或受拉，受拉时楼板钢筋能起作用，原则上也可考虑部分组合作用，但我们结构设计一般将其作为安全储备。考虑到强柱弱梁的抗震要求，框架梁富裕过多，抗震未必有利。设计优化中，发现部分框架梁截面不够，提醒设计单位予以核对修改。

3.2.5　屋面梁优化

原设计屋面支撑布置不合理，数量少，间距大，建议尽可能在端部和长向中间部位设计屋面水平支撑，一方面增加屋面刚度，同时可减小斜梁的计算长度，减小斜梁截面。由此调整增加的支撑用量很少，总体屋面钢梁节省量较大，具体数据见表 3、表 4。

3.2.6　调整前后钢梁材料用量、截面规格对比

经计算优化后的所有钢梁应力比均控制在 0.85 之内，其他指标也满足规范要求。

优化前后钢梁钢材用量对比见表 3～表 5。

3.2.7　关于节点和支撑设计

1）原设计中大部分梁连接采用刚性连接，尤其边梁端部采用刚性连接对抗扭不利，施工也不方便。优化后根据需要，尽可能主次梁连接采用铰接处理，既方便施工，受力简单明确，又可减少节点用钢量，经济性好。

2）在每个独立屋盖端部都布置水平支撑，保证每个屋盖的屋面整体刚度和水平传力，减小支撑间距，屋面钢梁面外计算长度可取支撑间距，有利于钢梁的稳定计算，可减小钢梁截面，经济性好。

优化前后钢梁总用钢量对比　　表 3

对比项	优化前	优化后	节省量	节省百分比
钢梁总用钢量（t）	162.4	129.4	33.0	20.3 %

优化前后首层钢梁截面对比　　表 4

首层钢梁截面表（原设计）					首层钢梁截面表（建议做法）				
名称	梁编号	型号（截面）$h\times b\times t_w\times t_f$（mm）	材料	备注	名称	梁编号	型号（截面）$h\times b\times t_w\times t_f$（mm）	材料	备注
钢梁	GL1	I 300×150×6.5×9	Q345B	热轧 H 型钢	钢梁	GL1	H700×240×12×20	Q345B	
	GL2	I 400×200×8×13	Q345B	热轧 H 型钢		GL2	H550×200×10×14	Q345B	
	GL3	I 500×200×10×16	Q345B	热轧 H 型钢		GL3	H700×330×12×25	Q345B	
	GL4	I 600×200×11×17	Q345B	热轧 H 型钢		GL4	箱 300×700×12×12	Q345B	
	GL5	I 700×300×13×24	Q345B	热轧 H 型钢		GL5	H450×200×6×10	Q345B	
	GL6	I 700×200×13×24	Q420B	热轧 H 型钢		GL6	H550×220×10×16	Q345B	
	GL7	I 截面尺寸详 GL7 截面尺寸图	Q345B	焊接 H 型钢		GL7	H400×180×8×10	Q345B	
	GL8	I 450×200×9×14	Q345B	热轧 H 型钢		GL8	H400×180×6×8	Q345B	
	GL9	I 截面尺寸详 GL9 截面尺寸图	Q345B	焊接 H 型钢					
	GL10	I 截面尺寸详 GL10 截面尺寸图	Q345B	焊接 H 型钢					
	GL11	I 200×150×6.5×9	Q345B	焊接 H 型钢					
	GL12	I 200×200×8×13	Q345B	焊接 H 型钢					
	GL13	I 700×200×13×20	Q345B	焊接 H 型钢					
	GL14	⊥ 200×200×10×16	Q345B	焊接 H 型钢					
	GL15	□ 700×300×20×20	Q345B	焊接箱型钢					
	GL16	I 截面尺寸详 GL16 截面尺寸图	Q345B	焊接 H 型钢					
	GL17	I 截面尺寸详 GL17 截面尺寸图	Q345B	焊接 H 型钢					
	GL18	I 650×200×10×11	Q345B	焊接 H 型钢					
	GL19	□ 400×200×8×13	Q345B	焊接 H 型钢					
	GL20	I 700×200×13×24	Q345B	焊接 H 型钢					
	GL21	I 700×200×11×20	Q345B	焊接 H 型钢					
	GL22	I 200×100×5.5×8	Q345B	热轧 H 型钢					
	GL23	I 400×150×6×9	Q345B	焊接 H 型钢					
	GL24	I 450×150×8×9	Q345B	焊接 H 型钢					
	GL25	I 600×250×11×17	Q345B	焊接 H 型钢					
	GL26	I 600×300×11×18	Q345B	焊接 H 型钢					

说明：构件编号仅表示构件断面相同，构件的长度以实际放样为准。

优化前后屋面钢梁截面对比 **表 5**

屋面钢梁截面表（原设计）					屋面钢梁截面表（建议做法）				
名称	梁编号	型号（截面）$h\times b\times t_w\times t_f$（mm）	材料	备注	名称	梁编号	型号（截面）$h\times b\times t_w\times t_f$（mm）	材料	备注
钢梁	GL1	I 300×150×6.5×9	Q345B	热轧 H 型钢	钢梁	GL1	H400×220×8×12	Q345B	
	GL2	I 400×200×8×13	Q345B	热轧 H 型钢		GL2	H400×180×8×10	Q345B	
	GL3	I 500×200×10×16	Q345B	热轧 H 型钢		GL3	H400×180×6×8	Q345B	
	GL4	I 600×200×11×17	Q345B	热轧 H 型钢		GL4	H200×200×6×8	Q345B	
	GL5	I 700×300×13×24	Q345B	热轧 H 型钢		GL5	H550×220×10×16	Q345B	
	GL6	I 700×300×13×24	Q420B	热轧 H 型钢		GL6	H200×150×6×8	Q345B	
	GL7	I 截面尺寸详 GL7 截面尺寸图	Q345B	焊接 H 型钢					
	GL8	I 450×200×9×14	Q345B	热轧 H 型钢					
	GL9	I 截面尺寸详 GL9 截面尺寸图	Q345B	焊接 H 型钢					
	GL10	I 截面尺寸详 GL10 截面尺寸图	Q345B	焊接 H 型钢					
	GL11	I 200×150×6.5×9	Q345B	焊接 H 型钢					
	GL12	I 200×200×8×13	Q345B	焊接 H 型钢					
	GL13	I 700×200×13×20	Q345B	焊接 H 型钢					
	GL14	I 200×200×10×16	Q345B	焊接 H 型钢					
	GL15	□ 700×300×20×20	Q345B	焊接箱型钢					
	GL16	I 截面尺寸详 GL16 截面尺寸图	Q345B	焊接 H 型钢					
	GL17	I 截面尺寸详 GL17 截面尺寸图	Q345B	焊接 H 型钢					
	GL18	I 650×200×10×11	Q345B	焊接 H 型钢					
	GL19	□ 400×200×8×13	Q345B	焊接 H 型钢					
	GL20	I 700×200×13×24	Q345B	焊接 H 型钢					
	GL21	I 700×200×11×20	Q345B	焊接 H 型钢					
	GL22	I 200×100×5.5×8	Q345B	热轧 H 型钢					
	GL23	I 400×150×6×9	Q345B	焊接 H 型钢					
	GL24	I 450×150×8×9	Q345B	焊接 H 型钢					
	GL25	I 600×250×11×17	Q345B	焊接 H 型钢					
	GL26	I 600×300×11×18	Q345B	焊接 H 型钢					

说明：构件编号仅表示构件断面相同，构件的长度以实际放样为准。

3.2.8 关于整体计算参数对比

从下面的整体计算参数可看出，经优化后的结构层间位移角、位移比和周期比等指标均较好地满足了规范要求，说明优化后的结构从整体是合理可行的。

优压后结构周期、最大层间位移角的对比　　表 6

对比项		原设计	调整后
周期	T1（s）	0.8477（Y 平动）	1.0215（Y 平动）
	T2（s）	0.8079（X 平动）	0.9675（X 平动）
	T3（s）	0.6856（扭转）	0.7978（扭转）
	T3/T1	0.81	0.78
最大层间位移角	X 向（地震）	1/597（1 层） 1/742（2 层） 1/2410（3 层）	1/549（1 层） 1/721（2 层） 1/833（3 层）
	Y 向（地震）	1/643（1 层） 1/651（2 层） 1/1437（3 层）	1/505（1 层） 1/648（2 层） 1/779（3 层）

4 其他软件的计算复核

4.1 Midas 软件复核

由于结构体型非常规，有大开洞，错层，屋面有大量的斜构件，因此采用 Midas-GEN8.0 对优化后的结构进行了计算复核，计算条件同 PKPM 软件，模型如图 6 所示。Midas 计算的整体参数见表 7。

图 6　计算模型

Midas 计算的整体参数　　表 7

项　　目		调　整　后
周期	T1（s）	1.0322（Y 平动）
	T2（s）	0.9756（X 平动）
	T3（s）	0.80（扭转）
	T3/T1	0.775
最大层间位移角	X 向（地震）	1/545（1 层） 1/700（2 层） 1/801（3 层）
	Y 向（地震）	1/490（1 层） 1/610（2 层） 1/700（3 层）

Midas 的结构梁柱计算应力比和其他指标均满足规范要求，从另一方面验证了优化后结构的可靠和合理性。

4.2　在多遇地震下的弹性时程分析

4.2.1　PMSAP 时程分析输入条件

记录步长：0.02s，阻尼比：0.04，采用 PKPM 地震波库中提供的一条人工波（RH1TG045）和两条天然波（TH2TG045、TH3TG045），见图 7～图 9。计算时采用这三条地震波的包络值。

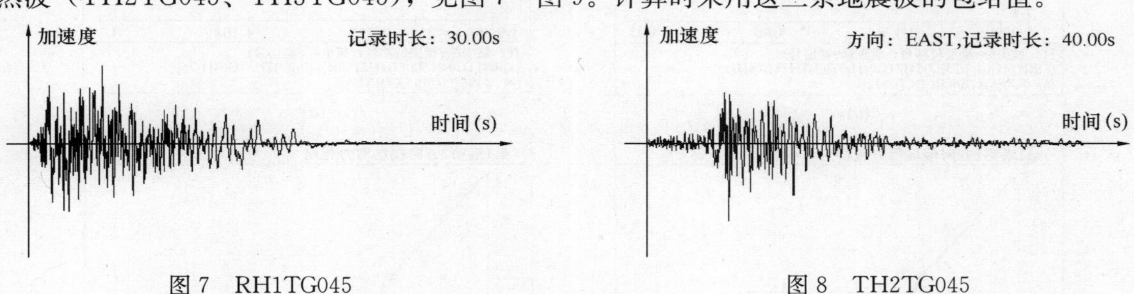

图 7　RH1TG045　　图 8　TH2TG045

4.2.2　规范反应谱与地震波谱的对比图

规范反应谱与地震波谱的对比，见图 10。

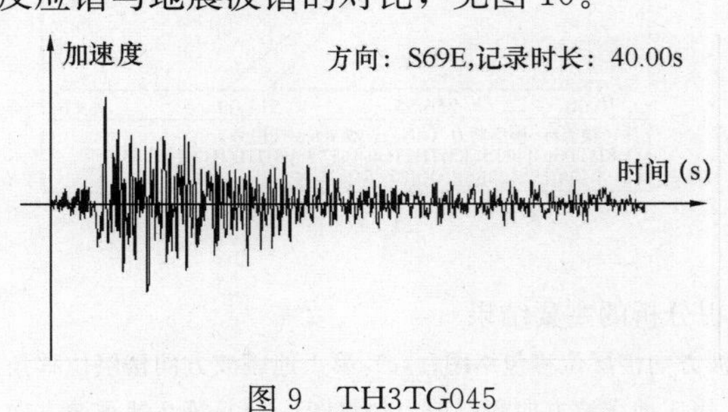

图 9　TH3TG045

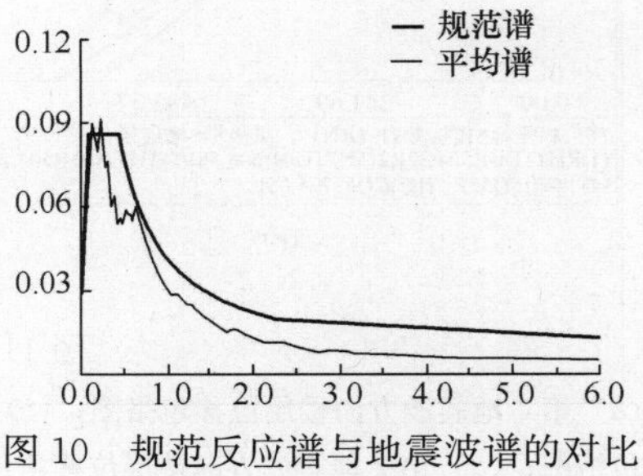

图 10　规范反应谱与地震波谱的对比

4.2.3　PMSAP 弹性时程分析的主要结果

PMSAP 弹性时程分析的主要结果，见图 11。

从 PMSAP 的以上计算结果可以看出，各楼层的位移值、位移角、剪力和弯矩等均在合理范围内，符合《建筑抗震设计规范》的相关要求。在弹性时程分析中采用的多组时程曲线的平均地震影响系数曲线与振型分解反应谱法所采用的地震影响系数曲线在统计意义上基本相符，即：在对应于结构主要振型

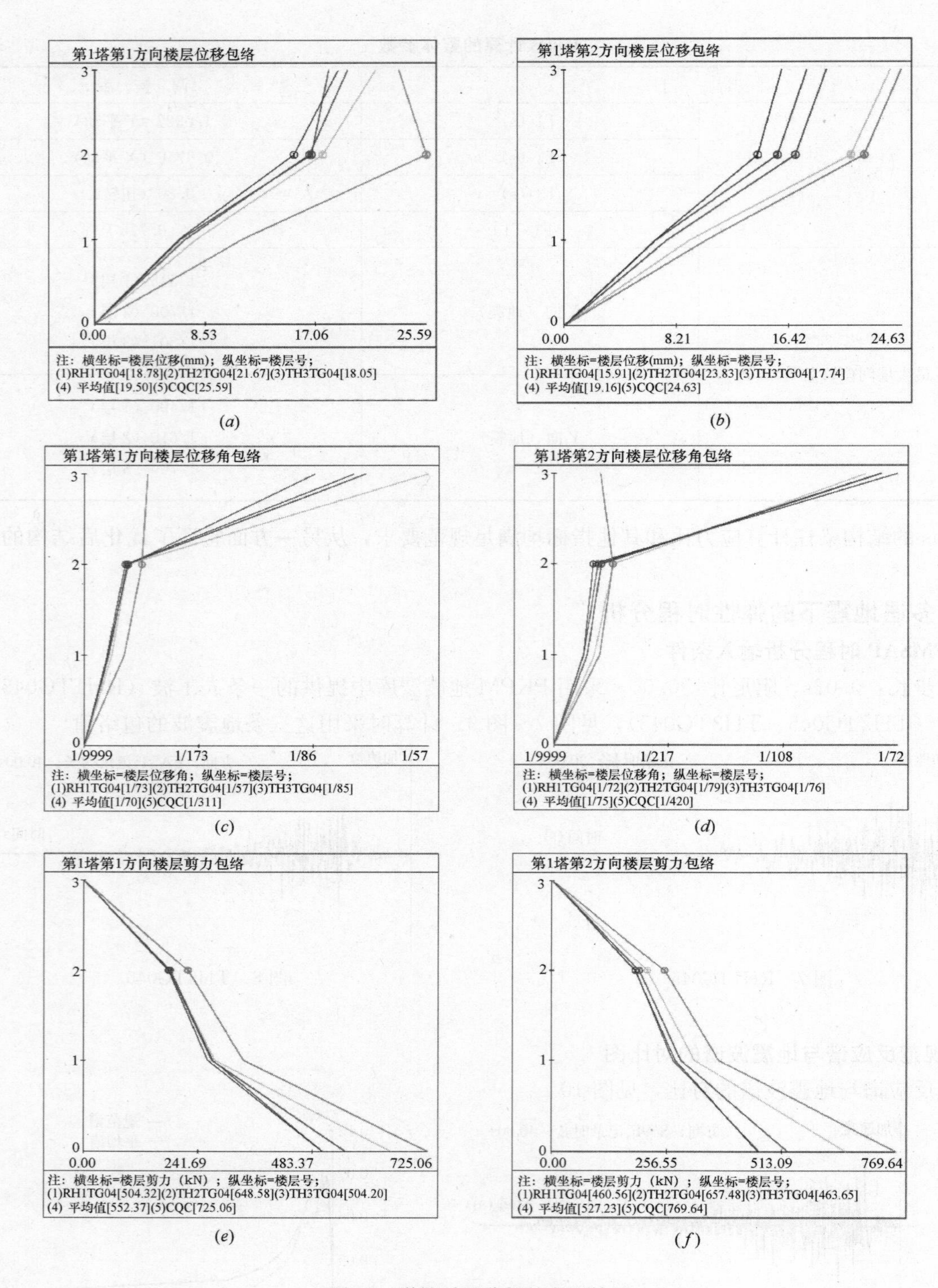

图 11　弹性时程分析的主要结果

（*a*）第 1 地震波方向楼层位移包络图；（*b*）第 2 地震波方向楼层位移包络图；（*c*）第 1 地震波方向楼层位移角包络图；（*d*）第 2 地震波方向楼层位移角包络图（*e*）第 1 地震波方向楼层剪力包络图；（*f*）第 2 地震波方向楼层剪力包络图

的周期点上相差不大于 20%。对于计算结果还符合以下要求：每条时程曲线计算所得结构底部剪力不小于振型分解反应谱法计算结果的 65%，多条时程曲线计算所得结构底部剪力的平均值不小于振型分解反应谱法计算结果的 80%。同时每条地震波的计算结果不大于振型分解反应谱法计算结果的 135%，平均值不大于 120%。

4.2.4 比较结果

通过对 PMSAP 时程分析主要计算结果与 SATWE 和 MIDAS 计算结果的比较，可以看出主要整体计算指标均无较大的出入。时程分析的结果在规范反应谱的加速度段略大于振型分解反应谱法，在速度段和位移段均略小于振型分解反应谱法。因此把时程分析作为附加的地震工况，与其他工况共同参与组合计算。构件设计时可取其最不利的包络值，以保证结构具有更为安全可靠的抗震性能。

5 优化后的经济指标对比

本案例仅以 3 号综合体为例进行了钢结构方面的优化设计，优化后柱节省钢材 27.1t，梁节省钢材 33t，总共节省 60.1t，相对原设计柱 897t，梁 162.4t（共计 252.1t），按钢结构综合造价 9000 元人民币/t 估算，整个综合体项目共计 27 栋单体，其他每个面积基本都比这个大，保守估计整个综合体可节省总造价 1352.43 万元人民币，这是相当客观的数据。钢结构部分相对节省大约 23.84%。

6 结论

本文对一个具体的钢结构框架项目优化过程进行了详细阐述，论述了钢结构优化的基本思路和流程。尽管业主否认了受力更加合理的支撑框架体系，但就是在原结构方案不改变的前提下，经过精心优化设计，还是得到了很客观的经济效益。主要在以下方面进行了优化：

1）荷载等设计条件应准确合理输入，不必要的增加荷载是不合理的。维护结构应尽可能采用和钢结构配套的体系。

2）设计采用的梁柱截面应通过准确、精心分析给出，该大的大，该小的小，尽可能保证选材统一，规格标准化。

3）支撑体系和节点的处理应符合常规的设计习惯，保证传力直接，简单可靠。

4）所有的计算假定和实际构造均应一致。

5）结构整体计算指标的控制适当即可，结构过刚未必有利。

参考文献

[1] 中华人民共和国国家标准．建筑抗震设计规范 GB 50010—2010．北京：中国建筑工业出版社，2010.

[2] 中华人民共和国国家标准．钢结构设计规范 GB 50017—2003．北京：中国计划出版社，2003.

[3] 中华人民共和国国家标准．建筑结构荷载规范 GB 50009—2012．北京：中国建筑工业出版社，2012.

[4] 中华人民共和国国家标准．钢结构工程施工质量验收规范 GB 50205—2001．北京：中国计划出版社，2002.

[5] 中华人民共和国行业标准．建筑钢结构焊接技术规层 JGJ 81—2002．北京：中国建筑工业出版社，2002.

[6] 孙芳锤，汪祖陪等．建筑结构设计优化案例分析．北京：中国建筑工业出版社，2010.

超重大跨度转换钢梁在单体结构中施工方法探讨

李洪杰　肖应乐　张　强

（中国建筑第八工程局有限公司大连分公司，大连　116021）

摘　要　近年，以大型购物商场、会展馆等为代表的新一类现代公共建筑如泉涌般展现在人们的生活周边，其在追求大跨度、大空间使用环境的同时，愈来突出层次构造上的新颖与不拘一格。结构设计时，一种由大跨度高强截面性能的型钢组合梁构成的层间水平转换结构正屡屡为人们所尝试，但超重、超大、超跨的构件组成以及特殊的工况条件无不给施工运输与现场吊装带来严峻的技术挑战。本篇就大连恒隆广场项目层间转换大梁施工的成功案例，对此类超重大跨度转换钢梁在单体结构中的施工方法进行了深入的施工探讨与技术总结。

关键词　楼层转换钢梁；超重；大跨度；巨型截面；吊装滑移

1　工程概况

恒隆广场大连项目位于大连市西岗区原人民体育场所在地，工程建筑面积约合 371900m^2，地上 7 层，地下 4 层，建筑总高度 60m，平面体型如二鱼组合，由香港恒隆地产投资兴建，是目前东北区域最大的集购物、餐饮、娱乐为一体的商业单体建筑，工程鸟瞰图见图 1。

图 1　工程鸟瞰图

工程的结构类型为现浇钢筋混凝土框架一剪力墙结构（其中部分梁柱为型钢混凝土构件），采用弧形轴线设计，顶部为桁架屋顶。结构地下部分呈矩形布置，东西向长约 300m，南北向长约 196m，嵌固于 L1 层，直接支撑于岩石基层，基础采用筏板加抗浮锚杆基础。

2　巨型转换钢梁概况

应建筑设计使用要求，在结构 L1 层中心区域跨层规划有一休闲展览广场，净空高度为 18.4m，在其上方 L4 层设置有一个大跨度平面空间封闭转换层，采用三榀鱼腹式巨型钢梁作主要水平转换构件，形成上部结构柱网加密布设持力平台，钢梁的平面分布见图 2。

鱼腹式转换钢梁截面设计为箱形截面，断面尺寸 3000mm×1200mm×50mm×80mm，平均跨度 26.7m，单重约 126t，依靠四根直径 1800mm 的劲性框柱竖向支撑。钢梁上部增设两根 1200mm×800mm×30mm×40mm 的 H 型钢柱，由本层支撑至结构 L7 层。

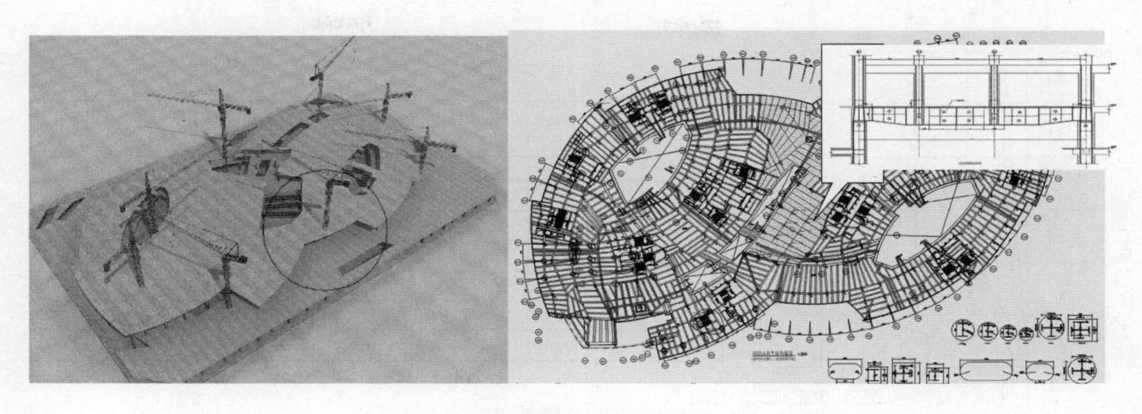

图 2　巨型转换钢梁平面分布图

现场目前共布置有 12 台塔吊作业，其中 6 台为大型工程塔吊，专配合钢结构工程吊装。工地四周被市政道路环抱，场地空间狭小，不形成场内运输条件，工程平面布置见图 3。

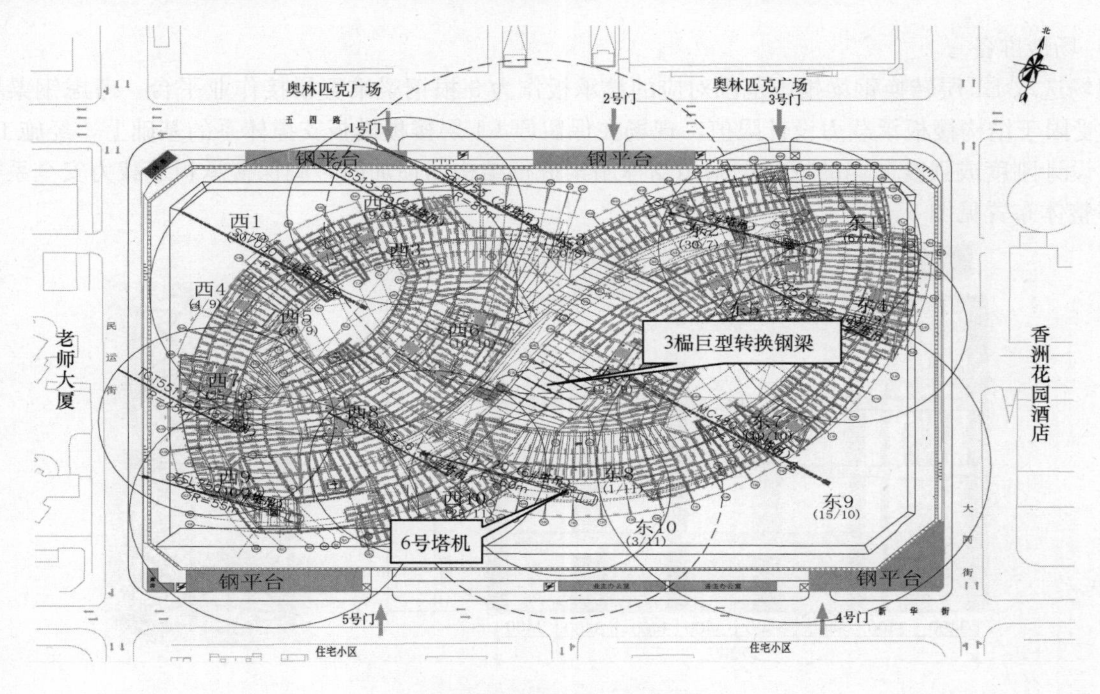

图 3　现场工程平面布置图

3　方案策划

根据以往工程经验，若采用常规分件高空散装的方法安装本工程巨型转换钢梁，不但高空组装、焊接工作量大，现场机械设备难以满足吊装要求，而且所需高空组拼胎架不易搭设，存在很大的安全、质量风险，不利于钢结构现场安装的质量、安全以及工期控制。

经过项目内部多次方案研讨，从塔机起重性能和现场卸车点与塔吊的位置关系入手，认真全面地对提出的各个方案进行可行性比选，最终拟定——3 榀 126t 转换钢梁安装采取工厂分段加工进场、现场整体拼装提升的策略，即通过“化整为零，集零为整”的方式来实现现场装配。

考虑钢梁构件到场后，只能在场外市政道路边侧驻位卸车，结合现场的塔吊平面分布和相关起吊性能，选择场内南侧 6 号塔机 STL720（臂长为 60m）动臂吊（图 4）作为本工程巨型转换钢梁的构件吊运机械。

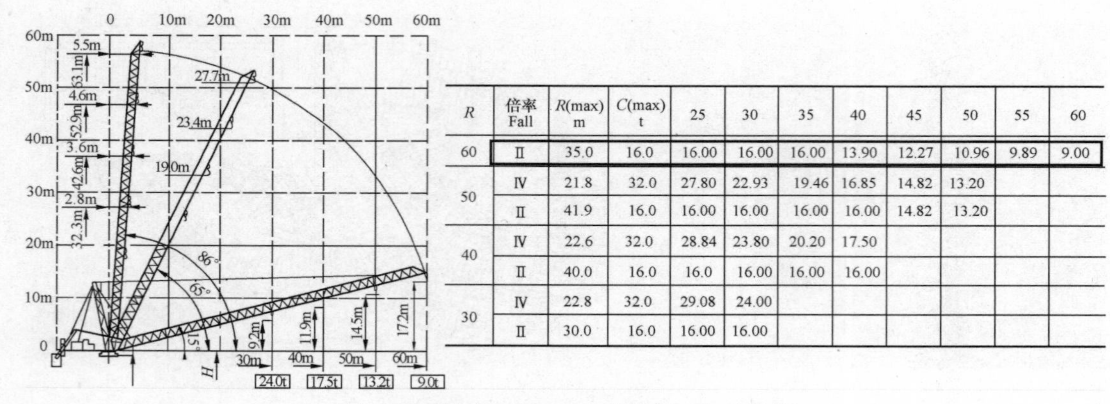

R	倍率 Fall	R(max) m	C(max) t	25	30	35	40	45	50	55	60
60	Ⅱ	35.0	16.0	16.00	16.00	16.00	13.90	12.27	10.96	9.89	9.00
50	Ⅳ	21.8	32.0	27.80	22.93	19.46	16.85	14.82	13.20		
	Ⅱ	41.9	16.0	16.00	16.00	16.00	16.00	14.82	13.20		
40	Ⅳ	22.6	32.0	28.84	23.80	20.20	17.50				
	Ⅱ	40.0	16.0	16.0	16.00	16.00	16.00				
30	Ⅳ	22.8	32.0	29.08	24.00						
	Ⅱ	30.0	16.0	16.00	16.00						

图 4　6 号塔机（STL720 动臂吊）起重性能

4　实施要点

1）场地准备

现场选取 L1 层转换钢梁投影范围对应的楼承板作为 3 根钢梁堆置拼接作业平台。考虑钢梁单重达 126t，受限于结构楼板承载力设计限值，现场在保留原 L1 层楼板模板支撑体系的基础上，经施工核算，对其下设计刚度或强度薄弱的框架梁采用支撑胎架进行结构回顶加固，确保楼承板承载力安全系数，楼层支撑整体布置见图 5。

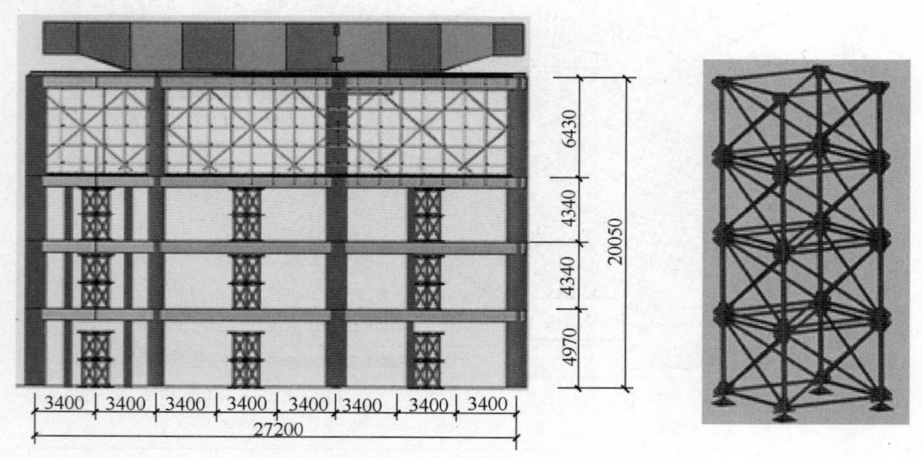

图 5　楼层支撑整体布置图

2）钢梁分段

根据 6 号专用塔机的起重性能以及塔机与卸料点和落料点的平面位置关系，取 6 号 STL720 动臂式塔吊 40m 起重半径作为现场吊装参考值，即起吊的钢梁构件分段限重设为 13.9t。

考虑转换钢梁两端各预留 0.5m 长钢牛腿，与支撑劲性柱的十字型钢骨组焊加工进场并完成安装，钢梁分段估算数量为：

$$N=\frac{G_{钢梁总重}-2\times G_{牛顿}}{g_{塔吊吊重}}=\frac{126-2\times\dfrac{126}{26.7}\times 0.5}{13.9}=8.72，实取 9 段。$$

则平均分段长度为：

$$L=\frac{L_{总长}-2\times L_{牛腿}}{N}=\frac{26.7-2\times 0.5}{13.9}=2.86\text{m}$$

巨型转换钢梁的分段图见图 6。

3）倒运滑移

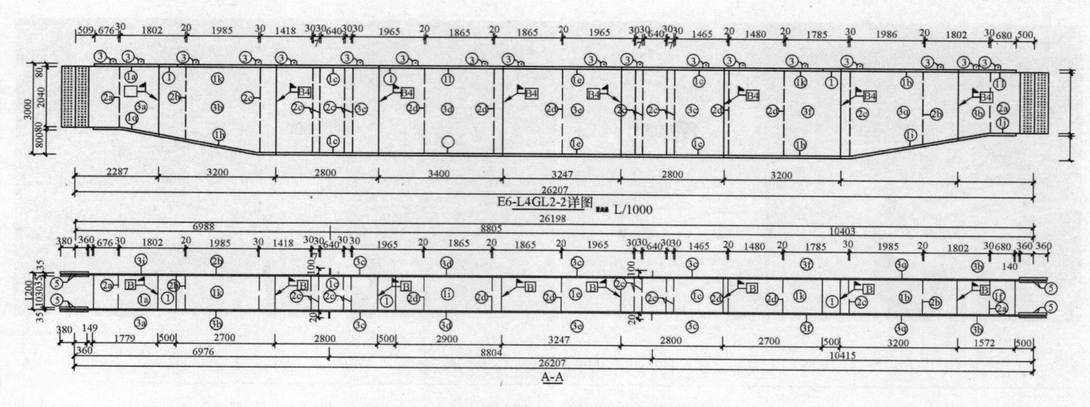

图 6　巨型转换钢梁分段图

受 6 号 STL720 塔机 40m 起重半径影响，场内 80％的转换钢梁分块构件将无法直接通过塔吊完成落吊到位，因此，现场采取“塔机定点落钩，现场二次滑移”的组织方式灵活构件归整。

由于专用塔机 40m 起重半径尚不能覆盖场外车道，故在临侧场内临时设置一个材料倒运中转站，采用汽车吊现场驻位卸车，塔吊接力传送将钢梁分体构件按顺序逐一吊运至 L1 层卸料点。

构件倒运滑移的工序要点主要如下：

① 构件吊运前，预先规划出 L1 层钢梁分块落料点和平面滑移路线，在作业区基层上满铺 20mm 厚细砂保护层兼做找平，采用－20mm×4m×10m 钢板对转换钢梁投影下方和滑移路线进行平面持荷铺设，并点焊牢固。

② 滑移倒运的方法采用卷扬机配合自制拖轮车按照既定的运输路线牵引至拼装位置。

③ 滑移的顺序：先远侧后近侧，先两端后中间，形象示意如图 7 所示。

钢梁分段滑移的示意图和现场图见图 8、图 9。

4）对接组焊

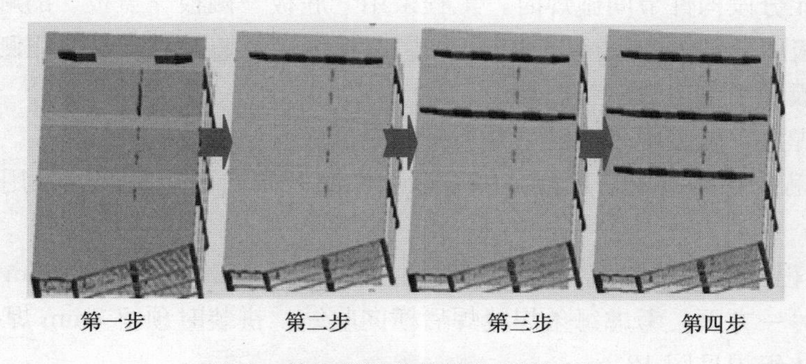

图 7　转换钢梁整体滑移顺序示意

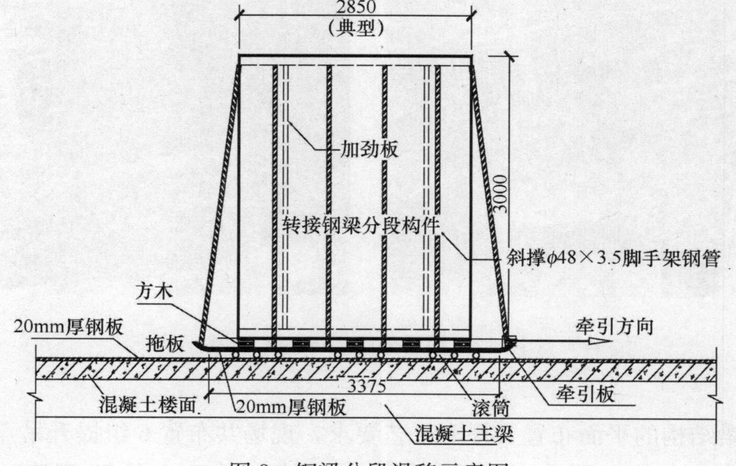

图 8　钢梁分段滑移示意图

图 9　现场钢梁分段滑移

为确保钢梁预期拼装效果，现场钢梁分块构件对接采用与工厂预拼装同样的方式——立式拼装。

拼装前，要求现场按实际尺寸弹放巨型转换钢梁中心线、分段长度线以及焊缝间隙线，将分段构件按编号入位，并使用龙门架对钢梁位置进行精确校准。

钢梁分段组焊时，大体分两步完成：先焊小拼单元，再整体焊接（小拼为三个单元），具体见图10、图11。

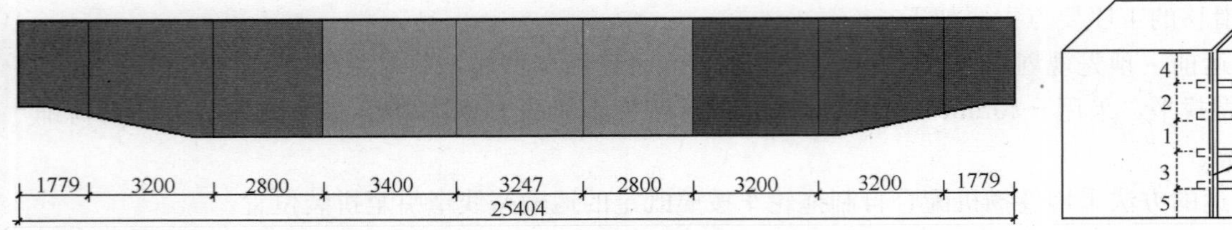

图 10　巨型钢梁整体组焊示意图

图 11　构件分段节间焊接示意

其中，在小拼单元分段构件节间施焊时，工程采用“底板→侧板→盖板”的顺序依次焊接。由于钢梁侧板与底板和盖板板厚分别为 60mm 与 80mm，属厚板焊接范畴，对接时两侧侧板立焊缝采用双边坡口双面焊，底板和盖板采用单边坡口垫板焊。

针对本工程厚板焊接，施工中采取的主要质量控制措施有：

① 为减小焊接过程中热源集中，厚板施焊采取从中间开始向两边扩展，采用多层多道和分段焊的方法进行焊接；

② 为减少焊接过程变形，一方面在箱体内侧设置－20mm×200mm×300mm 连接钢板将小拼装单元对接处连接固定，另一方面，考虑每条焊缝焊后横向收缩，拼装时预留 3mm 焊接收缩余量。

钢梁分段现场整体组焊见图 12。

图 12　钢梁分段现场整体组焊

5）提升装配

根据巨型转换钢梁结构的平面布置及提升工艺要求，现场共布置 6 组提升吊点，每组吊点布置 1 台 YS-SJ-75 型液压提升器，每根钢梁为一个提升单元，共配置 2 台 YS-SJ-75 型液压提升器。提升平台设置于标高 18.350m 劲型柱位置，采用通常规格的型钢制作。提升吊点平面布置及提升平台设计大样见图 13、图 14。

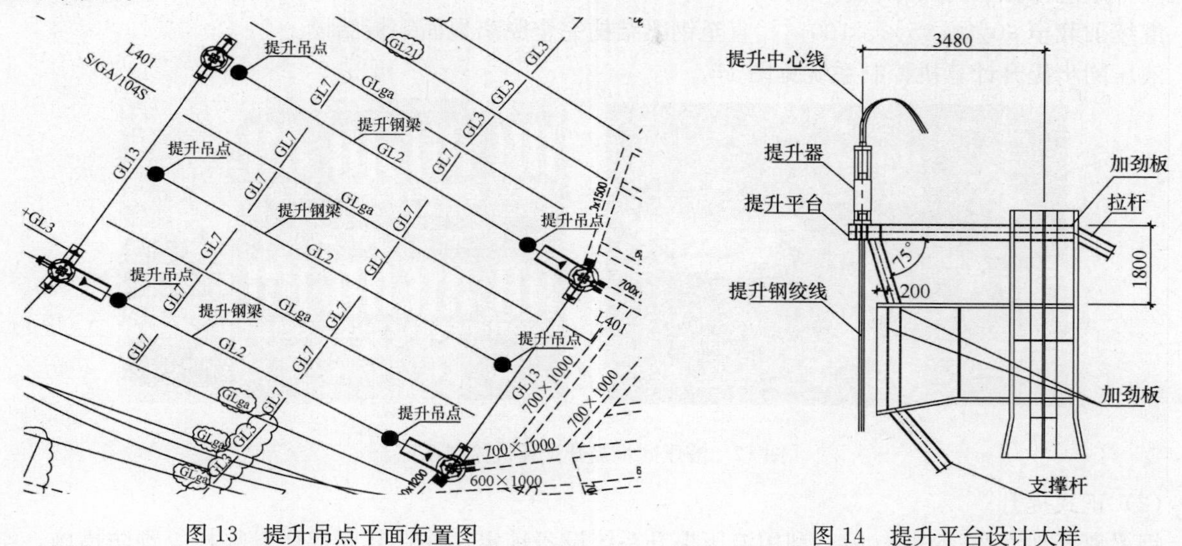

图 13　提升吊点平面布置图　　　　图 14　提升平台设计大样

对应于提升上吊点，下吊点分别竖向设置在待提升钢梁的两端腹腔内，通过增设增强型刚域桁架横担梁将提升下吊点锚固牢靠。同时，对连接在液压提升器和提升地锚之间的专用钢绞线端头锁定，并调直绷紧。转换钢梁提升立面布置见图 15。

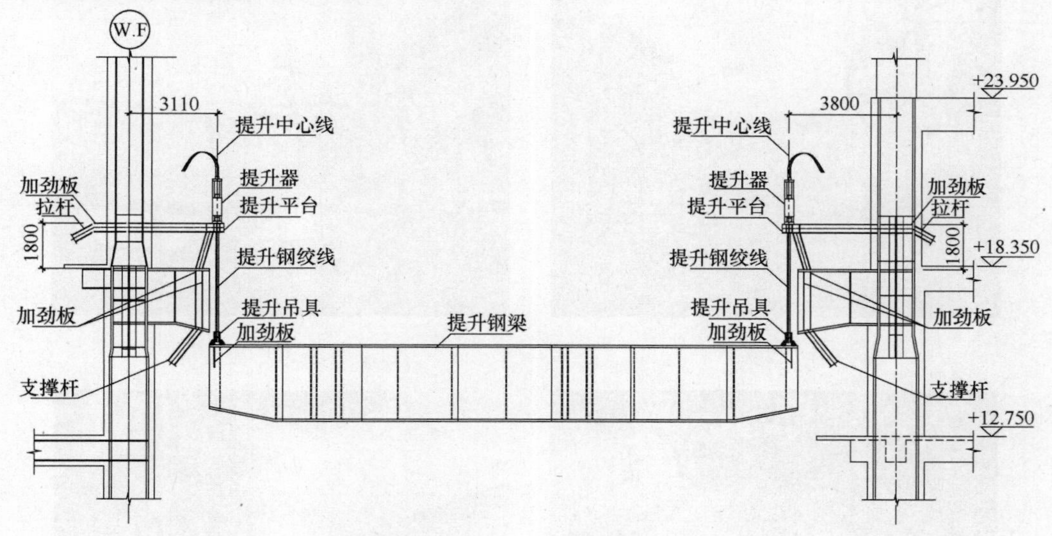

图 15　转换钢梁提升立面布置图

钢梁提升的策划思路：在确保提升过程中钢梁和加固结构平稳、安全的基础上，结合钢梁的设计特点，采用“吊点油压均衡，结构姿态调整，位移同步控制，分级卸载就位”这一同步提升和卸载落位的控制策略，指导现场吊装作业，并在每台液压提升器处增设一套位移同步传感器，用以监控提升过程中各台液压提升器位移提升的同步情况。

具体提升装配施工工序如图 16 所示。

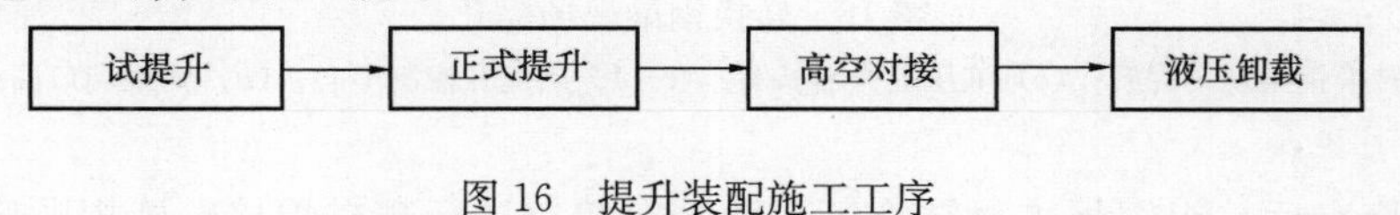

图 16　提升装配施工工序

（1）试提升

根据已计算的各提升吊点反力值，现场对钢梁提升进行分级加载（试提升），缓慢控制各吊点处的液压提升系统伸缸压力，依次为20%、40%、60%、70%、80%，待确认上述加载阶段各部分无异常后，继续加载至90%、95%、100%，直至钢梁结构完全脱离地面钢板胎模。

液压同步提升计算机控制系统见图17。

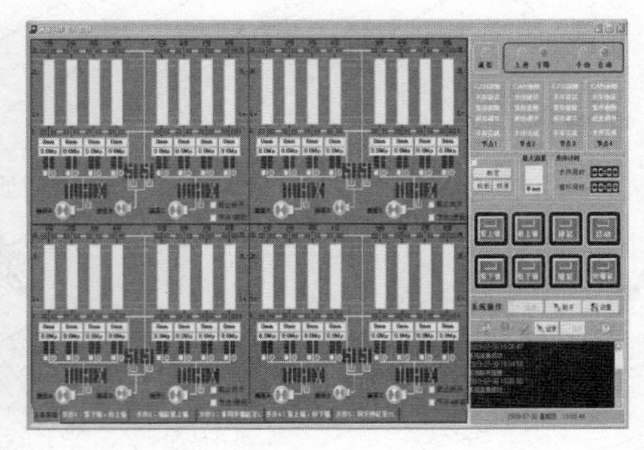

图17　液压同步提升计算机控制系统

（2）正式提升

钢梁离开地面约150mm后，利用液压提升系统设备锁定，并在其底部增设垫板等预防措施，空中停留12h做全面检查，包括吊点结构、临时支撑承重体系、永久结构和提升设备等。确认无异常反应，并完成姿态调整后，按照系统理论提升速度12m/h进行正式提升作业，直至到达设计标高。

转换钢梁现场提升情况见图18。

图18　转换钢梁现场提升

（*a*）巨型转换钢梁现场提升；（*b*）液压提升器特写；（*c*）L1层提升控制中心；（*d*）钢梁端口高空组焊

（3）高空对接

钢梁提升到位稳定后，组织焊工对转换钢梁两端对接口进行高空焊接，施焊顺序和要求同之前钢梁分段组焊。

（4）液压卸载

钢梁端焊口探伤并检测合格后，现场随即组织钢梁分级卸载。要求以卸载前的吊点载荷为基准，所有吊点同时下降卸载10％，计算机控制系统监控调整各吊点分级卸载速度，如此往复，逐级卸载，直至钢绞线彻底松弛。至此，钢梁结构的自重荷载完全转移到两端支撑结构上，转换钢梁安装完成。

其余两榀巨型转换钢梁提升工艺同上。

5 结语

通过本工程关于超重大跨度层间转换钢梁安装技术的成功实践，系统全面地展示了巨型钢梁安装操作过程中从方案策划到现场实施的各阶段要点，为日后同类工程施工提供了一套完整的技术借鉴和策划指导。目前，项目已对超重型大跨度转换钢梁安装的施工技术进行了相关方面的科技成果总结，并撰写有施工工法一篇、专利一项。接下来，我们将在现有技术经验的基础上，加大对新技术、新工艺在工程实践应用中的探索力度，切实稳固地发挥和推广我国建筑业的核心施工技术理念。

参考文献

[1] 中华人民共和国国家标准．钢结构工程施工规范 GB 50755—2012．北京：中国建筑工业出版社，2012.
[2] 上海市工程建设标准．重型结构(设备)整体提升技术规程 DG/TJ 08—2056—2009．上海：上海市建筑材业市场管理总站，2009.
[3] 中华人民共和国行业标准．建筑机械使用安全技术规程 JGJ 33—2002．北京：中国建筑工业出版社，2002.
[4] 中华人民共和国行业标准．高层民用建筑钢结构技术规程 JGJ 99—98．北京：中国建筑工业出版社，1998.
[5] 住房和城乡建设部工程质量安全监管司组织编写．建筑业10项新技术(2010)．北京：中国建筑工业出版社，2010.

一种栓焊结合式钢拱桥制造及安装技术

陈小龙　余　彪　鄢云祥

（武船重型工程股份有限公司，湖北武汉市　430415）

摘　要　目前，随着栓接式钢桥在抗震抗疲劳等方面的优异性能，越来越多的钢结构桥梁开始采取了栓焊结合的设计形式。泉州市田安大桥，主桥形式为上承式梁拱组合梁，梁拱之间采用主梁、竖杆、拱肋三层结构，拱肋之间采用箱形横梁连接，各个结构连接方式均为高强螺栓连接。制造过程中，各个节段分开制造，在工地总成拼装。总成拼装时的质量受制造时焊接变形、钻孔精度、运输过程中梁段变形，拼装平台沉降等多个因素影响，制造难度很大。本文主要结合梁段类型和特点，重点讲述该桥制造重难点的控制方案，希望为类似桥梁的建造过程起到帮助作用。

关键词　梁拱组合钢桥；栓接连接；施工精度；三次卧拼；吊装

1　概述

田安大桥为上承式梁拱组合桥梁，桥跨布置为50＋160＋50＝260m。上部结构采用双幅分离、三跨连续结构体系，为钢结构，通过主梁与拱面组合整体承载。主桥上部结构双幅分离，两幅桥面距 1m，单幅桥宽为17.75m，全桥总宽度为36.5m。上部结构按构造类型分为三部分，即拱面范围部分、跨中部分及过渡墩旁部分。拱面范围部分和跨中部分的主梁为双箱双室钢梁，过渡墩部分的主梁为单箱三室钢梁。整体布置图、效果图分别见图 1、图 2。

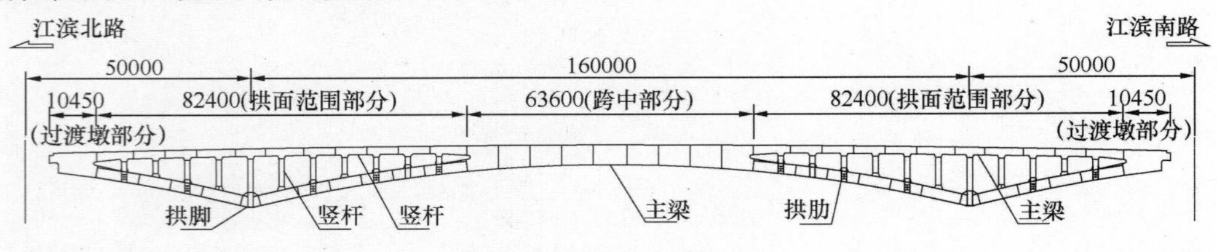

图 1　田安大桥主桥结构布置图

图 2　田安大桥主桥效果图

该桥建造总体建造思路为：各个梁段分开制造，最后工地采取满堂支架支撑，120t 龙门吊车吊装成桥。由于各个梁段之间采用螺栓连接，根据标准要求，螺栓孔的加工精度必须在 3mm 以内，因此在制造过程中如何保证栓接精度是改造建造的最大难点。而影响该桥栓接精度的影响因素大致分为：焊接变形，制孔精度，运输过程中梁段变形，现场拼装平台沉降检测，吊装监控等。

2 钢结构结构特点分析及制作总体思路

钢结构从制造工艺上划分为单元件（杆件）制造、分段制造、分段预拼装制孔及工地成桥四个工艺阶段；从构成上分为主拱钢箱、竖杆、拱肋及横梁四部分，各部分的制作工艺均以上述建造要点为策划主线，以匹配钻孔为基本原则，凸显线形及构件间配合精度的控制。

田安大桥主桥上部结构双幅分离，两幅桥面距 1m，单幅桥宽为 17.75m，全桥总宽度为 36.5m。单幅桥结构分为桥面梁、竖杆、拱肋、横梁四个部分组成，桥面梁与竖杆、拱肋、横梁之间的连接采用栓接连接，见图 3。

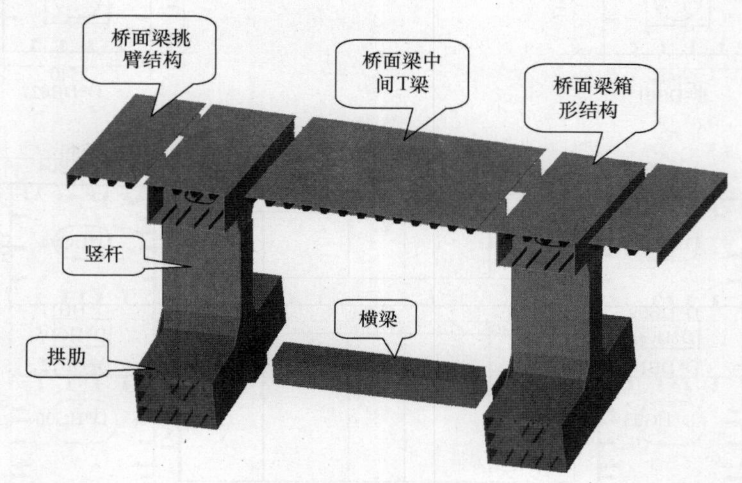

图 3 拱面部分主梁截面示意图

从以上结构特点分析，除焊接质量的保证外，存在以下建造要点：

● 主拱线形为抛物线拱形，为降低施工难度，建议以直代曲。主拱箱梁为变截面钢箱结构，其箱拱多变的整体线形及整体节点位置精度重点保证。

● 桥面梁、竖杆、拱肋之间均为栓接结构，因此其整体节点位置及孔群加工、位置精度重点保证；同时整体节点板及立柱、拱肋栓接接头的孔群加工、位置精度重点保证。

● 拱肋、横肋、拱肋之间也为栓接结构，因此其整体节点位置及孔群加工、位置精度、节点板群孔精度也需重点保证；同时整体节点板及立柱、拱肋栓接接头的孔群加工、位置精度重点保证。

● 桥面梁为 π 形结构，有两个箱体，两个 T 形梁，一个 T 梁组成。箱体面板与 T 梁面板的对接焊缝需最后焊接，其焊接变形会严重影响两个箱体的中心线间距，因此桥面梁的两个箱体的底板间距 L 也要重点保障。

● 该桥采用江面上搭设钢管桩平台作为钢结构安装的基础。因此钢管桩的沉降及工地现场的天气情况、涨潮退潮等情况，也将严重钢结构安装的线形。因此工地现场监控坐标系统的准确性、测量仪器的精度、测量时间的选择、钢管桩平台沉降值得监控也需重点保证。

3 桥面梁制作工艺

桥面梁分为跨中部分、拱面部分、L 梁段三种。其中跨中部分包含 A～E，拱面部分包含 F～K。全桥共计 66 个主梁，分布见图 4。其中跨中部分和拱面部分主梁结构类型见图 5（*a*），L 梁段结构类型见图 5（*b*）。

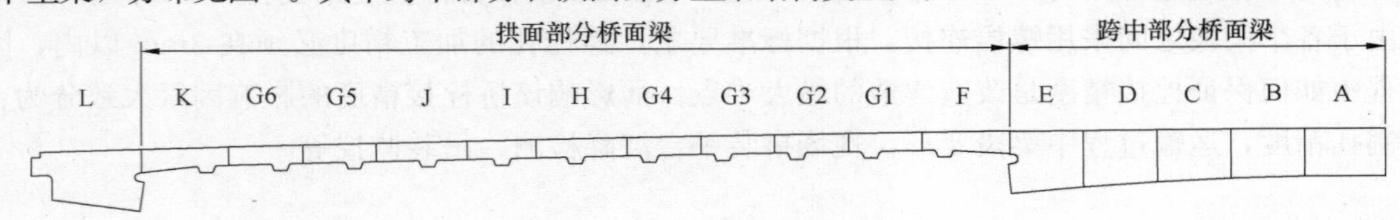

图 4 桥面梁布置图

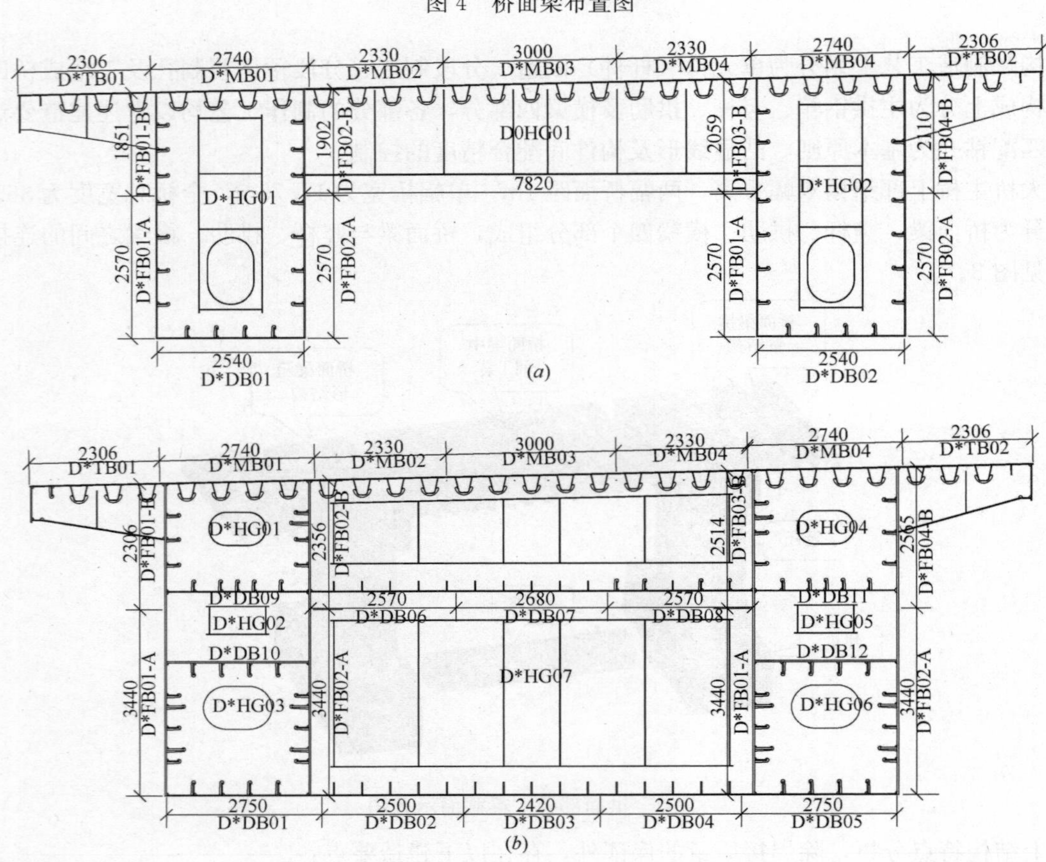

图 5 主梁截面形式

跨中主梁制造总体制作工序为：零件放样及下料→拼板→单元件制作→总成→预拼装。

拱面区域主梁制造总体制作工序为：零件放样及下料→拼板→单元件制作→总成→卧拼制孔→预拼装。

3.1 零件放样及下料

所有零件根据设计文件进行计算机放样，零件下料尺寸考虑焊接收缩量、机加工量及分段余量等工艺补偿量，各种工艺补偿量如表 1 所示。

工艺补偿量表 **表 1**

类别	名称	量值	备注
整体工艺补偿量	分段长度余量	20mm	原则上仅远离整体节点的分段端口加放
	分段高、宽度	2mm	箱体顶、底板及横隔板宽度加放
焊接收缩补偿量	对接缝收缩量	每边 2mm	统一放入拼板对接缝处
	两整体节点间收缩量	4mm	

注：异形零件采用数控切割机下料，矩形零件采用拉条机双炬对称切割下料，次要构件可采用半自动切割机下料。

3.2 拼板

主梁的顶、腹板在其零件下料完成后进行拼板，尤其是腹板的拼板轮廓既是分段轮廓，拼板工序严格控制其外轮廓的精度，将需拼板的零部件外轮廓绘制在钢平台上，各拼板零件分别按外轮廓线定位拼接，检验合格后再进行焊接，拼板焊接采用双面埋弧自动焊，焊前预热至80～120℃。

3.3 单元件制造

主梁单元件包括：顶、底板单元件，腹板单元件，横隔板单元件。

采用CO_2气体保护焊焊接U肋纵向角焊缝，按对称、分散、分段施焊原则严格控制焊接程序，减少焊接变形。焊前采用火焰方式对焊缝进行预热，预热温度80～120℃。

3.4 箱体制造

主梁箱体分段的制造采取以腹板为基面、横隔板为内胎、以分段轮廓地标及吊点定位地标为定位基准的制造方式（其顶底板采用贴装方式进行装配）。

为控制箱体焊接变形，在分段组装形成整体后，再进行分段的焊接；根据焊接需要，对分段进行翻身，使焊缝处于最佳焊接位置。焊接工作主要包括分段隅角焊缝、横隔板与分段外板的角焊缝、顶底板纵肋角焊缝的焊接。箱内角焊缝采用CO_2气体保护焊焊接，分段隅角焊缝采用埋弧自动焊焊接。

箱体隅角焊缝要求熔透率为80%，为保证焊接质量通过试验对其坡口的设置进行了优化设计，具体见图6、图7。

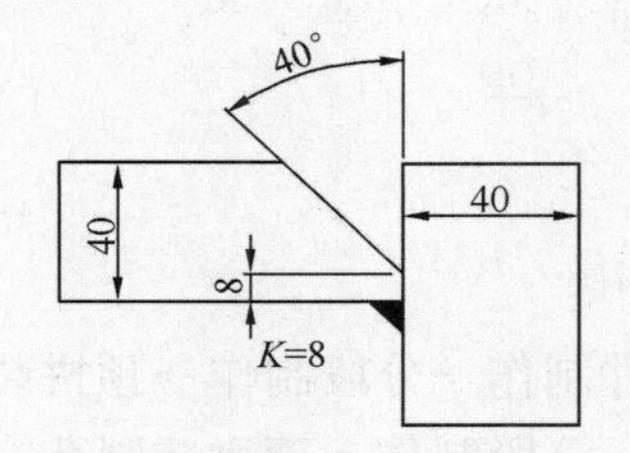

图6 箱体隅角焊缝（优化前）

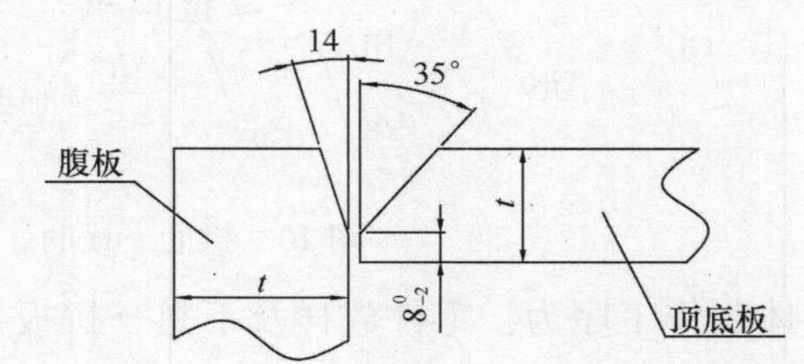

图7 箱体隅角焊缝（优化后）

图6所示坡口填充量少，但因成型系数小，易导致根部第一道焊出现结晶裂纹，且受施焊状态影响，其竖直边处易形成夹渣，不易施焊；而改进后的图7的坡口有效地解决了以上两个问题，使得施焊操作方便，焊缝质量稳定。

3.5 主梁预拼

拱面区域主梁箱体制作完成后，箱体需先与竖杆、拱肋节段完成卧拼钻孔工序。钻孔后进行主梁预拼装。

跨中区域主梁箱体制造完毕后，直接进行主梁预拼工序。主梁预拼需进一步保证主梁的线形、接口的外形尺寸及其匹配性、吊点的相对位置，并对各种标记线（定位线、检查线、监控点）的坐标、位置、线形进行检查修正，作为成桥吊装时的定位依据。主梁以顶板为基面，主梁监控的坐标、横隔板中心线间距、箱体的栓接接头中心线间距L，相邻梁段栓接接头中心间距为辅助控制要素，其顶板分段轮廓地标为基准，进行预拼装，主梁预拼装轮次见图8。预拼时由于箱体面板与T梁面板的对接焊缝需最后焊接，其焊接变形会严重影响两个箱体的中线间距L，因此桥面梁的两个箱体的底板间必须先临时用22号槽钢完成临时固结，以减小焊接变形，见图9。

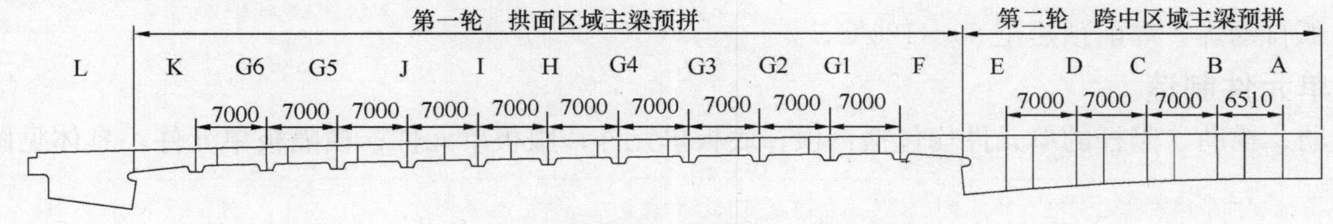

图8 主梁预拼装轮次示意图

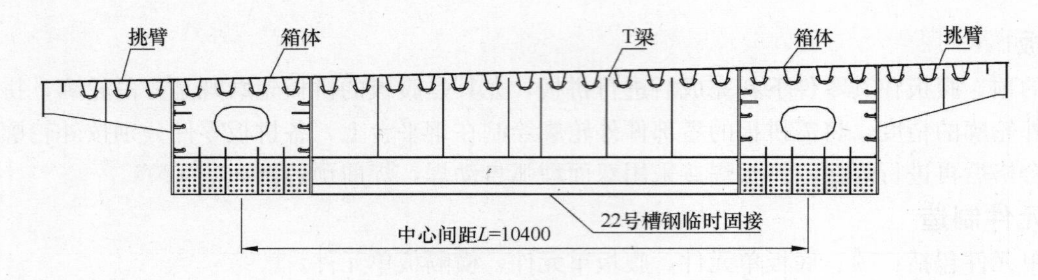

图 9　主梁预拼装示意图

4　拱肋、横梁、竖杆制作工艺

拱肋分为 A～J，竖杆分为 A～I，横肋仅一种 HL 规格，分布见图 10。

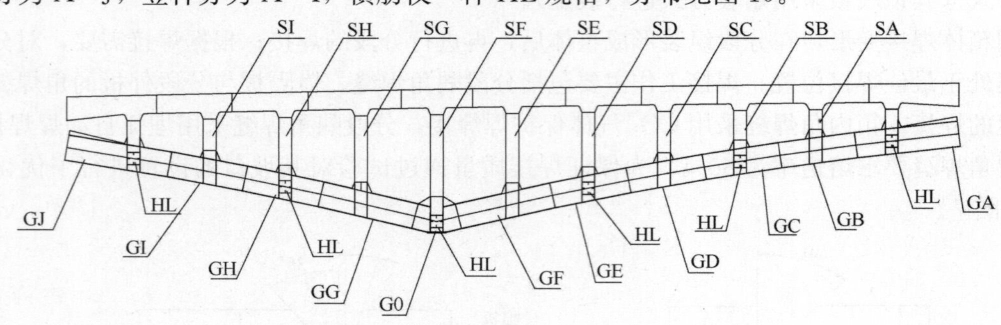

图 10　拱肋、横肋、竖杆分布图

拱肋制造总体制作工序为：零件放样及下料→拼板→单元件制作→分段制作→预拼装制孔；

竖杆制造总体制作工序为：零件放样及下料→单元件制作→分段制作→预拼装制孔；

横梁制造总体制作工序为：零件放样及下料→单元件制作→分段制作→预拼装制孔。

4.1　零件放样及下料

所有零件根据设计文件进行计算机放样，零件下料尺寸考虑焊接收缩量、机加工量及分段余量等工艺补偿量，各种工艺补偿量如表 2 所示。

工艺补偿量表　　表 2

类别	名　称	量值	备　注
整体工艺补偿量	分段长度余量	20mm	原则上仅远离整体节点的分段端口加放
	分段高、宽度	2mm	箱体顶、底板及横隔板宽度加放
焊接收缩补偿量	对接缝收缩量	每边 2mm	统一放入拼板对接缝处
	两整体节点间收缩量	4mm	

注：异形零件采用数控切割机下料，矩形零件采用拉条机双炬对称切割下料，次要构件可采用半自动切割机下料。

4.2　拼板

拱肋的腹板在其零件下料完成后进行拼板，拼板工序严格控制其外轮廓的精度，将需拼板的零部件外轮廓绘制在钢平台上，各拼板零件分别按外轮廓线定位拼接，检验合格后再进行焊接，拼板焊接采用双面埋弧自动焊，焊前预热至 80～120℃。

4.3　单元件制造

拱肋、横肋、竖杆的单元件均包括：顶、底板单元件；腹板单元件；横隔板单元件，具体见图 11，图 12。

采用 CO_2 气体保护焊焊接纵肋角焊缝，按对称、分散、分段施焊原则严格控制焊接程序，减少焊接变形。焊前采用火焰方式对焊缝进行预热，预热温度 80～120℃。

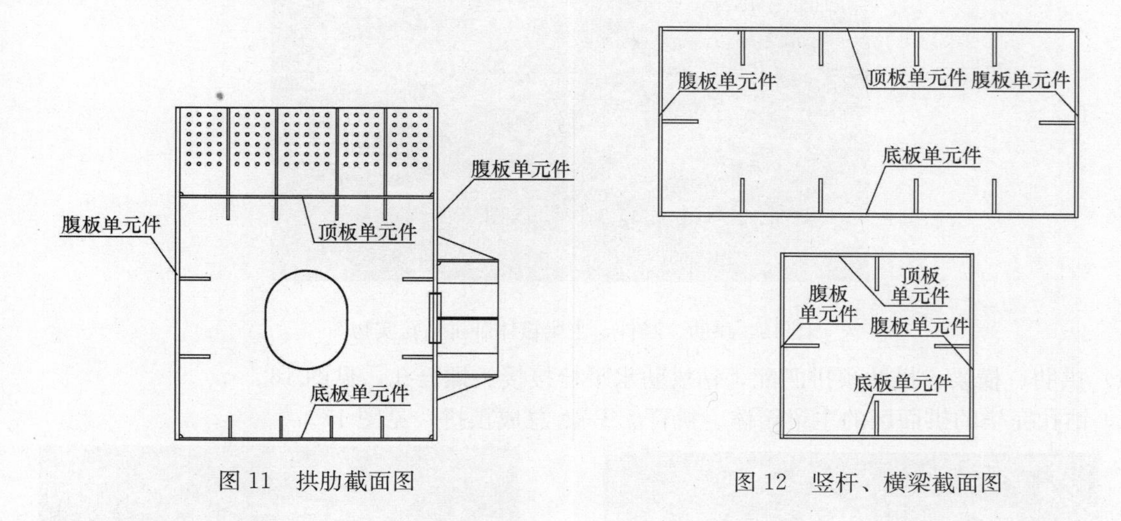

图 11　拱肋截面图　　　　图 12　竖杆、横梁截面图

4.4　箱体制造

拱肋、竖杆、横梁分段的制造均采取以腹板为基面、横隔板为内胎、以分段轮廓地标及吊点定位地标为定位基准的制造方式（其顶底板采用贴装方式进行装配）。总成及焊接变形控制方案与主梁箱体大致相同。

5　预拼制孔工艺

按照高强螺栓的国家标准《钢结构用高强度大六角头螺栓、大六角螺母、垫圈技术条件》GB/T 1231—2006，高强螺栓的螺栓孔的最大施工误差不能超过 3mm。因此钢结构上的施工过程中，必须达到以下几点要求，方能满足工地顺利安装的基本要求：

（1）群孔配钻时，必须用模板做定位，模板群孔精度要求 1mm 以内，模板定位精度 1mm 以内，见图 13。

（2）横梁、竖杆上的栓接螺栓孔在总成完毕后，进行钻孔。栓接接头连接板用专用模板匹配钻孔，保证孔群精度，做到连接板标准化、通用化要求，见图 14。

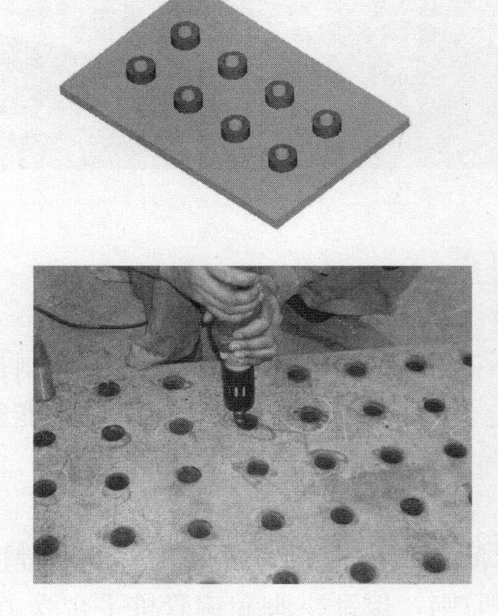

图 13　钻孔模板示意图

图 14　现场利用模板定位钻孔实物图

（3）拱肋、竖杆、主梁箱体卧拼匹配，钻拱肋和箱体竖向栓接接头螺栓孔，见图 15。

图 15　拱肋、竖杆、主梁箱体卧拼钻孔实物图

（4）拱肋、横梁、拱肋预拼匹配，钻拱肋水平栓接接头螺栓孔，见图 16。

（5）钻孔完毕的拱面区的主梁箱体、挑臂、T 梁 总成预拼，见图 17。

图 16　拱肋、横梁、拱肋预拼钻孔实物图

图 17　拱面区主梁拼配制造实物图

（6）跨中部分主梁的箱体、挑臂、T 梁总成预拼。

6　现场安装及其控制要点

田安大桥工地现场采用了钢管桩平台为钢构结构安装基础，2 台 120t 龙门吊为主要吊装机具的施工方案，见图 18。

(a)

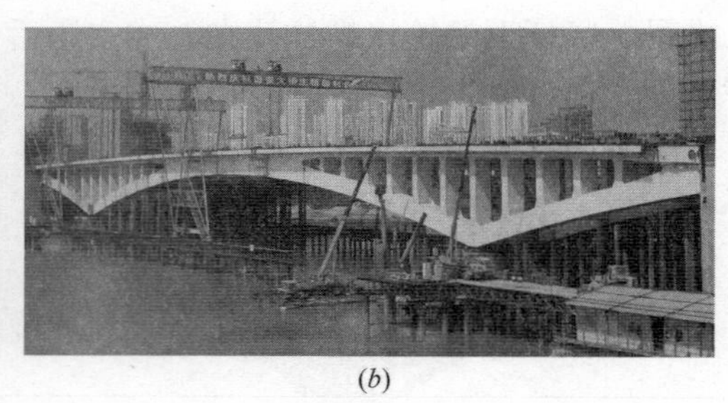

(b)

图 18　现场吊装工况

（1）首先定位拱脚节段

拱脚节段安装于混凝土主墩上方，施工工况良好，不存在沉降问题，此节段重点控制拱脚的垂直度、坐标、拱脚定位完成后，用 22 号槽钢将拱脚刚性固定，防止下方支座移动。之后方能安装拱脚间横梁，并配合检查相邻拱脚上方栓接接头中心间距，最后完成高栓施工。

（2）拱肋节段施工

拱肋节段安装在钢管桩平台上。而钢管桩平台随着时间和上方承载力的变化有不同程度的沉降值 Δh。因此在安排拱肋吊装顺序时，以关于拱脚对称吊装为原则，保证拱脚和钢管桩平台受力尽量均衡。同时定期检查钢管桩的沉降值 Δh，建议每次钢结构吊装时，均要检查相邻两个钢管桩的沉降情况。

拱肋定位时，以拱肋定位点监控坐标为基准，以钢管桩沉降值 Δh 为修正依据来定位。同时以相邻拱肋的栓接接头中心点坐标和接头间距为辅助检查依据来定位拱肋。

同时，考虑到工地现场的天气情况，必须在傍晚以后，天气凉爽的条件下进行，测量定位，以减小测量仪器的误差。同时对监控场的原始基点坚持每半个月进行复测；对监控场标记点，每次测量前进行复核；对监控仪器定期送检测机构进行标定。

（3）横梁施工

拱肋定位完成后，必须将拱肋与钢管桩平台之间进行刚性临时固结，防止拱肋移动。然后才能开始拱肋间横梁的安装，并在 24h 内完成横梁上高栓的终拧。待横梁施工完毕后，方能开始相邻拱肋的定位。

（4）竖杆施工

在拱肋及横梁节段全部定位完成后，开始竖杆施工。竖杆吊装坚持关于拱脚对称吊装的原则。拱肋和竖杆间连接板需提前预制到位，用工装螺栓和销钉完成拱肋和竖杆的初步栓接工作。待主梁定位完成后，方能完成初拧和终拧。否则主梁定位时，由于竖杆已经定位完成，因为失去间隙，无法调节。

（5）主梁施工

在竖杆定位完成后，开始主梁的施工。主梁定位以监控点坐标为准，以可以完成主梁竖杆栓接工序为原则。主梁监控坐标调整到监控要求后，方能完成其余相邻梁段的临时固定，防止主梁偏移，之后再完成主梁与竖杆的栓接施工。高栓终拧完成后方能开始梁段间环缝的焊接。

7 结束语

为实现福建省泉州市田安大桥钢箱拱桥架设的顺利完工，保证钢箱拱线形，顺利实现桥面梁之栓接连接，在制造时突出了焊接变形控制、孔群加工精度保证、构件间配合精度控制，采取了相应的工艺措施，设计制造了相应的工装设施，在业主、设计单位、监理单位、总承包单位及专家们的关心和指导下，通过施工组织设计、焊接工艺评定、首制件等评审，不断优化制作工艺，厂内构件制作精度及工地施工质量得到有效控制，为工地成桥架设的顺利进行奠定了基础，目前泉州田安大桥已顺利通车，全桥线形流畅、气势恢弘，施工质量达到规范及设计要求。

参考文献

[1] 中华人民共和国铁路标准. 铁路钢桥制造规范 TB 10212—2009. 北京：中国铁道出版社，2009.
[2] 中华人民共和国行业标准. 公路桥涵施工技术规范 JTG/T F50—2011. 北京：人民交通出版社，2011.
[3] 中华人民共和国行业标准. 公路桥涵设计通用规范 JTJ D60—2004. 北京：人民交通出版社，2004.
[4] 中华人民共和国行业标准. 公路工程质量检验评定标准 JTG F80—1—2004. 北京：人民交通出版社，2004.
[5] 中华人民共和国国家标准. 钢结构用高强度大六角头螺栓、大六角螺母、垫圈技术条件 GB/T 1231—2006. 北京：中国标准出版社，2006.

南京禄口国际机场二期工程大厅滑移施工技术

孙夏峰　丁剑强　殷巧龙　谈　超　葛　方　蒋　飞
张永兵　陈　龙　张　莉　厉　栋
（江苏沪宁钢机股份有限公司，江苏宜兴　214231）

摘　要　介绍了南京禄口国际机场二期工程大厅滑移施工技术，由于机场航站楼大厅屋盖的跨度较大，重量较重，工期紧，通过轨距变幅径向分块累积滑移的方法进行机场大厅屋盖安装，可以降低施工成本、提高安装效率。

关键词　施工技术；径向分块累积滑移；轨距变幅

1　工程概况

南京禄口国际机场二期工程位于机场 T1 航站楼南侧，其主要建设内容包括新建 T2 航站楼、交通中心、停车场，设计年旅客吞吐量 1800 万人次，总建筑总面积约为 24 万 m^2。

图 1　南京禄口国际机场二期工程效果

T2 航站楼由主楼大厅和东西两侧指廊构成，总长约 1200m，宽约 170m，主楼大厅平面为弧形的 4 层建筑，内部 1～3 层为钢筋混凝土建筑，4 层为钢结构夹层建筑。大厅屋盖为大跨度管桁架结构，两个指廊为两层钢筋混凝土结构，屋面为变截面弧形 H 型钢梁结构。建筑效果如图 1 所示。

主楼部分接近于扇形，纵向最大长度 471m，横向最大宽度约 188m，

屋盖结构采用曲面空间网格结构体系，波峰部位为双层网格，最厚处上下弦杆间距离 4m，最大跨度 78m。波谷部位配合建筑采光天窗采用单层结构。

悬挑部位和后部两侧局部采用网架以适应建筑厚度较薄的要求，最大悬挑尺寸 23.5m。支撑屋盖的结构柱、竖向承重柱室外部分采用变截面 Y 形钢管混凝土柱，室内部分采用变截面锥形钢管混凝土柱。大厅尺寸如图 2、图 3 所示。

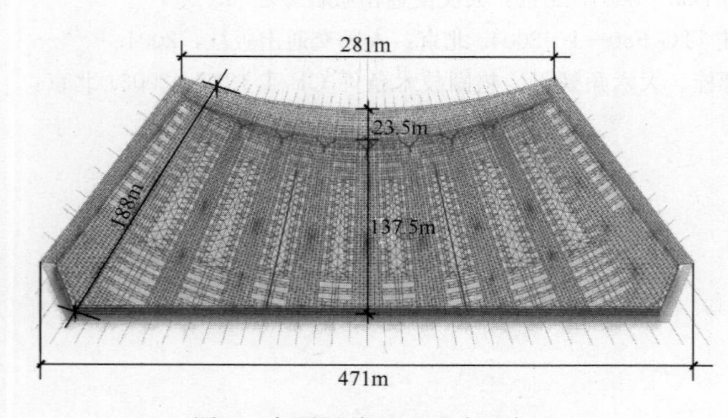

图 2　大厅屋盖平面尺寸示意图

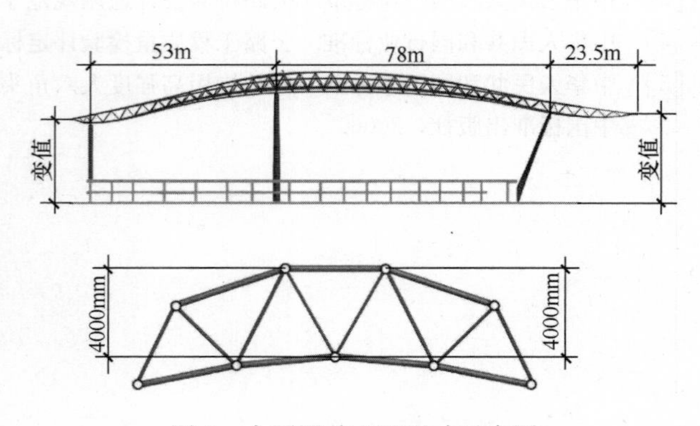

图 3　大厅屋盖立面尺寸示意图

大厅屋盖结构包括钢柱支撑系统、屋盖系统以及立面幕墙系统，屋盖结构如图 4 所示。

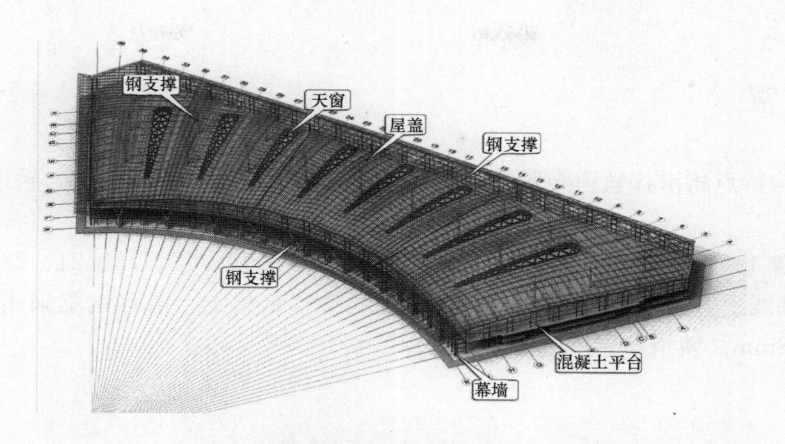

图 4　大厅屋盖结构图

2　安装思路

大厅屋盖钢结构安装采用大型履带吊吊装与滑移相结合的方式进行施工。

根据结构形式，将大厅区域划分为 3 个分区，根据施工方法又细分为 3 个吊装区域和 7 个滑移分区，其中吊装区域直接采用大型履带吊进行吊装，滑移分区轨距变幅径向分块累积滑移的新技术，分区如图 5、图 6 所示。

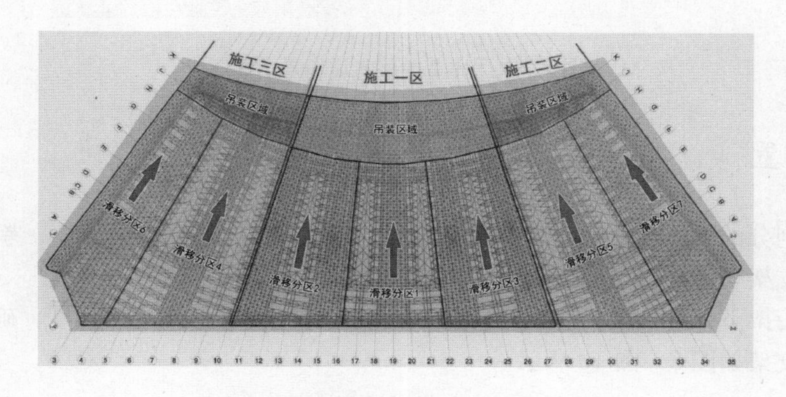

图 5　大厅屋盖施工分区示意图

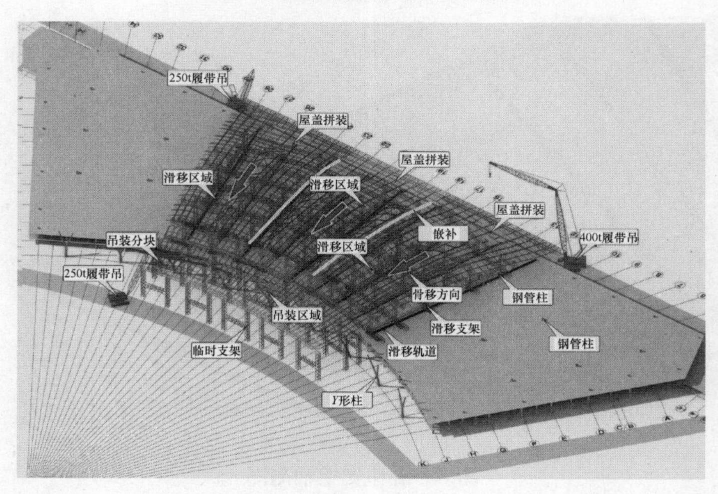

图 6　大厅屋盖施工方法示意图

3 滑移轨道布置

根据混凝土结构特点将滑移轨道布置在三层楼板上，为保证滑移安装精度，轨道要求在圆弧径向位置线上。

滑移轨道共设置 19 条，分别在 1、3、5、7、9、11、13、15、17、19、21、23、25、27、29、31、33、35 和 37 径向轴线上，滑移轨道布置在临时铺设的滑移钢梁上，滑移钢梁采用 H 钢 HN900mm×300mm×16mm×28mm。轨道布置如图 7 所示。

图 7　大厅屋盖滑移轨道布置示意图

4 滑移支架设置

根据滑移分块划分的外形尺寸及重量采用 1.5m×1.5m 的格构式组合支架，考虑安装滑移顶推装置的需要，在滑移支架与滑移轨道之间加设 H 型钢转换梁。

支架顶部设置桁架下弦定位模板和顶升装置，支架应保证足够的刚度和强度，确保主桁架滑移过程的结构安全。滑移支架如图 8～图 10 所示。

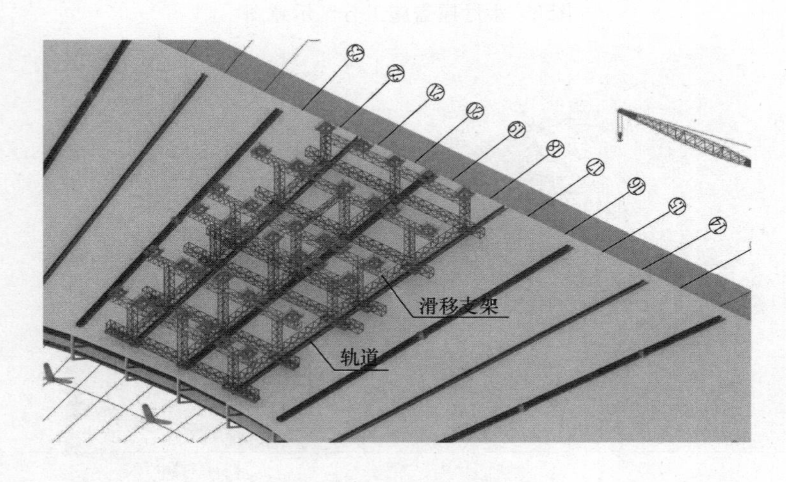

图 8　滑移支架轴测图

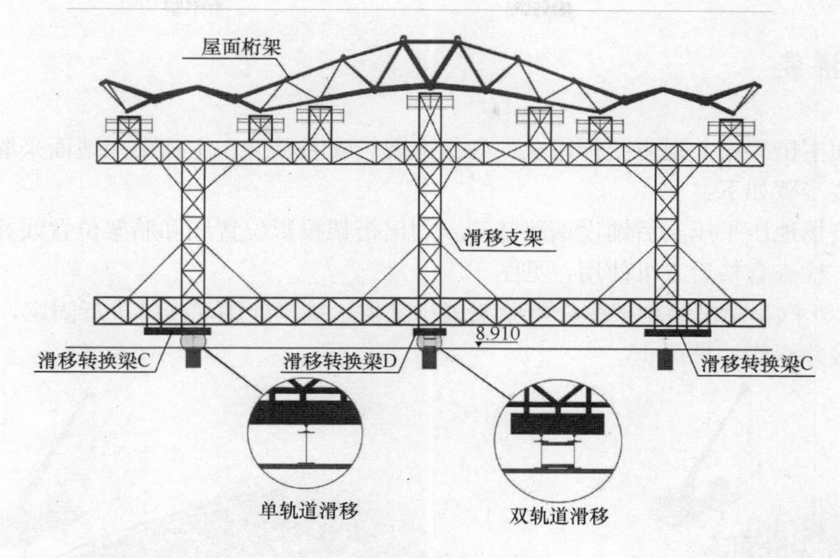

图 9　滑移支架立面图

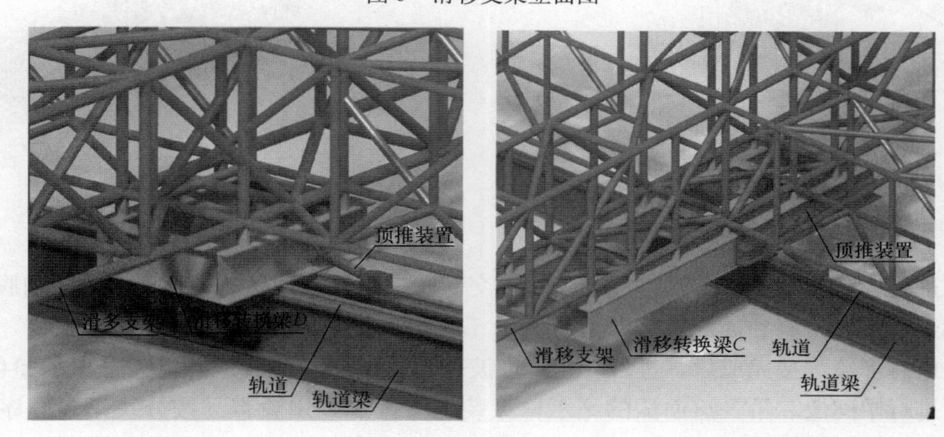

图 10　滑移转换梁示意图

5　滑移顶推点布置

根据滑移分块的结构特点，每个滑移分区设置 6 个滑移顶推点，具体位置如图 11 所示。

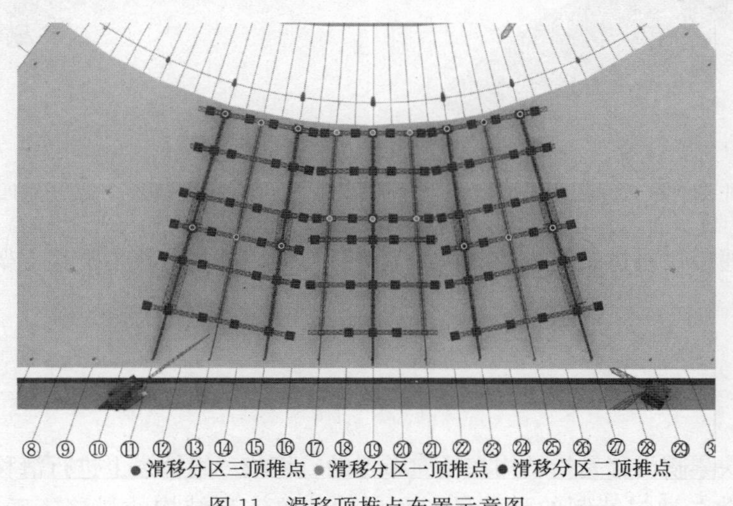

图 11　滑移顶推点布置示意图

6 滑移分块拼装

由于大厅屋面主桁架由 9 根主弦杆组成，为保证现场安装精度，主桁架在地面采取整榀卧造型式进行拼装。具体拼装步骤如下：

步骤一：拼装场地压平压实后铺设钢路基箱，划出桁架投影位置线和胎架位置线并设立胎架，同时采用全站仪测量，检查合格后方可使用，见图 12。

步骤二：用 25t 汽车吊吊装桁架弦杆与胎架进行定位，接口处用加强排进行固定，牢固后需焊接的接口进行对接焊接并探伤，见图 13。

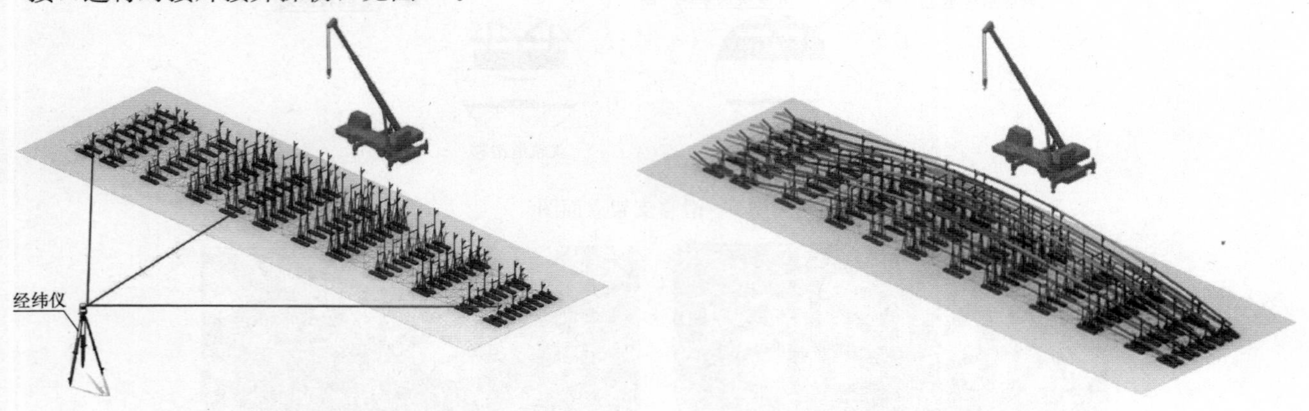

图 12 拼装步骤一示意图　　图 13 拼装步骤二示意图

步骤三：进行桁架腹杆的安装，组装结束后提交专职进行检查，确认无误后，进行曲腹杆与弦杆间的相贯焊接，焊后进行检测和局部矫正，见图 14。

步骤四：所有焊缝焊接完成后，进行焊接超声波探伤检测，合格后进行桁架分段的整体测量验收。验收合格后，进行中间漆和第一道面漆的施工，涂装施工完后采用履带吊按分块吊装顺序吊离拼装胎架，见图 15。

图 14 拼装步骤三示意图　　图 15 拼装步骤四示意图

分块脱胎后，用履带吊将拼装完成的分块吊上滑移支架，并将分块与滑移支架固定好，做好滑移前的准备工作。

7 滑移施工

轨距变幅径向分块累积滑移是指结构在径向布置的二组或三组轨道上进行滑移，且在滑移过程中轨距在由大到小逐渐变化，通过特制的滑移导向和纠偏装置实现结构的滑移施工。滑移及纠偏装置如

图 16所示。

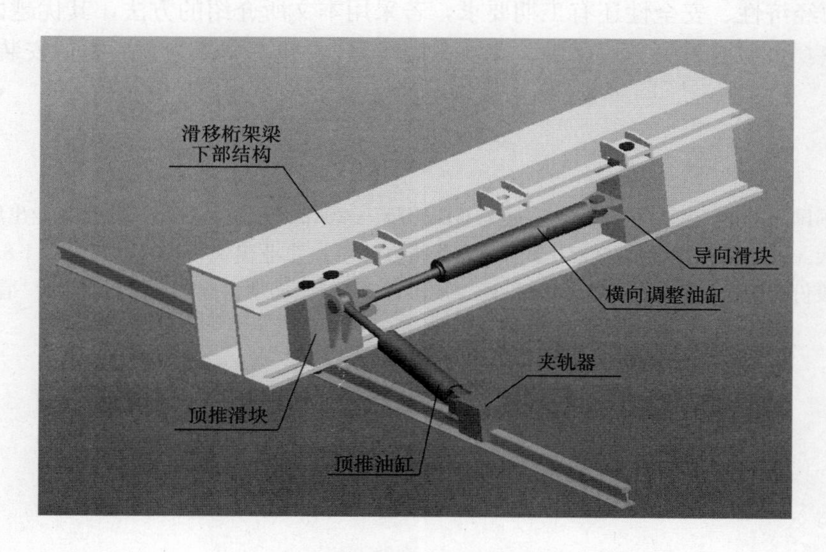

图 16　滑移及纠偏装置示意图

滑移时根据设计滑移荷载预先设定好泵源压力值，由此控制爬行器最大输出推力，保证整个滑移设施的安全。

在滑移过程中，测量人员应通过长距离传感器或钢卷尺配合测量各滑移点位移的准确数值。

计算机控制系统通过长距离传感器反馈距离信号，控制两组爬行器误差在 10mm 内，从而控制整个桁架的同步滑移。

8　滑移应急预案

（1）位置超差

只要位置同步误差超过某一设定值，系统自动停机。停机以后，需要检查分析超差的原因，然后进行处理。

（2）负载超差

只要某一点的负载超过某一设定值，系统自动停机。停机以后，需要检查分析超差的原因，然后进行处理。

（3）滑移结构变形或开裂

分析受力及其变形原因。如是不同步引起，检查控制策略，采取措施加固。

（4）被滑移结构变形

分析受力及其变形原因。如是不同步引起，检查控制策略，采取措施加固。

（5）实际载荷与理论载荷相差较大

1）系统会自动停机。

2）进行理论分析。

3）检查润滑措施是否到位。

4）检查滑移通道是否有障碍物。

5）检查同步状况。

9　结语

随着全国各地各类大型建筑新建和扩建，扇形建筑外形也为设计师们频繁地运用，由于一般建筑都较大，考虑施工的经济性、安全性还有工期要求，若采用本文所介绍的方法，其优越性将会大大地超过传统施工方法（如：大型履带吊分块吊装，高空散装等），希望本文能为今后类似安装工程提供参考。

参考文献

[1] 中华人民共和国国家标准．钢结构工程施工规范 GB 50755—2012[S]．北京：中国建筑工业出版社，2012.

[2] 郭彦林，刘学武．大型复杂钢结构施工力学问题及分析方法[J]．工业建筑，2007，37(9)：1-8.

[3] 江苏沪宁钢机股份有限公司．南京禄口国际机场二期工程 T2 航站楼项目施工组织设计[R]．宜兴：2012.

梁拱组合钢桥预拼安装技术

余　彪　陈小龙

（武船重型工程有限公司，湖北省武汉市　430000）

摘　要　目前，部分钢桥采用梁拱组合形式，梁拱之间采用箱形竖杆连接，拱肋之间采用箱形横梁连接，连接方式均为高强螺栓连接。由于在制造过程中，各个部分分开制造，在工地拼装时，又因为是螺栓连接，对精度要求很高，因此在制造过程中如何保证制造精度是重点。但是梁拱组合桥截面尺寸大，各个部分重量大，立体拼装对起重设备要求很高，增加了设备成本；立体拼装，施工人员在高空作业，造成了安全隐患；立体拼装工作量大，周期长。根据此类桥梁的特点，提出了一种新的预拼技术，即采取三次卧拼来替代整体预拼的方案，既满足了施工精度要求，也能降低施工中安全隐患、缩短制造周期。

关键词　梁拱组合钢桥；栓接连接；施工精度；三次卧拼

1　概述

目前，部分钢桥采用梁拱组合形式，梁拱之间采用箱形竖杆连接，拱肋之间采用箱形横梁连接，连接方式均为高强螺栓连接。由于在制造过程中，各个部分分开制造，在工地拼装时，又因为是螺栓连接，对精度要求很高，因此在制造过程中如何保证制造精度是重点。针对这种框架式封闭结构，最有效的办法就是整个截面进行预拼，所有接头处采取配钻，能最大限度地保证施工精度。但是梁拱组合桥截面尺寸大，各个部分重量大，立体拼装对起重设备要求很高，增加了设备成本；立体拼装，施工人员在高空作业，造成了安全隐患；立体拼装工作量大，周期长。如何在保证施工精度、质量的同时，解决以上施工中的难题，是梁拱组合钢桥制造的重难点。根据此类桥梁的特点，提出了一种新的预拼技术，即采取三次卧拼来替代整体预拼的方案，下面以此种类型的泉州市田安大桥为例来阐述梁拱组合钢桥预拼技术。

泉州市田安大桥工程位于泉州大桥与刺桐大桥之间。田安大桥设计为双向六车道，城市Ⅰ级主干路，设计时速60公里，标准道路宽度47m，标准桥梁宽度为36.5m。主线道路全长2888.025m，其中桥梁总长度2382m。全线包括一座跨越晋江的主桥和两座全互通立交（江滨北路互通、江滨南路互通），及北连接线立交工程。田安大桥主桥效果图见图1。

图1　田安大桥主桥效果图

田安大桥主桥上部结构双幅分离，两幅桥面距1m，单幅桥宽为17.75m，全桥总宽度为36.5m。单幅桥结构分为桥面梁、竖杆、拱肋、横梁四个部分组成，桥面梁与竖杆、拱肋、横梁之间的连接采用栓接连接，见图2。

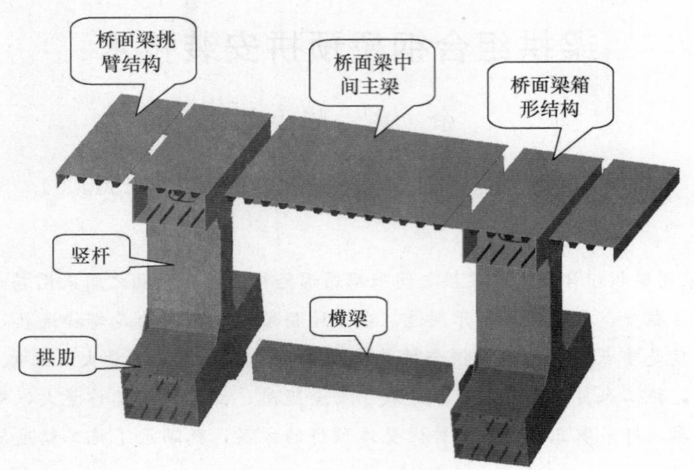

图2 田安大桥主桥结构形式示意图

2 预拼技术

2.1 技术指导思路

田安大桥单幅桥结构分为桥面梁、竖杆、拱肋、横梁四个部分，四个部分之间采用全栓接连接，其中桥面梁又分为挑臂单元、中间主梁以及箱形结构，三个结构之间采用焊接连接。拱肋分为中跨和边跨，中跨拱肋拱轴线矢高为10m，矢跨比为1/16，边跨拱肋拱轴线矢高为1m，矢跨比为1/50，拱肋横向之间采用横梁连接。拱肋上面连接竖杆，全桥共有72个竖杆。竖杆上面连接桥面梁，桥面梁在半径为4500m的圆曲线上。

桥面梁与拱肋在两条不平行的曲线上，因此从边跨往中跨走，桥面梁与拱肋之间的距离先由小变大，在拱脚处达到最大，再由大变小。由于距离一直在变化，而桥面梁与竖杆、竖杆与拱肋又都是采用栓接连接，对精度要求很高。为了保证梁段线形达到设计要求，梁段匹配环口、栓接螺栓孔的准确性，在箱体制造完成后，进行三次平面预拼。

具体流程为：拱肋、竖杆、桥面梁箱形结构预拼装—配钻竖杆上两端的栓接孔—桥面梁组合拼装—拱肋、横梁预拼装—配钻横梁上两端的栓接孔。

2.2 拱肋、桥面梁箱体、竖杆预拼

利用全站仪，绘制拱肋、桥面梁箱体、竖杆的端口定位地标。制作预拼胎架，胎架上方模板调平，保证模板高度误差≤1mm，同时，注意胎架坐标与地标坐标应为统一的坐标系。

将拱肋与桥面梁箱形结构吊上胎架，定位时，对合端口定位地标。再吊装竖杆上胎架定位，匹配竖杆与拱肋、桥面梁箱形结构之间的端口。

因为拱肋、桥面梁箱形结构的腹板较厚，板厚为30mm、40mm，隅角焊缝焊接时填充量远远大于竖杆的隅角焊缝，焊接收缩量不同，造成拱肋、桥面梁箱形结构在焊后截面尺寸小于竖杆。为了保证端口的匹配性，在拱肋、桥面梁箱形结构制造时，短接头的隅角焊缝预留500mm不焊，待匹配时，用码板将竖杆与拱肋、桥面梁箱形结构的端口刚性固定后，在焊接短接头预留的500mm隅角焊缝。

拱肋、竖杆、桥面梁箱形结构预拼见图3。

2.3 桥面梁拼装

利用全站仪，绘制桥面梁定位端口地标、桥面梁中间主梁、箱形结构、挑臂结构的横向定位地标。

图 3　拱肋、竖杆、桥面梁箱形结构预拼

制作拼装胎架，胎架纵向线形符合设计线形。为了方便施工，经过与设计协商，在节段内线形采用以直代曲。

吊装桥面梁箱形结构上胎架定位，定位时对合纵横向地标，定位完毕后与胎架刚性固定。吊装中间主梁和挑臂结构定位焊接，焊接后，测量两个桥面梁箱形结构之间的距离，作为后续拱肋匹配间距的依据。

桥面梁箱形结构定位见图 4，拼装见图 5。

图 4　桥面梁箱形结构定位

图 5　桥面梁拼装

2.4　拱肋、横梁预拼

以桥面梁拼装后桥面箱形梁结构之间的距离为依据，划线切割横梁的余量。利用全站仪，绘制拱肋、横梁定位端口地标，拱肋横向定位地标，应根据桥面梁箱形结构的距离进行相应地调整。制作拼装胎架，胎架纵向线形符合设计线形。为了方便施工，经过与设计协商，在节段内线形采用以直代曲。

将两个拱肋吊装上胎架定位，定位时对合地标。吊装横梁上胎架定位，匹配端口，焊接拱肋上预留的短接头隅角焊缝。

拱肋、横梁预拼见图 6。

图 6　拱肋、横梁预拼装

2.5 预拼报检数据及结论

田安桥内场预拼节段的实际检测数据见表1。

预拼测量数据　　表1

序号	检验项目	理论值（mm）	允许偏差（mm）	实测值或实测偏差值（mm）				
1	梁段线形偏差（X、Y轴位置偏差）	—	≤2	H3	H4	I3	I4	J3
				2，1	0，2	2，2	1，2	0，2
				J4	G5-3	G5-4	G6-3	G6-4
				2，1	2，2	2，0	2，1	2，2
				K-3	K-4	K-1	K-2	GF-3
				1，2	2，2	0，1	2，1	2，2
				GF-4	GO-3	GO-4	GO-6	GO-1
				0，2	0，0	1，0	2，0	2，1
				GO-2	GH-3	GH-4	GI-3	GI-4
				1，2	2，2	2，1	0，2	1，1
				GJ-3	GJ-4	GJ-1	GJ-2	H-6
				1，1	2，1	1，2	0，1	2，1
				GF-5	I-6	GO-5	J-6	GG-5
				1，0	2，0	2，0	1，2	2，2
				G5-6	GH-5	G6-6	GI-5	GJ-5
				2，0	1，2	0，1	1，1	0，2
2	预拼梁段间对接面错边	—	≤1	K-XT02-1 G6-XT02-1	G6-XT02-1 G5-XT02-1	G5-XT02-1 J-XT02-2	J-XT02-2 I-XT02-1	I-XT02-1 H-XT02-2
				−1	+1	0	+1	+1
				GF01-1 G001-2	G001-2 GG01-1	GG01-1 GH02-1	GH02-1 GI01-1	GI01-1 GJ02-1
				+1	+1	0	−1	+1
				GJ02-1 K-XT02-1	SI-1 G6-XT02-1	SI-1 GI01-1	SH-4 G5-XT02-1	SH-4 GH02-1
				−1	0	0	+1	+1
				SG-1 J-XT02-2	SG-1 GG01-1	SF-1 I-XT02-1	SF-1 G001-2	SE-3 H-XT02-2
				−1	+1	+1	−1	+1
				SE-3 GF01-1				
				0				

续表

序号	检验项目	理论值（mm）	允许偏差（mm）	实测值或实测偏差值（mm）				
3	预拼梁段间对接缝间隙	—	+3～−1	K-XT02-1 G6-XT02-1	G6-XT02-1 G5-XT02-1	G5-XT02-1 J-XT02-2	J-XT02-2 I-XT02-1	I-XT02-1 H-XT02-2
				1	0	1	1	0
				GF01-1 G001-2	G001-2 GG01-1	GG01-1 GH02-1	GH02-1 GI01-1	GI01-1 GJ02-1
				0	1	1	0	1
				GJ02-1 K-XT02-1	SI-1 G6-XT02-1	SI-1 GI01-1	SH-4 G5-XT02-1	SH-4 GH02-1
				1	1	0	1	0
				SG-1 J-XT02-2	SG-1 GG01-1	SF-1 I-XT02-1	SF-1 G001-2	SE-3 H-XT02-2
				0	1	1	0	1
				SE-3 GF01-1				
				1				
4	相邻竖杆间距	7000	±2	GJ02-1 SI-1	SI-1 SH4	SH-4 SG-1	SG-1 SF-1	SF-1 SE-3
				7002	7001	7002	7000	7001
5	预拼全长	46100	±5	46137（含40mm余量）				
6	梁段轴线偏差	—	≤1	K-XT02-1	G6-XT02-1	G5-XT02-1	J-XT02-2	I-XT02-1
				1	0	1	1	0
				H-XT02-2	GF01-1	G001-2	GG01-1	GH02-1
				1	0	0	1	0
				GI01-1	GJ02-1			
				1	1			
7	栓接端口通孔率	100%	—	SI-1 G6-XT02-1	SI-1 GI01-1	SH-4 G5-XT02-1	SH-4 GH02-1	SG-1 J-XT02-2
				100%	100%	100%	100%	100%
				SG-1 GG01-1	SF-1 I-XT02-1	SF-1 G001-2	SE-3 H-XT02-2	SE-3 GF01-1
				100%	100%	100%	100%	100%
				GJ02-1 K-XT02-1				
				100%				

通过以上的报检数据证明，通过三次平面预拼装，梁段的结构精度重要技术指标，包括梁段线形偏差、预拼梁段间对接面错边、预拼梁段间对接缝间隙、相邻竖杆间距、预拼梁段长、梁段轴线偏差栓接端口通孔率都达到了要求。预拼状态下，梁段的技术指标都达到了设计和规范的要求。

2.6 工地吊装

2.6.1 梁段吊装方法

本项目采用龙门吊机进行全桥节段吊装。吊装具体办法为，从两岸分别向江中搭设龙门吊车轨道，轨道下方采用桩基础支撑。轨道在江中心预留船舶进出通道，船舶运送段从预留通道进入，并达到指定吊装位置，由龙门吊机将梁段吊运到理论位置，并进行初定位。用预先设置的三坐标液压移动镐，对梁段进行精确定位，使梁段之间还原到预拼时的状态。

2.6.2 梁段架设顺序及拼装方法

拱肋节段吊装由拱脚开始，首先吊装定位拱脚，再吊装定位横梁，并将拱脚和横梁进行螺栓连接。GG、GF拱肋节段进行吊装定位，并焊接与拱脚GO的工地环缝。GH、GE拱肋节段进行吊装定位，再吊装定位横梁。横梁定位好后，用冲钉和临时螺栓将其固定，焊接GH与GG、GE与GF的工地环缝，最后再将横梁与GH、GE进行螺栓连接。依照以上方法，从拱脚依次往两边定位焊接拱肋和横梁节段。

节段定位时，首先利用4个85t液压移动镐将钢箱梁顶离滑板约20mm，再根据标记或限位进行移位。首先进行纵向调整，再进行横向调整，调整精确后将四氟滑块取出，换成特制的钢支垫，钢支垫顶部根据设计标高垫不同厚度的钢板，复核无误后，将钢箱梁缓缓落在设计标高上，进行临时固定。拱肋吊装顺序见图7，吊装实景见图8。

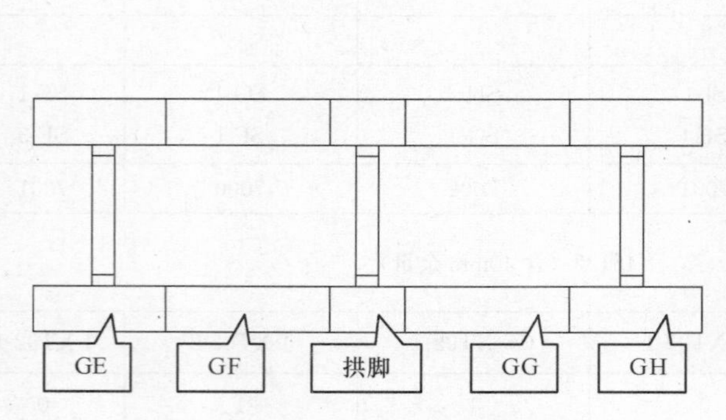

图7 拱肋吊装顺序示意图

图8 拱肋吊装实景图

首先吊装定位拱脚节段的竖杆，并将拱肋与竖杆进行螺栓连接。吊装定位桥面梁I节段，并将桥面梁与竖杆使用冲钉和临时螺栓临时固定。由于节段在桥长方向刚度比较小，要求在I节段上四角拉风绳，防止梁段倾覆。吊装定位两边的竖杆，并用冲钉和临时螺栓临时固定。吊装定位桥面梁H、J节段，并将桥面梁与竖杆用冲钉临时固定，焊接I节段与H节段、I节段与J节段的工地环缝，最后将拱肋与竖杆、竖杆与桥面梁进行螺栓连接。依照以上方法，从主墩上方开始，依次往两边定位焊接竖杆和桥面梁节段。竖杆、桥面梁吊装顺序及实景见图9～图11。

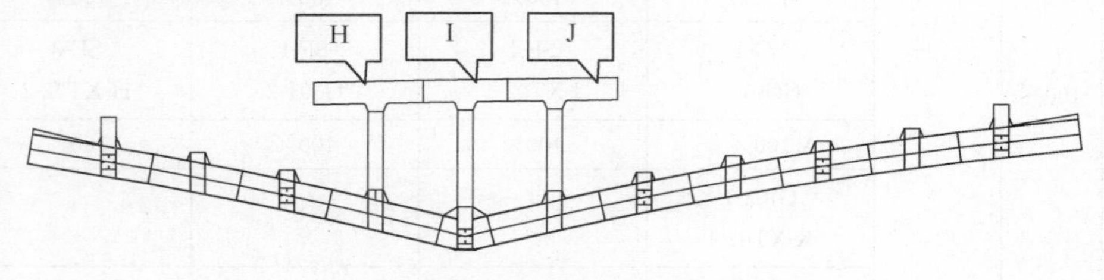

图9 竖杆、桥面梁吊装顺序示意图

调整合拢口两侧梁段，通过对现场合拢口的监测，确定合拢时机和合拢梁段的长度，对合拢梁段进行配切（余量切割），用桥面吊机起吊入合拢口，在比较稳定的温度时段内（无日照），合拢段与两端梁段间的接缝同步焊接。田安大桥合拢实景图见图12。

图 10　竖杆吊装实景图

图 11　桥面梁吊装实景图

图 12　田安大桥合拢实景图

2.6.3　工地拼装报检数据及结论

目前，田安大桥工地施工已完毕，现场施工测量数据如表 2 所示。

工地拼装测量数据　　表 2

序号	检验项目	理论值（mm）	允许偏差（mm）	实测值或实测偏差值（mm）				
1	吊装梁段间对接面错边	—	≤1	NE2（NW2） NE3（NW3）	NE3（NW3） NE4（NW4）	NE4（NW4） NE5（NW5）	NE5（NW5） NE6（NW6）	NE6（NW6） NE7（NW7）
				−1	+1	0	−1	+1
				GJN1/GJN2 GIN1/GIN2	GIN1/GIN2 GHN1/GHN2	GHN1/GHN2 GGN1/GGN2	GGN1/GGN2 GON1/GON2	GON1/GON2 GFN1/GFN2
				+1	−1	0	−1	+1
				GJN1/GJN2 NE2	SIN1/SIN2 GIN1/GIN2	SHN1/SHN2 GHN1/GHN2	SGN1/SGN2 GGN1/GGN2	SFN1/SFN2 GON1/GON2
				−1	0	0	+1	−1
				GJN1/GJN2 HNE1	GHN1/GHN2 HNE2	GON1/GON2 HNE3	GEN1/GEN2 HNE4	GCN1/GCN2 HNE5
				−1	+1	+1	−1	+1
				GAN1/GAN2 HNE6				
				0				

续表

序号	检验项目	理论值（mm）	允许偏差（mm）	实测值或实测偏差值（mm）				
2	栓接端口通孔率	100％	—	SIN1/SIN2 NE2	SHN1/SHN2 NE4	SGN1/SGN2 NE6	SFN1/SFN2 NE8	SEN1/SEN2 NE10
				100％	100％	100％	100％	100％
				SIN1/SIN2 GIN1/GIN2	SHN1/SHN2 GHN1/GHN2	SGN1/SGN2 GGN1/GGN2	SFN1/SFN2 GON1/GON2	SEN1/SEN2 GFN1/GFN2
				100％	100％	100％	100％	100％
				GJN1/GJN2 HNE1	GHN1/GHN2 HNE2	GON1/GON2 HNE3	GEN1/GEN2 HNE4	GCN1/GCN2 HNE5
				100％	100％	100％	100％	100％

通过以上的报检数据，说明梁段间的匹配性达到了设计和规范的要求，证明三次平面预拼装方案可行，达到了该方案的预期目标。

2.7 制造过程中的工艺优化

为了方便拼接板的制造、运输、工地拼装，田安桥拼接板采用标准拼接板，先钻结构一端的螺栓孔，再利用标准拼接板配钻另一端的螺栓孔。

初步方案策划时，存在两种钻孔方案，第一种为先钻拱肋、桥面梁箱形结构上的螺栓孔，再利用标准拼接板配钻竖杆、横梁上螺栓孔群。优点是横梁、竖杆的结构形式为箱形结构，重量比较小，翻身比较容易，在配钻时，可以翻身到平位钻孔。第二种为先钻横梁、竖杆上的螺栓孔，再利用标准拼接板配钻拱肋、桥面梁箱形结构上的螺栓孔群。优点是横梁、竖杆零件为矩形零件，钻孔时钻孔模板定位方法简单。通过分析比较，为了提高钻孔的工效，采用第一种方案。同时为了保证拱肋、桥面梁箱形结构异形零件的钻孔精度，以螺栓孔的定位线为基准，绘制结构定位线，将误差留到端口余量处。

首先，在拱肋、桥面梁箱形结构零件下料后，使用摇臂钻钻螺栓孔。在拱肋、竖杆、桥面梁箱形结构预拼时，配钻竖杆上的螺栓孔群。在拱肋、横梁预拼时，配钻横梁上的螺栓孔群。

配钻螺栓孔群时，为了减少胎架的占用时间，缩短预拼周期，配钻时，每个面仅配钻对角线顶点上的两个螺栓孔，再将竖杆转运到专用钻孔区域，利用定位螺栓孔定位钻孔模板，配钻其他的螺栓孔。螺栓孔配钻后，在端口两端安装匹配件，以便于工地吊装时，能够还原到匹配状态。

通过标准拼接板的使用，简化了拼接板的编号，使拼接板可以批量钻孔，提高了制造工效，降低了拼接板整理发运以及工地拼装时的施工难度。

3 梁拱组合钢桥制造技术总结

泉州市田安大桥在借鉴公司已建桥梁制造技术的基础上，结合本桥的结构特点，通过对大型梁拱组合梁制造技术的研究，制定了合理的制造、加工、预拼、吊装方案，经过现场实际生产，不断优化生产工艺，突破了大型梁拱组合梁制造的关键技术，解决了梁拱组合立体截面预拼装的制造难题，使该类桥梁的制造质量达到设计和规范要求。其制造施工创新点如下：

1）将复杂的大截面立体预拼通过合理的优化，改为三次平面预拼。通过三次平面预拼，调整了环缝端口的匹配性，减少了工地施工的难度。

2）标准拼接板的使用，减少了拼接板的种类，提高了拼接板的通用性，降低了拼接板组织生产、发运以及在工地安装时的难度。

3）采取合理的施工控制措施，既保证了现场施工安全，控制了安装精度，并顺利地完成了合拢段的安装。

通过对大型梁拱组合钢桥预拼技术的研究，并通过田安大桥制造验证了该预拼技术的可行性，满足了设计、施工精度要求，积累了大型梁拱组合梁的制造经验，可为今后的相关工程提供技术借鉴。

超长钢板墙综合施工技术

赵云龙　张　朝　卢俊嶙

（中建钢构有限公司北京分公司，北京　100000）

摘　要　天津现代城工程主塔楼高 339m，建成后将成为天津市区第一高楼；酒店塔楼高 209m。通过介绍天津现代城工程钢板墙焊接的施工实例，从钢板墙焊接顺序的确定、钢板墙超长焊缝焊接应力应变控制、钢板墙焊接操作平台搭设、钢板墙焊接裂纹控制等四个方面分析钢板墙焊接施工的难点，并提出了解决方法。

关键词　超高层钢板墙；焊接应力试验；焊接顺序；焊接裂纹

1　工程概况

天津现代城工程主塔楼地下 5 层，地上 67 层，高 339m，酒店塔楼地下 5 层，地上 47 层，塔楼结构设计采用钢框架—钢板剪力墙结构体系。主塔楼核心筒钢板墙自地下 3 层～地上 1 层，每层有 14 块钢板墙；酒店钢板墙自地下 3 层～地上 4 层，地上 27 层～31 层，每层有 18 块钢板墙；钢板墙钢板厚度为 35mm，钢材材质为 Q345B。最长横焊缝 9.2m，竖焊缝 4m。

2　钢板墙施工难点

2.1　超长焊缝焊接应力应变控制

天津现代城主体结构钢板墙钢板厚度为 35mm，钢材材质为 Q345B。最长横焊缝 9.2m，最长竖焊缝 4m。焊缝长度超长，钢板墙的厚度中厚，自身刚度在高温焊接时相对较弱，焊接变形及应力较大。如何对焊接应力应变进行控制，是本工程的难点。

2.2　焊接裂纹控制困难

由于天津现代城工程钢板墙焊接期间要跨越一个冬季。低温及大风气候条件下，处于强约束状态下的钢板墙焊接焊缝发生裂纹的风险概率更高，尤其是横向超长对接焊缝。如何控制好焊接裂纹成为本工程的难点。

3　关键技术

3.1　钢板墙焊接顺序的确定

3.1.1　整体焊接顺序

钢板墙纵向采用自下而上逐楼层焊接的顺序，横向采用以中心钢柱为基点，自内向外逐块进行焊接的顺序，如图 1 所示。

3.1.2　超长钢板墙焊缝焊接

钢板墙与钢板墙焊接，焊缝长度最长为 9.2m，焊接位置为横焊；与钢柱连接立焊长度近 4m。焊接前，将焊缝分成若干段，如图 2 所示。

钢板剪力墙整体焊接顺序同吊装顺序，先四周，向中心焊接，单个单元的焊接顺序为先焊接横焊再焊接立焊。为减少焊接变形，原则上单块剪力墙相邻两个接头不要同时开焊，待一端完成焊接后，再进行另一端的焊接。

具体焊接方式采用多人多道、分层同向跳焊：每道横焊缝采用跳焊的焊接方法，间隔1000mm，立焊均分两段施焊，所有焊接方向为同向施焊。

3.2 钢板墙焊接应力实测试验

焊接应力包括焊接瞬时应力与焊后残余应力，此次试验主要是了解在不同的焊接顺序（先焊两侧立焊再焊底部横焊，或先焊底部横焊再焊两侧立焊）下钢板剪力墙的焊接应力场（特别是残余应力场）的分布规律，为钢板墙焊接施工提供较为可靠的参考依据。本试验采用振弦式应变传感器（应变片），传感器的具体布置如图3所示。为了准确捕捉施焊过程中钢板剪力墙的应力分布，现场数据采集的时间间隔拟采用1min。试验过程中的注意事项：①传感器布设之后应准确量测并记录每一个传感器在剪力墙上的具体位置；②详细记录施焊位置及相应时间；③施焊过程中应妥善保护传感器，以防损坏。

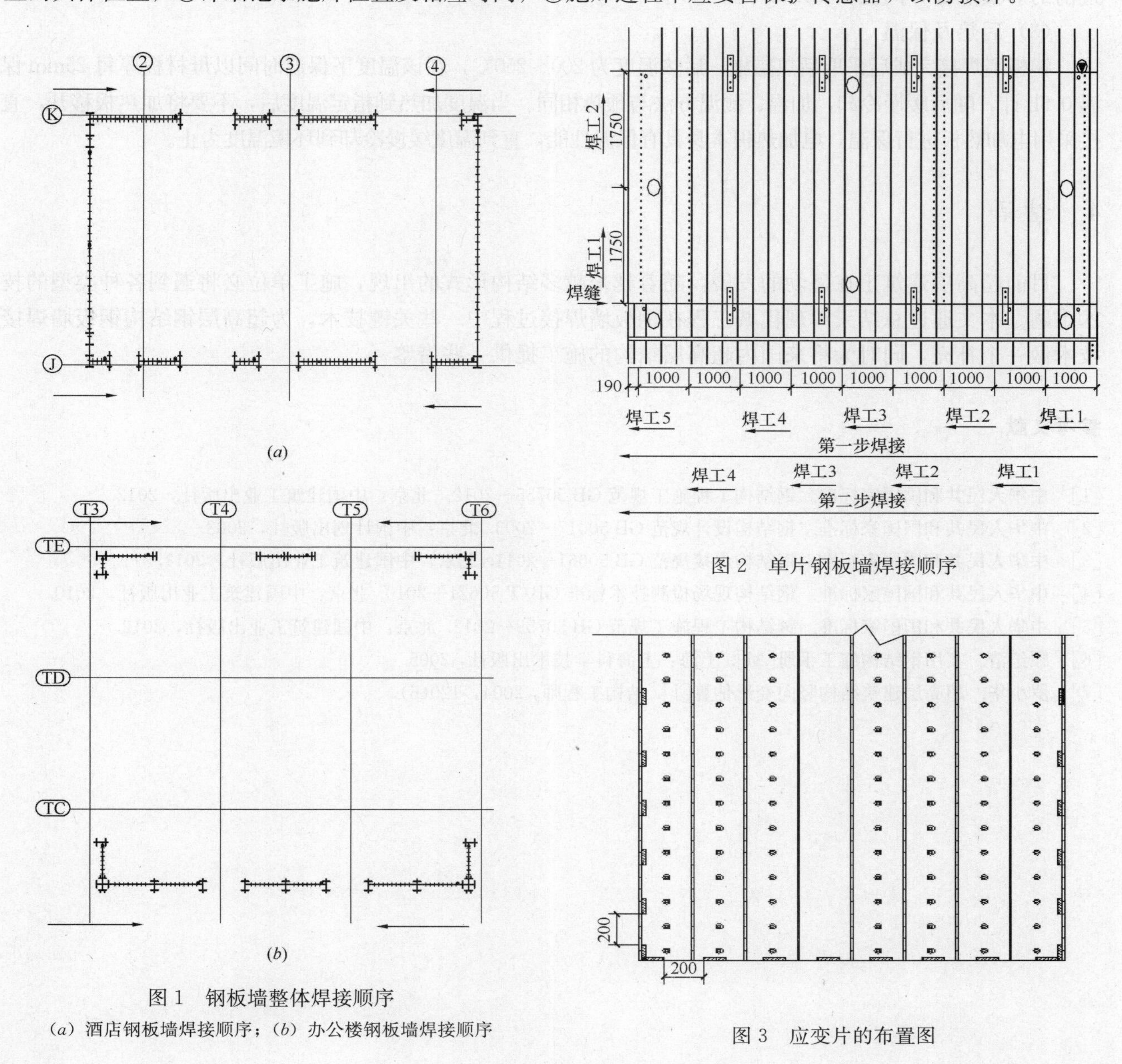

图1 钢板墙整体焊接顺序

(a) 酒店钢板墙焊接顺序；(b) 办公楼钢板墙焊接顺序

图2 单片钢板墙焊接顺序

图3 应变片的布置图

应力对比发现，先立焊后横焊的焊接顺序焊后中心应力值为80MPa，先横焊后立焊的焊接顺序焊后中心应力值为−2MPa。由此可知，先横焊后立焊的焊接顺序焊后残余应力状态更符合设计要求。因此确定采用先横焊后立焊的焊接顺序方案。

3.3 控制钢板墙焊接裂纹的措施

（1）焊前构件质量检查

为最大限度地降低焊接残余应力引发层状撕裂及焊接裂纹发生的可能，应对T形对接坡口横焊相关的框架梁上翼缘母材和处于焊接拉应力方向上的工厂加工焊缝进行焊前超声波探伤。钢梁上翼缘钢板使用直探头扫查；无法使用直探头扫查区域使用60°或70°斜探头扫查。

（2）采用喷枪进行焊前预热

由于钢板墙的焊缝超长，为了提高加热效率，更准确地控制加热温度，现场采用计算机控制电加热板的方法进行加热，测温器采用电子测温仪。焊接预热之前将电加热板贴于焊缝两侧，加热板的宽度≥焊接位置板厚的2倍以上，当电子加热控温仪达到指定加热温度后用测温仪进行复测，测温点在电弧经过前的焊接点各方向至少75mm处。

（3）后热及保温

钢板墙焊接完成后采取后热措施，后热温度为200～250℃，在该温度下保温时间以母材板厚每25mm保温0.5h计，随后缓慢冷却，加温、测温方法与预热相同。当温度加热到指定温度后，不要将加热板移开，直接采用电加热板进行保温，电加热板本身具有保温性能，直到温度缓慢冷却到环境温度为止。

4 结语

目前超高层建筑正在蓬勃的发展，随着越来越多结构形式的出现，施工单位必将遇到各种类型的技术难题。本文通过总结天津现代城工程在钢板墙焊接过程中一些关键技术，为超高层钢结构钢板墙焊接技术做一个补充，同时为将来国内超高层结构的施工提供一些借鉴。

参考文献

［1］ 中华人民共和国国家标准．钢结构工程施工规范GB 50755—2012．北京：中国建筑工业出版社，2012.

［2］ 中华人民共和国国家标准．钢结构设计规范GB 50017—2003．北京：中国计划出版社，2003.

［3］ 中华人民共和国国家标准．钢结构焊接规范GB 50661—2011．北京：中国建筑工业出版社，2011.

［4］ 中华人民共和国国家标准．钢结构现场检测技术标准GB/T 50621—2010．北京：中国建筑工业出版社，2010.

［5］ 中华人民共和国国家标准．钢结构工程施工规范GB 50755—2012．北京：中国建筑工业出版社，2012.

［6］ 顾纪清．实用钢结构施工手册[M]．上海：上海科学技术出版社，2005.

［7］ 罗小华．超高层建筑结构竖向变形估算[J]．结构工程师，2004，120(6).

一种船闸人字闸门安装技术

陈文超

（武汉武船重型装备工程有限责任公司，武汉　430000）

摘　要　人字闸门为水利水电工程船闸通航建筑物。本文以武汉武船重型装备工程有限责任公司第一次承接的人字门安装工程为例，阐述了人字闸门（以下简称人字门）的主要结构特点、安装重点、难点及安装方案。

关键词　人字门；制造；底枢；顶枢；不锈钢止水；安装

1　引言

衢江航运开发工程是浙江省首个航电结合的综合开发项目，2007 年 6 月被列入《全国内河航道及港口布局规划》。红船豆枢纽及船闸工程的建设，标识着钱塘江中上游航运建设进入施工阶段，对浙江内河航运复兴和港航强省建设具有重大意义。红船豆船闸金属结构布置如图 1 所示，上、下闸首人字门位置见图 2、图 3。

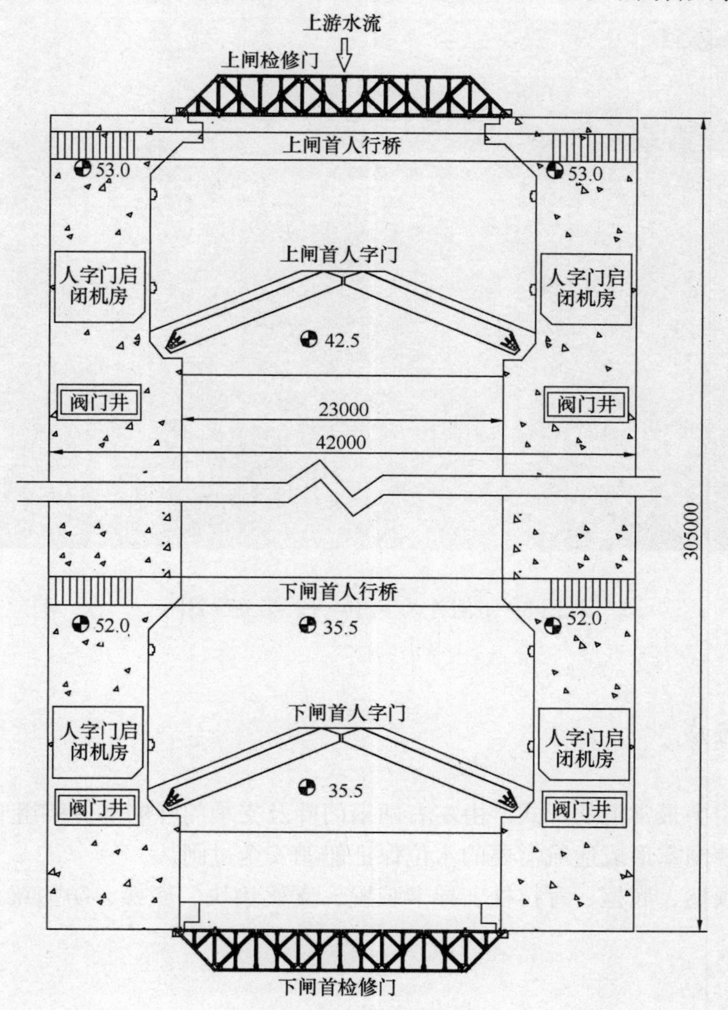

图 1　红船豆船闸金属结构布置

图 2　上闸首人字门全关位置图

图 3　下闸首人字门半开、半关位置图

2　人字门结构组成

人字门是船闸闸门中最常见的形式，由左右两扇门叶及支承门叶的部件所组成。人字门闸门的作用就是通过开启和关闭使闸室形成通航需要的水位保证船舶安全过闸。

人字门由门体、顶枢、底枢、背拉杆、导卡装置、支枕垫块、底槛、防撞梁、人行桥等部件组成，如图 4 所示。

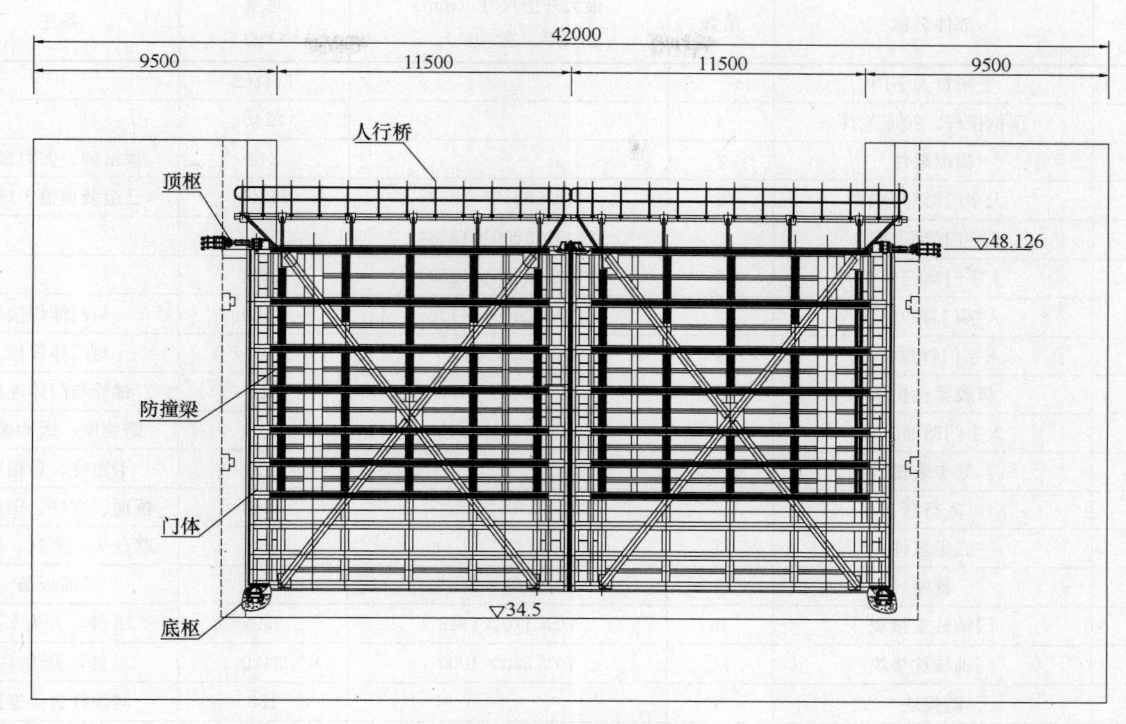

图4　人字门部件组成

3　人字门安装重点、难点

人字门安装过程中，吊装工程量大、安装程序复杂、安装精度要求高、焊接质量要求较高。

底枢安装是整个人字门安装的基础，红船豆船闸两底枢中心距离24550mm，根据规范要求，埋设后两底枢的距离应该为24550±2.0mm；左右两个蘑菇头高程极限偏差为±3.0mm，其相对差应小于2.0mm；底座平面的水平倾斜度≤0.5mm/m。由于底枢定位后，需要浇筑二期混凝土，在此过程中，保证底枢部件的安装精度是人字门埋件安装过程中的重难点。

人字门门体由多个分节组成，分节在工厂完成卧式总拼后，安装定位卡板；各分节运至工地后，按自下而上的顺序吊、定位、施焊。因此控制焊接顺序，保证门体几何尺寸，是人字门门体安装过程的重难点。

按照规范要求，顶、底枢轴孔同轴度≤2.0mm。因此在底枢二期混凝土浇筑合格后，需要通过测量放样，将底枢中心反射至顶枢轴孔附近，待顶节门体吊装完毕后，利用激光经纬仪找出顶枢轴孔中心点，再利用特制镗孔机制作镗孔。测量放样是控制顶底枢同轴度的重点难点。

人字门止水分为：水平方向的橡皮底止水和垂直方向的不锈钢止水。止水效果好坏，决定了人字门安装的成败。不锈钢止水的调整工艺是安装过程中的又一个重点难点。

4　人字门安装方案

4.1　主要安装、吊装部件

主要安装、吊装部件见表1。

主要安装、吊装部件 表1

序号	部件名称	吊数	最大外形尺寸（mm）（厚×宽×长）	总重（kg）	备注
一	上闸首人字门			114162	
1	顶枢拉杆、拉座组件	4		2240	
2	顶枢散件	2		240	顶枢轴、剪力板等
3	人字门第一分节	2	1400×3950×13584	44200	已组装顶盖、球瓦
4	人字门第二分节	2	1400×3350×13584	28212	
5	人字门第三分节	2	1400×2760×13584	21120	
6	人字门背拉杆1	2	120×280×14125	1500	与门体焊接
7	人字门背拉杆2	4	120×280×6877	1056	与门体焊接
8	橡胶柔性护木	18	L=1200、1400	936	螺栓与门体连接
9	人字门防撞装置	2	320×380×480	246	防装座、缓冲橡皮
10	导卡装置	1		420	卡钳座、导轮座
11	人行桥	2	200×1400×14000	4668	桥面、立柱、钢格板
12	底枢散件	2		660	蘑菇头、密封、压环
13	枕座	2	20×400×9455	1300	平面板条
14	门轴柱支垫块	18	70×170×1113	1692	18件，分为2捆
15	门轴柱枕垫块	20	70×250×1000	2420	20件，分为2捆
16	防撞块	8		160	与埋件直接连接
17	底槛装置	2		1400	底槛、P型橡皮
18	斜接柱平面支垫块	9	70×170×1366	846	9件，1捆
19	斜接柱凸弧面支垫块	9	70×170×1366	846	9件，1捆
二	下闸首人字门			175382	
1	顶枢拉杆、拉座组件	4		2240	
2	顶枢散件	2		240	顶枢轴、剪力板等
3	人字门第一分节	2	1400×3450×13584	55176	已组装顶盖、球瓦
4	人字门第二分节	2	1400×2550×13584	31000	
5	人字门第三分节	2	1400×3150×13584	32580	
6	人字门第四分节	2	1400×3960×13584	34712	
7	人字门背拉杆1	2	120×280×16365	1736	与门体焊接
8	人字门背拉杆2	4	120×280×8015	1720	与门体焊接
9	橡胶柔性护木	58	L=540～1500	2320	螺栓与门体连接
10	人字门防撞装置	2	320×380×480	246	防装座、缓冲橡皮
11	导卡装置	1		420	卡钳座、导轮座
12	人行桥	2	200×1400×14000	4668	桥面、立柱、钢格板
13	底枢散件	2		660	蘑菇头、密封、压环
14	枕座	2	20×400×12665	1720	平面板条
15	门轴柱支垫块	24		2256	24件，分为2捆
16	门轴柱枕垫块	26		3146	26件，分为2捆
17	防撞块	8		160	与埋件直接连接
18	底槛装置	2		1400	底槛、P型橡皮
19	斜接柱平面支垫块	13		1222	13件，1捆
20	斜接柱凸弧面支垫块	13		1222	13件，1捆
21	拉钩装置	2		540	

4.2 汽车吊选型

本工程最重工件的重量为 27.6t，采用汽车吊进行金属结构吊装。

汽车吊主臂打开、支腿全伸工作；经查《浦沅牌 QY100H-3 汽车起重机产品介绍书》（如图 5 所示），工作幅度（半径）10m 的情况下，汽车吊的额定起重量为 30t>分节最大重量（27.6t），因此可以通过汽车吊卸车及吊装。

11,5 m – 52 m　360°　26 t　DIN ISO

m	11,5 m *		15,2 m	19 m	22,7 m	26,4 m	30,1 m	33,9 m	37,6 m	41,3 m	45 m	48,8 m	52 m	m
2,7	100													2,7
3	94	83												3
3,5	84	79	68	64										3,5
4	76	72	68	64	61									4
4,5	69	66	66	65	59	51								4,5
5	63	60	61	60	57	49,5	42							5
6	53	51	51	51	51	46,5	39	33	28					6
7	45	43	43,5	43	42,5	43	37	31	26,6	22,3				7
8	38,5	37	37,5	37	37,5	37,5	35	29,2	25,3	21,4	18,9			8
9	33,5	32	32,5	32	33	33	31,5	27,6	23,9	20,4	18	14,5		9
10			28,3	29	29	28,9	27,7	26,1	22,7	19,5	17,3	14	11,4	10
12			22,3	22,8	22,8	22,6	22,1	21,3	20,1	17,8	16	13,2	10,7	12
14				18,4	18,4	18,2	17,9	18,2	17,1	16,3	14,9	12,6	10,1	14
16				15,3	15,2	15	14,7	15	14,4	13,7	13,7	12	9,6	16
18					12,8	12,7	13	12,6	12,2	12,3	11,7	11,2	9,1	18
20					11	10,8	11,1	11	10,8	10,5	10,4	10,1	8,6	20
22						9,3	9,6	9,7	9,3	9,3	9,3	8,8	8,1	22
24						8,1	8,3	8,5	8,3	8,1	8	7,6	7,6	24
26							7,7	7,4	7,3	7,1	6,9	6,6	6,5	26
28							6,8	6,5	6,4	6,2	5,8	5,4	5,4	28
30								5,7	5,6	5,3	5,1	4,8	4,8	30
32									5	4,8	4,6	4,2	4,2	32
34									4,6	4,3	4,1	3,8	3,8	34
36										3,9	3,7	3,4	3,3	36
38										3,5	3,3	3	2,9	38
40											2,9	2,6	2,6	40
42											2,6	2,2	2,2	42
44												1,9	1,9	44
46												1,6	1,6	46
48													1,4	48
I	0		0/ 0/ 0	46/ 0/ 0	92/46/ 0	46/46/ 0	46/ 0/ 0	92/46/ 0	92/46/46	92/46/46	92/46	92	100	I
II	0		46/ 0/ 0	46/46/ 0	46/46/ 0	92/46/46	46/92/46	46/46/46	92/92/46	92/92/46	92/92	92	100	II
III	0		0/46/ 0	0/46/ 0	0/46/46	46/46/46	46/46/46	46/46/46	46/92/46	92/92/92	92/92	92	100	III
IV	0		0/ 0/46	0/ 0/46	0/ 0/46	0/46/46	46/46/46	46/46/92	46/46/92	46/92/92	92/92	92	100	IV
V %	0		0/ 0/ 0	0/ 0/46	0/ 0/46	0/ 0/46	46/46/92	46/92/92	46/46/92	46/46/92	46/92	92	100	V %

图 5　浦沅牌 QY100H-3 汽车起重机产品介绍书

上闸首位置的汽车吊站位、运输车位置与门体安装位置如图 6 所示。

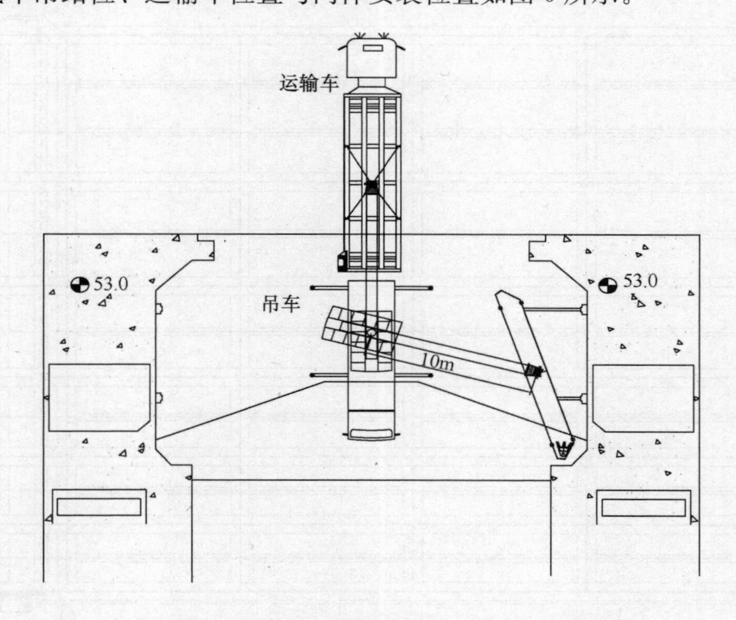

图 6　汽车吊站位、运输车位置与门体安装位置图

4.3　工装支墩设计、布置

每扇人字门设置 4 个钢支墩，分别布置在一期混凝土底板上。门叶安装时利用 4 个支墩共同承受

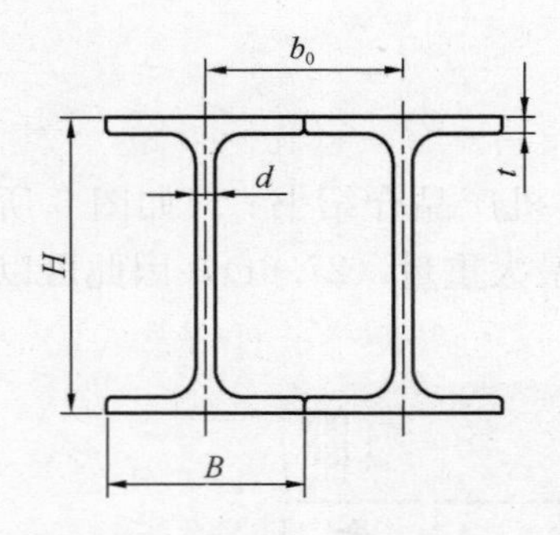

图 7　钢支墩的截面简图

闸门的荷重。钢支墩的设计：每个支墩由两根工 16 构成，具体做法是将两根工字钢的翼缘对接并焊接在一起，形成一个箱形构件，再用两块 450mm×340mm×24mm 的铁板分别焊接在箱形构件的两端，构成一个支墩。钢支墩的截面简图（图 7）及相关计算如下。

正应力计算：单扇闸门中最重的约 82t，按 4 个支承点载荷均布来计算，则每个支承点承受载荷约 20.5t，按 25t 载荷进行计算。单根工 16 计算，其中 Q 是均布载荷，S 是工字钢截面面积，σ 是截面上正应力。$\sigma=Q/S$，由型钢表查得工 16 的截面面积 $S=26.13\text{cm}^2$，Q235B 的屈服强度为 235MPa。故正应力 $\sigma=Q/S=25\times103\times10/26.13\times10^{-4}=95.7\text{MPa}<235\text{MPa}$，单根工字钢强度符合要求，故两根工字钢构成的箱形梁承受载荷也满足要求。钢支墩布置如图 8 所示。

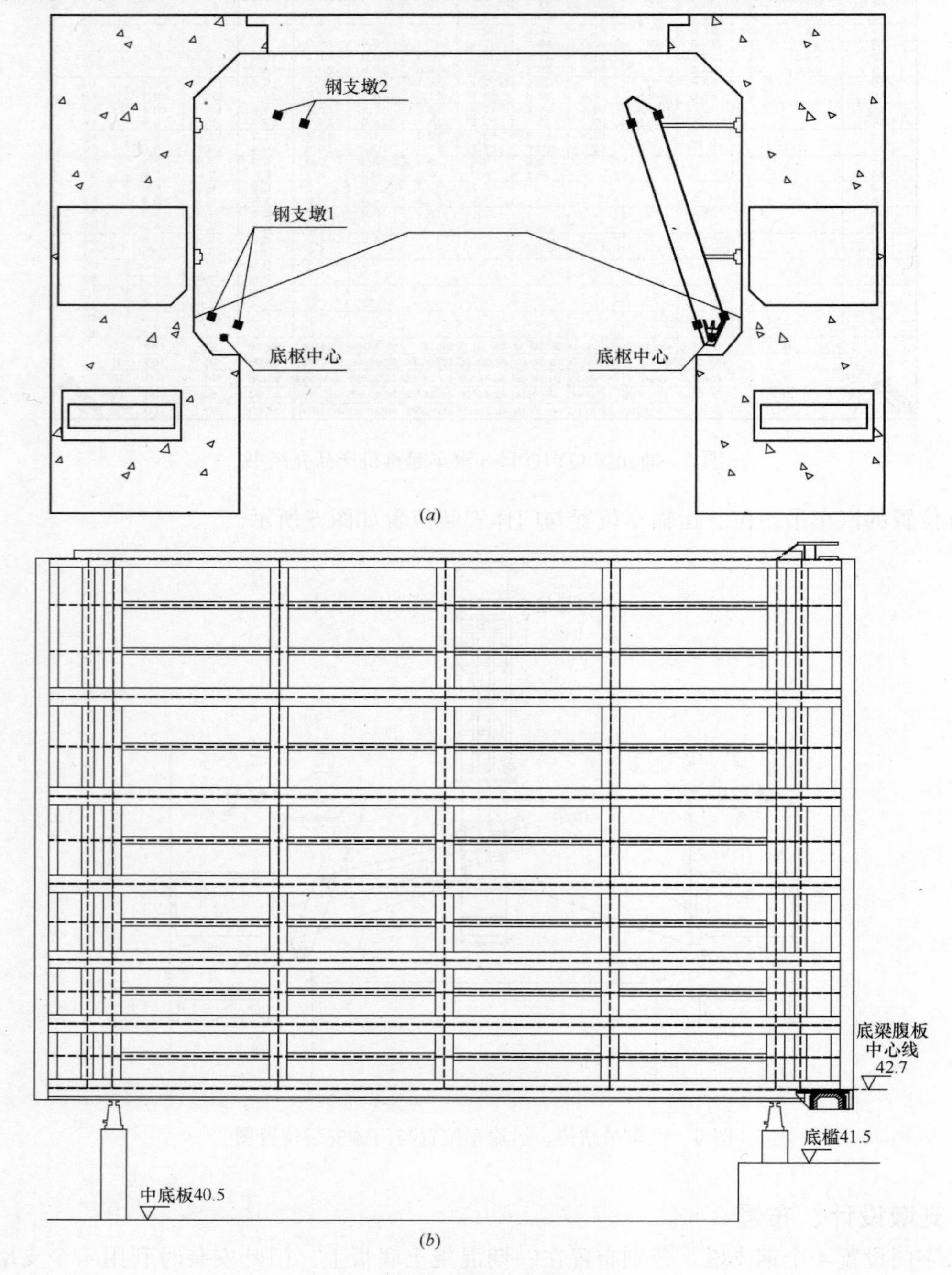

图 8　钢支墩布置图

4.4 人字门安装工艺

人字门拼装、焊接直接在安装位置完成，总的程序就是先吊装门体各分节、后吊装各种附件，最后进行调整、调试。安装前需确定以下基准：顶底枢中心点、顶底枢高程、闸首中心线。

上述基准点、线，由测量部门负责进行放样，移交我公司，我公司再进行复查。我公司项目部成员在工地现场总结了一套"人字门安装测量放样方法"，通过利用多角度、多线交汇测量放样方法，将底枢中心反射到顶枢轴孔附近的预埋件中，待门体镗孔前，再重新架设激光经纬仪，复位，经实践证明：门体顶底枢同轴度符合规范要求，单扇人字门仅需 3 个人便可推动旋转自如，运转过程中无异响，门体斜接柱侧跳动量满足规范要求。利用多角度、多线交汇测量放样方法，节省了常规方法（架设天顶天底仪）的费用，又保证了制造精度。

具体安装工艺如图 9 所示。

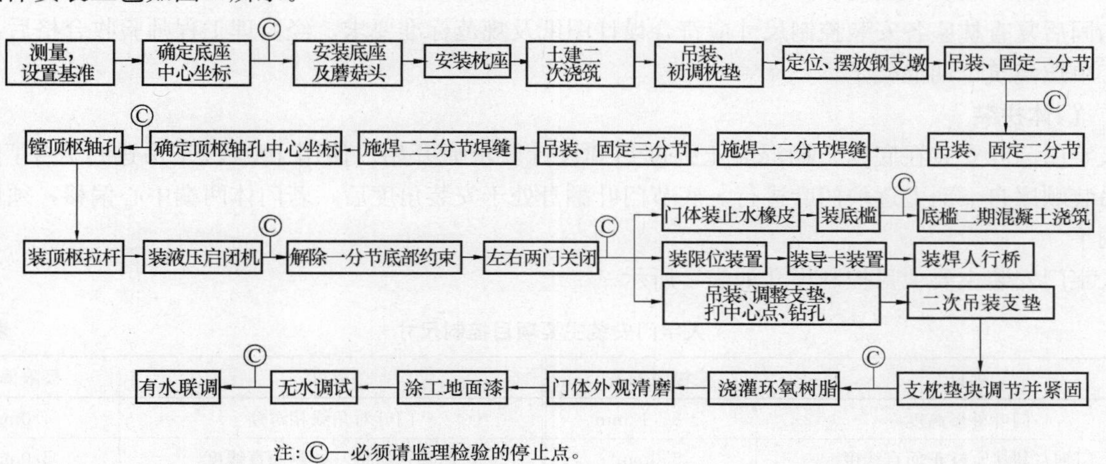

图 9　人字门安装工艺

4.4.1　底枢埋件安装

人字门在开或关的整个运行过程中，通过顶盖和球瓦，将门重和水阻力产生的垂直力和水平力传到蘑菇头球面上，再通过蘑菇头底部的圆柱面和地平面，将力传到埋设在混凝土中的底座上。在人字门旋转的全过程中，底枢和顶枢要保证旋转轴始终保持铅锤，以保证 2 扇门叶合拢时，3 对支枕垫块中心线重合。

1）清理工作场地，安装所需的控制点包括以旋转中心放出与闸室中心线呈 14°的安装样线，以支承中心向闸室内放出 22.5°门体全关轴线（即门轴线与闸室横轴线成 22.5°夹角），以及孔口中心（闸门中心线）、旋转中心线、支承中心线、安装高程参照点等。各控制点必须清晰、牢固、具有可用性，并进行经常性复核检查，确保安装精度满足要求。

2）底枢结构为分体式，有底座、蘑菇头、顶盖、枕座底板组成。根据底枢安装控制点，在底座安装位置四周焊好旋转中心样架，利用铅垂线将顶枢轴点引至底座垫板组件上方，调整底座旋转中心、四角水平、高程及主轴线与合力线平行度符合规范要求后，吊装蘑菇头就位、调整蘑菇头中心高程、左右中心距和左右高程相对差，并用铁皮圆筒保护蘑菇头。将底座调整栓头螺栓与预埋钢筋焊牢，浇筑二期混凝土。待二期混凝土养护拆模后，对蘑菇头进行复测。此时蘑菇头顶部 ϕ1mm 中心孔才是真正的底枢旋转中心。用垂直投影仪将蘑菇头中心返到顶枢平台上，并锁定牢固，以便将来顶枢镗孔的恢复。加固完成后复查各相应数据并做好记录，报请监理工程师验收合格后，做好保护措施，再浇筑二期混凝土。

3）底枢安装符合下列规定：

①底枢轴孔或蘑菇头中心的极限偏差不大于 2.0mm；

②左右两个蘑菇头高程极限偏差为±3.0mm，其相对差应小于 2.0mm；

③底座平面的水平倾斜度≤0.5mm/m。

4.4.2 门轴柱预埋件（枕座）安装

底枢埋件安装后，安装枕座基础板，枕座基础板和底枢埋件的二期混凝土同时浇筑。待枕座基础板下的二期混凝土能承重后，在门体开始吊装前，采用吊车吊装枕座进行安装。

1）检查枕座的预埋加固插筋，根据枕座安装的需要将超长的插筋割短。放出安装所需的高程点，枕座中点、桩号等控制点。复核设置的各个控制点、经监理工程师确认合格后，进行枕座的安装。

2）利用吊车吊装枕座进行安装。

3）枕座安装时，根据预先设置好的控制点，用水准仪、垂球、钢卷尺、调整螺杆等工具调整枕座的相应位置。以顶部和底部的中心连线检查中间枕座的中心，其对称度公差不大于 2.0mm，且与顶枢、底枢轴线的平行度公差不大于 3.0mm。

4）每枕座安装调整合格后，采用点焊进行加固；待枕座全部安装调整合格后，进行全面施焊加固，完全加固后复查枕座各安装控制尺寸应符合设计图纸及规范标准要求。经监理工程师验收合格后，由土建施工单位浇筑二期混凝土。

4.4.3 门体拼装

人字门门叶安装在底枢二期混凝土强度达到设计要求后开始。使用 100t 汽车吊进行人字门吊装，门叶吊装顺序自下而上逐块门叶进行。底节门叶翻身处于安装角度后，若门体两端中心偏移，须用手拉葫芦调平。

人字门安装主要项目控制尺寸如表 2 所示。

人字门安装主要项目控制尺寸　　表 2

项目		极限偏差	项目		极限偏差
门叶外形高度		±8、12mm	门叶对角线相对差		4.0mm
门轴（斜接）柱正面直线度		5.0mm	门轴（斜接）柱侧面直线度		5.0mm
门叶横向直线度	凸向上游面	4.0mm	门叶纵向直线度	凸向上游面	6.0mm
	凸向下游面	3.0mm		凸向下游面	3.0mm
顶、底主梁长度相对差		5.0mm	面板与梁组合面的局部间隙		1.0mm
底横梁在斜接柱端的下垂度		3.0mm	面板局部凹凸平面度		5.0mm/m
节间组合/纵向隔板错位		2.0/3.0mm	节间间隙		2.0mm
顶枢轴孔倾斜度		≤1/2000	顶枢、底枢中心线同轴度		2.0mm
底止水垂直度		2.0mm	底止水面直线度		2.0mm

1）底分节安装

首先将闸室门叶安装范围内的杂物清理干净，由专业测量人员以旋转中心放出与闸室中心线成 20°的安装样线，以支承中心向闸室内放出 22.5°门体全关轴线（即门轴线与闸室横轴线成 22.5°夹角），做出醒目标志，便于门体的安装、调整和加固。清理门叶焊缝坡口及坡口两侧（80～100mm）范围内的油漆、杂质等。

底节门叶吊装前，将制作的钢支墩（每扇门 4 件）放置于底节门叶底主梁腹板的顶升座板位置。

门叶立拼装时在底枢安装调整后进行的。利用汽车吊将底节门叶吊起后，水平以底横梁中心线为准，并通过悬挂重锤的方法来调节门体上下游方向的垂直度，悬挂 3 条铅垂线（门轴柱、斜接柱和门叶下游半宽处各挂 1 根），通过 3 条铅垂线测出的结果，利用水准仪、线锤、千斤顶、调整螺栓反复调整门体倾斜度，使门体达到底主梁腹板中心线水平、门叶铅锤的状态，将门体缓缓下落，然后千斤顶与门机配合将门叶下落就位。

此时，门体中的球瓦正好落入蘑菇头正上方，并处于紧贴状态；为保证门体安装过程中，球瓦与蘑菇头不接触，此时，需同步顶升底分节，使门体脱离蘑菇头，顶升高度以 100mm 为宜。

同步顶升完毕后，重新测量，报检；然后将底部支承处的楔子板塞紧、点焊，4 台千斤顶顶紧，将门叶面板与门龛内闸墙上埋件用钢管焊接固定。

说明：在调整底主梁腹板的水平度时，将斜接柱端抬高 2～3mm 。因为在门体解除约束后，斜接柱端处于悬臂状态，由于门体因自重而下垂，这种做法，可使斜接柱端下垂度抵消一部分。

门体定位加固后重新检查底梁水平差及端板垂直度，即要保证底梁中心沿门叶宽度方向的水平，又要保证门叶沿门叶厚度方向的水平。并且在各节门叶吊装就位后随时复测和调整，使底梁始终保持水平。

2）中间节安装

人字门每个节间安装 4 对定位板，门轴柱、斜接柱端板各安装一对、中部垂直隔板下翼缘与主梁下翼缘各一对，定位块呈“倒八字”形。具体见图 10。

图 10　定位板的安装

当底节门叶找正固定检查合格后，吊装上一节门叶尚未完全落下后，检查两端端板和上下游错位情况，可调整螺栓或加码板、千斤顶，趁吊机尚未松钩、门叶比较自由时进行对位和找正。在端板、面板等主要部位均无较大错位时，即可松钩，将上节门叶落位。此时，吊钩不可脱钩，根据门叶两端板中心线和下游侧门体中心线 3 处悬挂的铅垂线，对分节进一步微调，垂直度符合要求后，即可利用码板将上、下节门叶固定。端板、面板、推力隔板等主要部位的码板密度不小于 1 件/m，并施定位焊，定位焊焊缝长度在 50mm 以上，间距为 100～400mm，将门叶面板与门龛内闸墙上埋件用钢管（或工字钢）焊接固定。定位焊完成后，再次测量记录，开始正式焊接。焊后检测合格后，吊装上节门叶。

3）顶节安装

顶节门叶由于其结构特点，门叶调整时除检查垂直度、对角线外，还要调整顶梁高程、水平度、整个门叶的端板垂直度和门体的对角线差等。

4.4.4　门体焊接及变形控制

1）焊缝分类

焊缝的具体分类见表 3。

焊缝分类表　　**表 3**

序号	焊缝名称	焊缝等级	探伤方式	合格级别
1	端板的对接焊缝	一类	超声波	BⅠ级
2	推力隔板与主梁腹板的组合焊缝	一类	超声波	BⅠ级
3	主梁下翼缘与纵梁下翼缘的对接焊缝	一类	超声波	BⅠ级
4	主梁上翼缘与面板的角焊缝	一类	磁粉	Ⅰ级
5	主梁腹板与纵梁腹板的角焊缝	一类	磁粉	Ⅰ级
6	面板的对接焊缝	二类	超声波	BⅡ级

上述需超声探伤的焊缝，按《焊缝无损检测超声检测技术、检测等级和评定》GB/T 11345—2013 进行超声波无损检验，需做磁粉探伤的焊缝，按《承压设备无损检测　第 4 部分：磁粉检测》JB/T 4730.4—2005 进行探伤。

2）预留反变形

对于门体焊后向上游倾斜及沿厚度方向角的变形，通过在门段拼装中预留反变形来加以解决。如在门叶拼装时，使门叶向下游（背面）方向略作倾斜，即留一定数值的反变形，以抵消面板焊接时的焊缝横向收缩。在点固焊和正式焊接时，先将下游面隔板后翼与主梁后翼缘的对接缝焊好，以期面板焊接之前能尽可能增大门叶刚度。根据以往施工经验，反变形数值一般为拼装门段高度的0.08%～0.1%，即3m高的门段，反变形数值在2～3mm之间，具体视门段焊接后变形情况以及各节和底节之间的垂度来确定。

3）焊接顺序

人字门工地焊缝的焊接顺序应以“端板和边柱先定位焊，横向收缩大的接头先焊接”为原则，来减少闸门倾斜变形，减小焊接应力，利于焊接变形控制。门叶分段接缝焊接顺序是：端板外缝→端板内侧→推力隔板→端隔垂直筋板→端隔板与主梁腹板的角焊缝→隔板下翼缘与主梁下翼缘的对接焊缝→中间隔板与主梁腹板的角焊缝→主梁前翼缘与面板的角焊缝→面板外对接焊缝。至少安排8名焊工进行对称施焊，焊接顺序如图11所示。

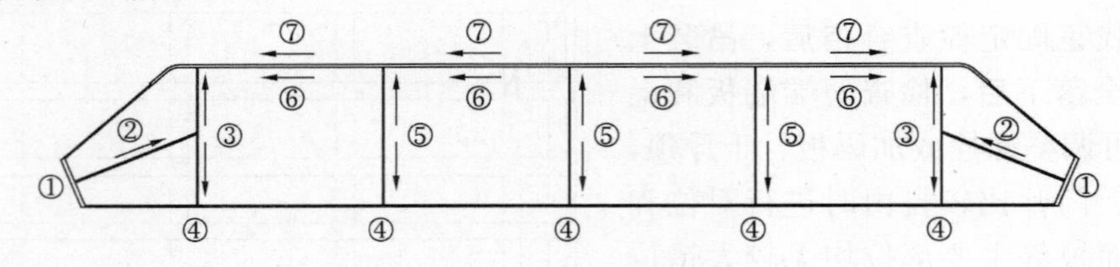

图11　人字门工地焊缝的焊接顺序

门叶面板部分则由4名焊工同时对称分段退步焊，均要求连续焊完。

所有门体焊缝焊接完成后进行无损探伤检测，记录检测情况，然后对焊缝按要求进行防腐涂装。

4）焊接监控

焊接过程中随时监测门体的倾斜方向及大小，根据监测结果适时调整焊接顺序，减小焊接变形的发生。在焊接过程中，通过悬挂3条重锤的方法进行测量：两端板中心线各挂一重锤，面板半宽方向挂一重锤。每一个焊接流程结束，待焊缝冷却后进行测量，并与拼装焊接前的测量结果作比较，若变形较大则适时调整后续焊接顺序及焊位安排。

4.4.5　顶枢镗孔

人字门门体安装焊接后，整体尺寸检查，调节底部千斤顶进行精确调节，使门体状态符合规范要求，然后由测量人员测放出顶枢轴中心点，测量基准为底枢浇筑后蘑菇头顶所确定的顶枢轴孔中心线。设计图纸要求轴孔直径为ϕ140＋0.1mm，轴孔中心确定后，打样冲点，划轴孔外圆看线（ϕ200mm为宜），先割出轴孔余量（至轴孔直径ϕ120mm），利用特制镗孔进行镗孔。镗孔完成后，用水平仪检查顶枢耳板中心。顶枢装置安装精度满足以下要求：

①两拉杆中心线的交点与顶枢中心重合，其偏差应不大于2.0mm；

②顶枢轴线与底枢轴线应在同一轴线上，其同轴度公差为2.0mm；

③拉杆中心高程偏差不大于±3mm；

④顶枢安装完毕后，保证门扇在旋转过程中斜接柱上任意一点的水平跳动量小于1.0mm。

4.4.6　顶枢装置安装

顶枢装置安装时提前将配套的左旋拉杆、右旋拉杆、花兰螺母、制动螺母、拉座拧成一套（总重约600kg），根据图纸QJHCD-RZM（Ⅰ、Ⅱ）-01-00，拧成一套的左旋拉杆和右旋拉杆的中心孔距离为1100mm，如图12。

利用千斤顶、水准仪、全站仪等工具，调整顶枢左右拉杆的高程、中心及桩号，使其符合设计图纸要求。

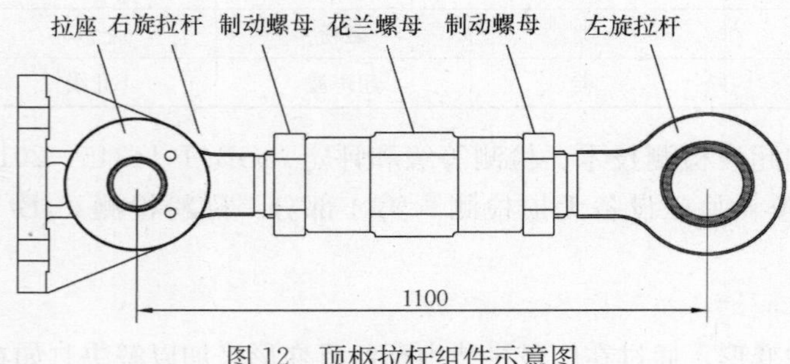

图12　顶枢拉杆组件示意图

拉杆粗定位后，利用靠尺检查、调整门体顶枢轴孔、上层拉杆轴孔、下层拉杆轴孔的错边量，使三者同轴，轴孔涂黄油后，将顶枢轴吊装就位；拧紧制动螺母，以避免花兰螺母松动。

吊装顶枢制动板，装焊剪力板。

4.4.7 背拉杆安装

在闸门加固和焊接平台尚未拆除前进行，预先把妨碍吊装就位的加固材料和平台割除，画出背拉杆中心线，吊装背拉杆就位。背拉杆焊接完成，检验焊缝合格。

4.4.8 支垫、枕垫安装

在门叶焊接完毕，其垂直度和水平度均调整合格后，将门叶与液压启闭机连接，门叶可以自由开启关闭时安装支、枕垫块。门叶支、枕垫块的安装应符合设计图纸和《水利水电工程钢闸门制造安装及验收规范》DL/T 5018－2004 的相关要求。

1）支、枕垫块安装应以枕垫块安装为基准，枕垫块的对称度公差为 1.0mm，垂直度公差为 1.0mm；安装后，端面接缝间隙应不大于 0.10mm。

2）不做止水的支、枕垫块间不应有大于 0.2mm 的连续间隙，局部间隙不大于 0.4mm；兼做止水的支、枕垫块间，应不大于 0.15mm 的连续间隙，局部间隙不大于 0.3mm；间隙累计长度应不超过支、枕垫块长度的 10%。

3）每对互相接触的支、枕垫块中心线的对称度公差：不做止水的应不大于 5.0mm；兼做止水的应不大于 3.0mm。

4）按编号依次从底部往上安装门轴柱和斜接柱的枕垫块，整条枕垫调整达到要求后吊入与之配对的支垫，调整支垫位置后画出螺孔位置，再将支垫吊到钻床上进行钻孔并攻丝；攻丝结束后再把支垫吊回原来位置进行安装固定。将门叶关闭至设计位置，用调节螺栓调整支垫的垂直度以及和枕垫之间的间隙，符合设计图纸要求后拧紧螺栓进行加固；对支垫块间隙进行精调，利用塞尺、扳手等工具对其间隙进行调整，直至符合设计要求。

4.4.9 防撞块及人行桥安装

防撞装置的防撞座架在内侧脚手架拆除前组装，门叶全开时，精调垫板，使橡皮顶端与门叶面板间距保持 2mm 间隙。

4.4.10 导卡装置、底止水底槛装置、限位装置、拉钩装置安装

调整水封压缩量、止水尺寸、止水表面的平面度，使之符合规程规范及设计图纸要求。当单扇门叶全关时，门底的止水橡皮应与闸门底槛角钢的竖面均匀接触（塞尺检查）。限位装置安装时，将调节垫板全部穿入，用螺栓将撞头把紧，其位置调节待后期工程进行。

导卡安装：导卡在门叶处于全关状态时，两门叶相对拉紧，斜接柱、门轴柱支、枕垫块安装调整完成后进行安装，首先定出导卡位置线，配钻出螺栓孔，然后安装导轮卡钳，调节钳唇、导轮与卡钳上下唇之间间隙控制为 0.1～0.2mm，再将剪力板与其脚跟处顶紧，焊在门体上，卡钳灌注填料。

4.4.11 环氧树脂灌注及防腐

环氧树脂灌注在门叶处于全关位，支、枕垫块、门轴柱支垫块安装调整合格后进行，环氧树脂灌注前，应当按比例取各组分先进行试验，环氧树脂抗压强度和收缩率符合设计要求后方可进行灌注。先用少量环氧树脂把缝隙处外部封住，螺栓处亦涂抹环氧树脂，以防灌注时从螺栓处渗出。用环氧树脂封堵后 1d 后就可以灌注环氧树脂，将拌好的环氧树脂放在铁制容器内，加入压力气体进行灌注。

整体安装完毕后，对工地焊缝和安装过程中的涂装损坏部位进行涂装，并涂面漆一遍。

4.4.12 闸门试验

（1）试验前永久启闭机已安装完毕且推拉杆与门叶已连接好，注意清理门叶支、枕垫块间及门槽上杂物和障碍物，并检查连杆连接情况。

（2）启闭试验时，在水封橡皮处用清水冲淋润滑，以防损坏水封橡皮。

（3）无水情况下全行程启闭试验。检查顶、底枢等转动部位的运行情况，应做到闸门旋转过程平稳无卡阻，两门叶导卡啮合自如，水封橡皮无损伤，漏光检查合格，止水严密。

（4）静水情况下全行程启闭试验，检查止水严密性。

（5）挡水试验。按设计规定水头进行挡水试验时，检测拱高变化量应符合设计值，并检查漏水情况。

5 结束语

通过上述技术方案的实行，人字门各项技术指标达到了设计图纸的要求，并顺利通过了业主的验收。对人字门进行无水、有水试验，运动状态良好，润滑情况良好，反复运动，每次均顺利、平稳地运行，得到了业主的好评。衢江红船豆船闸金属结构的安装为重装公司积累了水工钢结构安装经验，为以后投标类似产品提供了宝贵的经验。

参考文献

［1］ 中华人民共和国电力行业标准．水电水利工程钢闸门制造安装及验收规范 DL/T 5018—2004．北京：中国电力出版社，2004.

［2］ 中华人民共和国国家标准．钢结构工程施工质量验收规范 GB/T 50205—2001．北京：中国计划出版社，2002.

［3］ 成大先．机械设计手册．北京：化学工业出版社，2008.

［4］ 田锡唐．焊接手册．北京：机械工业出版社，1992.

福州奥体钢结构杠杆支撑转换系统的设计

谢任斌，刘　奔，吴　聪，易　勇

（中建钢构有限公司华南大区，广州　510640）

摘　要　福州海峡奥林匹克体育中心-主体育场钢结构顶面网架吊装单元为三角形，网架单元次弦杆杆件半径小，管壁薄，通过杠杆支撑转换系统将支撑的支座反力转移到钢结构网架单元的节点上，避免网架单元的次弦杆处于受弯状态，从而满足结构稳定性要求。

关键词　网架；支撑；杠杆；转换；分析

福州海峡奥林匹克体育中心-主体育场地上4层，混凝土看台最高点高度30.78m，钢结构罩棚悬挑最大长度71.2m，最高点高度52.826m；采用双向斜交斜放空间网格结构体系，分东、西两个钢罩棚。钢罩棚杆件共29种规格，最大的为P750mm×35mm、最小的为P127mm×6mm。

图1　主体育场整体模型

1　吊装分段概况

1.1　分段概述

主体育场为管网架结构。根据管网架结构的特点、考虑起重设备的起重能力，将网架结构在径向方向划分为4段，在环向上将网架结构划分成31个吊装单元分区。相邻吊装单元间的次向连系杆件采用高空散件安装。整体吊装单元的最大外形尺寸为37.5m×4.5m×4.2m，最大重量为41.2t。

1.2　分段方案详解

网架结构分段详解如图2、图3所示。

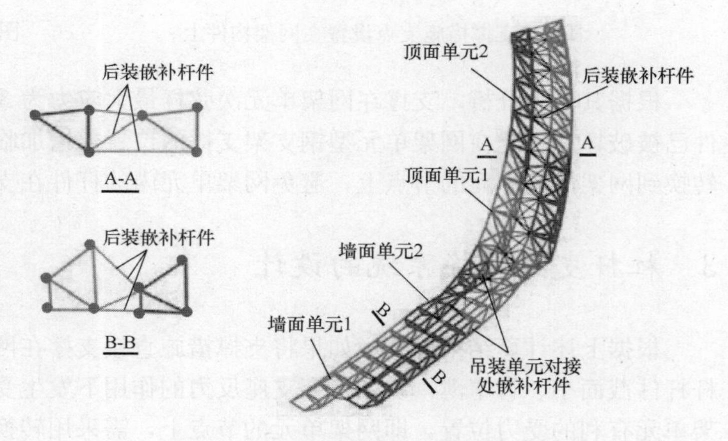

图2　结构分段示意图（一）

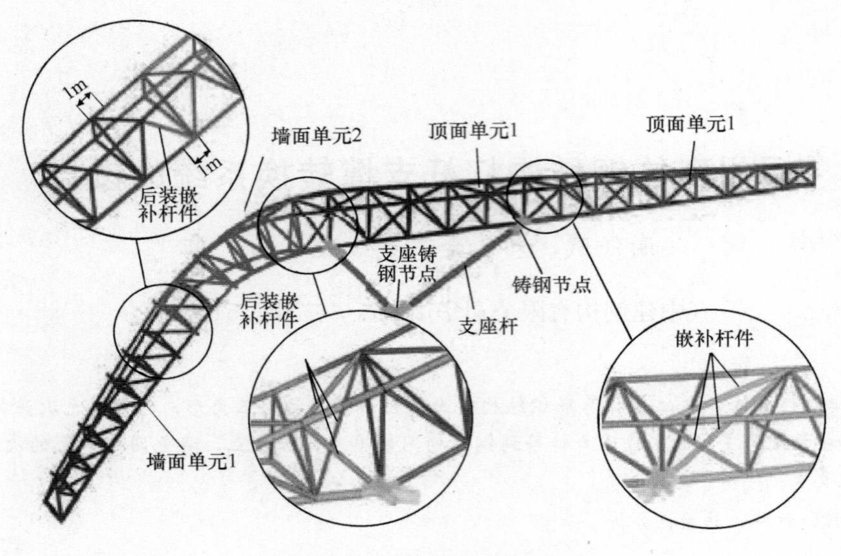

图 3　结构分段示意图（二）

2　顶面网架单元支撑点分析

顶面网架吊装单元的截面呈近似直角三角形，网架单元的自重通过网架单元的下弦杆和网架单元的次弦杆传递至下部的支撑措施结构上。吊装就位后，通过与设置在下部格构式支撑系统的型钢支架固定。如果直接将支撑措施的支点设在网架吊装单元结构的构件上，网架单元下弦杆与型刚支撑的接触位置在节点处，但网架单元次弦杆与型钢支架的接触点位置处在两节点之间的圆管上，此管处于受弯状态，如图 4。

网架单元次弦杆截面较小（次弦杆最小截面为 P245mm×8mm），在网架单元自重和施工荷载的作用下产生的内力和变形受力分析如图 5。

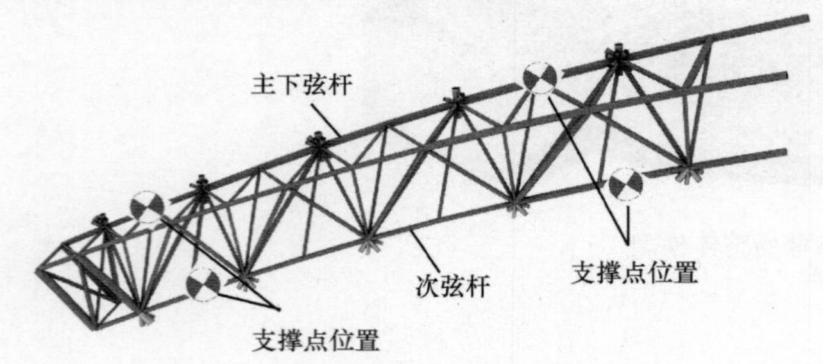

图 4　支撑措施支点设置在网架构件上

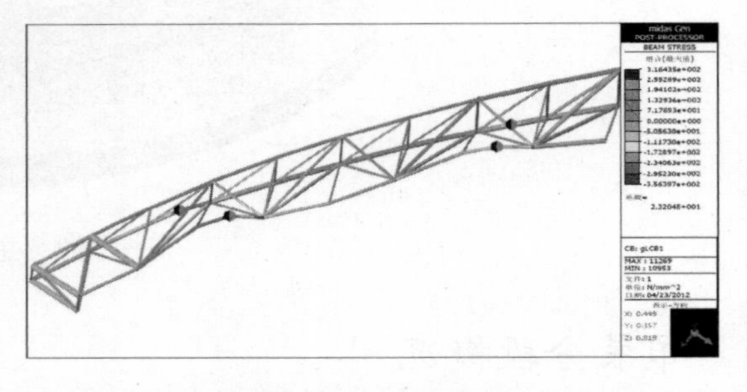

图 5　支撑措施支点设置在网架构件上的受力分析

根据其受力分析，支撑在网架单元次弦杆最大应力为 356.4MPa，大于构件自身的应力允许值，杆件已被破坏。因此在网架单元型钢支架支撑的位置需增加临时加固措施，或采取其他转换措施将支撑力转换到网架吊装单元的节点上，避免网架单元内的杆件在支承位置处于弯曲受力状态。

3　杠杆支撑转换系统的设计

根据上述计算结果可知，如果将支撑措施直接支撑在网架吊装单元两节点之间的次弦杆上，由于弦杆杆件截面小、管壁薄，次弦杆在支座反力的作用下发生受弯破坏。为了使支撑措施的作用力作用到网架单元有利的受力位置，即网架单元的节点上，需采用转换措施将支座反力间接地传递到网架单元的节点上。采用在网架单元顶面增设临时的型钢杆件，该杆件通过网架此单元的上弦杆节点处，利用杠杆作用将支座反力间接地作用在网架单元的节点上，从而避免网架单元构件受弯。杠杆措施采用HW400mm×300mm型钢。

网架吊装单元的支撑措施包含三部分：主网架单元下弦杆的支撑（型钢支撑架1）、次网架单元支撑点转换措施（杠杆支撑转换系统）、次网架单元弦杆竖向支撑（型钢支撑架2）。

杠杆支撑转换系统由型钢和抱箍组成，在网架吊装单元顶面加两根杠杆式转换措施型钢，杠杆型钢通过两个抱箍与网架单元连接固定。杠杆通过网架单元的节点处，两个端头分别搁置在主网架单元的上弦杆顶面以及型钢支撑架的顶部，将支撑的支座反力通过杠杆型钢传递到网架单元主弦杆的节点上。

支撑措施具体设计如图6～图8。

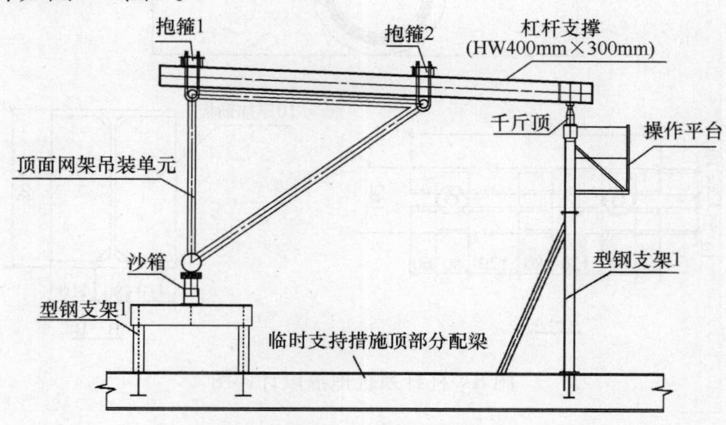

图6　顶面网架单元支撑措施立面图

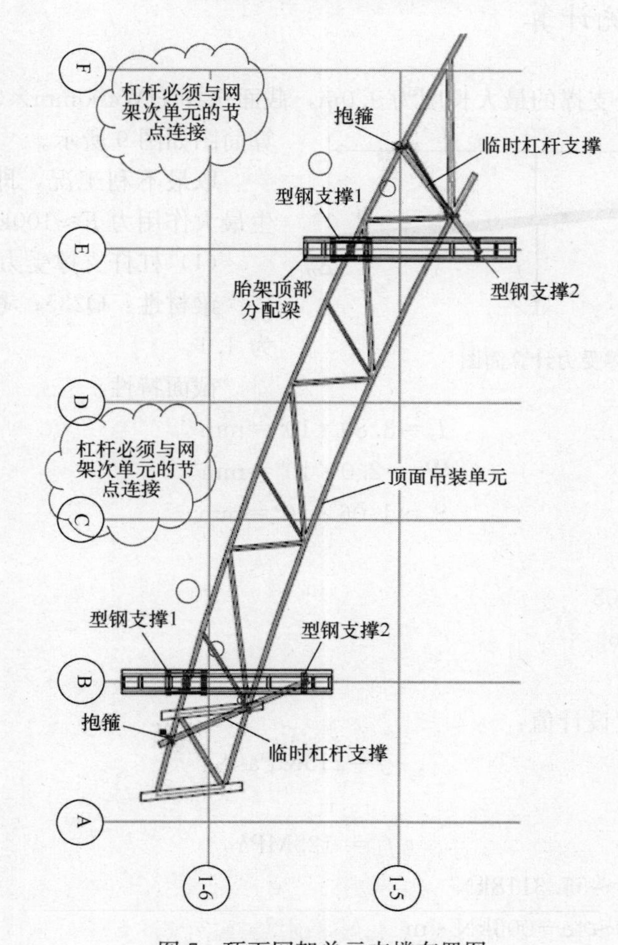

图7　顶面网架单元支撑布置图

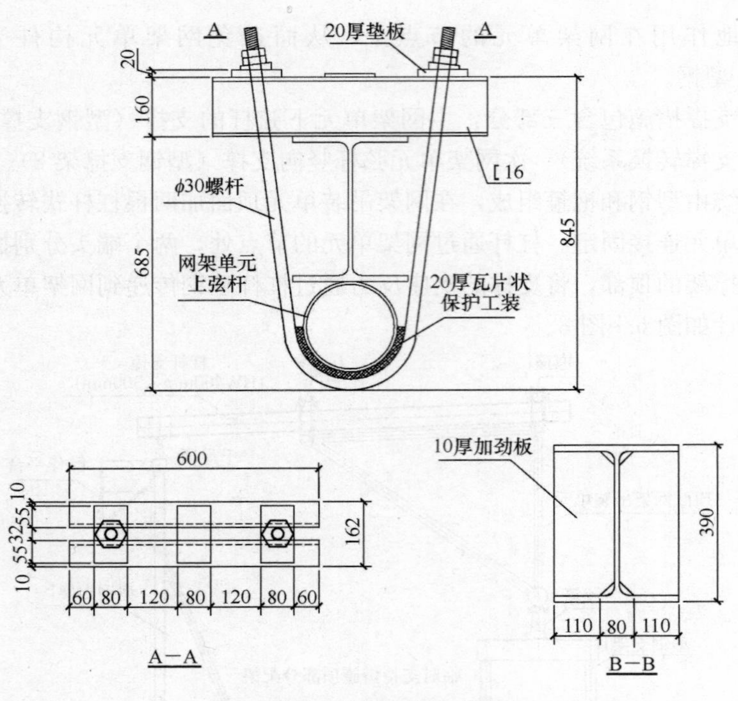

图 8　杠杆系统抱箍设计详图

4　杠杆支撑转换系统计算

网架单元安装临时杠杆支撑的最大长度为 9.0m，截面选择 HW400mm×300mm。杠杆支撑受力计算简图如图 9 所示。

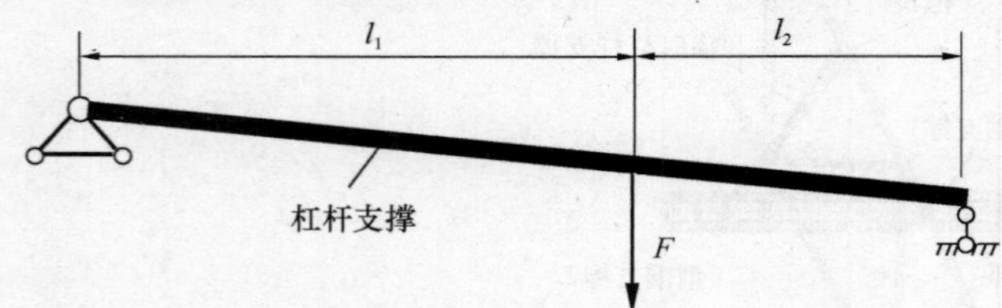

图 9　杠杆支撑受力计算简图

取最不利工况，即网架单元对杠杆支撑产生最大作用力 $F\approx100\text{kN}$，$I_1=I_2=4.5\text{m}$。

（1）杠杆支撑受力验算过程如下：

梁材性：Q235；考虑自重，自重放大系数为 1.1。

截面特性：

$$I_x=3.89\times10^8=\text{mm}^4$$
$$W_x=2.0\times10^6=\text{mm}^3$$
$$S_x=1.06\times10^6=\text{mm}^3$$

腹板总厚：$t=10\text{mm}$

塑性发展系数：$\gamma_x=1.05$

整体稳定系数：$\phi_b=0.6$

由最大壁厚 16mm 得：

截面抗拉抗压抗弯强度设计值：

$$f=215\text{MPa}$$

截面抗剪强度设计值：

$$f_v=125\text{MPa}$$

剪力范围为 －55.3118～55.3118kN

弯矩范围为 －236.952～4e－006kN·m

最大挠度为 20.211mm（挠跨比为 1/445）。

由
$$\sigma_v = V_{max} \times \frac{S_x}{I_x \times T_w}$$

计算得最大剪应力为：

$$\sigma_v = 15.04\text{MPa} < f_v = 125\text{MPa} \quad 满足$$

由
$$\sigma_c = \frac{M_x}{\gamma_x \times W_x}$$

计算得强度应力为

$$\sigma_c = 113.12\text{MPa} < f_c = 215\text{MPa} \quad 满足$$

由
$$\sigma_\varphi = \frac{M_x}{\varphi_x \times W_x}$$

计算得稳定应力为

$$\sigma_\varphi = 197.967\text{MPa} < f_c = 215\text{MPa} \quad 满足$$

受压翼缘外伸宽度与厚度之比为 9.0625，满足（《钢结构设计规范》GB 50017—2003，32 页第 4.3.8 条）。

腹板高厚比为 35.8，无局部压应力可不配置加劲肋（《钢结构设计规范》GB 50017—2003，26 页第 4.3.2 条）。

（2）杠杆支撑端部网架单元杆件受力验算：

杠杆端部下的主网架单元的上弦杆收到杆的压力 N，使该杆件处于受弯状态，N 的最大值为 $N=50\text{kN}$。网架主单元上弦杆最不利的受力工况为当 N（即杠杆端部对网架上弦杆产生的压力）作用在杆件单元中部时，杆件的内力最大。

网架单元受弯的上弦杆件长度取为 5m，杆件截面取最小截面 P245mm×8.0mm，材质为 Q345，杆件两端的边界条件取为固结状态。杠杆支撑端部网架单元受弯受力验算的计算简图如图 10 所示。

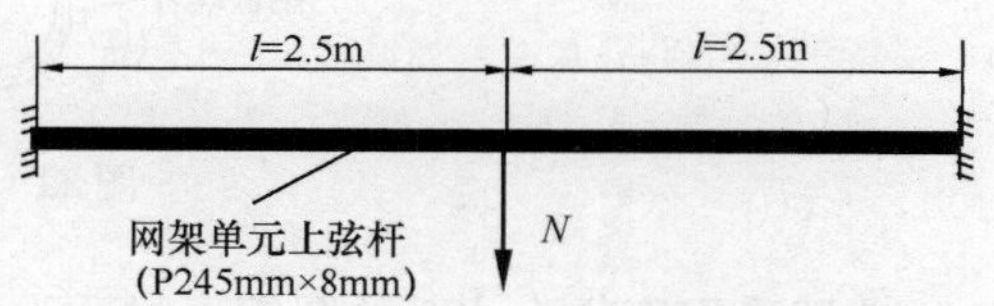

图 10　网架单元受弯上弦杆受力计算简图

（3）网架单元受弯上弦杆受力计算过程如下：

考虑自重，自重放大系数为 1.1。

截面特性：

$$I_x = 4.19 \times 10^7 \text{mm}^4$$
$$W_x = 3.42 \times 10^5 \text{mm}^3$$
$$S_x = 2.25 \times 10^5 \text{mm}^3$$

腹板总厚：$t=16\text{mm}$

塑性发展系数：$\gamma_x = 1.15$

整体稳定系数：$\phi_b = 0.6$

由最大壁厚 8mm 得：

截面抗拉抗压抗弯强度设计值：

$$f = 310\text{MPa}$$

截面抗剪强度设计值

$$f_v = 180\text{MPa}$$

剪力范围为 −26.2859～26.2859kN

弯矩范围为 −31.7858～32.3215kN·m

最大挠度为 3.87124mm（挠跨比为 1/1291）。

由
$$\sigma_v = V_{max} \times \frac{S_x}{I_x \times T_w}$$

计算得最大剪应力为

$$\sigma_v = 8.82\text{MPa} < f_v = 180\text{MPa}$$ 满足

由

$$\sigma_c = \frac{M_x}{\gamma_x \times W_x}$$

计算得强度应力为

$$\sigma_c = 82.23\text{MPa} < f_c = 310\text{MPa}$$ 满足

由

$$\sigma_\varphi = \frac{M_x}{\varphi_b \times W_x}$$

计算得稳定应力为

$$\sigma_\varphi = 157.61\text{MPa} < f_c = 310\text{MPa}$$ 满足

(4) 杠杆支撑抱箍受力验算：

抱箍装置中的螺杆受网架单元向下的拉力作用。次网架单元处的抱箍受到的拉力作用最大。抱箍螺杆的受力状态如图 11 所示。

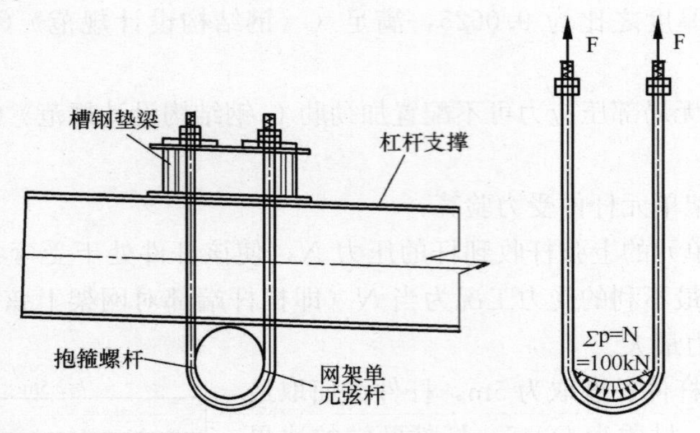

图 11　抱箍构造及受力状态示意图

螺杆采用直径为 $\phi30$ 的圆钢，材质为 Q345。螺杆的有效截面积（扣除丝扣尺寸 3mm）为

$$A_0 = 615.7\text{mm}^2$$

螺杆所受拉力为

$$F = N/2 = 50\text{kN} = 5 \times 10^4\text{kN}$$

安全系数取为 $n=3$，则螺杆的计算内力为：

$$\sigma_0 = nF/A_0 = 3 \times 5 \times 10^4 / 615.7$$
$$= 243.9\text{MPa} < f_c = 295\text{MPa}$$ 满足

5　网架单元支撑受力分析

采用杠杆支撑转换系统后网架单元受力验算如图 12、图 13 所示。

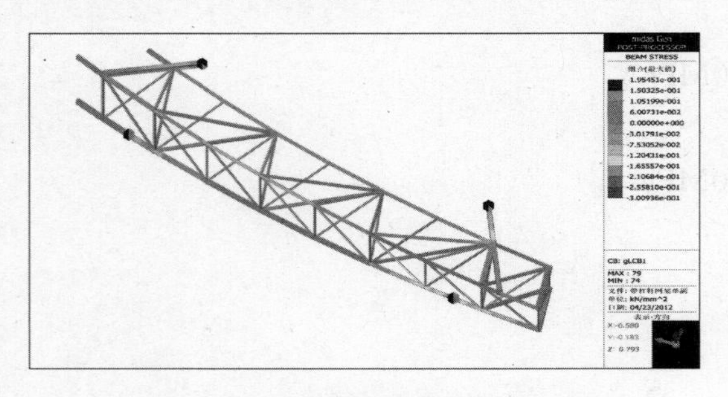

图 12　网架单元的组合应力

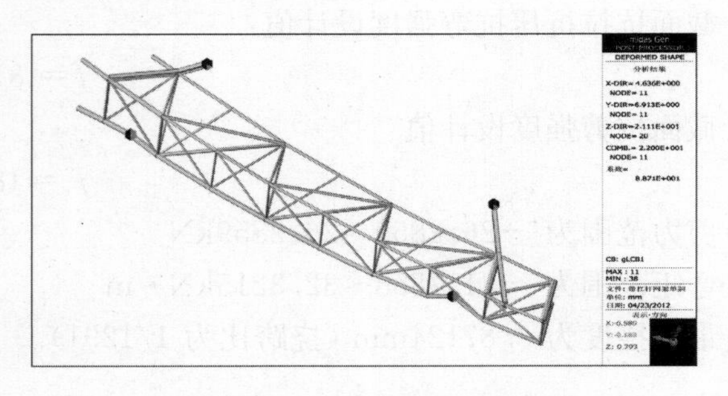

图 13　网架单元位移

由上述计算结果可知，当采用杠杆支撑转换措施后，网架单元内力和位移均满足安装要求。

6 结语

杠杆支撑转换系统很好地避开钢结构受力较弱部位，使支撑措施的作用力作用到网架单元有利的受力位置，保证了吊装单元结构安装稳定性。为其他类似施工情况提供借鉴作用。

参考文献

[1] 刘学武. 大型复杂钢结构施工力学分析及应用研究[D]. 北京：清华大学，2008.
[2] 王伯成. 大跨度钢网架结构分段吊装技术的研究与应用[D]. 北京：重庆大学，2004.
[3] 刘坚. 基于结构极限承载力的轻型钢框架结构的计算理论及应用研究[D]. 重庆：重庆大学，2008.

福州奥体中心复杂罩棚钢结构施工测量技术研究

吴立标　邬国良　王李锋

（中建钢构有限公司华南大区，广州　510640）

摘　要　针对福州海峡奥体中心体育场罩棚管网钢结构跨度大、空间复杂的特点，对整个复杂空间大跨钢结构施工过程测量技术和相关难点进行了分析，给类似工程提供参考。

关键词　钢结构；施工；罩棚；测量

0　引言

随着经济社会需求的不断发展，目前我国大型体育场、展览馆、交通枢纽设施日益增多，对复杂大跨钢结构的设计、施工提出各种新的要求。广州国际会展中心[1]、浦东国际机场[2]、北京奥运会国家体育场[3]等复杂钢结构的成功施工为国内提供了一个个典型的案例，本文将结合新建的福州海峡奥林匹克体育中心工程，对复杂空间罩棚钢结构施工的测量技术进行探讨。

1　工程概况

福州海峡奥林匹克体育中心项目（图1）位于福州市南台岛仓山组团中部，包括“一场三馆”，即主体育场、网球馆、游泳馆、体育馆。建筑占地面积73.3公顷，其中主体育场占地面积61577m²，剖面图见图2。

图1　主体育场鸟瞰图

主体育场地上4层，混凝土看台最高点高度30.78m，钢罩棚悬挑最大长度71.2m，最高点高度52.826m；钢结构罩棚采用双向斜交斜放网格空间结构体系。分东、西两个钢罩棚。罩棚杆件共29种规格，最大的为P750mm×35mm、最小的为P127mm×6mm。

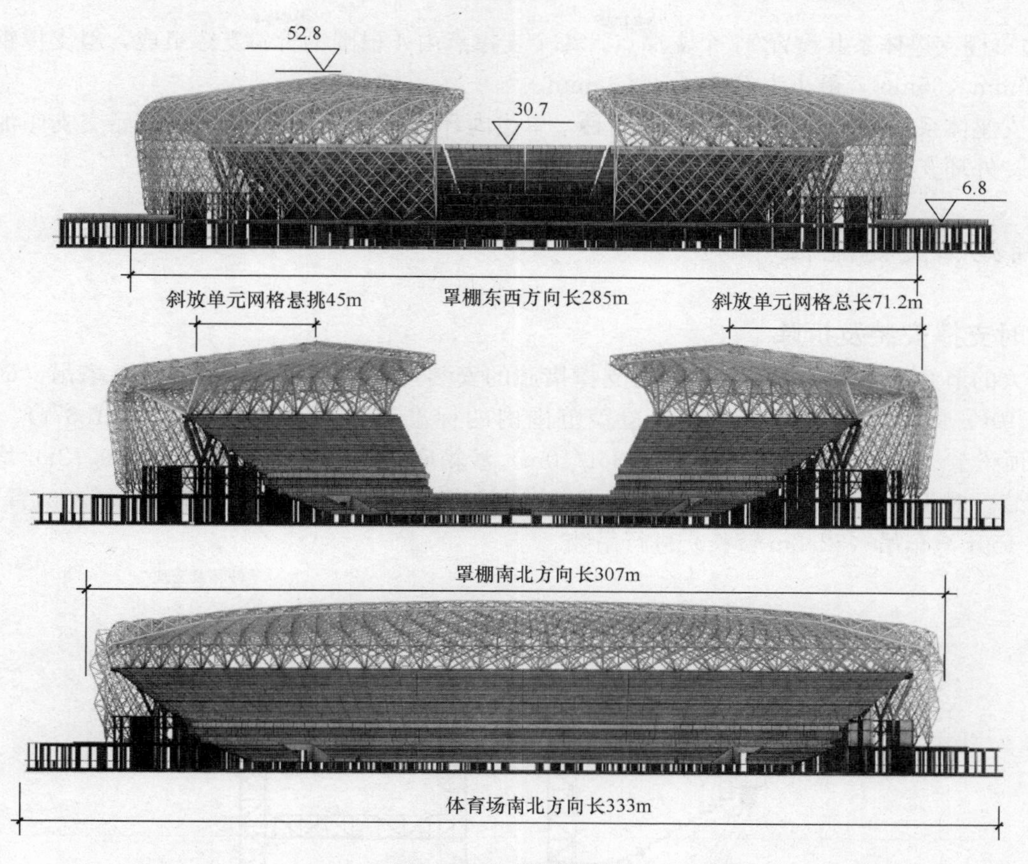

图 2　主体育场剖面图

2　工程结构特点

罩棚管网架结构由主单元网格和次单元网格以及腹杆组成，主、次单元网格之间通过斜腹杆与之连接形成弯扭贝壳式曲线造型，主、次单元网格结构通过大型斜撑杆件进行支撑，斜支撑杆件底部连接于成品铰支座上，成品铰支座焊接于 V 形混凝土柱顶部的倒插柱上，组成网格悬挑结构的受力体系；网格结构外环落于二层结构混凝土柱上，共同组成整个管网结构的受力体系。

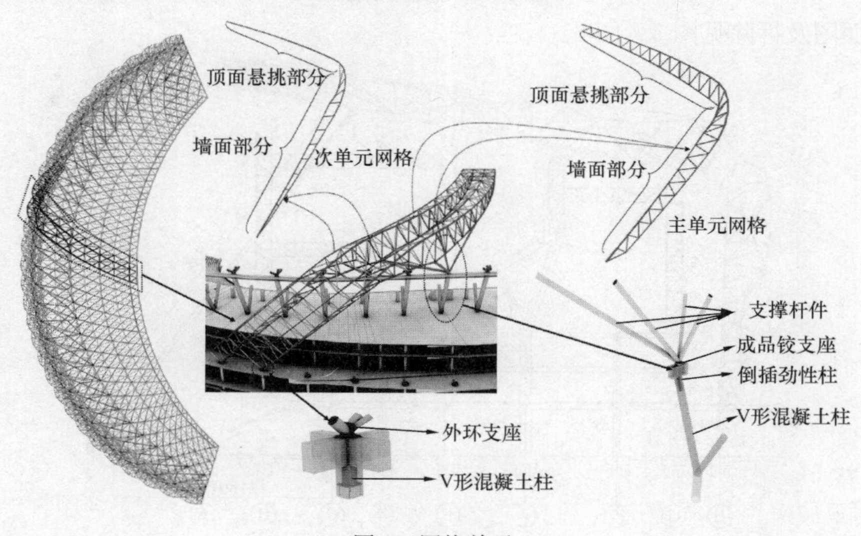

图 3　网格单元

单边罩棚支撑体系共设置 31 个支撑点，每个支撑点由 4 根圆钢管斜支撑组成，斜支撑钢管截面最大为 P750mm×35mm，最小为 P600mm×35mm。

罩棚支座体系分内环支座和外环支座两种，单边内环支座共 30 个，分别由成品交支座加铸钢节点支座组成；外环支座共 31 个，主要是支撑节点支座。

3 罩棚施工关键流程

3.1 临时支撑安装及拆除

为最大的节约成本，在主体育场临时支撑措施的安装过程中，在土建 QTZ160 塔吊（60m 臂，最大起重量 10t，最小起重量为 2.3t）的覆盖范围内的标准节（1.35t）、底部节（1.37t）、非标准节（0.73t）顶梁节（1.247t）、联系桁架（1.36t/10m）沙箱底座（1.3t）、刚性支撑（0.72t）均可使用塔吊进行吊装。对于塔吊覆盖范围之外的临时支撑措施在场外布置一台 240t 汽车吊（67.0m 臂长），场内布置一台 150t 汽车吊（52.8m 臂长）进行吊装。

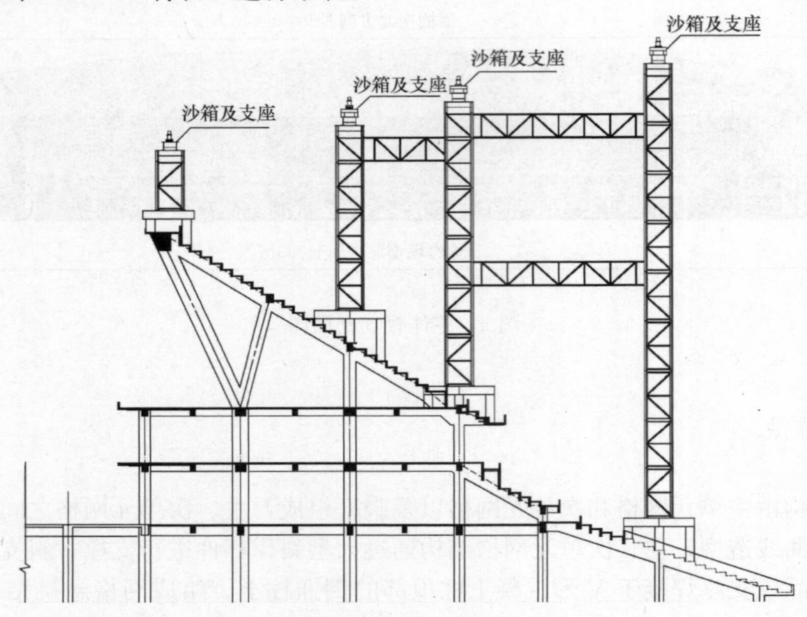

图 4　临时支撑剖面图

临时支撑剖面图及拆除见图 5、图 6。

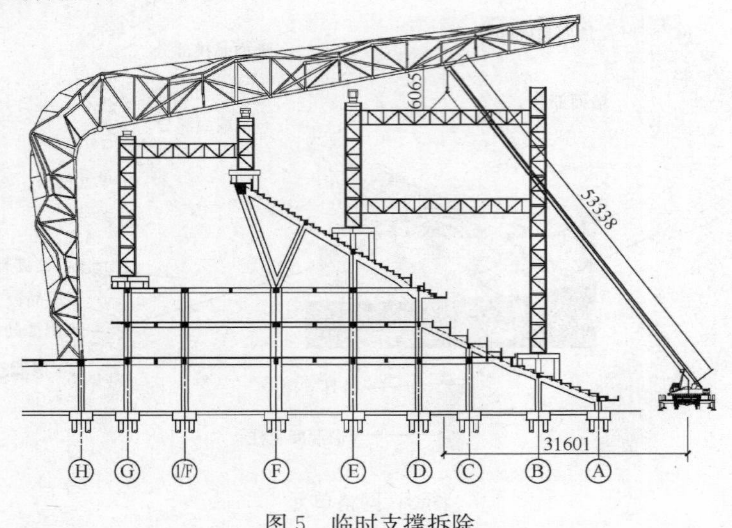

图 5　临时支撑拆除

3.2 罩棚结构吊装

管网架结构采取“地面散件拼装、高空整体吊装、嵌补杆件高空拼装”的方案进行安装。根据罩棚结构在环向的特点变化，将罩棚结构安装分为开头端部区域、中部标准区域、收尾端部区域共三个区域进行安装，如图 6 所示。

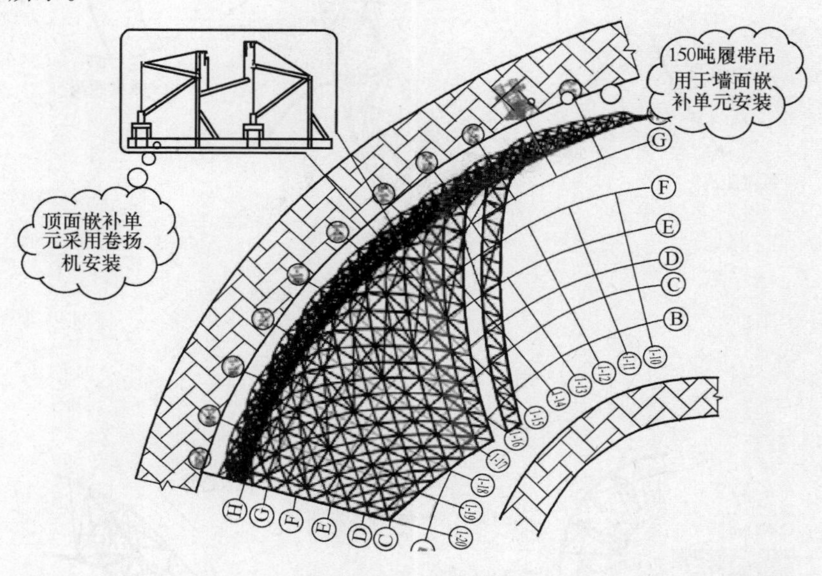

图 6 中部标准区域安装

为了保证墙面单元平面内的稳定性，墙面单元安装的同时，将当前吊装单元与已安装完成单元间的部分嵌补杆件安装就位，对吊装单元起临时固定作用。顶面单元的吊装方法见图 7。

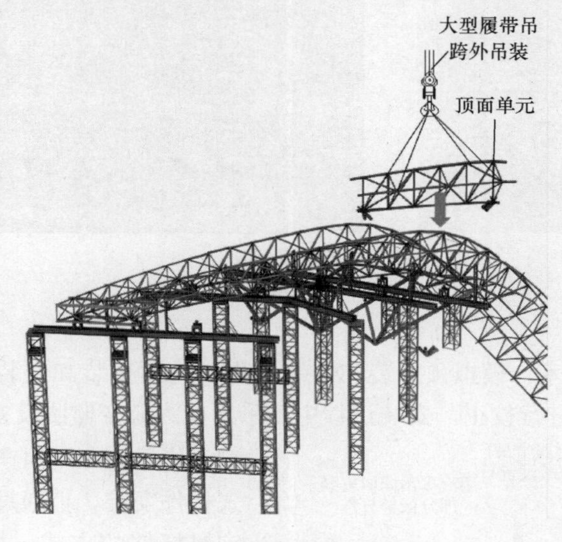

图 7 顶面单元安装

4 施工难点及应对措施

4.1 三维弯扭单元吊装

本工程社会影响大，钢结构复杂且工期较紧，大部分单元构件为多点绑扎，并用手拉倒链调节吊装角度和就位角度；吊装效率较常规安装桁架模式有一定程度下降；尤其是墙面单元及三维弯扭单元式构件的吊装，高空就位呈现双向受力和水平方向倾覆趋势，另带有附加弯矩的情况，如何防止单元式桁架在高空安装状态下整体稳定是本工程的重难点之一，如图 8 和图 9。

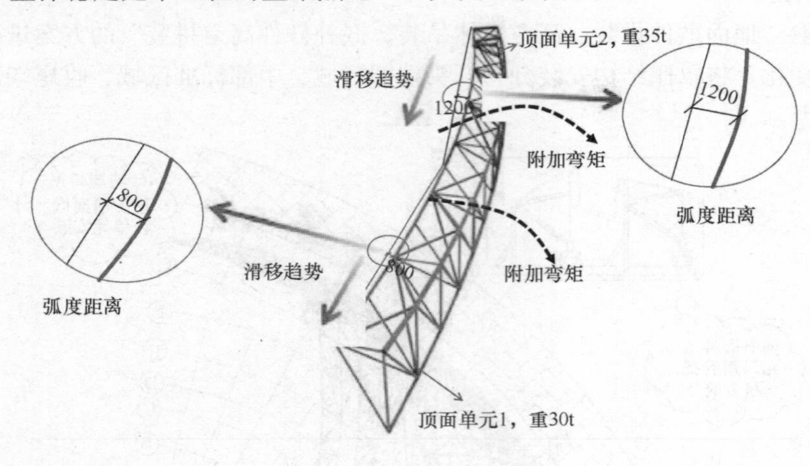

图 8　顶面安装单元分析

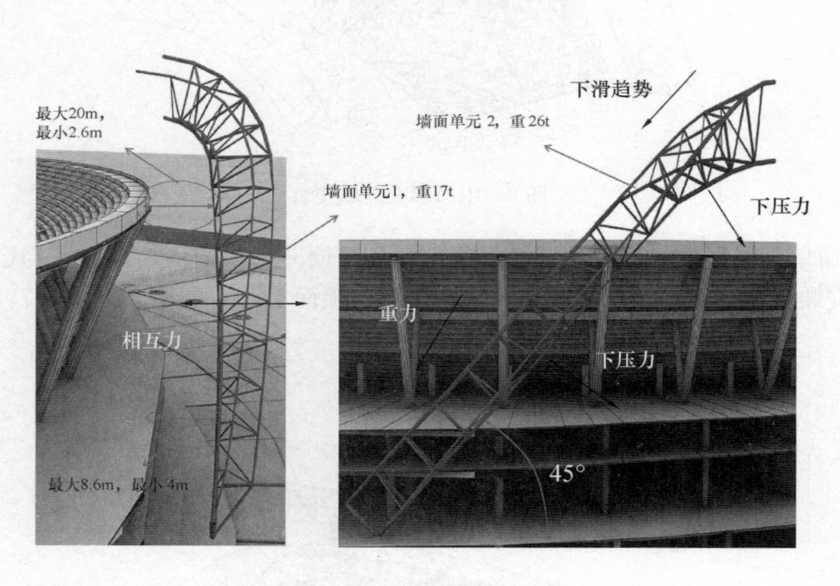

图 9　墙面安装单元分析

相应对策：运用仿真技术，模拟预拼装和安装过程，为预拼装和安装提供参考。利用临时支撑或千斤顶或缆风绳等调节装置进行校正。安装过程中，采用应力应变监测设备，对结构受力和变形进行监测，指导施工，对产生附加弯矩的三维弯扭单元式构件安装，拟通过拉设揽风绳和增加安装受力支撑杆件的方式，控制三维弯扭构件的安装质量。具体安装模拟如图 10 所示。

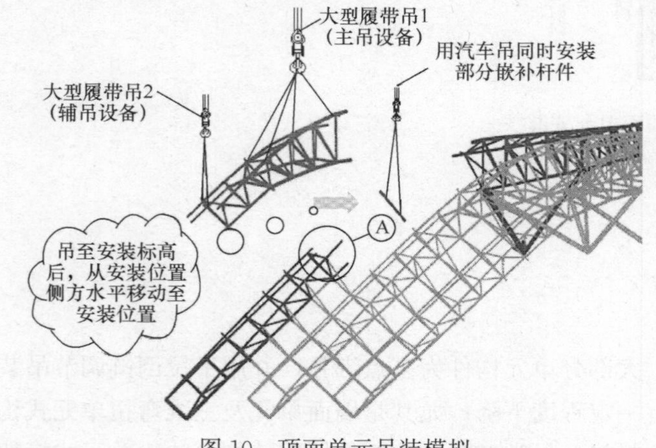

图 10　顶面单元吊装模拟

4.2　管网架钢结构安装测量控制

管网架结构单元拼装、安装节点数量多，铸钢节点分支杆件多、各节点尤其在单元构件拼装、单元构件吊装两个阶段的空间三维测量控制难度大。因此，测量控制是本工程的重难点之一。对策如下：

1）制定测量专项方案（即轴线控制网），选用先进的高精度测量仪器进行钢结构安装测量。

2）拼装过程对单元构件关键节点设置清晰、明确的测量标记，确保拼装尺寸控制准确。

3）采用高精度全站仪对铸钢节点进行空间三维坐标控制，铸钢件测量控制如图 11 所示。

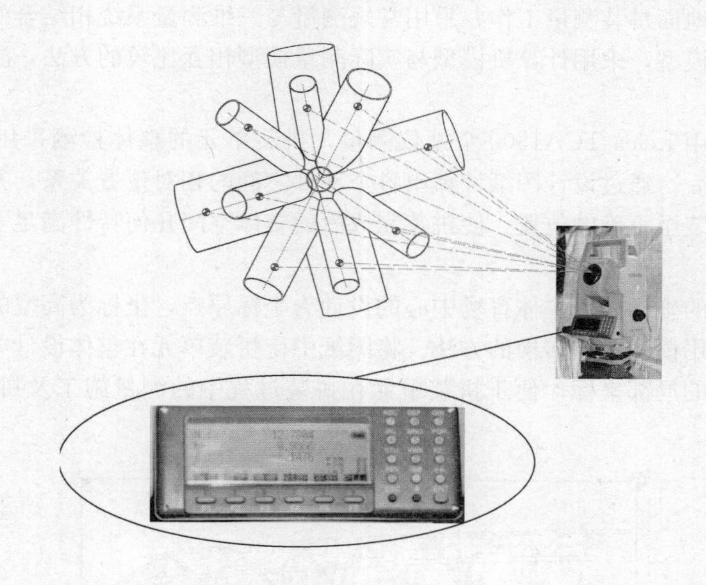

图 11　铸钢件测量控制示意图

4）安装姿态初调时，采用“坐标分解法”最终将复杂的空间三维定位转化为平面二维定位，从而实现测量定位的可操作性。

5）安装到位后，用全站仪激光捕捉空间三维坐标信息，直接测量控制点的三维坐标，将测量数值与设计值比较，调整节点至设计位置。

6）采用动态跟踪监测单元构件安装的位移变化情况，保证安装的精度。

5　罩棚施工测量方案

罩棚结构的安装测量主要包括：预埋件的安装、临时支撑措施、吊装单元的拼装、吊装单元的安装定位与校正、后补杆件的安装定位与校正，临时支撑措施整体释放时的位移、应力应变测量等。

5.1　临时支撑措施的安装定位与校正测量

根据测量控制点，用全站仪投放出临时支撑措施的轴线和标高于看台结构，并用墨线标识。临时支撑措施安装就位后用两台经纬仪校正垂直度，并将轴线、标高引测到临时支撑措施顶面平台。

临时支撑顶面标高控制点用全站仪进行垂直引测，该法简单快捷、测量精度高、偶然误差小、系统能够自动改正，如图 12 所示。

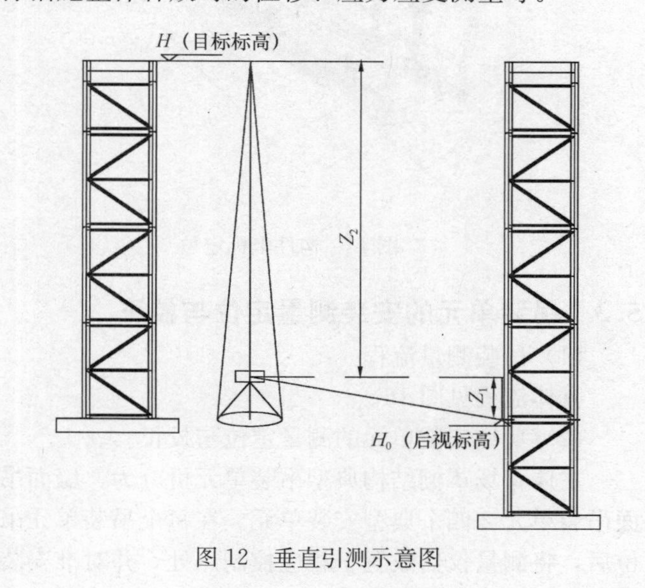

图 12　垂直引测示意图

5.2　吊装单元拼装测量定位

主体育场罩棚结构由于悬挑长度大，且为空间网架结构，必须散件加工运输到安装现场，按照安装施工方案要求，每个吊装单元在吊装前需在地面拼装成块，再进行吊装，由于罩棚结构设计为空间网架，因此拼装时为使其各拼装接口焊接完成后的尺寸符合设计要求，其拼装过程的测量放线及拼装口焊前、焊后的复核测量工作就显得尤为重要。

（1）地面拼装测量思路

主体育场罩棚结构地面拼装测量工作，采用常规测量与三维测量系统相结合的方法，通过三维坐标测量仪扫描测量、重构模型，采用计算机模型与实际测量模型相互比较的方法，测量出构件拼装过程中产生的偏差。

单个构件的就位采用 Leica TCA1800 全站仪测量，拼装单元的整体检测采用三维测量系统。将制作合格的部件运至现场后，通过设计图纸计算出各个部件之间的相对位置关系，并在已搭建好的拼装胎架基础上将其调整、拼装至正确的位置，使拼装完成后的整体空间几何特性满足安装要求。

（2）拼装施工测量

在施工图纸中构件的坐标是以主体育场中心的设计为坐标原点，坐标为高空的安装坐标，无法直接用于拼装，因此转换采用模型取点转换的方法。将图纸中待拼装单元在整体设计中的坐标根据拼装单元的大小转换为拼装场地的局部坐标，便于拼装单元在拼装过程中的测量施工及拼装精度控制，如图 13 所示。

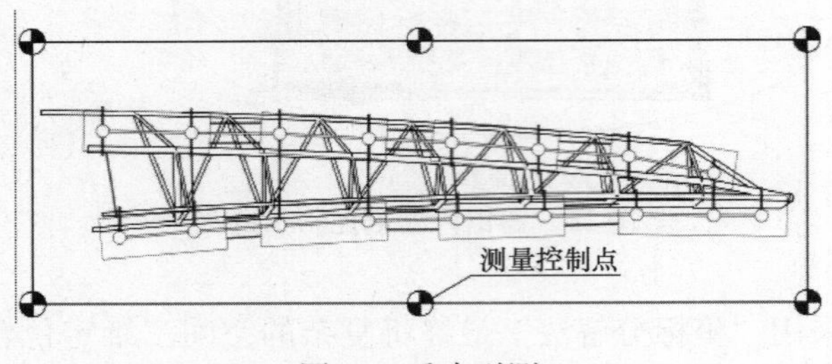

图 13　垂直引测

根据构件进场验收时所确定的观测点转化的计算机三维坐标进行观测，以确定构件各组成部件的坐标的形式，如图 14 所示。

构件拼装完毕，弹出构件各面中心线，根据计算机三维坐标，计算出构件中心线关键点位置坐标。根据中线坐标地面拼装复核和进行高空安装测量，如图 15 所示。

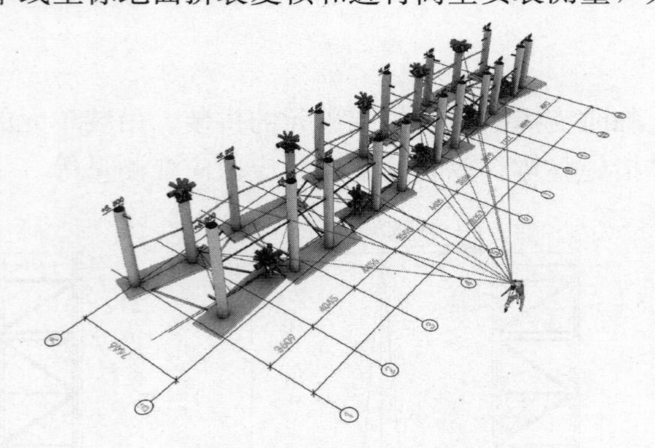

图 14　构件坐标定位

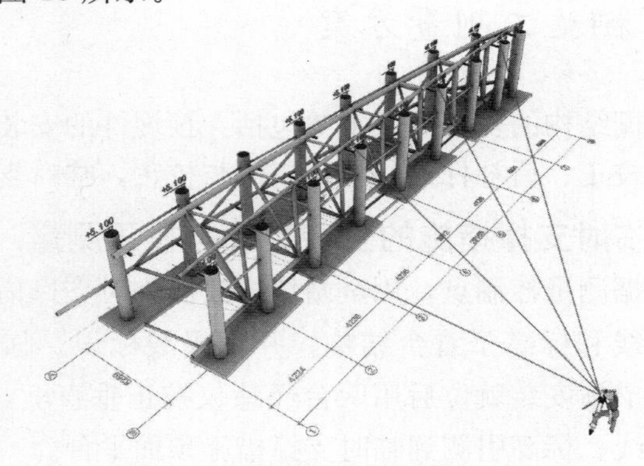

图 15　地面拼装复核

5.3　吊装单元的安装测量定位与校正

（1）吊装测量流程

具体流程见图 16。

（2）典型安装单元的测量定位与校正

主体育场罩棚结构典型吊装单元可分为：墙面吊装单元 1、墙面吊装单元 2、顶面吊装单元 1 及顶面吊装单元 2 四个典型安装单元。在每个吊装单元吊装前，先在典型控制点处做好控制点标记，吊装就位后，将测量仪器放置于相应控制点处，并对准安装单元上的控制点标记，如图 17 和图 18 所示。

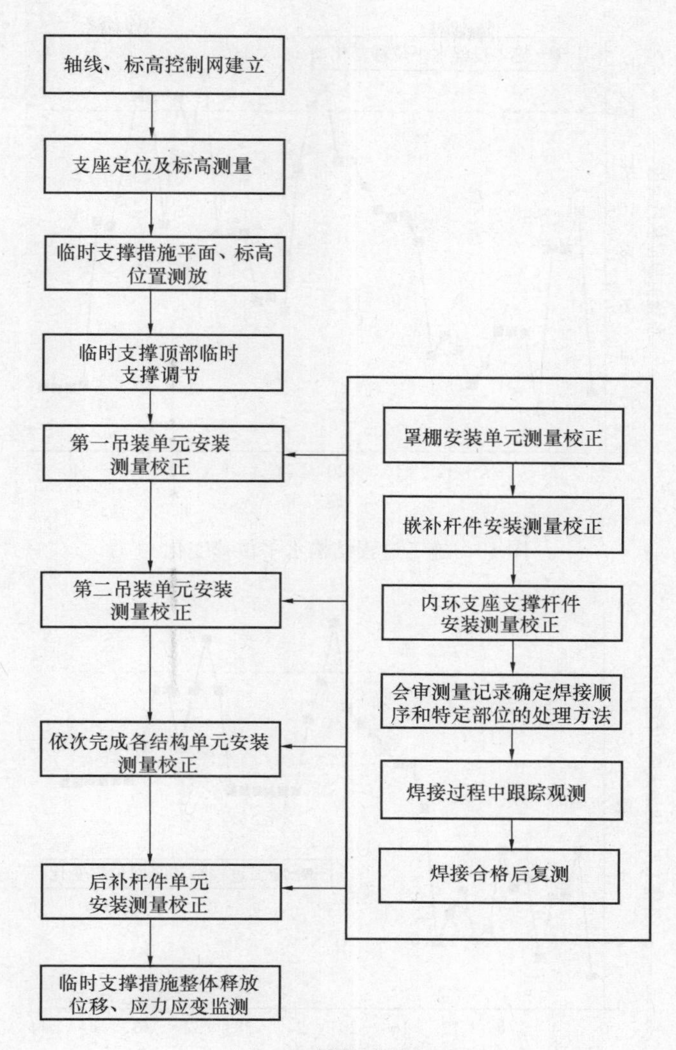

图 16　吊装测量流程

图 17　顶面吊装单元 1 安装定位测量

图 18　墙面吊装单元 2 安装定位测量

6　工程实际实施情况

图 19 和图 20 为罩棚结构实际施工过程中产生的最大变形测量结果。

施工过程位移变化曲线中各施工步最大水平位移变化，水平位移最大值 1.56cm，有 6 个施工步水平位移在 1.5cm 左右，分别为施工步 21、施工步 22、施工步 30、施工步 32、施工步 34 及施工步 35。

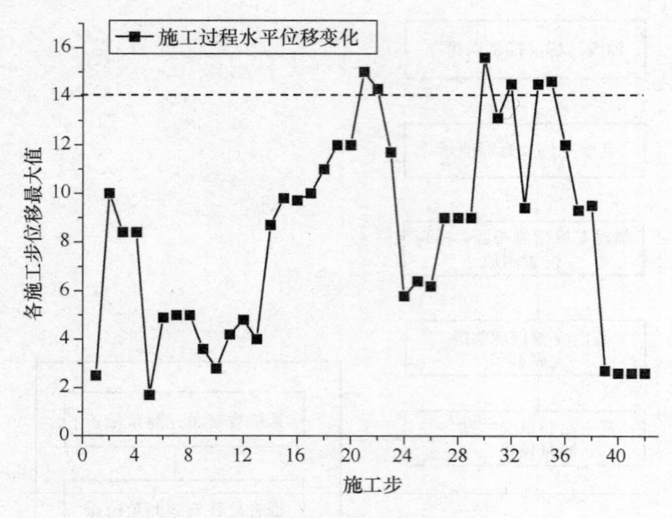

图 19　施工过程结构水平位移变化

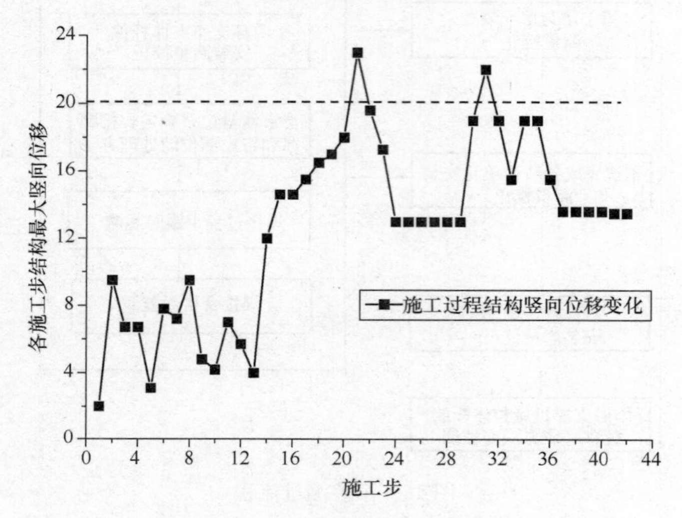

图 20　施工过程结构竖向位移变化

如施工过程位移变化曲线各施工步最大竖向位移变化，竖向位移最大 2.3cm，有 2 个施工步超过 2cm，分别为施工步 22 与施工步 32。

施工过程中，组合位移最大值 2.7cm，对于 45m 长悬挑结构来讲，其位移远小于 $L/500$，满足现行国家规范要求。

工程自 2012 年 3 月开工以来，依次顺利完成钢结构劲性结构插入工作，临时结构安装，钢结构主体育罩棚安装等关键环节的工作，然后开始屋面板安装，整个工程预计在 2014 年 4 月完成整个钢结构施工并通过施工验收，同时为大跨度复杂钢结构的施工积累宝贵的经验，为当地提供一个成功的工程范例。

参考文献

[1] 吴欣之，薛备芬，钱震海，等．广州国际会展中心大跨度复杂形体的钢结构安装技术研究[J]．建筑施工，2002，5：333～337.

[2] 吴轶，冯琰．浦东国际机场二期主楼钢屋盖系统安装工艺[J]．施工技术，2006，35(12)：68～71.

[3] 郭彦林，刘学武，赵瑛等．国家体育场钢结构安装方案研究[J]．施工技术，2006，35(12)：23～27.

第四章　钢结构制作技术

空间网壳框架结构制作工艺

李成强　冯　骏

（武汉一冶钢结构有限责任公司，武汉 430080）

摘　要　本文以阳光凯迪生物质万吨级合成油示范项目厂前区主门卫工程网壳框架制作为例，针对制作网壳框架结构工艺流程中钢管煨弯精度控制、焊接变形控制、立体胎架拼装网壳框架等难点进行深入研究，总结出了空间网壳框架结构施工技术，供与其类似工程结构的制作参考。

关键词　网壳框架；煨弯；焊接；拼装

1　工程概述

阳光凯迪生物质万吨级合成油示范项目厂前区主门卫工程位于武汉市光谷生物城，该工程为阳光凯迪新能源集团有限公司大门，主门卫分为东、西两侧门厅，其门厅为空间网壳框架结构，网壳框架由 38 件主管与 322 件支管组成，主管和支管均带有多扭曲弧度。网壳框架造型复杂且表面直接铺设成型玻璃钢，对制作的要求精度很高。东侧门厅高度为 5.5m、宽度 8.4m、跨度 18.6m，西侧门厅高度为 5.5m、宽度 8.4m、跨度 32.2m，其主管、支管规格为 ϕ159mm×6mm、ϕ159mm×10mm，总用钢量为 40.9t。

2　工程技术难点及措施

2.1　工程技术难点

1）网壳框架表面由成型玻璃钢铺制，因此对主、支管的尺寸精度要求苛刻。

2）主管、支管各带有多种的扭曲弧段，每一件钢管在煨弯过程中需单独放样煨弯，且每根主管中 300～700mm 便有一弧段，各弧弧段中的弧半径及弧方向各不相同，且普通煨弯机难以达到多弧段要求的尺寸精度，造成使用普通的煨弯机煨弯难度大、效率低等问题，因此如何解决煨弯钢管精度及效率是难点。

3）由于主支管要拼装成网壳框架，且每榀桁架拼接精度控制难，如何控制网壳框架拼装精度也是工程急需解决的要点。

2.2　技术措施

1）放样工序采用主管数控喷粉放样，支管人工放样。下料工序采用相贯线切割并在下料时保留煨弯时所需的工艺尺寸。

2）煨弯钢管的工序中采用煨弯机煨弯钢管至雏形与钢管多弧段微调煨弯工装配合施工的方式，解决了煨弯精度与效率的问题。

3）立体胎拼装工序，根据地样搭在主支管相贯处设若干个立体胎平台，由下至上确定主支管对应位置，并最终拼装成榀。预拼装工序使用立体胎将相邻的成榀的网壳预拼装成网壳框架。

3　网壳框架制作

3.1　深化设计

根据甲方提供的设计图深化为构件详图，并利用软件绘制出主、支管九宫图，标注主管外弧与九宫格相交的坐标位置（图 1）。由于煨弯机的特性煨弯钢管两头各需要留 300mm 的工艺尺寸方可进行煨弯加工，因此对支管的材料损耗很大。根据本工程支管的特性：弧段少煨弧半径大且每根支管长度较短（1～1.6m 之间），经过多次模拟及实际验证，每 3 支相邻的支管设计在同一图中，且每件支管之间留有 100mm 的切割间距，便于煨弯完后切割分段，这样很大程度上减少了支管下料时因工艺尺寸而产生的浪费（图 2）。

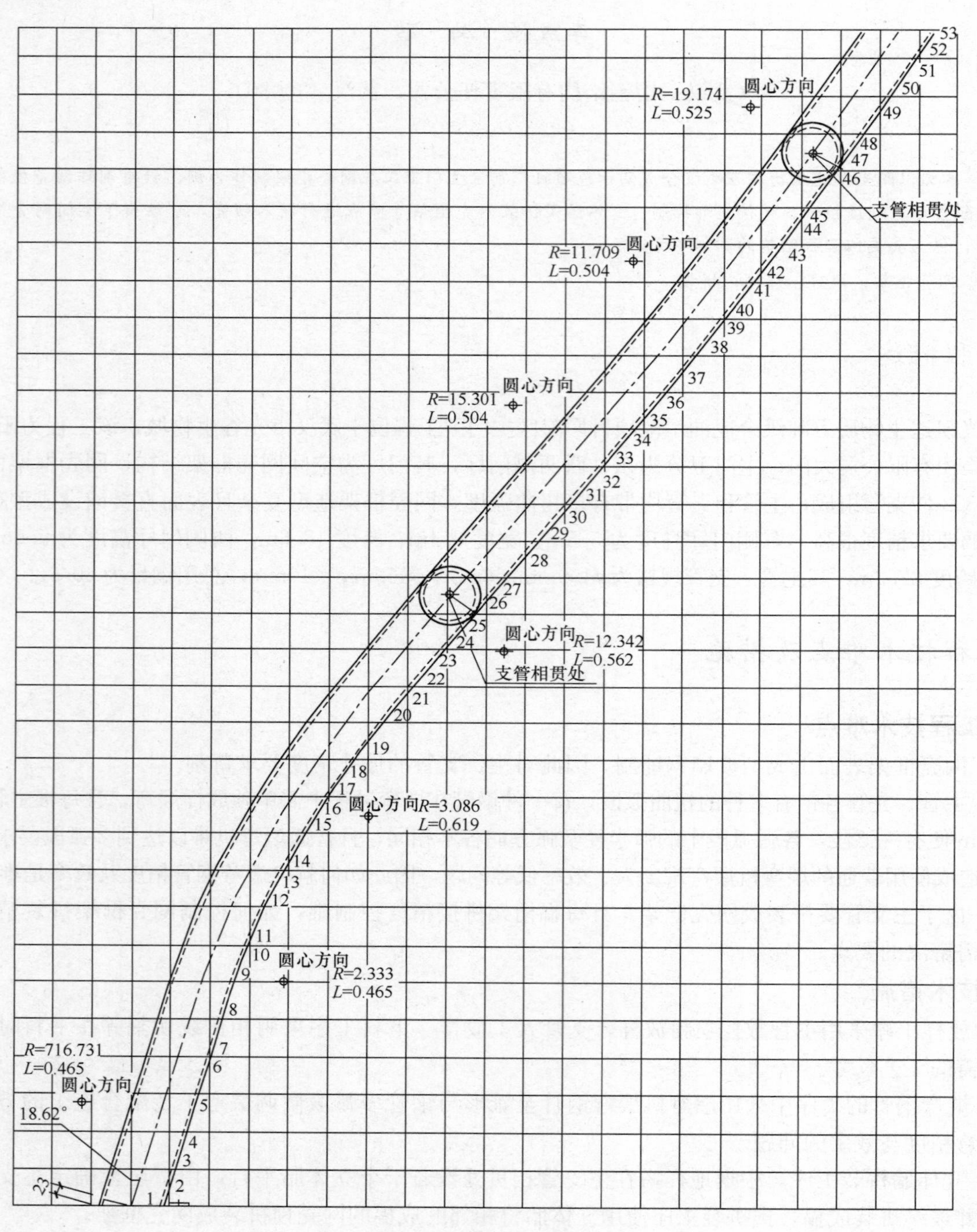

图 1　主管九宫格坐标详图

3.2　原材料除锈涂装

由于抛丸机在除锈过程中会使煨弯成型后的钢管变形，所以采用对原材料进行先抛丸除锈的方法，要求除锈等级达到 Sa2.5 级，除锈完成后涂刷 1 遍环氧富锌底漆，漆膜厚度为 25μm。

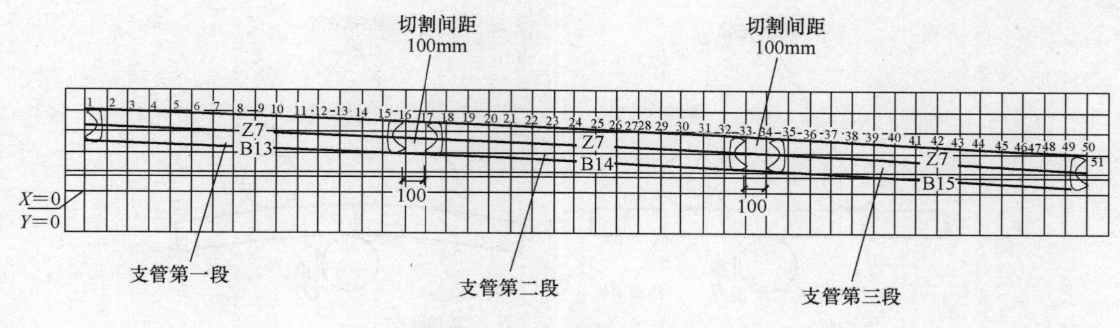

图 2　支管九宫格坐标详图

3.3　数控喷粉放样

对主管放样时，根据主管九宫格坐标详图，进行数控编程，在钢板上喷粉标示出主管外弧、内弧、中心线及与支管相贯的马口位置。对支管放样时，采用参照九宫格坐标详图对支管外弧每一个坐标点进行人工放样，并用细油笔将放样后的坐标点连线，使其形成支管外弧大样。

3.4　相贯线切割下料

为了确保钢管下料精度，故采用相贯线切割下料方法：

1）钢管相贯线的下料，对煨弯钢管切割长度的确定，通过试验确定各种规格的管件预留的焊接收缩量，在计算钢管的下料长度时计入预留的焊接收缩量，并打好样冲确定切割位置。在下料时需注意下料接口处应避开与支管贯通位置 200mm。

2）车间操作人员和检验人员按图形中的长度对完成切割的每根管件进行检查，并填表记录，见表 1。

钢管切割下料允许偏差　　**表 1**

项　　目	允 许 偏 差
直径（d）	±d/500，且不大于±5.0mm
构件长度（L）	±3.0mm
管口圆度	d/500，且不大于 5.0mm
管径对管轴的垂直度	d/500，且不大于 3.0mm
弯曲矢高	L/1500，且不大于 5.0mm
对口错边	t/500，且不大于 3.0mm

3.5　钢管煨弯

1）钢管煨完成至雏形

由于每根主管中每 300～700mm 有一个弧段，各弧弧段中的弧半径及弧方向各不相同，煨弯机难以达到多弧段要求尺寸的精度；为了提高工作效率，首先根据地样，煨弯机将钢管煨弯至雏形（煨弯机煨弯弧段的尺寸与大样误差在 50mm 以内），再将雏形钢管使用钢管微调工装微调，形成流水作业。微调具体操作流程为：将钢管调入煨弯机胎具中，钢管超出煨弯机部分用拖架撑起钢管，使钢管在胎具中保持水平，当钢管水平后，启动控制手柄，使主顶油缸上升，上升到一定高度时，松开手柄，此时用角度尺测量冷弯管的角度，释放油缸压力，然后再测量弯管角度，可以发现前后角度的变化。每弧段均重复以上煨弯步骤，直至每弧段尺寸与放样误差在 50mm 以内，其工作原理见图 3。

2）钢管微调

将煨弯至雏形的钢管放入微调煨弯工装的夹具装置中，煨弯钢管由托盘装置托起，使钢管在微调时始终保持水平，根据地样弧段来人工调整工装夹具装置在定位孔上的位置，定位夹具装置之间距离越短，所能弯曲的弧段弧半径越小，弧度越急。比对地样后启动工装的电动液压千斤顶，通过液压千斤顶液压缸匀速加压，液压缸中活塞顶推主夹具装置，主夹具顶推煨弯钢管，钢管受到主顶推夹具装置的顶

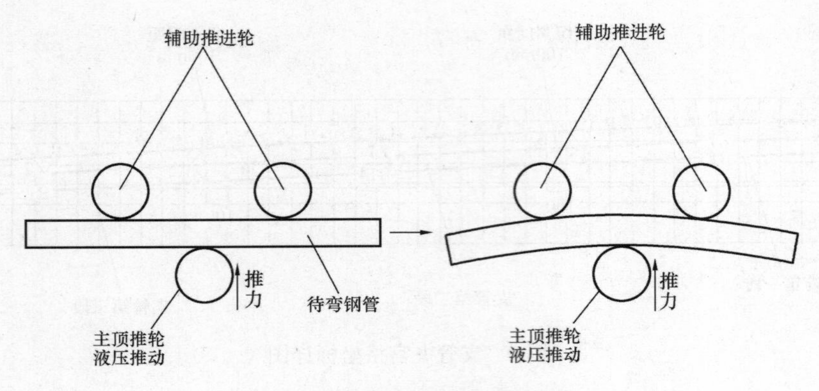

图 3　煨弯机工作原理图

推力和两个定位夹具装置的约束力，使钢管受力煨弯。夹具装置使用 100mm 厚钢板加工完成，夹具装置与钢管接触面较大，使其受力点分散，消除在微调煨弯时对钢管产生凹痕，微调煨弯钢管时用角尺对煨弯钢管和地样进行比对，使其煨弯精度及时得到控制，提高煨弯精度，经过工装微调后的钢管尺寸与大样误差可控制在 3mm 以内，在主管微调煨弯后在主管上将支管相贯处样放出，微调煨弯作业示意图见图 4。

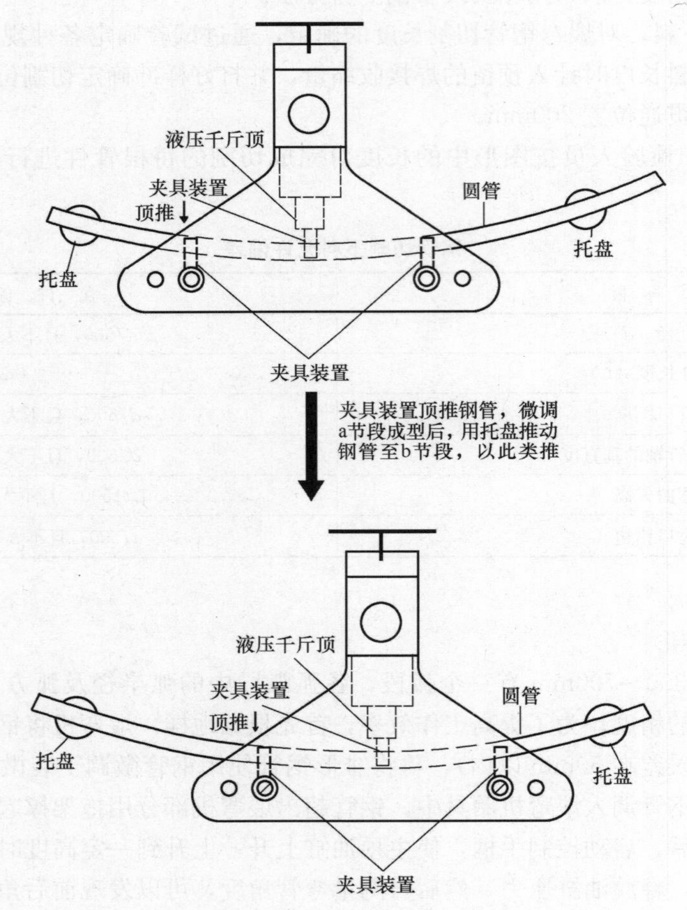

图 4　微调煨弯作业示意图

3.6　主管焊缝焊接

1）钢管采用直口对接，节点处壁厚较大的圆管为主管，壁厚较小的圆管为支管，主管贯通。主管的对接焊缝为全熔透等强焊缝，全熔透焊缝质量等级为一级。支管与主管的连接焊缝为相贯线焊缝，采用坡口全熔透焊缝，焊缝质量等级为二级。在节点处主管应连续，支管端部应精密加工，直接焊于主管外壁上。支管与主管的连接焊缝，沿全周连续焊接并平滑过渡。（坡口的倾斜角为45°，关闭内侧贴衬垫）。

2）为了防止主管在焊接时产生变形、角度偏移，采用卧位平放方式、分段拼装方式，在焊接过程中主管的四周安装定位板并在地样上焊接挡板防止主管焊接变形（图5）。

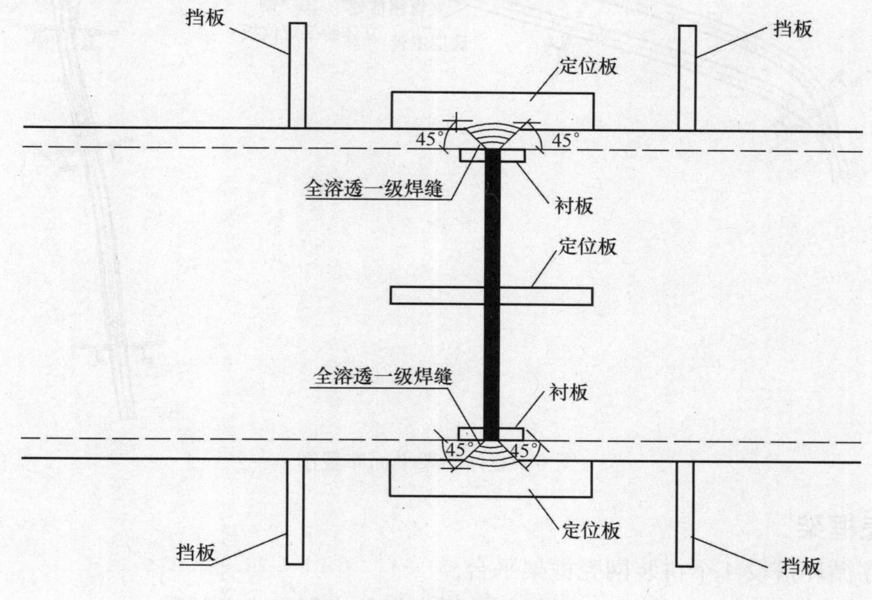

图5　定位板焊接定位图

3.7　尺寸外观焊缝检验

1）尺寸检查：对焊接后的主管平放地样上，用钢角尺比对主管外皮与地样的误差距离，误差距离应控制在±3mm内。

2）焊缝检查：焊接后，及时对焊缝外观质量进行检查，焊脚高度应符合图纸要求，不能漏焊，不能有裂纹、夹渣、焊瘤、咬边、弧坑等缺陷，出现超标缺陷应及时进行返修；焊缝的焊波应均匀、平整、光滑，焊接区无飞溅物。所有焊缝的外观质量标准应符合相应等级的要求，焊接均应符合《钢结构设计规范》GB 50017、《钢结构工程施工及验收规范》GB 50205及《建筑钢结构焊接技术规程》JGJ 81规定。按照相关规范与设计要求，对对接焊缝处进行超声波探伤。探伤合格后方可进入下个工序。

3）处理措施：对不合格的尺寸位置进行火焰校正，火焰校正采用三角形加热法温度保持600°～700°并在校正两侧点焊上挡板控制变形，校正处的烤火面积在钢管的截面上不得过大。若一个截面火焰校正不能达到要求时，要多选用几个截面。

3.8　搭设立体胎

1）根据地样位置，分批次在相应的拼装区域内设置拼接平台。

2）在经过水准仪找平的场地上，搭设所需长度和宽度的拼装平台。在平台上，设置若干个拼装胎架，进行网壳框架的立体组装和焊接。立体胎架顺序分为上下两层，由下至上依次搭设胎架。

3）为了保证立体胎拼装精度，首先将已经校正完成的两根主管在地胎上放平，并与地样进行复核，复核完成后对下层主管焊接若干定位板，防止底层主管收外力时与地样出现偏差，固定底层主管后，将支管与下层主管点焊上。

4）待下层支管点焊完成后在下层主管的支管相贯处500mm内搭设立体胎，每件立体胎由两根工字钢与一块立体胎定位板组成，根据图纸找到主管上下两层支管相贯处的距离，根据此距离调节立体胎架定位板，首先将两边工字钢与地样钢板焊接固定，再将调整后的立体胎架定位板与两边工字钢焊接固定成型，使上层主管放在立体胎架定位板上，能保证上下两层主管的支管相贯处的高度，最后将上层主管的支管连接处与支管进行调整，调整完成后对相贯口进行焊接，形成一榀网壳框架，见图6。

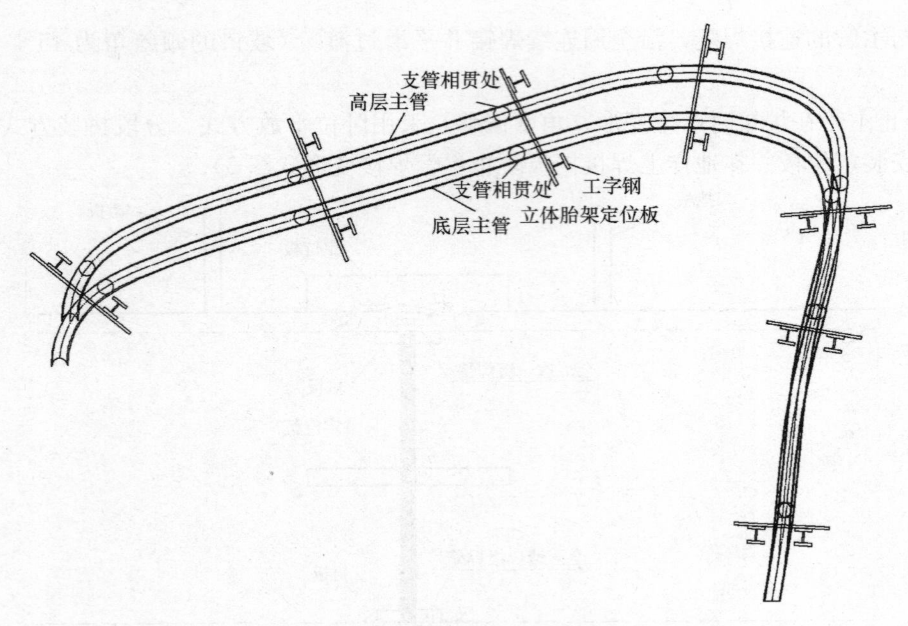

图6　立体胎架平面布置图

3.9　拼装网壳框架

1）根据工序循环搭设4个拼装网壳框架平台。

2）为了确保整体空间精度，将每2榀相邻的网壳框架进行1次预拼装。

3）预拼装也是采用立体胎架的方式，将上下两榀网壳框架在立体胎架上搭设好后，在其主支管相贯口支管将上下两榀网壳框架点焊。

4）网壳框架在立体胎架上拼装完成后，解除网壳框架上所有约束，使每榀均处于自由状态，并在此状态下复核各项尺寸（图7）。

图7　拼装网壳框架

4　结语

在实际生产过程中，该工程严格按照本文所述的煨弯技术、焊接反变形控制措施、拼装网壳框架控制等进行施工，有效地保证了工程的进度及质量要求，为国内同类型网壳框架结构制作积累了宝贵的经验。

参考文献

[1] 中华人民共和国国家标准. 钢结构工程施工质量验收规范 GB 50205—2001. 北京：中国计划出版社，2002.

[2] 中华人民共和国行业标准. 建筑钢结构焊接技术规程 JGJ 81—2002 . 北京：中国建筑工业出版社，2002.

[3] 中华人民共和国国家标准. 冷弯薄壁型钢结构技术规范. GB 50018—2002. 北京：中国标准出版社，2002.

[4] 中华人民共和国行业标准. 网壳结构技术规程 JGJ 61—2003. 北京：中国建筑工业出版社，2003.

平面水工钢闸门制造工艺技术改进

许 露

（武昌船舶重工有限责任公司，武汉 430060）

摘 要 本文以西江桂平二线船闸 36m 宽检修门为例，介绍在保证精度的前提下，如何通过改进制造工艺来降低成本，保证利润，保持公司市场竞争力，可为同类型平面水工钢闸门产品制造借鉴。

关键词 平面水工钢闸门；制造；机加工；适配安装

1 引言

随着国家对水电水利工程建设的关注和投入程度日渐增大，水工工程蓬勃发展，各钢结构厂家纷纷加入水工产品制造行列中来，导致水工钢结构市场竞争日渐激烈，利润急剧下滑。为保证经济效益，让公司在竞争激烈的市场上脱颖而出，立于不败之地，优化制造工艺、降低制造成本迫在眉睫。

平面水工钢闸门精度要求高，以前都是通过纯粹机加工保证门体精度，成本较高，根据门体本身结构抓住闸门精度控制重点，重点零部件单独加工，再在其参与总装时利用公司现有设备和测量仪器严格控制精度，既节约了成本，缩短了工期，又满足了使用状态。

2 平面水工闸门的结构特点

西江桂平二线船闸检修门（以下简称闸门）门叶结构为焊接结构，主要受力构件采用工字型实腹板主横梁，每节门体设有 2 根；主横梁两端为边梁，每节门体 2 根；隔板为 T 形部件，每节门体有 27 件；门体面板布置在上游面。门体结构材料材质为 Q345B。

门体侧止水橡皮为 P 形，布置在上游面面板上；底止水橡皮为刀形，布置在节间连接处，压板材质均为 Q235。

反向滑块为 MGA 自润滑复合材料，布置在边梁翼缘上，主滑道（即正向滑块）为夹槽式复合滑块，布置在上游面板上，侧轮布置在边梁腹板上。

此闸门为双吊点，吊耳板中心线距门体中心 10620mm，每节门体各两件。

闸门需要控制精度的质量控制点如图 1 及图 2 所示。

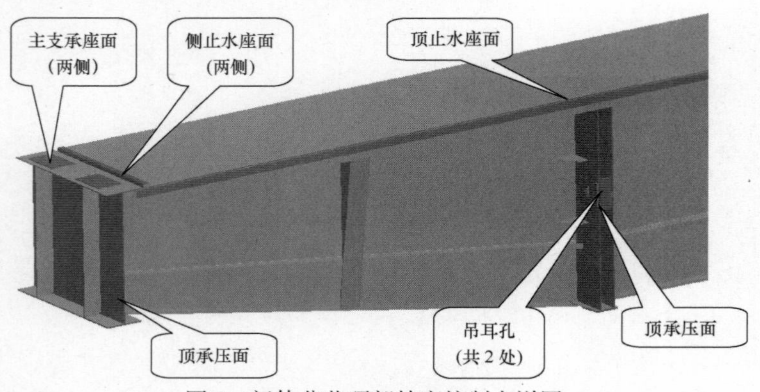

图 1 门体分节顶部精度控制点详图

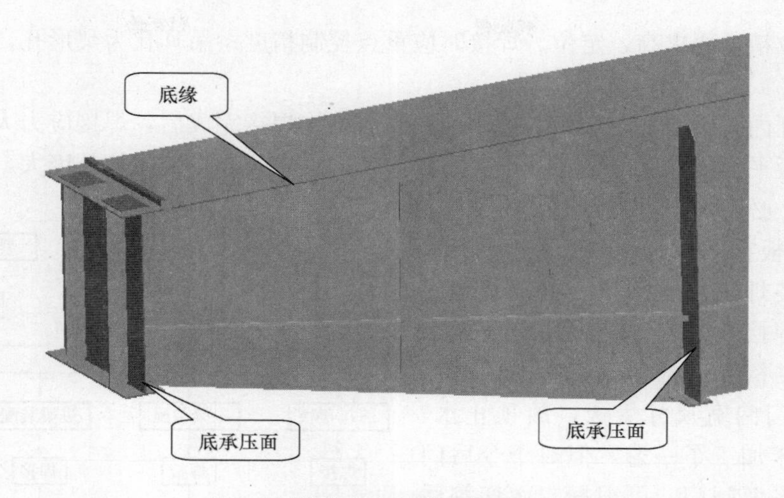

图 2　门体分节底部精度控制点详图

3　质量要求和制造难点

3.1　质量要求

闸门工作状态及其重要作用对其制造和安装质量提出了非常高的要求。表 1 列出了闸门出厂验收时的检验标准。

西江桂平二线船闸检修门检验项目及精度要求　　表 1

序号	检测项目	要求
1	检测状态	无强制约束
2	门叶厚度（主支承座板至反向滑块座面距离）	±5.0mm
3	单节门叶高度	±5.0mm
4	门叶宽度（两边梁腹板中心线距离）	±15.0mm
5	门叶整体高度	±10.0mm
6	吊距（两吊耳开挡距离）	±2.0mm
7	两吊点吊耳孔同轴度	≤2.0mm
8	顶止水座面平面度	≤2.0mm
9	主支承座面平面度	≤2.0mm
10	侧止水座面平面度	≤2.0mm
11	底缘直线度	≤2.0mm
12	底缘与顶止水座板平行度	≤2.0mm
13	底缘倾斜度	≤3.0mm

3.2　制造重难点及解决方案

（1）每节门叶主支承座板共 4 块，门宽方向跨度 35.4m，主支承座面平面度≤2.0mm，跨度大，精度要求高。

解决方案：适配装焊——门体结构装焊完成后，各分节翻身，整体拼装，以两边梁处面板为基准调平分节，通过测量、计算得出各主支承座板的需求厚度，预先加工主支承座板，分别编号让每块座板与其相应安装位置对应，在仪器检测下分别安装。

（2）每节门叶侧止水座板跨度大，平面度≤2.0mm，精度要求高。

解决方案：与（1）相似，适配安装。

(3) 吊耳的定位精度要求高，定位、焊接时应重点控制精度；吊耳孔为梨形孔，必须保证尺寸以及同轴度。

解决方案：吊耳内孔预留加工余量，吊耳板在门体结构焊接完成后，焊接应力大量释放后再装焊。

(4) 顶止水座板平面度和底缘的直线度关系到门体的止水效果，因门体长度大，止水座板易出现加工余量不足等缺陷，必须加以重点控制。

解决方案：面板在门体顶、底方向留余量，结构装焊时，先不装焊顶止水结构（槽钢）和底部槽钢，中间结构焊接完成后，划线切割面板余量，并装焊顶止水结构和底部槽钢，考虑到西江桂平二线船闸检修门门宽尺寸太大，故顶止水、底缘最终上落地镗床加工了一遍，但对于今后门宽尺寸较小的各类平面闸门，可根据二次切割后装焊顶、底止水结构的实际情况，避免顶底止水的整体机加工。

4 制造工艺流程

具体艺流程，见图3。

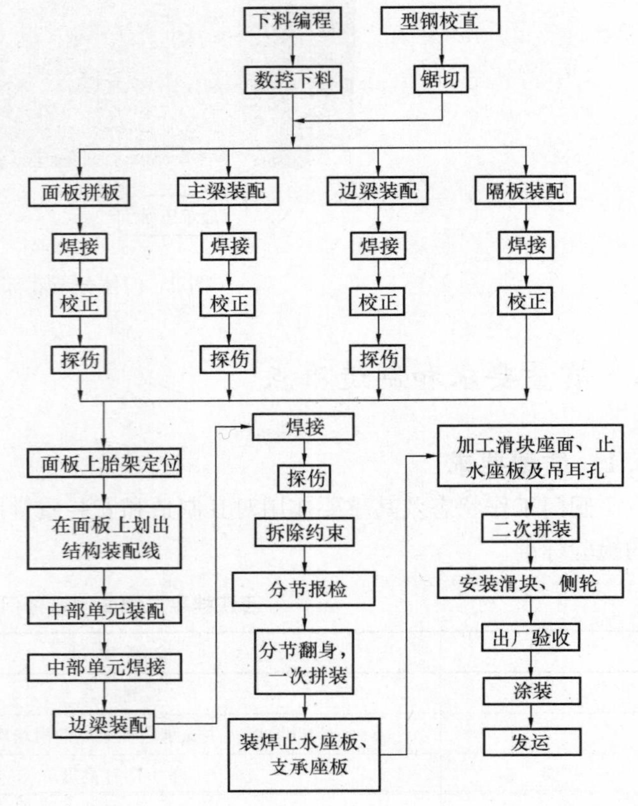

图3 制造工艺流程

5 工艺方案

5.1 零件下料

(1) 面板零件在门宽方向上加放40mm的焊接收缩及二次切割余量，在门高方向上加放30mm的焊接收缩及机加工余量；主梁腹板长度加放70mm的焊接收缩及二次切割余量；其余焊接的零件长度和宽度方向的尺寸L大于2000mm时，在其方向上加放焊接收缩量$L/1000$。

(2) 板材零件采用数控火焰切割机下料，下料后清除边缘割瘤，按下料图开制坡口。

(3) 下料零件的外形尺寸偏差：±1mm；直线度：≤2mm且≤1mm/m。

(4) 零件下料后做好标记。

5.2 拼板

(1) 尽量采用定尺板，减少拼板接缝和焊接工作量；

(2) 拼板缝避开十字焊缝，且相邻平行焊缝间距应大于等于300mm；

(3) 拼板焊缝的分布考虑结构件组装，任何两平行焊缝之间距离应大于3倍板厚，且大于等于300mm；

(4) 按拼板图检查来料规格、尺寸，严格按图纸要求拼板；

(5) 拼板错边量<1mm，间隙≤2mm；

(6) 拼板后，应校正平面度和直线度；

(7) 面板拼板时，为方便翻身，面板中部拼缝留在分节装焊时焊接。

5.3 中部单元装配

(1) 吊装第一根主梁在面板上定位，依次从第一根主梁开始沿门高方向向两边分别吊装定位隔板、主梁和槽钢等，直到中部单元形成。

隔板、主梁定位偏差≤1mm；

隔板、主梁的腹板垂直度≤2mm，角尺长≤500mm。

(2) 主梁上翼缘与面板的贴合间隙≤1mm。

(3) 各节门叶的吊耳板在以上过程中以面板中线为基准预装。

5.4 中部单元焊接

(1) 焊前在面板任意对角竖立8根标杆（图4），用激光将面板平面过到标杆上并刻线，标杆的高度高出面板100mm即可，且需与地上预埋件焊接牢固，施工过程中注意保护，严禁碰撞。

(2) 焊接过程中应随时利用标杆刻度线监控面板的变形，记录并适时调整焊接顺序。

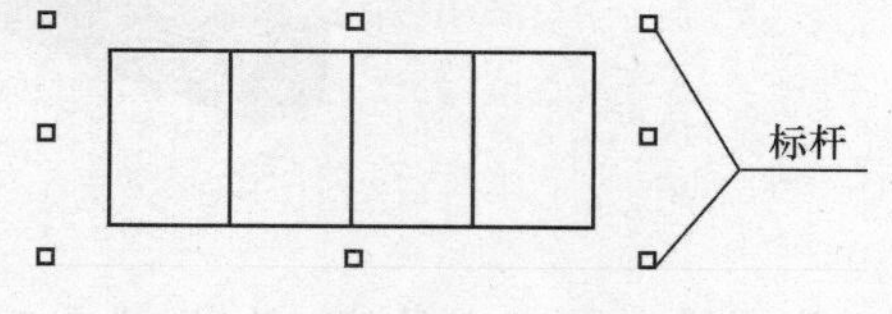

图4 焊前竖立8根标杆

(3) 焊接时从门体中间向门宽方向对称焊接，先焊面板与上翼缘平角焊，再焊隔板与主横梁腹板立焊（立焊处腹板间加码），其后焊下翼缘对接缝，最后参照以上工序焊接其余焊缝。

※注意：通过标杆监控面板变形情况，适时调整焊接顺序。

(4) 吊耳板在门体总成时焊接。

5.5 主梁余量切割

在门体总成时切割主梁余量，主梁余量切割线的划制按主梁腹板长度理论尺寸＋4mm（两侧各留2mm）施工。

5.6 边梁装焊

(1) 边梁装配时，腹板向外倾斜2.0mm，边梁上翼缘与面板的贴合间隙≤1.0mm。

(2) 对边梁腹板与主梁腹板局部焊缝间隙大于2mm的情况全部加固定码处理。固定码的规格不得小于20mm×150mm×250mm，间距不得小于300mm。

5.7 划线

(1) 检修门分节在胎架上装焊完成后，解除门体与胎架约束，以两侧边梁处面板为基准面，调平分节。

(2) 检查各吊耳孔与基准面距离，划出吊耳孔在门厚方向的加工水平中心线，中心线与基准面距离1200±1mm；并在各分节两侧面边梁处划出门体水平腰线，水平腰线与吊耳孔水平中心线等高，见图5。

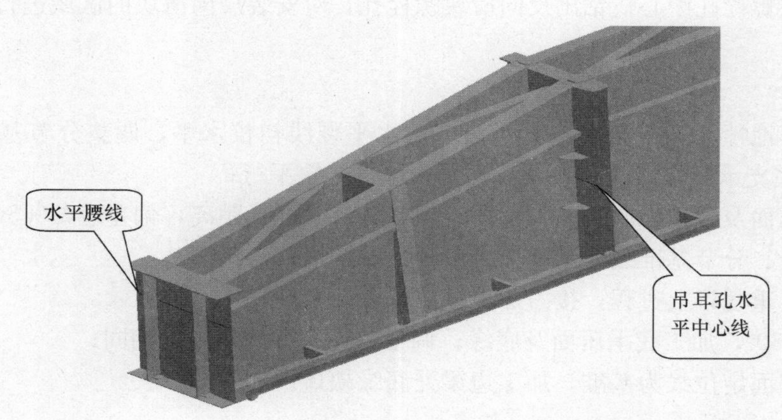

图5 水平腰线与吊耳孔水平中心线

(3) 将各分节定位基准线（吊耳所在主梁的定位线）垂直、对正引至主梁上翼缘上，作为拼装基准线；以边梁间距中心划出门体中线；在每个顶承压面、底承压面对应的边梁、横梁腹板上划竖直线（位置不限，作为机加工对刀平行度看线），见图6。

(4) 分节翻身，单节调整水平，连接分节两端的分节基准线成长直线，标记于分节面板上（可分段绘制，非隔板、边梁处可不划），要求直线度≤1.5mm；以分节中心线为基准划出侧止水座面定位线

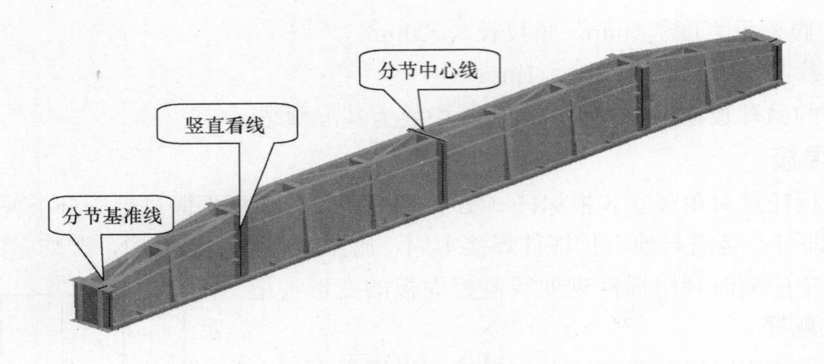

图6　拼装基准线

（亦作为缺口加工定位线，与分节中心线距离 17400±1.5mm），见图 7。

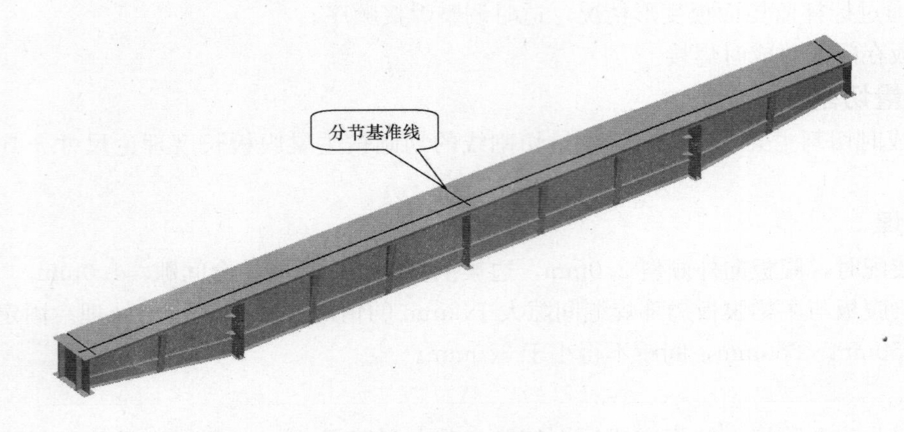

图7　分节基准线

（5）以分节基准线检查顶止水座面、顶承压面、底支承座面、底缘加工余量（加工面检查尺寸见图 8）。

（6）以门体中线向两侧偏移 17700mm，划出反向滑块安装线，以反向滑块安装线向两侧各移 65mm，划出反向滑块螺栓孔的中心线。

（7）按反向滑块螺栓孔中心线钻出反向滑块螺栓孔，对安装反向滑块的区域进行涂装，并将反向滑块安装于门体上。

5.8　加工

（1）各分节上落地镗床，按两端边梁腹板上的水平腰线初校水平，调整分节基准线与机床轨道平行，然后精调顶、底支承面看线（垂直线）与机床垂直导轨平行；

（2）加工顶承压面及顶止水座板面，保证各面与分节基准线距离，偏差应≤0.5mm；

（3）以水平腰线、分节基准线为基准加工吊耳孔及端面；

（4）分节移位，重复以上过程，接刀加工完以上平面及孔；

（5）分节旋转 180°，加工底承压面及底缘；调整、接刀方法与以上相同；

（6）按侧止水座面定位线为基准，加工边梁处底缘缺口。

5.9　拼装

（1）分节面板向上，以顶承压面调整分节平行，分节面板间隙应≤2mm；调整各分节中心线对齐且与分节基准线垂直；以腰水平线和吊耳孔中心调整水平；分节面板应尽量靠近；

（2）检查面板平面度、错边量、节间间隙，必要时加以调整以保证整体精度要求；

（3）划主支承座板安装十字中心线；

（4）在主支承座板上调节螺栓孔和塞焊孔，参见图 9；

（5）适配安装主支承座板，以水准仪监控调节安装高度和水平度，先定位四角，然后定位四边（四

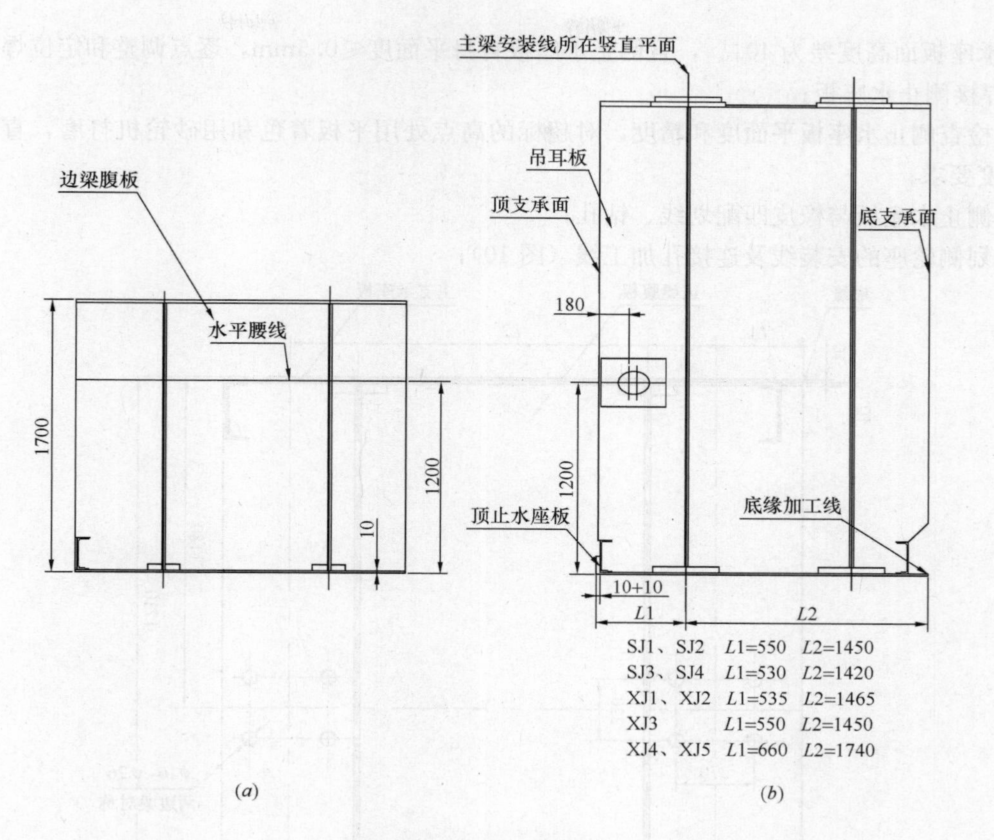

图 8 加工图尺寸检查图

(*a*) 侧视图（只画出边梁部分）；(*b*) C-C

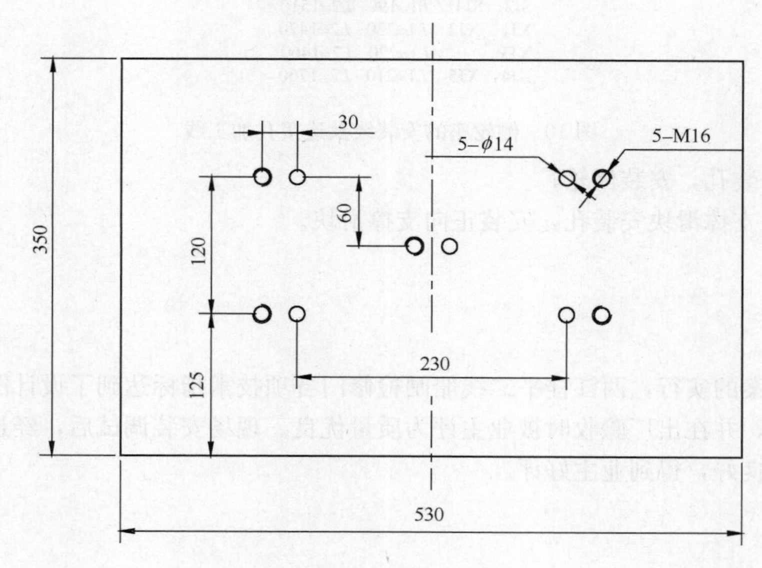

图 9 螺栓孔和塞焊孔

边定位焊长度 40～60mm），再定位中部（中部可采用螺栓调节），主支承座板定位焊前平面度应控制在 0.5mm 以内；

(6) 焊接主支承座板，先焊中部塞焊孔（包括调节螺栓孔），再焊四边，注意焊接电流不应偏大；

(7) 主支承座板全部焊接完成后，检查主支承座板平面度，并对超标的高点处用平板着色和用砂轮机打磨，直至满足平面度和光洁度要求；

(8) 安装侧止水座板，先对正直线度，再对正水平。水平调整以主支承座板面为基准，水准仪监控，每块筋板两端及侧止水座板两端均为调整点，调整点处用垫板或斜尖塞紧，要求定位焊前侧止水座板与主支承座板面高度差为 $40^{+1}_{+0.5}$，且侧止水座板自身平面度≤0.5mm，逐点调整和定位焊；

(9) 焊接侧止水座板；

(10) 检查侧止水座板平面度和精度，对超标的高点处用平板着色和用砂轮机打磨，直至满足平面度和光洁度要求；

(11) 侧止水座板与橡皮匹配划线、钻孔；

(12) 划侧轮座的安装线及连接孔加工线（图 10）；

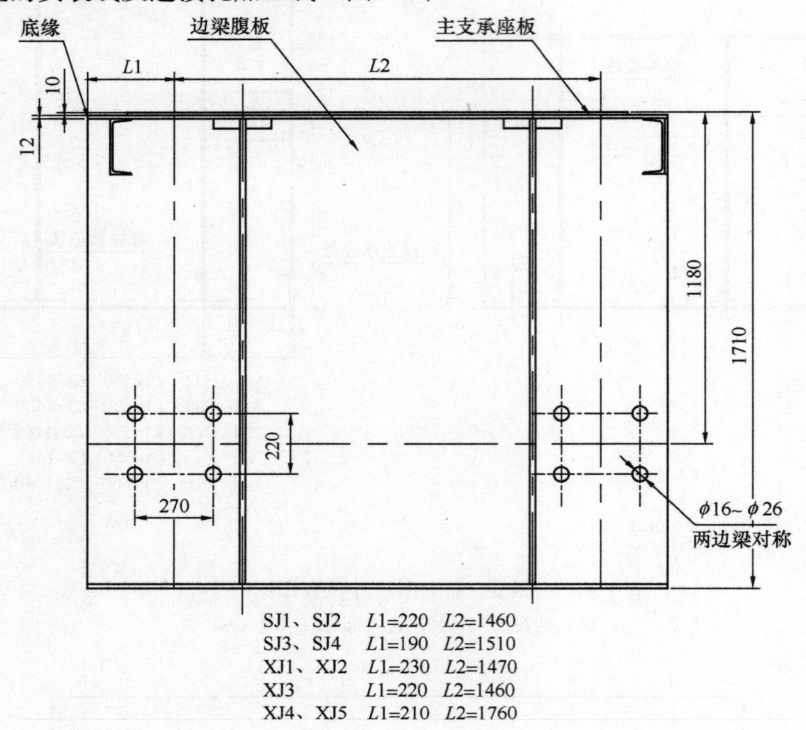

图 10 侧轮座的安装线及连接孔加工线

(13) 钻侧轮座安装孔，安装侧轮；

(14) 划、钻正向支撑滑块安装孔，安装正向支撑滑块。

6 结束语

通过上述工艺方案的实行，西江桂平二线船闸检修门各项技术指标达到了设计图纸的要求，顺利通过了业主的出厂验收，并在出厂验收时被业主评为质量优良。现场安装调试后，经过这两年的使用，其止水等各项功能效果良好，得到业主好评。

参考文献

[1] 电力行业推荐标准. 水电水利工程钢闸门制造安装及验收规范 DL/T 5018—2004. 北京：中国电力出版社，2004.

[2] 中华人民共和国水利行业标准. 水工金属结构焊接通用技术条件 SL 36—2006. 北京：中国水利水电出版社，2006.

[3] 机械行业推荐标准. 重型机械通用技术条件第 10 部分：装配 JB/T 5000.10—2007. 北京：机械工业出版社，2007.

[4] 中华人民共和国国家标准. 钢结构工程施工质量验收规范 GB 50205. 北京：中国计划出版社，2002.

斜拉桥索塔钢锚箱制作技术研究

刘　宁

（武汉武船重型装备工程有限责任公司，武汉　430415）

摘　要　斜拉桥索塔钢锚箱是实现全桥几何线形控制的重要环节，通过钢锚箱节段制作、加工和预拼等展开技术研究，通过试验和生产过程中的不断改进，形成成熟合理的工艺技术。

关键词　钢锚箱；加工；焊接；预拼；制作技术

1　工程概况

嘉绍大桥采用了独柱四索面六塔连续斜拉桥结构形式，其索塔上部第3～12对斜拉索锚固端为钢结构锚箱构造。单个索塔包含1个钢框架底座和10个钢锚箱节段，钢锚箱断面尺寸顺桥向为7.6m，横桥向宽为4.1m，最大节段高2.7m，最小节段高度为2.0m。钢锚箱最下端通过钢框架支承锚固在混凝土底座上，钢框架底座高0.7m，钢锚箱、钢框架节段内各板件间采用焊接连接，钢锚箱节段之间以及钢锚箱与钢框架之间均采用高强度螺栓连接。单个索塔钢框架与钢锚箱总高度为22.6m，最大吊装重量均不超过44t。

2　技术研究

斜拉桥索塔钢锚箱制造是实现全桥几何线形控制的重要环节，通过嘉绍大桥索塔钢锚箱制作为研究项目，主要对连接法兰和锚孔精度控制的制作流程，连接法兰和锚孔的加工方法，连接法兰焊接变形控制方法，钢锚箱分段预拼方法，锚座单元件与节段的划线、机加工方法，厚板坡口、焊接方法、工艺、装焊顺序，节段预拼等展开技术研究，在确定研究项目后，在索塔钢锚箱的生产过程中开展了工艺试验，通过试验和生产过程中的不断改进，最终形成成熟合理的工艺技术。

2.1　钢锚箱连接法兰和锚孔精度控制的制作流程

2.1.1　钢锚箱连接法兰和锚孔精度控制的技术难点分析

设计要求钢锚箱节段高度误差≤1mm、节段上下端面平行度≤40″、轴线与端面垂直度误差≤25″、锚垫板角度≤0.5°、法兰面平面度允许偏差0.2mm。根据锚箱的结构特点分析要保证以上精度有以下几处技术难点：①钢锚箱端面法兰的平面度难以达到；②锚座单元件制作时的精度难以控制；③锚孔与锚管的空间准确定位困难。

2.1.2　钢锚箱连接法兰和锚孔精度控制的关键技术

钢锚箱连接法兰和锚孔精度控制的技术关键点：①确定钢锚箱端面连接法兰的制作安装方案以保证钢锚箱连接法兰装焊后有足够的机加工余量；②制定合理的锚座单元件装配方案以确保锚座垫板的铣面与镗孔有足够的机加工余量；③制定锚座的安装方案与锚管的安装方案，确保锚点的坐标在设计误差范围内。

试验和生产中的调整步骤如下：

（1）钢锚箱端面连接法兰组装后形成“E”形，由于拼接板对接焊缝存在较大的拘束应力，焊后导致节段端口尺寸变形过大且连接法兰与钢锚箱装焊后矫正困难。连接法兰先在水平胎架上组装焊接成E

形拼接板部件，焊接变形矫正后，再对合地标线将拼接板部件整体装配于节段上。E形法兰焊接前在法兰两个开口处增加反变形加强支撑。每个钢锚箱节段下端口的E形拼接板部件钻孔，上端口的E形拼接板部件待到节段立拼时，根据底层节段已钻孔的E形拼接板部件的孔群匹配钻孔。

（2）锚座单元件由锚下承压板、锚垫板、腹板、隔板、导向板及加劲等组成。其中锚垫板厚度方向铣单面，以保证与承锚板零件的紧密贴合。锚下承压板使用油压机折弯加工。

锚座单元件的制作采用在专用胎架上立装制作，其制作方案如下：

1）锚下承压板与锚垫板先装焊成承锚板部件（图1），隔板与加劲先焊成小隔板部件（图2）；

2）承锚板部件上胎架精确定位（图3）；

3）安装一侧锚腹板（图4），使之与承锚板密贴；

图1　承锚板部件

图2　小隔板焊缝探伤

图3　承锚板部件上胎架固定

图4　安装锚腹板

4）以锚腹板上所划的装配线，安装内侧两个小隔板部件；

5）安装另一侧锚腹板，焊接锚腹板与承锚板之间的焊缝，焊后进行无损检验，确保焊缝质量；

6）安装外侧两个小隔板部件，采用退焊法焊接四个隔板部件；

7）对线安装腹板外侧加劲。

在制作过程中，为保证锚腹板的垂直度，采取以下措施：

① 腹板下料后，进行二次辊压矫平，以减少不平度、消除内应力；

② 使用千斤顶在锚腹板的上端预制一定的反变形；

③ 采用合理的焊接顺序，并严格控制焊接规范。

（3）采用锚点投影的方法来定位锚座。由于锚座角度的因素，直接进行锚点投影对点不能实现，因此采取简易的工装措施将锚点投影定位（图5），改为锚点处锚垫板中线投影对线（图6），在侧拉板划线需要增加两道锚点投影线。锚点投影不仅容易操作，而且锚座定位精准。

（4）在锚箱节段边跨侧的锚管采用传统的假轴辅助方案安装，耗时长且操作难度大。使用三维软件对锚箱进行建模分析，根据锚管安装需要的控制点的三维坐标与锚管轴线地样，配合全站仪对锚管进行空间精确定位的方案来安装该节段的另一个锚管（这两个锚管关于锚箱节段成对称关系）。使用此方案安装的锚管精度达到设计要求（X、Y、Z 坐标误差均在 2mm 以内），且耗时短。锚管安装方案具体如下：

图 5　锚座单元件工装定位

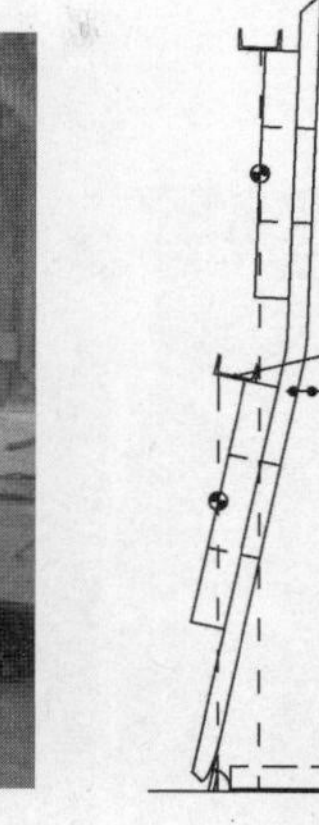

图 6　锚座单元件定位要素

1）使用 Xsteel 软件对节段及斜拉索套筒进行建模（图 7），找出锚管与端部承压板相贯椭圆的长轴与短轴的 4 个端点、母线上距离这 4 个端点一定距离的辅助点、法兰中心的三维坐标。

2）所有锚管使用全方位相贯线切割机下料后，将锚管与法兰组装成锚管部件。在锚管表面对长短轴 4 个端点及 4 个辅助点标识，并使用钢片在法兰中心找出端面中心点。然后在端部承压板上找出相贯椭圆的长轴与短轴的 4 个端点。

3）锚管安装时通过对合预设地标点，对锚管进行初步定位，再使用全站仪测量各点的坐标值，对锚管进行微调，直到所有给定点的 x、y、z 值误差≤2mm，然后进行定位焊接（图 8）。

4）锚管焊接完成后，再使用全站仪复核法兰中心点的坐标，如果 x、y、z 值误差＞2mm，则使用火工矫正，直到误差在允许范围之内。

图 7　套筒三维建模

图 8　套筒安装定位

2.2　钢锚箱连接法兰和锚孔的加工方法

2.2.1　钢锚箱连接法兰和锚孔加工的技术难点分析

（1）钢锚箱连接法兰加工的技术难点分析

钢锚箱连接法兰（图 9）由 40mm 厚的钢板下料后拼焊而成，起着钢锚箱节段间以及钢锚箱与钢框架间的连接作用。节段厂内预拼装前要求进行机械加工，端面平面度为 0.2mm。

钢锚箱加工到以上精度要求难度很大，原因如下：

1）钢锚箱节段外形尺寸大且吨位较重，嘉绍大桥钢锚箱最大外形尺寸（长×宽×高）分别为 7600mm×4100mm×2700mm，重量分别约 43t 和 33t。

2）连接法兰下料厚度为40mm，与节段焊接连接，法兰的理论加工余量为10mm，法兰装焊的角变形对整个端面的加工精度产生很大的影响。当法兰发生角变形时，同时保证法兰厚度和节段高度很困难。

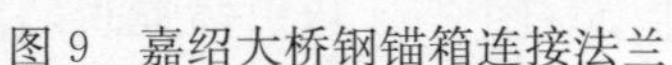

图9　嘉绍大桥钢锚箱连接法兰

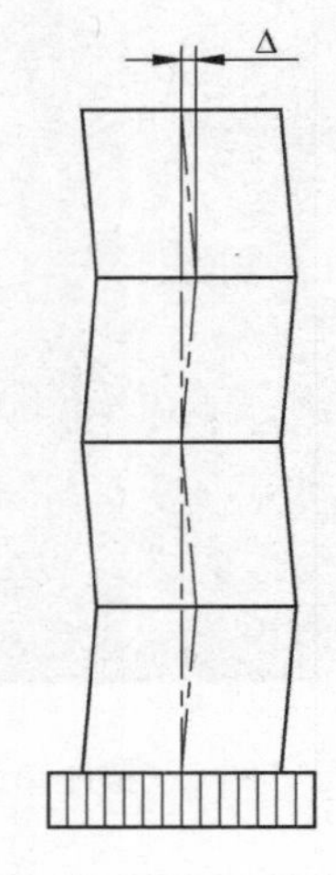

图10　节段预拼装倾斜

3）钢锚箱的机加工基准线要求准确，加工基准线的偏差会对节段的加工精度有着直接的影响。比如中心线偏移，法兰的厚度加工量易出现富余或不够的现象；中心线偏斜，加工后的端面与节段外壁不垂直，预拼时节段呈现倾斜的现象（图10）。

（2）锚孔加工的技术难点分析

钢锚箱每节段的高度因索距和斜拉索的角度不同，每个锚孔独具不同的空间角度，锚垫板与锚孔中心线垂直，相邻的锚垫板为空间异面。

锚下承压板与锚垫板为焊接结构件（图11），为减少锚孔的加工量，锚下承压板和锚垫板下料时割孔，圆周预留15mm加工量，为保证锚垫板与锚孔垂直，锚垫板铣面加工，厚度预留10mm的加工量。在锚孔的加工过程中，主要有以下几个难点：

1）锚垫板与锚下承压板不可避免的焊接变形，使锚孔镗制后，在锚垫板与锚下承压板结合处形成缝隙，不能密贴，不仅影响锚孔的外观（图12），而且在钢锚箱使用过程中会降低锚座的抗锈蚀能力。

图11　嘉绍大桥锚座单元

图12　锚孔加工后间隙

2）锚孔的关键要素为孔中心距和角度，由于锚下承压板为弯折板，在锚座上找到加工基准后，很难直接对锚孔中心定位。锚孔理论上与其所在的锚下承压板和锚垫板垂直，由于折弯误差和焊接变形影响锚下承压板的实际弯折，角度偏差在锚垫板铣面时可能出现局部加工量不足。

2.2.2　钢锚箱连接法兰和锚孔加工的关键技术

（1）钢锚箱连接法兰加工的关键技术

针对钢锚箱节段加工精度高，节段吨位重和体积大的特点，制定以下制作方案，以保证钢锚箱连接法兰的精度要求。

对侧拉板和端部承压板下料后铣高度方向的两边，保证零件高度误差在 0.5mm 以内。在专用水平胎架上卧式装配钢锚箱，侧拉板和端部承压板均对合预设地标点，对线误差控制在 1mm 范围内，最大程度减少节段高度误差及两端面的平行度误差。

为控制连接法兰的平面度和角变形，连接法兰在装配节段前，在水平胎架上拼焊成 E 形拼接板，矫正焊接变形，使拼接法兰板的平面度≤2mm。连接法兰装配和焊后报检时，使用全站仪测量主控点的坐标，精确控制两端面的平行度。

钢锚箱节段翻身后进行二次卧拼，对第一次卧拼时的仰焊缝进行盖面，减少焊接变形。同时使匹配节段在自由状态下修正纵向中心线和横向中心线，并使用激光经纬仪配合，将横向中心线延伸到端封板上，形成加工基准参照面。以基准参照面向一端的法兰连接板刻画加工线，再以此加工面的标记线为基准刻画另一端面的加工线，以减少划线的累积误差（图 13）。

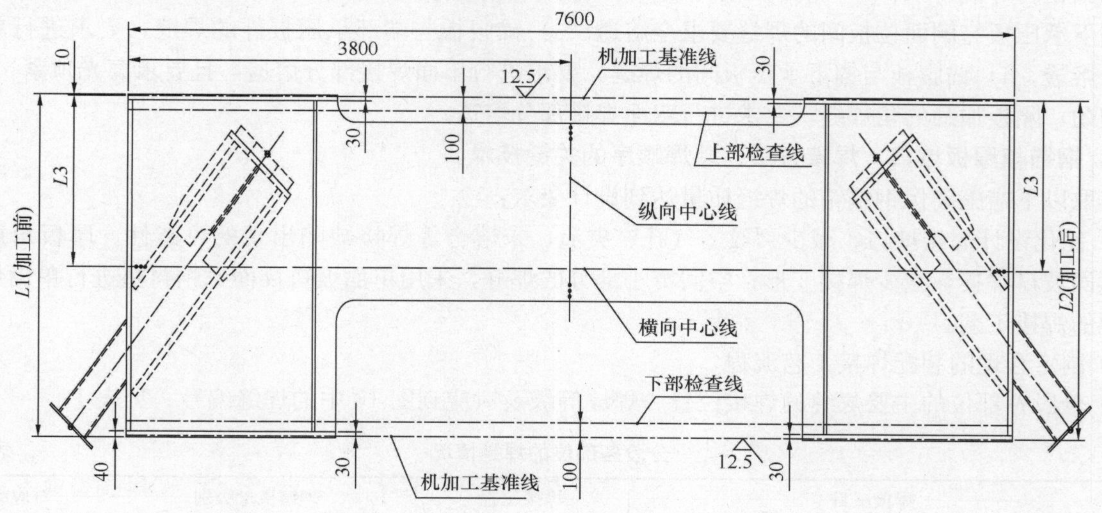

图 13　节段加工划线

（2）锚孔加工的关键技术

针对锚座单元件的结构形式结合以上锚孔加工难点分析，在锚座单元件制作和划线加工过程中制定了以下关键点，以方便锚孔加工并保证锚孔的精度要求。

1）对锚下承压板和锚垫板装配面的孔内侧加工坡口（图 14），坡口深度大于加工余量，装配时使二者紧密贴合，再对孔内侧坡口进行填充焊接。

图 14　结合面内侧开坡口

图 15　镗孔

2）找基准划线加工要求：通过计算机放样，以锚座中心线为基准，由锚座底部偏移垂线，将锚垫板难以度量的空间角度转换为基准线到锚垫板加工面的距离，不仅方便锚座的划线，而且提高了在没有数控设备和旋转平台的镗铣床上的加工效率。

嘉绍大桥承锚板折弯角度和锚孔中心关于中心线不对称，在锚座单元件加工前，在两垫板中心安装垫块（图 15），铣锚垫板时连带垫块一起铣面，在垫块上找出锚孔中心加工测量基准实点，不仅方便机加工测量，而且方便节段制作中锚座单元件的安装定位。

2.3 钢锚箱厚板坡口、焊接方法、装焊顺序的研究

2.3.1 技术难点分析

钢锚箱的结构有如下几个特征：1）索塔钢锚箱节段为主要受力构造，侧面拉板、锚腹板、端部承压板、锚下承压板的板厚达 40～48mm，厚板结构密集。2）每个索塔钢锚箱节段两侧各设置 4 个锚箱，8 个锚索的空间角度均不相同。3）两个锚腹板间的间距较小，仅 450mm。4）锚腹板加劲的厚度较厚，厚 25mm。

钢锚箱的焊接要求：1）侧面拉板与端部承压板件的焊缝，要求进行双面焊接部分熔透。2）锚腹板、锚下承压板与侧面拉板间的焊缝要求全熔透。3）锚腹板与端部承压板件的焊缝，要求进行单面焊接部分熔透。4）锚腹板与锚下承压板间的焊缝，要求进行单面焊接部分熔透，且要求磨光顶紧。5）锚腹板加劲、隔板加劲的角焊缝，要求进行双面焊接部分熔透。

2.3.2 钢锚箱厚板坡口、焊接方法、装焊顺序的关键技术

采取以下措施确保钢锚箱的焊缝质量达到设计要求：

1）优化设计焊接坡口，减少裂纹、气孔、夹渣、未熔合等焊接缺陷出现的可能性。厚板角接接头采用双面坡口焊接，减少焊接变形；空间窄小部分的焊缝，采用单面坡口反面贴钢衬垫进行单面焊接双面成型的焊接工艺。

2）制定合理的装配焊接工艺流程。

3）分段各部位的主要焊缝的焊接位置、焊缝等级及对应到图 16 中的焊缝编号，见表 1。

分段各部位的焊缝情况 表 1

序号	焊接项目	焊接位置	焊缝质量级别	对应编号
1	侧拉板与端部承压板的焊缝	平角焊	熔透	①、④
2	侧拉板与锚座单元件的焊缝	仰角焊	熔透	②
3	端部承压板与锚腹板的焊缝	立角焊	部分熔透	③
4	侧拉板与承锚板的焊缝	仰角焊	熔透	④
5	侧拉板与端部承压板的焊缝	平角焊	熔透	⑤
6	连接板对接焊缝	立对接	熔透	未示

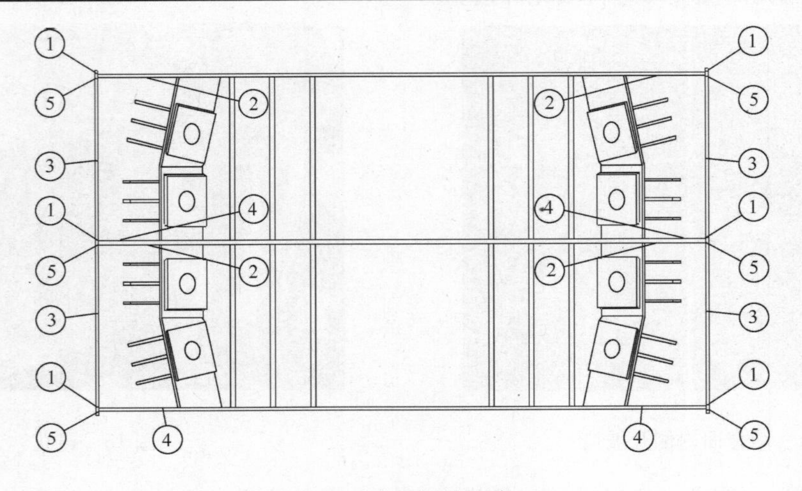

图 16 节段焊接顺序

4）首先对节段的①～⑤主焊缝对称进行两道打底焊。再按照以下顺序焊接钢箱梁节段的主要焊缝：

① 由偶数名焊工左右对称焊接顺序号①的平角位焊缝。

② 由偶数名焊工左右对称焊接顺序号②、④的平角位焊缝。

③ 由偶数名焊工左右对称施焊顺序号③的立角焊缝。先焊接坡口立角焊缝，后焊接另一侧贴角立角焊缝。立焊时，要求向上立焊，严禁进行向下滑焊。

④ 节段具有足够的刚性后，对节段进行翻身复位，然后按照上述顺序由偶数名焊工左右对称焊接顺序号为⑤的平角焊缝。

5）索塔钢锚箱的焊接顺序原则性要求如下：①先焊接焊缝金属填充量多、收缩量大的焊缝，后焊接焊缝金属填充量少、收缩量小的焊缝。②先焊接主要受力焊缝，后焊接其他焊缝。③采用对称焊接，使结构件受热均匀，减少结构件的焊接变形。④长焊缝焊接时，采用分段、对称、退焊法进行焊接。

2.4 钢锚箱分段预拼方法的研究

2.4.1 技术难点分析

根据设计要求，每轮立拼节段共5个节段，节段总高度最大为10.3m、总吨位约175t，且精度要达到节段间错边量≤2mm；预拼装高度误差在0～2.5mm；垂直度误差不大于1/4000；断面接触率≥30%；锚固点坐标 X、Y、Z 轴方向误差不大于2mm。预拼装及拼接板匹配钻孔难度大，主要原因有：

1）要有能够承载200t以上的地基与预拼装水平平台，预拼装水平平台的整体平面度不能大于0.5mm，并且预拼装水平平台还要能够进行微调。

2）在节段预拼装时要对每个节段进行定位微调，所有节段定位微调好后要对所有未钻孔的拼接板进行匹配钻孔。由于整个预拼装高度达到10m以上，为高空作业。

2.4.2 钢锚箱分段预拼的关键技术

通过三维软件建模模拟整个预拼装过程的分析，确定了必须保证的几个关键点：1）改造场内地基以确保锚箱的预拼装能够顺利进行；2）设计制作一个能够承载200t的水平胎架，且水平胎架的平面度不大于0.5mm；3）制定合理的预拼装流程；4）设计制作预拼装脚手架，以保证预拼装时高空作业能够安全顺利地进行；5）锚箱的预拼装定位测量检测，以监控整个锚箱的预拼装过程，保证预拼装精度。

试验和生产中调整的技术步骤如下：

(1) 设计专用立装平台，并通过加载试验来验证平台与地面的刚度和强度。专用立装平台由两件框架结构组成，分两端布置。框架结构制作完成后，在大型落地铣床上进行整体铣面加工，保证加工后上端面的平面度≤0.5mm。每个框架结构通过机床可调垫铁与地面接触。胎架使用前，使用全站仪检测胎架的平面度，配合可调垫铁对胎架的平面度进行微调，直到胎架的整体平面高差≤0.5mm。

(2) 制定合理的预拼装工艺流程与预拼装测量细则

1）根据计算机放样结构，在立装平台上刻划底座端部地标点和节段的中心地标点。

2）将底座吊上立装平台，对合胎架上的地标点，使用激光经纬仪测量底座水平度，记录下数据，然后调整底座，使底座已加工的上表面整体水平度满足要求。

3）吊装A节段，以底座的上表面进行粗定位，对正中心线，偏差≤0.5mm。检查节段间的贴合情况，锚管、锚垫板角度及高度、垂直度偏差，合格后方可吊装下一个节段。

4）吊装B节段，以下一节段的上表面进行粗定位，对正中心线，偏差≤0.5mm，其他同上。

5）吊装C、D节段，方法同上。

“4+1”节段立拼过程中，测量并记录总的直线度和高度，对误差进行及时的修正，防止误差累积。

6）使用水准仪测量D上端面的水平度，并记录，作为下一轮节段加工的修正基准。

7）使用激光经纬仪找正节段（侧拉板、端部承压板上）的中心线，并做标识，作为现场安装依据。

8）使用磁力钻对所有节段未钻孔的连接板进行钻孔。

(3) 通过软件三维模拟，设计立拼脚手架。整个锚箱立拼脚手架由4个分片组成，每个分片由横向及纵向的钢管使用螺栓连接，脚手架在高度方向上的分层根据每轮立拼时节段的高度制定，每层上面铺木垫板以供工人施工。每轮立拼完后，下一轮立拼时只需拆卸 4 片脚手架的其中 1 片即可满足施工要求。

3 结论

通过研究此项目关键技术制作的索塔钢锚箱，精度达到预期要求，且制作质量高，已成功通过业主验收，且以上研究整理形成了斜拉桥索塔钢锚箱成熟的制造工艺，对大型高精度工程有着可借鉴意义。

钢混叠合梁桥制作技术

刘　锐

（武汉武船重型装备工程有限责任公司，武汉　430415）

摘　要　介绍钢混叠合梁桥的制造工艺，对制造流程及工程中控制的重难点进行阐述，可供同类工程参考。

关键词　钢混叠合梁桥；拱度；通孔率；静载试验；预拼装

1　工程概况

本项目为肯尼亚内罗毕东环线起点互通内跨线桥，该桥跨越内罗毕主要交通干道之一的 MOMBASA ROAD，为 3m×25m 钢混叠合梁桥。桥梁起点桩号为 AK0＋361.289，终点桩号为 AK0＋437.111，本桥与被交道斜交，斜角度为 77°，平面处于直曲线上。

AK0＋399.200 分离立交桥上部结构采用钢混叠合梁（图 1），全桥共计 2 幅，每幅宽 9m，两幅间隔 0.5m，每幅由 4 片钢梁组成，钢梁间距 2.5m。每片钢梁由 3 节钢梁组成，节间通过加劲板及高强螺栓相连。每节长度分别为 6.66m、11.6m，6.66m，节段间预留 1cm 宽缝隙。4 片钢梁横桥向通过 K 形槽钢连成整体，钢梁与钢筋混凝土桥面板通过栓钉形成整体，现浇桥面板采用 C40 混凝土，板厚 25cm。

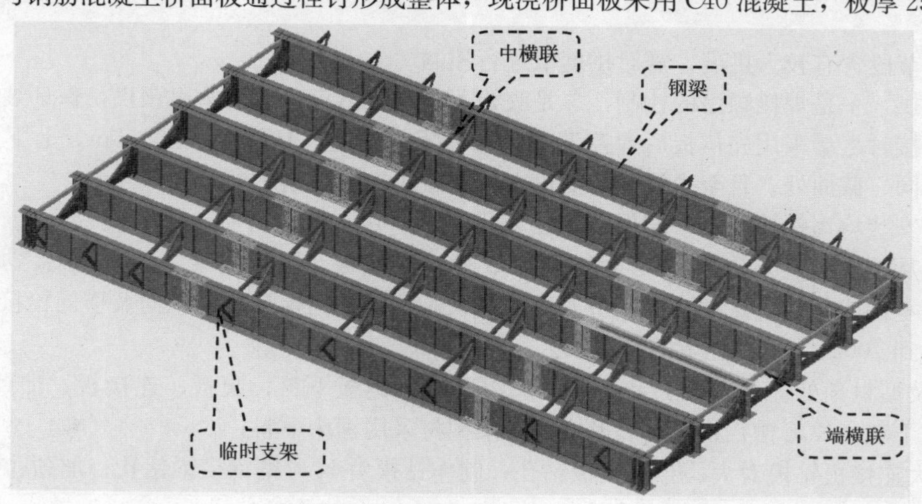

图 1　钢叠合梁结构示意图

单片钢梁（图 2）长约 25m，由 3 节焊接工型钢梁组成，梁高 1450mm、顶板宽 400mm、厚 20mm、腹板高 1400mm、厚 16mm，底板宽 600mm、厚 30mm。工型梁节间处钢梁预钻 ϕ26 螺栓孔群，通过节点板和 10.9S 级 M24 高强螺栓相连，节间处预留 1cm 宽缝隙。工型钢梁腹板上均布置竖向加劲肋，部分加劲肋上钻孔，无孔加劲肋主要用于结构加强，有孔加劲肋除加强结构之外另用于螺栓连接横联结构和施工用临时支架。工型钢梁上翼缘布置剪力钉，用于成桥时固定钢筋混凝土桥面板。工型钢梁下翼缘设支座垫块，用于成桥时与下方支座连接。钢梁材质为 Q345C，剪力钉材质为 ML15。

横联结构（图 3）分下部 K 形横联结构和上方横联杆两部分，均为成品槽钢制造，材质为 Q235B。K 形结构上预钻 ϕ18 螺栓孔，通过 10.9S 级 M16 高强螺栓与两侧钢梁上的有孔加劲肋相连。上方横联杆现场安装时与两侧钢梁上相应的有孔加劲肋直接焊接。

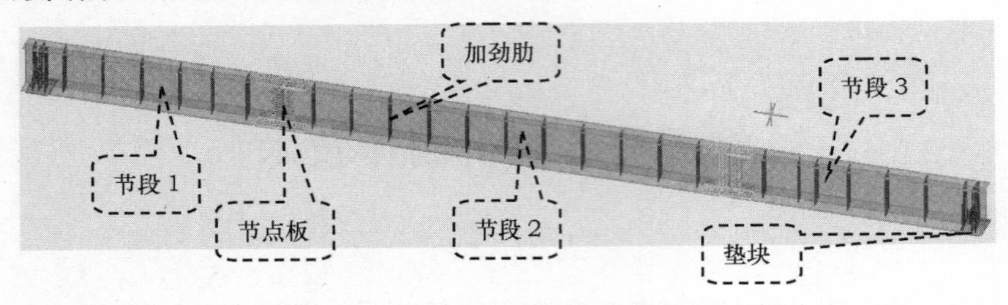

图 2　单片工型钢梁结构示意图

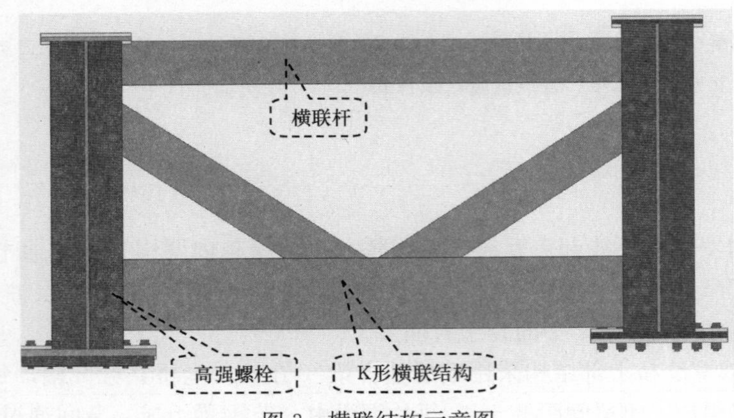

图 3　横联结构示意图

2　工程难点及制造思路

（1）每个节段含有较大拱度，需对拱度值进行控制

为制作起拱，一是焊接顺序的控制，二是腹板下料时按给定坐标值给出预拱，保证装配时工字梁的拱度；若需拼接时尽量采用先拼板后数控下料以保证零件精度，且拼接长度≥3m，上下翼缘及腹板对接焊缝不能在同一截面处，且至少错开 200 以上，并将对接缝打磨平整。

（2）现场安装均为螺栓连接，需保证螺栓通孔率为 100％

单幅桥体从结构上主要分为主梁（工字梁）、栓接连接板、K 形横梁、L 形支架、加劲肋、垫板、焊钉几种主要零件或部件。该钢结构制造安装的最大难点是如何保证主梁纵向及横向栓接精度，即满足螺栓穿孔率达到 100％。采用如下的制造工艺：

1）钢板及型材预处理，主梁工字梁零件采用双定尺钢板下料；腹板、连接板、加劲肋数控下料；上下翼缘拉条下料；K 形槽钢横梁、L 形槽钢支架型材采用锯床下料；

2）制作大连接板钻模对大、小连接板钻孔；制作钻模对 K 形槽钢横梁钻孔；加劲肋铣边，用 K 形槽钢钻模钻孔；

3）工字梁用船型胎架埋弧焊接，两端接头各留 200mm 缓焊区以保证主梁栓接端口尺寸；

4）用大连接板钻模对工字梁两两匹配钻孔，栓接后焊接缓焊区；

5）试验梁段加载试验合格后采用焊接剪力钉，批量生产；

6）对每幅桥体进行整体试拼装；

7）二次喷砂除锈后涂装防腐。

3　制造工艺、检验流程图

根据合同界面、施工图纸、技术要求及规范、结构特点，确定该桥梁钢结构工程制造工艺、检验流程图，见图 4。

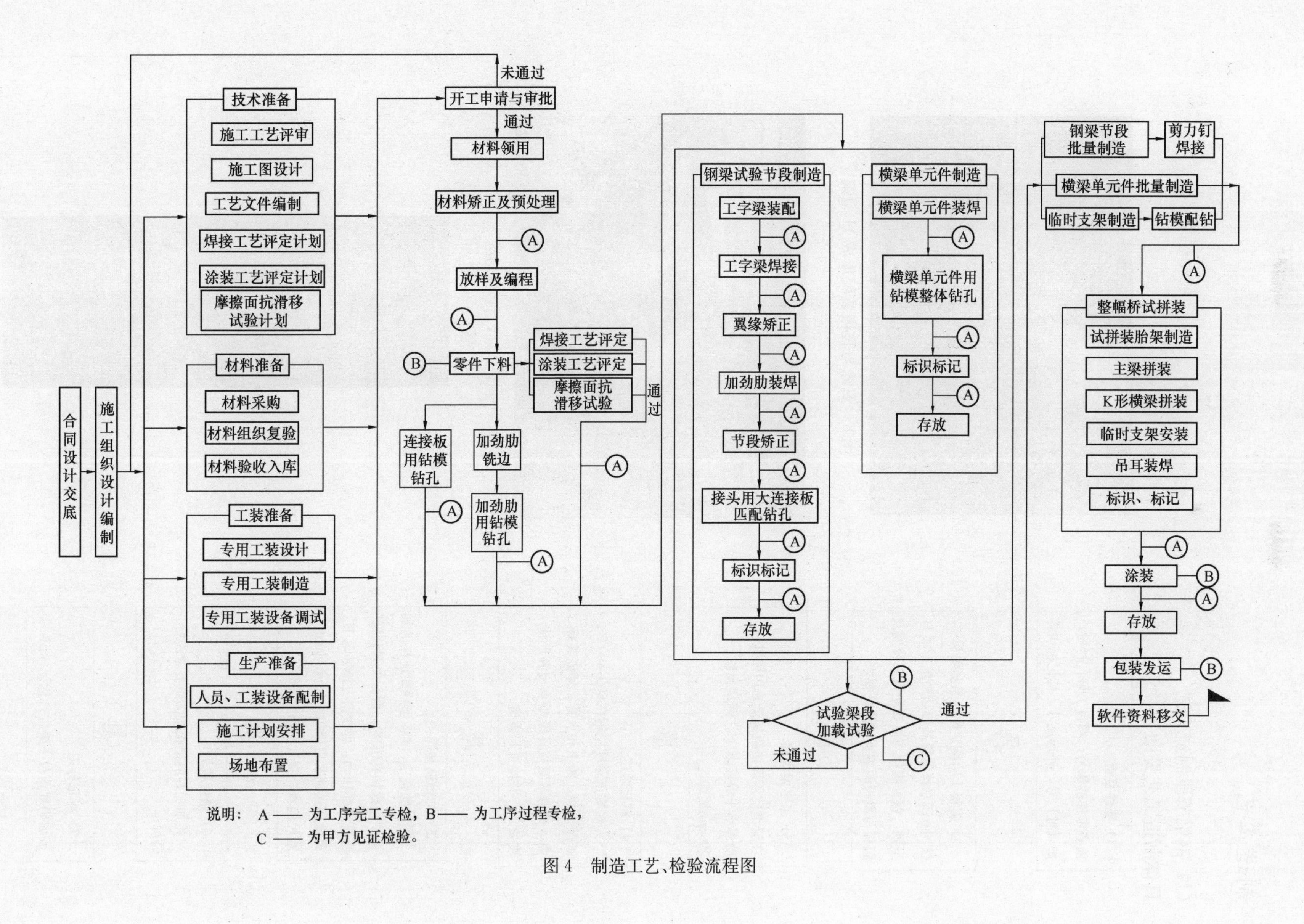

说明：A —— 为工序完工专检，B —— 为工序过程专检，
C —— 为甲方见证检验。

图4　制造工艺、检验流程图

4 制造工艺

(1) 钢梁节段制造工艺

具体制造工艺见图 5。

1) 零件复查
检查零件的编号、项目工号、材质、炉（批）号、外形尺寸、标记标识等

2) 腹板上胎架定位并组装翼板
按图 6 所示将翼缘及腹板装配形成 H 型钢。保证腹板与翼板中线重合度及腹板与翼板的垂直度满足要求

3) 工字梁焊接
在船型位置焊接胎架上采用埋弧自动焊小车焊接(图7)，两端预留 200mm缓焊区

4) 翼板矫正
火焰矫正温度控制在600~800℃，严禁过烧、锤击和水冷。保证其挠曲、旁弯及腹板翼缘 垂直度满足精度要求，并检查起拱值

5) 加劲肋装焊
加劲肋铣边，与K形横梁连接的加劲用钻模钻孔(图8)，保证加劲装配垂直度≤1mm，焊接打支撑并与下翼缘磨光顶紧后焊接，焊前0.1mm塞尺检查，穿过面积≤30%

6) 垫板装焊
将加工好的垫板按图纸要求进行装焊

7) 标记标识
按编码规则对主梁进行标记标识

图 5　钢梁节段制造工艺流程

图 6　翼缘与腹板装配形成 H 型钢

图 7　工字梁焊接

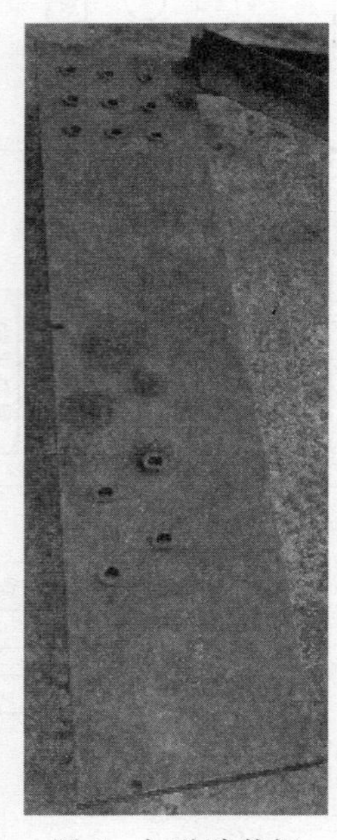

图 8　加劲肋装焊

（2）横联制造工艺

具体工艺流程见图 9。

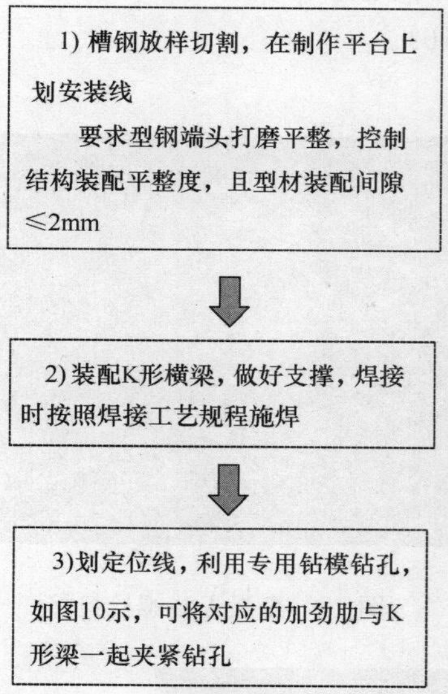

1) 槽钢放样切割，在制作平台上划安装线

要求型钢端头打磨平整，控制结构装配平整度，且型材装配间隙≤2mm

2) 装配K形横梁，做好支撑，焊接时按照焊接工艺规程施焊

3)划定位线，利用专用钻模钻孔，如图10示，可将对应的加劲肋与K形梁一起夹紧钻孔

图 9　横联制造工艺流程

图 10　专用钻模钻孔

（3）临时支架制造工艺

具体工艺流程见图 11。

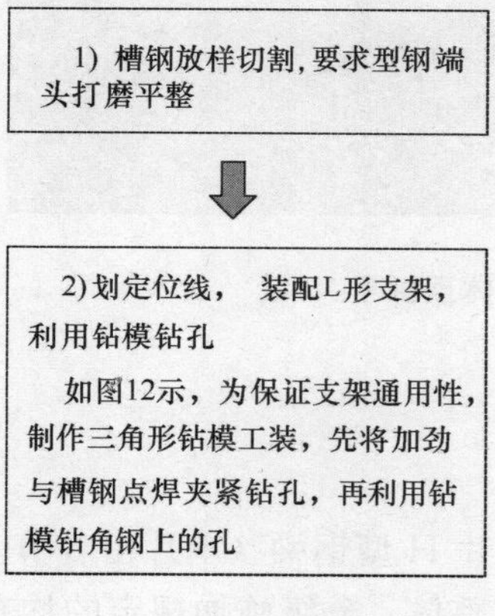

1) 槽钢放样切割，要求型钢端头打磨平整

2)划定位线，　装配L形支架，利用钻模钻孔

如图12示，为保证支架通用性，制作三角形钻模工装，先将加劲与槽钢点焊夹紧钻孔，再利用钻模钻角钢上的孔

图 11　临时支架制造工艺流程

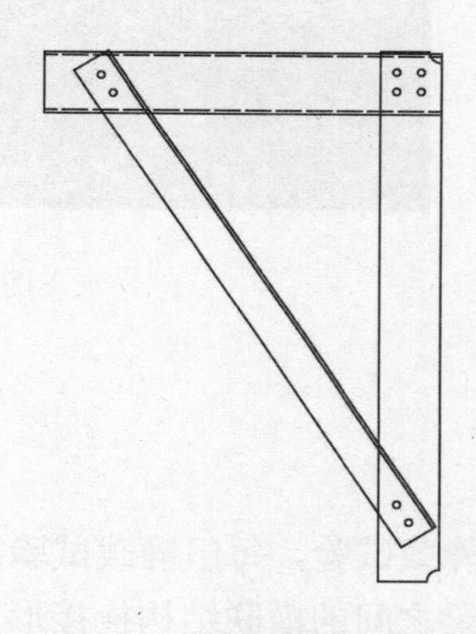

图 12　三角形钻模工装

（4）单片钢梁匹配卧拼钻孔工艺

1）连接板钻孔

制作主梁上、下翼缘及腹板大连接板钻模，并将相应的小连接板先配钻。由于专用钻模的模板及钻套采用数控镗床加工，孔精度误差≤0.1mm，保证了所有主梁同样位置的大、小连接板均可通用，确保互换性。上翼缘大连接板钻模如图 13 所示。

2）单根主梁 3 段匹配卧拼钻孔

在匹配卧拼胎架上放出主梁拱度线型。3 段钢梁依次上胎架对线并复测固定，匹配钢梁间对接端口，保证钢板错边在规定范围内，利用大连接板配钻腹板及上下翼

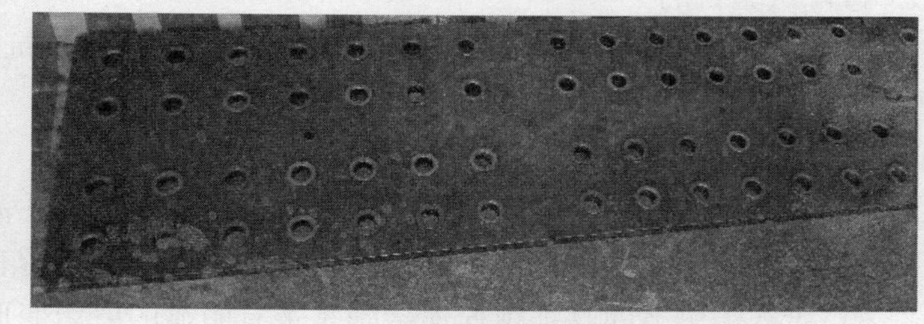

图 13　上翼缘大连接板钻模

缘板（图 14）。

3）螺栓栓接

利用高强工装螺栓进行栓接（图 15），工装螺栓扭矩值按材质报告提供的滑移系数计算得出，并焊接缓焊区。完成后的单片钢梁上预拼胎架进行整体预拼（图 16）。

图 14　大连接板配钻腹板及上下翼缘

图 15　高强工装螺栓栓接

图 16　整体预拼

5　静载试验

两副桥各做一组静载试验，每组静载试验需要两片 H 型钢梁（单片由 3 节 H 型钢梁栓接形成，单片长 25m）和两片钢梁之间的横联结构栓接形成稳定整体。分级施加规定的均布载荷，在加载前、中、卸载后测量钢梁拱度、挠度、应力等数值并观察钢梁结构和焊缝有无异常变形和损坏。

通过静载荷试验测定钢梁的焊缝质量、承载能力及抗弯刚度等，综合评估其工程质量的安全可靠性。加载试验成功后方可批量进行钢梁制造。

静载试验方案

（1）试验目的

通过静载荷试验测定钢梁的焊缝质量、承载能力及抗弯刚度等，综合评估其工程质量的安全可靠性。

（2）测试内容

1）测试钢梁在载荷分级加载过程中的挠度是否在线性范围内；

2）检查钢梁试验过程中焊缝是否出现裂纹和钢材是否有撕裂或压屈现象；

3）检查钢梁节间高强螺栓连接副是否有明显的剪切变形和挤压变形及滑移等；

4）检查钢梁横向连接系（K形槽钢）是否有压屈或拉坏现象；

5）测量应采用应力片和测量仪器（激光经纬仪）两种方式进行试验。

（3）测试对象

K15桥和K0桥各做一组静载试验。每组静载试验需要两片H型钢梁（单片由3节H型钢梁栓接形成，单片长25m）和两片钢梁之间的横联结构栓接形成稳定整体。

（4）试验用主要设施、设备和工具（表1）

试验用主要设施、设备和工具　　表1

序号	名称	数量	用途	备注
1	试验用支墩基础	1套	试验基础	
2	标高基准杆	1根	监测支墩基础试验过程中的沉降	
3	钢梁卧拼胎架	1套	钢梁卧拼	
4	压载钢板或沙包	1套	压载	
5	扭力扳手	4把	钢梁及横联拼装螺栓拧紧至规定扭矩	经过检定
6	激光经纬仪	1台	测量下挠变形	经过检定
7	1m钢板尺	2根	测量下挠变形	经过检定
8	应变片	10片	测量压载过程中钢梁的应力	经过检定
9	行车或吊车	2台	拼装协助	

（5）试验步骤

1）准备工作

试验开始前需要进行下列准备工作：

①各种试验中主要设施、设备和工具的准备。其中各类精密测量用设备和工具必须经过有资质机构的检定，且在有效期内，确保测量结果的精度。试验用支墩基础中心对应钢梁垫板中心，支墩顶部预埋20mm钢板，保证压载试验过程中支墩顶部的抗压能力。临时支墩的标高需要重点控制，临时支墩设置位置应足够坚实，尽量避免试验过程中产生沉降。为了确保试验结果精度，在支墩基础附近位置设置标高基准杆对沉降进行检测。

对支墩顶面的标高进行测量记录。

② 试验用钢梁、横联构件的准备：

试验用的钢梁和横联构件的焊缝需要经过检验，有超声波探伤要求的需要探伤合格。构件的整体质量需要通过检验后方可进行拼装。

静载截面示意图如图17示。

2）钢梁卧拼

按照施工图纸对钢梁节段进行卧拼栓接，形成完整的单片钢梁。卧拼胎架需要保证平面度，并具备拼装基准地样线。钢梁上胎架拼装时，所有孔位的高强螺栓均需要安装，高强螺栓的施拧采用扭力扳手按照计算的扭矩值施拧，并按照相关标准要求对扭矩值进行检查。

检查合格后，对照拼装基准地样线，测量每片钢梁卧拼状态下拱度并做记录。

钢梁卧式密集支点状态下，钢梁受自重产生的内应力相对极小，此时在钢梁下翼缘下表面对应腹板位置贴应变片，跨中位置为理论应力最大处，应贴1片，跨中两侧按照指定位置各布置2片，每片钢梁共计布置5片应变片。

3）钢梁横联组拼整体

按照施工图纸和技术文件将两片横梁和之间的横联上支墩基础拼装成整体。所有孔位的高强螺栓均需要安装，高强螺栓的施拧采用扭力扳手按照计算的扭矩值施拧，并按照相关标准要求对扭矩值进行检查。

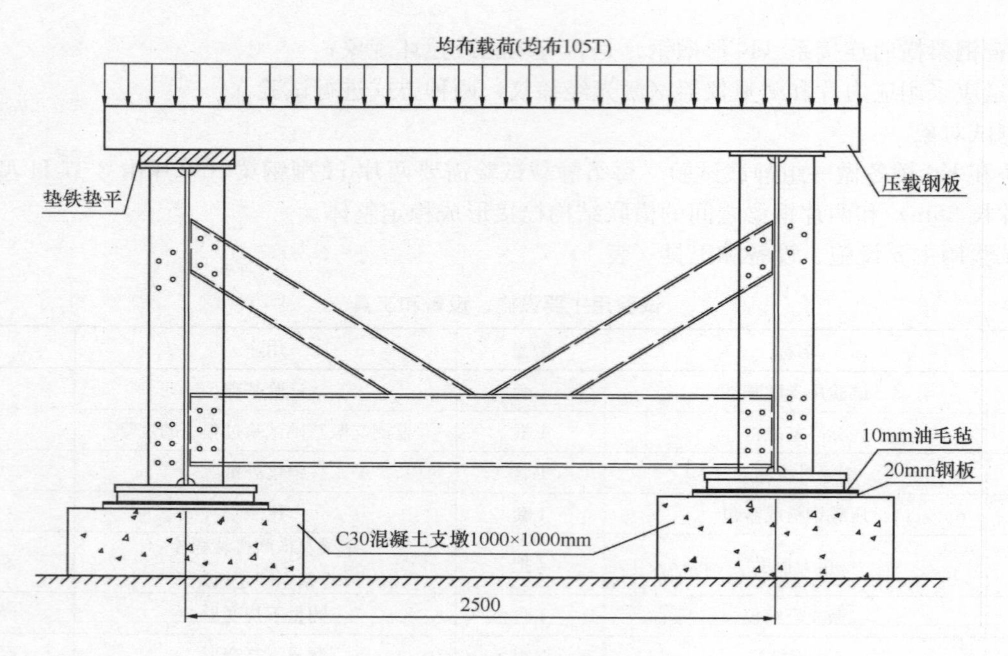

图 17　静载试验截面图

加载前自重状态下测量下列数据并做记录：①临时支墩顶面标高；②两片钢梁自重状态下跨中的挠度；③两片钢梁自重状态下跨中的拱度；④应变片的应力值。同时检查钢梁钢材、焊缝、高强螺栓连接副及横向联系梁是否有异常情况。

4）分级加载

分别按加载重量（由设计院提供）的 50％、70％、100％进行分级加载，加载过程中必须保证载荷均布。

每次加载后测量下列数据并做记录：①临时支墩顶面标高；②两片钢梁自重状态下跨中的挠度；③两片钢梁自重状态下跨中的拱度；④应变片的应力值。同时检查钢梁钢材、焊缝、高强螺栓连接副及横向联系梁是否有异常情况。

加载至 100％持荷 24h 后，再次测量上述数据，同时检查钢梁钢材、焊缝、高强螺栓连接副及横向联系梁是否有异常情况。

分级加载及加载完成如图 18、图 19 所示。

图 18　分级加载

图 19　加载完成

5）分级卸载

先卸载 50％，然后彻底卸载。每次卸载后测量下列数据并作记录：①临时支墩顶面标高；②两片钢梁自重状态下跨中的挠度；③两片钢梁自重状态下跨中的拱度；④应变片的应力值。同时检查钢梁钢材、焊缝、高强螺栓连接副及横向联系梁是否有异常情况。

6）数据分析及结论

对数据结果和误差进行统计分析，形成结论并经业主、设计认定后形成试验报告，且试验过程须留下影像资料。加载试验记录表见表 2。

肯尼亚内罗毕南环路项目钢梁加载试验记录表（第　批次） **表 2**

加载重量	跨中计算挠度	跨中计算应力值	支墩沉降	1 号钢梁跨中			2 号钢梁跨中		
				实测拱度	实测挠度	实测应力值	实测拱度	实测挠度	实测应力值
卧拼拱度									
加载前（自重下挠）									
加载至　t									
加载至　t									
加载至　t									
加载至　t 稳定 24h 后									
卸载至　t									
卸载完成									
弹性形变									
非弹性形变									
	测量人员签字：　　　　年　月　日								
	加载试验见证 结构车间：　　　　年　月　日 质量管理部：　　　　年　月　日 技术工艺部：　　　　年　月　日 项目经理：　　　　年　月　日								
	结论：（试验过程及结果符合设计要求，可以进行后续批量生产。） 监理工程师： 年　月　日								

注意事项：加载前主梁勿焊接剪力钉；试验载荷应在试验梁上均匀分布；加载应分级进行，且试验过程中有准确量化显示，若出现异常情况，应停止加载并查明原因；加载试验成功后方可批量进行钢梁制造。

6　整体预拼装

本工程按技术要求均需进行厂内整体预拼装。预拼主要检查在保证设计的桥梁线形前提下，钢梁和横联之间的螺栓是否可以自由穿孔，如有问题厂内按规范予以解决。通过厂内预拼装可以确保现场安装时螺栓可以 100％自由穿孔。

整体预拼装时主梁从中间向两侧依次上胎架，以纵地样定位线（中心线）及横向端口检查线作为定位基准，并及时装配横向 K 形槽钢。检查主梁劲板与槽钢孔的对合情况，并施拧高强螺栓。按照桥幅大小可进行 6 片主梁的总拼。拼装时需要按照规定打入定位销和安装高强螺栓，并对剩余螺栓孔采用试孔器检查穿孔率。

预拼装完毕后，需要对所有参与拼装的构件进行编号标记，并绘制厂内预拼装简图（编号图）和现场施工图。现场拼装时，按照图中构件编号可以还原预拼装时各构件的组合情况，保证现场螺栓可以自由穿孔。

预拼装完成后形成拼装记录。记录包括但不限于拼装过程中的桥梁尺寸精度、穿孔情况以及螺栓孔处理情况等内容。

预拼装方案

（1）准备工作

结构物量检查；总拼胎架制作；检查主梁的编号、朝向等满足拼装图要求。按图纸要求划地样线，放出主梁垫板的标高值，并焊接胎架模板，按照桥面板的横向坡度对胎架模板标高进行修整。

（2）单片钢梁卧拼

按照桥体拼装图对每幅每跨桥梁作为整体拼装，见图 20。整体预拼装前首先对参与预拼的每片钢梁进行卧拼，利用大、小连接板将每片钢梁内的 3 个节段拼装成整体，并按技术要求打入定位销和安装高强螺栓。

（3）整体拼装

主梁从中间向两侧依次上胎架，以纵地样定位线（中心线）及横向端口检查线作为定位基准，并及时装配横向 K 形槽钢。检查主梁劲板与槽钢孔的对合情况，并施拧高强螺栓。按照桥幅大小可进行 6 片主梁的总拼，图 21 给出了 3 片主梁的总拼图。

图 20　单片钢梁卧拼

图 21　3 片主梁的总拼图

（4）预拼装通用技术要求

1）试装前应绘制各部分的试装图，编写详细的试装工艺，并报业主。

2）提交试装的杆件必须验收合格，并在涂装之前进行试装。

3）试拼装胎架应有足够的承载力，保证整个试拼装过程中不会发生沉降，杆件试拼时应处于自由状态。

4）试装时，必须使板层密贴，冲钉不得少于螺栓孔总数的 10%，螺栓不宜少于螺栓孔总数的 20%。

5）试装过程中应检查拼接处有无相互抵触的情况，有无不易施拧螺栓处。

6）试装时必须用试孔器检查所有的螺栓孔。钢梁的螺栓孔应 100%自由通过较设计孔径小 0.75mm 的试孔器；横联的螺栓孔应 100%自由通过较设计孔径小 1.0mm 的试孔器。

7）磨光顶紧处应有 75%以上的面积密贴，用 0.2mm 塞尺检查，其塞入面积不得超过 25%。

8）试装检测时，应避开日照的影响。

9）桥梁试装的主要尺寸精度满足相关要求。

（5）无法穿过螺栓孔的处理

如果厂内预拼装时出现少数螺栓孔无法通过的情况，经过设计批准后，可以按照《钢结构高强度螺栓连接技术规程》JGJ 82—2011 或者设计指定的其他标准规范的要求，对螺栓孔进行扩孔处理，扩孔的方法、孔径、最大扩孔数量等必须满足标准规范的要求，并对处理的情况形成记录。通过处理，厂内预拼装最终必须保证所有螺栓孔均可以 100% 自由通过。

（6）标记标识和预拼装记录

预拼装完毕后，需要对所有参与拼装的构件进行编号标记，并绘制厂内预拼装简图（编号图）和现场施工图。现场拼装时，按照图中构件编号可以还原预拼装时各构件的组合情况，保证现场螺栓可以自由穿孔。

预拼装完成后形成拼装记录。记录包括但不限于拼装过程中的桥梁尺寸精度、穿孔情况以及螺栓孔处理情况等内容。

7　剪力钉焊接

1）剪力钉焊接用瓷环应按产品说明书的规定烘焙后使用，烘焙后的焊接材料随用随取。若无产品说明书时，瓷环烘焙温度 200℃，保温 2h。

2）每日每台班开始生产前，或更换一种焊接条件时，都必须按规定的焊接工艺试焊 2 个剪力钉，进行外观和 30°角弯曲试验，合格后方可进行正式焊接。若有一个剪力钉破坏，应重新焊接 2 个剪力钉进行检验，若不符合要求，应调整焊接工艺参数重新试焊，直到合格为止（试焊钢板与工件材质相同，厚度允许变动±25%），焊接位置为平位。

3）焊接剪力钉前，应将钢板待焊区域及其周围 20～30mm 范围内的铁锈、油污、氧化皮等有害物打磨干净，露出金属光泽。

4）焊接顺序原则上应从被焊构件长度方向中心逐渐向两边展开，接地导线尽可能对称于被焊结构件。

5）剪力钉焊接之后，应及时敲掉剪力钉周围的护圈。剪力钉底角应保证 360°周边挤出焊角，对没有获得完整 360°周边焊脚的剪力钉焊缝，当缺陷长度不超过 90°时，可采用 E5015 焊条（ϕ4.0 或 ϕ3.2mm）进行补焊，补焊长度应自缺陷两端外延 10mm，补焊焊脚尺寸为 6mm。

6）对焊接不合格的剪力钉应从工件上拆除，将移去剪力钉的地方打磨平整，如遇底面金属有损伤的，应用焊条补焊后磨平。然后重新焊上剪力钉，并检查剪力钉的焊接质量。按照《铁路钢桥制造规范》TB 10212—2009 的要求，每 100 个圆柱头焊钉至少抽取 1 个进行弯曲试验，方法是用锤打击圆柱头焊钉，使焊钉弯曲 30°时，其焊缝和热影响区没有肉眼可见的裂缝为合格，若不合格加倍抽验。

图 22　专用焊接磁环及焊机焊接剪力钉

图 22 给出了专用焊接磁环及焊机焊接剪力钉的施工现状。

8　焊接工艺

该工程主要控制主梁（工型钢）焊接质量，采用以下成熟的焊接方法：

工型钢上船型胎架进行焊接，采用加引、熄弧板埋弧自动焊，焊接顺序如图 23 所示。

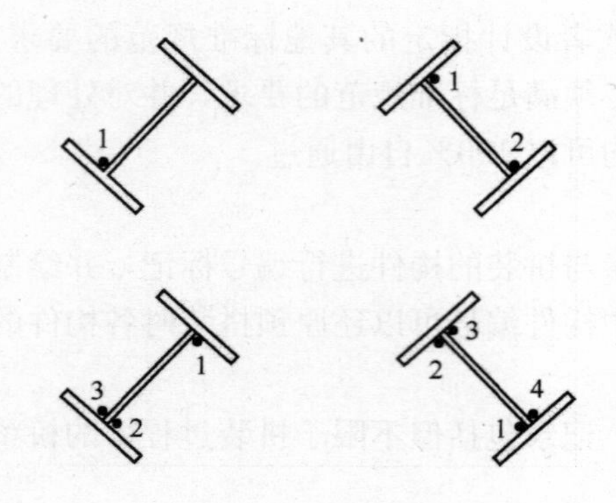

图 23　焊接顺序

9　涂装

涂装工艺要求见表 3。

涂装工艺要求　　**表 3**

部位名称	防腐工艺	干膜厚度	施工场所
主梁、横联、支架、钢模板、连接板非摩擦面	喷砂除锈，除锈等级 Sa2.5 表面粗糙度：Rz40～80μm		厂内
	底漆：无机水性涂料	2×35μm	
高强螺栓摩擦面	喷砂除锈，除锈等级 Sa2.5 表面粗糙度：Rz40～80μm		
	摩擦漆	按设计要求	
成桥钢结构外表面	手工除锈、清理		工地
	中间漆：842 环氧云铁漆	1×35μm	
	面漆：灰色氯化橡胶面漆	2×35μm	

10　施工安全事项

(1) 节段上胎架后应与胎架（以及胎架与地面）固定牢靠，以防倾倒；

(2) 节段制作过程中，工作人员要按要求做好防护措施，在焊接及冷却过程中，避免人员灼伤、烫伤；

(3) 切割过程中，切割完毕后，避免人员灼伤、烧伤、烫伤；

(4) 起吊过程中，避免人员擦伤、撞伤，无关人员切勿进入吊车工作半径；

(5) 匹配制孔时钻模板应与节段点焊牢固，以防脱落；

(6) 栓钉焊接时防止高处坠落；

(7) 所有使用气割工位，点火前须检查燃气是否泄露，若有异常不得点火，切割工具和设备使用完毕后必须关闭阀门，当天工作结束后必须关闭燃气总阀；

(8) 所有电器设备使用前确认完好，接地、绝缘可靠，以防触电；

(9) 其他作业应遵守工厂相关操作规程，严禁违章作业。

11　结语

该工程已全部制作、安装完成，并已通过设计、工程监理、当地监测站及业主的联合验收，各项指标均达到设计及相关验收规范要求。

参考文献

［1］ 中华人民共和国国家标准. 钢结构工程施工质量验收规范 GB 50205—2001. 北京：中国计划出版社，2002.
［2］ 中华人民共和国国家标准. 钢结构设计规范 GB 50017—2003. 北京：中国计划出版社，2003.

浅谈大直径十字内加劲圆管钢柱制作方法

刘　星　茹高明　杜永彬　张海清

（中建钢构有限公司重庆分公司，重庆　402181）

摘　要　大截面圆管柱作为超高层建筑的外框巨型受力柱，具有截面大、板厚大、内部加劲体复杂等特点，因此相应地具有构件重、焊接量大、装配困难等制作难点。为此，本文就此类圆管柱的制作方法及加工工艺进行阐述。

关键词　大截面圆管柱；十字内加劲

1　概况

重庆瑞安二期钢结构工程，位于重庆市渝中区化龙桥片区，北面为嘉陵江畔的嘉滨路，南邻化龙桥路，东邻嘉华大桥，西侧为重庆天地的高档住宅小区。基地内拟建三座塔楼和一个裙楼，基地中心99层高的超高层办公和酒店综合楼为二期塔楼。二期塔楼地上主体结构高度为440m，为带腰桁架的外框架＋核心筒（钢支撑）＋伸臂桁架结构，钢结构总用钢量约七万t，效果图见图1。

外框钢柱为18根巨型圆管钢柱，呈中心对称椭圆形分布，如图2，圆管钢柱截面形式分为两种，一种为圆管内T形加劲，另一种为圆管内大十字加劲，如图3。大十字加劲体可视为T形加劲体和小十字加劲体的组合，此文主要介绍十字内加劲圆管的制作方法。

圆管构件的主体焊缝形式均为全熔透一级，如图5。

图1　瑞安项目效果图

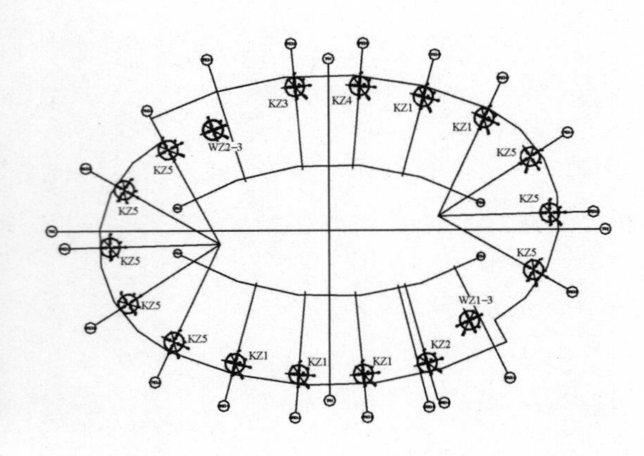

图2　外框圆管柱分布图

外框大截面十字内加劲圆管钢柱外径达2.8m，最厚壁厚70mm，内部十字加劲体板厚为50mm、30mm，且钢柱内分布有密集的栓钉，构件长约6m，最重构件约50t，其中圆管（D2800mm×70mm）重28t，T形体（T750mm×300mm×50mm×50mm）重2.5t，小十字体（十1160mm×1160mm×30mm×30mm）重3.5t，其余零件约7t，如图4。

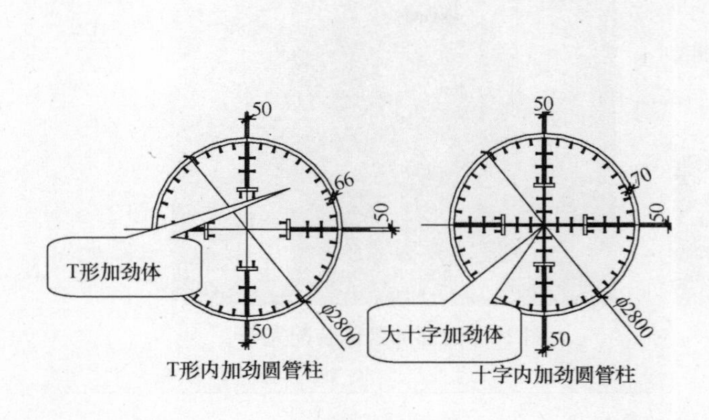

图 3　外框圆管柱分布图

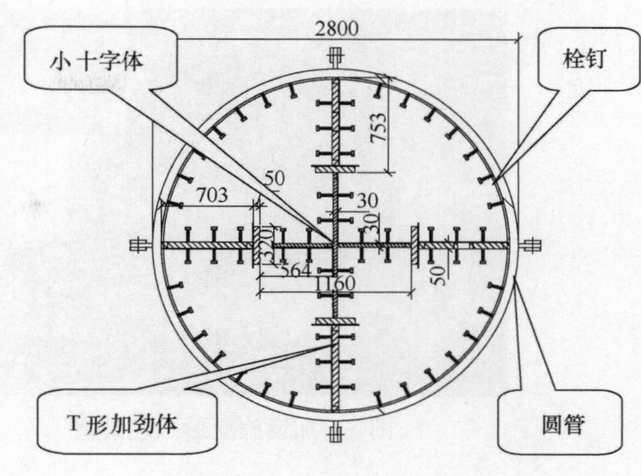

图 4　构件截面图

1）钢柱内部加劲体与圆管壁之间的主焊缝均为全熔透一级；

2）内部大十字体本身的主焊缝均为全熔透一级。

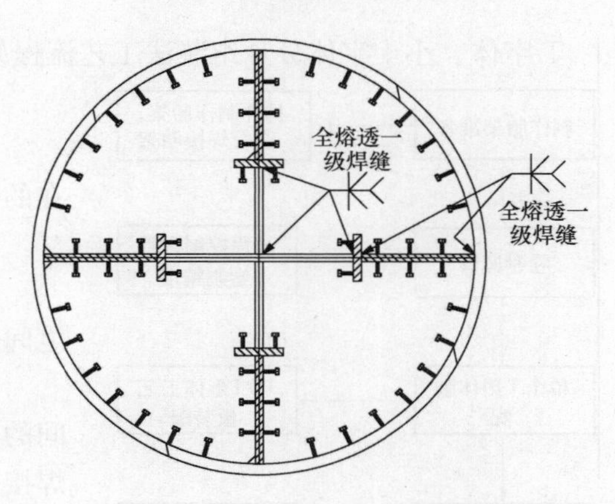

图 5　构件焊缝形式图

2　制作方案的确定

制作前拟定了三种制作方案，方案一为整体内部大十字体胎架滑移法，如图 6；方案二为大十字体竖向吊装一横向焊接法，如图 7；方案三为 T 字体、小十字体分片组装法，如图 8。

结合以往类似工程的制作经验，对这三种方案的可操性、安全性、焊接空间、焊接变形等因素进行分析，分析结果表明方案三（T 字体、小十字体分片组装法）的可行性最高。

整体内部大十字体胎架滑移法，制作前需搭设滑移胎架，滑移过程中不可控因素太多，包括安全因素，滑移过程中因圆管圆度问题易造成大十字滑移半途被卡住。焊工需在圆管内部进行焊接，操作空间狭小对焊工的焊接水平要求较高。且四条 50mm 厚的主焊缝在约束条件下进行焊接，内应力较大，更易产生变形。

大十字体竖向吊装一横向焊接法，理论上可避免使用滑移胎架，在一定程度上减少成本，降低安全隐患，但由于厂房行车高度受限，无法满足竖向吊装内部加劲体所需的高度，因此方案二可行性受限。

T 字体、小十字体分片组装法，定位相对简单，且四条 50mm 厚的主焊缝因焊接空间充裕，焊缝质量能得到保障，内部小十字体板厚仅为 30mm，约束状态下的焊接量相对小得多，焊接变形也相对较小，采用工艺放变形加劲板（图 9）及支撑可有效减小焊接变形。因此此方案的可行性最高。

图 6　整体内部大十字体胎架滑移法

图 7　大十字体竖向吊装一横向焊接法

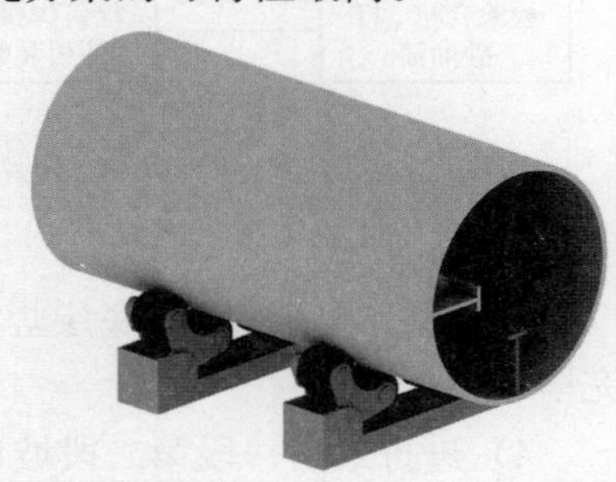

图 8　T 字体、小十字体分片组装法

图 9 加设放变形工艺措施

图 10 内部加劲体装配完毕

3 制作工艺

T 字体、小十字体分片组装法工艺流程如图 11。

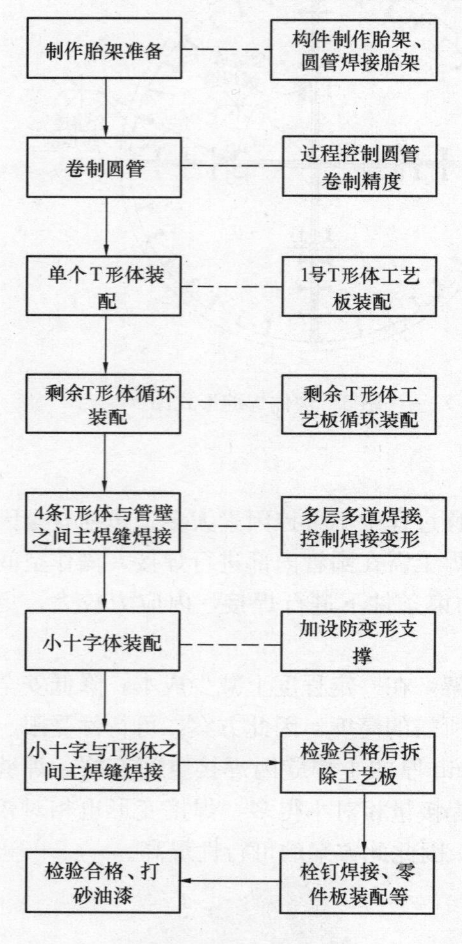

图 11 T 字体、小十字体分片组装法工艺流程

构件在装配过程中有如下注意点：

（1）在组装圆管内丁字体前，需在圆管内壁画出丁字体所在的定位线；

（2）丁字体放入圆管后定位准确后，先将丁字体点焊；

（3）为防止丁字体在圆管内焊接变形，焊接丁字体与圆管之间的主焊缝前，需加设防变形加劲板；

（4）待 4 个丁字体都组装完毕后，再进行丁字体与圆管之间的主焊缝焊接作业，且需多次旋转翻身，对称焊接，以减小焊接变形；

（5）内部防变形工艺隔板务必在构件全部焊接完成后再进行拆除；

（6）十字体组装前需在丁字体翼板上设置限位板，以减小十字体的定位难度；

（7）十字体与丁字体之间的焊缝需对称焊接，以减小焊接变形；

（8）圆管内全部主焊缝焊接完成后方可去除放变形支撑及加劲板；

（9）主焊缝焊接方法：

主焊缝焊接采用多层多道跳焊法，可有效减小焊接变形，每层焊缝厚度为 7～8mm。构件长约 6m，可将构件延长度方向分成一～四段，具体施焊过程如下：

1）进行第三段坡口底层焊缝的焊接，从构件中心向一侧施焊，直至第三段坡口的底层焊缝焊接完毕；

2）进行第一段坡口底层焊缝的焊接，焊接方向与之前保持一致，直至第一段坡口底层焊缝焊接完毕；

3）进行第四段坡口底层焊缝的焊接，焊接方向与之前保持一致，直至第四段坡口底层焊缝焊接完毕；

4）进行最后一段第二段坡口底层焊缝的焊接，焊接方向与之前保持一致，直至第四段坡口底层焊缝焊接完毕；

5）按上述施焊顺序循环焊接后续焊道，坡口焊道如图 12。施焊顺序及方向如图 13 所示。

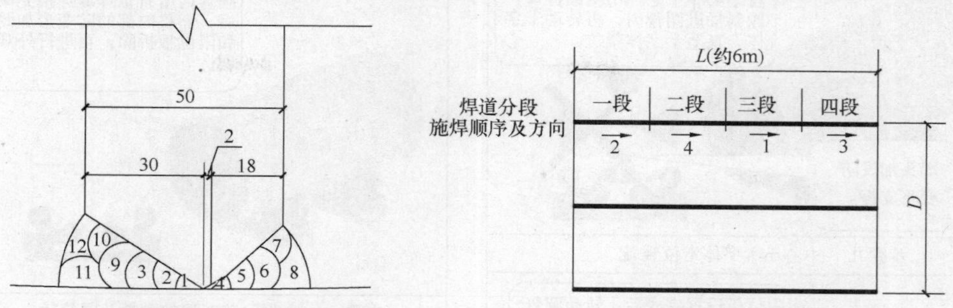

图 12　加劲体坡口焊道示意图　　图 13　主焊缝跳焊法示意图

4　构件制作步骤

具体步骤见图 14。

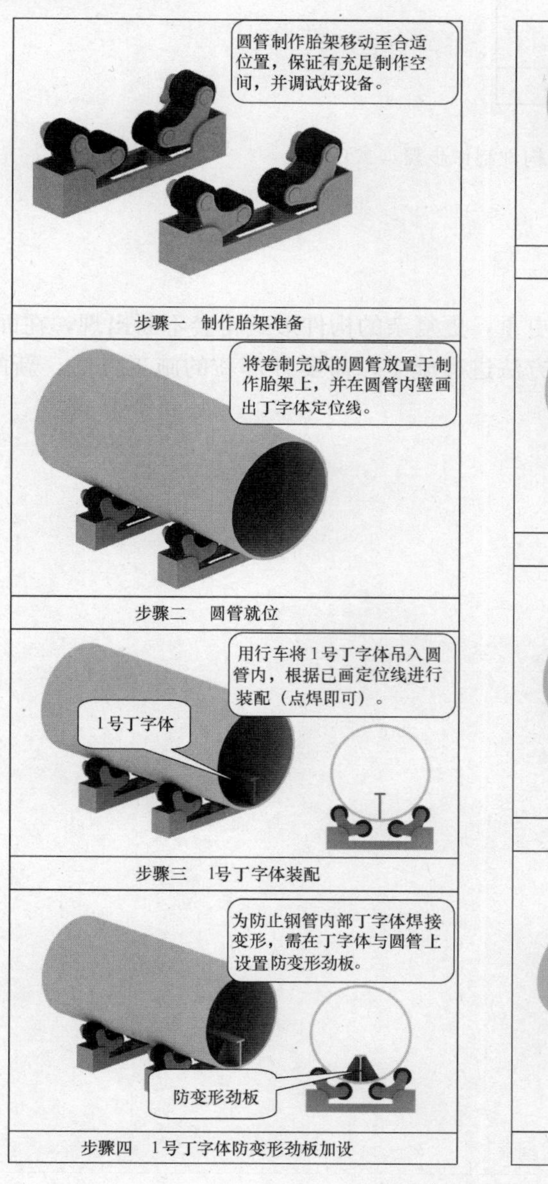

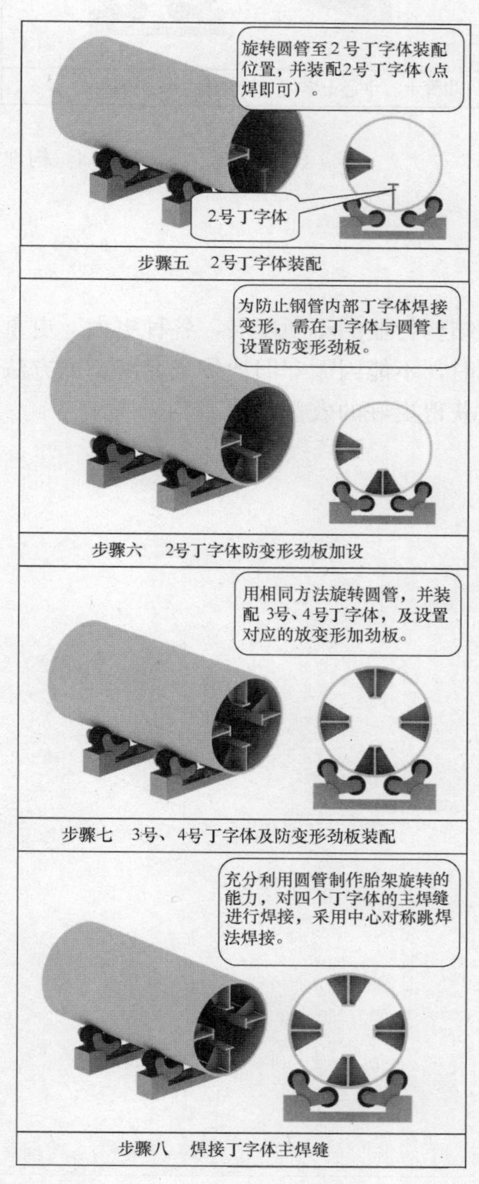

图 14　构件制作步骤（一）

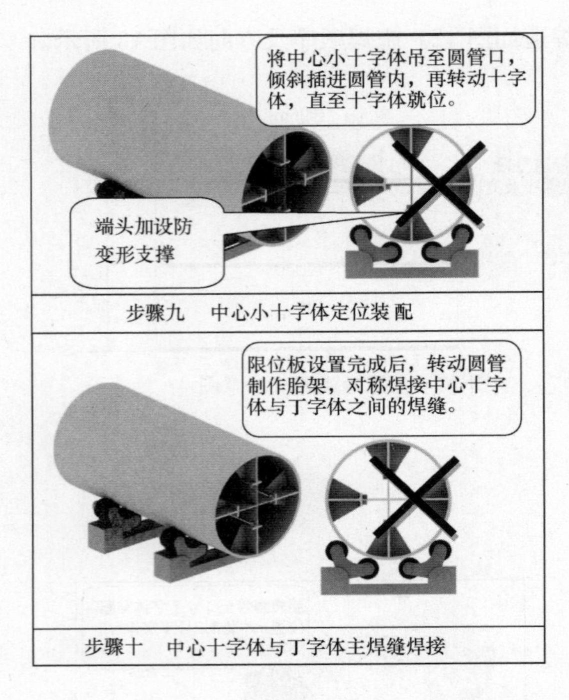

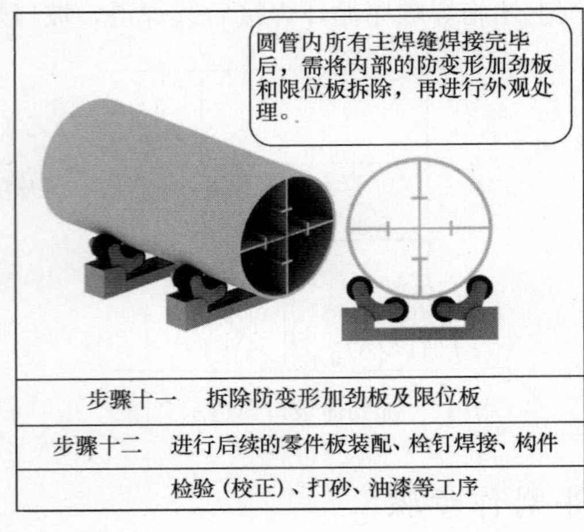

图 14　构件制作步骤（二）

5　结语

随着钢结构行业的不断发展，各种更大、更重，更复杂的构件形式将会不断出现，在面对各种新颖的构件形式时，不能因循守旧地按老套路、旧方法进行施工，需要开辟新的施工方法，新的制作工艺，将会使企业获得更好的效益。

大型复杂钢构件加工制作综合技术

张成国　冯清川　苗兴光

（中建钢构阳光惠州有限公司，广东惠州 516000）

摘　要　广州周大福金融中心工程箱形巨柱截面大，内部纵、横向筋板多，加工焊接过程中易产生焊接变形。制定合理的装焊顺序，采用合理的控制变形的方法，选用合理的焊接坡口形式，能保证钢构件的质量，满足工程工期。

关键词　广州周大福金融中心；复杂结构；大组装；焊接顺序；焊接变形

1　工程概况

广州珠江新城东塔（以下简称东塔）位于珠江新城 CBD 中心地段，项目西临珠江大道，北望花城大道，与对面已经封顶的西塔一起形成双塔，分别位于新城市中轴线两侧，南面隔江对望新建的广州新电视塔，北面为天河体育中心。

东塔（图 1）是一座集甲级写字楼、精品商铺、五星级酒店和超高档公寓的综合开发项目。

东塔包括塔楼、裙楼及地下室三部分，外形呈现四方形，与西塔的圆形正好遥相呼应。项目建成后高 530m，地上 112 层，建成后将超越广州西塔（437.5m），成为华南地区第一高楼，届时珠江新城“三高”—东塔、西塔、珠江电视塔将交相辉映，共同成为珠江新城中轴线具有国际水平的地标性建筑，同时，也将成为广州新的城市天际线。

本工程塔楼外框采用了巨型箱形柱（图 2），箱体截面净尺寸最大达到 3400mm×5000mm，钢柱壁厚达到 50mm，属超大型箱体，箱体内布置了一道纵向和横向十字加劲贯通腹板以及纵向加劲肋板、水平横向加劲隔板，为保证巨型柱现场安装的精度，制作时对钢柱壁板的平整度以及钢柱的外形尺寸精度要求较高，因此保证巨型钢柱的制作精度是本工程的重点。

图 1　广州东塔效果图示意图

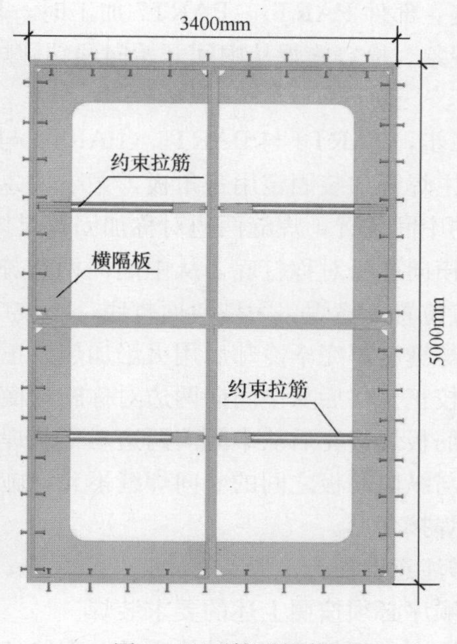

图 2　巨型箱形柱截面

2　钢结构加工

2.1　构件加工工艺

本工程巨型柱截面尺寸较大，内部纵、横向筋板多，加工焊接过程中易产生焊接变形，因此，本工程钢柱加工将采取化整为零的加工方法，将构件分解为若干个零部件，先分别加工钢柱零部件，经矫正并检验合格后，再进行整体组装。

（1）第一步，根据构件结构特点，将钢柱分解为如图 3 所示 7 个部件。

翼缘板和腹板下料时，宽度方向预留 5mm 焊接收缩余量，长度方向加放 15mm 焊接收缩和二次下料余量。内部纵、横向筋板均开制 X 型坡口，碳弧气刨清根，最大限度地减少焊接变形，钢柱端部实景见图 4。

装焊钢柱翼缘板、腹板及中间十字板上端的现场焊接衬板（PL30mm×40mm），然后进行铣端加工。

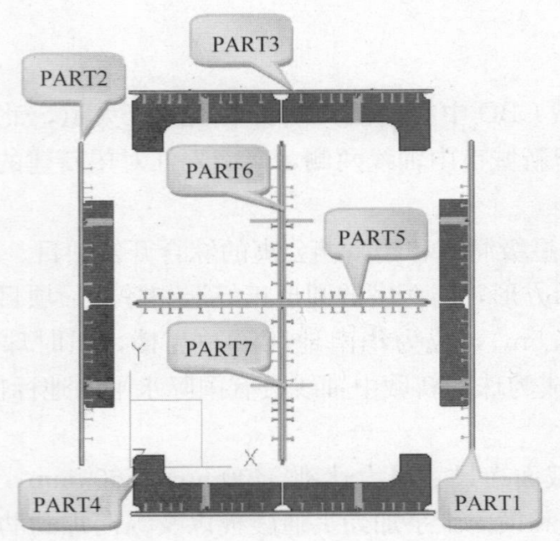

图 3　钢柱化整为零分解图

图 4　钢柱端部实景图

栓钉焊接：部件 PART1～PART7 加工时，均先用栓钉焊机焊接板上栓钉，本工程栓钉不允许存在手工焊接现象。栓钉施焊从中间开始向两端施焊，采用跳焊的方法，对称焊接。栓钉焊接顺序如图 5 所示。

（2）第二步，PART3 与 PART6（PART4 与 PART7）装焊成丁字。

1）丁字主焊缝加装固定用三角板，大小为 20mm×200mm×200mm，R 角为 100mm，位置在横向筋板大档口的中间位置，焊缝两边对称加固，具体装配后效果图如 6 所示。

2）先将横向筋板对称打底，从中间向两边施焊，再将丁字主焊缝从中间向两边对称施焊（图 7），丁字焊缝焊接位置为横焊，大坡口面打底，小坡口面清根。

3）丁字焊缝施焊完毕冷却后用火焰加热校正焊接变形。

4）丁字校正合格后从中间向两边对称施焊横向筋板。

5）横向筋板焊接完后从中间向两边对称跳焊纵向筋板。

6）横向与纵向筋板之间的竖向焊缝不允许施焊，装配时也不能点焊。

7）校正焊接变形。

该步骤需注意事项：

1）装焊顺序必须按照上述的要求装焊。

2）焊接方向必须保证丁字整体和单独焊缝的对称施焊和从中间向两边施焊。

3）严格控制焊接参数，严格按照工艺卡中焊接参数施焊，控制层间温度。

4）严格按照图纸所示控制焊脚尺寸和焊缝余高。

5）焊接丁字主焊缝前必须将三角板加焊。

6）PART1 与 PART2 均单独装焊，其筋板装配见图 8。

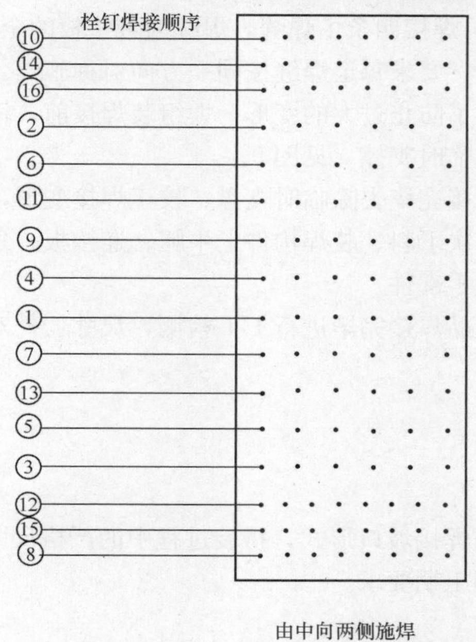

图 5　栓钉焊接顺序图

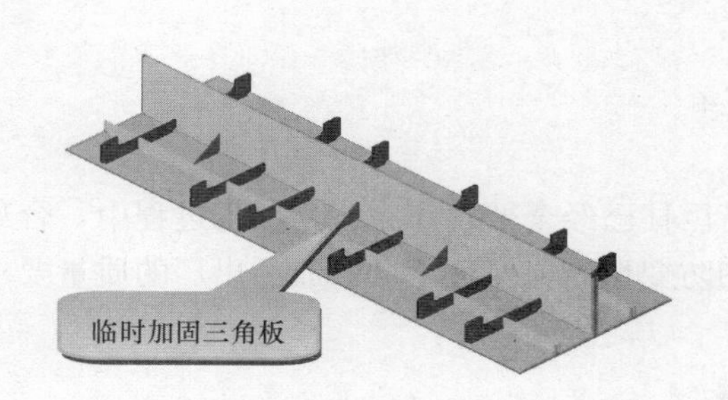

图 6　固定用三角板装配后效果图

图 7　对称施焊实景图

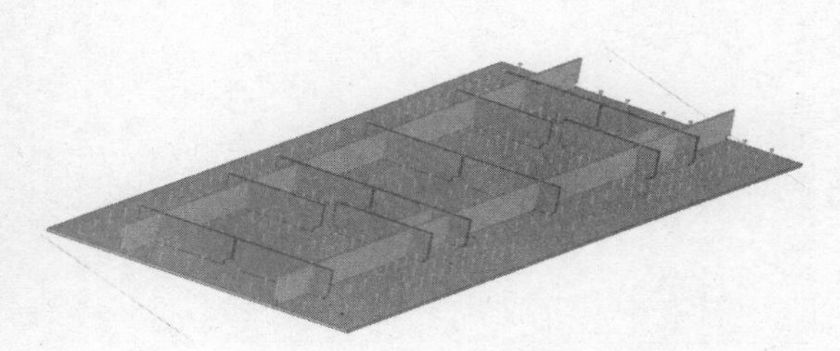

图 8　部件 PART1（PART2）筋板装配示意图

（3）第三步，先焊纵向筋板与箱形翼腹板间的焊缝，焊缝为 K 形坡口全熔透焊接，从中间向两边对称施焊。

再焊横向筋板与箱形翼腹板间的焊缝，焊缝为：楼层上横向加劲板采用 K 形坡口全熔透焊接（反面碳弧气刨清根），非楼层上加劲板采用 K 形坡口半熔透焊接，熔深 27mm（$T=40$）。横向筋板焊接时，PART1 和 PART2 横向筋板两端端头预留 100mm 暂不焊接，便于大装时横向筋板对接焊缝调整。

最后焊接纵向筋板与横向筋板间的焊缝，焊缝为 K 形坡口半熔透焊接。

焊接过程中为了防止过大的焊接变形，焊缝集中的位置加固三角板或临时支撑。

PART1、PART2 及 PART5 组焊成 H 钢，焊缝为 K 形坡口全熔透焊接。

（4）第四步，钢柱三部分大组装，各焊缝的焊接顺序为：

1）焊接横向筋板对接焊缝。其焊缝为带垫板的全熔透焊接。

图 9　档口加装支撑

2）焊接横向筋板与箱形腹板间的预留未焊焊缝。

3）装焊柱内横向拉筋（$D32$）。

4）焊接 PART6 与 PART5，PART7 与 PART5 间的焊缝，K 形坡口全熔透焊。

5）焊接四条主焊缝，焊缝为带垫板的全熔透焊缝。施焊时，要求每道焊缝按同一方向对称施焊。

为了防止过大的变形，大组装焊接前，钢柱档口位置加装临时支撑，见图 9。

焊接完毕去除临时支撑、校正焊接变形，然后进行构件二次下料、装焊构件上牛腿、连接板、角钢及吊耳等其他零部件。

成品焊接完毕进行 UT 检测，尺寸、外观合格后打砂油漆。

3　结语

东塔巨柱已经全部制作完成，加工过程中，合理的焊接坡口形式，拼装过程中的严格尺寸控制，焊接顺序和防变形措施保证了最后成品出厂的质量要求和工期要求。

参考文献

[1]　李朝兵等. 超大型组合巨柱焊接变形控制. 建筑钢结构进展，2013，15(3)：3-7.

[2]　钟红春，蒋礼等. 广州东塔地下室巨型箱体钢结构施工技术. 施工技术，2012，41(369)：125-127.

数控火焰切割精度研究及应用

张　明　田棋瑞　李建宏　彭曜曦　汤泽银　刘　欢

（中建钢构武汉有限公司，湖北武汉 430100）

摘　要　通过对影响数控火焰切割精度因素的研究，确定了对数控程序中切割速度、“桥接”的合理设置；定期对数控切割设备进行检测；制定合理的操作标准可以使数控火焰切割精度显著提高。通过这些方法可以使零件切割精度满足现今钢结构制造精度的要求。

关键词　数控火焰切割；桥接；割缝；切割速度；零件

1　研究背景

随着钢结构产业的不断发展，构件形式从单一的 H 形梁柱，逐渐发展成多样化、复杂化，同时对制造厂加工复杂构件的精度要求也越来越高，尤其是异形零件的下料精度在很大程度上决定了构件最后的制作精度，因此研究和分析生产过程中影响切割精度的因素并采取有力的控制措施十分必要。

2　研究内容

利用数控火焰切割零件时影响其切割精度的因素主要有数控程序设置、数控设备及实际操作。

2.1　数控程序对零件切割精度的影响

2.1.1　绘图对零件切割的影响

一般来说，数控切割机在经过调校后，切割机头是严格按照程序指令行进的。程序指令又是根据零件图结合设定参数进行编制的，因此零件图的绘制是影响零件数控切割的直接因素。

2.1.2　切割速度的影响

在利用火焰切割钢板时需要选择与板厚相对应的切割速度。若切割速度太快时，将产生较大的后拖量，造成钢板不易割透；若切割速度太慢，则钢板割缝两侧的棱角熔化严重，塌角过大，将导致薄板产生较大变形（图 1）。

在实际切割过程中，随着切割速度的适当提高，割缝变窄，光洁度提高。因此，在保证零件钢板割

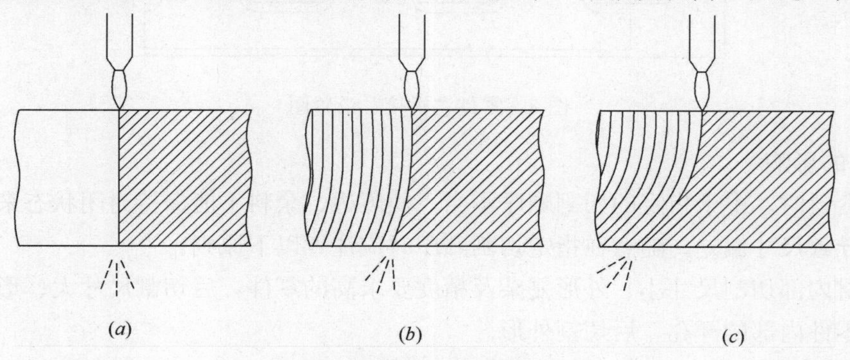

图 1　不同切割速度的后拖量图

（a）切割速度过慢；（b）切割速度适宜；（c）切割速度过快

透的前提下，切割速度尽量设置为高速。不同板厚切割速度如表 1。

不同钢板板厚适宜切割速度表 **表 1**

板厚（mm）	切割速度（m/min）
＜40	0.5
≥40	0.4
空行程	2

2.1.3 “桥接”设置的影响

切割时由于对钢板局部加热和快速的冷却，使切割区域会产生三维变形，尤其是薄板零件将产生较大的翘曲变形（图 2）。

图 2 未设置桥接发生翘曲变形图

由于钢板受热膨胀和收缩还会使切割零件和未切割部分的钢板发生横向位移，导致后续零件进行程序切割时出现误差甚至错误。针对零件较多的情况，需要在零件和母材之间、零件和零件之间设置“桥接”，使母材钢板对切割的零件提供一定的约束，从而减小零件的尺寸偏差，保证切割精度。

根据零件形状在适当部位保留一小段（其长度 10～15mm）暂时不切割（图 3），使母材牵制切割零件，抑制其变形和位移。待所有零件数控切割完毕后再用手工割炬把“桥接”段割开。如图 3，在零件 1 与零件 2 相邻平行切割线处各设 2 处长 15mm“桥接”，可使切割零件尺寸精度显著提高。未设置“桥接”时，从下往上按顺序切割，由于热输入，零件 2 切割完毕后会使零件 1 处未切割钢板向上发生偏移，从而导致零件 1 切割宽度偏差 −8mm。设置“桥接”后零件 2 宽度偏差减至 0，效果良好。

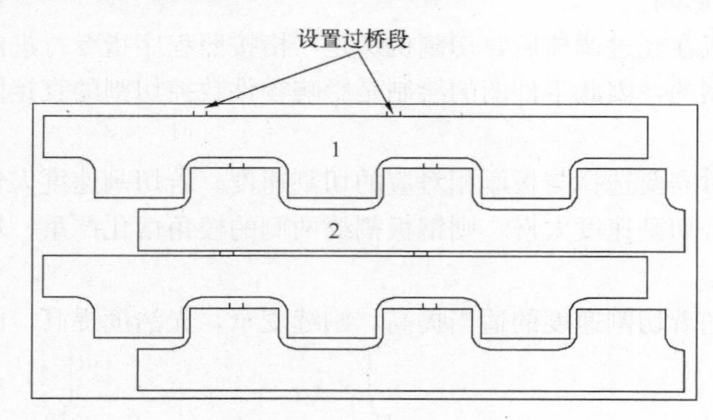

图 3 零件“桥接”设置图

2.1.4 切割顺序的影响

在进行编程套料时，由于指定的切割顺序不当，使废边、余料不能保持封闭状态来限制其内部零件的变形和位移，导致尺寸偏差。随意在指定切割顺序时应注意以下原则：

（1）先从板材内部切割尺寸小、外形复杂及精度要求高的零件，后切割尺寸大、形状简单的零件。

（2）先切割零件内部的开孔，后切割外形。

（3）把钢板上套料零件切割完毕后，再将周围废边割断。

图 4 给出了合理切割的顺序。

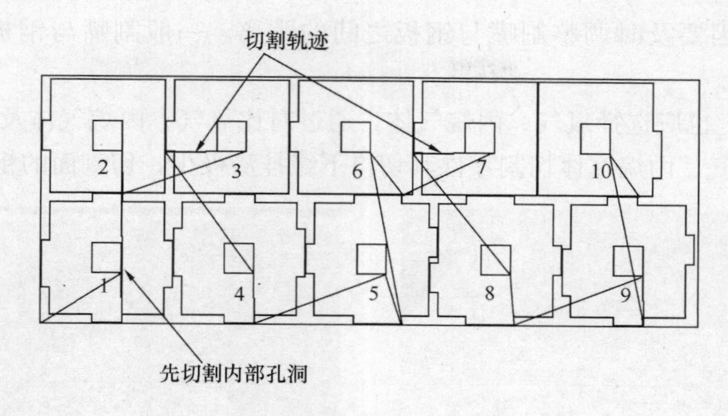

图 4　合理切割顺序示意图

2.1.5　割缝补偿的影响

由于理论给定的火焰切割半径与实际切割割缝不符，从而导致切割零件尺寸出现偏差。这时就需要合理考虑割缝补偿，若割缝补偿设定偏小，就会造成切割零件尺寸小于图纸零件尺寸，反之，切割零件尺寸大于图纸零件尺寸。经统计，不同厚度钢板切割补偿设置如表 2。

不同板厚的割缝补偿值表　　表 2

板厚（mm）	割缝补偿值（mm）
<20	1.0～1.5
20<t≤40	1.5～2.0
40<t≤60	2.0～3.0
>100	4.0

2.2　切割设备对零件切割精度的影响

经研究，割嘴风线质量直接影响零件切割质量及精度，针对不同厚度的板材采用的切割速度、切割气体压力不同，选择的割嘴型号也不同（表 3）。板厚 6～20mm 的薄板由于受热易变性，在开始切割零件时可不从钢板边缘切入，而采用穿孔办法使钢板边缘成封闭状态，且钢板边缘的割缝与钢板边缘有一定距离，这样可限制因变性而引起的零件尺寸偏差；对于 20～100mm 的厚板，由于切割时不易发生变形且穿孔操作时易翻渣堵塞割嘴，可采用从钢板的边缘进行切入。

不同钢板选用割嘴型号表　　表 3

板厚 t（mm）	割嘴型号
≤30	1 号～3 号
30<t≤50	4 号
50<t≤100	5 号
>100	6 号、7 号

割枪由于经常上下移动，极易造成与切割钢板不垂直，导致零件切割面倾斜，尺寸产生偏差。因此要经常注意调整割枪的垂直度。在进行厚板切割前应试切出横向及纵向的两个切口，用直角尺检测调整割枪两个方向的垂直度，使切割面与钢板表面垂直。

2.3　操作对零件切割精度的影响

在切割过程中，割嘴与钢板应保持一定距离，如果割嘴太高，预热火焰风线分散，钢板不易割透；割嘴太低，切割钢板的火焰为内焰，达不到切割温度，因而影响切割精度。因此，在切割过程中，由于钢板本身不平及其他原因要及时调整割嘴与钢板之间的距离。一般割嘴与钢板之间的距离应保持在6～8mm。

在切割燃料的选择上也应选择氧气、丙烷气体，通过对比氧气、丙烷气体及氧气、乙炔气体切割质量（图 5），可以看到氧气、丙烷气体切割零件其切口下缘挂渣极少，切割面的粗糙度低（图 6）。

图 5　氧气、乙炔气体切割面图

图 6　氧气、丙烷气体切割面图

3　结语

（1）影响数控火焰切割零件精度的因素主要是对钢板进行的热输入。

（2）通过数控程序对切割速度、“桥接”的合理设置可以有效地减小数控火焰切割产生的零件误差，提高加工效率及加工质量。

（3）数控火焰切割设备在使用时，应经常进行检查与维修；在操作时应注意规范性。

（4）我厂在数控火焰切割时已开始进行标准参数的推行，零件切割精度控制效果良好。

参考文献

[1]　中华人民共和国国家标准. 钢结构工程施工质量验收规范 GB 50205—2001[S]. 北京：中国计划出版社，2002.

[2]　中华人民共和国国家标准. 工程测量规范 GB 50026—2007[S]. 北京：中国计划出版社，2007.

[3]　梁桂芳. 切割技术手册. 北京：机械工业出版社，1997.

波纹腹板 H 型钢卧式组立机设计

甘三军　张　军　黄　胜

（湖北弘毅建设有限公司，湖北省武汉市　430345）

摘　要　本文主要阐述了波纹腹板 H 型钢卧式组立机的设计与工作原理。波纹腹板 H 型钢卧式组立机是根据波纹腹板的结构特征，替代操作人员在地面接板和重复翻转工艺，采用机械自动化的三板组立机方式拼装焊接钢板，为波纹腹板 H 型钢生产提供原材料。主要由焊接装置、输送辊道、磁力辊道、翼缘板翻起装置、液压夹紧驱动装置等部件组成，通过这些部件保证波纹腹板 H 型钢组装的自动化程度，提高了 H 型钢生产效率。

关键词　波纹腹板 H 型钢；拼装焊接；三板组立机

引言

波纹金属板的使用已经有了想当长的时间，最初是航天器制造中，随后应用到了工业民用建筑和桥梁结构领域，例如屋盖、墙板及楼板。20 世纪 80 年代，日本住友公司首次采用焊接的方法生产出中间部分波纹腹板 H 型钢。我国东北重型机械学院在 20 世纪 80 年代初期进行了独创性的研究工作，并于 1985 年成功轧制出了世界第一根全波纹腹板 H 型钢。波纹腹板 H 型钢近几年在欧美国家如德国、瑞典和美国应用发展较快，多应用于桥梁、房屋、工业厂房等结构设计中。

波纹腹板 H 型钢的技术改进主要在于将平腹板改为波纹腹板，从而获得较薄的腹板厚度，获得较大的平面外刚度及较高的抗剪切屈曲承载能力，同时局部承压承载力和抗疲劳性能也有所提高，因此该类型钢具有较高的承载能力和经济优势。

现在的波纹腹板 H 型钢是一种新型的建筑材料，广泛应用于桥梁、柱、单跨、多跨框架结构建筑。其腹板表面呈波浪形，与平腹板 H 型钢相比，同等强度下可节约钢材 20%～60%，尤其在大跨度、吊车梁等应用场合具有很高的性价比(其中 1.5m 波纹腹板 H 型钢其跨度可达 40m)，达到如今节能降耗的要求，是未来的发展趋势。

波纹腹板 H 型钢是由两块翼缘直钢板与一块波纹板组装而成，针对不同的波纹腹板 H 型钢规格，需要制作各种型号的波纹板，由于波纹腹板的面为有一定波峰规律的正弦曲面，腹板定位时难度较大，三板组立拼装焊接时比正常的 H 型钢要复杂很多，并且在现阶段的波纹腹板 H 型钢生产行业中，较多的工厂对于波纹板的拼装焊接依然普遍采用的是“先将翼缘板一面放在地上，在其上画线定位后拼装波纹腹板，然后拼装另一块翼缘板”，这样需要翻转两面焊接成形且波纹腹板定位不准确，并且这样的焊接方式消耗人工强度较大、耗时较长、起重设备应用频繁，因此安全事故发生率较高，生产效率较低。

针对上述现状，亟待开发一种新型具有便捷性、高效性、安全性等技术特点的波纹腹板 H 型钢卧式组立机。波纹腹板 H 型钢卧式组立机对波纹腹板 H 型钢的生产效率有着重要的影响，并且对降低生产成本与安全事故发生率也有着重要的影响。

1　波纹腹板 H 型钢组立机主要结构

1.1　波纹腹板组立机的组成

本设备波纹腹板组立机根据波纹腹板拼装焊接的特点进行设计，如图 1 所示，采用机械自动对中定位拼装焊接，适用于不同规格的波纹板进行拼装焊接。该装置主要包括门架、辊道输送装置、翼缘板翻起装置、履带输送装置、液压夹紧系统、自动点焊机、液压动力、自动定位系统组成，通过这些机构可以实现波纹腹板全自动化拼装焊接，改善人工焊接作业的繁琐方式，提高钢板的拼装焊接效率，从而提高波纹腹板 H 型钢的生产效率。

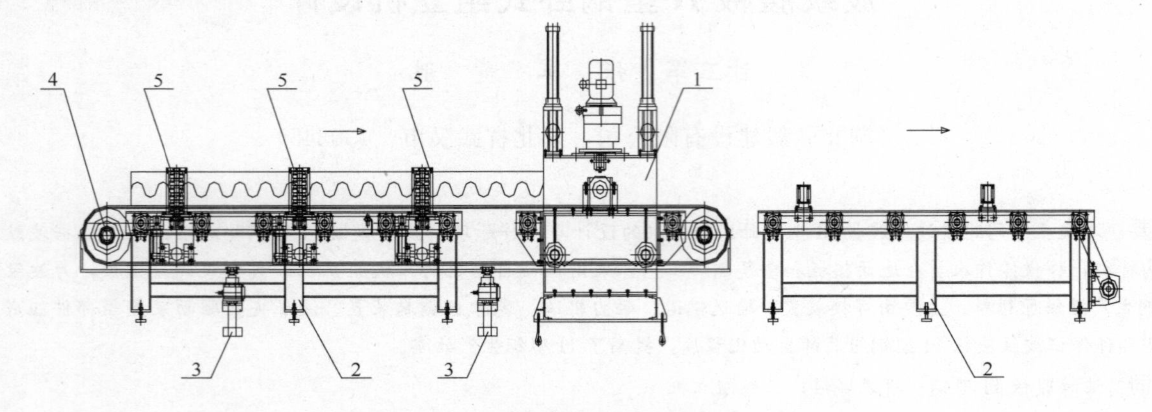

图 1　波纹腹板组立机设备

1—机架；2—辊道输送装置；3—履带滚轮升起装置；4—履带滚轮传送装置；5—磁力辊道翻起夹紧装置

1.2　波纹腹板组立机的工作原理

首先是切割机下料，形成板条 A、B、C。板条 A 经过波纹板压纹机形成波纹腹板，并被吊装进入波纹腹板组立机履带输送装置，板条 B、C 先后吊装进入辊道输送装置。经过传送，A、B、C 在焊工位处止动。与此同时三组磁力辊道翻起夹紧装置，通过杠杆将板条 B、C 立起，被立起的 B、C 紧紧贴合在具有磁性的辊道上，随后杠杆回复至原位置。履带升起装置通过精确对中系统升降波纹板 A 使其与翼缘板 B、C 精确对中，紧接着驱动夹紧装置在 B、C 两侧相向夹紧，使 A、B、C 拼装成波纹腹板 H 型钢。完成夹紧拼装后，启动自动点焊机实施点焊，完成点焊后的 H 型钢，随波纹腹板 H 型钢输出辊道输出本工位。该装置明显地提高了波纹腹板组立的自动化程度以及组立的生产效率，省时省力，并确保了安全生产。

2　波纹腹板 H 型钢组立机主要结构设计简介

2.1　机架的设计

机架的模型如图 1 所示，它的作用是为各个装置提供一个支撑的安装平台。机架采用优质钢板及加强筋焊接而成，保证整体设备的刚性稳定，同时该机架采用地脚螺栓固定于地面。且机架辊道上设有门形架，该门架上设有直线导轨。

2.2　焊接装置的设计

焊接装置是由一悬挂式的焊枪机头构成。机头横向移动采用变频电机驱动，齿轮齿条作为动力输出，滚轮导轨作为导向，拖链保护电源线供电的方式，无级焊接调速，实现焊机座的横向移动；机头升降机构采用丝杆丝母副作为动力输出，直线导轨副作为导向轴，实现焊枪的升降；焊接采用埋弧焊拼接钢板，焊枪夹具安装有十字微调装置和角度调整夹具，可以根据现场实际情况任意调整焊枪的位置。

根据设定钢板编号调出焊接参数，调整焊枪焊接中心位置，按下焊接开关开始自动焊接，焊接结束后由输送辊道驱动焊接成型的工件离开工位。

2.3　辊道输送装置的设计

输送辊道机构由输入、输出辊道组成，其中输送辊道前后各 12m，总长 24m，由 10 组输送辊道框架组成。输送辊道设计为可拆卸式的，由标准槽钢通过连接杆连接，两端用螺母锁紧，其目的在于便利输送辊道的运输与整体安装时水平面的调整。

辊道由电机减速器带动链轮驱动辊道转动，进出方向可以正反向联动和点动运转以调节工件焊工止动位，当工件接近时由接近开关控制使调速电机减速靠近定位，焊接完成后同方向驱动送入下道工位。

2.4 驱动夹紧装置与翼缘板翻起装置的设计

驱动夹紧装置由驱动夹紧装置固定侧、驱动夹紧装置移动侧、驱动夹紧导轨组成，三组驱动夹紧装置均布在输入辊道机架上(图 2)。驱动夹紧装置固定侧以及驱动夹紧导轨与辊道架固定，驱动夹紧装置移动侧协调安装在驱动夹紧导轨的端部，与驱动夹紧装置固定侧相对应，实施对波纹腹板 H 型钢的夹紧。

翼缘板翻起装置由磁力辊道、翻起机构、液压气缸组成。受液压气缸驱动，三组翻起机构杠杆将平面放置的翼缘板沿翻起机构旋转杠杆立起。翼缘板立起后与磁力辊道贴合，紧接着翻起机构杠杆恢复至原来平放的位置，随后驱动夹紧装置在翼缘板两侧相向实施对翼缘板的夹紧。

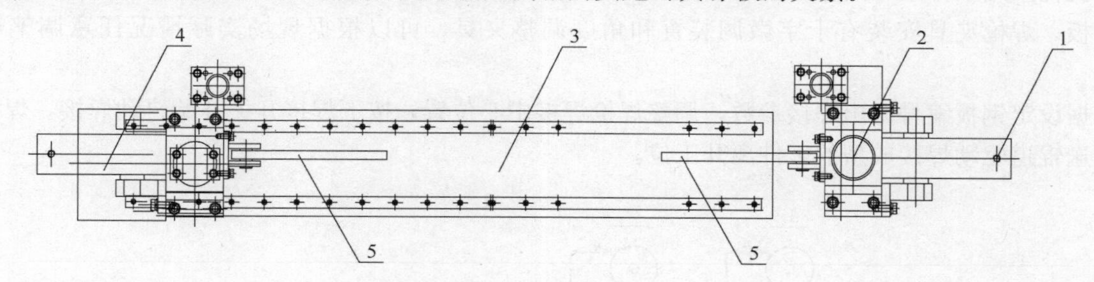

图 2 波纹腹板组立机翻起机构

1—驱动夹紧装置固定侧；2—磁力辊道；3—驱动夹紧导轨；4—驱动夹紧装置移动侧；5—翼缘板翻起机构

2.5 辊道输送装置的设计

输送辊道机构由输入、输出辊道组成，其中输送辊道前后各 12m，总长 24m，由 10 组输送辊道框架组成。输送辊道设计为可拆卸式的，由标准槽钢通过连接杆连接，两端用螺母锁紧，其目的在于便利输送辊道的运输与整体安装时水平面的调整。

辊道由电机减速器带动链轮驱动辊道转动，进出方向可以正反向联动和点动运转以调节工件焊工止动位，当工件接近时由接近开关控制使调速电机减速靠近定位，焊接完成后同方向驱动送入下道工位。

2.6 履带输送装置的设计

履带输送装置(图 3)由履带滚轮传送装置、履带滚轮升起装置组成，两条履带滚轮输送装置对称于

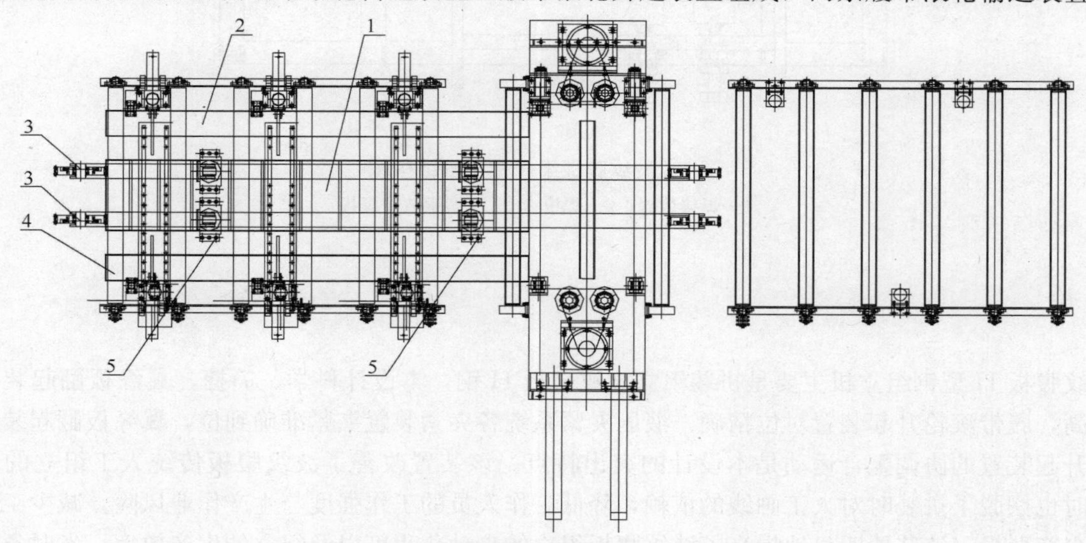

图 3 波纹腹板组立机结构图

1—波纹腹板；2—翼缘板；3—履带滚轮传送装置；4—翼缘板；5—履带滚轮升起装置

输入辊道中心线对应设置在输送辊道排与机架辊道排外围，四个履带滚轮升起装置对应设置在两条履带滚轮转送装置底架的前后两侧，支撑起两条履带滚轮传送装置。当辊道输送装置输入平面放置的翼缘板到达焊工位时止动，翼缘板翻起装置将翼缘板立起，并使其与磁力导轨贴合。履带输送的波纹腹板到达对接焊工位时止动，履带滚轮升起装置通过液压机来控制履带输送装置高度从而到达升降波纹腹板的高度的效果，使波纹腹板能精确对中立起的翼缘板。液压夹紧装置从 H 型钢之翼缘板两侧相向夹紧 H 型钢，完成夹紧拼装后，启动自动点焊机实施点焊，完成点焊后的 H 型钢，随波纹腹板 H 型钢输出辊道输出本工位。

2.7　焊接装置的设计

焊接装置(图 4)是由一悬挂式的焊枪机头构成。机头横向移动采用变频电机驱动，齿轮齿条作为动力输出，滚轮导轨作为导向，拖链保护电源线供电的方式，无级焊接调速，实现焊机座的横向移动；机头升降机构采用丝杆丝母副作为动力输出，直线导轨副作为导向轴，实现焊枪的升降；焊接采用埋弧焊拼接钢板，焊枪夹具安装有十字微调装置和角度调整夹具，可以根据现场实际情况任意调整焊枪的位置。

根据设定钢板编号调出焊接参数，调整焊枪焊接中心位置，按下焊接开关开始自动焊接，焊接结束后由输送辊道驱动焊接成型的工件离开工位。

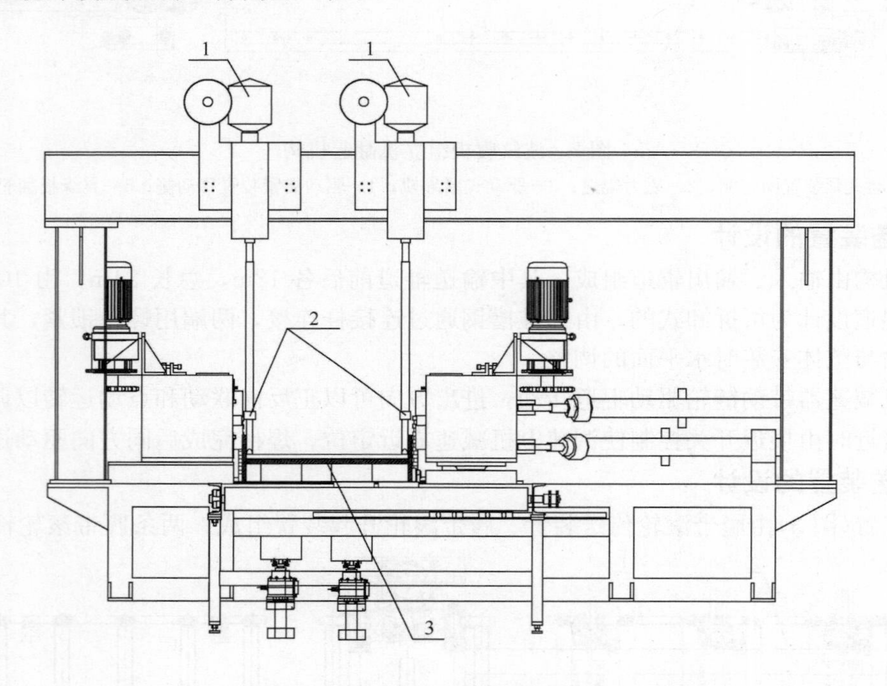

图 4　波纹腹板组立机主机结构图

1—焊接装置；2—焊枪；3—H 型钢波纹腹板

3　结论

波纹腹板 H 型钢组立机主要是拼装组立波纹腹板 H 钢，本设计科学、简捷，翼缘板翻起装置自动化程度高，履带滚轮升起装置对位精确，液压夹紧系统各夹紧装置夹紧准确到位，翼缘板翻起装置与履带滚轮升起装置的协调配合运动是本设计的突出特点。该装置改善了波纹腹板传统人工组立的作业方式，同时也摆脱了拼装时对人工画线的依赖，降低工作人员的工作强度与生产作业风险，减少工艺次数以及减少变形量。该装置明显地提高了波纹腹板组立的自动化程度以及组立的生产效率，省时省力，并确保了安全生产。

参考文献

[1] 雷玉成，朱飞，袁为进，等. H 型钢的组立工艺. 中国钢铁文集，2008.
[2] 赵玉厚，严文，周敬恩. 等离子弧焊焊缝组织影响. 材料科学与工艺，2005.
[3] 雷世明主编. 焊接方法与设备. 北京：机械工业出版社，1999.
[4] 董文兴. 波纹腹板 H 型钢的发展现状. 中国高新技术企业-2009(5).

柱梁焊接工装夹具设计

吴　码　张　军　黄　胜

（湖北弘毅建设有限公司，湖北省武汉市　430345）

摘　要　简要介绍了柱梁在建筑行业的应用及其结构特征，阐述了柱梁焊接工装夹具的设计与使用方法。该工装夹具是依据柱梁的结构特征，采用模块化的结构，对同一系列的柱梁焊接具有通用性，主要包括基座平台、拉线模块、H柱侧向定位模块、H柱托座模块、工字梁定位模块和首末端定位压紧模块，通过这些模块对柱梁进行定位焊接，保证了柱梁的焊接精度，提高了柱梁的焊接效率。

关键词　柱梁；柱梁焊接；工装夹具设计；模块化

0　引言

长期以来，人们一直在追求变革建筑理念，实现建筑“环保、节能、工厂化”即“绿色建筑”的理想，钢结构恰恰能够实现人们的追求和理想。实际上钢结构在国外建筑业早已广泛应用，在发达国家，小高层、高层钢结构住宅十分普遍。随着我国经济建设的发展，长期以来混凝土和砌体结构一统天下的局面正在发生变化。钢结构产品在大跨度空间结构、轻钢门式结构、多层及小高层住宅领域的建筑日益增多，应用领域不断扩大。钢结构建筑采用钢柱钢梁作为基本骨架，钢柱采用H型钢钢骨混凝土柱、方管钢柱、圆管柱和钢管混凝土柱；梁一般采用H型钢，梁柱的节点连接采用高强螺栓或焊接或两者并用。随着钢结构建筑的发展，钢柱钢梁的制作就显得尤为重要，现有的制作方法采用人工焊接的方法，人工作业强度大且精度无法保证。

针对上述现状，各个钢构公司都在开发能够适用于大型柱梁制作的工装夹具，工装夹具是大型柱梁制作中不可缺少的基础工艺元素。使用工装夹具合理、正确地安装和固定各个柱梁是进行柱梁焊接的先决条件。夹具对柱梁焊接工艺的质量、焊接的生产率和成本有着重要的影响。

1　柱梁的结构特征与技术要求

1.1　柱梁的结构特征

本文所描述的柱梁由H柱和工字梁组成，如图1所示，8个工字梁均匀对称分布在H柱两侧，在H柱内腔中分布有各个筋板及螺座，对应在H柱与工字梁连接处，柱梁外形长度为14400mm，宽度为3884mm，厚度为412mm，柱身材料为Q420，其余材料为Q345，重量约15t。

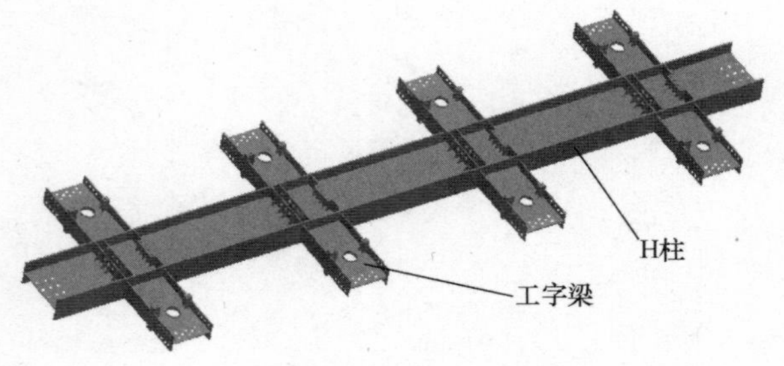

图1　柱梁

1.2　柱梁的技术要求

柱梁的技术要求包括：1）工字梁中心对H柱中心的垂直度1mm；2）相邻两工字梁中心尺寸偏差±1mm；3）最外端两工字梁中心尺寸偏差±1mm；4）工字梁连接螺栓孔最外排孔中心与H柱中心尺寸偏差±1mm；5）工字梁外端面与H柱中心尺寸偏差±2mm，如图2所示。

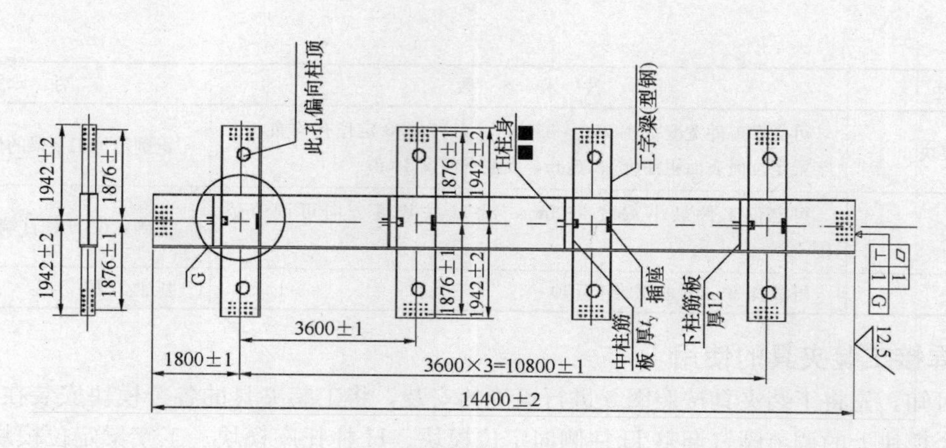

图2　柱梁的技术要求

2　柱梁焊接工装夹具的组成与使用

2.1　柱梁焊接工装夹具的组成

本柱梁焊接工装夹具是根据柱梁的结构特点进行设计的，如图3所示，采用模块化的结构，对同一系列的柱梁焊接具有通用性，主要包括基座平台、拉线模块、H柱侧向定位模块、H柱托座模块、工字梁定位模块和首末端定位压紧模块，通过这些模块对柱梁进行精确定位。柱梁焊接工装夹具的组成见表1。

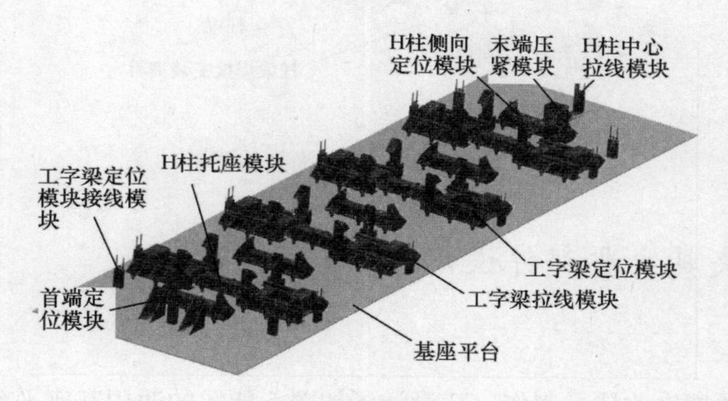

图3　柱梁焊接工装夹具

柱梁焊接工装夹具的组成　　表1

名称属性		技术参数	性能
基座平台		长18000mm，宽6000mm，高383mm	上层模块的基础平台
拉线模块	H柱中心拉线模块	拉线钢丝左右可调范围50mm，上下可调范围280mm，拉线基准板挡线侧对H柱下定位面的垂直度为0.5mm	H柱中心位置的基准
	工字梁中心拉线模块	拉线钢丝左右可调范围50mm，上下可调范围240mm	工字梁及工字梁定位模块中心位置的基准
	工字梁定位模块拉线模块	拉线钢丝左右可调范围50mm，上下可调范围240mm	工字梁定位模块侧向位置的基准
H柱侧向定位模块		可夹持工件宽度范围960～1100mm，H柱定位面表面粗糙度12.5μm，表面平面度1mm	支撑H柱及侧向调节H柱位置
H柱托座模块		可支撑工件最大宽度1200mm，H柱定位面表面粗糙度12.5μm，表面平面度1mm	支撑H柱与工字梁连接部位

续表

名称属性	技 术 参 数	性 能
工字梁定位模块	可支撑工件宽度范围 760～880mm，ϕ15～ϕ33 定位孔均布，工字梁定位面表面粗糙度 12.5μm，表面平面度 1mm	正确定位工字梁的位置
首端定位模块	可定位工件最小宽度 960mm，沿 H 柱长度方向可调节范围 100mm	正确定位 H 柱首端的位置
末端压紧模块	可放置 5～20t 的螺旋千斤顶	压紧 H 柱

2.2 柱梁焊接工装夹具的使用

由图 4 可知，先将工装夹具按照图 3 进行正确的安装，将工装夹具的各个模块安装在相应的位置，通过调节各个模块上的调节螺钉调整 H 柱侧向定位模块、H 柱托座模块、工字梁定位模块的定位面在同一水平面，按对应位置放置 H 柱和工字梁，通过 H 柱侧向定位模块、H 柱中心拉线模块和首端定位模块找正 H 柱的位置；通过工字梁定位模块配合圆柱销、菱形销定位找正工字梁的位置，位置找正后通过各自的夹紧装置进行夹紧。

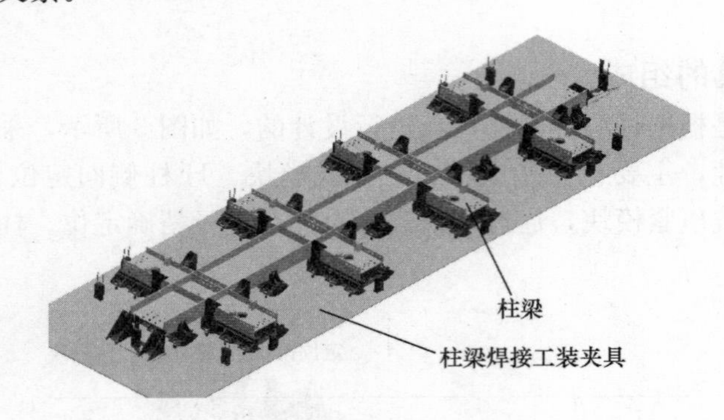

图 4 柱梁焊接工装夹具的使用

3 柱梁焊接工装夹具主要部件设计

3.1 基座平台的设计

针对目前及今后各种规格的柱梁制作，特设计了如图 5 所示的通用基座平台，它包括桁架底座和横梁，桁架底座上开有纵向槽系，槽之间间隔 500mm，横梁可在纵向槽系中纵向移动，可固定在任意位置，横梁上开有 T 形槽，上层部件可在横向 T 形槽中移动，可固定在任意位置，其结构如图 6 所示。

图 5 基座平台　　图 6 横梁

3.2 拉线模块的设计

拉线模块主要是提供工装模块安装及工件摆放的基准，根据柱梁的结构特点及技术要求，本工装夹具设计了 H 柱中心拉线模块、工字梁中心拉线模块和工字梁定位模块拉线模块。通过这些拉线模块保证了工装夹具的尺寸和精度，从而保证柱梁焊接的尺寸和精度。

3.2.1 H柱中心拉线模块的设计

由上述的分析设计出如图7所示的H柱中心拉线模块，通过H柱首末两端的H柱中心拉线模块，ϕ2mm的钢丝线，提供H柱摆放的基准。该模块主要包括基座、可调门架圆盘和拉线基准板，拉线基准板挡线侧对H柱下定位面的垂直度为0.5mm。

3.2.2 工字梁中心拉线模块的设计

工字梁中心拉线模块如图8所示，通过工字梁两侧的工字梁中心拉线模块，ϕ2mm的钢丝线，提供工字梁定位模块和工字梁摆放的基准。该模块主要包括基座和可调门架圆盘。

图7 H柱中心拉线模块

图8 工字梁中心拉线模块

3.2.3 工字梁定位模块拉线模块的设计

工字梁定位模块拉线模块如图8所示，通过工字梁定位模块两侧的工字梁定位模块拉线模块，ϕ2mm的钢丝线，提供工字梁定位模块摆放的基准。该模块主要包括基座和可调门架圆盘。

3.3 H柱侧向定位模块的设计

根据H柱的结构特点及尺寸规格设计出如图9所示的H柱侧向定位模块，它具有底面定位和两侧可调节定位的作用，模块两侧均布设置6个调节螺钉，模块可进行整体水平调节，根据H柱翼宽400～412mm的变化范围，设计侧向定位调节螺钉中心距底面定位面203mm，根据H柱腹高982～1048mm的变化范围，设计两侧向支座间距1148mm，定位调节螺钉可调长度100mm。

3.4 H柱托座模块的设计

H柱托座模块如图10所示，它的主要作用是支撑H柱与工字梁连接部位，防止柱梁的重要部位扰度过大，模块两侧均布设置6个调节螺钉，模块可进行整体水平调节，根据H柱腹高982～1048mm的变化范围，设计托座面宽度1200mm。

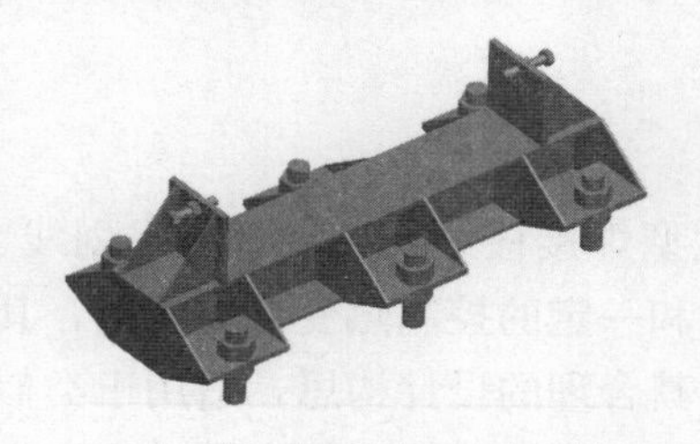

图9 H柱侧向定位模块

图10 H柱托座模块

3.5 工字梁定位模块的设计

根据工字梁的结构特点及尺寸规格设计出如图11所示的工字梁定位模块，它具有底面定位和长度方向定位的作用，模块两侧均布设置6个调节螺钉，模块可进行整体水平调节，根据工字梁腹高800～816mm的变化范围，在工字梁翼缘放置处设计有两个凸台，凸台高50mm，宽100mm，长1400mm，凸台表面的粗糙度为12.5μm，平面度为1mm，根据图纸中对工字梁腹板孔位尺寸的要求，结合工字梁腹板孔系在工字梁腹板对应孔位下设计了工字梁定位孔系座，孔系座上均布15个ϕ33mm的孔，精度等级为H7，孔间距公差±0.5mm，孔的轴线对凸台表面的垂直度为0.2mm，在孔系座的下面对应各个孔点焊有M30的螺母，工字梁在安装时通过一个圆柱销、两个菱形销对其进行精确定位，圆柱销、菱形

销的直径为 ϕ33mm，精度等级为 h6，其排布位置如图中所示，模块两侧靠近焊接位置处设计有工字梁下压装置，减小焊接变形对工字梁位置的影响。

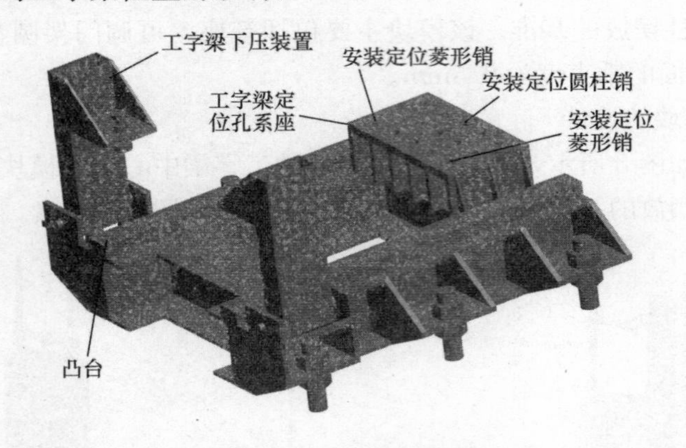

图 11　工字梁定位模块

3.6　首末端定位、压紧模块的设计

3.6.1　首端定位模块的设计

H 柱首端定位模块采用两个分布于 H 柱中心线两侧的 M64 调节螺钉，如图 12 所示。由于 H 柱的端面还未进行铣端面，实际端面与理论端面之间可能存在较大的角度，采用整块挡板进行定位效果较差，而采用两个调节螺钉的端面定位则能适应不同斜面的要求，定位更加可靠。

3.6.2　末端压紧模块的设计

H 柱末端压紧模块包括螺旋千斤顶安放基座和螺旋千斤顶，螺旋千斤顶安放基座便于螺旋千斤顶的放置及力的传递，如图 13 所示。

图 12　首端定位模块

图 13　末端压紧模块

4　结论

在现有胎架以及操作水平条件下，对这一系列形状复杂的大型焊接柱梁，如果以靠尺划线、拼装，不但效率低而且质量难以保证。本工装夹具具有较高的定位精度和一定的控制热变形的特点，其结构简单便于操作和施工，为新产品的试制和大批量生产创造了条件。其合理的设计构思，适用于类似结构的其他大型柱梁焊接，在保证图纸的精度要求前提下，可以节约时间和制作成本，提高劳动生产率。

参考文献

[1]　王光斗. 机床夹具设计手册[M]. 上海：上海科学技术出版社，1990.

[2]　刘金合. 焊接工装夹具设计及应用[M]. 北京：化学工业出版社，2011.

[3]　余建军，任治军，王辉. 先进焊接工装夹具及其在机械装备制造业中的应用[J]. 机床与液压，2011，39(12)：115-121.

[4]　曾志新，吕明. 机械制造技术基础[M]. 武汉：武汉理工大学出版社，2001.

[5]　成大先. 机械设计手册[M]. 北京：化学工业出版社，2010.

钢板对接机设计

曾 婷 张 军 黄 胜

（湖北弘毅建设有限公司，湖北省武汉市 430345）

摘 要 本文主要阐述了钢板对接机的设计与工作原理。钢板对接机是根据钢板的结构特征，替代操作人员在地面接板和重复翻转工艺，采用机械自动化的钢板对接机方式拼装焊接钢板，为H型钢生产提供原材料。主要由焊接装置、输送辊道、对边机构等部件组成，通过这些部件保证了钢板拼装焊接精度，提高了H型钢生产效率。

关键词 H型钢；拼装焊接；钢板对接设计

引言

由于国家规划中，明确指出“发展循环经济，建设资源节约型、环境友好型社会和实现可持续发展”和“推广钢结构住宅建设产业化”，钢结构由于自重轻、强度高、安装敏捷、施工周期短、抗震性能好、投资回收快、环境污染少等综合优势，因此钢结构建筑已成为建筑业的投资热点。而H型钢又是一种经济型断面钢材，不仅截面形状经济合理，力学性能好，轧制时截面上各点延伸较均匀、内应力小，同时也可使建筑结构减轻30%～40%，广泛用于工业、建筑、桥梁等方面，市场需求量非常巨大。

H型钢是由三块钢板组装而成，针对不同的H型钢规格，需要制作各种型号长度的钢板，由于钢板有效长度的限制，从而需要对钢板进行拼装焊接。并且在现阶段的型钢生产行业中，较多的工厂对于钢板的拼装焊接依然普遍采用的是“将两块待焊的钢板放置在地面上，人工进行焊接”，这样需要翻转两面焊接成形且焊接变形量大，并且这样的焊接方式消耗人工强度较大、耗时较长、起重设备应用频繁，因此安全事故发生率较高，生产效率较低。

针对上述现状，开发一种新型具有便捷性、高效性、安全性等技术特点的钢板对接机。钢板对接机对H型钢的生产效率有着重要的影响，并且对降低生产成本与安全事故发生率也有着重要的影响。

1 钢板对接机主要结构

1.1 钢板对接机的组成

本设备钢板对接机根据钢板拼装焊接的特点进行设计，如图1所示，采用机械自动拼装焊接，适用于不同规格的钢板进行拼装焊接。主要包括机架、焊接装置、输送辊道机构、对边机构、单面焊双面成型模具，通过这些机构可以实现钢板单面拼装焊接双面成形，改善人工焊接作业的繁琐方式，提高钢板的拼装焊接效率，从而提高H型钢的生产效率。

1.2 钢板对接机的工作原理

首先是切割机下料，板条A、B先后吊装经输送辊道，按设定程序用对边机构调整钢板拼接位置，调整钢板焊接直线度(要求拼接钢板垂直角度要控制在一定范围内)，自动输送到达拼接位置，启动气缸释放压力，推动两套压块分别压平两块钢板，其后实施焊接，根据设定钢板编号调出焊接参数，调整焊

图1 钢板对接机设备

1—机架；2—焊接装置；3—输送辊道机构；4—对边机构；5—单面焊双面成型模具

枪焊接中心位置，按下焊接开关开始自动焊接，焊接时利用水冷系统不断给紫铜模具冷却带走热量，以防焊接变形量过大，焊接完成后，气缸顶动推杆提升压块，由辊道驱动工件离开工位。

2 钢板对接机主要结构设计简介

2.1 机架的设计

机架的模型如图1所示，它的作用是为各个装置提供一个支撑的安装平台。机架采用优质钢板及加强筋焊接而成，保证整体设备的刚性稳定，同时该机架采用地脚螺栓固定于地面，且机架辊道上设有门形架，该门架上设有直线导轨。

2.2 焊接装置的设计

焊接装置是由一悬挂式的焊枪机头构成。机头横向移动采用变频电机驱动，齿轮齿条作为动力输出，滚轮导轨作为导向，拖链保护电源线供电的方式，无级焊接调速，实现焊机座的横向移动；机头升降机构采用丝杆丝母副作为动力输出，直线导轨副作为导向轴，实现焊枪的升降；焊接采用埋弧焊拼接钢板，焊枪夹具安装有十字微调装置和角度调整夹具，可以根据现场实际情况任意调整焊枪的位置。

根据设定钢板编号调出焊接参数，调整焊枪焊接中心位置，按下焊接开关开始自动焊接，焊接结束后由输送辊道驱动焊接成型的工件离开工位。

2.3 输送辊道的设计

输送辊道机构由输入、输出辊道组成，其中输送辊道前后各12m，总长24m，由10组输送辊道框架组成。输送辊道设计为可拆卸式的，由标准槽钢通过连接杆连接，两端用螺母锁紧，其目的在于便利输送辊道的运输与整体安装时水平面的调整。

辊道由电机减速器带动链轮驱动辊道转动，进给方向可以正反向联动和点动运转以调节焊缝的大小，大小钢板拼接时采用气缸横向推进，调整所需拼接位置，当工件接近时由接近开关控制使调速电机减速靠近定位，焊接完成后同方向驱动送入下道工位。

2.4 对边机构的设计

对边机构的结构特点及尺寸规格设计如图2所示，它具有调整钢板拼接位置的作用。对边机构由活动对边杆、对边平台组成，对边平台上设计有两个活动对边杆行走于直线导轨上，采用气缸带动活动对边杆横移推动夹紧不同规格和形状的钢板。

操作人员将要拼接的两块钢板分别吊装在前后辊道上，按设定程序用对边机构调整钢板拼接位置，自动输送到达拼接位置，调整钢板焊接直线度（要求拼接钢板垂直角度要控制在一定范围内）。

2.5 单面焊双面成型模具的设计

单面焊双面成型模具结构如图3所示，该模具由支架、冷却系统、紫铜模具和压块组成。钢板输送到焊接工位后，启动气缸释放压力，推动两套压块分别压平两块钢板，其后实施焊接，焊接时利用水冷系

图2 对边机构

图3 单面焊接双面成型模具

统不断给紫铜模具冷却带走热量，以防焊接变形量过大，焊接完成后，气缸顶动推杆提升压块，由辊道驱动工件离开工位。

3 结论

钢板对接机主要是拼装焊接钢板，为生产各规格的 H 型钢提供型材，能够实现单面焊接双面成型，改善了传统人工拼装双面焊接的方式，同时也摆脱了拼装焊接过程中对桁车的依赖，降低工作人员的工作劳动强度与生产作业风险，其设计的单面焊接双面成型模具实现本设备进行拼装焊接，减少工艺次数以及减少变形量。本设备的自动化程度较高，操作简易，工艺劳动生产效率。

参考文献

[1] 李清远．我国 H 型钢的现状和发展趋势[A]．中国钢铁文集[C]．2005.
[2] 成大先．机械设计手册[M]．北京：化学工业出版社，2010.
[3] 雷世明主编，焊接方法与设备．北京：机械工业出版社，1999.
[4] 孟凡东．对接立焊单面焊双面成形技术．中国高新技术企业，2009(5).
[5] 张连生主编．金属材料焊接．北京：机械工业出版社，2004.
[6] 陈云祥主编．焊接工艺(焊接庄河)．北京：2002.
[7] 曾志新，吕明．机械制造技术基础[M]．武汉：武汉理工大学出版社，2001.

倍福 PC 控制系统在卧式门焊机的应用

汪宇航　张　军　黄　胜

（湖北弘毅建设有限公司，湖北省武汉市　430345）

摘　要　本文涉及 H 型钢自动化焊接设备生产技术，介绍德国倍福（Beckhoff）的嵌入式 PC 控制系统在卧式门焊机自动控制设备的应用。该控制系统在硬件设计中采用了结构化功能单元，控制系统的硬件结构由各个功能单元组成；软件设计采用模块化设计思想，开发适用于该控制系统的控制软件。这些设计方法和思想在卧式焊接领域的成功运用，将对 H 型钢自动焊接设备的发展提供重要的参考价值，本文主要从硬件和软件方面讲述具体的应用设计。

关键词　PC 控制；卧式焊接；Beckhoff 系统；H 型钢

1　引言

目前，建材领域的 H 型钢焊接生产多采用船型焊接方式，即工件固定、焊机移动的作业方式，这不利于 H 型钢流水线焊接生产；同时，焊接的驱动部分采用传统的控制柜完成设备操作，焊接电源参数也是通过操作人员现场调节，焊接质量受操作人员操作熟练程度的影响，这无疑增加了操作人员的劳动强度和降低了焊接焊缝质量，同时也不利于自动化焊接生产的要求。在此讨论的卧式门焊机属于 H 型钢焊接生产设备，H 型钢通过辊道输送、夹紧驱动装置夹紧 H 型钢，左右悬臂上的焊机实施 H 型钢焊接。图 1 为研发的卧式埋弧门焊机设备。

图 1　卧式埋弧门焊接机设备

基于德国 Beckhoff 的 PC 控制系统技术为基础，设计开发卧式焊接自动化生产设备。该设备有焊接主机，现场驱动设备，林肯 AC/DC 焊接电源和控制系统四部分组成。控制系统中采用 Beckhoff 的 PC 控制系统控制现场设备运行，整个控制系统由人机交互界面实现系统参数设置和发出控制命令，工控机（IPC）控制器接到控制命令后与检测到的传感器信号通过逻辑运算，实现焊机电源参数的设置和驱动设备的操作。同时，IPC 控制器将林肯 AC/DC 电源参数和现场设备运行情况的信息反馈至人机交互界面显示，实时监控现场数据。

2　卧式门焊机控制系统总体设计思想

卧式埋弧门焊机的总体设计思路：为了以后数字化生产线的建立，因此整个控制系统必须能实现远程监控和管理，同时能将现场设备的数据信息保存到系统数据库，方便管理。控制系统设计采用现场分散式现场总线技术（FCS），满足现场独立控制与远程集中管理，各个子系统能进行实时监控和反馈设备的状态信息，包括故障和报警；系统能实现现场设备参数的设置和采集；计算机管理中心和数据库管理中心与现场设备的通信，通过采用以太网交换机与工业以太网技术实现。图 2 为整个系统的网络拓扑结构示意图。

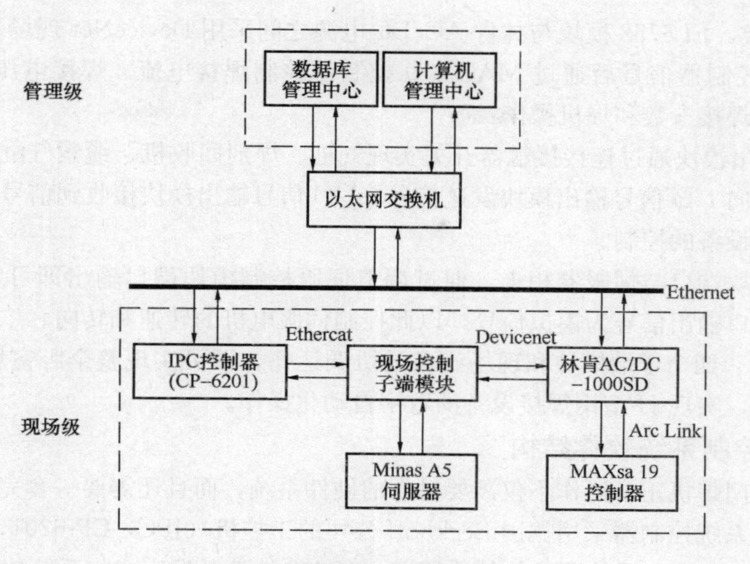

图 2　系统网路拓扑结构示意图

3　卧式埋弧门焊机控制系统设计方案

3.1　卧式门焊机控制系统控制现场硬件结构

卧式埋弧门焊机自动控制系统的构建基于德国 Beckhoff 系统，即采用德国 Beckhoff 公司所产工控机（IPC）CP-6201 作为整个控制系统的数据处理中心，现场总线 EtherCAT 与子端模块的总线耦合器相连实现 IPC 与子端模块的通信，控制系统与焊接电源之间的通信则采用子端模块与焊接电源 DeviceNet 总线连接实现通信。子端模块分为四个部分：I/O 信号输入模块、I/O 信号输出模块、焊接电源通信模块和伺服电机控制模块，现场主要有限位开关、林肯焊接电源、伺服电机，气缸等组成。整个控制系统硬件结构图如图 3。

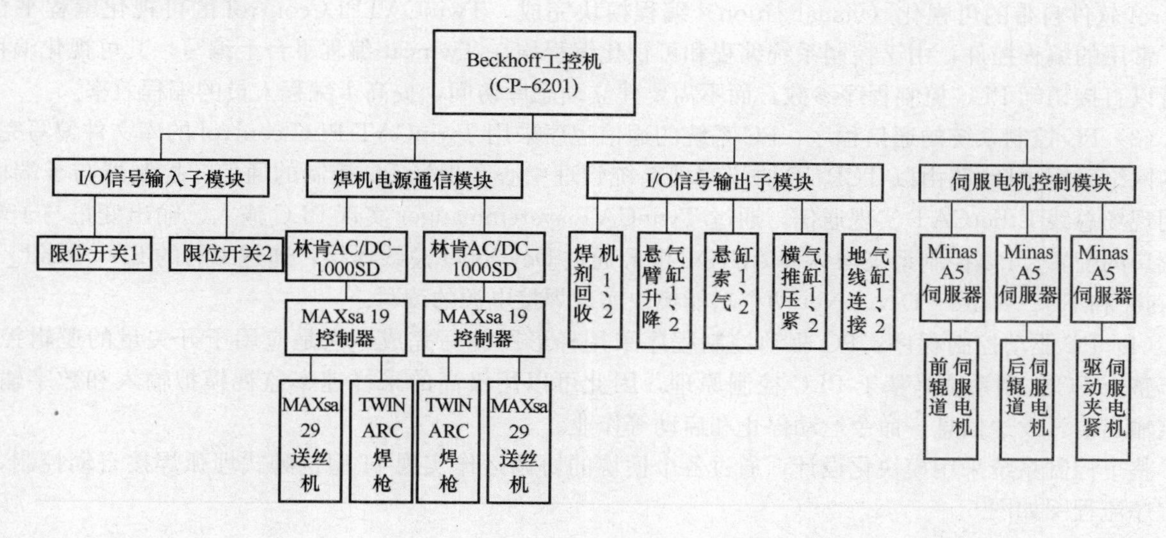

图 3　控制系统硬件结构图

（1）I/O 信号输入模块的端口与焊接辊道上的限位开关相连，实现对 H 型钢辊道输送的自动检测，当限位开关检测到 H 型钢输送到目标位置，I/O 信号输入模块向工控机发送 H 型钢到位信号，工控机由此开始下一步工序操作。

（2）焊接电源通信模块采用德国 Beckhoff 的 EL6752 模块，通过 EL6752 可实现控制系统与林肯

AC/DC 电源数据交换，EL6752 模块与林肯 AC/DC 电源之间采用 DeviceNet 现场总线连接。林肯 AC/DC 电源接收到 IPC 控制器信号后通过 MAXsa19 控制器控制焊接电流、焊接电压、焊接速度的输出，由此实现数字化控制焊接参数和焊机操作。

（3）I/O 信号输出模块通过连接接触器开关实现气缸、焊剂回收机、缆索气缸的动作控制。IPC 控制器通过逻辑运算后向 I/O 信号输出模块发送信号，I/O 信号输出模块接收到信号后操纵与之相连的接触器，实现现场驱动设备的控制。

（4）伺服控制模块端口与伺服器相连，通过调节伺服控制模块端口输出即可实现伺服电机运动控制。伺服控制模块端口输出信号为模拟信号，以此控制伺服电机的转速和转向。

通过 IPC 控制器、四个子端模块和现场设备的协调运作，即可实现整个卧室埋弧门焊机设备的 H 型钢流水线焊接生产，实现 H 型钢焊接设备的数字自动化操作。

3.2 卧式门焊机控制系统软件结构

为实现卧式埋弧门焊机正常运作不仅需要可靠的硬件系统，而且还需要一套完善的软件系统。卧式门焊机自动焊接控制系统控制器采用德国 Beckhoff 公司的工控机（IPC）CP-6201，CP-6201 内置 PLC，系统开发软件采用 TwinCAT 软件开发完成，系统软件开发采用模块化设计思想，其系统开发包括 HMI 交互界面程序、PC 驱动控制程序、PC 控制系统通信程序和 PC 控制系统初始化程序，其系统的软件结构如图 4。

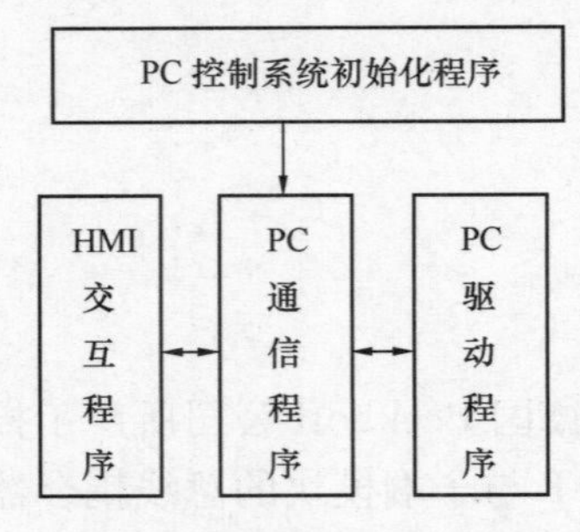

图 4　系统软件模块结构图

（1）PC 控制系统的初始化程序：PC 控制系统的初始化程序主要是完成 PC 控制系统与林肯 AC/DC 焊接电源通信通道的设定、人机交互界面初始参数设定，同时对林肯 AC/DC 焊接电源焊接参数完成初始化设定，系统初始化程序采用 Twincat PLC control 软件开发平台，运用结构化文本（ST）编写具体的初始化程序。以下是系统初始化的部分程序。

（2）HMI 人机交互界面：人机交互界面可实时显示焊接参数，设定焊接电源参数。交互界面与系统控制器集成于一体，通过触摸屏即可实现焊接设备和现场驱动设备的控制，同时触摸屏上显示焊接设备各驱动、下位开关以及焊接电源信息。交互界面采用 TwincCAT PLC control 软件自带的可视化（visualization）编程模块完成，TwinCATPLCcontrol 的可视化编程平台提供了常用的编程控件，由于控制系统编程和可视化编程均在 Twincat 编程平台上编写，其可视化编程参数可以直接访问 PLC 控制程序参数，而不需要建立动态库访问，提高了编程人员的编程效率。

（3）PC 控制系统的通信程序：PC 系统的通信程序采用 TwinCAT PLC control 的库文件编写完成，通信网络采用 ADS 路由以 TCP/IP 协议实现系统管理中心和现场 PC 控制的通信。控制器与子端模块采用现场总线 EtherCAT 实现通信，通过 TwinCAT systemmanger 实现 PLC 输入、输出变量与子端模块端口的配置。PC 控制系统与林肯 AC/DC 电源通过 Devicenet 总线连接，通过编写的 FB _ Read _ DeviceNet 和 FB _ Write _ DeviceNet 两个功能模块实现焊接电源的读写。

（4）PC 驱动控制程序：PC 驱动控制程序采用梯形图编写完成，它是应用于开关量的逻辑控制，由于整个 PC 控制系统是基于 PLC 控制原理，因此可以用极高的采样速率监视模拟输入和数字输出，设定输出值，发送信息，命令运动停止和启动等作业。

整个控制系统采用模块化设计，通过各个模块的协调运作实现 H 型钢卧式埋弧焊接自动控制，控制程序流程图如图 5。

4　结论

基于德国 Beckhoff 的 PC 控制系统在卧式门焊机中的应用，通过 TwinCAT PLC control 开发良好的人机界面，并有 IPC 工控机实现门焊机现场驱动设备和林肯 AC/DC-1000 的控制，通过测试，H 型钢焊接的焊缝质量满足要求，驱动设备能协调完成 H 型钢的自动焊接生产。

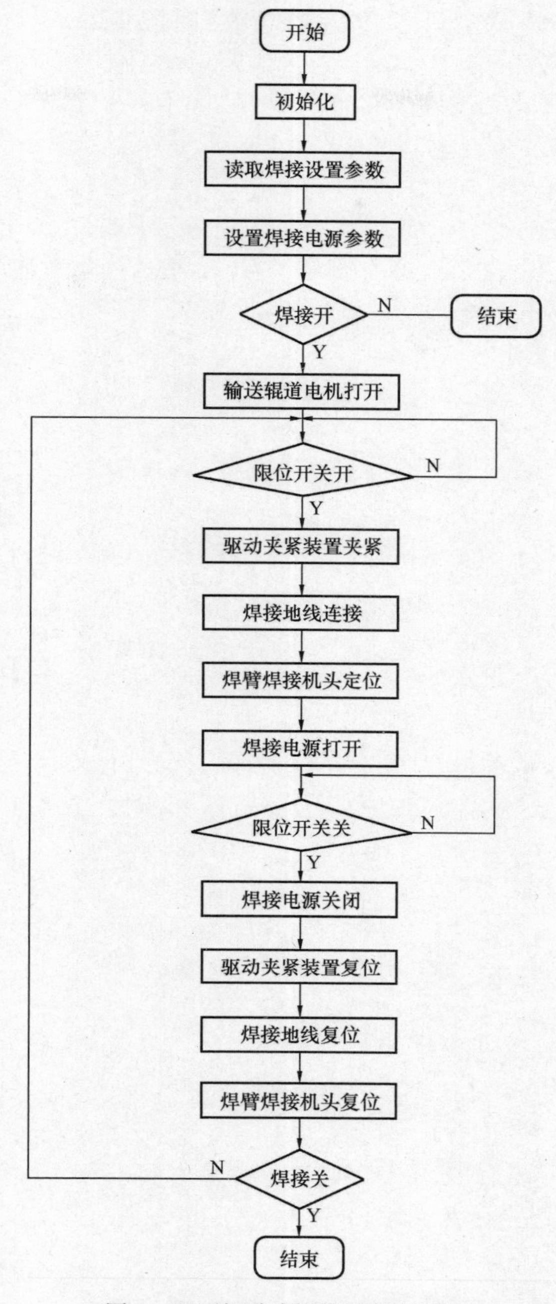

图 5　H 型钢卧式焊接程序流程图

(1) 由 IPC 控制林肯焊接电源，通过人机交互界面实现焊接参数的设置和焊接模式的选择，实现了焊接参数的数字化控制。

(2) 基于德国 Beckhoff 的 PC 控制系统，由 IPC 控制器控制驱动设备和接收现场限位开关信号，实现了 H 型钢的自动化生产。

参考文献

[1] 德国倍福电气有限公司. TwinCAT 编程手册 2.0 版本[Z]. 2005.

[2] 王龙明，怀哲. 倍福现场总线组件在烟草加工中的应用[J]. 自动化博览，2004，21(3)：68.

[3] 申立琴，马彩文等. 倍福 Beckhoff 在步进电机控制中的应用[J]. 现代电子技术，2008.

第五章　其　　他

传统住宅与钢结构住宅的对比评价研究

尚首良[1]　令狐延[2]　晏平宇[2]

（1. 中建钢构有限公司华南大区，广州　510600　2. 中国建筑第四工程局有限公司，广州　510000）

摘　要　通过对适用性、耐久性等指标构成的评价体系进行综合分析评价后发现钢结构住宅具有施工周期短，抗震性能优越，施工对环境影响小以及钢材可回收利用等特点，是典型的绿色建筑。研究开发钢结构住宅，符合国民经济的发展要求，也符合未来住宅建筑业的发展趋势。本文结合相关标准，通过层次分析法建立指标体系对传统住宅与钢结构住宅进行综合对比评价研究得出的结论是钢结构住宅在综合性能评价方面要优于传统住宅，而这也与国家在“十二五”期间将钢结构住宅占房屋总建筑面积的比值提高到15%的政策相一致。

关键词　钢结构住宅；层次分析法；价值工程；综合评价

1　问题提出

我国属于自然灾害多发的国家，安全性及耐久性一直是房屋亟待提高解决的问题；并且，我国土地资源紧张，怎样协调城市化进程与耕地保护之间的矛盾一直是备受关注的问题；另外，出于节约资源保护环境的需要，推广绿色建筑已成为建筑行业新的发展趋势。

本文中的传统住宅是对目前住宅业主流住宅类型的一种概括，包括砖混结构及混凝土框架结构住宅等。传统住宅在生产管理、技术标准方面比较成熟，并且相对于钢结构住宅而言，单方造价较低，是符合我国国情的建筑体系。但是，传统住宅结构形式也有其自身的局限性：首先，随着建筑工人素质的提高及人口老龄化的趋势，廉价劳动力的优势将不复存在，由传统住宅的施工工期相对钢结构住宅较长可知，较长的工期会造成人工费、措施费及建设期贷款利息的增加，经济性优势将不再突出；其次，因为传统住宅施工现场湿作业多，质量不易控制；并且，拆迁导致的建筑垃圾无法回收利用，不利于可持续发展。

与传统住宅相比，钢结构住宅在解决以上问题方面具有诸多优势：首先，钢结构延性好，抗震性能非常优越；其次，钢结构施工工期短，经济性优势将越来越明显；另外，钢材可回收利用，钢结构建筑垃圾少，是典型的绿色建筑。

钢结构住宅在我国推广得很早，但是发展得很慢。目前北京、上海、杭州等地已有8个保障房项目采用钢结构，建筑总面积近200万 m^2。根据有关数据显示，目前在发达国家钢结构住宅面积占到住宅总面积的70%～80%，但我国目前才占到5%[1]，根据我国建筑钢结构行业“十二五”规划：“十二五”期间通过技术引领、优化设计，逐步实现年建筑钢结构用材占全国钢材总产量的10%左右，钢结构住宅建设占到房屋总建筑面积的15%左右[2]，由此可以看到钢结构住宅将成为房地产行业今后重要的发展方向。因此，比较钢结构住宅与传统住宅的优劣，研究钢结构住宅在发展过程中存在的问题，可以为钢结构住宅推广提供重要启示。

2　对比评价指标体系的构建

2.1　指标选取的原则[3]

为正确反映住宅发展现状以及对两种方案进行客观、全面的评价，在了解了指标体系设计的现状及参考相关文献，特制定整体性、科学性、可比性及导向性原则对指标体系建立进行指导。

2.2 指标体系的建立

结合《商品住宅性能评定方法和指标体系》及相关文献，通过对两种住宅体系的系统研究和分析，选取了以下六个要素作为评价指标体系的一级指标：适用性、安全性、耐久性、经济性、节能环保。其中前四个指标是依据《住宅性能评定技术标准》而设定的；根据指标选取的导向性原则，设立"节能环保"及"住宅产业化"指标分别针对两种住宅对绿色建筑及住宅产业化方面的影响。两种住宅的评价指标体系见表1。

钢结构住宅和传统住宅的评价指标体系　　表1

住宅评价指标体系	适用性 B_1	住宅的可改造性 C_{11}
		隔声 C_{12}
		采光 C_{13}
	安全性 B_2	建筑结构安全 C_{21}
		建筑防火安全 C_{22}
	耐久性 B_3	结构耐久性 C_{31}
		防水性能 C_{32}
		防腐性能 C_{33}
	经济性 B_4	直接工程费 C_{41}
		工程造价的节约 C_{42}
		其他额外收益 C_{43}
	节能环保 B_5	全寿命周期内的碳排放 C_{51}
		建筑垃圾处理与材料的可再生性 C_{52}
		施工对周围环境的影响 C_{53}
	住宅产业化 B_6	住宅设计标准化 B_{61}
		住宅建设工业化 B_{62}
		住宅产供销一体化 B_{63}

2.2.1 适用性

广义上讲，适用性（表2）可分为居住性和舒适性两类指标，居住性是指建筑住宅的固有性能；舒适性则反映建筑再创造而赋予住宅的特有性能。其中有一些指标与住宅体系无关，所以在比较的时候将其筛选掉，只保留那些因为住宅体系的不同而导致差异的指标[4]。

适用性指标说明表　　表2

评价指标	说明
住宅的可改造性	反映住宅的灵活性、可变性状况
隔　声	反映住宅的声学性能
采　光	反映住宅的光学性能

2.2.1.1 住宅的可改造性

可改造性好的住宅均具有大开间、易分隔的结构体系，使住宅空间的功能布置划分更加灵活，既减少了建筑师设计的限制，又满足了用户根据自己的需要对住宅用途进行合理改变，灵活划分室内空间的需求。

2.2.1.2 隔声

在隔声方面传统住宅要优于钢结构住宅，这是因为虽然二者在空气中的传播速度相近（钢材为4900m/s，混凝土为4000m/s）[5]，但是装配式施工容易造成墙体板材连接部位的间隙，而导致轻质隔墙整体隔声量的下降，相关研究显示，假如隔墙墙体本身的隔声量达到 50dB，而墙上有万分之一的空洞和缝隙，则综合隔声量将下降到 40dB[6]。

2.2.1.3　采光

与传统住宅相比，承受相同的荷载，钢结构住宅的截面较小，这也就意味着钢框架结构中梁柱占用的墙体面积较小，为外墙开窗形式提供了更多的可能性，能提供远高于《住宅设计规范》(GB 50096—2011 规定的居室窗地比[7]。

2.2.2　安全性

住宅的安全性（表 3）不仅指住宅本身不会对人的生命、财产、安全造成损害，还包括住宅对不安全因素的抵御能力。基于这两方面考虑，特设置了以下两个二级指标来评价钢结构住宅和传统住宅在安全性方面的优劣。

安全性指标说明表　　表 3

评价指标	说明
建筑结构安全	反映结构体系本身在抗震方面的性能
建筑防火安全	反映住宅建筑材料的防火性能

2.2.2.1　建筑结构安全

钢结构住宅因为延性好，自重轻等特点而在抗震性方面表现非常优越；自重轻也可以减少地震作用，一般自重减轻一半，相当于降低抗震设防烈度一度，地震作用减少 30%～40%[8]。

2.2.2.2　建筑防火安全

钢结构耐热不耐火，普通建筑用钢材（通常为 Q235B 或 Q345B)，在全负荷状态下失去静态平衡稳定性的临界温度为 500℃左右，达到临界温度后钢结构会迅速失去承载力，发生较大形变危及结构安全[9]。

目前钢结构防火的主要解决方案：一是在构件表面涂抹防火涂料，延缓构件失去承载力时间；二是在主要承重构件外框柱内灌入自密实混凝土，增强构件承重能力。

2.2.3　耐久性

《住宅设计规范》中规定住宅的物质寿命不少于 50 年[10]，在住宅的使用过程中，由于受到外界各种因素的影响，住宅会逐渐老化，出现碳化、腐蚀、蛀蚀等现象，影响住宅的继续使用甚至住宅的安全性。

2.2.3.1　结构耐久性

耐久性以非荷载的环境侵蚀作用为研究对象，专门考虑材料劣化过程的影响。

虽然传统住宅中钢筋包裹在混凝土里面，但在使用过程中大气中 CO_2 与混凝土中的碱性物质发生反应，从而使混凝土发生碳化，钢筋与空气发生电化学反应从而发生锈蚀。

钢结构住宅目前在结构耐久性方面也存在一些问题。在已开发的钢结构住宅的后期使用情况来看，已经有一些出现了墙体开裂的现象[11]。因此在选择钢结构住宅结构形式时，可选择经济性较好的钢框架—剪力墙形式，这种形式一方面用钢量较少，造价低；另外采用混凝土剪力墙也在一定程度上提高住宅的耐久性。

2.2.3.2　防水性能

混凝土住宅因为是现场浇筑，整体性较好，因此防水问题的处理已有相对较成熟的经验；而钢结构因为是装配式施工，会有大量连接节点产生，节点处理的好坏直接影响到住宅的防渗水性能。

2.2.3.3　防腐性能

钢材易腐蚀的问题在一定程度上影响着钢结构的耐久性。目前解决钢材腐蚀问题的办法是在钢构件表面喷涂底漆＋中间漆，避免在未投入使用前发生大面积腐蚀。而出于防火需要，外露部分的钢构件必须做防火涂料包裹在防腐漆表面，对于保护构件避免被腐蚀起到了很好的作用。

2.2.4 经济性

在房地产开发项目中，工程造价是最直观的经济指标，也是开发商非常注重的方面。判断一种建筑结构体系的经济性，不能仅仅将结构主体的造价进行比较，而必须综合考虑所有影响造价的因素，分析计算出最终的造价。

目前商品住宅生产经营成本主要包括土地征用及拆迁补偿费、前期管理费、公共设施配套费、建筑安装工程费、利息支付和管理费用等。上述这些费用中，前四项费用均与住宅的结构类型无关，只有建安费、贷款利息、管理费用三项，会因结构类型不同而发生变化。因而，仅就这三项对钢结构住宅与混凝土住宅进行经济比较分析。

2.2.4.1 直接工程费

以某两幢15层、分别采用钢结构和钢筋混凝土结构的住宅为研究对象，对二者的建安工程费进行对比评价。钢结构住宅的含钢量为85kg/m²，钢筋混凝土住宅的含钢量为79kg/m²，钢结构住宅的用钢量增加约9.7%，造价增加约5%。表4为综合考虑了基础造价、主体结构造价、围护结构造价后两种结构体系的主要经济指标分析。

钢结构与混凝土结构住宅经济指标分析表　　表4

项目	基础造价（万元）	主体结构造价（万元）	围护结构造价（万元）	其他（万元）	平均造价（元/m²）
钢结构	89.3	663.8	157.8	279.3	1192
混凝土结构	106.7	557.3	79.3	351.6	1096

从该表中可以看出，钢结构因为自重轻，所以在基础处理方面难度较小，能节约一部分造价，随着住宅高度的提升，在基础造价方面的优势会更加明显；在主体结构造价方面二者的比值为1.19：1，但是在围护结构造价方面的比值为1.99：1，可以看出钢结构住宅的围护结构造价远高于混凝土住宅。钢结构住宅的平均造价比混凝土住宅高出8.8%[12]。

2.2.4.2 工程造价的节约

钢结构工程因为受天气因素影响小，构件制作工厂化以及施工机械化程度高，因此工期优势明显。从财务管理的角度，工期缩短可以使投资的资金尽快回收，加速资金的周转；从工程造价的角度，工期缩短可以节省很多费用的支出，具体包括：贷款利息、扰民费以及因工期缩短而减少的管理费用。

2.2.4.3 其他额外收益

由于钢构件在较小截面时就可以承受和混凝土结构相同的荷载，所以住户实际可获得使用面积大大增加。相关数据显示，钢结构住宅的有效使用面积与同类的混凝土结构相比增加5%～8%[13]，如果以使用面积作为商品房销售的面积依据，则开发商获得的回报更大。

另外，由于钢柱断面较小，所以地下室的有效使用面积较大，可提供的停车位数量也会增加。

2.2.5 节能环保

目前，全球有50%的能源用于建筑行业，另一方面建筑垃圾已经占到全球垃圾总量的40%[14]，因此推广绿色建筑，减少化石能源的使用，努力实现资源的循环利用，是建筑业今后的发展趋势。

2.2.5.1 全寿命周期内的碳排放

全寿命周期包括施工阶段、使用阶段以及拆除和回收阶段。通过比较全寿命周期内的碳排放（图1），从而得出哪种结构体系更加符合低碳经济的发展要求。

全寿命周期的碳排放主要包括施工阶段、使用阶段以及拆除回收阶段的碳排放。施工阶段的碳排放包括建筑材料本身的碳排放量，建筑材料运输过程中的排放量以及施工过程的能源消耗三个方面，其中建筑材料本身的碳排放量占到施工阶段碳排放量的80%以上，生产1t钢材比生产1t水泥的钢材的的碳排放量大（1t钢材排放2.0t，1t水泥排放0.8t），但是钢材具有轻质高强的特点，因此对于同一幢住宅，建成后钢结构的结构重量要小于混凝土结构。综合考虑材料（钢材、木板、水泥）用量，钢结构的

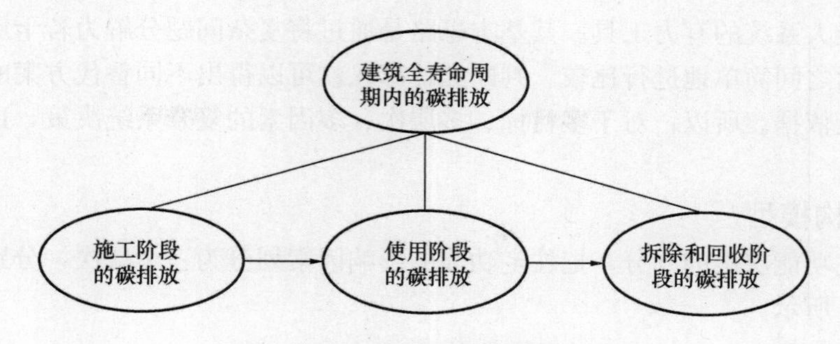

图1　全寿命周期内碳排放关系图

碳排放量小于混凝土结构；而由于钢构件相对于混凝土的重量轻，因此在同样运输距离下钢结构运输过程消耗能源较少，碳排放量较少；另外，钢结构施工不需消耗水，不需支模板，这些优势能很大程度上减少碳排放[15]。

使用阶段的碳排放主要取决于围护结构，通过新技术、新工艺，如ALC墙板在钢结构住宅中的应用，可较好增强住宅的保温隔热性能，从而极大减少使用阶段的碳排放。建筑拆除后，如果对建筑垃圾的回收利用率不高，这将造成一种相对较高的碳排放。混凝土和砖混结构拆除后建筑垃圾利用率较低，只能采用填埋的方式处理；而钢结构可回收率在80%以上，铁矿石提炼1公斤钢坯排放2公斤的CO_2，而利用回收的废铁提炼1公斤钢坯仅排放0.32公斤CO_2，仅为原钢材排放量的16%。因此如果利用回收的建筑垃圾进行处理过后二次投入生产，能极大减少CO_2排放[16]。

2.2.5.2　建筑垃圾处理与材料的可再生性

本指标是站在资源的利用与可持续发展的角度来比较两种住宅的优劣。因为混凝土拆除后建筑垃圾利用率较低，而钢结构可回收利用特点则符合循环经济的发展要求。据相关数据，钢筋混凝土建筑在施工中和日后拆除阶段分别产生0.14公斤和1.23公斤废弃物，但钢结构建筑的建筑垃圾仅为混凝土建筑的1/4[17]。

2.2.5.3　施工对周围环境的影响

施工对周围环境的影响主要表现在扬尘和噪音两方面。混凝土住宅施工时会将大量尘土带出工地，增加了空气中可悬浮颗粒物的含量，对空气质量造成较坏影响，钢结构住宅由于是装配式施工，安装依靠工人焊接以及螺栓锚固，扬尘方面对空气质量基本无影响；在噪音方面，混凝土浇筑振捣会产生很大的噪音，而钢结构主要是以构配件的连接安装为主，基本不存在噪音扰民的问题。

2.2.6　住宅产业化

目前我国住宅建设工业化程度低，施工以现场手工湿作业为主，生产效率低，属于劳动密集型生产方式，已不适应新形势下经济发展和人们日益增长的对住房品质的要求。因此，通过推进住宅产业化，以集约型的生产方式代替粗放型的生产方式，从而解决住宅业目前面临的问题。

(1) 住宅设计标准化。没有设计的标准化，就不可能生产标准化的构配件和部品，也就不能形成工业化的住宅生产。

(2) 住宅建设工业化包括住宅构配件和部品生产工厂化，施工过程机械化，组织管理科学化。

(3) 住宅产供销一体化即将住宅建设的投资、设计、构配件生产、施工建造、销售及售后服务等形成有机整体。

3　传统与钢结构住宅评价指标权重确定

3.1　层次分析法介绍

本文构建的钢结构住宅与传统住宅评价体系是一个多层次、多因素的综合系统，由于部分性能指标难以量化，因此难免会出现主观判断的问题。层次分析法将定性分析和定量分析相结合，是用于分析多目标、多准则的复杂大系统的有力工具。其基本思路是通过将复杂问题分解为若干层次和若干要素，并在同一层次的各要素之间简单地进行比较、判断和计算，就可以得出不同替代方案的重要度，从而为选择最优方案提供决策依据。所以，对于多目标、多层次、多因素的复杂系统决策，这种方法能得到比较客观的结果。

3.2 建立层次结构模型

根据本文对住宅功能层次的划分，把住宅功能的影响因素划分为三个层次，分别为目标层、准则层以及指标层，如图2所示。

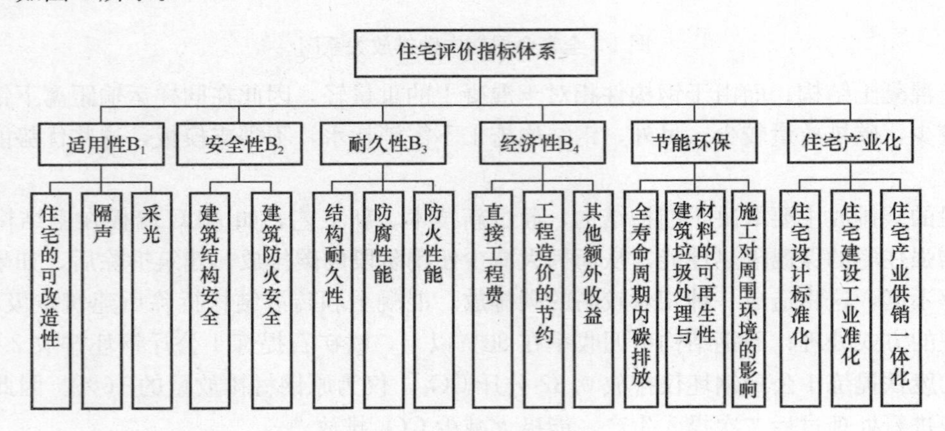

图2 住宅评价指标体系图

3.3 判断矩阵的构建

有了系统的结构模型之后，接下来采用1～9标度法对各个因素进行打分，对各层次各因素的相对重要性给出判断，反映成矩阵的形式就是判断矩阵（表5）。

判断矩阵标度定义图 表5

标　度 a_{ij}	定　义
1	i 因素和 j 因素同等重要
3	i 因素比 j 因素稍微重要一点
5	i 因素比 j 因素较重要
7	i 因素比 j 因素重要很多
9	i 因素绝对比 j 因素重要
2，4，6，8	为以上判断之间的中间状态所对应的标度值
倒数	若 j 因素和 i 因素比较，得到的判断值为 $1/a_{ij}$

3.4 判断矩阵的求解及一致性检验

设 $w=(w_1, w_2, \cdots, w_n)^T$ 是 n 阶判断矩阵 A 的排序权重向量，当 A 满足一致性的要求时，则式子 $A_w=\lambda_{max}w$ 成立，λ_{max} 为 A 的最大特征根，w 为相应的权向量，归一化后可近似作为排序权重向量：

$$\overline{w_{ij}} = a_{ij} / \sum_{j=1}^{n} a_{ij}$$

1）将 A 的每一列向量进行归一化；

2）对 w_{ij} 按行求得 $\overline{w_{ij}} = \sum_{i=1}^{n} \overline{w_{ij}}$；

3）将 $\overline{w_{ij}}$ 归一化 $w_i = \dfrac{\overline{w_i}}{\sum_{j=1}^{n} w_{ij}}$，$w = (w_1, w_2, \cdots, w_n)^T$ 即为近似特征向量；

4）计算 $\lambda=\frac{1}{n}\sum_{i=1}^{n}\frac{A_{\mathrm{w}}}{w_1}$，作为最大特征根的近似值。

一致性检验则是努力使除了 λ 以外，其他特征值尽量接近零。一般取其余 $n-1$ 个特征值的绝对值平均来作为检验一致性的指标。设 $C_i=\frac{\lambda-n}{n-1}$，$C_i$ 越大，偏离一致性越大；C_i 越小，偏离一致性越小。

3.5 评价指标权重的确立

权重的确定首先采用专家打分法，利用 1～9 标度法进行打分，然后采用层次分析法软件 YAAHP 进行处理，所有数据是根据专家意见、资料数据以及分析者的认识综合平衡后给出的。经过专家评估人员的评估比较，通过对 17 个指标的两两判断，可求出指标层的相对重要性排序权值表。

层次结构模型图见图 3。

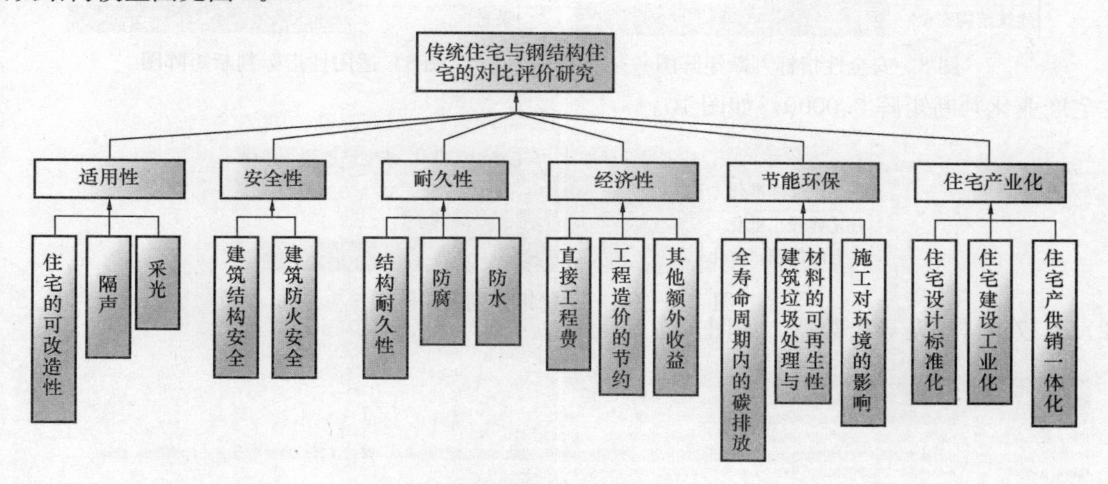

图 3　层次结构模型图

(1) 输入判断矩阵及一致性检验

钢结构住宅与传统住宅对比评价判断矩阵一致性为 0.0973，如图 4 所示。

	适用性	安全性	耐久性	经济性	节能环保	住宅产业化
适用性		1/2	2	1/2	1	2
安全性			1	1/2	2	1
耐久性				1/3	1/4	1/2
经济性					1/2	1
节能环保						2
住宅产业化						

图 4　一级指标的判断矩阵图

节能环保判断矩阵一致性为 0.0176，如图 5。

	全寿命周期内的碳排放	建筑垃圾处理与材料的可再生性	施工对环境的影响
全寿命周期内的碳排放		2	3
建筑垃圾处理与材料的可再生性			1
施工对环境的影响			

图 5　节能环保指标判断矩阵图

经济性判断矩阵一致性为 0.0068，如图 6。

耐久性判断矩阵一致性为 0.0707，如图 7。

	直接工程费	工程造价的节约	其他额外收益
直接工程费		3	7
工程造价的节约			3
其他额外收益			

图 6　经济性指标判断矩阵图

	结构耐久性	防腐	防水
结构耐久性		3	4
防腐			3
防水			

图 7　耐久性指标判断矩阵图

安全性判断矩阵一致性 0.0000，如图 8。

适用性判断矩阵一致性为 0.0516，如图 9。

	建筑防火安全	建筑结构安全
建筑防火安全		1/2
建筑结构安全		

图 8　安全性指标判断矩阵图

	住宅的可改造性	隔声	采光
住宅的可改造性		2	1
隔声			1
采光			

图 9　适用性指标判断矩阵图

住宅产业化判断矩阵 0.0000，如图 10。

	住宅设计标准化	华宅建设工业化	住宅产供销一体化
住宅设计标准化		3	3
住宅建设工业化			1
住宅产供销一体化			

图 10　住宅产业化指标判断矩阵图

（2）总权重排序及导出数据，如图 11。

图 11　总权重排序图

将上述结果整理后填入表 6。

住宅评价指标体系权重表　　**表 6**

目标层	准则层	指标层	权　重
住宅评价指标体系	适用性 B_1	住宅的可改造性 C_{11}	0.0265
		隔声 C_{12}	0.2387
		采光 C_{13}	0.1026
	安全性 B_2	建筑结构安全 C_{21}	0.2297
		建筑防火安全 C_{22}	0.0766
	耐久性 B_3	结构耐久性 C_{31}	0.0447
		防水性能 C_{32}	0.0085
		防腐性能 C_{33}	0.0195
	经济性 B_4	直接工程费 C_{41}	0.1289
		工程造价的节约 C_{42}	0.0467
		其他额外收益 C_{43}	0.0169
	节能环保 B_5	全寿命周期内的碳排放 C_{51}	0.0073
		建筑垃圾处理与材料的可再生性 C_{52}	0.0042
		施工对周围环境的影响 C_{53}	0.0193
	住宅产业化 B_6	设计标准化 C_{61}	0.0180
		加工制作工厂化 C_{62}	0.0060
		施工安装机械化 C_{63}	0.0060

3.6 权重结果分析

经过上述对二级指标权重的计算，可以得出一级指标权重如表7所示。

一级指标权重表 表7

一级指标	权重	一级指标	权重
适用性	0.3678	经济性	0.1925
安全性	0.3063	节能环保	0.0308
耐久性	0.727	住宅产业化	0.03

从图12中可以非常直观地看出，影响住宅评价所占权重最大的是经济性指标，这也是影响钢结构住宅大力推广的另一重要因素。从上文的分析可以看出，虽然显性的直接建造成本钢结构住宅要略高于传统住宅，但是将影响造价的所有因素都考虑进去之后比较二者的“综合成本”，便会发现二者在经济性方面的差价并不大；并且，在运用了价值工程理论进行价值分析后就会发现，钢结构住宅的功能成本比值要好于传统住宅，因此钢结构住宅的综合性能要优于传统住宅。

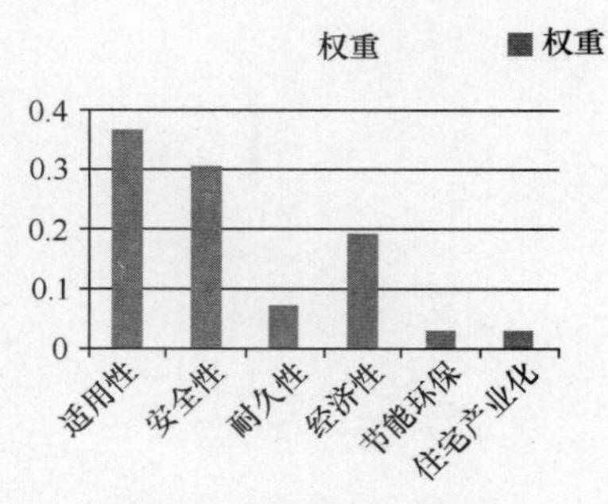

图12 住宅评价一级指标权重柱状图

权重系数排在第二位的是住宅产业化指标，随着我国城市化进程逐步推进，城市人口对住房的需求进一步增加，住宅产业化是提高社会生产率，向集约型生产方式转变的有效手段，是今后住宅业发展的必由之路。

用这14项指标进行住宅性能的综合评价，钢结构住宅与传统住宅孰优孰劣，接下来会用价值工程的理论对这两种方案进行价值分析，计算出价值系数，最后得出更为科学合理的结论。

4 结束语

在建立评价指标以及指标对比的过程中，我们发现钢结构住宅有一些自身的特点，如抗震性能优越、施工工期短、节能环保等，是典型的绿色建筑，与当前“低碳经济”、“可持续发展”的理念相吻合，是“十二五”期间国家大力推广的住宅形式。但是，同时必须承认钢结构住宅目前存在的问题，不能因为存在问题就片面地认为钢结构不具备发展潜力而一味对传统住宅进行改进。总之，发展钢结构住宅是一场变革，需要政府、开发商以及工程技术人员的共同努力，钢结构住宅虽然在我国才刚刚起步，但它代表了今后住宅的发展方向，相信在不久的将来，适合我国国情的钢结构住宅一定会得到大规模发展。

参考文献

[1] 程志. 钢结构住宅是房地产发展的必由之路[N]. 中华建筑报，2012，3，23；2-3.
[2] 建筑钢结构委员会. 我国建筑钢结构行业发展十二五规划[J]. 中国建筑金属结构，2011(6)；2-3.
[3] 周德群. 系统工程概论[D]. 北京：科学出版社，2005.
[4] 樊琦，张庆. 二十一世纪人居质量的重要保证-谈商品住宅性能评定方法和指标体系[J]. 山东建材，2001.
[5] 朱晓伟. 钢结构住宅与传统住宅的对比评价研究[D]. 浙江：浙江大学，2011(3)，30-31.
[6] 赵培兰，刑鹏. 钢结构住宅中轻质隔墙的隔声性能[J]. 太原城市职业技术学院学报，2009(3).
[7] 中华人民共和国国家标准. 住宅设计规范 GB 50096—2011[S]. 北京：中国建筑出版社，2011.
[8] 李金灿，王月明. 钢结构住宅综合经济性能分析[J]. 建筑论坛与建筑设计，2011(6).
[9] 蔡玉春. 钢结构住宅设计中防火问题的对策研究[J]. 钢结构住宅. 2007(3).
[10] 熊军，王磊. 高层钢结构住宅的经济性分析[J]. 结构设计与研究应用，2010(1).

[11] 魏德林．高层钢结构住宅经济性分析-云南省机化公司高层钢结构住宅设计实例及其经济性分析[J]．建筑经济，2006(8)．
[12] 吕丹．绿色低碳建筑，当今建筑的发展方向[J]．经济管理，2011(6)．
[13] 王恒华，俞晓，王熹宇．钢结构与低碳建筑[J]．江苏建筑，2011(1)．
[14] 绿色奥运建筑评估体系[S]．北京：中国建筑工业出版社，2003．
[15] 毕建玲．我国住宅产业化研究[D]．重庆：重庆大学，2003．
[16] Qiping Shen，KaK-Keung Lo. Priority setting in maintenance management，an analytic approach [J]. The Hong kong Polytechnic university，1999，32～54.
[17] 汪应洛．系统工程导论[M]．北京：机械工业出版社，1982．

房建钢结构工厂化相关技术问题探讨

韩　义

（武钢江北集团汉阳钢厂，武汉　430415）

摘　要　中国房建钢结构经十余年的应用，在房屋建设市场所占份额逐步扩大，国家相关经济政策正支持和引导钢铁在建筑领域的应用，房建钢结构市场正面临前所未有的机遇。钢结构建筑工厂加工面对巨大的市场前景，急需提高产能、标准化、模块化，保证工厂产品质量稳定，工地施工经济便捷。本文就房建钢结构应用中遇到的技术问题进行探讨、研究。

关键词　房建钢结构；标准化；质量稳定；经济便捷

1　钢结构建筑的优点

多年来，我国住宅建设主要是粗放型生产，住宅建造以现场手工湿作业生产方式为主，不仅生产效率低、建设周期长，而且能耗高、环境压力大，住宅的质量和性能难以保证，寿命周期难以实现。钢结构住宅具有强度高、自重轻、抗震性能好、施工速度快、结构构件尺寸小、工业化程度高的特点，同时钢结构又是可重复利用的绿色环保材料，符合国家产业政策的推广项目。

2　国内钢结构建筑应用现状

国内已建成的大型钢结构建筑已有许多，深圳高325m的地王大厦、上海浦东高421m的金茂大厦、北京的京广中心等大型建筑都采用了钢结构，北京、上海、山东等省市已开始进行钢结构住宅试点，高层钢结构建筑屡见不鲜，人们预料21世纪是金属结构的世纪，钢结构将成为新建筑时代的脊梁。

武汉最早的高层钢结构是2008年开工的民生银行大厦（最初名为武汉国际证券大厦），楼层总标高为249.3m，建筑总高度331.3m，总建筑面积约15万m^2，经多次修改这座钢结构摩天大楼于2010年底建成。近年则有2011年开工的武汉中心大厦，高438m，地下4层，裙楼4层，地上88层，总用钢量约4.3万t；武昌江边绿地集团开发的武汉绿地中心，设计高度606m，目前高度位居华中第一、中国第二、世界第三。

武汉最早的钢结构住宅是2006年由武汉长丰赛博思钢结构工程有限公司建设的赛博园还建楼小区，该项目由6栋11层板式小高层组成；2007年由杭萧钢构建设的武汉世纪家园，项目建成12幢26层高层住宅。2010年建成的香利国庭住宅小区，项目总建筑面积约23万m^2，由11栋钢结构高层组成。

3　关于高层钢结构制作、安装规范

我国钢结构建筑虽达到了一定的水准，但在材料、工艺设计手段等方面与发达国家相比仍存在不少差距，2009年底发布了《钢结构住宅建筑产业化技术导则》，对制作、安装的工艺质量要求按照《钢结构工程施工质量验收规范》GB 50205执行。当我们制作高层多节柱的时候，就会面临许多新的问题，按《钢结构工程施工质量验收规范》要求，工厂制作时单节柱的长度误差为±3mm，我厂在制作深圳一栋高150m住宅的钢十字柱时（每节约6m长），构件都经过严格检验，长度控制在规范范围内才允许出厂，但工地安装施工时每安装5层钢柱同层各柱标高累计相差超过了30mm，必须经测量调整柱设计长度以修正高度，除了现场安装产生的偏差外，构件本身的长度误差占了很大的比列。高层建筑对加工构件的精度提出了更高的要求，类似的情况还有许多。为适应高层建筑的要求需提高高层建筑钢构件尺寸精度规范。近几年钢结构行业加工设备和工艺技术都有很大提高，也已具备提高钢结构的加工精度能力。

4　型钢的使用

目前我们设计的高层建筑钢结构，主要选用钢结构厂板拼焊接制作的H型钢、箱形柱、十字柱形构件，钢结构厂现在加工工艺还处于半自动化阶段，大量构件的焊接质量、构件尺寸还是靠工人的个人技术来控制，难已保证其质量的稳定。其实国内大型轧制型材现在已发展出许多规格，其性能可满足相当比例的钢框架构件受力要求，国内高频焊接方矩形钢管截面最大已达800mm×800mm，而且因其制作过程全数控设备控制，产品性能要比板拼焊接制作稳定的多，制作成本也因大批量规模生产大幅下降。在节点处理上，冷弯方钢管柱与H型钢梁采用外套管式连接节点通过T形件二次连接，可减少柱构件类型，使大部分柱成为标准构件，增加其互换性；因避免了复杂加工，使梁柱结构均为线性生产便于实现标准化构件，标准化加工，模块化装配，大批量生产。武汉赛博思钢结构工程有限公司已在多个项目上使用此项技术，武钢江北钢铁公司也在阳逻工业园的建设中使用了冷弯方管外部强技术，江北公司的冷弯型钢厂的型材尚有许多产品系列适用于高层钢结构的多样化受力状态。当市场逐步认识和接受后，可形成稳定的优选系列，便于设计人员选用和推广。

5　节点的标准化

在标准化设计方面，国外钢构行业已经做到建筑节点标准化、结构节点标准化和配件设计标准化。而在我国，大部分钢结构建筑的设计还不能达到这样的水平。现在的节点设计，施工时靠人工调整修正达到质量要求，大量的工地现场全融透焊接节点，实际操作上存在工作量大、质量控制难度大、工效低综合成本高的弊端，可开发标准节点组件，便于设计和施工选用，同时型材制造企业亦可延伸加工，在加工线后端增加工序，将构件节点零件组装在型材上，缩短整个行业的生产流程，简化设计内容，让钢结构建筑的施工摆脱传统建筑施工的落后模式，建一栋建筑像组装台板家具一样简单经济便捷。

浅谈钢结构建筑的工厂化发展趋势

王冬明　唐楚发

（中建钢构设计院华中分院　武汉　430100）

摘　要　钢结构建筑的最大特点就是钢构件可以在工厂制作，随着资源、成本、劳动力、市场等优势的推动，钢结构的应用领域越来越广泛，钢结构制造业目前已经达到了一个崭新的阶段，其整体规模、装备水平、制造能力均已达到国际水平。建设节能省地型建筑是中国未来的建设方向，而发展钢结构建筑则是解决建筑高能耗的一条行之有效的途径。实行工厂化生产，推动钢结构建筑的产业化，有着广阔的市场发展前景。在近期内，国家将大力发展钢结构建筑，力争每年建筑钢结构用钢占全国钢材总产量的3%以上，年均钢材消费量约为400万t；到2015年，将再翻一番，全国建筑钢结构用钢量将占钢材总产量的6%以上，由此可见，钢结构建筑的市场前景十分广阔。

关键词　钢结构工厂化；优势；现状；趋势；前景

1　钢结构建筑的优势及其工厂化的背景

中国钢结构产业在近10余年期间发展迅速，已成为全球钢结构用量最大、制造施工能力最强、产业规模第一、企业规模第一的钢结构大国。钢结构与其他建设相比，在使用中、设计、施工及综合经济方面都具有优势，造价低，可随时移动。

（1）钢结构住宅比传统建筑能更好地满足建筑上大开间灵活分隔的要求，并可通过减少柱的截面面积和使用轻质墙板，提高面积使用率，户内有效使用面积提高约6%。

（2）节能效果好，墙体采用轻型节能标准化的C型钢、方钢、夹芯板，保温性能好，抗震度好，节能50%。

（3）将钢结构体系用于住宅建筑可充分发挥钢结构的延性好、塑性变形能力强的优点，具有优良的抗震抗风性能，大大提高了住宅的安全可靠性。尤其在遭遇地震、台风灾害的情况下，钢结构能够避免建筑物的倒塌性破坏。

（4）建筑总重轻，钢结构住宅体系自重轻，约为混凝土结构的一半，可以大大减少基础造价。

（5）施工速度快，工期比传统住宅体系至少缩短1/3，一栋1000m^{2}只需20天、5个工人方可完工。

（6）环保效果好。钢结构住宅施工时大大减少了砂、石、灰的用量，所用的材料主要是绿色、100%回收或降解的材料，在建筑物拆除时，大部分材料可以再用或降解，不会造成垃圾。

（7）以灵活、丰实大开间设计，户内空间可多方案分割，可满足用户的不同需求。

（8）符合住宅产业化和可持续发展的要求。钢结构适宜工厂大批量生产，工业化程度高，并且能将节能、防水、隔热、门窗等先进成品集合于一体，成套应用，将设计、生产、施工一体化，提高建设产业的水平。

钢结构与普通钢筋混凝土结构相比，其匀质、高强、施工速度快、抗震性好和回收率高等优越性，钢比砖石和混凝土的强度和弹性模量要高出很多倍，因此在荷载相同的条件下，钢构件的质量轻。从被破坏方面看，钢结构在事先有较大变形预兆，属于延性破坏结构，能够预先发现危险，从而避免。

钢结构厂房具有总体轻、节省基础、用料少、造价低、施工周期短、跨度大、安全可靠、造型美观、结构稳定等优势，钢结构厂房广泛应用于大跨度工业厂房、仓库、冷库、高层建筑、办公大楼、多层停车车场及民宅等建筑行业。钢结构在机场、火车站、体育场馆、超高层建筑等也有广泛的应用，而且现在也正在进军住房建筑行业。

2　钢结构建筑的现状——厚积薄发

钢结构建筑的最大特点就是钢构件可以在工厂制作，近年来，随着我国工业化步伐的加快，钢结构的应用领域也越来越广泛，为了保证钢结构构件的质量及其标准、快速地生产，工厂化加工制作钢结构构件成为未来主要的发展趋势。

现在国内钢结构制造行业具有很多先进技术，加工装备都已配套。从事钢铁加工的工厂有上万家，但是有真正的场地、固定装备的只有四五千家左右，随着资源、成本、劳动力、市场等优势的推动，钢结构制造业目前已经达到了一个崭新的阶段，其整体规模、装备水平、制造能力均已达到国际领先水平。

举几个重大项目的例子，北京电视台楼高 234m，光是钢结构主体部分用钢 12 万 t，我们造航空母舰都用不了那么多，正在建的上海电视塔也是钢结构的。在迪拜已经盖了 700 多 m 的高楼还没有封顶，怕人家超过它，包括韩国也在盖 700m 的高楼，都是钢结构建筑。现在厂房基本都是钢结构的。桥梁是钢铁发展最快的产业，正在修建的京沪高速铁路桥梁，还有南京大胜关长江公路铁路大桥主跨 336m。我国可以说正从桥梁大国向桥梁强国迈进。然后就是飞机场，也都是钢结构建筑。北京、昆明、武汉、广州都在增建飞机场，奥运会结束之后包括上海世博会、广州亚运会、济南全运会、内蒙的民族运动会现在都建奥林匹克中心，体育馆、体育场、游泳中心、文化体育设施的建设遍地开花，这些都是钢结构的使用范围。钢结构国家投入、政府投入比较多。

真正的钢结构办公写字楼、住宅基本上很少。最近国家对民生、民心的安居工程比较关注，10 年来从钢构协会到住房和城乡建设部有关的企业、科研单位共同开展住宅的研究，特别是这次汶川地震以后，教育部、四川省提出了新建的学校、医院要求设计成最安全的建筑。现在，四川的这些学校、医院不光是最安全，应该也是很豪华很奢侈的建筑，有的是国际设计大师设计，这些主要是钢结构建筑。

目前，许多工业发达国家，如美国、日本、英国、澳大利亚等均在积极推动钢结构建筑特别是住宅建筑，芬兰、瑞典、丹麦以及法国均已形成了相当规模的产业化钢结构建筑体系。我国钢结构建筑起步较晚，改革开放以后才从国外引进了一些低层和多层钢结构建筑进行学习与借鉴。近年来，随着城市建设的发展和高层建筑的增多，我国钢结构发展十分迅速，钢结构建筑作为一种绿色环保建筑，已被住房和城乡建设部列为重点推广项目。特别是在我国大中城市中，人多地狭，而在人们对住宅密度、环境、绿地等要求越来越高的情况下，较大范围应用钢结构已势在必行。

钢结构代表了世界建筑发展的潮流，大的新的高层钢结构建筑在不断涌现。国民经济的稳定发展和钢铁产业的快速发展，特别是从 1996 年钢产量突破 1 亿 t 以后，去年超过 7 亿 t，钢铁产业的发展政策有明显的转变，使得钢结构的优势得到了重视并使其迅速发展，在重大工程、标志性工程中普遍使用，呈现了普及的现象。但从目前情况看，我国钢结构建筑所占的比率依然很低，只有不到 9%，远远没有达到发达国家 30%的水平。此外，全国有桥梁 70 多万座，钢桥只有不到 2%，而日本、美国的比例是 40%。由此可见，原材料并不是制约我国钢结构发展的根本原因。

近些年，由于许多大型公共建筑都采用了钢结构，使钢结构建筑在我国的影响日益扩大。但是，由于我国相关的钢结构标准、设计规范尚不健全，钢结构住宅至今没有发展起来。此外，我国建了一批具有很强视觉冲击力的建筑，浪费了大量的钢材，给社会造成一种误解，认为钢结构就是浪费钢材。

3　钢结构建筑的发展趋势——未来之星

1993 年，CharlesKibert 博士提出了“可持续建筑”这一概念。可持续建筑是对可持续发展有积极贡献的建筑，是既满足当代人的需要，又不对后代人满足其需要的能力构成危害的建筑。把建筑不再视为人类任意地可强加于地球的东西，而是从更高层次综合考虑建筑所造成的更大范围的影响，是可持续建筑观的基本出发点。可持续建筑的理念要求建筑师在进行住宅设计时首先应尽量结合气候，采用自然通风、自然采光的方法，减少住宅对能源的依赖，如住宅的朝向在条件许可的情况下，尽量朝南；在住宅周围利用地形进行绿化，适当增加间距，夏季通风，降低周围环境温度，屋面墙面用绿化的方法降低外表面温度等。

面对日益严峻的环境问题，建筑界责无旁贷。我国是世界上最大的砖砌体建筑与混凝土建筑大国。每年生产7000亿块砖（约占世界总产量的1/2）、5亿t水泥（占世界总产量1/3），生产砖的代价是每年毁农田约15万亩，消耗标准煤约7000万t，生产水泥的代价是每年排放温室气体CO_2约3亿t（生产1t水泥熟料，排施1t CO_2），破坏的矿山与排放的废水则难以统计。如此触目的数字，不能不让人反思。因此，国家采取了一系列具体措施，明确提出要积极合理地扩大钢结构在建筑中的应用。

加快钢结构住宅发展必须推动钢结构住宅系列产业化，推广集成式住宅。“集成式住宅”就是住宅建设的安装、生产摆脱了传统的水、灰砂、石，摆脱了手工劳动以及现场湿作业生产，由工厂生产住宅部件，在现场组装生产成品住宅。住宅部件是系列的、标准的，可在流水线上生产，而房屋则可以是多样的、丰富的和多档次的；完全可以按照住户的要求，由建筑商提供可选择的住宅类型，供住户选择。与传统的工业化住宅不同，部件的加工、运输、吊装均可轻便灵活，其标准化单元也可由大改小，空间单元组合的灵活性、机动性大大增加。由于隔墙的轻质化和可拆改化，居住空间大小可灵活布置，可以最大限度地满足住户对功能和设备的高品位需求。工厂化装修为钢结构住宅的推广提供了强大的技术支持，钢结构住宅若用手工装修，其优势难以发挥，工业化生产的建筑主体与粗糙的手工装修根本无法配套；而且钢结构住宅内隔墙一般都采用轻质工业化生产的整体构件，难以实现手工装修。而工厂化生产的装修构件淘汰了从电锤打眼塞木锲直到补钉眼刷漆的全过程，各种轻型墙体都可直接与装饰构件紧密结合，且寿命大为延长，从而有效地解决了钢结构住宅的室内精装修工艺可行性问题。工厂化装修与钢结构住宅的设计生产一体化是必然趋势。

房屋：从建造到制造——斗转星移，人们对住房的要求正从单元房、小区住宅发展到今天的独立住宅和Townhouse，这不仅创造出一个新的住宅产业业态，也极大地促进了工厂化房屋制造的兴起。正是在这种大的背景下，北新集团凭借新型建材制造业的强大基础，与国际知名房屋跨国公司全面合作，建设中国第一条工厂化房屋生产线，推出了代表21世纪水平的北新房屋。

与传统的住宅建造由土建工人在现场完成主体结构完全不同的是，北新房屋由安装工人在现场组装主体结构，结构部件全部在房屋工厂内规模化生产，现场只需组装作业。安装一幢200m^{2}的独立住宅的主体结构只需5天，接下来的室内装饰工程如门窗、卫生洁具、厨房用品等全部采用标准化、系列化设计、工厂化生产，每一件产品提供菜单式选择，用户甚至可以只通过互联网即可订购符合自己功能需要的房屋。

在从建造房屋到制造房屋转变的过程中，人们能够充分感受到科技发展和工业化带来的便捷与舒适。

从设计、施工、钢结构工业化生产看，越来越多的标志性钢结构建筑，已经足够证明我国的钢结构建筑无论从设计施工，还是从设计到钢结构构件的工业生产加工，专业钢结构设计人员的素质在实践中得到不断提高，一批有特色有实力的专业研究所、设计院、建筑施工单位、施工监理单位都在日臻成熟，专业性、技术性、规模化更加完善。然而从钢结构应用范围看，我国的钢结构建筑正从高层重型和空间大跨度工业和公共建筑钢结构向住宅发展。近年来，随着城市建设的发展和高层建筑的增多，我国钢结构发展十分迅速，钢结构住宅作为一种绿色环保建筑，已被住房和城乡建设部列为重点推广项目。钢结构的发展趋势表明，我国发展钢结构存在着巨大的市场潜力和发展前景。

现在我国钢结构形势已进入一个新阶段，有关规范和标准已出台，国内钢产量充足，为钢结构住宅的发展提供了较好的物质和技术基础。应及时把握其发展趋势，结合我国国情，积极借鉴并吸纳国外成熟技术，注意各专业间的相互配合，促进钢结构住宅产业化发展，相信我国钢结构住宅的发展前景是美好的。

4 钢结构建筑的展望——花团锦簇

建设节能省地型建筑是中国未来的建设方向，而发展钢结构建筑则是解决建筑高能耗的一条行之有效的途径。绿色建材和节能设施，最大限度利用有效空间等，都是钢结构建筑的优点。实行工厂化生产，推动钢结构建筑的产业化，有着广阔的市场发展前景。

在近期内，国家将大力发展钢结构建筑，力争每年建筑钢结构用钢占全国钢材总产量的3%以上，年均钢材消费量约为400万t；到2015年，将再翻一番，全国建筑钢结构用钢量将占钢材总产量的6%以上，由此可见，钢结构建筑的市场前景十分广阔。

国外钢结构的独立式住宅、别墅日益增多。随着我国经济的发展和人民生活水平的提高，越来越多的购房者倾心于容积率低、绿化面积大的别墅和独立式住宅。我国钢结构住宅行业可以充分借鉴国外经验，在推广多高层住宅满足住宅用户多元化、个性化、突出环保需求的同时兼顾低层独立式住宅的设计，以满足不同人群的需求。

我国住宅钢结构有着广阔的市场前景，而目前发展缓慢，既有建设主管部门宏观指导的问题，也因为不少设计、施工单位对这一新兴的产业持观望态度。全国的钢结构企业总量不少，企业家们热衷于一些公共建筑、厂房、仓库等建筑。其实住宅钢结构建筑量大面广，市场潜力巨大，钢结构企业尽早投身这一领域，扩大市场份额，定会有所做为。

此外，国家大力提倡发展节能省地型住宅，不断提升住宅产品的科技含量。根据国内权威专家分析，中国的住宅产业在今后20年中，仍然处于快速增长期，并且中国住宅价格的25%将会来自科技含量的提升。钢结构住宅以其独特的抗震能力强、施工速度快、得房率高等优势契合了绿色环保住宅的要求。目前，我国钢材产量已居世界首位，而且国家也在逐步调整政策鼓励发展钢结构住宅，我国大力发展钢结构的条件已经成熟，正步入钢结构发展的黄金时期。钢结构住宅产业化的优势逐渐体现与发挥出来，这是一个朝阳产业与“绿色家园”工程。

5 结论——独领风骚

目前，我国传统住宅的设计与施工有许多不尽人意之处，钢结构住宅可以避免类似问题的出现：首先，钢结构体系可以在工厂中进行构件制作与加工，不但可以用规格标准来限定，而且还可以在工厂中通过学习新的科学技术来提高构件性能；其次，由于钢材强度高，房屋自重轻，可建造开间、进深大的房屋，居住空间大小可随意布置，空间组合创造的余地宽且不受限制，使房型丰富、美观、适用，可以最大化地满足客户对住宅功能和设计的高品位追求。我国也正在加速发展钢结构产业化进程，发展以社会化生产和商品化供应为基本方向的现代化产业体制。随着生产力的发展，土地资源的日益紧张，房价的不断攀升，钢结构建筑将成为我国建筑行业的重点发展对象，在未来的工程建设中担当越来越重要的角色。钢结构工厂化是我国建筑业发展的必由之路，它将成为推动我国经济发展的新的增长点。钢结构建筑易于实现工业化生产，标准化制作，而与之相配套的墙体材料可以采用节能、环保的新型材料，可再生重复利用，属于绿色低碳建筑。因此，钢结构建筑的工厂化成果必将有力地促进中国建筑的快速发展。

参考文献

[1] 胡军芳．钢结构住宅体系分析．安徽建筑工业学院学报，2005，13(4)．

[2] 曹现雷. 国内钢结构的发展与对策. 庆祝刘锡良教授八十华诞暨第八届全国现代结构工程学术研讨会论文集. 2008.
[3] 李双营，于江. 钢结构住宅的优势及其在我国的发展趋势. 四川建筑，2009(6).
[4] 王益，刘泽华. 浅谈我国钢结构住宅的发展现状和前景. 土木建筑学术文库，2009，12.
[5] 姚兵. 站在新的历史起点上全面推进钢结构行业新型工业化的跨越式发展. 中国建筑金属结构，2009.
[6] 黄友江. 钢结构的稳定设计分析[J]. 黑龙江科技信息，2009.
[7] 陈淑燕. 提高钢结构设计稳定性的有效策略[J]. 城市建设与商业刊点，2009.

中央电视台新台址（全球最大的钢结构办公楼）

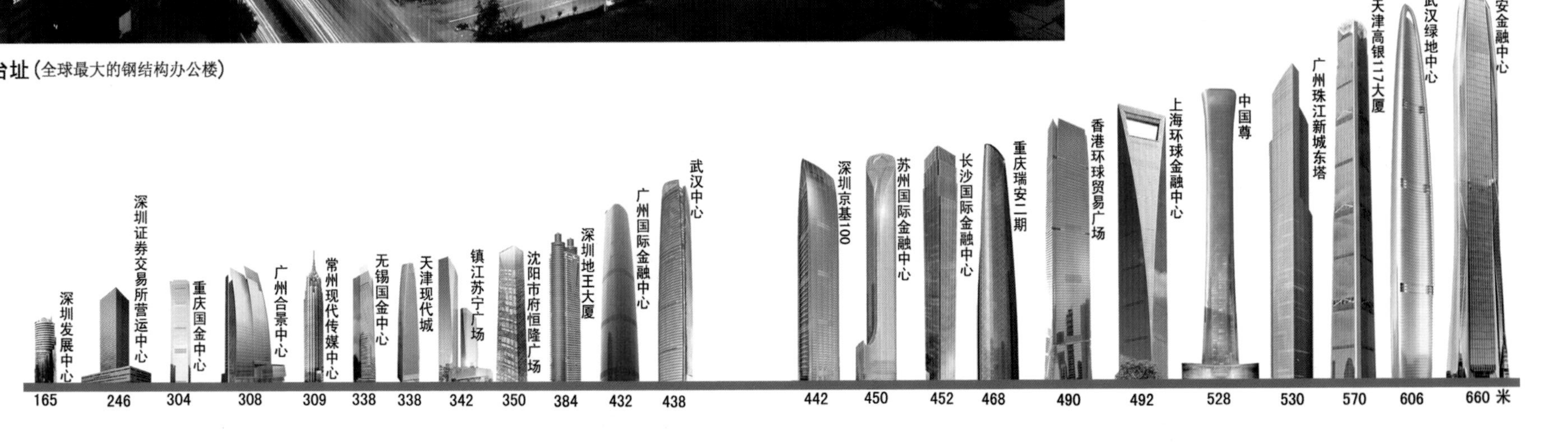

① 首次在国内大范围使用铸钢节点及超厚铸钢管。

② 世界最大的铝合金结构工程

③ 长江中上游第一座公轨两用桁梁斜拉桥

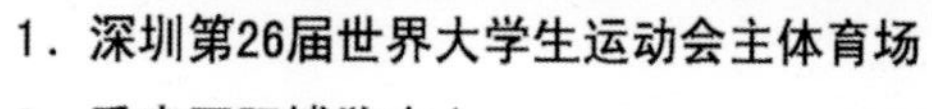

1．深圳第26届世界大学生运动会主体育场

2．重庆国际博览中心

3．重庆鼎山长江大桥

4．河南广播电视发射塔

⑤ 世界首座桥建合一的大型铁路站房工程，时为亚洲最大火车站

⑥ 世界单体建筑面积最大的航站楼

④ 世界最高的全钢结构电视发射塔

⑦ 华南地区最先进、最完善和最大的综合性表演艺术中心

5．武汉火车站

6．昆明新机场

7．广州歌剧院

山东华兴钢构有限公司系山东华兴机械股份有限公司的全资子公司。山东华兴机械股份有限公司始建于1957年，位于黄河三角洲腹地，是一家集科研、生产、商贸于一体的国家级高新技术企业。生产经营领域涉足机械、金属物流、建筑钢结构、物业经营、国际贸易等众多行业、产业。

山东华兴钢构有限公司成立于2004年，现拥有20万m^2生产厂房以及专业流水线，公司专业从事工业、民用、商业及专业设施的建筑钢结构设计、制造、安装，具有钢结构专业承包壹级资质，钢结构制造壹级资质，钢结构轻型房屋设计专业资质，集设计、制造、安装于一体，拥有年钢结构构件加工30万t、钢结构建筑面积和围护面积分别达到200万m^2和350万m^2的生产能力。公司建立了建筑钢结构研究技术中心、CAD计算机辅助设计系统、X-STEEL详图设计系统，能够快捷、高质地向客户提供报价设计、制造和安装在内的一条龙服务。公司产品已出口到东南亚、中东、非洲等十多个国家，累计出口逾10万t，以发电厂、钢厂、水泥厂、非标设备为主。公司新投资建设的钢结构波浪腹板生产线，重、特钢生产线，将建成北方最大的轻钢、重钢、非标设备结构件等钢结构产品的设计、制作基地，年加工能力达到40万t。

公司在“信、和、敏、达”核心价值观的指导下，秉承“产业报国、永不言败”的企业精神，不断更新观念，把握机遇，创新管理，锐意进取，用博大的胸怀、脚踏实地的作风，去迎接新的挑战，谱写新的篇章，以优质的产品回馈社会各界的支持与厚爱。

公司在国内率先引进的波浪腹板项目属国家重点支持的高新技术领域，填补国内两项空白，一是填补波浪腹板钢结构构件在我国钢结构领域应用的空白，二是通过消化、吸收、优化生产制造“波浪腹板自动化焊接生产设备”，填补我国“波浪腹板自动化焊接生产设备”的空白。该项目具有节材、节能和和绿色环保等优点，公司率先将波浪腹板应与实际工程，显著节省工程钢耗20%～60%。公司申请的波形腹板专利现已申请获得“实用新型专利权”，公司参与编写的《波浪腹板钢结构应用技术规程》通过批准并发布实施，同时公司参与设计的《PKPM软件STS中一波浪腹板H型钢计算程序开发》已通过合格验收，该模块现已全面覆盖国内设计行业的PKPM所有用户，做到了波浪腹板钢结构从设计到制作安装全过程一步到位。“波浪腹板钢结构应用技术”项目列为2012年全国建设行业科技成果推广项目。

波浪腹板生产设备可以生产波浪腹板H型钢等截面及楔形截面构件，并能完成异型孔的切割，具有广阔的市场空间与推广价值，是钢结构生产设备领域一次重要的大革命。

亚鹰企业

河南亚鹰(集团)钢结构幕墙工程有限公司

广西园林园艺博览会展中心

厦门海峡国际

葫芦岛游泳馆

工程实例

泉州世界贸易中心

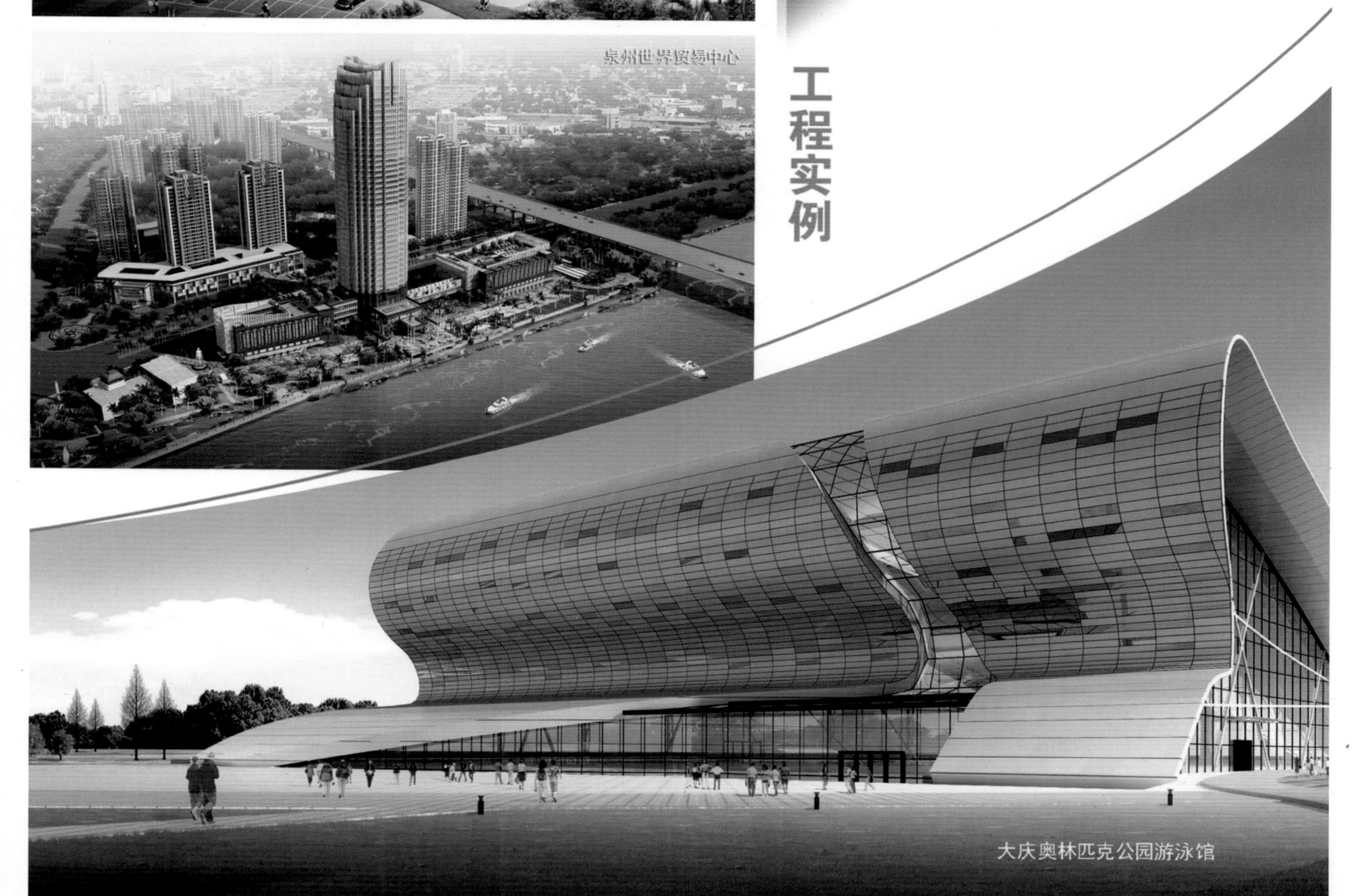
大庆奥林匹克公园游泳馆